通信工程专业精品教材

电磁场与电磁波基础

（第3版）

付 琴 刘 岚 黄秋元 魏 勤 编著

電子工業出版社
Publishing House of Electronics Industry
北京·BEIJING

内容简介

本书在《电磁场与电磁波基础》（第 2 版）的基础上修订而成。全书共分 10 章。第 1 章为矢量分析与场论；第 2、3、4 章为电磁场理论部分，以"麦克斯韦方程组—时变场—静态场"为主线展开论述；第 5 章为场论与路论的关系；第 6、7、8 章为电磁波部分，重点讨论理想介质及有耗介质中电磁波的传播特性、电磁波极化的概念及其工程应用、电磁波在分界面上的反射与折射；第 9、10 章为电磁波的传播和辐射部分。

本书可作为电子信息工程、通信工程等专业本科、研究生教材，也可供从事射频微波方向的工程技术人员参考。

图书在版编目（CIP）数据

电磁场与电磁波基础 / 付琴等编著. —3 版. —北京：电子工业出版社，2019.9

ISBN 978-7-121-37043-4

Ⅰ. ①电… Ⅱ. ①付… Ⅲ. ①电磁场－高等学校－教材②电磁波－高等学校－教材 Ⅳ. ①O441.4

中国版本图书馆 CIP 数据核字（2019）第 133456 号

责任编辑：张小乐
印　　刷：北京捷迅佳彩印刷有限公司
装　　订：北京捷迅佳彩印刷有限公司
出版发行：电子工业出版社
　　　　　北京市海淀区万寿路 173 信箱　　邮编：100036
开　　本：787×1092　1/16　印张：18　字数：460 千字
版　　次：2010 年 7 月第 1 版
　　　　　2019 年 9 月第 3 版
印　　次：2024 年 8 月第 6 次印刷
定　　价：55.00 元

凡所购买电子工业出版社图书有缺损问题，请向购买书店调换。若书店售缺，请与本社发行部联系，联系及邮购电话：(010) 88254888，88258888。

质量投诉请发邮件至 zlts@phei.com.cn，盗版侵权举报请发邮件至 dbqq@phei.com.cn。

本书咨询联系方式：(010) 88254462，zhxl@phei.com.cn。

前　言

电磁场与电磁波是近代自然科学中理论相对完整、应用极为广泛的支柱学科之一。它是通信工程、电子信息工程、电子科学与技术等电子信息与电气类专业必修的一门重要的专业基础课程。它所涉及的内容是电子信息与电气类专业学生知识结构的必要组成部分。电磁场与电磁波不仅是微波技术与天线、光纤通信、移动通信等专业课程的理论基础，而且还是一些交叉学科（如材料、遥感探测、生物医学工程等）的理论基础，在广播电视、遥感遥测、工业自动化、地质勘探、电力系统、医用设备等方面有着越来越广泛和深入的应用。

随着通信和微电子等技术的迅速发展，不断升高的工作频率成为电子产品开发中不可忽视的技术关键。在不断追求大容量、低延时、低功耗、智能化等性能的过程中，不管采用什么新的技术，其信号处理与传播的理论基础都和电磁场与电磁波密不可分。在这些频率越来越高的系统设备或元器件的开发与使用中，往往用集总参数电路理论难以解决，而分布参数的技术应用必须结合电磁场与电磁波理论才能得到完整的解释。

通过电磁场与电磁波课程，应当使学生建立电磁场与电磁波的理论体系，以及“场”与“波”的基本概念；学会用场的观点去观察、分析、解决基本电磁问题，掌握时变场和静态场的计算分析方法；理解电磁波在不同介质中的传播特性，理解电磁波的辐射和传输理论，为处理实际电磁问题建立理论基础；认识电磁理论指导实践的作用，将抽象的理论或概念与实际电磁问题相结合；能够在获取知识的同时激发学习兴趣，提高主动性、积极性和创造性，为后续课程的学习和实践工作打下坚实的基础。

本书在电子信息与电气学科规划教材《电磁场与电磁波基础》（第 2 版）的基础上修订而成。本书的编写借鉴了国内外优秀教材的成功之处，以及编者在教学和科研方面所积累的经验，强调抽象概念形象化，复杂公式推导简单化，使其既通俗易学又重点突出。在内容编排中，既有从特殊到一般的归纳方法，又有从一般到特殊的演绎方法；既能使学生易于接受新内容，又能培养学生的抽象思维能力。本书具有如下特点：

1）本书以场的理论和波的概念为主线，以麦克斯韦方程组为纽带展开论述。

2）从实际电磁现象出发，总结出电磁场的基本规律，分别导出时变场下的真空和介质空间中的麦克斯韦方程组，再用基本理论方程解释一些实际的电磁现象。

3）将静态电磁场作为时变电磁场的特殊情况来分析，精简了静态场的内容，使静态场的论述简洁严谨，重点突出时变场和波的部分，为微波技术与天线等后续课程打下基础。

4）建立场论和路论之间的统一关系，强调场论的普遍性。

5）在不同的介质条件下，分析场和波的基本规律，强调电磁波在有耗介质中的传播特性。

6）结合工程实际情况，对电磁波的产生、导波系统和电磁波辐射理论进行了分析讨论。

7）充分利用现代化教学手段，配套丰富的图像、视频和动画，加深对概念的理解。

全书共分 10 章。第 1 章矢量分析与场论，主要介绍矢量场、矢量的基本运算、直角坐标系、圆柱坐标系和球坐标系；散度、旋度、梯度和散度定理、旋度定理；格林公式和亥姆霍兹定理的内容及意义。

第 2、3、4 章电磁场理论部分，按照“麦克斯韦方程组—时变场—静态场”的思路，从电磁学三大实验定律（即库仑定律、安培力定律和法拉第电磁感应定律）出发，导出麦克斯韦方程组，紧接着讨论时变场和坡印廷定理，把静态场（即静电场、恒定电场、恒定磁场）作为时变电磁场的特殊情况来分析。

第 5 章场论与路论的关系，主要目的是建立场论和路论之间的统一关系，强调场论的普遍性，在电路尺寸远小于工作波长时，路论可以由麦克斯韦方程组导出。

第 6、7、8 章电磁波部分，重点讨论理想介质及有耗介质中电磁波的传播特性、电磁波极化的概念及其工程应用、电磁波在分界面上的反射与折射。由麦克斯韦方程组导出电波/磁波方程，重点分析无限大均匀线性各向同性理想介质中沿 z 轴方向传播的电磁波性质和传播特性，进而推广到沿任意方向传播的电磁波。

第 9、10 章电磁波的传播和辐射部分，结合工程实际应用，讨论基于路的方法分析平行双导线特性、基于场方法分析波导中的电场和磁场分布、电偶极子和磁偶极子的辐射特性、天线的特性参数等。

附录提供了重要的矢量公式、电磁场矢量间关系、相关的国际单位及物理常数、中英文专业词汇对照表等。书末附有习题参考答案。

本书由武汉理工大学付琴负责统稿，第 1、4 章由黄秋元编写，第 2、3 章由魏勤编写，第 5 章由刘守军编写，第 6、7 章和各章节习题及答案由付琴编写，第 8、9、10 章由刘岚编写。

限于编者的水平和经验，书中难免错误和不妥之处，敬请广大读者批评指正。作者的联系方式：fuqin@whut.edu.cn。

编　者

2019 年 4 月于武汉

目　录

第 1 章　矢量分析与场论

也许你会发现，在这门课程中，我们几乎总是在和“场”打交道。实际上，我们周围的物理世界中的确存在着各种各样的场。例如，自由落体现象说明存在重力场，指南针的偏转现象说明存在磁场，人们对冷暖的感觉说明空间分布着温度场等。从数学的观点出发，一个场中的每一点所具有的物理特性，都可以用一个或几个确定的物理量来描述。然而，当这些描述场点特性的物理量不仅与大小有关，还与方向性有关时，通常需要用矢量来表示它们。

矢量在空间的分布构成了矢量场，分析矢量场在空间的分布和变化情况时，会涉及矢量的分析方法和场论的概念，为了学习后面各章，有必要首先了解矢量及场论的相关知识。

1.1　矢量的表示和运算

1.1.1　矢量与标量

只有大小，不包含方向的物理量称为**标量**，如温度、电位、能量、长度、时间等都是标量。由标量描述的场称为**标量场**。

既有大小，又包含方向的物理量称为**矢量**，如力、速度、加速度、电场强度、磁场强度、电流密度等都是矢量。由矢量描述的场称为**矢量场**。

根据国家有关符号使用标准，使用黑斜体字母来表示矢量，如 $\boldsymbol{A}$。矢量的大小称为矢量的模，表示为 $|\boldsymbol{A}|$ 或 A；矢量的方向可用单位矢量表示，如 $\boldsymbol{e}_a$。单位矢量是长度（模）为 1 个单位的矢量，所以可用它表示方向。在几何描述上，如图 1.1 所示，线段长度代表矢量的大小（模），线段的方向表示矢量的方向。

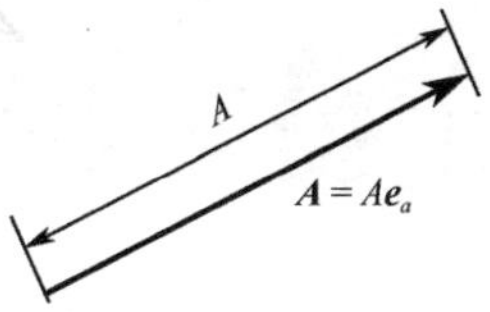

图 1.1　矢量的表示

图 1.1 所示的矢量在一维笛卡儿坐标系（又称为直角坐标系）中表示为

$$\boldsymbol{A} = A\boldsymbol{e}_a \tag{1.1}$$

式中，A 为矢量 $\boldsymbol{A}$ 的模；$\boldsymbol{e}_a$ 为矢量 $\boldsymbol{A}$ 的单位矢量，描述了矢量 $\boldsymbol{A}$ 的方向。

在二维直角坐标系中，矢量 $\boldsymbol{A}$ 表示为

$$\boldsymbol{A} = A_x\boldsymbol{e}_x + A_y\boldsymbol{e}_y \tag{1.2}$$

式中，矢量 $\boldsymbol{A}$ 的模为 $|\boldsymbol{A}| = \sqrt{A_x^2 + A_y^2}$，而 $\boldsymbol{e}_x$、$\boldsymbol{e}_y$ 分别为 x 轴和 y 轴方向上的单位矢量，矢量 $\boldsymbol{A}$ 的方向是由 $\boldsymbol{e}_x$、$\boldsymbol{e}_y$ 来描述的。式（1.2）中的 A_x、A_y 分别为矢量 $\boldsymbol{A}$ 在直角坐标系中的 x 轴分量和 y 轴分量，也可以说是矢量函数 $\boldsymbol{A}$ 的两个分量函数。

在三维直角坐标系中，矢量 $\boldsymbol{A}$ 表示为

$$\boldsymbol{A} = A_x\boldsymbol{e}_x + A_y\boldsymbol{e}_y + A_z\boldsymbol{e}_z \tag{1.3}$$

式中，矢量 $\boldsymbol{A}$ 的模为 $|\boldsymbol{A}| = \sqrt{A_x^2 + A_y^2 + A_z^2}$，而 $\boldsymbol{e}_x$、$\boldsymbol{e}_y$、$\boldsymbol{e}_z$ 分别为直角坐标系 x、y、z 轴三个

方向上的单位矢量，矢量 $\boldsymbol{A}$ 的方向是由 $\boldsymbol{e}_x$、$\boldsymbol{e}_y$、$\boldsymbol{e}_z$ 来描述的。式（1.3）中的 A_x、A_y、A_z 分别为矢量 $\boldsymbol{A}$ 在直角坐标系中的 x 轴分量、y 轴分量和 z 轴分量，也可以说，是矢量函数 $\boldsymbol{A}$ 的三个分量函数。

1.1.2 矢量的运算

1. 矢量的加法和减法

矢量的加法是矢量之和，两个矢量之和服从平行四边形规则，如图1.2（a）所示。从代数运算的角度来看，两个矢量相加等于两矢量的对应坐标分量之和，即

$$\begin{aligned}\boldsymbol{A}+\boldsymbol{B}&=(A_x\boldsymbol{e}_x+A_y\boldsymbol{e}_y+A_z\boldsymbol{e}_z)+(B_x\boldsymbol{e}_x+B_y\boldsymbol{e}_y+B_z\boldsymbol{e}_z)\\&=(A_x+B_x)\boldsymbol{e}_x+(A_y+B_y)\boldsymbol{e}_y+(A_z+B_z)\boldsymbol{e}_z\end{aligned}\tag{1.4a}$$

矢量相加满足交换律与结合律，即

$$\boldsymbol{A}+\boldsymbol{B}=\boldsymbol{B}+\boldsymbol{A} \quad \text{（交换律）}$$

$$\boldsymbol{A}+(\boldsymbol{B}+\boldsymbol{C})=(\boldsymbol{A}+\boldsymbol{B})+\boldsymbol{C} \quad \text{（结合律）}$$

矢量减法可以看成是矢量加法的特例，如

$$\boldsymbol{A}-\boldsymbol{B}=\boldsymbol{A}+(-\boldsymbol{B})$$

通常将 $-\boldsymbol{B}$ 称为矢量 $\boldsymbol{B}$ 的逆矢量，它的大小与矢量 $\boldsymbol{B}$ 相等，但方向相反，如图1.2（b）所示。从代数运算的角度来看，两矢量相减等于两矢量的对应坐标分量之差，即

$$\boldsymbol{A}-\boldsymbol{B}=(A_x-B_x)\boldsymbol{e}_x+(A_y-B_y)\boldsymbol{e}_y+(A_z-B_z)\boldsymbol{e}_z\tag{1.4b}$$

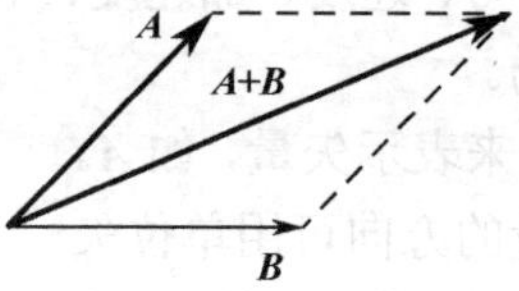

（a）两矢量之和

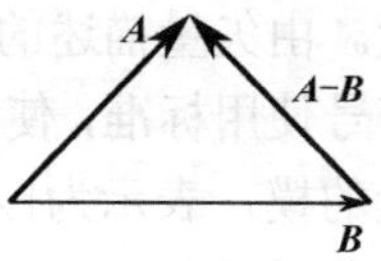

（b）两矢量之差

图1.2 两矢量之和与差

2. 标量与矢量相乘

标量 η 乘以矢量 $\boldsymbol{A}$，其积仍为矢量，并满足以下关系：

$$\eta\boldsymbol{A}=\eta A_x\boldsymbol{e}_x+\eta A_y\boldsymbol{e}_y+\eta A_z\boldsymbol{e}_z\tag{1.5}$$

$$\eta\boldsymbol{A}=\begin{cases}|\eta A|\,\boldsymbol{e}_a, & \eta\geqslant 0\\ |\eta A|\,(-\boldsymbol{e}_a), & \eta<0\end{cases}\tag{1.6}$$

式中，$\boldsymbol{A}=A\boldsymbol{e}_a$。

3. 矢量的标积与矢积

两矢量相乘，其积有两种：一种为标量，称为标积；另一种仍为矢量，称为矢积。

两矢量 $\boldsymbol{A}$ 与 $\boldsymbol{B}$ 的标积记为 $\boldsymbol{A}\cdot\boldsymbol{B}$，标积通常也称为点乘。两矢量的标积等于两矢量的模之积再乘以两矢量夹角的余弦，也等于两矢量的对应直角坐标分量积之和，即

$$\boldsymbol{A}\cdot\boldsymbol{B}=|\boldsymbol{A}||\boldsymbol{B}|\cos\theta_{AB}=A_xB_x+A_yB_y+A_zB_z\tag{1.7}$$

式中，θ_{AB} 为矢量 $\boldsymbol{A}$ 与矢量 $\boldsymbol{B}$ 的夹角。由式（1.7）可知，两矢量进行标积后的结果变成了无

方向性的标量。

如果作用在某一物体上的力为 $\boldsymbol{A}$，当 $\boldsymbol{A}$ 使该物体发生位移时，位移矢量为 $\boldsymbol{B}$，则 $\boldsymbol{A}\cdot\boldsymbol{B}$ 表示力 $\boldsymbol{A}$ 使物体位移所作的功。由式（1.7）可以看出，两矢量的标积满足交换律，即

$$\boldsymbol{A}\cdot\boldsymbol{B}=\boldsymbol{B}\cdot\boldsymbol{A}$$

显而易见，标积不但与两矢量的大小有关，还与其之间的夹角有关。当两矢量相互垂直，即 $\theta=90^\circ$ 时，其标积为零；当两矢量平行，即 $\theta=0^\circ$ 时，标积的绝对值最大，等于两矢量的模之积，即

$$[\boldsymbol{A}\cdot\boldsymbol{B}]_{\theta=0^\circ}=|\boldsymbol{A}||\boldsymbol{B}|\cos 0^\circ=|\boldsymbol{A}||\boldsymbol{B}|$$

两矢量 $\boldsymbol{A}$ 与 $\boldsymbol{B}$ 的矢积记为 $\boldsymbol{A}\times\boldsymbol{B}$，矢积通常也称为叉乘。两矢量进行矢积后的结果仍是一个矢量，其大小等于两矢量的模之积再乘以两矢量夹角的正弦，其方向为两矢量所构成的面的法线方向（normal direction），该方向用 $\boldsymbol{e}_{\mathrm{n}}$ 或 $\boldsymbol{n}$ 表示，即

$$\boldsymbol{A}\times\boldsymbol{B}=\boldsymbol{e}_{\mathrm{n}}|\boldsymbol{A}||\boldsymbol{B}|\sin\theta_{AB} \tag{1.8}$$

矢积的方向 $\boldsymbol{e}_{\mathrm{n}}$ 符合右手定则，即右手四指从 $\boldsymbol{A}$ 旋转到 $\boldsymbol{B}$，拇指的方向即为 $\boldsymbol{e}_{\mathrm{n}}$ 的方向，如图 1.3 所示。

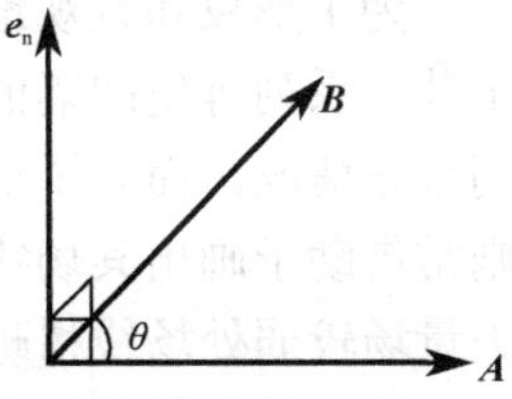

图 1.3　矢积的方向

矢积与两矢量的直角坐标分量的关系为

$$\boldsymbol{A}\times\boldsymbol{B}=\boldsymbol{e}_x(A_yB_z-A_zB_y)+\boldsymbol{e}_y(A_zB_x-A_xB_z)+\boldsymbol{e}_z(A_xB_y-A_yB_x) \tag{1.9}$$

通常，式（1.9）可写成行列式的形式以便于记忆，即

$$\boldsymbol{A}\times\boldsymbol{B}=\begin{vmatrix}\boldsymbol{e}_x & \boldsymbol{e}_y & \boldsymbol{e}_z\\ A_x & A_y & A_z\\ B_x & B_y & B_z\end{vmatrix} \tag{1.10}$$

矢积的几何意义：以两矢量为邻边所围成的平行四边形的面积为矢积的大小，该平行四边形的法向为矢积的方向。当 $\boldsymbol{B}$ 表示作用在一物体上的力，而 $\boldsymbol{A}$ 表示力臂矢量时，则矢积表示作用于物体的力矩。

由式（1.9）可以看出

$$\boldsymbol{A}\times\boldsymbol{B}=-\boldsymbol{B}\times\boldsymbol{A}$$

这说明矢积不满足交换律。

矢积不但与两矢量的大小有关，也与两矢量之间的夹角有关。两矢量平行，即 $\theta=0^\circ$ 时，矢积为零；两矢量垂直，即 $\theta=90^\circ$ 时，矢积的模最大。

4．矢量的混合运算

常用的矢量混合运算恒等式如下：

$$(\boldsymbol{A}+\boldsymbol{B})\cdot\boldsymbol{C}=\boldsymbol{A}\cdot\boldsymbol{C}+\boldsymbol{B}\cdot\boldsymbol{C} \tag{1.11}$$

$$(\boldsymbol{A}+\boldsymbol{B})\times\boldsymbol{C}=\boldsymbol{A}\times\boldsymbol{C}+\boldsymbol{B}\times\boldsymbol{C} \tag{1.12}$$

$$\boldsymbol{A}\cdot(\boldsymbol{B}\times\boldsymbol{C})=\boldsymbol{B}\cdot(\boldsymbol{C}\times\boldsymbol{A})=\boldsymbol{C}\cdot(\boldsymbol{A}\times\boldsymbol{B}) \tag{1.13}$$

$$\boldsymbol{A}\times(\boldsymbol{B}\times\boldsymbol{C})=(\boldsymbol{A}\cdot\boldsymbol{C})\boldsymbol{B}-(\boldsymbol{A}\cdot\boldsymbol{B})\boldsymbol{C} \tag{1.14}$$

1.1.3　标量场与矢量场

在火炉、暖气片等热源周围空间的每一点上，都存在着温度的某种分布，于是我们就说空间存在温度场；在江河中，各处水域存在着水流速的某种分布，我们就说那里存在流速场；

在地球周围各点，存在着对各种物体的引力，我们说地球周围存在引力场，或者说地面上有重力场；在电荷周围各点，存在着对电荷的作用力，我们就说电荷周围有电场，等等。显然，“场”是指某种物理量在空间的分布。

物理量在空间的分布构成了场，但除了空间分布，物理量还可能随时间发生变化。因此，在数学上，场是由空间特征物理量和时间坐标变量的多元函数来描述的，即标量场用空间和时间变量的标量函数表示，而矢量场则用空间和时间变量的矢量函数表示。例如，作为标量场的温度场可表示为$T(x,y,z,t)$、电位场可表示为$\phi(x,y,z,t)$；作为矢量场的流速场可表示为$\boldsymbol{v}(x,y,z,t)$、电场可表示为$\boldsymbol{E}(x,y,z,t)$、磁场可表示为$\boldsymbol{B}(x,y,z,t)$。在电磁场中，若描述场的物理量随时间变化，则称其为时变电磁场。而当描述场的物理量与时间无关时，就称其为静态电磁场，也就是说，静态场只是空间坐标的函数。例如，静电场可表示为$\boldsymbol{E}(x,y,z)$。

为了形象和直观地描述标量场在空间的分布情形或沿空间坐标的变化情况，常借助于画出其一系列等值间隔的等值面方法，不同等值面的形状及其间隔能较直观地表现标量场的空间分布情况。而为了形象和直观地描述矢量场在空间的分布情形或沿空间坐标的变化情况，则常借助于画出其场线（力线）的方法。场线是一簇空间有向曲线，矢量场较强处场线稠密，矢量场较弱处场线稀疏，场线上某处的切线方向代表该处矢量场的方向。

场既然是某种物理量的空间分布，就应服从因果律。其因，称之为场源，场都是由场源产生的。其果，就是空间某种分布形式的场。例如，温度场由热源产生，静电场由电荷产生。值得注意的是，场的分布不但取决于产生它的场源，而且还与周围物质环境密切相关。例如，炉膛中的温度分布，不仅取决于火力大小及分布，还与炉膛的结构、材料特性及周围环境有关；带电体周围的电场分布不仅与带电体的电荷分布和电量有关，也与周围的物质特性有关。所以，分析讨论一个场的时候，要注意场、场源和场的环境这三者之间的关联性。如果能用一个数学关系来描述电磁场，那么这样的数学关系中一定包含了体现场、场源和场的环境的相关因素。

1.2 坐标系

描述电磁场的物理量一般与空间分布有关，即与空间有关的矢量场。因此，为了描述某一场量在空间的分布和变化规律，必须引入坐标系。通常用得较多的是直角坐标系，但有时考虑到被研究的物理量的空间分布及其变化规律，或物体的几何形状不同，也经常采用其他坐标系，以便使问题的分析更为简便，如圆柱坐标系、球坐标系。

1.2.1 正交坐标系

在广义正交坐标系中，坐标变量用u_1、u_2和u_3表示，若空间一点P是$u_1=C_1$（常数），$u_2=C_2$（常数）和$u_3=C_3$（常数）三个曲面的交点，则P点的坐标为$P(u_1,u_2,u_3)$，这三个曲面称为坐标面。广义正交坐标系中，三个坐标面相互正交，简称正交坐标系。正交坐标系具有以下几个概念。

1．正交坐标系的三组坐标面在空间每一点相互正交，即为相互垂直的坐标面

三维空间中的任意一点P可用三个独立变量u_1、u_2和u_3来确定，即P点的空间坐标为$P(u_1,u_2,u_3)$。在直角坐标系、圆柱坐标系或球坐标系中可将P点分别表示为$P(x,y,z)$、

$P(r,\varphi,z)$ 或 $P(R,\theta,\varphi)$，每一种表示中的三个独立变量所构成的坐标面都相互垂直。

2. 单位矢量两两正交，相互垂直，且满足右手螺旋定则

在正交坐标系中，设与三个坐标面对应的单位矢量分别为 $\boldsymbol{e}_1$、$\boldsymbol{e}_2$、$\boldsymbol{e}_3$。这三个单位矢量互相正交，满足右手螺旋定则，三者的方向分别以其变量增大的方向为正方向。

3. 正交坐标系中单位矢量的特性

正交坐标系中的三个单位矢量 $\boldsymbol{e}_1$、$\boldsymbol{e}_2$、$\boldsymbol{e}_3$ 具有如下的特性：

$$\boldsymbol{e}_1\cdot\boldsymbol{e}_2=\boldsymbol{e}_2\cdot\boldsymbol{e}_3=\boldsymbol{e}_3\cdot\boldsymbol{e}_1=0 \tag{1.15}$$

$$\boldsymbol{e}_1\cdot\boldsymbol{e}_1=\boldsymbol{e}_2\cdot\boldsymbol{e}_2=\boldsymbol{e}_3\cdot\boldsymbol{e}_3=1 \tag{1.16}$$

$$\boldsymbol{e}_1\times\boldsymbol{e}_2=\boldsymbol{e}_3 \tag{1.17}$$

$$\boldsymbol{e}_2\times\boldsymbol{e}_3=\boldsymbol{e}_1 \tag{1.18}$$

$$\boldsymbol{e}_3\times\boldsymbol{e}_1=\boldsymbol{e}_2 \tag{1.19}$$

在直角坐标系中，三个单位矢量是常量，而在其他坐标系中，三个单位矢量却不一定是常量。

4. 矢量微分元

在电磁场中，经常要进行线积分、面积分和体积分的计算，于是就需要表达出与长度、面积和体积对应的微分线元、微分面积元（简称面元）和微分体积元（简称体元）。在矢量微积分运算中，特别是在电磁场的微积分运算中，线元和面元是矢量，是有方向的。因此，单位矢量有可能是变量，即单位矢量也存在微元问题。下面分别就三种最常见的正交坐标系进行讨论。

1.2.2 直角坐标系

在直角坐标系中，空间任意一点 M 的位置可以用三个相互独立的变量 x、y、z 表示，记为 $M(x, y, z)$，它们的变化范围分别为 $-\infty<x<\infty$，$-\infty<y<\infty$，$-\infty<z<\infty$。如图 1.4 所示，因为任意一点 M 的单位矢量处于正交坐标系的三个坐标轴上，因此，它们相互垂直并满足右手螺旋定则，即

$$\begin{cases}\boldsymbol{e}_x\times\boldsymbol{e}_y=\boldsymbol{e}_z\\ \boldsymbol{e}_y\times\boldsymbol{e}_z=\boldsymbol{e}_x\\ \boldsymbol{e}_z\times\boldsymbol{e}_x=\boldsymbol{e}_y\end{cases} \tag{1.20}$$

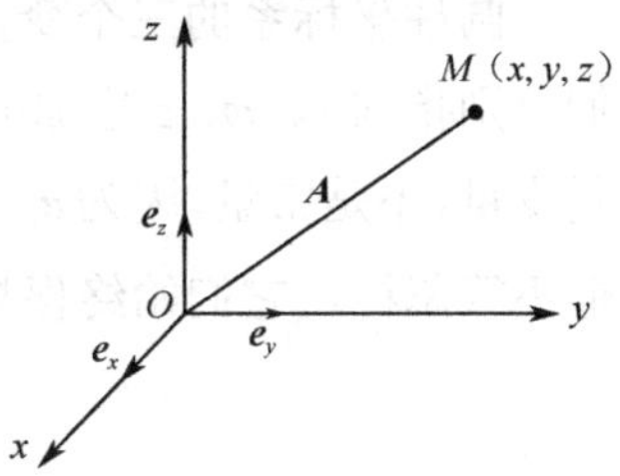

图 1.4　直角坐标系

三个单位矢量的方向不随 M 点的位置变化而变化，这是直角坐标系的一个重要特性。在直角坐标系中，空间任意一点 M 的位置可用矢量表示为 $\overrightarrow{OM}$，也可用矢量 $\boldsymbol{A}$ 来表示，即

$$\overrightarrow{OM}=\boldsymbol{A}=x\boldsymbol{e}_x+y\boldsymbol{e}_y+z\boldsymbol{e}_z=A_x\boldsymbol{e}_x+A_y\boldsymbol{e}_y+A_z\boldsymbol{e}_z \tag{1.21}$$

式中，x、y、z 表示 $\boldsymbol{A}$ 在三个单位矢量方向 $\boldsymbol{e}_x$、$\boldsymbol{e}_y$、$\boldsymbol{e}_z$ 上的投影，A_x、A_y、A_z 分别是矢量 $\boldsymbol{A}$ 在三个方向的分量。当 $M(x, y, z)$ 点在空间做微小移动后到达 M' 点时，则 M' 的位置可表示为 $M'(x+\mathrm{d}x, y+\mathrm{d}y, z+\mathrm{d}z)$，其中，$\mathrm{d}x$、$\mathrm{d}y$、$\mathrm{d}z$ 分别是变量 x、y、z 在 $\boldsymbol{e}_x$、$\boldsymbol{e}_y$、$\boldsymbol{e}_z$ 方向上的微小增量，$\overrightarrow{MM'}$ 就是矢量 $\boldsymbol{A}$ 沿该方向的微分线元，可表示为

$$\overrightarrow{MM'} = \mathrm{d}\boldsymbol{l} = \mathrm{d}x\boldsymbol{e}_x + \mathrm{d}y\boldsymbol{e}_y + \mathrm{d}z\boldsymbol{e}_z$$

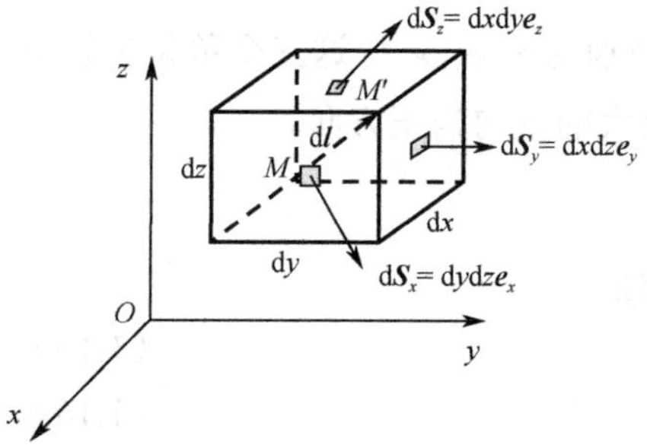

图 1.5 直角坐标系中的微分元

矢量 $\boldsymbol{A}$ 的微分元仍是一个矢量，其方向由 M 指向 M'。如图 1.5 所示的直角六面体，其各个面的面积即为面元，可表示为

$$\begin{cases} \mathrm{d}\boldsymbol{S}_x = \mathrm{d}y\mathrm{d}z\boldsymbol{e}_x \\ \mathrm{d}\boldsymbol{S}_y = \mathrm{d}x\mathrm{d}z\boldsymbol{e}_y \\ \mathrm{d}\boldsymbol{S}_z = \mathrm{d}x\mathrm{d}y\boldsymbol{e}_z \end{cases}$$

注意：对于闭合曲面，面元的方向为该曲面的外法线方向；对于非闭合曲面，面元的方向要在曲面边界的环绕方向选定后，根据右手螺旋定则来确定。对于图 1.5 所示的六面体，各边都由面元组成，它们所组成的体积为体积元，可表示为

$$\mathrm{d}V = \mathrm{d}x\mathrm{d}y\mathrm{d}z$$

1.2.3 圆柱坐标系

空间任意一点 M 也可用三个相互独立的变量 r、φ、z 来表示，r、φ、z 是圆柱坐标系的三个坐标变量。M 点的位置在圆柱坐标系下可写为 $M(r, \varphi, z)$。

现在来看看圆柱坐标系中三个坐标变量的物理意义。如图 1.6 所示，设 r 为 M 点到 z 轴的垂直距离，也就是圆柱底面的半径；φ 为 xOz 平面与通过 M 点的半平面的夹角；z 为 M 到 xOy 平面的垂直距离（与直角坐标系相同）。用这样定义的这三个变量便可确定空间任意一点 M 的位置，三个变量的变化范围分别为 $0 \leqslant r < \infty$，$0 \leqslant \varphi < 2\pi$，$-\infty < z < \infty$。当 r 不变，φ、z 变化时，就是一个圆柱面（即为 r 的坐标面），所以称之为圆柱坐标系。

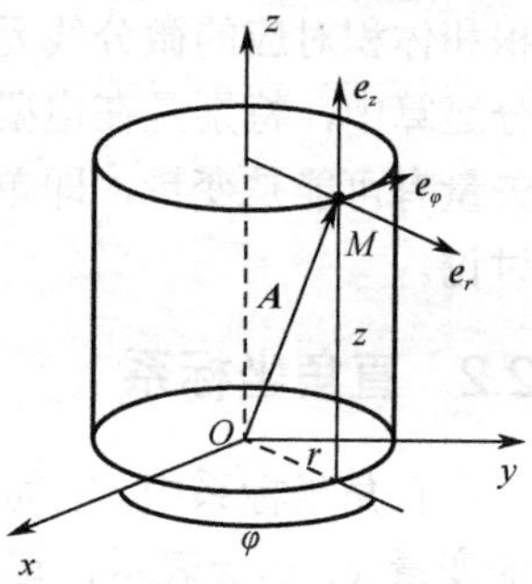

图 1.6 圆柱坐标系

圆柱坐标系的三个变量的单位矢量分别是：$\boldsymbol{e}_r$、$\boldsymbol{e}_\varphi$、$\boldsymbol{e}_z$，它们分别指向 r、φ、z 增加的方向。其中，当 φ 为变量时，$\boldsymbol{e}_r$、$\boldsymbol{e}_\varphi$ 是变量，不是常量，因为 $\boldsymbol{e}_r$、$\boldsymbol{e}_\varphi$ 的方向随 M 点的不同会发生变化。但不管怎样，它们始终保持相互正交，且符合右手螺旋定则，即

$$\begin{cases} \boldsymbol{e}_r \times \boldsymbol{e}_\varphi = \boldsymbol{e}_z \\ \boldsymbol{e}_\varphi \times \boldsymbol{e}_z = \boldsymbol{e}_r \\ \boldsymbol{e}_z \times \boldsymbol{e}_r = \boldsymbol{e}_\varphi \end{cases} \tag{1.22}$$

空间任意一点 M 的位置可用单位矢量表示为

$$\overrightarrow{OM} = \boldsymbol{A} = r\boldsymbol{e}_r + \varphi\boldsymbol{e}_\varphi + z\boldsymbol{e}_z \tag{1.23}$$

式中，r、φ、z 分别是矢量 $\overrightarrow{OM}$ 或 $\boldsymbol{A}$ 在 $\boldsymbol{e}_r$、$\boldsymbol{e}_\varphi$、$\boldsymbol{e}_z$ 方向上的投影。

圆柱坐标系变量与直角坐标系的关系是

$$\begin{cases} x = r\cos\varphi, & r = \sqrt{x^2 + y^2} \\ y = r\sin\varphi, & \varphi = \arctan(y/x) \\ z = z, & z = z \end{cases} \tag{1.24}$$

如图 1.7 所示，三个坐标变量的增量微元表示为 dr、dφ、dz，在点 $M(r, \varphi, z)$处沿 $\boldsymbol{e}_r$、$\boldsymbol{e}_\varphi$、$\boldsymbol{e}_z$ 方向的长度元即变量的线元，分别用 $\mathrm{d}l_r$、$\mathrm{d}l_\varphi$、$\mathrm{d}l_z$ 表示，于是有 $\mathrm{d}l_r = \mathrm{d}r$，$\mathrm{d}l_\varphi = r\mathrm{d}\varphi$，$\mathrm{d}l_z = \mathrm{d}z$。所以，$M$ 点矢量的线元可表示为

$$\mathrm{d}\boldsymbol{l} = \mathrm{d}r\boldsymbol{e}_r + r\mathrm{d}\varphi\boldsymbol{e}_\varphi + \mathrm{d}z\boldsymbol{e}_z \tag{1.25}$$

由此看来，矢量的线元仍是一个矢量。

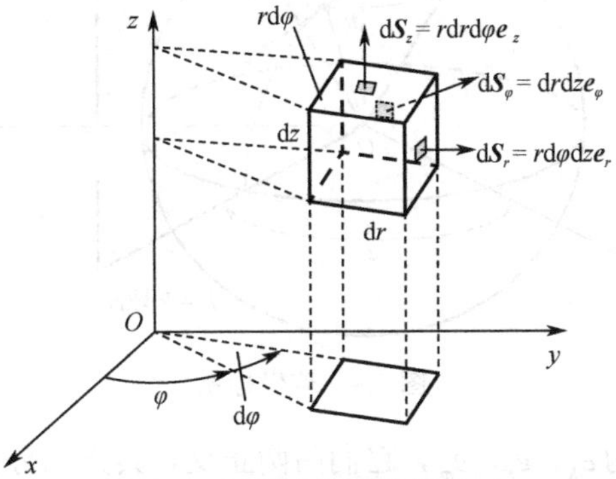

图 1.7 圆柱坐标系的微分元

由 r、$r+\mathrm{d}r$、φ、$\varphi+\mathrm{d}\varphi$、$z$、$z+\mathrm{d}z$ 这六个坐标点所决定的六面体的面积元分别为

$$\begin{cases} \mathrm{d}\boldsymbol{S}_r = \mathrm{d}l_\varphi \mathrm{d}l_z \boldsymbol{e}_r = r\mathrm{d}\varphi\mathrm{d}z\boldsymbol{e}_r \\ \mathrm{d}\boldsymbol{S}_\varphi = \mathrm{d}l_r \mathrm{d}l_z \boldsymbol{e}_\varphi = \mathrm{d}r\mathrm{d}z\boldsymbol{e}_\varphi \\ \mathrm{d}\boldsymbol{S}_z = \mathrm{d}l_r \mathrm{d}l_\varphi \boldsymbol{e}_z = r\mathrm{d}r\mathrm{d}\varphi\boldsymbol{e}_z \end{cases} \tag{1.26}$$

在圆柱坐标系下，任意曲面上的面元应表示为

$$\mathrm{d}\boldsymbol{S} = \mathrm{d}\boldsymbol{S}_r + \mathrm{d}\boldsymbol{S}_\varphi + \mathrm{d}\boldsymbol{S}_z \tag{1.27}$$

在圆柱坐标系下，任意体积元可表示为

$$\mathrm{d}V = \mathrm{d}l_r\,\mathrm{d}l_\varphi\,\mathrm{d}l_z = r\mathrm{d}r\,\mathrm{d}\varphi\,\mathrm{d}z \tag{1.28}$$

1.2.4 球坐标系

如图 1.8 所示，在球坐标系中，三个坐标变量分别为 R、θ、φ，空间任意一点 M 可表示为 $M(R,\theta,\varphi)$，其几何意义是：R 为坐标原点到 M 点的距离，即球的半径；θ 为 z 轴与 OM 之间的夹角；φ 为 OM 在 xOy 平面上的投影与正 x 轴的夹角。因此，这三个变量的变化范围为 $0 \leqslant R < \infty$，$0 \leqslant \theta < \pi$，$0 \leqslant \varphi < 2\pi$。

球坐标系变量与直角坐标系变量的关系为

$$\begin{cases} x = R\sin\theta\cos\varphi, & R = \sqrt{x^2+y^2+z^2} \\ y = R\sin\theta\sin\varphi, & \theta = \arctan(\sqrt{x^2+y^2}/z) \\ z = R\cos\theta, & \varphi = \arctan(y/x) \end{cases} \tag{1.29}$$

球坐标系变量与圆柱坐标系变量的关系为

$$\begin{cases} r = R\sin\theta, & R = \sqrt{r^2+z^2} \\ \varphi = \varphi, & \theta = \arctan(r/z) \\ z = R\cos\theta, & \varphi = \varphi \end{cases} \tag{1.30}$$

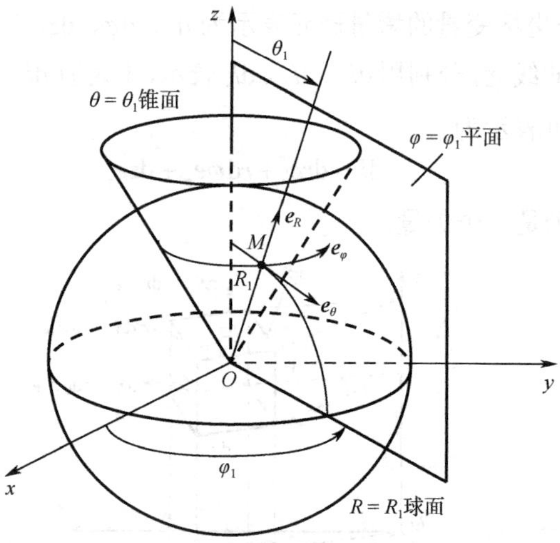

图 1.8 球坐标系

球坐标系的单位矢量为$\boldsymbol{e}_R$、$\boldsymbol{e}_\theta$、$\boldsymbol{e}_\varphi$，它们两两正交，其方向分别是R、θ、φ增加的方向，且满足

$$\boldsymbol{e}_R\times\boldsymbol{e}_\theta=\boldsymbol{e}_\varphi,\ \boldsymbol{e}_\theta\times\boldsymbol{e}_\varphi=\boldsymbol{e}_R,\ \boldsymbol{e}_\varphi\times\boldsymbol{e}_R=\boldsymbol{e}_\theta$$

在球坐标系中，$\boldsymbol{e}_R$、$\boldsymbol{e}_\theta$、$\boldsymbol{e}_\varphi$的方向因M点的位置变化而改变，所以单位矢量有可能是变量，但三者将始终保持正交关系。在球坐标系中，M点的位置用单位矢量可表示为

$$\boldsymbol{A}=R\boldsymbol{e}_R+\theta\boldsymbol{e}_\theta+\varphi\boldsymbol{e}_\varphi \tag{1.31}$$

式中，R、θ、φ分别是矢量$\boldsymbol{A}$在$\boldsymbol{e}_R$、$\boldsymbol{e}_\theta$、$\boldsymbol{e}_\varphi$方向上的投影。

如图 1.9 所示，球坐标系中三个坐标变量的微元分别为$\mathrm{d}R$、$\mathrm{d}\theta$、$\mathrm{d}\varphi$，这三个变量所对应的线元可分别表示为

$$\mathrm{d}l_R=\mathrm{d}R,\ \mathrm{d}l_\theta=R\mathrm{d}\theta,\ \mathrm{d}l_\varphi=R\sin\theta\mathrm{d}\varphi \tag{1.32}$$

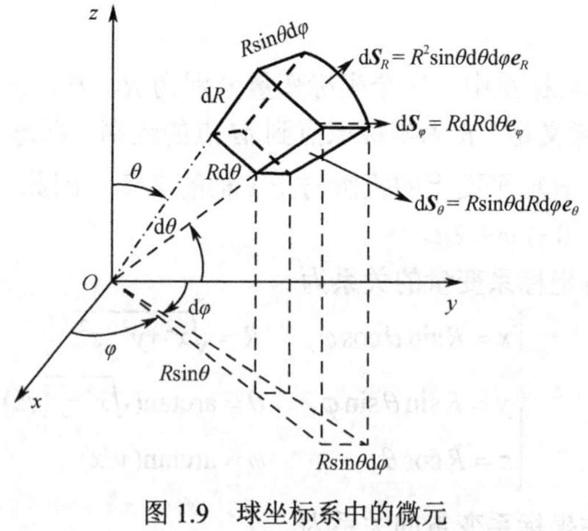

图 1.9 球坐标系中的微元

于是，矢量$\boldsymbol{A}$的线元为

$$\mathrm{d}\boldsymbol{l}=\mathrm{d}R\boldsymbol{e}_R+R\mathrm{d}\theta\boldsymbol{e}_\theta+R\sin\theta\mathrm{d}\varphi\boldsymbol{e}_\varphi \tag{1.33}$$

由R、$R+\mathrm{d}R$、θ、$\theta+\mathrm{d}\theta$、φ、$\varphi+\mathrm{d}\varphi$六个坐标点组成的六面体的面积元分别是

$$\begin{cases} \mathrm{d}\boldsymbol{S}_R = \mathrm{d}l_\theta \mathrm{d}l_\varphi \boldsymbol{e}_R = R^2 \sin\theta \mathrm{d}\theta \mathrm{d}\varphi \boldsymbol{e}_R \\ \mathrm{d}\boldsymbol{S}_\theta = \mathrm{d}l_R \mathrm{d}l_\varphi \boldsymbol{e}_\theta = R\sin\theta \mathrm{d}R \mathrm{d}\varphi \boldsymbol{e}_\theta \\ \mathrm{d}\boldsymbol{S}_\varphi = \mathrm{d}l_R \mathrm{d}l_\theta \boldsymbol{e}_\varphi = R \mathrm{d}R \mathrm{d}\theta \boldsymbol{e}_\varphi \end{cases} \tag{1.34}$$

体积元为

$$\mathrm{d}V = \mathrm{d}l_R \mathrm{d}l_\theta \mathrm{d}l_\varphi = R^2 \sin\theta \mathrm{d}R \mathrm{d}\theta \mathrm{d}\varphi \tag{1.35}$$

1.2.5　三种坐标系中单位矢量之间的关系

在进行坐标变换时，矢量之间的关系主要反映在不同坐标系之间的单位矢量相互换算的关系上。

1. 圆柱坐标系与直角坐标系之间单位矢量的关系

如图 1.10 所示，圆柱坐标系与直角坐标系之间的关系主要表现为单位矢量 $\boldsymbol{e}_r$、$\boldsymbol{e}_\varphi$、$\boldsymbol{e}_z$ 与 $\boldsymbol{e}_x$、$\boldsymbol{e}_y$、$\boldsymbol{e}_z$ 之间的关系。因为二者的 $\boldsymbol{e}_z = \boldsymbol{e}_z$，所以，其关系简化为 xOy 平面上的二维关系。又因为单位矢量的模的大小为 1，即在 $\boldsymbol{e}_x$、$\boldsymbol{e}_y$ 的投影为 1，所以

$$\begin{cases} \boldsymbol{e}_r = \boldsymbol{e}_x \cos\varphi + \boldsymbol{e}_y \sin\varphi \\ \boldsymbol{e}_\varphi = -\boldsymbol{e}_x \sin\varphi + \boldsymbol{e}_y \cos\varphi \end{cases} \tag{1.36}$$

$$\begin{cases} \boldsymbol{e}_x = \boldsymbol{e}_r \cos\varphi - \boldsymbol{e}_\varphi \sin\varphi \\ \boldsymbol{e}_y = \boldsymbol{e}_r \sin\varphi + \boldsymbol{e}_\varphi \cos\varphi \end{cases} \tag{1.37}$$

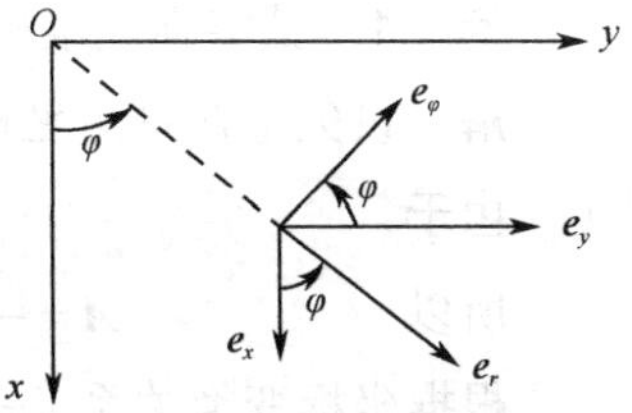

图 1.10　圆柱坐标系与直角坐标系之间的变换关系

因为 $\boldsymbol{e}_r$ 和 $\boldsymbol{e}_\varphi$ 是随 φ 变化的，对式（1.36）微分，可以得到

$$\begin{cases} \dfrac{\mathrm{d}\boldsymbol{e}_r}{\mathrm{d}\varphi} = -\boldsymbol{e}_x \sin\varphi + \boldsymbol{e}_y \cos\varphi = \boldsymbol{e}_\varphi \\ \dfrac{\mathrm{d}\boldsymbol{e}_\varphi}{\mathrm{d}\varphi} = -\boldsymbol{e}_x \cos\varphi - \boldsymbol{e}_y \sin\varphi = -\boldsymbol{e}_r \end{cases} \tag{1.38}$$

式（1.38）表明，单位矢量 $\boldsymbol{e}_r$ 和 $\boldsymbol{e}_\varphi$ 是 φ 的变量。

2. 圆柱坐标系与球坐标系之间单位矢量的关系

因为圆柱坐标系和球坐标系都有相同的变量 φ，即二者的 $\boldsymbol{e}_\varphi = \boldsymbol{e}_\varphi$，因此同样可简化为 $\boldsymbol{e}_r$、$\boldsymbol{e}_z$ 平面上的投影来考虑，如图 1.11 所示。

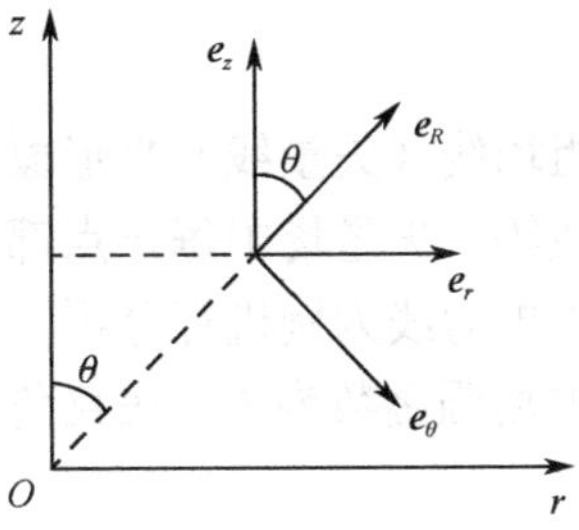

图 1.11　圆柱坐标系与球坐标系之间的变换关系

$$\begin{cases} \boldsymbol{e}_R = \boldsymbol{e}_r \sin\theta + \boldsymbol{e}_z \cos\theta \\ \boldsymbol{e}_\theta = \boldsymbol{e}_r \cos\theta - \boldsymbol{e}_z \sin\theta \end{cases} \tag{1.39}$$

$$\begin{cases} \boldsymbol{e}_r = \boldsymbol{e}_R \sin\theta + \boldsymbol{e}_\theta \cos\theta \\ \boldsymbol{e}_z = \boldsymbol{e}_R \cos\theta - \boldsymbol{e}_\theta \sin\theta \end{cases} \tag{1.40}$$

3. 球坐标与直角坐标系之间单位矢量的关系

类似地，由图 1.8 和式（1.29）可得两坐标系单位矢量之间的关系

$$\begin{cases} \boldsymbol{e}_R = \boldsymbol{e}_x \sin\theta\cos\varphi + \boldsymbol{e}_y \sin\theta\sin\varphi + \boldsymbol{e}_z \cos\theta \\ \boldsymbol{e}_\theta = \boldsymbol{e}_x \cos\theta\cos\varphi + \boldsymbol{e}_y \cos\theta\sin\varphi - \boldsymbol{e}_z \sin\theta \\ \boldsymbol{e}_\varphi = -\boldsymbol{e}_x \sin\varphi + \boldsymbol{e}_y \cos\varphi \end{cases} \tag{1.41}$$

$$\begin{cases} \boldsymbol{e}_x = \boldsymbol{e}_R \sin\theta\cos\varphi + \boldsymbol{e}_\theta \cos\theta\cos\varphi - \boldsymbol{e}_\varphi \sin\varphi \\ \boldsymbol{e}_y = \boldsymbol{e}_R \sin\theta\sin\varphi + \boldsymbol{e}_\theta \cos\theta\sin\varphi + \boldsymbol{e}_\varphi \cos\varphi \\ \boldsymbol{e}_z = \boldsymbol{e}_R \cos\theta - \boldsymbol{e}_\theta \sin\theta \end{cases} \tag{1.42}$$

从式（1.41）和式（1.42）可看出，在球坐标系中，单位矢量均不是常量，即有

$$\frac{\mathrm{d}\boldsymbol{e}_R}{\mathrm{d}\theta} = \boldsymbol{e}_\theta,\quad \frac{\mathrm{d}\boldsymbol{e}_\theta}{\mathrm{d}\theta} = -\boldsymbol{e}_R,\quad \frac{\mathrm{d}\boldsymbol{e}_\varphi}{\mathrm{d}\theta} = 0 \tag{1.43}$$

$$\frac{\mathrm{d}\boldsymbol{e}_R}{\mathrm{d}\varphi} = \boldsymbol{e}_\varphi \sin\theta,\quad \frac{\mathrm{d}\boldsymbol{e}_\theta}{\mathrm{d}\varphi} = \boldsymbol{e}_\varphi \cos\theta,\quad \frac{\mathrm{d}\boldsymbol{e}_\varphi}{\mathrm{d}\varphi} = -\boldsymbol{e}_R \sin\theta - \boldsymbol{e}_\theta \cos\theta \tag{1.44}$$

例 1.1　试将圆柱坐标系中的矢量 $\boldsymbol{A} = -r\boldsymbol{e}_\varphi + z\boldsymbol{e}_z$ 变换为直角坐标系中的表达式。

解：设矢量在直角坐标系中表示为 $\boldsymbol{A} = A_x\boldsymbol{e}_x + A_y\boldsymbol{e}_y + A_z\boldsymbol{e}_z$，

由于

$$\boldsymbol{e}_\varphi = -\boldsymbol{e}_x \sin\varphi + \boldsymbol{e}_y \cos\varphi$$

所以

$$\boldsymbol{A} = -r(-\boldsymbol{e}_x \sin\varphi + \boldsymbol{e}_y \cos\varphi) + z\boldsymbol{e}_z = \boldsymbol{e}_x r\sin\varphi - \boldsymbol{e}_y r\cos\varphi + \boldsymbol{e}_z z$$

根据坐标变换关系 $x = r\cos\varphi$，$y = r\sin\varphi$，$z = z$，可得

$$A_x = y,\quad A_y = -x,\quad A_z = z$$

所以

$$\boldsymbol{A} = y\boldsymbol{e}_x - x\boldsymbol{e}_y + z\boldsymbol{e}_z$$

1.3　矢量函数的通量与散度

为了研究矢量场的空间变化情况，需要引入矢量场的散度（divergence）的概念。矢量函数的散度是一个标量函数，它表示矢量场中任意一点处通量对体积的变化率，即描述了通量源的强度。因此，在具体讨论散度之前必须先从通量的概念入手。

1.3.1　矢量的通量

正如 1.1 节中所描述的那样，在研究电场、磁场时，可借助一组场线（矢量线）来形象地表示矢量场的空间分布，如描述电场的电力线、描述磁场的磁力线等。矢量场中每一点都有唯一的一条矢量线通过，线的疏密表示该点矢量场的强弱。下面以电力线为例进行分析。

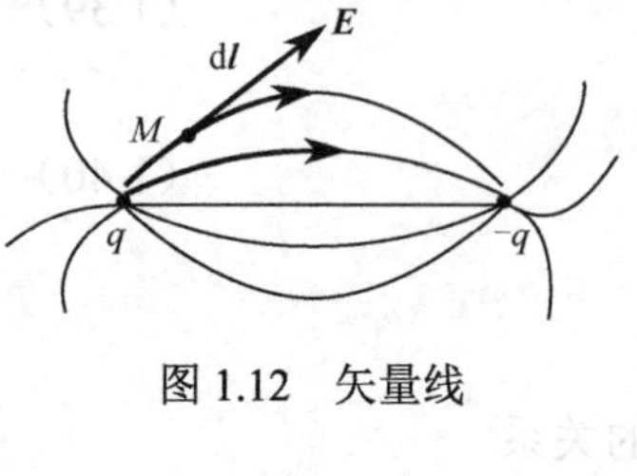

图 1.12　矢量线

如图 1.12 所示，设空间一点 M 处的场强函数为 $\boldsymbol{E}$，在直角坐标系中

$$\boldsymbol{E} = \boldsymbol{E}(x,y,z) = E_x\boldsymbol{e}_x + E_y\boldsymbol{e}_y + E_z\boldsymbol{e}_z$$

在电力线上取一线元 $\mathrm{d}\boldsymbol{l} = \mathrm{d}x\boldsymbol{e}_x + \mathrm{d}y\boldsymbol{e}_y + \mathrm{d}z\boldsymbol{e}_z$，其方向为沿矢量线切线的方向。由于矢量线上任意一点的切线方向即 $\mathrm{d}\boldsymbol{l}$ 的方向与该点矢量场 $\boldsymbol{E}$ 的方向平行，从矢量叉乘的几何意义可知

$$\boldsymbol{E} \times \mathrm{d}\boldsymbol{l} = 0$$

展开表示为

$$\boldsymbol{E}\times \mathrm{d}\boldsymbol{l}=\begin{vmatrix}\boldsymbol{e}_x & \boldsymbol{e}_y & \boldsymbol{e}_z\\ E_x & E_y & E_z\\ \mathrm{d}x & \mathrm{d}y & \mathrm{d}z\end{vmatrix}=0$$

可得

$$\frac{\mathrm{d}x}{E_x}=\frac{\mathrm{d}y}{E_y}=\frac{\mathrm{d}z}{E_z} \tag{1.45}$$

此式即为电力线的微分方程，求出其通解，就可得出电力线的表达式。

在矢量场中，经常会遇到要对曲面求积分，这时在曲面 S 上，可取一个面元 $\mathrm{d}\boldsymbol{S}$ 。由于面元除了大小，在空间也有一定的取向，因此，我们要用一个矢量来表示面元。如图 1.13 所示，取一个与面元相垂直的单位矢量 $\boldsymbol{e}_{\mathrm{n}}$ ，称为面元的法向矢量，并用它来表示面元 $\mathrm{d}\boldsymbol{S}$ 的取向，则面元矢量可表示为

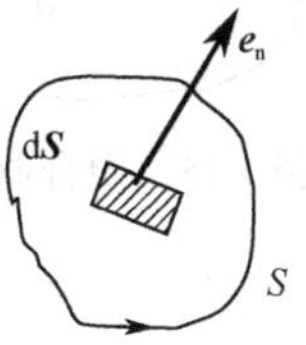

图 1.13　面元

$$\mathrm{d}\boldsymbol{S}=\mathrm{d}S\boldsymbol{e}_{\mathrm{n}}$$

确定 $\boldsymbol{e}_{\mathrm{n}}$ 的取向要分两种情况考虑：当 $\mathrm{d}\boldsymbol{S}$ 是一个闭合面 S 上的一个面元时，$\boldsymbol{e}_{\mathrm{n}}$ 的方向为闭合面在 $\mathrm{d}\boldsymbol{S}$ 这一点上的外法线方向；当 $\mathrm{d}\boldsymbol{S}$ 是由一个闭合曲线 C 为边界所组成的开表面的一个面元时，要确定面元 $\mathrm{d}\boldsymbol{S}$ 的方向，首先必须选定曲线 C 的绕行方向，然后沿绕行方向卷曲右手指头，则大拇指的方向即为 $\boldsymbol{e}_{\mathrm{n}}$ 的方向，满足右手螺旋定则。

在直角坐标系中，$\mathrm{d}\boldsymbol{S}$ 可以写成

$$\begin{aligned}\mathrm{d}\boldsymbol{S}&=\mathrm{d}S_x\boldsymbol{e}_x+\mathrm{d}S_y\boldsymbol{e}_y+\mathrm{d}S_z\boldsymbol{e}_z\\&=\mathrm{d}y\,\mathrm{d}z\boldsymbol{e}_x+\mathrm{d}x\,\mathrm{d}z\boldsymbol{e}_y+\mathrm{d}x\,\mathrm{d}y\boldsymbol{e}_z\end{aligned} \tag{1.46}$$

式中，$\mathrm{d}S_x$ 是面元在 yOz 平面上的投影，$\mathrm{d}S_y$ 是面元在 xOz 平面上的投影，$\mathrm{d}S_z$ 是面元在 xOy 平面上的投影。

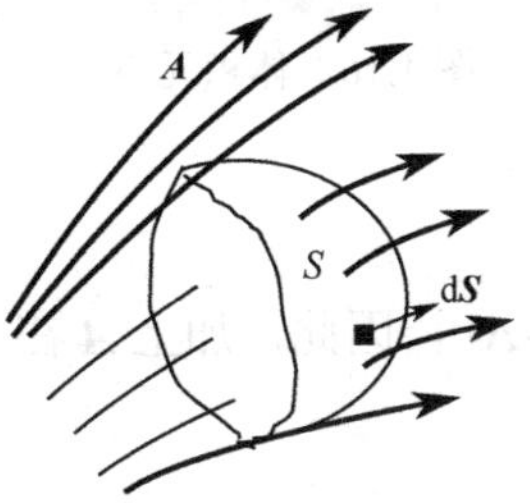

图 1.14　矢量的通量

如图 1.14 所示，在矢量场 $\boldsymbol{E}$ 中，曲面 S 上取的面元 $\mathrm{d}\boldsymbol{S}$ 很小，在面元 $\mathrm{d}\boldsymbol{S}$ 上的矢量 $\boldsymbol{A}$ 可认为相等，方向也可认为相同。

于是将 $\boldsymbol{A}\cdot\mathrm{d}\boldsymbol{S}=A\cos\theta\mathrm{d}S$ 称为矢量 $\boldsymbol{A}$ 穿过 $\mathrm{d}\boldsymbol{S}$ 的**通量**，记作

$$\mathrm{d}\varPhi=\boldsymbol{A}\cdot\mathrm{d}\boldsymbol{S}=A\cos\theta\mathrm{d}S \tag{1.47}$$

式中，θ 为矢量 $\boldsymbol{A}$ 与面元 $\mathrm{d}\boldsymbol{S}$ 的夹角。

通量是一个标量，它的正、负与面元法线矢量的选取有关。将曲面 S 的各个面元上的 $\mathrm{d}\varPhi$ 相加，即可得到穿过曲面 S 的通量为

$$\varPhi=\int_S\boldsymbol{A}\cdot\mathrm{d}\boldsymbol{S}=\int_S\boldsymbol{A}\cdot\boldsymbol{e}_{\mathrm{n}}\mathrm{d}S=\int_S A\cos\theta\mathrm{d}S \tag{1.48a}$$

通量的物理意义：借用矢量线的概念，通量可以认为是矢量 $\boldsymbol{A}$ 穿过曲面 S 的矢量线总数。矢量线也叫通量线，穿出为正，穿入为负。矢量场 $\boldsymbol{A}$ 也可称为通量面密度矢量。

如果 S 是一个闭合曲面，则通过闭合曲面的总通量可表示为

$$\varPhi=\oint_S\boldsymbol{A}\cdot\mathrm{d}\boldsymbol{S}=\oint_S\boldsymbol{A}\cdot\boldsymbol{e}_{\mathrm{n}}\mathrm{d}S \tag{1.48b}$$

式中，$\boldsymbol{A}$ 是闭合面上的矢量函数。当 $\varPhi>0$ 时，表明穿出闭合面 S 的通量线数目大于穿入 S 面的通量线数目，这时 S 面内一定有发出通量线的源，是正源；当 $\varPhi<0$ 时，表明穿入的通量线数多于穿出的，称为负源；当 $\varPhi=0$ 时，表明穿出的通量线数等于穿入的通量线，这时，

S面内的正源与负源的代数和为零，或者说，S面内没有源。正源与负源统称为通量源。

1.3.2 散度

矢量场中，矢量通过闭合面 S 的通量是由 S 内的通量源决定的。从式（1.48）可看出，通量是一个积分量，它描述的是闭合面内是否存在通量源，但它却不能说明场在闭合面内每一点处的分布性质。对于一个场的分析来说，知道场中每一点的场源分布规律是必要的。

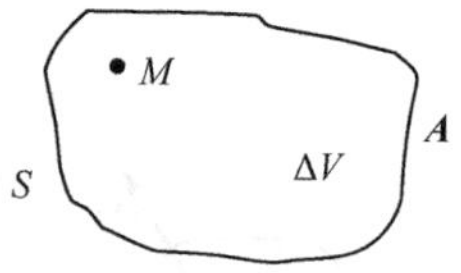

图 1.15 闭合曲面

如图 1.15 所示，设有矢量场 $\boldsymbol{A}$，在场中任意一点 M 处，作包含 M 在内的任一闭合曲面 S，S 所包围的体积为 ΔV。体积 ΔV 以任意方式缩向 M 点时，即 $\Delta V \to 0$ 时，若比值 $\oint \boldsymbol{A}\cdot \mathrm{d}\boldsymbol{S}/\Delta V$ 的极限存在，则称此极限为矢量场 $\boldsymbol{A}$ 在空间 M 点处的**散度**，记为 $\mathrm{div}\,\boldsymbol{A}$。即

$$\mathrm{div}\,\boldsymbol{A} = \lim_{\Delta V \to 0}\frac{\oint \boldsymbol{A}\cdot \mathrm{d}\boldsymbol{S}}{\Delta V} = \lim_{\Delta V \to 0}\frac{\oint \boldsymbol{A}\cdot \boldsymbol{e}_{\mathrm{n}}\mathrm{d}S}{\Delta V} \tag{1.49}$$

由式（1.49）可看出，$\mathrm{div}\,\boldsymbol{A}$ 表示在场中任意一点处通量对体积的变化率，也可看成是在该点处单位体积通过的通量，它表示了场中各点的场与通量源的关系。

由散度的定义可知，在 M 点处，当 $\mathrm{div}\,\boldsymbol{A} > 0$ 时，表明该点存在正通量源，发出通量线；当 $\mathrm{div}\,\boldsymbol{A} < 0$ 时，表明该点存在负通量源，吸收通量线；当 $\mathrm{div}\,\boldsymbol{A} = 0$ 时，表明该点无通量源。另外，$\mathrm{div}\,\boldsymbol{A}$ 与所取的体积形状无关。因为当 $\Delta V \to 0$ 时，整个体积都趋于零。

如图 1.16 所示，在直角坐标系中，取一点 $M(x, y, z)$，以 M 为顶点作一平行六面体，其表面为闭合面 S，其三个边长分别为 Δx、Δy、Δz。

则正六面体的体积为

$$\Delta V = \Delta x \Delta y \Delta z$$

设在点 $M(x,y,z)$ 的矢量函数为 $\boldsymbol{A}$，并且

$$\boldsymbol{A} = A_x\boldsymbol{e}_x + A_y\boldsymbol{e}_y + A_z\boldsymbol{e}_z \tag{1.50}$$

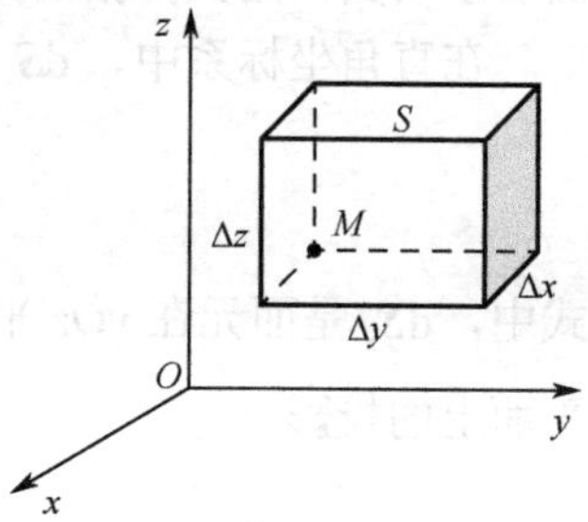

图 1.16 体积元

则从前后两个表面穿出的净通量为

$$\Delta\Phi_{前后} = \left(A_x + \frac{\partial A_x}{\partial x}\Delta x\right)\Delta y\,\Delta z - A_x\,\Delta y\,\Delta z = \frac{\partial A_x}{\partial x}\Delta x\,\Delta y\,\Delta z$$

式中，$\dfrac{\partial A_x}{\partial x}$ 为矢量 $\boldsymbol{A}$ 沿 x 方向的变化率，于是沿 x 方向的变化量为 $\dfrac{\partial A_x}{\partial x}\Delta x$，因此，加上 $\boldsymbol{A}$ 在 x 方向的分量则可表示为 $A_x + \dfrac{\partial A_x}{\partial x}\Delta x$。

同理，从左右两个面和上下两个面穿出的净通量分别为

$$\Delta\Phi_{左右} = \left(A_y + \frac{\partial A_y}{\partial y}\Delta y\right)\Delta x\,\Delta z - A_y\,\Delta x\,\Delta z = \frac{\partial A_y}{\partial y}\Delta x\,\Delta y\,\Delta z$$

$$\Delta\Phi_{上下} = \left(A_z + \frac{\partial A_z}{\partial z}\Delta z\right)\Delta x\,\Delta y - A_z\,\Delta x\,\Delta y = \frac{\partial A_z}{\partial z}\Delta x\,\Delta y\,\Delta z$$

所以，从平行六面体闭合面 S 穿出的矢量 $\boldsymbol{A}$ 的总净通量为

$$\oint \boldsymbol{A}\cdot \mathrm{d}\boldsymbol{S} = \Delta\Phi_{前后} + \Delta\Phi_{左右} + \Delta\Phi_{上下} = \left(\frac{\partial A_x}{\partial x} + \frac{\partial A_y}{\partial y} + \frac{\partial A_z}{\partial z}\right)\Delta V$$

则

$$\operatorname{div}\boldsymbol{A}=\lim_{\Delta V\to 0}\frac{\oint \boldsymbol{A}\cdot \mathrm{d}\boldsymbol{S}}{\Delta V}=\frac{\partial A_x}{\partial x}+\frac{\partial A_y}{\partial y}+\frac{\partial A_z}{\partial z} \tag{1.51}$$

由此可知，一个矢量函数的散度为一个标量函数，在场中任意一点，矢量场 $\boldsymbol{A}$ 的散度等于 $\boldsymbol{A}$ 的各个坐标轴上的分量对各自变量的偏导数之和。将上式用矢量关系描述可得到

$$\begin{aligned}\operatorname{div}\boldsymbol{A}&=\frac{\partial A_x}{\partial x}+\frac{\partial A_y}{\partial y}+\frac{\partial A_z}{\partial z}\\&=\left(\boldsymbol{e}_x\frac{\partial}{\partial x}+\boldsymbol{e}_y\frac{\partial}{\partial y}+\boldsymbol{e}_z\frac{\partial}{\partial z}\right)\cdot(\boldsymbol{e}_xA_x+\boldsymbol{e}_yA_y+\boldsymbol{e}_zA_z)\end{aligned} \tag{1.52}$$

引入一个矢性微分算子 ∇，称为哈密顿算子，即

$$\nabla=\boldsymbol{e}_x\frac{\partial}{\partial x}+\boldsymbol{e}_y\frac{\partial}{\partial y}+\boldsymbol{e}_z\frac{\partial}{\partial z}$$

则式（1.52）可以写成

$$\operatorname{div}\boldsymbol{A}=\nabla\cdot\boldsymbol{A} \tag{1.53}$$

注意：∇ 是一个很重要的微分算子，它有两重意义。首先，它具有矢量特性，而不是一个具体的矢量；其次，它是微分算符，它对跟随其后的函数进行微分，不论跟随其后的函数是矢量函数还是标量函数。式（1.53）就是用哈密顿算子表示的散度表达式，由此式可看出，它与所取的坐标系无关，在具体计算时，可选择不同坐标系。

可以推得，在圆柱坐标系中

$$\nabla=\boldsymbol{e}_r\frac{\partial}{\partial r}+\boldsymbol{e}_\varphi\frac{1}{r}\frac{\partial}{\partial\varphi}+\boldsymbol{e}_z\frac{\partial}{\partial z} \tag{1.54}$$

在球坐标系中

$$\nabla=\boldsymbol{e}_R\frac{\partial}{\partial R}+\boldsymbol{e}_\theta\frac{1}{R}\frac{\partial}{\partial\theta}+\boldsymbol{e}_\varphi\frac{1}{R\sin\theta}\frac{\partial}{\partial\varphi} \tag{1.55}$$

于是，在圆柱坐标系中

$$\nabla\cdot\boldsymbol{A}=\frac{1}{r}\frac{\partial(rA_r)}{\partial r}+\frac{1}{r}\frac{\partial A_\varphi}{\partial\varphi}+\frac{\partial A_z}{\partial z} \tag{1.56}$$

在球坐标系中

$$\nabla\cdot\boldsymbol{A}=\frac{1}{R^2}\frac{\partial}{\partial R}(R^2A_R)+\frac{1}{R\sin\theta}\frac{\partial}{\partial\theta}(\sin\theta A_\theta)+\frac{1}{R\sin\theta}\frac{\partial A_\varphi}{\partial\varphi} \tag{1.57}$$

利用哈密顿算子的性质可以证明，散度运算符合下列规则：

$$\nabla\cdot(\boldsymbol{A}+\boldsymbol{B})=\nabla\cdot\boldsymbol{A}+\nabla\cdot\boldsymbol{B}$$

$$\nabla\cdot(\phi\boldsymbol{A})=\phi\nabla\cdot\boldsymbol{A}+\boldsymbol{A}\cdot\nabla\phi$$

$$\nabla\cdot\nabla\phi=\nabla^2\phi=\frac{\partial^2\phi}{\partial x^2}+\frac{\partial^2\phi}{\partial y^2}+\frac{\partial^2\phi}{\partial z^2}$$

式中，ϕ 为标量函数。

1.3.3　高斯散度定理

散度定理是德国数学家高斯从纯数学观点导出的有关源发散的一个基本定理，又称为高

斯通量定理。在矢量分析中，它是两个重要定理之一。该定理用数学表达式可描述为

$$\int_V \nabla\cdot\boldsymbol{A}\mathrm{d}V=\oint_S \boldsymbol{A}\cdot\mathrm{d}\boldsymbol{S} \tag{1.58}$$

其意义是：任意矢量函数 $\boldsymbol{A}$ 的散度在场中任意一个体积内的体积分，等于该矢量函数 $\boldsymbol{A}$ 在限定该体积的闭合面的法线分量沿闭合面的面积分。也即，一个矢量通过一闭合面的通量等于该矢量的散度对该闭合面所包围的体积的体积分。我们可以利用散度定理将曲面积分转换成体积分，或将体积分转换成曲面积分。

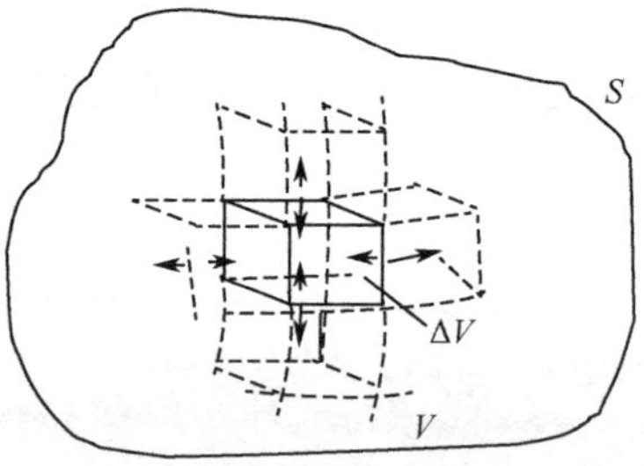

图 1.17 体积 V 的分割

证明：如图 1.17 所示，在矢量场 $\boldsymbol{A}$ 中，取任意一闭合曲面 S，其所包围的体积为 V，将体积分成无穷多个体积元，它们分别是ΔV_1、ΔV_2、…、ΔV_K、…对其中任意一个小体积元ΔV_i，由散度定义可知

$$\nabla\cdot\boldsymbol{A}=\lim_{\Delta V_i\to 0}\frac{\oint \boldsymbol{A}\cdot\mathrm{d}\boldsymbol{S}}{\Delta V_i}$$

其通量为
$$\Delta\varPhi_i=\oint_{\Delta S_i}\boldsymbol{A}\cdot\mathrm{d}\boldsymbol{S}=\lim_{\Delta V\to 0}(\nabla\cdot\boldsymbol{A})\Delta V_i$$

同理，相邻的体积元 ΔV_j 也有

$$\Delta\varPhi_j=\oint_{\Delta S_j}\boldsymbol{A}\cdot\mathrm{d}\boldsymbol{S}=\lim_{\Delta V_j\to 0}(\nabla\cdot\boldsymbol{A})\Delta V_j$$

由 ΔV_i 和 ΔV_j 组成的体积中穿出的通量为

$$\lim_{\Delta V_i\to 0}(\nabla\cdot\boldsymbol{A})\Delta V_i+\lim_{\Delta V_j\to 0}(\nabla\cdot\boldsymbol{A})\Delta V_j=\oint_{\Delta S_i}\boldsymbol{A}\cdot\mathrm{d}\boldsymbol{S}+\oint_{\Delta S_j}\boldsymbol{A}\cdot\mathrm{d}\boldsymbol{S}=\oint_{\Delta S_k}\boldsymbol{A}\cdot\mathrm{d}\boldsymbol{S}$$

因为相邻体积元有一个公共表面，这个公共表面上的通量对这两个体积元来说恰是等值异号的，求和时正好互相抵消。因此，上式右边的积分值等于由 ΔV_i 和 ΔV_j 组成的体积的外表面上的通量。

以此类推，当体积 V是由 N个体积元组成时，通过闭合面 S 上的通量应为

$$\varPhi=\sum_{i=1}^{N}\lim_{\Delta V_i\to 0}(\nabla\cdot\boldsymbol{A})\Delta V_i=\sum_{i=1}^{N}\oint_{\Delta S_i}\boldsymbol{A}\cdot\mathrm{d}\boldsymbol{S}$$

当 $N\to\infty$时，由体积分的定义，上式左边的总和可以表示为一个体积分，所以有

$$\int_V \nabla\cdot\boldsymbol{A}\mathrm{d}V=\oint_S \boldsymbol{A}\cdot\mathrm{d}\boldsymbol{S}$$

证毕。

例 1.2 长方体区域由 $x=0$、$x=1$、$y=0$、$y=2$ 及 $z=0$ 和 $z=3$ 六个面组成，设其内矢量场 $\boldsymbol{D}=2xy\boldsymbol{e}_x+x^2\boldsymbol{e}_y$，试验证散度定理的有效性。

解：由题意知 $\boldsymbol{D}$ 为二维矢量，且和 $z=0$ 及 $z=3$ 的表面平行，因此只需要计算其余表面的通量。

$$\begin{aligned}\oint\boldsymbol{D}\cdot\mathrm{d}\boldsymbol{S}=&\int_0^3\int_0^2(\boldsymbol{D})_{x=0}\cdot(-\mathrm{d}y\mathrm{d}z\,\boldsymbol{e}_x)+\int_0^3\int_0^2(\boldsymbol{D})_{x=1}\cdot(\mathrm{d}y\mathrm{d}z\,\boldsymbol{e}_x)\\&+\int_0^3\int_0^1(\boldsymbol{D})_{y=0}\cdot(-\mathrm{d}x\mathrm{d}z\,\boldsymbol{e}_y)+\int_0^3\int_0^1(\boldsymbol{D})_{y=2}\cdot(\mathrm{d}x\mathrm{d}z\,\boldsymbol{e}_y)\end{aligned}$$

将 $(D_x)_{x=0}=0$，$(D_y)_{y=0}=(D_y)_{y=2}$ 及 $(D_x)_{x=1}=2y$ 代入上式，等号右边第一个积分式为零，第三、第四积分式相互抵消，结果为

$$\oint \boldsymbol{D}\cdot d\boldsymbol{S}=\int_0^3\int_0^2 2y\mathrm{d}y\mathrm{d}z=\int_0^3 4\mathrm{d}z=12$$

又因为

$$\nabla\cdot\boldsymbol{D}=\frac{\partial D_x}{\partial x}+\frac{\partial D_y}{\partial y}=\frac{\partial}{\partial x}(2xy)+\frac{\partial}{\partial y}(x^2)=2y$$

于是体积分为

$$\int_V \nabla\cdot\boldsymbol{D}\,\mathrm{d}V=\int_0^3\int_0^2\int_0^1 2y\mathrm{d}x\mathrm{d}y\mathrm{d}z=\int_0^3\int_0^2 2y\mathrm{d}y\mathrm{d}z=\int_0^3 4\mathrm{d}z=12$$

曲面积分和体积分结果一致，说明散度定理有效。

1.4　矢量函数的环量与旋度

通量和散度针对的是具有通量源的矢量场，用它们来描述场中的通量源与场点的关系。而能够产生矢量场的源除了通量源，还有一类源，称为涡旋源。例如，对于磁场 $\boldsymbol{B}$，在任意曲面内，都有 $\oint_S \boldsymbol{B}\cdot d\boldsymbol{S}=0$，看起来磁场 $\boldsymbol{B}$ 似乎是无源的，但该场又的确存在。事实上，它只是说明没有通量源，这时的场其实就是由涡旋源产生的。要讨论涡旋源所形成的场，需要引入矢量场的旋度。而要讨论矢量函数的旋度，必须先引入环量的概念。

1.4.1　矢量的环量

如图 1.18 所示，在矢量场中，取任意一闭合路径 l，矢量函数 $\boldsymbol{A}$ 沿闭合路径 l 的线积分

$$C=\oint_l \boldsymbol{A}\cdot d\boldsymbol{l} \tag{1.59}$$

称为矢量 $\boldsymbol{A}$ 沿闭合曲线 l 的**环量**。其中 $\boldsymbol{A}$ 是闭合路径上任一点的场矢量，$d\boldsymbol{l}$ 是闭合路径上的线元矢量，即路径上的切向长度矢量。

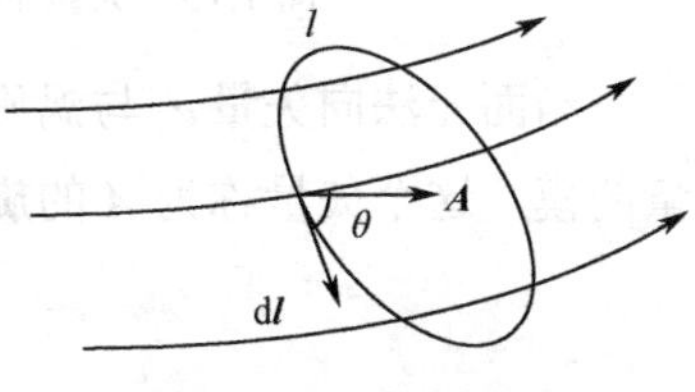

图 1.18　矢量的环量

因此

$$C=\oint_l \boldsymbol{A}\cdot d\boldsymbol{l}=\oint_l A\cos\theta\,\mathrm{d}l \tag{1.60}$$

式中，θ 为 $\boldsymbol{A}$ 与 $d\boldsymbol{l}$ 的夹角。

由式（1.60）可以看出，环量是一个标量，其大小和正负与矢量场 $\boldsymbol{A}$ 的分布有关，而且与所取积分环绕方向有关。式（1.60）纯属一种数学定义，其物理意义随矢量函数所代表的场而定。例如，当 $\boldsymbol{A}$ 为电场强度时，其环量将是围绕闭合路径的电动势；在重力场中，环量是重力所作的功。当 $\oint_l \boldsymbol{A}\cdot d\boldsymbol{l}\neq 0$ 时，$\boldsymbol{A}$ 代表的场即由涡旋源所产生，这时闭合环路包围有涡旋源。环量描述了涡旋源与场的关系，若任意回路内 $\oint_l \boldsymbol{A}\cdot d\boldsymbol{l}=0$，即矢量函数沿任何闭合路径上的环量等于零，这时场中不可能有涡旋源，这种场称为无旋场或保守场，如静电场、重力场就是保守场。当 $\boldsymbol{A}$ 为稳恒电流形成的磁感应强度 $\boldsymbol{B}$ 时，即 $\oint_l \boldsymbol{B}\cdot d\boldsymbol{l}=\mu_0\sum I_{内}$，这就是安培环路定律。

环量只能描述闭合路径内是否存在涡旋源，而不能描述场中某一具体点的性质和分布规律，若要进一步地描述这些规律，就需要引入旋度。

1.4.2 矢量场的旋度

在矢量场 $\boldsymbol{A}$ 中，为了研究场中某点 M 的性质，取包含 M 点的一个面元 $\mathrm{d}\boldsymbol{S}$，其边界为 C，选定 C 的绕行方向，由右手螺旋定则确定面元的法线矢量 $\boldsymbol{e}_\mathrm{n}$ 的方向。如图 1.19 所示，沿着包围这个面元的闭合路径取 $\boldsymbol{A}$ 的线积分，保持 $\boldsymbol{e}_\mathrm{n}$ 的方向不变，而使曲面面元ΔS 以任意方式趋近于零，即逼近 M 点，用极限表达即为

$$\lim_{\Delta S\to 0}\frac{\oint_l \boldsymbol{A}\cdot \mathrm{d}\boldsymbol{l}}{\Delta S}$$

但上式极限与 C 所围的面元的方向有关，这里借用了流体力学的概念。例如，在流体情形中，某点附近的流体沿着一个面呈涡旋状流动时，形成一个涡旋流体场，如图 1.20 所示，如果 C 围成的面元与涡旋面方向重合，则上述极限有最大值，如所取面元和涡旋面元之间有一夹角，得到的极限值总是小于最大值，而当面元和涡旋面相垂直时，极限值等于零。由此可知，此极限乃是某一矢量在面元上的投影。

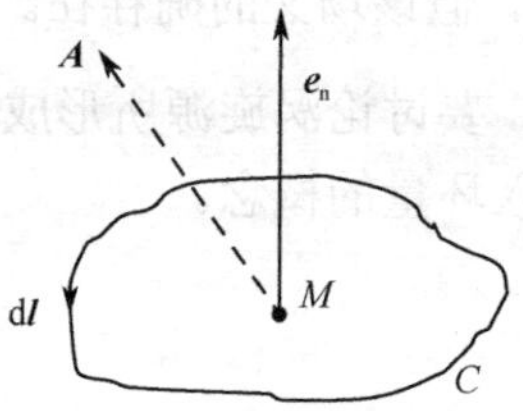

图 1.19 矢量的旋度

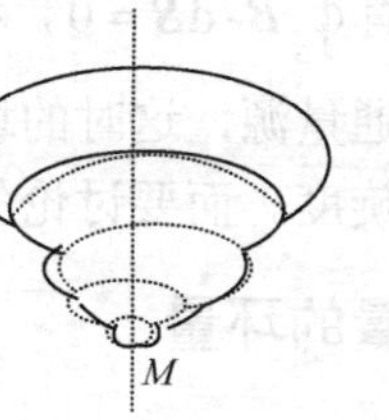

图 1.20 流体的涡旋

当面元法向矢量 $\boldsymbol{e}_\mathrm{n}$ 与涡旋轴方向相重合时，上述极限值为最大值，这个值也就是某一矢量的模，这个矢量称为 $\boldsymbol{A}$ 的**旋度**，记为 $\mathrm{rot}\,\boldsymbol{A}$ 。

$$\mathrm{rot}\,\boldsymbol{A}=\lim_{\Delta S\to 0}\frac{\oint_l \boldsymbol{A}\cdot \mathrm{d}\boldsymbol{l}}{\Delta S}\bigg|_{\max} \tag{1.61}$$

式（1.61）表示了 $\mathrm{rot}\,\boldsymbol{A}$ 矢量在面元法向矢量 $\boldsymbol{e}_\mathrm{n}$ 方向上的投影，由定义可看出，这个极限式与所取面元的形状无关，它只表示矢量 $\boldsymbol{A}$ 的旋度在某一确定面元法向矢量 $\boldsymbol{e}_\mathrm{n}$ 方向上的投影。

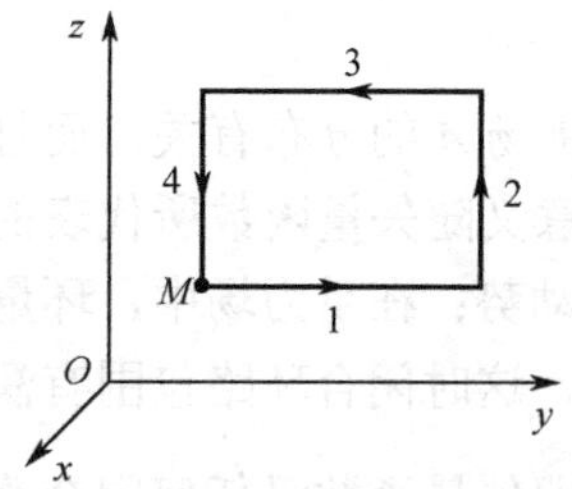

图 1.21 推导旋度公式用图

在直角坐标系中，若要求得矢量场中某一点 M 的旋度，就必须分别求出在三个坐标面方向的旋度的分量，这三个旋度分量之和便是该点的旋度。由旋度的定义可以看出，定义式中的极限与所取面元的形状无关。如图 1.21 所示，如果要求出矢量场中一点 M 的旋度，首先可求出 yOz 坐标面的旋度，也就是沿 x 方向的旋度。

以 M 为顶点，取一个平行于 yOz 坐标面的矩形面元，选 1、2、3、4 顺序绕行方向，则面元矢量沿正 x 轴方向的大小为

$$\Delta S_x=\boldsymbol{e}_x\,\Delta y\,\Delta z$$

设 M 点的矢量 $\boldsymbol{A}=A_x\boldsymbol{e}_x+A_y\boldsymbol{e}_y+A_z\boldsymbol{e}_z$ ，则

$$\begin{aligned}\oint_l \boldsymbol{A}\cdot \mathrm{d}\boldsymbol{l}&=\int_1 \boldsymbol{A}\cdot \mathrm{d}\boldsymbol{l}+\int_2 \boldsymbol{A}\cdot \mathrm{d}\boldsymbol{l}+\int_3 \boldsymbol{A}\cdot \mathrm{d}\boldsymbol{l}+\int_4 \boldsymbol{A}\cdot \mathrm{d}\boldsymbol{l}\\&=\int_1 \boldsymbol{A}\cdot\boldsymbol{e}_y\,\mathrm{d}y+\int_2 \boldsymbol{A}\cdot\boldsymbol{e}_z\,\mathrm{d}z+\int_3 \boldsymbol{A}\cdot(\boldsymbol{e}_y)\,\mathrm{d}y+\int_4 \boldsymbol{A}\cdot\boldsymbol{e}_z\,\mathrm{d}z\end{aligned}$$

$$= A_y \Delta y + \left(A_z + \frac{\partial A_z}{\partial y} \Delta y \right) \Delta z - \left(A_y + \frac{\partial A_y}{\partial z} \Delta z \right) \Delta y - A_z \Delta z$$

$$= \left(\frac{\partial A_z}{\partial y} - \frac{\partial A_y}{\partial z} \right) \Delta y \Delta z$$

式中，$\frac{\partial A_z}{\partial y} \Delta y$ 和 $\frac{\partial A_y}{\partial z} \Delta z$ 分别是 M 点处矢量 $\boldsymbol{A}$ 的分量 A_z 和 A_y 分别经过 Δy 和 Δz 段的变化量。所以

$$\mathrm{rot}_x \boldsymbol{A} = \lim_{\Delta S_x \to 0} \frac{\oint_l \boldsymbol{A} \cdot \mathrm{d}\boldsymbol{l}}{\Delta S_x} = \frac{\partial A_z}{\partial y} - \frac{\partial A_y}{\partial z} \tag{1.62}$$

这就是 rot $\boldsymbol{A}$ 在 ΔS_x 上的投影，也就是 rot $\boldsymbol{A}$ 在 x 轴上的投影（这里的推导也可看成假设有一旋度沿 x 方向，取一面元方向也沿 x 轴，所得结果即为极限的最大值）。

同理，取面元 ΔS_y、ΔS_z，它们分别平行于 y 轴和 z 轴，于是可得

rot $\boldsymbol{A}$ 在 y 轴上的投影为

$$\mathrm{rot}_y \boldsymbol{A} = \lim_{\Delta S_y \to 0} \frac{\oint_l \boldsymbol{A} \cdot \mathrm{d}\boldsymbol{l}}{\Delta S_y} = \frac{\partial A_x}{\partial z} - \frac{\partial A_z}{\partial x}$$

rot $\boldsymbol{A}$ 在 z 轴上的投影为

$$\mathrm{rot}_z \boldsymbol{A} = \lim_{\Delta S_z \to 0} \frac{\oint_l \boldsymbol{A} \cdot \mathrm{d}\boldsymbol{l}}{\Delta S_z} = \frac{\partial A_y}{\partial x} - \frac{\partial A_x}{\partial y}$$

由此可得到：任一矢量 $\boldsymbol{A}$ 在 M 点的旋度应为三个分量的矢量之和，即

$$\begin{aligned}
\mathrm{rot}\,\boldsymbol{A} &= \boldsymbol{e}_x \mathrm{rot}_x \boldsymbol{A} + \boldsymbol{e}_y \mathrm{rot}_y \boldsymbol{A} + \boldsymbol{e}_z \mathrm{rot}_z \boldsymbol{A} \\
&= \boldsymbol{e}_x \left(\frac{\partial A_z}{\partial y} - \frac{\partial A_y}{\partial z} \right) + \boldsymbol{e}_y \left(\frac{\partial A_x}{\partial z} - \frac{\partial A_z}{\partial x} \right) + \boldsymbol{e}_z \left(\frac{\partial A_y}{\partial x} - \frac{\partial A_x}{\partial y} \right) \\
&= \left(\boldsymbol{e}_x \frac{\partial}{\partial x} + \boldsymbol{e}_y \frac{\partial}{\partial y} + \boldsymbol{e}_z \frac{\partial}{\partial z} \right) \times (\boldsymbol{e}_x A_x + \boldsymbol{e}_y A_y + \boldsymbol{e}_z A_z) \\
&= \nabla \times \boldsymbol{A}
\end{aligned} \tag{1.63}$$

为了方便记忆，可用行列式表示为

$$\nabla \times \boldsymbol{A} = \begin{vmatrix} \boldsymbol{e}_x & \boldsymbol{e}_y & \boldsymbol{e}_z \\ \frac{\partial}{\partial x} & \frac{\partial}{\partial y} & \frac{\partial}{\partial z} \\ A_x & A_y & A_z \end{vmatrix} \tag{1.64}$$

在圆柱坐标系中，坐标变量分别为 r、φ、z，其旋度为

$$\mathrm{rot}\,\boldsymbol{A} = \nabla \times \boldsymbol{A} = \left(\boldsymbol{e}_r \frac{\partial}{\partial r} + \boldsymbol{e}_\varphi \frac{\partial}{r \partial \varphi} + \boldsymbol{e}_z \frac{\partial}{\partial z} \right) \times (\boldsymbol{e}_r A_r + \boldsymbol{e}_\varphi A_\varphi + \boldsymbol{e}_z A_z)$$

$$= \boldsymbol{e}_r \left(\frac{1}{r} \frac{\partial A_z}{\partial \varphi} - \frac{\partial A_\varphi}{\partial z} \right) + \boldsymbol{e}_\varphi \left(\frac{\partial A_r}{\partial z} - \frac{\partial A_z}{\partial r} \right) + \boldsymbol{e}_z \left[\frac{1}{r} \frac{\partial}{\partial r}(r A_\varphi) - \frac{1}{r} \frac{\partial A_r}{\partial \varphi} \right] \tag{1.65}$$

用行列式表示为

$$\nabla\times\boldsymbol{A}=\begin{vmatrix}\dfrac{\boldsymbol{e}_r}{r} & \boldsymbol{e}_\varphi & \dfrac{\boldsymbol{e}_z}{r}\\ \dfrac{\partial}{\partial r} & \dfrac{\partial}{\partial\varphi} & \dfrac{\partial}{\partial z}\\ A_r & rA_\varphi & A_z\end{vmatrix}\tag{1.66}$$

在球坐标系中

$$\nabla\times\boldsymbol{A}=\frac{\boldsymbol{e}_R}{R\sin\theta}\left[\frac{\partial}{\partial\theta}(\sin\theta A_\varphi)-\frac{\partial A_\theta}{\partial\varphi}\right]+\frac{\boldsymbol{e}_\theta}{R}\left[\frac{1}{\sin\theta}\frac{\partial A_R}{\partial\varphi}-\frac{\partial}{\partial R}(RA_\varphi)\right]+\frac{\boldsymbol{e}_\varphi}{R}\left[\frac{\partial}{\partial R}(RA_\theta)-\frac{\partial A_R}{\partial\theta}\right]\tag{1.67}$$

用行列式表示为

$$\nabla\times\boldsymbol{A}=\begin{vmatrix}\dfrac{\boldsymbol{e}_R}{R^2\sin\theta} & \dfrac{\boldsymbol{e}_\theta}{R\sin\theta} & \dfrac{\boldsymbol{e}_\varphi}{R}\\ \dfrac{\partial}{\partial R} & \dfrac{\partial}{\partial\theta} & \dfrac{\partial}{\partial\varphi}\\ A_R & RA_\theta & R\sin\theta A_\varphi\end{vmatrix}\tag{1.68}$$

旋度的重要性质：任何一个矢量的旋度的散度恒等于零。用数学公式可表示为

$$\nabla\cdot(\nabla\times\boldsymbol{A})=0\tag{1.69}$$

这是一个重要的恒等式，下面在直角坐标系中予以证明。

证明：

$$\begin{aligned}\operatorname{div}(\operatorname{rot}\boldsymbol{A})&=\nabla\cdot(\nabla\times\boldsymbol{A})\\&=\left(\frac{\partial}{\partial x}\boldsymbol{e}_x+\boldsymbol{e}_y\frac{\partial}{\partial y}+\boldsymbol{e}_z\frac{\partial}{\partial z}\right)\cdot\left[\boldsymbol{e}_x\left(\frac{\partial A_z}{\partial y}-\frac{\partial A_y}{\partial z}\right)+\boldsymbol{e}_y\left(\frac{\partial A_x}{\partial z}-\frac{\partial A_z}{\partial x}\right)+\boldsymbol{e}_z\left(\frac{\partial A_y}{\partial x}-\frac{\partial A_x}{\partial y}\right)\right]\\&=\frac{\partial}{\partial x}\left(\frac{\partial A_z}{\partial y}-\frac{\partial A_y}{\partial z}\right)+\frac{\partial}{\partial y}\left(\frac{\partial A_x}{\partial z}-\frac{\partial A_z}{\partial x}\right)+\frac{\partial}{\partial z}\left(\frac{\partial A_y}{\partial x}-\frac{\partial A_x}{\partial y}\right)=0\end{aligned}$$

因为旋度和散度的定义与所采用的坐标系无关，所以上面结论对任意矢量都是普遍适用的。由此可知，如果一个矢量$\boldsymbol{B}$的散度恒等于0，即$\nabla\cdot\boldsymbol{B}=0$，则$\boldsymbol{B}$可以表示为另外一个矢量的旋度：$\boldsymbol{B}=\nabla\times\boldsymbol{A}$。这是引入矢量位函数的理论根据，在后续章节将进一步分析和讨论。

根据∇所具有的矢性和微分双重性质可以证明，旋度运算符合如下规则：

$$\nabla\times(\boldsymbol{A}\pm\boldsymbol{B})=\nabla\times\boldsymbol{A}\pm\nabla\times\boldsymbol{B}$$
$$\nabla\times(\phi\boldsymbol{A})=\phi\nabla\times\boldsymbol{A}+\nabla\phi\times\boldsymbol{A}$$
$$\nabla\cdot(\boldsymbol{A}\times\boldsymbol{B})=\boldsymbol{B}\cdot\nabla\times\boldsymbol{A}-\boldsymbol{A}\cdot\nabla\times\boldsymbol{B}$$
$$\nabla\cdot(\nabla\times\boldsymbol{A})=0$$
$$\nabla\times\nabla\times\boldsymbol{A}=\nabla(\nabla\cdot\boldsymbol{A})-\nabla^2\boldsymbol{A}$$
$$\nabla\times(\boldsymbol{A}\times\boldsymbol{B})=\boldsymbol{A}\nabla\cdot\boldsymbol{B}-\boldsymbol{B}\nabla\cdot\boldsymbol{A}+(\boldsymbol{B}\cdot\nabla)\boldsymbol{A}-(\boldsymbol{A}\cdot\nabla)\boldsymbol{B}$$

式中，ϕ为标量函数。上式中出现了$\nabla^2\boldsymbol{A}$项，在数学上将∇^2称为拉普拉斯算子，并且有$\nabla^2=\nabla\cdot\nabla$。

∇^2可看成是一个标量算符，也是一个微分算符，并且在直角坐标系中有

$$\nabla^2=\nabla\cdot\nabla=\frac{\partial^2}{\partial x^2}+\frac{\partial^2}{\partial y^2}+\frac{\partial^2}{\partial z^2}\tag{1.70}$$

标量场u的拉普拉斯运算表示为

$$\nabla^2 u = \frac{\partial^2 u}{\partial x^2} + \frac{\partial^2 u}{\partial y^2} + \frac{\partial^2 u}{\partial z^2} \tag{1.71}$$

矢量场 $\boldsymbol{A}$ 的拉普拉斯运算则为

$$\nabla^2 \boldsymbol{A} = \nabla(\nabla \cdot \boldsymbol{A}) - \nabla \times (\nabla \times \boldsymbol{A}) \tag{1.72}$$

可以证明，在直角坐标系中

$$\nabla^2 \boldsymbol{A} = \nabla^2(\boldsymbol{e}_x A_x + \boldsymbol{e}_y A_y + \boldsymbol{e}_z A_z) = \boldsymbol{e}_x \nabla^2 A_x + \boldsymbol{e}_y \nabla^2 A_y + \boldsymbol{e}_z \nabla^2 A_z \tag{1.73}$$

注意：当算子 ∇^2 作用在标量函数上时，称为标性拉普拉斯运算，当作用在矢量函数时，称为矢性拉普拉斯运算，两者是不同的二阶微分运算。

在圆柱坐标系下，拉普拉斯算符表达式为

$$\nabla^2 = \frac{1}{r}\frac{\partial}{\partial r}\left(r\frac{\partial}{\partial r}\right) + \frac{1}{r^2}\frac{\partial^2}{\partial \varphi^2} + \frac{\partial^2}{\partial z^2} \tag{1.74}$$

在球坐标系中，拉普拉斯算符表达式为

$$\nabla^2 = \frac{1}{R^2}\frac{\partial}{\partial R}\left(R^2\frac{\partial}{\partial R}\right) + \frac{1}{R^2 \sin\theta}\frac{\partial}{\partial \theta}\left(\sin\theta\frac{\partial}{\partial \theta}\right) + \frac{1}{R^2 \sin\theta}\frac{\partial^2}{\partial \varphi^2} \tag{1.75}$$

例 1.3　试证明 $\int_V (\nabla \times \boldsymbol{A})\mathrm{d}V = -\oint_S \boldsymbol{A} \times \mathrm{d}\boldsymbol{S}$，式中 S 为包围体积 V 的封闭面。

证明：设 $\boldsymbol{C}$ 为一任意常矢量，运用旋度运算规则有

$$\nabla \cdot (\boldsymbol{C} \times \boldsymbol{A}) = \boldsymbol{A} \cdot (\nabla \times \boldsymbol{C}) - \boldsymbol{C} \cdot (\nabla \times \boldsymbol{A}) = -\boldsymbol{C} \cdot (\nabla \times \boldsymbol{A})$$

从而有

$$\int_V \nabla \cdot (\boldsymbol{C} \times \boldsymbol{A})\mathrm{d}V = -\boldsymbol{C} \cdot \int_V (\nabla \times \boldsymbol{A})\mathrm{d}V$$

根据散度定理，上式左边等于

$$\oint_S (\boldsymbol{C} \times \boldsymbol{A}) \cdot \mathrm{d}\boldsymbol{S} = \oint_S (\boldsymbol{A} \times \mathrm{d}\boldsymbol{S}) \cdot \boldsymbol{C} = \boldsymbol{C} \cdot \oint_S \boldsymbol{A} \times \mathrm{d}\boldsymbol{S}$$

于是得

$$\boldsymbol{C} \cdot \int_V (\nabla \times \boldsymbol{A})\mathrm{d}V = -\boldsymbol{C} \cdot \oint_S \boldsymbol{A} \times \mathrm{d}\boldsymbol{S}$$

由于上式中常矢量 $\boldsymbol{C}$ 是任意的，故得证。

1.4.3　斯托克斯定理

斯托克斯（Stokes）定理是矢量分析中另一个重要定理，该定理描述为：一个矢量函数的环量等于该矢量函数的旋度对该闭合曲线所包围的任意曲面的积分。用数学表达式可表示为

$$\oint_l \boldsymbol{A} \cdot \mathrm{d}\boldsymbol{l} = \int_S \mathrm{rot}\,\boldsymbol{A} \cdot \mathrm{d}\boldsymbol{S} = \int_S (\nabla \times \boldsymbol{A}) \cdot \mathrm{d}\boldsymbol{S} \tag{1.76}$$

即一个矢量场的旋度对某一曲面的曲面积分等于该矢量沿此曲面周界的曲线积分。其证明类似于高斯散度定理的证明，即把整个曲面 S 分成 N 个小面元，整个曲面 S 的积分等于所有小面元之和，然后由旋度的定义式

$$(\nabla \times \boldsymbol{A})_i \cdot (\Delta S_i) = \oint_{l_i} \boldsymbol{A} \cdot \mathrm{d}\boldsymbol{l}$$

可知，相邻面元的轮廓线之间方向总是相反的，内部曲线上的积分互相抵消，结果变为矢量 $\boldsymbol{A}$ 沿曲面轮廓线的积分，如图 1.22 所示。

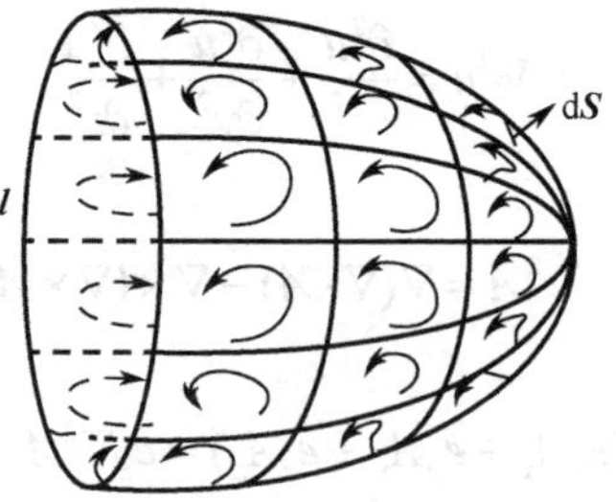

图1.22 积分曲面的细分

对比旋度和散度的公式可以看出，旋度描述的是场分量沿着与它相垂直的方向上的变化规律，即

$$\text{rot}\,\boldsymbol{A}=\nabla\times\boldsymbol{A}=\boldsymbol{e}_x\left(\frac{\partial A_z}{\partial y}-\frac{\partial A_y}{\partial z}\right)+\boldsymbol{e}_y\left(\frac{\partial A_x}{\partial z}-\frac{\partial A_z}{\partial x}\right)+\boldsymbol{e}_z\left(\frac{\partial A_y}{\partial x}-\frac{\partial A_x}{\partial y}\right)$$

所以，矢量场的旋度是一个矢量函数。而散度描述的是场分量沿着各自方向上的变化规律，即

$$\text{div}\,\boldsymbol{A}=\nabla\cdot\boldsymbol{A}=\frac{\partial A_x}{\partial x}+\frac{\partial A_y}{\partial y}+\frac{\partial A_z}{\partial z}$$

所以，矢量场的散度是一个标量函数。

旋度表示涡旋源与其产生的场之间的关系，如果在矢量场空间，场的旋度处处为零，则这种场称为无旋场或保守场。散度表示通量源与其产生的场之间的关系，如果在矢量场空间，场的散度处处为零，则这种场称为无散场或管形场。在实际的物理世界中，通常都存在着由通量源和涡旋源共同产生的矢量场，如运动电荷所产生的场。当然，也可能会在有限的区域内，存在着无散无旋的无源矢量场，这种场称为调和场。

1.5 标量函数的方向导数与梯度

电磁场是矢量场，矢量场一般都要用矢量（矢量函数）来描述，但矢量在进行微积分运算时相比标量的运算来说要麻烦得多。在一定条件下，矢量场是可以用标量（标量函数）来描述的，这样就可以简化运算。由矢量和标量的定义可知，二者之间的差别就是：矢量有大小和方向，而标量有大小无方向。那么，在什么条件下，矢量场才可以用标量来描述呢？

在研究标量场时，我们常常关心的是标量函数值随空间位置的变化规律，即标量函数最大变化率及其方向。标量函数在空间的最大变化率及其方向正是我们下面所要讨论的标量函数的梯度，本节将首先引入标量场的方向导数，并根据方向导数导出标量函数的梯度。

1.5.1 标量场与等值面

如果对一个场的空间分布只考虑大小，不考虑方向，这个场就是标量场。标量场可以用一个标量函数来表示，反之，能用一个标量函数来表示的场就是标量场，这个标量函数其实就是一个只考虑大小，不考虑方向的物理量。例如，设空间的温度分布函数为u，则$u=u(x,y,z)$就描述了一个标量场；又如，电场中的电位分布可用标量函数ϕ来表示，则$\phi=\phi(x,y,z)$也描述了一个标量场。

如图 1.23 所示，对于一个标量函数 $u=u(x,y,z)$，当 $u(x,y,z)=c$（c 为常数）时，便可得到一个空间曲面。在这个曲面上，各点的坐标值 x、y、z 虽然不同，但函数值却都是相等的，这些函数值相等的点所组成的曲面称为标量场的等值面。例如，温度场中的等值面，就是温度相同的点所组成的等温面；电位场中的等值面，就是电位相同的点所组成的等位面。

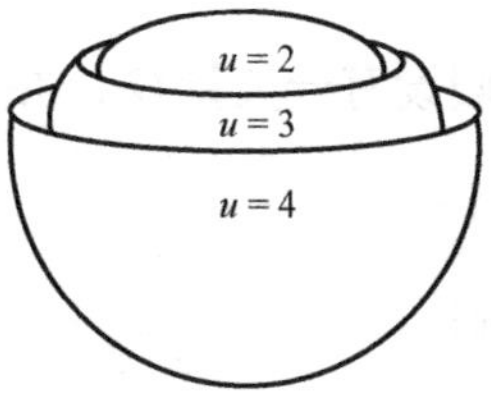

图 1.23　等值面

等值面具有如下性质：**标量场中每一点都有一个等值面通过，且只有一个**。也就是说，等值面充满整个标量场所在的空间，且互不相交。

1.5.2　方向导数

标量场的等值面能够帮助我们直观地了解物理量在整个场中的分布规律，但不能研究标量场的某个局部情况，如标量场中某一点在各个方向的变化情况，这时就得借助方向导数这个概念。

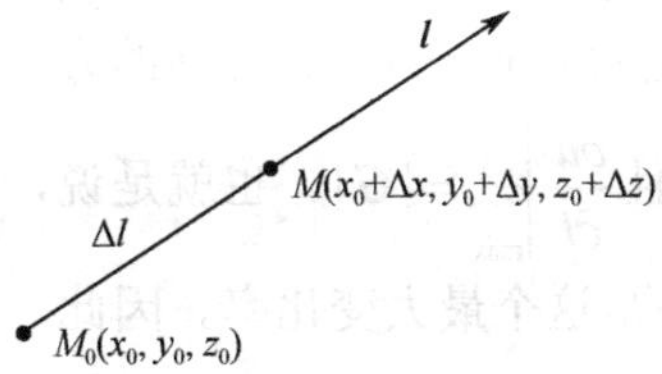

图 1.24　方向导数

如图 1.24 所示，设 M_0 为标量场 $u=u(M)$ 中的一点，从 M_0 点出发引出一条射线 $\boldsymbol{l}$，在 $\boldsymbol{l}$ 上 M_0 点的邻近取一动点 M，设 $M_0M=\Delta l$，由于 M 点在 $\boldsymbol{l}$ 上是一动点，所以 Δl 是变量。由偏导数的定义，函数 u 在 M_0 点沿 $\boldsymbol{l}$ 方向的偏导数为

$$\left.\frac{\partial u}{\partial l}\right|_{M_0}=\lim_{\Delta l\to 0}\frac{u(M)-u(M_0)}{\Delta l} \tag{1.77}$$

式中，$\left.\frac{\partial u}{\partial l}\right|_{M_0}$ 称为函数 $u(M)$ 在 M_0 点处沿 $\boldsymbol{l}$ 方向的方向导数。故标量场在某点的方向导数表示为该点沿某一方向上对距离的变化率。

在直角坐标系中，$\frac{\partial u}{\partial l}$ 可以分解为三个方向上的投影分量 $\frac{\partial u}{\partial x}$、$\frac{\partial u}{\partial y}$、$\frac{\partial u}{\partial z}$。根据函数求导法则，有

$$\frac{\partial u}{\partial l}=\frac{\partial u}{\partial x}\frac{\Delta x}{\Delta l}+\frac{\partial u}{\partial y}\frac{\Delta y}{\Delta l}+\frac{\partial u}{\partial z}\frac{\Delta z}{\Delta l} \tag{1.78}$$

若 $\boldsymbol{l}$ 方向对坐标的方向余弦为 $\cos\alpha=\frac{\Delta x}{\Delta l}$，$\cos\beta=\frac{\Delta y}{\Delta l}$，$\cos\gamma=\frac{\Delta z}{\Delta l}$，则直角坐标系中任意固定点沿 $\boldsymbol{l}$ 方向的方向导数表达式为

$$\frac{\partial u}{\partial l}=\frac{\partial u}{\partial x}\cos\alpha+\frac{\partial u}{\partial y}\cos\beta+\frac{\partial u}{\partial z}\cos\gamma \tag{1.79}$$

可见，方向导数表示函数 u 在一给定点处沿某一方向的标量函数的变化率。

1.5.3　梯度

在标量场中，在给定点出发有无限多个方向，而且在不同方向的变化率往往不同。那么函数 $u(M)$ 沿哪个方向的变化率最大呢？最大变化率又是多少呢？首先来分析方向导数的公式

$$\frac{\partial u}{\partial l}=\frac{\partial u}{\partial x}\cos\alpha+\frac{\partial u}{\partial y}\cos\beta+\frac{\partial u}{\partial z}\cos\gamma \tag{1.80}$$

式中，$\cos\alpha$、$\cos\beta$、$\cos\gamma$ 是 $\boldsymbol{l}$ 方向的方向余弦。现在沿 $\boldsymbol{l}$ 方向上取一单位矢量 $\boldsymbol{e}_l$，那么，将 $\boldsymbol{e}_l$ 用直角坐标系的单位矢量来表示，可得

$$\boldsymbol{e}_l = \cos\alpha\boldsymbol{e}_x + \cos\beta\boldsymbol{e}_y + \cos\gamma\boldsymbol{e}_z \tag{1.81}$$

假设有一矢量 $\boldsymbol{G}$，并且

$$\boldsymbol{G} = \boldsymbol{e}_x\frac{\partial u}{\partial x} + \boldsymbol{e}_y\frac{\partial u}{\partial y} + \boldsymbol{e}_z\frac{\partial u}{\partial z}$$

则

$$\begin{aligned}\boldsymbol{G}\cdot\boldsymbol{e}_l &= \left(\boldsymbol{e}_x\frac{\partial u}{\partial x} + \boldsymbol{e}_y\frac{\partial u}{\partial y} + \boldsymbol{e}_z\frac{\partial u}{\partial z}\right)\cdot(\boldsymbol{e}_x\cos\alpha + \boldsymbol{e}_y\cos\beta + \boldsymbol{e}_z\cos\gamma)\\ &= \frac{\partial u}{\partial x}\cos\alpha + \frac{\partial u}{\partial y}\cos\beta + \frac{\partial u}{\partial z}\cos\gamma\end{aligned}$$

所以

$$\frac{\partial u}{\partial l} = \boldsymbol{G}\cdot\boldsymbol{e}_l \tag{1.82}$$

从上述分析可知，矢量 $\boldsymbol{G}$ 在给定点处为一固定矢量，它只与函数 $u(x,y,z)$ 有关，与 $\boldsymbol{l}$ 无关；而 $\boldsymbol{e}_l$ 则是从给定点引出的模为 1 且沿 $\boldsymbol{l}$ 方向的任一射线上的单位矢量，它与函数 $u(x,y,z)$ 无关。但从式（1.82）可以看出，$\boldsymbol{G}$ 在 $\boldsymbol{l}$ 方向上的投影正好等于函数 $u(x,y,z)$ 在该方向的方向导数；另外，当方向 $\boldsymbol{l}$ 与 $\boldsymbol{G}$ 的方向一致时，$\frac{\partial u}{\partial l}$ 取得最大值，并且 $\left.\frac{\partial u}{\partial l}\right|_{\max} = |\boldsymbol{G}|$。也就是说，矢量 $\boldsymbol{G}$ 的方向就是函数 $u(x,y,z)$ 变化率最大的方向，其大小正好是这个最大变化率。因此，我们把矢量 $\boldsymbol{G}$ 称为函数 $u(x,y,z)$ 在给定点处的梯度，记作

$$\mathrm{grad}\,u = \boldsymbol{G} = \boldsymbol{e}_x\frac{\partial u}{\partial x} + \boldsymbol{e}_y\frac{\partial u}{\partial y} + \boldsymbol{e}_z\frac{\partial u}{\partial z} \tag{1.83}$$

上述定义与坐标系无关，是由函数分布所决定的，但其表达式随不同坐标系而不同。

在直角坐标系中

$$\boldsymbol{G} = \mathrm{grad}\,u = \boldsymbol{e}_x\frac{\partial u}{\partial x} + \boldsymbol{e}_y\frac{\partial u}{\partial y} + \boldsymbol{e}_z\frac{\partial u}{\partial z} \tag{1.84}$$

在圆柱坐标系中

$$\boldsymbol{G} = \mathrm{grad}\,u = \boldsymbol{e}_r\frac{\partial u}{\partial r} + \boldsymbol{e}_\varphi\frac{1}{r}\frac{\partial u}{\partial \varphi} + \boldsymbol{e}_z\frac{\partial u}{\partial z} \tag{1.85}$$

在球坐标系中

$$\boldsymbol{G} = \mathrm{grad}\,u = \boldsymbol{e}_R\frac{\partial u}{\partial R} + \boldsymbol{e}_\theta\frac{1}{R}\frac{\partial u}{\partial \theta} + \boldsymbol{e}_\varphi\frac{1}{R\sin\theta}\frac{\partial u}{\partial \varphi} \tag{1.86}$$

又由于在直角坐标系中

$$\nabla = \boldsymbol{e}_x\frac{\partial}{\partial x} + \boldsymbol{e}_y\frac{\partial}{\partial y} + \boldsymbol{e}_z\frac{\partial}{\partial z} \tag{1.87}$$

在圆柱坐标系中

$$\nabla = \boldsymbol{e}_r\frac{\partial}{\partial r} + \boldsymbol{e}_\varphi\frac{1}{r}\frac{\partial}{\partial \varphi} + \boldsymbol{e}_z\frac{\partial}{\partial z} \tag{1.88}$$

在球坐标系中

$$\nabla = \boldsymbol{e}_R\frac{\partial}{\partial R} + \boldsymbol{e}_\theta\frac{1}{R}\frac{\partial}{\partial \theta} + \boldsymbol{e}_\varphi\frac{1}{R\sin\theta}\frac{\partial}{\partial \varphi} \tag{1.89}$$

因此，梯度可表示为

$$\mathrm{grad}\,u = \nabla u \tag{1.90}$$

标量函数的梯度有如下性质。

（1）一个标量函数的梯度 ∇u 是一个矢量函数。梯度的方向就是函数 u 变化率最大的方向，即与等值面垂直的法线方向，并且梯度的模等于函数 u 在该点的最大变化率。

（2）在标量场中任意一点 M 处的梯度垂直于过该点的等值面，且指向函数 $u(M)$ 增大的方向。

（3）函数 u 在给定点处沿 $\boldsymbol{l}$ 方向的方向导数等于函数 u 的梯度在 $\boldsymbol{l}$ 方向上的投影，即

$$\frac{\partial u}{\partial l} = |\nabla u|\cos(\nabla u \cdot \boldsymbol{l})$$

（4）梯度的旋度恒等于零。其数学表达式为

$$\nabla \times \nabla u = 0 \tag{1.91}$$

这是一个很容易证明的重要恒等式，它说明：对于一个矢量，如果已知它的旋度处处为零，则可以把它表示为一个标量函数的梯度，即这个矢量场可以用这个标量函数来描述。

于是，我们就完成了最初的命题，即一个矢量场可用一个标量函数来描述的条件。

可以证明，梯度运算有如下规则：

$$\nabla(\phi \pm \psi) = \nabla\phi \pm \nabla\psi,\quad \nabla(\phi\psi) = \phi\nabla\psi + \psi\nabla\phi,\quad \nabla\left(\frac{\phi}{\psi}\right) = \frac{1}{\psi^2}(\psi\nabla\phi - \phi\nabla\psi)$$

$$\nabla f(\phi) = f'(\phi)\nabla\phi,\quad \nabla\times\nabla\phi = 0,\quad \nabla\cdot\nabla\phi = \nabla^2\phi = \frac{\partial^2\phi}{\partial x^2} + \frac{\partial^2\phi}{\partial y^2} + \frac{\partial^2\phi}{\partial z^2}$$

式中，ϕ 和 ψ 均为标量函数。

例 1.4　如图 1.25 所示，一个三维标量场 $u = y^2 - x$，求此标量场的等值面，并求 u 的梯度 ∇u 的表达式及点 $P(0, \sqrt{2})$处的梯度。

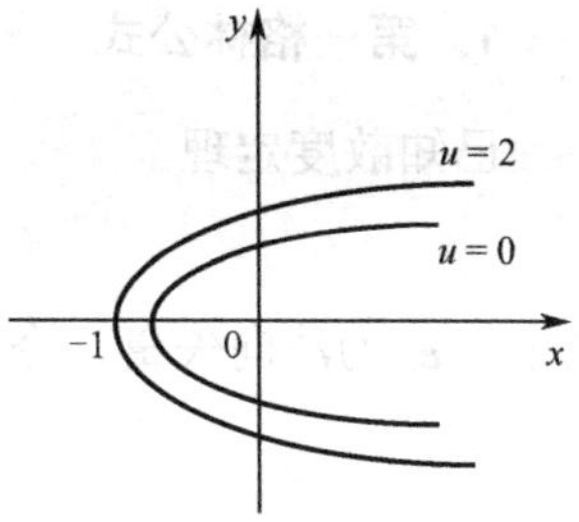

图 1.25　标量函数 u 的等位面

解：u 是 x、y 的函数，与 z 无关，可视为二维场，它在 z 等于常数的平面上的分布是相同的。

因此，u 取某一常量 C 时，$y^2 = x + C$ 为一抛物线，所以等值面是抛物柱面。

$$\nabla u = \boldsymbol{e}_x\frac{\partial u}{\partial x} + \boldsymbol{e}_y\frac{\partial u}{\partial y} + \boldsymbol{e}_z\frac{\partial u}{\partial z} = \boldsymbol{e}_x(-1) + \boldsymbol{e}_y(2y)$$

在 P 点的梯度为

$$\nabla u\big|_P = -\boldsymbol{e}_x + 2\sqrt{2}\boldsymbol{e}_y$$

例 1.5　已知 R 为场点 $M(x, y, z)$和源点 $M'(x', y', z')$的间距，即 $R = \sqrt{(x-x')^2 + (y-y')^2 + (z-z')^2}$，$\nabla$ 和 ∇' 分别表示对场点和源点求导，试证明 $\nabla\left(\frac{1}{R}\right) = -\nabla'\left(\frac{1}{R}\right) = -\frac{\boldsymbol{e}_R}{R^2}$。

解：对场点和源点求导的算符为

$$\nabla = \boldsymbol{e}_x\frac{\partial}{\partial x} + \boldsymbol{e}_y\frac{\partial}{\partial y} + \boldsymbol{e}_z\frac{\partial}{\partial z},\quad \nabla' = \boldsymbol{e}_x\frac{\partial}{\partial x'} + \boldsymbol{e}_y\frac{\partial}{\partial y'} + \boldsymbol{e}_z\frac{\partial}{\partial z'}$$

将 R 代入式（1.84）得

$$\nabla\left(\frac{1}{R}\right)=\boldsymbol{e}_x\frac{\partial}{\partial x}\left(\frac{1}{R}\right)+\boldsymbol{e}_y\frac{\partial}{\partial y}\left(\frac{1}{R}\right)+\boldsymbol{e}_z\frac{\partial}{\partial z}\left(\frac{1}{R}\right)$$

式中，$\dfrac{\partial}{\partial x}\left(\dfrac{1}{R}\right)=-\dfrac{x-x'}{\left[\sqrt{(x-x')^2+(y-y')^2+(z-z')^2}\right]^3}$。

$\dfrac{1}{R}$对 y、z 求导可得类似的关系式，故有

$$\nabla\left(\frac{1}{R}\right)=-\frac{\boldsymbol{e}_x(x-x')+\boldsymbol{e}_y(y-y')+\boldsymbol{e}_z(z-z')}{\left[\sqrt{(x-x')^2+(y-y')^2+(z-z')^2}\right]^3}=-\frac{\boldsymbol{e}_R}{R^2}$$

同理，可得

$$\frac{\partial}{\partial x}\left(\frac{1}{R}\right)=-\frac{\partial}{\partial x'}\left(\frac{1}{R}\right),\ \frac{\partial}{\partial y}\left(\frac{1}{R}\right)=-\frac{\partial}{\partial y'}\left(\frac{1}{R}\right),\ \frac{\partial}{\partial z}\left(\frac{1}{R}\right)=-\frac{\partial}{\partial z'}\left(\frac{1}{R}\right)$$

所以有

$$\nabla\left(\frac{1}{R}\right)=-\nabla'\left(\frac{1}{R}\right)=-\frac{\boldsymbol{e}_R}{R^2}$$

这是一个很重要结论，在本课程后面的学习中，将多次应用该结论。

1.6 格林公式

格林公式又称为格林定理，是矢量分析中的重要公式。在电磁场理论中，在研究解的唯一性和电磁辐射及电磁波传播等问题中经常用到。

1. 第一格林公式

已知散度定理

$$\int_V \nabla\cdot\boldsymbol{A}\,\mathrm{d}V=\int_S \boldsymbol{A}\cdot\mathrm{d}\boldsymbol{S}=\int_S \boldsymbol{A}\cdot\boldsymbol{e}_\mathrm{n}\,\mathrm{d}S \tag{1.92}$$

式中，$\boldsymbol{e}_\mathrm{n}$ 为法向矢量。令 $\boldsymbol{A}$ 等于一个标量函数 ϕ 和一个矢量函数 $\nabla\psi$ 的乘积，则

$$\nabla\cdot\boldsymbol{A}=\nabla\cdot(\phi\nabla\psi)=\phi\nabla^2\psi+\nabla\phi\cdot\nabla\psi$$

$$\boldsymbol{A}\cdot\boldsymbol{e}_\mathrm{n}=\phi\nabla\psi\cdot\boldsymbol{e}_\mathrm{n}=\phi\frac{\partial\psi}{\partial n}$$

由式（1.92）可得到第一格林公式

$$\int_V(\phi\nabla^2\psi+\nabla\phi\cdot\nabla\psi)\mathrm{d}V=\oint_S\phi\frac{\partial\psi}{\partial n}\mathrm{d}S \tag{1.93}$$

2. 第二格林公式

若将式（1.93）中的ϕ和ψ互换，则有

$$\int_V(\psi\nabla^2\phi+\nabla\psi\cdot\nabla\phi)\mathrm{d}V=\oint_S\psi\frac{\partial\phi}{\partial n}\mathrm{d}S \tag{1.94}$$

将式（1.93）与式（1.94）相减，就得到第二格林公式

$$\int_V(\phi\nabla^2\psi-\psi\nabla^2\phi)\mathrm{d}V=\oint_S\left(\phi\frac{\partial\psi}{\partial n}-\psi\frac{\partial\phi}{\partial n}\right)\mathrm{d}S \tag{1.95}$$

1.7　亥姆霍兹定理

1.7.1　散度和旋度的比较

我们引入的散度和旋度是用来描述矢量场的两个物理量，那么用散度和旋度是否能唯一地确定一个矢量场？亥姆霍兹定理回答了这个问题。为便于从概念上理解该定理，先来比较一下散度和旋度的区别：

（1）矢量场的散度是一个标量函数，而矢量场的旋度是一个矢量函数；

（2）散度表示场中某点的通量密度，它是场中任意一点通量源强度的量度；而旋度表示场中某点的最大环量强度，它是场中任一点处涡旋源强度的量度；

（3）由散度公式

$$\nabla\cdot\boldsymbol{A}=\left(\boldsymbol{e}_x\frac{\partial}{\partial x}+\boldsymbol{e}_y\frac{\partial}{\partial y}+\boldsymbol{e}_z\frac{\partial}{\partial z}\right)\cdot(\boldsymbol{e}_x A_x+\boldsymbol{e}_y A_y+\boldsymbol{e}_z A_z)=\frac{\partial A_x}{\partial x}+\frac{\partial A_y}{\partial y}+\frac{\partial A_z}{\partial z}$$

可知，它取决于场分量 A_x 对 x 的偏导数、A_y 对 y 的偏导数以及 A_z 对 z 的偏导数。所以，散度由各场分量沿各自方向上的变化率来决定。而由旋度公式

$$\begin{aligned}\nabla\times\boldsymbol{A}&=\left(\boldsymbol{e}_x\frac{\partial}{\partial x}+\boldsymbol{e}_y\frac{\partial}{\partial y}+\boldsymbol{e}_z\frac{\partial}{\partial z}\right)\times(\boldsymbol{e}_x A_x+\boldsymbol{e}_y A_y+\boldsymbol{e}_z A_z)\\&=\boldsymbol{e}_x\left(\frac{\partial A_z}{\partial y}-\frac{\partial A_y}{\partial z}\right)+\boldsymbol{e}_y\left(\frac{\partial A_x}{\partial z}-\frac{\partial A_z}{\partial x}\right)+\boldsymbol{e}_z\left(\frac{\partial A_y}{\partial x}-\frac{\partial A_x}{\partial y}\right)\end{aligned}$$

可知，它取决于 A_x 分量对 y、z 的偏导数、A_y 对 x、z 的偏导数以及 A_z 对 y、x 的偏导数。所以，旋度由各场分量在与之正交方向上的变化率来决定。

以上比较说明，散度表示矢量场中各点的场与通量源的关系，而旋度表示场中各点场与涡旋源的关系。因此，场的散度和旋度一旦给定，就意味着场的通量源和涡旋源就确定了。既然场总是由源所激发的，通量源和涡旋源的确定便意味着场已确定，因而可得出下述亥姆霍兹定理给出的结论。

1.7.2　亥姆霍兹定理

根据前面几节的讨论可知，一个矢量场的散度和旋度说明了矢量场所具有的性质，而且可以证明：在有限区域 V 内的任一矢量场，由它的散度、旋度和边界条件（即限定区域 V 的闭合面 S 上矢量场的分布）唯一地确定，这就是亥姆霍兹定理的核心内容。

产生矢量场的源要么是通量源，要么是涡旋源，要么是二者兼有。散度对应的是通量源，旋度对应的是涡旋源，所以当散度和旋度确定后，产生场的源就已经确定了，这时一旦边界条件确定，那么场就唯一地被确定了。

亥姆霍兹定理告诉我们，研究一个矢量场必须从它的散度和旋度两个方面着手，也就是说，要确定一个矢量或一个矢量描述的矢量场，必须同时确定该矢量的散度和旋度；相反，当一个矢量的散度和旋度被同时确定之后，该矢量或矢量场才被唯一的确定。因此，矢量场的散度应满足的关系以及旋度应满足的关系决定了矢量场的基本性质。亥姆霍兹定理的意义是非常重要的，它是研究电磁场性质和规律的一条主线，无论研究静态电磁场还是时变电磁

场，都必须从研究电场和磁场的散度与旋度以及边界条件入手。

亥姆霍兹定理是矢量场的场点性质的判断准则。从无旋性和无散性可以将场分为如下类型。

（1）无旋场

如果在场中每一点上都有 $\nabla\times\boldsymbol{F}=0$，则该场没有涡旋源，称矢量场 $\boldsymbol{F}$ 为无旋场。该矢量场可以表示为一个标量场的梯度，即存在一个标量函数 ϕ，使得

$$\boldsymbol{F}=-\nabla\phi \tag{1.96}$$

式中，函数 ϕ 称为无旋场 $\boldsymbol{F}$ 的标量位函数，简称标量位。上式中冠以一个负号，是由于电磁场中 $\boldsymbol{F}$ 的方向为 ϕ 减小最快的方向，此式说明可以在电场中引入电位函数来描述电场这个矢量场。

由斯托克斯定理可知，无旋场 $\boldsymbol{F}$ 沿任何闭合路径 C 的环量恒等于零，使得

$$\oint_C \boldsymbol{F}\cdot\mathrm{d}\boldsymbol{l}=0$$

这一结论等价于无旋场的曲线积分 $\int_P^Q \boldsymbol{F}\cdot\mathrm{d}\boldsymbol{l}$ 与路径无关，只与起点 P 和终点 Q 有关。静电场和恒定电场即属于无旋场。

（2）无源场

如果在场中每一点上都有 $\nabla\cdot\boldsymbol{F}=0$，则该场没有通量源，称这种场为无源场。无源场 $\boldsymbol{F}$ 可以表示为另外一个矢量场的旋度，即存在一个矢量函数 $\boldsymbol{A}$，使得

$$\boldsymbol{F}=\nabla\times\boldsymbol{A} \tag{1.97}$$

式中，矢量函数 $\boldsymbol{A}$ 称为无源场 $\boldsymbol{F}$ 的矢量位函数，简称矢量位。利用散度定理可以得出，无源场 $\boldsymbol{F}$ 通过任何闭合曲面 S 的通量都等于零，即 $\oint_S \boldsymbol{F}\cdot\mathrm{d}\boldsymbol{S}=0$，磁场就属于此类，即磁场不可能由通量源产生。

（3）有旋有源场

一般的矢量场将同时具有非零的散度和非零的旋度，时变电磁场和运动电荷产生的电场就是此类，此时有

$$\nabla\cdot\boldsymbol{F}=\rho，\quad \nabla\times\boldsymbol{F}=\boldsymbol{J} \tag{1.98}$$

式中，ρ 表示通量源，$\boldsymbol{J}$ 表示涡旋源，它们均为已知。根据亥姆霍兹定理，一个普通矢量场 $\boldsymbol{F}$ 可以分解为无旋部分 $\boldsymbol{F}_i$（保守场）和无源部分 $\boldsymbol{F}_\rho$（管形场），即

$$\boldsymbol{F}=\boldsymbol{F}_i+\boldsymbol{F}_\rho$$

可以定义一个标量位函数 ϕ 和一个矢量位函数 $\boldsymbol{A}$，使得

$$\boldsymbol{F}_i=-\nabla\phi，\quad \boldsymbol{F}_\rho=\nabla\times\boldsymbol{A}$$

则有

$$\boldsymbol{F}=-\nabla\phi+\nabla\times\boldsymbol{A} \tag{1.99}$$

由式（1.99）可知：**若矢量场 $\boldsymbol{F}$ 在无限空间中处处单值，且其导数连续有界，而源分布在有限区域中，则矢量场由其散度和旋度唯一地确定。并且，它可表示为一个标量函数的梯度和一个矢量函数的旋度之和。**

本章小结

1．若一个物理量既有大小又有方向，则它是一个矢量。在直角坐标系中，矢量 $\boldsymbol{A}$ 可表示为

$\boldsymbol{A}=A_x\boldsymbol{e}_x+A_y\boldsymbol{e}_y+A_z\boldsymbol{e}_z$，$\boldsymbol{A}$的单位矢量为$\boldsymbol{e}_a=\dfrac{\boldsymbol{A}}{A}=\dfrac{A_x}{A}\boldsymbol{e}_x+\dfrac{A_y}{A}\boldsymbol{e}_y+\dfrac{A_z}{A}\boldsymbol{e}_z$，其中，$A=\sqrt{A_x^2+A_y^2+A_z^2}$为矢量$\boldsymbol{A}$的模。

2．矢量运算：

$$\boldsymbol{A}+\boldsymbol{B}=(A_x+B_x)\boldsymbol{e}_x+(A_y+B_y)\boldsymbol{e}_y+(A_z+B_z)\boldsymbol{e}_z$$

$$\boldsymbol{A}-\boldsymbol{B}=(A_x-B_x)\boldsymbol{e}_x+(A_y-B_y)\boldsymbol{e}_y+(A_z-B_z)\boldsymbol{e}_z$$

$$\boldsymbol{A}\cdot\boldsymbol{B}=|\boldsymbol{A}||\boldsymbol{B}|\cos\theta_{AB}=A_xB_x+A_yB_y+A_zB_z$$

$$\boldsymbol{A}\times\boldsymbol{B}=\boldsymbol{e}_{\rm n}|\boldsymbol{A}||\boldsymbol{B}|\sin\theta_{AB}$$

$$\boldsymbol{A}\times\boldsymbol{B}=(A_yB_z-A_zB_y)\boldsymbol{e}_x+(A_zB_x-A_xB_z)\boldsymbol{e}_y+(A_xB_y-A_yB_x)\boldsymbol{e}_z$$

3．哈密顿算子∇是一个矢性微分运算符号。

在直角坐标系（x, y, z）中，$\nabla=\boldsymbol{e}_x\dfrac{\partial}{\partial x}+\boldsymbol{e}_y\dfrac{\partial}{\partial y}+\boldsymbol{e}_z\dfrac{\partial}{\partial z}$。

在柱坐标系（r,φ,z）中，$\nabla=\boldsymbol{e}_r\dfrac{\partial}{\partial r}+\boldsymbol{e}_\varphi\dfrac{1}{r}\dfrac{\partial}{\partial\varphi}+\boldsymbol{e}_z\dfrac{\partial}{\partial z}$。

在球坐标系（R,θ,φ）中，$\nabla=\boldsymbol{e}_R\dfrac{\partial}{\partial R}+\boldsymbol{e}_\theta\dfrac{1}{R}\dfrac{\partial}{\partial\theta}+\boldsymbol{e}_\varphi\dfrac{1}{R\sin\theta}\dfrac{\partial}{\partial\varphi}$。

4．矢量$\boldsymbol{A}$穿过曲面S的通量为$\varPhi=\oint_S\boldsymbol{A}\cdot{\rm d}\boldsymbol{S}$。矢量$\boldsymbol{A}$在某点的散度定义为

$$\operatorname{div}\boldsymbol{A}=\nabla\cdot\boldsymbol{A}=\lim_{\Delta V\to0}\frac{\oint_S\boldsymbol{A}\cdot{\rm d}\boldsymbol{S}}{\Delta V}$$

矢量的散度是标量，表示从该点散发的通量体密度，它描述了该点的通量源强度。

在直角坐标系中，$\nabla\cdot\boldsymbol{A}=\dfrac{\partial A_x}{\partial x}+\dfrac{\partial A_y}{\partial y}+\dfrac{\partial A_z}{\partial z}$。

在圆柱坐标系中，$\nabla\cdot\boldsymbol{A}=\dfrac{1}{r}\dfrac{\partial(rA_r)}{\partial r}+\dfrac{1}{r}\dfrac{\partial A_\varphi}{\partial\varphi}+\dfrac{\partial A_z}{\partial z}$。

在球坐标系中，$\nabla\cdot\boldsymbol{A}=\dfrac{1}{R^2}\dfrac{\partial}{\partial R}(R^2A_R)+\dfrac{1}{R\sin\theta}\dfrac{\partial}{\partial\theta}(\sin\theta A_\theta)+\dfrac{1}{R\sin\theta}\dfrac{\partial A_\varphi}{\partial\varphi}$。

高斯散度定理：$\int_V\nabla\cdot\boldsymbol{A}{\rm d}V=\oint_S\boldsymbol{A}\cdot{\rm d}\boldsymbol{S}$。

散度的性质：旋度的散度恒等于零。于是，当一个矢量的散度恒为零时，该矢量可以表示为另一个矢量的旋度。

5．矢量$\boldsymbol{A}$沿闭合曲线$\boldsymbol{l}$的线积分$\oint_l\boldsymbol{A}\cdot{\rm d}\boldsymbol{l}$称为$\boldsymbol{A}$沿该曲线的环量。矢量$\boldsymbol{A}$在某点的旋度定义为

$$\operatorname{rot}\boldsymbol{A}=\nabla\times\boldsymbol{A}=\boldsymbol{n}\lim_{\Delta S\to0}\frac{\left[\oint_l\boldsymbol{A}\cdot{\rm d}\boldsymbol{l}\right]_{\max}}{\Delta S}$$

矢量的旋度还是矢量，其大小表示了最大环量面密度，它描述了场中涡旋源的强度。

在直角坐标系、圆柱坐标系和球坐标系中的旋度分别为

$$\nabla\times\boldsymbol{A}=\boldsymbol{e}_x\left(\frac{\partial A_z}{\partial y}-\frac{\partial A_y}{\partial z}\right)+\boldsymbol{e}_y\left(\frac{\partial A_x}{\partial z}-\frac{\partial A_z}{\partial x}\right)+\boldsymbol{e}_z\left(\frac{\partial A_y}{\partial x}-\frac{\partial A_x}{\partial y}\right)$$

$$\nabla\times\boldsymbol{A}=\boldsymbol{e}_r\left(\frac{1}{r}\frac{\partial A_z}{\partial\varphi}-\frac{\partial A_\varphi}{\partial z}\right)+\boldsymbol{e}_\varphi\left(\frac{\partial A_r}{\partial z}-\frac{\partial A_z}{\partial r}\right)+\boldsymbol{e}_z\left[\frac{1}{r}\frac{\partial}{\partial r}(rA_\varphi)-\frac{1}{r}\frac{\partial A_r}{\partial\varphi}\right]$$

$$\nabla\times\boldsymbol{A}=\frac{\boldsymbol{e}_R}{R\sin\theta}\left[\frac{\partial}{\partial\theta}(\sin\theta A_\varphi)-\frac{\partial A_\theta}{\partial\varphi}\right]+\frac{\boldsymbol{e}_\theta}{R}\left[\frac{1}{\sin\theta}\frac{\partial A_R}{\partial\varphi}-\frac{\partial}{\partial R}(RA_\varphi)\right]+\frac{\boldsymbol{e}_\varphi}{R}\left[\frac{\partial}{\partial R}(RA_\theta)-\frac{\partial A_R}{\partial\theta}\right]$$

斯托克斯定理：$\int_S(\nabla\times\boldsymbol{A})\cdot\mathrm{d}\boldsymbol{S}=\oint_l\boldsymbol{A}\cdot\mathrm{d}\boldsymbol{l}$。

旋度的性质：梯度的旋度恒等于零。于是，当一个矢量的旋度恒为零时，该矢量可以表示成一个标量函数的梯度。

6．标量ϕ在某点沿$\boldsymbol{e}_l$方向的变化率$\partial\phi/\partial l$称为ϕ沿该方向的方向导数。标量ϕ在该点的梯度$\mathrm{grad}\,\phi=\nabla\phi$与方向导数的关系为

$$\frac{\partial\phi}{\partial l}=\nabla\phi\cdot\boldsymbol{e}_l$$

标量ϕ的梯度是一个矢量，它的大小和方向就是该点最大变化率的大小和方向。

在直角坐标系中，$\nabla\phi=\boldsymbol{e}_x\dfrac{\partial\phi}{\partial x}+\boldsymbol{e}_y\dfrac{\partial\phi}{\partial y}+\boldsymbol{e}_z\dfrac{\partial\phi}{\partial z}$。

在圆柱坐标系中，$\nabla\phi=\boldsymbol{e}_r\dfrac{\partial\phi}{\partial r}+\boldsymbol{e}_\varphi\dfrac{1}{r}\dfrac{\partial\phi}{\partial\varphi}+\boldsymbol{e}_z\dfrac{\partial\phi}{\partial z}$。

在球坐标系中，$\nabla\phi=\boldsymbol{e}_R\dfrac{\partial\phi}{\partial R}+\boldsymbol{e}_\theta\dfrac{1}{R}\dfrac{\partial\phi}{\partial\theta}+\boldsymbol{e}_\varphi\dfrac{1}{R\sin\theta}\dfrac{\partial\phi}{\partial\varphi}$。

7．拉普拉斯算符∇^2可看作一个标量算符，也是一个微分算符，并且在直角坐标系中有

$$\nabla^2=\nabla\cdot\nabla=\frac{\partial^2}{\partial x^2}+\frac{\partial^2}{\partial y^2}+\frac{\partial^2}{\partial z^2}$$

在圆柱坐标系下，拉普拉斯算符表达式为

$$\nabla^2=\frac{1}{r}\frac{\partial}{\partial r}\left(r\frac{\partial}{\partial r}\right)+\frac{1}{r^2}\left(\frac{\partial^2}{\partial\varphi^2}\right)+\frac{\partial^2}{\partial z^2}$$

在球坐标系下，拉普拉斯算符表达式为

$$\nabla^2=\frac{1}{R^2}\frac{\partial}{\partial R}\left(R^2\frac{\partial}{\partial R}\right)+\frac{1}{R^2\sin\theta}\frac{\partial}{\partial\theta}\left(\sin\theta\frac{\partial}{\partial\theta}\right)+\frac{1}{R^2\sin\theta}\frac{\partial^2}{\partial\varphi^2}$$

在直角坐标系中，标量场u的拉普拉斯运算表示为

$$\nabla^2u=\frac{\partial^2u}{\partial x^2}+\frac{\partial^2u}{\partial y^2}+\frac{\partial^2u}{\partial z^2}$$

矢量场$\boldsymbol{A}$的拉普拉斯运算为

$$\nabla^2\boldsymbol{A}=\nabla(\nabla\cdot\boldsymbol{A})-\nabla\times(\nabla\times\boldsymbol{A})$$

可以证明，在直角坐标系下

$$\nabla^2\boldsymbol{A}=\nabla^2(\boldsymbol{e}_xA_x+\boldsymbol{e}_yA_y+\boldsymbol{e}_zA_z)=\boldsymbol{e}_x\nabla^2A_x+\boldsymbol{e}_y\nabla^2A_y+\boldsymbol{e}_z\nabla^2A_z$$

8．亥姆霍兹定理总结了矢量场的共同性质：矢量场$\boldsymbol{F}$由它的散度$\nabla\cdot\boldsymbol{F}$和它的旋度$\nabla\times\boldsymbol{F}$以及边界条件唯一地确定。

矢量的散度和矢量的旋度各对应于矢量场的一种源，所以分析矢量场时，总是从研究它的散度和旋度着手，散度方程和旋度方程构成微分形式的矢量场的基本方程。也可以从矢量穿过封闭的通量和沿闭合曲线的环量去研究矢量场，从而得到积分形式的基本方程。

习题 1

1.1　矢径 $\boldsymbol{r}=\boldsymbol{e}_x x+\boldsymbol{e}_y y+\boldsymbol{e}_z z$ 与各坐标轴正向的夹角为 α、β、γ，请用坐标 (x,y,z) 来表示 α、β、γ，并证明 $\cos^2\alpha+\cos^2\beta+\cos^2\gamma=1$。

1.2　给定三个矢量 $\boldsymbol{A}$、$\boldsymbol{B}$ 和 $\boldsymbol{C}$：$\boldsymbol{A}=\boldsymbol{e}_x+\boldsymbol{e}_y 2-\boldsymbol{e}_z 3$，$\boldsymbol{B}=-\boldsymbol{e}_y 4+\boldsymbol{e}_z$，$\boldsymbol{C}=\boldsymbol{e}_x 5-\boldsymbol{e}_z 2$，试求：（1）$\boldsymbol{e}_A$；（2）$|\boldsymbol{A}-\boldsymbol{B}|$；（3）$\boldsymbol{A}\cdot\boldsymbol{B}$；（4）$\theta_{AB}$；（5）$\boldsymbol{A}$ 在 $\boldsymbol{B}$ 上的分量；（6）$\boldsymbol{A}\cdot(\boldsymbol{B}\times\boldsymbol{C})$ 和 $(\boldsymbol{A}\times\boldsymbol{B})\cdot\boldsymbol{C}$；（7）$(\boldsymbol{A}\times\boldsymbol{B})\times\boldsymbol{C}$ 和 $\boldsymbol{A}\times(\boldsymbol{B}\times\boldsymbol{C})$。

1.3　已知 $\boldsymbol{A}=\boldsymbol{e}_x+b\boldsymbol{e}_y+c\boldsymbol{e}_z$，$\boldsymbol{B}=-\boldsymbol{e}_x+3\boldsymbol{e}_y+8\boldsymbol{e}_z$，若使 $\boldsymbol{A}\perp\boldsymbol{B}$ 及 $\boldsymbol{A}/\!/\boldsymbol{B}$，则 b 和 c 各应为多少？

1.4　已知 $\boldsymbol{A}=12\boldsymbol{e}_x+9\boldsymbol{e}_y+\boldsymbol{e}_z$，$\boldsymbol{B}=a\boldsymbol{e}_x+b\boldsymbol{e}_y$，若 $\boldsymbol{B}\perp\boldsymbol{A}$ 及 $\boldsymbol{B}$ 的模为 1，试确定 a、b。

1.5　求点 P'（$-3,1,4$）到点 P（$2,-2,3$）的距离矢量 $\boldsymbol{R}$ 及矢量 $\boldsymbol{R}$ 的方向。

1.6　在圆柱坐标系中，一点的位置由（$4, 2\pi/3, 3$）给出，求该点在：（1）直角坐标系中的坐标；（2）球坐标系中的坐标。

1.7　已知矢量场 $\boldsymbol{A}=\boldsymbol{e}_x(axz+x^2)+\boldsymbol{e}_y(by+xy^2)+\boldsymbol{e}_z(z-z^2+cxz-2xyz)$，试确定 a、b、c，使得 $\boldsymbol{A}$ 成为无源场。

1.8　已知 $\phi=3x^2y$，$\boldsymbol{A}=\boldsymbol{e}_y x^2yz+\boldsymbol{e}_z 3xy^2$，求 $\mathbf{rot}(\phi\boldsymbol{A})$。

1.9　试证明：矢量场 $\boldsymbol{A}=\boldsymbol{e}_x(y^2+2xz^2)+\boldsymbol{e}_y(2xy-z)+\boldsymbol{e}_z(2x^2z-y+2z)$ 为无旋场。

1.10　求函数 $\phi=3x^2y-y^3z^2$ 在点 $M(1,-2,-1)$ 处沿矢量 $\boldsymbol{A}=\boldsymbol{e}_x yz+\boldsymbol{e}_y xz+\boldsymbol{e}_z xy$ 方向的方向导数。

1.11　求函数 $\phi=xyz$ 在点（5, 1, 2）处沿着点（5, 1, 2）到点（9, 4, 19）的方向导数。

1.12　已知 $\phi=x^2+2y^2+3z^2+xy+3x-2y-6z$，求在点（0,0,0）和点（1,1,1）处的梯度。

1.13　已知矢量 $\boldsymbol{A}=\boldsymbol{e}_x x^2+\boldsymbol{e}_y x^2y^2+\boldsymbol{e}_z 24x^2y^2z^3$。试求：

（1）$\nabla\cdot\boldsymbol{A}$；

（2）$\nabla\cdot\boldsymbol{A}$ 对中心在原点的一个单位立方体的积分；

（3）矢量 $\boldsymbol{A}$ 对此立方体表面的面积分，验证散度定理。

1.14　试证明：

（1）$\nabla\cdot(\boldsymbol{A}+\boldsymbol{B})=\nabla\cdot\boldsymbol{A}+\nabla\cdot\boldsymbol{B}$；

（2）$\nabla\cdot(\phi\boldsymbol{A})=\phi\nabla\cdot\boldsymbol{A}+\boldsymbol{A}\cdot\nabla\phi$。

1.15　已知 $\boldsymbol{R}=\boldsymbol{e}_x x+\boldsymbol{e}_y y+\boldsymbol{e}_z z$，$R=\sqrt{x^2+y^2+z^2}$，试证明：

（1）$\nabla\cdot\left(\dfrac{\boldsymbol{R}}{R^3}\right)=0$；

（2）$\nabla\cdot(\boldsymbol{R}R^n)=(n+3)R^n$。

1.16　已知 $\boldsymbol{R}=\boldsymbol{e}_x x+\boldsymbol{e}_y y+\boldsymbol{e}_z z$，$R=\sqrt{x^2+y^2+z^2}$，试证明：

（1）$\nabla\times\boldsymbol{R}=0$；

（2）$\nabla\times\dfrac{\boldsymbol{R}}{R}=0$；

（3）$\nabla\times\left[\dfrac{\boldsymbol{R}}{R}f(R)\right]=0$ ［$f(R)$是R的函数］。

1.17 试证明：

（1）$\nabla\times(c\boldsymbol{A})=c\nabla\times\boldsymbol{A}$（$c$为常数）；

（2）$\nabla\times(\phi\boldsymbol{A})=\phi\nabla\times\boldsymbol{A}+\nabla\phi\times\boldsymbol{A}$。

1.18 试证明：$\nabla\cdot(\boldsymbol{A}\times\boldsymbol{B})=\boldsymbol{B}\cdot(\nabla\times\boldsymbol{A})-\boldsymbol{A}\cdot(\nabla\times\boldsymbol{B})$。

1.19 应用散度定理计算下述积分：$\boldsymbol{I}=\oint\!\!\!\oint_S[xz^2\boldsymbol{e}_x+(x^2y-z^3)\boldsymbol{e}_y+(2xy+y^2z)\boldsymbol{e}_z]\cdot\mathrm{d}\boldsymbol{S}$，其中，$S$是$z=0$和$z=\sqrt{a^2-x^2-y^2}$所围成的半球区域的外表面。

1.20 试求矢量$\boldsymbol{A}=\boldsymbol{e}_x x+\boldsymbol{e}_y xy^2$沿圆周$x^2+y^2=a^2$的线积分，再计算$\nabla\times\boldsymbol{A}$对此圆的面积分，验证$\oint_l\boldsymbol{A}\cdot\mathrm{d}\boldsymbol{l}=\int_S(\nabla\times\boldsymbol{A})\cdot\mathrm{d}\boldsymbol{S}$。

1.21 设$\boldsymbol{E}(x,y,z,t)$和$\boldsymbol{H}(x,y,z,t)$是具有二阶连续偏导数的两个矢性函数，它们又满足方程

$$\nabla\cdot\boldsymbol{E}=0,\quad\nabla\times\boldsymbol{E}=-\frac{1}{c}\frac{\partial\boldsymbol{H}}{\partial t}$$

$$\nabla\cdot\boldsymbol{H}=0,\quad\nabla\times\boldsymbol{H}=\frac{1}{c}\frac{\partial\boldsymbol{E}}{\partial t}$$

试证明：$\boldsymbol{E}$和$\boldsymbol{H}$均满足$\nabla^2\boldsymbol{A}=\dfrac{1}{c^2}\dfrac{\partial^2\boldsymbol{A}}{\partial t^2}$（$\boldsymbol{A}$等于$\boldsymbol{E}$或$\boldsymbol{H}$）。

1.22 试证明下列函数满足拉普拉斯方程。

（1）$\phi(x,y,z)=\sin\alpha x\sin\beta y e^{-\gamma z}$（$\gamma^2=\alpha^2+\beta^2$）；

（2）$\phi(r,\varphi,z)=r^{-n}\cos n\varphi$；

（3）$\phi(R,\theta,\phi)=R\cos\theta$。

1.23 对以下各种情况，试求$\nabla\cdot\boldsymbol{A}$和$\nabla\times\boldsymbol{A}$。

（1）$\boldsymbol{A}=\boldsymbol{e}_x xy^2z^3+\boldsymbol{e}_y x^3z+\boldsymbol{e}_z x^2y^2$；

（2）$\boldsymbol{A}(r,\phi,z)=\boldsymbol{e}_r r^2\cos\phi+\boldsymbol{e}_z r^2\sin\phi$；

（3）$\boldsymbol{A}(R,\theta,\phi)=\boldsymbol{e}_R R\sin\theta+\boldsymbol{e}_\theta\dfrac{1}{R}\sin\theta+\boldsymbol{e}_\varphi\dfrac{1}{R^2}\cos\theta$。

1.24 试证明$\boldsymbol{A}=\boldsymbol{e}_x yz+\boldsymbol{e}_y zx+\boldsymbol{e}_z xy$为调和场，并求出场的位函数$\phi$（$\phi$也称为调和函数）。

第 2 章　自由空间中电磁场与麦克斯韦方程组

电场与磁场的基本定律是麦克斯韦于 1873 年建立的。麦克斯韦是继法拉第之后，集电磁学大成的伟大科学家，他依据库仑、高斯、欧姆、安培、毕奥、萨伐尔、法拉第等前人的一系列发现和实验成果，建立了第一个完整的电磁理论体系。他不仅科学地预言了电磁波的存在，而且还揭示了光、电、磁现象的本质的统一性，完成了物理学的又一次大综合。这一自然科学的成果，奠定了现代电力工业、电子工业和无线电工业的基础。

电磁学的发展过程，经历了与牛顿力学的类比，以及对其类比中所产生的某些规律的否定。本章也从力的类比和描述入手，引入场的概念。本章在引入电场强度与电位的概念、磁感应强度与磁位的概念以及电偶极子和磁偶极子的概念后，回顾了电荷在电场和磁场中所受到的两种作用力，即电场力与磁场力，它们分别用电场强度 $\boldsymbol{E}$ 和磁感应强度 $\boldsymbol{B}$ 来表示。当空间中同时存在电场和磁场时，电荷所受到的力则称为洛伦兹力（Lorentz force）。接下来讨论用 $\boldsymbol{E}$ 和 $\boldsymbol{B}$ 表示的微分形式的麦克斯韦方程组（Maxwell's equations），在对方程组所依据的实验结果作简短的分析之后，我们就可以对麦克斯韦方程组所包含的丰富内容进行深入的探索。

从本章的叙述可以看到，麦克斯韦在 19 世纪所创立的电磁场理论实际上是建立在电磁学的三大实验定律：库仑定律、安培环路定律和法拉第电磁感应定律之上的。然而，当深入了解了麦克斯韦电磁场理论所具有的内涵之后将会发现，他的理论已远远升华到了引导科学乃至世界发生巨大变化的高度。

在电磁学的三大实验定律中，实际上只有库仑定律是可以用经典物理学的测量方法来进行直接的实验检验的，而安培环路定律和法拉第电磁感应定律本身却难以直接用实验检验，并且其精度不明。在麦克斯韦电磁场理论建立之前，这两个定律只是描述了存在于电和磁之间相互作用的某些定性的规律。而电与磁，或者说电场与磁场相互之间的严格的数学关系及物理内容，实际上正是通过麦克斯韦的工作才确立起来的。从这个意义上来说，在经典电磁学定律向电磁场理论发展的过程中，一种能够反映物质世界新规律的数学方法也构成了整个理论的重要基础，这个数学方法就是矢量场论，麦克斯韦正是矢量场论这一重要数学领域的奠基人之一。本章使用矢量场论的数学方法分别描述了微分形式、积分形式和时谐形式的麦克斯韦方程组，并且通过对麦克斯韦方程组所进行的数学变换，导出了电磁场的能量关系——坡印廷定理。

本章对于传导电流、运流电流和位移电流及电流连续性原理的讨论具有很重要的意义。假设“位移电流”，并由电荷守恒定律导出电流连续性方程，正是麦克斯韦的一种天才表现。从中可以发现，麦克斯韦并不像他同时代的其他科学家那样，只是在牛顿理论所给出的物理和数学框架内摸索。当牛顿数学无法满足他想达到的目标时，麦克斯韦创立了新的数学运算方法；当原有的经典电磁学实验在新的数学方法下还不足以得到波的运动形式时，他就在经典电磁学所能得到的“安培环路定律”中加上自己的“位移电流”；当得到的电磁场方程组的形式是当时尚无法求解的矢量波动方程形式时，他就用可以作为其中特解的标量波动方程来代替它，从而得到了真空中电磁波的传播速度；而一旦得知电磁波在真空中的传播速度等于光速时，他就满怀信心地指出：光就是电磁波的一种形式，这正是麦克斯韦电磁场理论的本质。麦克斯韦发现了一种新的物质运动形式，这一发现改变了人类对于世界的认识，改变了人类的生产技术手段，甚至改变了人类的生活方式。

2.1 电场强度和电位

2.1.1 库仑定律与电场强度

1．库仑定律

实验表明，电荷之间存在着作用力。一个电荷受到另一个或多个电荷的作用力时存在着两种情况，其中一种情况是所有电荷均处于静止状态。在这种情况下，每两个静止电荷（假设为点电荷）之间的作用力可由库仑定律来描述。库仑是一个法国物理学家，以其名字命名的定律表明：两个点电荷q'及q之间的相互作用力的大小与q'及q的乘积成正比，与它们之间距离R的平方成反比；作用力的方向沿着它们的连线方向，且同号电荷相斥，异号电荷相吸。库仑定律是电学发展史上的第一个定量规律，它使电学的研究从定性进入定量阶段，是电学史上的一个重要里程碑。

令$\boldsymbol{F}_E$代表电荷q'作用于电荷q的电场力，$\boldsymbol{e}_R$代表由q'指向q的单位矢量，如图2.1所示，则库仑定律的数学表达式为

$$\boldsymbol{F}_E=\frac{qq'}{4\pi\varepsilon_0 R^2}\boldsymbol{e}_R=\frac{qq'}{4\pi\varepsilon_0 R^3}\boldsymbol{R} \tag{2.1}$$

$\boldsymbol{F}_E$的方向由单位矢量$\boldsymbol{e}_R$来决定，$\boldsymbol{e}_R=\boldsymbol{R}/R$。如图2.1所示，在直角坐标系中，两电荷之间的间距$R=\sqrt{(x-x')^2+(y-y')^2+(z-z')^2}$。根据矢量运算法则，位移$\boldsymbol{R}=\boldsymbol{r}(x,y,z)-\boldsymbol{r}'(x',y',z')$。$\varepsilon_0$称为真空介电常数，其大小为$\varepsilon_0=(1/36\pi)\times10^{-9}\ \text{F/m}$（法/米）。

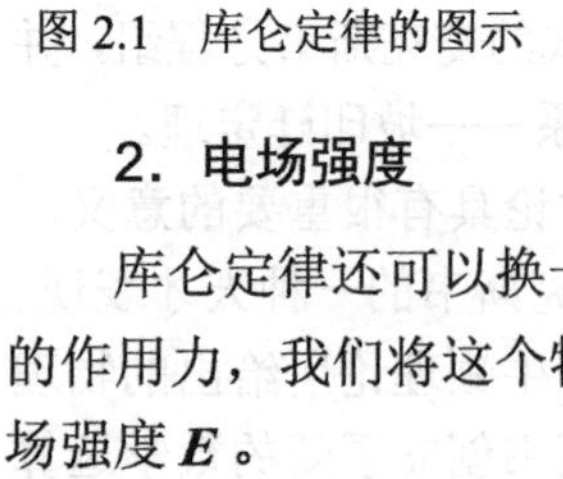

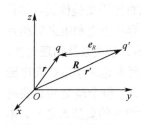

图2.1 库仑定律的图示

式（2.1）说明，带电体周围的空间确实存在着一种特殊形式的物质，当电荷或带电体进入这个空间时将受到力的作用。我们将电荷周围存在的特殊物质称为电场，电场对电荷的作用称为电场力。

注意：库仑定律所描述的是点电荷之间的作用力，点电荷的物理模型类似于力学中的“质点”，于是，它同样也满足牛顿力学所描述的力的作用关系。另外，库仑定律所描述的点电荷之间的作用力是在施力电荷静止的情况下才获得的。

2．电场强度

库仑定律还可以换一种方式来阐述。假定电荷$q=1\text{C}$，于是电场力$\boldsymbol{F}_E$即为q'对单位电荷的作用力，我们将这个特定大小的电场力（一个单位电荷受到另一个电荷的作用力）称为电场强度$\boldsymbol{E}$。

$$\boldsymbol{E}=\frac{q'}{4\pi\varepsilon_0 R^2}\boldsymbol{e}_R \tag{2.2}$$

而作用在电荷q上的电场力可以令式（2.2）两边同乘以q得到

$$\boldsymbol{F}_E=q\boldsymbol{E}=\frac{qq'}{4\pi\varepsilon_0 R^2}\boldsymbol{e}_R \tag{2.3}$$

于是我们又回到了库仑定律。这样看来，根据单位电荷作用力定义的电场强度 $\boldsymbol{E}$ 可以得出两个或多个彼此相对静止的电荷之间的作用力。

电场强度 $\boldsymbol{E}$ 的单位是作用在单位电荷上的力，即为牛顿/库仑（N/C），国际单位制中则为伏特/米（V/m）。

以上结论是针对 q 为点电荷而言的，如果电荷是沿一曲线连续分布的线电荷时，则可引入线电荷密度的描述方式。线电荷密度 ρ_l 定义为

$$\rho_l = \lim_{\Delta l \to 0} \frac{\Delta q}{\Delta l} = \frac{\mathrm{d}q}{\mathrm{d}l} \tag{2.4}$$

式中，$\mathrm{d}q$ 为线元 $\mathrm{d}l$ 上所具有的电荷量，其在空间产生的电场强度为

$$\mathrm{d}\boldsymbol{E} = \frac{\mathrm{d}q}{4\pi\varepsilon_0 R^2}\boldsymbol{e}_R = \frac{\rho_l \mathrm{d}l}{4\pi\varepsilon_0 R^2}\boldsymbol{e}_R$$

式中，R 为带电线元 $\mathrm{d}l$ 到场点的距离；$\boldsymbol{e}_R$ 为线元指向场点的单位矢量。整个线电荷在空间产生的电场强度为

$$\boldsymbol{E} = \frac{1}{4\pi\varepsilon_0}\int_l \frac{\rho_l \mathrm{d}l}{R^2}\boldsymbol{e}_R \tag{2.5}$$

如果电荷是沿一曲面连续分布的面电荷时，则可引入面电荷密度的描述方式。面电荷密度 ρ_S 定义为

$$\rho_S = \lim_{\Delta S \to 0} \frac{\Delta q}{\Delta S} = \frac{\mathrm{d}q}{\mathrm{d}S} \tag{2.6}$$

式中，$\mathrm{d}q$ 为面元 $\mathrm{d}S$ 上所具有的电荷量，$\mathrm{d}q = \rho_S \mathrm{d}S$。整个面电荷在空间产生的电场强度为

$$\boldsymbol{E} = \frac{1}{4\pi\varepsilon_0}\int_S \frac{\rho_S \mathrm{d}S}{R^2}\boldsymbol{e}_R \tag{2.7}$$

式中，R 为带电面元 $\mathrm{d}S$ 到场点的距离；$\boldsymbol{e}_R$ 为面元指向场点的单位矢量。

如果电荷在某空间体积内连续分布时，引入体电荷密度的描述方式。体电荷密度 ρ 定义为

$$\rho = \lim_{\Delta V \to 0} \frac{\Delta q}{\Delta V} = \frac{\mathrm{d}q}{\mathrm{d}V} \tag{2.8}$$

式中，$\mathrm{d}q$ 为体积元 $\mathrm{d}V$ 中所具有的电荷量，$\mathrm{d}q = \rho \mathrm{d}V$。整个体电荷在空间产生的电场强度为

$$\boldsymbol{E} = \frac{1}{4\pi\varepsilon_0}\int_V \frac{\rho \mathrm{d}V}{R^2}\boldsymbol{e}_R \tag{2.9}$$

式中，R 为体积元 $\mathrm{d}v$ 到场点的距离；$\boldsymbol{e}_R$ 为体积元指向场点的单位矢量。

例 2.1　长为 $2l$、线电荷密度为 ρ_l 的均匀带电直导线，如图 2.2 所示，求导线周围的电场分布。

解： 设导线置于 z 轴上，xOy 平面将直导线对称平分。

建立圆柱坐标系，取长为 $\mathrm{d}z'$ 的导线，则电荷 $\rho_l \mathrm{d}z'$ 在任意点产生的电场强度为

$$\boldsymbol{E} = \frac{1}{4\pi\varepsilon_0}\int_l \frac{\rho_l \mathrm{d}z'}{R^2}\boldsymbol{e}_R$$

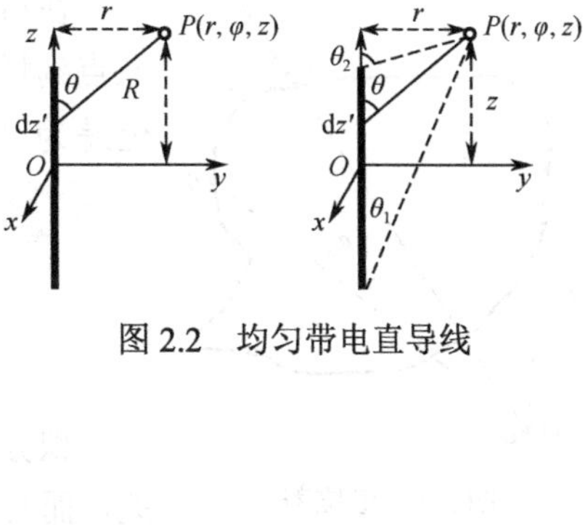

图 2.2　均匀带电直导线

分别考虑 $\boldsymbol{E}$ 在 r 和 z 两方向上的分量

$$E_r=\frac{1}{4\pi\varepsilon_0}\int_{-l}^{l}\frac{\rho_l\sin\theta\mathrm{d}z'}{R^2}\text{，}\quad E_z=\frac{1}{4\pi\varepsilon_0}\int_{-l}^{l}\frac{\rho_l\cos\theta\mathrm{d}z'}{R^2}$$

其中，$R=\dfrac{r}{\sin\theta}$，$z'=z-R\cos\theta=z-r\cot\theta$，$\mathrm{d}z'=\dfrac{r\mathrm{d}\theta}{\sin^2\theta}$。

因此，对整段导线积分为

$$E_r=\frac{1}{4\pi\varepsilon_0}\int_{-l}^{l}\frac{\rho_l\sin\theta\mathrm{d}z'}{R^2}=\frac{1}{4\pi\varepsilon_0}\int_{\theta_1}^{\theta_2}\frac{\rho_l\sin\theta\mathrm{d}\theta}{r}=\frac{\rho_l}{4\pi\varepsilon_0 r}(\cos\theta_1-\cos\theta_2)$$

$$E_z=\frac{\rho_l}{4\pi\varepsilon_0 r}(\sin\theta_2-\sin\theta_1)$$

所以

$$\boldsymbol{E}=\boldsymbol{e}_r\frac{\rho_l}{4\pi\varepsilon_0 r}(\cos\theta_1-\cos\theta_2)+\boldsymbol{e}_z\frac{\rho_l}{4\pi\varepsilon_0 r}(\sin\theta_2-\sin\theta_1)$$

当$l\gg r$（即导线无限长）时，$\theta_1\approx 0$，$\theta_2\approx\pi$，代入上式得

$$\boldsymbol{E}=\frac{\rho_l}{2\pi\varepsilon_0 r}\boldsymbol{e}_r$$

2.1.2 电位

已知试验电荷q在电场中的受力为

$$\boldsymbol{F}_E=q\boldsymbol{E}$$

在静电场中欲使试验电荷q处于平衡状态，应有一外力$\boldsymbol{F}_W$与电场力$\boldsymbol{F}_E$大小相等，方向相反，即

$$\boldsymbol{F}_W=-q\boldsymbol{E}$$

于是，试验电荷q在静电场中由A点移动到B点时外力需做的功为

$$W=-q\int_A^B\boldsymbol{E}\cdot\mathrm{d}\boldsymbol{l}$$

那么，静电场内单位正电荷从A点移动到B点时外力所做的功则为

$$\frac{W}{q}=-\int_A^B\boldsymbol{E}\cdot\mathrm{d}\boldsymbol{l}$$

将静电场内单位正电荷从A点移动到B点时外力所做的功称为B点和A点之间的电位差，用ϕ_{BA}表示，即

$$\phi_{BA}=-\int_A^B\boldsymbol{E}\cdot\mathrm{d}\boldsymbol{l}\tag{2.10}$$

在自由空间，如果点电荷位于原点，原点到场点A的距离为R_A，原点到场点B的距离为R_B，如图2.3所示，则B点和A点之间的电位差为

$$\phi_{BA}=-\int_{R_A}^{R_B}\boldsymbol{E}\cdot\mathrm{d}\boldsymbol{l}=-\int_{R_A}^{R_B}\frac{q}{4\pi\varepsilon_0 R^2}\boldsymbol{e}_R\cdot\boldsymbol{e}_R\mathrm{d}R$$

$$=\frac{q}{4\pi\varepsilon_0}\left(\frac{1}{R_B}-\frac{1}{R_A}\right)$$

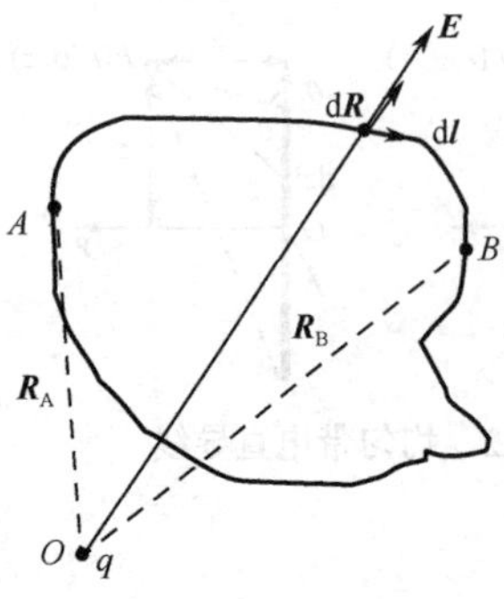

图2.3　电位差

积分表明，空间两点B和A之间的电位差只与场点所在位置有关，而与积分路径无关。因此，在静电场中，电场强度$\boldsymbol{E}$沿闭合回

路的积分恒为零，即

$$\oint_l \boldsymbol{E}\cdot \mathrm{d}\boldsymbol{l}=0$$

若单位正电荷是从无穷远处出发（$R_A=\infty$）移到 B 点的，则电位差为

$$\phi_{B\infty}=\frac{q}{4\pi\varepsilon_0 R_B}$$

或写成

$$\phi_B=\frac{q}{4\pi\varepsilon_0 R_B} \tag{2.11}$$

式（2.10）也可改写成一个具有普遍意义的式子

$$\phi=-\int_l \boldsymbol{E}\cdot \mathrm{d}\boldsymbol{l} \tag{2.12}$$

由此，可以得到空间一段线元上两端点间的电位差为

$$\mathrm{d}\phi=-\boldsymbol{E}\cdot \mathrm{d}\boldsymbol{l} \tag{2.13}$$

由梯度与方向导数的关系可知

$$\mathrm{d}\phi=\nabla\phi\cdot \mathrm{d}\boldsymbol{l} \tag{2.14}$$

比较式（2.13）和式（2.14），可得电位与电场强度的关系为

$$\boldsymbol{E}=-\nabla\phi \tag{2.15}$$

式（2.15）提供了求解静电场中电场强度 $\boldsymbol{E}$ 的另一种方法，即把求解 $\boldsymbol{E}$ 的问题变成先求解标量电位 ϕ，而后再通过微分关系求 $\boldsymbol{E}$。一般情况下，用这种方法比直接求解 $\boldsymbol{E}$ 要简便。

例 2.2　有半径为 a 的均匀带电导体细圆环，其线电荷密度为 ρ_l。求其轴线上任意一点的电位和电场强度。

解：建立圆柱坐标系，坐标原点与圆环圆心重合，且带电导体圆环位于 xOy 平面。在圆环 $P'(a,\phi',0)$ 处取一线电荷元 $\rho_l a\mathrm{d}\varphi$，则其在轴线上任一点 $P(0,0,z)$ 产生的电位为

$$\mathrm{d}\phi=\frac{\rho_l a\mathrm{d}\varphi}{4\pi\varepsilon_0 R}=\frac{\rho_l a\mathrm{d}\varphi}{4\pi\varepsilon_0\sqrt{a^2+z^2}}$$

对上式的积分可得均匀带电圆环在轴线上的总电位

$$\phi=\int_0^{2\pi}\frac{\rho_l a}{4\pi\varepsilon_0\sqrt{a^2+z^2}}\mathrm{d}\varphi=\frac{\rho_l a}{2\varepsilon_0\sqrt{a^2+z^2}}$$

根据电场强度和电位的关系式可得轴线上的电场强度为

$$\boldsymbol{E}=-\nabla\phi=-\boldsymbol{e}_z\partial\left(\frac{\rho_l a}{2\varepsilon_0\sqrt{a^2+z^2}}\right)/\partial z=\boldsymbol{e}_z\frac{\rho_l az}{2\varepsilon_0(a^2+z^2)^{3/2}}$$

2.2　磁场强度和磁位

2.2.1　磁感应强度

一个电荷受到另一个或多个电荷的作用力时所存在着的另一种情况是：电荷之间存在相对运动。观察两条载流导线时，会发现另一种力，它存在于这两条线之间，是运动的电荷即电流之间的作用力，我们称其为磁场力。我们把存在于载流回路周围空间，并且能对运动电

荷施力的特殊物质称为磁场。磁场的特征是能对运动电荷施力，其施力的情况虽然比较复杂，但我们可以用一个磁感应强度 $\boldsymbol{B}$ 来描述它，即将其定义为一个单位电流受到另一个电流的作用力。

假定电荷 q 以速度 $\boldsymbol{v}$ 在磁场中运动，它所受到的磁场力 $\boldsymbol{F}_B$ 可以表示为

$$\boldsymbol{F}_B = q\boldsymbol{v}\times\boldsymbol{B} \tag{2.16}$$

正如式（2.2）通过作用力的来源——电荷 q' 来表示电场强度 $\boldsymbol{E}$ 一样，式（2.16）中的磁感应强度 $\boldsymbol{B}$ 自然也可以用产生它的源——电流来表示。

考虑磁场中载流线元 $I\mathrm{d}\boldsymbol{l}$ 的受力情况，由于

$$I\mathrm{d}\boldsymbol{l} = \frac{\mathrm{d}q}{\mathrm{d}t}\mathrm{d}\boldsymbol{l} = \mathrm{d}q\frac{\mathrm{d}\boldsymbol{l}}{\mathrm{d}t} = \mathrm{d}q\boldsymbol{v}$$

所以

$$\mathrm{d}\boldsymbol{F}_B = \mathrm{d}q\boldsymbol{v}\times\boldsymbol{B} = I\mathrm{d}\boldsymbol{l}\times\boldsymbol{B} \tag{2.17}$$

根据安培力实验定律，若真空中有两个电流回路，如图 2.4 所示，分别用 $I_1\mathrm{d}\boldsymbol{l}_1$ 和 $I_2\mathrm{d}\boldsymbol{l}_2$ 表示两个回路的电流元，则通以电流 I_1 的线圈 l_1 对通以电流 I_2 的线圈 l_2 的作用力为

$$\boldsymbol{F}_{21} = \frac{\mu_0}{4\pi}\oint_{l_1}\oint_{l_2}\frac{I_2\mathrm{d}\boldsymbol{l}_2\times(I_1\mathrm{d}\boldsymbol{l}_1\times\boldsymbol{e}_R)}{R^2} = \oint_{l_2}I_2\mathrm{d}\boldsymbol{l}_2\times\left(\frac{\mu_0}{4\pi}\oint_{l_1}\frac{I_1\mathrm{d}\boldsymbol{l}_1\times\boldsymbol{e}_R}{R^2}\right) \tag{2.18}$$

式中，μ_0 称为自由空间的磁导率，其大小为 $\mu_0 = 4\pi\times10^{-7}$ H/m（亨/米）。

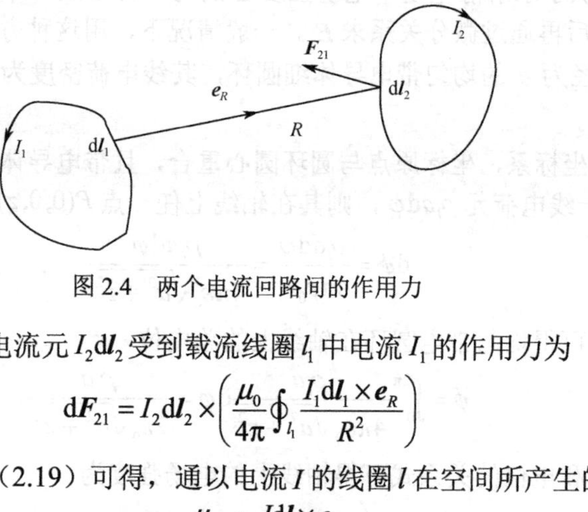

图 2.4 两个电流回路间的作用力

由式（2.18）可知，电流元 $I_2\mathrm{d}\boldsymbol{l}_2$ 受到载流线圈 l_1 中电流 I_1 的作用力为

$$\mathrm{d}\boldsymbol{F}_{21} = I_2\mathrm{d}\boldsymbol{l}_2\times\left(\frac{\mu_0}{4\pi}\oint_{l_1}\frac{I_1\mathrm{d}\boldsymbol{l}_1\times\boldsymbol{e}_R}{R^2}\right) \tag{2.19}$$

比较式（2.17）与式（2.19）可得，通以电流 I 的线圈 l 在空间所产生的磁感应强度为

$$\boldsymbol{B} = \frac{\mu_0}{4\pi}\oint_l\frac{I\mathrm{d}\boldsymbol{l}\times\boldsymbol{e}_R}{R^2} \tag{2.20}$$

进一步，可以得到电流元 $I\mathrm{d}\boldsymbol{l}$ 在空间所产生的磁感应强度

$$\mathrm{d}\boldsymbol{B} = \frac{\mu_0}{4\pi}\frac{I\mathrm{d}\boldsymbol{l}\times\boldsymbol{e}_R}{R^2} \tag{2.21}$$

式（2.20）和式（2.21）是磁感应强度与电流的关系，通常称为毕奥-萨伐尔定律。磁感应强度 $\boldsymbol{B}$ 的单位为牛顿/（安培·米），[N/(A·m)]，在国际单位制中 $\boldsymbol{B}$ 的单位为特斯拉（T）。

当电流分布在某一曲面上时，其面电流密度为 $\boldsymbol{J}_S$，由 $I\mathrm{d}\boldsymbol{l} = \boldsymbol{J}_S\mathrm{d}S$，面电流在空间产生的磁感应强度为

$$\boldsymbol{B} = \frac{\mu_0}{4\pi}\int_S\frac{\boldsymbol{J}_S\times\boldsymbol{e}_R}{R^2}\mathrm{d}S \tag{2.22}$$

式中，R 为面元 $\mathrm{d}S$ 到场点的距离，$\boldsymbol{e}_R$ 为面元指向场点的单位矢量。

当电流分布在某一体积内，若体电流密度为 $\boldsymbol{J}$，由 $I\mathrm{d}\boldsymbol{l}=\boldsymbol{J}\mathrm{d}V$，体电流在空间产生的磁感应强度为

$$\boldsymbol{B}=\frac{\mu_0}{4\pi}\int_V\frac{\boldsymbol{J}\times\boldsymbol{e}_R}{R^2}\mathrm{d}V \tag{2.23}$$

式中，R 为体积元 $\mathrm{d}V$ 到场点的距离，$\boldsymbol{e}_R$ 为体积元指向场点的单位矢量。

例 2.3　求真空中长为 L，电流 I 的载流直导线周围的磁感应强度。

解：建立圆柱坐标系，坐标原点与导线中心重合，且直导线沿 z 轴放置。在导线 $P'(0,0,z')$ 处取一线电流元 $I\mathrm{d}z'\boldsymbol{e}_z$，则其在空间中任意一点 $P(r,\varphi,z)$ 产生的磁感应强度为

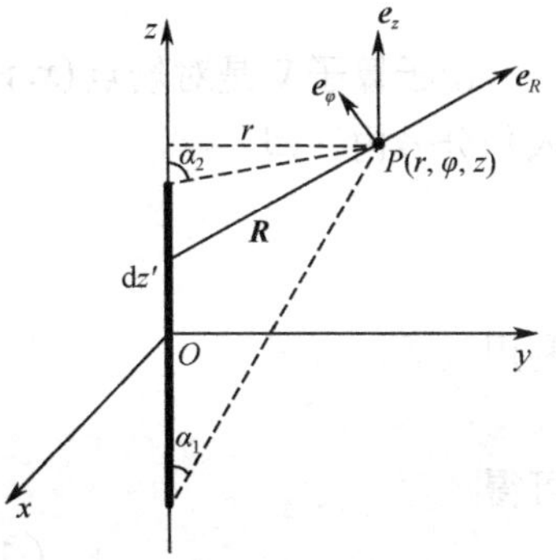

图 2.5　直导线周围的磁感应强度

$$\mathrm{d}\boldsymbol{B}=\frac{\mu_0}{4\pi}\frac{I\mathrm{d}z'\boldsymbol{e}_z\times\boldsymbol{e}_R}{R^2}=\frac{\mu_0}{4\pi}\frac{I\mathrm{d}z'\boldsymbol{e}_z\times\boldsymbol{R}}{R^3}$$

由图 2.5 可知 $\mathrm{d}z'\boldsymbol{e}_z\times\boldsymbol{R}=\mathrm{d}z'\boldsymbol{e}_z\times[r\boldsymbol{e}_r+(z-z')\boldsymbol{e}_z]=r\mathrm{d}z'\boldsymbol{e}_\varphi$。

所以可写成 $\mathrm{d}\boldsymbol{B}=\dfrac{\mu_0}{4\pi}\dfrac{I\mathrm{d}z'\boldsymbol{e}_z\times\boldsymbol{e}_R}{R^2}=\dfrac{\mu_0}{4\pi}\dfrac{Ir\mathrm{d}z'}{R^3}\boldsymbol{e}_\varphi$。

式中，$R=\sqrt{r^2+(z-z')^2}=r/\sin\alpha$，$z'=z-r\mathrm{ctan}\alpha$，$\mathrm{d}z'=r\csc^2\alpha\mathrm{d}\alpha$。

对上式积分则得长直导线在空间中任意一点 $P(r,\varphi,z)$ 产生的磁感应强度

$$\boldsymbol{B}=\int_{-L/2}^{L/2}\frac{\mu_0}{4\pi}\frac{Ir\mathrm{d}z'}{R^3}\boldsymbol{e}_\varphi=\frac{\mu_0 I}{4\pi}\int_{\alpha_1}^{\alpha_2}\frac{\sin\alpha}{r}\mathrm{d}\alpha\boldsymbol{e}_\varphi=\frac{\mu_0 I}{4\pi r}(\cos\alpha_1-\cos\alpha_2)\boldsymbol{e}_\varphi$$

式中，$\cos\alpha_1=\dfrac{z+L/2}{\sqrt{r^2+(z+L/2)^2}}$，$\cos\alpha_2=\dfrac{z-L/2}{\sqrt{r^2+(z-L/2)^2}}$。

当长直导线无限长时

$$\lim_{L\to\infty}\boldsymbol{B}=\boldsymbol{e}_\varphi\frac{\mu_0 I}{2\pi r}$$

2.2.2　矢量磁位

2.2.1 节描述了磁场基本特征物理量——磁感应强度 $\boldsymbol{B}$，因而磁场是一个矢量场。根据通量的概念，我们将穿过某一曲面的磁感应强度 $\boldsymbol{B}$ 的通量称为穿过该曲面的磁通量，用 Φ_m 表示，其数学表达式为

$$\Phi_\mathrm{m}=\int_S\boldsymbol{B}\cdot\mathrm{d}\boldsymbol{S} \tag{2.24}$$

当空间曲面 S 为一个闭合曲面时，有

$$\Phi_\mathrm{m}=\oint_S\boldsymbol{B}\cdot\mathrm{d}\boldsymbol{S} \tag{2.25}$$

由毕奥-萨伐尔定律，将式（2.21）代入式（2.25）得

$$\Phi_\mathrm{m}=\oint_S\frac{\mu_0}{4\pi}\oint_{l'}\frac{I\mathrm{d}\boldsymbol{l}'\times\boldsymbol{e}_R}{R^2}\cdot\mathrm{d}\boldsymbol{S} \tag{2.26}$$

根据梯度规则

$$\nabla\left(\frac{1}{R}\right)=-\frac{\boldsymbol{e}_R}{R^2}$$

于是，式（2.26）中的被积函数变成

$$\frac{I\mathrm{d}\boldsymbol{l}'\times\boldsymbol{e}_R}{R^2}=\nabla\left(\frac{1}{R}\right)\times I\mathrm{d}\boldsymbol{l}' \tag{2.27}$$

根据高斯定律

$$\oint_S \boldsymbol{B}\cdot\mathrm{d}\boldsymbol{S}=\int_V \nabla\cdot\boldsymbol{B}\mathrm{d}V$$

式（2.26）可改写为

$$\varPhi_{\mathrm{m}}=\frac{\mu_0}{4\pi}\int_V \nabla\cdot\oint_{l'}\nabla\left(\frac{1}{R}\right)\times I\mathrm{d}\boldsymbol{l}'\mathrm{d}V$$

由于算子 ∇ 是对场点 (x,y,z) 的微分，而线积分是针对源点 (x',y',z') 的，所以算子 ∇ 可移入积分号内，即

$$\varPhi_{\mathrm{m}}=\frac{\mu_0}{4\pi}\int_V\oint_{l'}\nabla\cdot\left[\nabla\left(\frac{1}{R}\right)\times I\mathrm{d}\boldsymbol{l}'\right]\mathrm{d}V$$

利用矢量恒等式

$$\nabla\cdot(\boldsymbol{F}\times\boldsymbol{G})=\boldsymbol{G}\cdot\nabla\times\boldsymbol{F}-\boldsymbol{F}\cdot\nabla\times\boldsymbol{G}$$

可得

$$\nabla\cdot\left[\nabla\left(\frac{1}{R}\right)\times I\mathrm{d}\boldsymbol{l}'\right]=I\mathrm{d}\boldsymbol{l}'\cdot\nabla\times\nabla\left(\frac{1}{R}\right)-\nabla\left(\frac{1}{R}\right)\cdot\nabla\times I\mathrm{d}\boldsymbol{l}'$$

根据梯度的性质可知

$$\nabla\times\nabla\left(\frac{1}{R}\right)\equiv 0$$

又知 $I\mathrm{d}\boldsymbol{l}'$ 是源点 (x',y',z') 的函数，而 ∇ 是针对场点 (x,y,z) 的微分，因此

$$\nabla\times I\mathrm{d}\boldsymbol{l}'=0$$

这表明整个积分为零，即

$$\oint_S \boldsymbol{B}\cdot\mathrm{d}\boldsymbol{S}=\int_v \nabla\cdot\boldsymbol{B}\mathrm{d}V=0 \tag{2.28}$$

由式（2.28）可得到

$$\nabla\cdot\boldsymbol{B}=0 \tag{2.29}$$

式（2.28）和式（2.29）说明通过任何闭合曲面的磁感应强度 $\boldsymbol{B}$ 的通量恒为 0，有多少磁力线穿入闭合曲面，就有多少磁力线从闭合曲面穿出，磁力线总是连续的，它不会在闭合曲面内积累或中断，称为**磁通连续性原理**。

根据矢量运算规则：一个矢量的旋度的散度恒等于零。于是可引入一个任意矢量 $\boldsymbol{A}$，即令

$$\boldsymbol{B}=\nabla\times\boldsymbol{A} \tag{2.30}$$

这个从纯数学关系引入的矢量 $\boldsymbol{A}$ 称为**矢量磁位**，单位为韦伯/米（Wb/m）。

从上面的推导看，矢量 $\boldsymbol{A}$ 还没有明确的物理意义，它可以是任意矢量。为了避免矢量 $\boldsymbol{A}$ 的这种随意性，必须对其附加另外的约束，这个约束就是要给定矢量 $\boldsymbol{A}$ 的散度。亥姆霍兹定理指出：对于某区域内的一个矢量场函数，可以通过给定它的旋度函数和散度函数以及它在区域边界上的边界条件唯一地确定。给定旋度和给定散度是相互独立的，给定不同的散度将使该矢量的解不同，但不影响解的旋度，其旋度只由给定的旋度条件决定。同样，如何给定旋度也不影响该矢量的散度。由于引入矢量 $\boldsymbol{A}$ 的目的只是为了通过式（2.30）计算场量 $\boldsymbol{B}$，而不必考虑矢量 $\boldsymbol{A}$ 本身的物理意义，因此可以根据计算方便的需要来给定矢量 $\boldsymbol{A}$ 的散度。对

于恒定磁场，一般选择

$$\nabla \cdot \boldsymbol{A} = 0 \tag{2.31}$$

式（2.31）称为矢量 $\boldsymbol{A}$ 的库仑规范，这时，恒定磁场的矢量磁位 $\boldsymbol{A}$ 由式（2.30）和式（2.31）共同定义。

将式（2.27）代入式（2.21）中，可得

$$\boldsymbol{B} = \frac{\mu_0}{4\pi}\oint_{l'}\frac{I\mathrm{d}\boldsymbol{l}' \times \boldsymbol{e}_R}{R^2} = \frac{\mu_0 I}{4\pi}\oint_{l'}\nabla\left(\frac{1}{R}\right)\times \mathrm{d}\boldsymbol{l}' \tag{2.32}$$

根据矢量恒等式关系，式（2.32）中

$$\nabla\left(\frac{1}{R}\right)\times \mathrm{d}\boldsymbol{l}' = \nabla \times \left(\frac{\mathrm{d}\boldsymbol{l}'}{R}\right) - \frac{1}{R}(\nabla \times \mathrm{d}\boldsymbol{l}')$$

由于算子 ∇ 是对场点 (x, y, z) 的微分，故 $\nabla \times \mathrm{d}\boldsymbol{l}' = 0$。于是，式（2.32）可写为

$$\boldsymbol{B} = \frac{\mu_0 I}{4\pi}\oint_{l'}\nabla \times \left(\frac{\mathrm{d}\boldsymbol{l}'}{R}\right) \tag{2.33}$$

由于式（2.33）中的积分和微分针对的是两组不同变量，所以可以改变上式的积分与微分顺序，即为

$$\boldsymbol{B} = \nabla \times \left[\frac{\mu_0 I}{4\pi}\oint_{l'}\left(\frac{\mathrm{d}\boldsymbol{l}'}{R}\right)\right] \tag{2.34}$$

比较式（2.30）与式（2.34），且省略“′”符号，可得矢量磁位 $\boldsymbol{A}$ 为

$$\boldsymbol{A} = \frac{\mu_0}{4\pi}\oint_{l'}\frac{I\mathrm{d}\boldsymbol{l}}{R} \tag{2.35}$$

若用面电流密度表示，则为

$$\boldsymbol{A} = \frac{\mu_0}{4\pi}\int_S \frac{\boldsymbol{J}_S \mathrm{d}S}{R} \tag{2.36}$$

若用体电流密度表示，则为

$$\boldsymbol{A} = \frac{\mu_0}{4\pi}\int_V \frac{\boldsymbol{J}\mathrm{d}V}{R} \tag{2.37}$$

2.2.3 标量磁位

在 2.1 节中，曾经引入了一个标量电位函数 ϕ 作为求解静电场的辅助函数。对于恒定磁场，是否也可以进行类似的引入呢？由矢量分析与场论的内容可知，要用一个标量函数 ϕ 表示一个矢量场 $\boldsymbol{F}$ 时，应定义 $\boldsymbol{F} = \nabla\phi$ 或 $\boldsymbol{F} = -\nabla\phi$。并且由于 $\nabla \times \nabla\phi \equiv 0$，故要求矢量场 $\boldsymbol{F}$ 必须是无旋场（即有势场）。对于静电场，因为 $\nabla \times \boldsymbol{E} = 0$，故在整个电场空间定义 $\boldsymbol{E} = -\nabla\phi$ 是成立的。但对于恒定磁场，安培环路定律 $\nabla \times \boldsymbol{B} = \mu_0 \boldsymbol{J}$ 表明了磁场是一个有旋场，在有电流处磁场的旋度不为零。因此，在整个磁场空间内使用一个标量函数的梯度来表达磁场是不成立的。

但在许多磁场问题中，求解的空间只局限在没有电流的区域，此区域内可以保证 $\nabla \times \boldsymbol{B} = 0$ 成立，这时就可以引入一个标量位函数 ϕ_{m} 来表示磁场。在静电场中与位函数 ϕ 对应的是电场强度 $\boldsymbol{E}$，根据对偶性，可以把安培环路定律 $\nabla \times \boldsymbol{B} = \mu_0 \boldsymbol{J}$ 写成

$$\nabla \times \left(\frac{\boldsymbol{B}}{\mu_0}\right) = \boldsymbol{J}$$

令

$$\boldsymbol{H}=\frac{\boldsymbol{B}}{\mu_0} \tag{2.38}$$

式中，$\boldsymbol{H}$ 为磁场强度，单位为安培/米（A/m）。于是在恒定磁场中与位函数 ϕ_{m} 对应的就是磁场强度 $\boldsymbol{H}$，即

$$\boldsymbol{H}=-\nabla\phi_{\mathrm{m}} \tag{2.39}$$

式中，ϕ_{m} 为标量磁位，单位为安培（A）。

2.3 安培环路定律与全电流定律

2.3.1 安培环路定律

2.2 节证明了 $\boldsymbol{B}$ 穿过某闭合面的通量恒为 0，即 $\oint_S \boldsymbol{B}\cdot\mathrm{d}\boldsymbol{S}=0$，所以磁场是无通量源的场。现在讨论 $\boldsymbol{B}$ 沿闭合曲线的积分。

设有一无限长载流直导线，通电电流为 I。建立圆柱坐标系，导线沿 z 轴放置，则利用式（2.20）可计算无限长载流导线在其周围产生的磁感应强度为

$$\boldsymbol{B}=\frac{\mu_0 I}{2\pi r}\boldsymbol{e}_\varphi \tag{2.40}$$

在该磁场中，半径为 r 选任一圆环 l 作为积分回路，有 $\mathrm{d}\boldsymbol{l}=r\mathrm{d}\varphi\boldsymbol{e}_\varphi$，故

$$\oint_l \boldsymbol{B}\cdot\mathrm{d}\boldsymbol{l}=\oint_l\frac{\mu_0 I}{2\pi r}\boldsymbol{e}_\varphi\cdot\mathrm{d}\boldsymbol{l}=\frac{\mu_0 I}{2\pi r}\int_0^{2\pi}\boldsymbol{e}_\varphi\cdot\boldsymbol{e}_\varphi r\mathrm{d}\varphi=\mu_0 I$$

即

$$\oint_l \boldsymbol{B}\cdot\mathrm{d}\boldsymbol{l}=\mu_0 I \tag{2.41}$$

上式为**安培环路定律的积分形式。**

注意：①事实上，对任意通电导线，任意回路上式同样成立，即若积分路径是包含任意形状的导线电流的任意回路，可以证明，上式是同样成立的；②若积分路径内没有电流通过，则 $\oint_l \boldsymbol{B}\cdot\mathrm{d}\boldsymbol{l}=0$；③若积分路径中包含多个电流，则 $\oint_l \boldsymbol{B}\cdot\mathrm{d}\boldsymbol{l}=\mu_0\sum_{i=1}^{N}I_i$。

这里，电流 I 的正负取决于电流方向和积分回路的绕行方向是否符合右手螺旋定则，所以在真空磁场中，磁感应强度 $\boldsymbol{B}$ 沿任意回路的线积分等于真空中的磁导率乘以该回路所包围的电流的代数和。引入磁场强度 $\boldsymbol{H}$ 描述磁通密度为 $\boldsymbol{B}=\mu_0\boldsymbol{H}$，则安培环路定律还可以表示成

$$\oint_l \boldsymbol{H}\cdot\mathrm{d}\boldsymbol{l}=I \tag{2.42}$$

2.3.2 传导电流、运流电流和位移电流

我们通常所认识的电流包含两种：一是自由电荷在导电介质（有阻力的区域）中作有规则运动所形成的传导电流；二是自由电荷在无阻力空间作有规则运动时形成的运流电流。但是在时变电磁场中，不仅导电介质/无阻力空间中的运动电荷周围具有磁效应，而且变化的电场周围空间也具有磁效应。因此对于一般意义上的电流概念，就必须加以补充和拓广。本节对全电流定律进行详细说明。

1．传导电流（conduction current）

传导电流是人们最为熟悉的一种电流，它是自由电荷在导电介质中作有规则运动而形成的，产生这种电流的根本原因是导电介质中存在电场的作用。当电荷在导电介质中运动时，将会遇到与其他质点发生碰撞而产生的阻滞作用。因此，传导电流应服从于欧姆定律（Ohm's law）。

如图 2.6 所示，在导体中沿电流方向取一极小圆柱体 AB，设其长度为 $\mathrm{d}l$，截面积为 $\mathrm{d}S$，A、B 两端的电势分别为 ϕ 和 $\phi+\mathrm{d}\phi$。根据欧姆定律，由 A 向 B 通过截面积 $\mathrm{d}S$ 的电流为

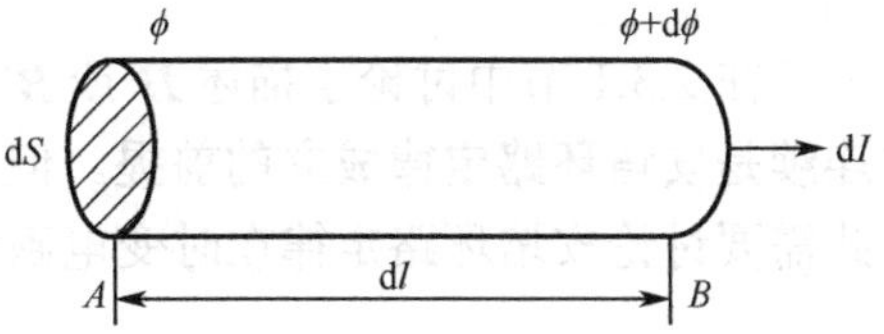

图 2.6　传导电流与电场关系

$$\mathrm{d}I=\frac{\phi_A-\phi_B}{R}=-\frac{\mathrm{d}\phi}{R}$$

再将根据导体电阻与导体参数的关系式 $R=\eta\mathrm{d}l/\mathrm{d}S$ 代入上式，得

$$\frac{\mathrm{d}I}{\mathrm{d}S}=-\frac{1}{\eta}\frac{\mathrm{d}\phi}{\mathrm{d}l}$$

式中，η 为电阻率。因为 $\mathrm{d}I/\mathrm{d}S=J_{\mathrm{c}}$（$J_{\mathrm{c}}$ 为传导电流密度），又根据电场强度与电势的关系 $-\mathrm{d}\phi/\mathrm{d}l=E$，上式可写成

$$J_{\mathrm{c}}=E/\eta=\sigma E$$

式中，σ 为电导率。由于电流密度和场强都是矢量，并且他们的方向相同，故有

$$\boldsymbol{J}_{\mathrm{c}}=\sigma\boldsymbol{E} \tag{2.43}$$

此式称为欧姆定律的微分形式，表明了传导电流密度与电场强度的关系。由上述关系可知，传导电流为

$$i_{\mathrm{c}}=\int_S\boldsymbol{J}_{\mathrm{c}}\cdot\mathrm{d}\boldsymbol{S} \tag{2.44}$$

2．运流电流（convection current）

电荷在无阻力空间，由于电场力作用或由于机械原因而产生规则运动时，将形成运流电流。例如，在电子管中就存在这种运流电流。形成运流电流的电荷在运动时并不受到碰撞阻滞作用，即使存在与其他粒子发生碰撞的几率，其作用也微乎其微，可忽略不计，因此运流电流不服从于欧姆定律。

假设存在一个电荷体密度为 ρ 的区域，在电场作用下，电荷以平均速度 v 运动，在 $\mathrm{d}t$ 时间内，电荷运动的距离 $\mathrm{d}l$ 为，即

$$\mathrm{d}l=v\mathrm{d}t$$

$\mathrm{d}l$ 的方向与平均速度 v 的方向一致。如果存在一个面积元 $\mathrm{d}S$，当运动电荷垂直穿过面积元时，$\mathrm{d}t$ 时间内穿过的总电荷量为

$$\mathrm{d}q=\rho\mathrm{d}S\mathrm{d}l=\rho v\mathrm{d}S\mathrm{d}t$$

则穿过的电流为

$$\mathrm{d}i_{\mathrm{v}}=\frac{\mathrm{d}q}{\mathrm{d}t}=\rho v\mathrm{d}S$$

所以，运流电流为

$$i_{\mathrm{v}}=\int\mathrm{d}i_{\mathrm{v}}=\int_S\rho\boldsymbol{v}\cdot\mathrm{d}\boldsymbol{S}=\int_S\boldsymbol{J}_{\mathrm{v}}\cdot\mathrm{d}\boldsymbol{S} \tag{2.45}$$

即，在面积元 dS 上任意一点的运流电流密度为

$$\boldsymbol{J}_{\mathrm{v}}=\rho\boldsymbol{v} \tag{2.46}$$

由于传导电流与运流电流都是由带电质点的运动所形成的，因而在空间同一点上，两种电流密度一般不能同时并存。

3．位移电流（displacement current）

在 2.3.1 节中讨论了描述 $\boldsymbol{H}$ 或 $\boldsymbol{B}$ 与直流电流（传导电流）之间的关系。**回路中传导电流连续是安培环路定律成立的前提**。但当电流和磁场随时间变化时，传导电流可能不连续，因此需要讨论安培环路定律在时变电磁场中的适用条件。

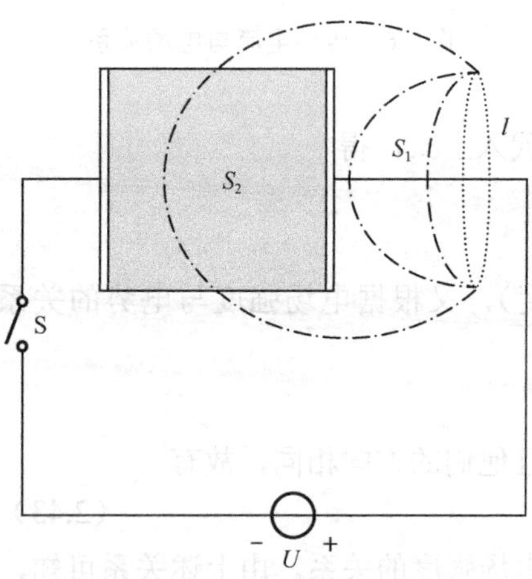

图 2.7　电容器电路

如图 2.7 所示的一个电容器的电路，U 为电源，S 为开关。电容器内填充理想绝缘介质，故在两极板间不可能存在传导电流。

应用安培环路定律，选取一闭合曲线 l，有 $\oint_l \boldsymbol{H}\cdot \mathrm{d}\boldsymbol{l}=I$。

这个曲面 S 是可以任意的。如果我们选一曲面 S_1 让导线通过，则穿过 S_1 曲面的传导电流为 I_c，如果我们选一曲面 S_2，通过两极板之间的区域，不被导线穿过，这时的磁场强度的曲线积分应该为 0。

显然出现了矛盾，麦克斯韦为了解决这一问题，提出了**位移电流**的假设。假设：在电容器两极板之间，由于电场随时间的变化而在两极板之间存在位移电流 I_{d}，其数值等于流向极板的传导电流。

位移电流是电流概念的扩充，与传导电流一样，具有磁效应，但不同的是，它不是带电粒子运动形成的，而是电介质极化后的束缚电荷发生取向位移后形成的。引入位移电流后，安培环路定律即能适用于时变电磁场中。

为描述该闭合曲面所含电通量，引入**电通量密度** $\boldsymbol{D}$，其定义为：电通量密度 $\boldsymbol{D}$ 的闭合曲面积分为该曲面内包含的总电量大小，且真空中 $\boldsymbol{D}=\varepsilon_0\boldsymbol{E}$。

假定作一个闭合面 S，其中所包围的电荷量为 q 为

$$q=\oint_S \boldsymbol{D}\cdot \mathrm{d}\boldsymbol{S}=\oint_S \varepsilon_0\boldsymbol{E}\cdot \mathrm{d}\boldsymbol{S}$$

则穿过闭合面 S 的位移电流 i_{d} 为

$$i_{\mathrm{d}}=\frac{\mathrm{d}q}{\mathrm{d}t}=\frac{\mathrm{d}}{\mathrm{d}t}\oint_S \boldsymbol{D}\cdot \mathrm{d}\boldsymbol{S}=\oint_S \frac{\partial \boldsymbol{D}}{\partial t}\cdot \mathrm{d}\boldsymbol{S}=\oint_S \boldsymbol{J}_{\mathrm{d}}\cdot \mathrm{d}\boldsymbol{S} \tag{2.47}$$

因此，位移电流密度

$$\boldsymbol{J}_{\mathrm{d}}=\frac{\partial \boldsymbol{D}}{\partial t}=\varepsilon_0\frac{\partial \boldsymbol{E}}{\partial t} \tag{2.48}$$

2.3.3　全电流定律

引入位移电流的概念后，如何才能将安培环路定律推广到时变场的情况下使用呢？在考虑位移电流之后，穿过 S 面的总电流

$$i=i_{\mathrm{c}}+i_{\mathrm{v}}+i_{\mathrm{d}}$$

式中，i_c 为传导电流，i_v 为运流电流，i_d 为位移电流；即在时变电磁场中，不仅有传导电流、运流电流，而且有位移电流，相应的电流密度为 $\boldsymbol{J}_c$，$\boldsymbol{J}_v$ 和 $\boldsymbol{J}_d$，则全电流 i 为

$$i=\int_S(\boldsymbol{J}_c+\boldsymbol{J}_v+\boldsymbol{J}_d)\cdot d\boldsymbol{S} \tag{2.49}$$

由于传导电流和运流电流一般不会同时存在，则考虑全电流后的安培环路定律为

$$\oint_l \boldsymbol{B}\cdot d\boldsymbol{l}=\mu_0 I=\mu_0\int_S(\boldsymbol{J}+\boldsymbol{J}_d)\cdot d\boldsymbol{S}$$

或

$$\oint_l \boldsymbol{H}\cdot d\boldsymbol{l}=\int_S(\boldsymbol{J}+\boldsymbol{J}_d)\cdot d\boldsymbol{S}=\int_S\left(\boldsymbol{J}+\frac{\partial \boldsymbol{D}}{\partial t}\right)\cdot d\boldsymbol{S} \tag{2.50}$$

应用斯托克斯定理，写成微分形式为

$$\oint_l \boldsymbol{H}\cdot d\boldsymbol{l}=\int_S(\nabla\times\boldsymbol{H})\cdot d\boldsymbol{S}=\int_S\left(\boldsymbol{J}+\frac{\partial \boldsymbol{D}}{\partial t}\right)\cdot d\boldsymbol{S}$$

则

$$\nabla\times\boldsymbol{H}=\boldsymbol{J}+\frac{\partial \boldsymbol{D}}{\partial t} \tag{2.51}$$

式中，$\boldsymbol{J}$ 为传导电流密度 $\boldsymbol{J}_c$（本书不考虑运流电流），表明磁场不仅可由传导电流或运流电流产生，同时也能由变化的电场产生，即位移电流产生。推广后的安培环路定律是宏观**电磁场的基本方程之一（麦克斯韦第一方程）**。对安培环路定律的修正是麦克斯韦最重要的贡献之一，推动了统一电磁场理论的建立。正是依据位移电流，麦克斯韦才预言了电磁波的存在，并在后来得到证实。

例 2.4　在无源的自由空间中，已知磁场强度为 $\boldsymbol{H}=\boldsymbol{e}_y H_0\cos(3\times10^9 t-10z)$（A/m），求位移电流密度。

解：由题意可得无源自由空间中 $\boldsymbol{J}=0$，所以麦克斯韦第一方程简化为

$$\nabla\times\boldsymbol{H}=\frac{\partial \boldsymbol{D}}{\partial t}$$

故位移电流密度为

$$\boldsymbol{J}_d=\frac{\partial \boldsymbol{D}}{\partial t}=\nabla\times\boldsymbol{H}=\begin{vmatrix}\boldsymbol{e}_x & \boldsymbol{e}_y & \boldsymbol{e}_z\\ \frac{\partial}{\partial x} & \frac{\partial}{\partial y} & \frac{\partial}{\partial z}\\ H_x & H_y & H_z\end{vmatrix}=-\boldsymbol{e}_x\frac{\partial H_y}{\partial z}$$

$$=-\boldsymbol{e}_x 10H_0\sin(3\times10^9 t-10z)\ (\text{A/m}^2)$$

2.3.4　电流连续性方程

在时变电磁场空间，围绕着图 2.7 中电容充放电电路的导线与极板之间介质作一闭合面 S。穿入闭合面的导线上的传导电流为 i_c，假设同时有运流电流 i_v 也穿入 S 面。则穿入的传导电流和运流电流应等于 S 面内自由电荷量 q 的增加率，即

$$i_c+i_v=\frac{dq}{dt} \tag{2.52}$$

若指定穿出 S 面的电流为正，则式（2.52）写为

$$-\left(\oint_S \boldsymbol{J}_c\cdot d\boldsymbol{S}+\oint_S \boldsymbol{J}_v\cdot d\boldsymbol{S}\right)=\frac{dq}{dt} \tag{2.53}$$

而 S 面内自由电荷量 q 的增长率同时应与在电极板之间穿出的位移电流相一致，即

$$i_\mathrm{d}=\frac{\mathrm{d}q}{\mathrm{d}t}=\oint_S\frac{\partial \boldsymbol{D}}{\partial t}\cdot\mathrm{d}\boldsymbol{S}=\oint_S\boldsymbol{J}_\mathrm{d}\cdot\mathrm{d}\boldsymbol{S} \tag{2.54}$$

由式（2.53）和式（2.54）整理可得

$$\oint_S(\boldsymbol{J}_\mathrm{c}+\boldsymbol{J}_\mathrm{v}+\boldsymbol{J}_\mathrm{d})\cdot\mathrm{d}\boldsymbol{S}=0 \tag{2.55}$$

式中，$\boldsymbol{J}_\mathrm{c}=\sigma\boldsymbol{E}$，$\boldsymbol{J}_\mathrm{v}=\rho\boldsymbol{v}$，$\boldsymbol{J}_\mathrm{d}=\partial\boldsymbol{D}/\partial t$。该式描述了**电流连续性原理**，其表明：在时变场中，在传导电流中断处必有运流电流或位移电流接续。

前面曾经讲过，传导电流 $\boldsymbol{J}_\mathrm{c}$ 和运流电流 $\boldsymbol{J}_\mathrm{v}$ 一般不会同时存在，因此，对于传导电流，式（2.53）可简化为

$$\oint_S\boldsymbol{J}_\mathrm{c}\cdot\mathrm{d}\boldsymbol{S}=-\frac{\mathrm{d}q}{\mathrm{d}t}$$

在等式右边设电荷 $q=\int_V\rho\mathrm{d}V$，则得电流连续性方程的积分形式

$$\oint_S\boldsymbol{J}_\mathrm{c}\cdot\mathrm{d}\boldsymbol{S}=-\int_V\frac{\partial\rho}{\partial t}\mathrm{d}V \tag{2.56}$$

对式（2.56）左边运用高斯定律，可得电流连续性方程的微分形式

$$\nabla\cdot\boldsymbol{J}_\mathrm{c}=-\frac{\partial\rho}{\partial t} \tag{2.57}$$

式（2.57）表明在空间任意点，传导电流密度 $\boldsymbol{J}_\mathrm{c}$ 矢量的散度等于该点的电荷密度减少率。当 $\nabla\cdot\boldsymbol{J}_\mathrm{c}>0$ 时，表示在该点电荷密度的变化率为负，表明在给定时间内有净电荷量从该点向外流出；当 $\nabla\cdot\boldsymbol{J}_\mathrm{c}<0$ 时，表示在该点电荷密度的变化率为正，表明在给定时间内有净电荷流向该点；当 $\nabla\cdot\boldsymbol{J}_\mathrm{c}=0$，也就是在该点电荷密度的变化率为零，表明流向该点和流出该点的电荷量相等。

2.4 法拉第电磁感应定律

法拉第通过大量实验归纳总结出如下关系：当穿过导体回路的磁通发生变化时，回路就要产生感应电动势，并引起感应电流。实验表明，感应电动势的大小正比于磁通对时间的变化率的负值，即感应电动势表示为

$$\varepsilon_\mathrm{i}=-\frac{\mathrm{d}\varPhi_\mathrm{m}}{\mathrm{d}t} \tag{2.58}$$

注意：负号表示感应电动势所产生的感应电流的磁通是阻止原来磁通量的变化。而且实验证明感应电动势的方向和磁力线的方向之间符合右手螺旋定则。

如图 2.8 所示，磁场 $\boldsymbol{B}$ 内有一闭合导体回路 $\boldsymbol{l}$，当穿过回路中的磁通量增加时，即 $\frac{\mathrm{d}\varPhi_\mathrm{m}}{\mathrm{d}t}>0$，则 $\varepsilon_\mathrm{i}<0$，这样感应电流产生的磁场会阻止原磁场增大的趋势。当磁通量减少时，$\frac{\mathrm{d}\varPhi_\mathrm{m}}{\mathrm{d}t}<0$，则 $\varepsilon_\mathrm{i}>0$，感应电流产生的磁场有阻止原磁场减少的趋势。因此，闭合回路中的感应电动势的方向总是企图阻止回路中磁通量的变化。

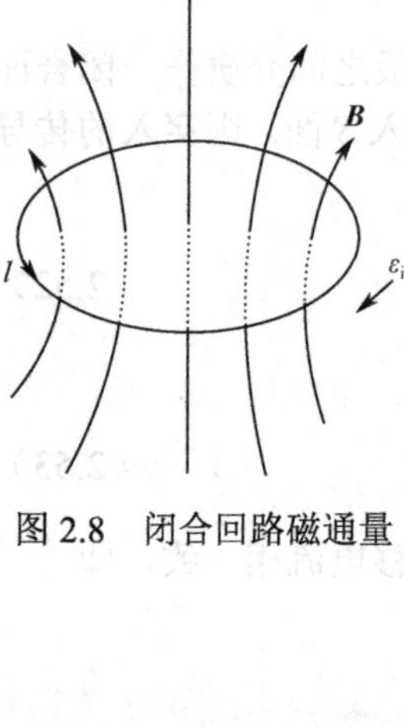

图 2.8 闭合回路磁通量

对于穿过某一闭合回路的磁通量为

$$\Phi_{\mathrm{m}}=\int_S \boldsymbol{B}\cdot \mathrm{d}\boldsymbol{S} \tag{2.59}$$

则式（2.58）可改成

$$\varepsilon_{\mathrm{i}}=-\frac{\partial}{\partial t}\int_S \boldsymbol{B}\cdot \mathrm{d}\boldsymbol{S} \tag{2.60}$$

S 为闭合回路所界定的曲面。由电动势的定义可知，该闭合导体回路中的感应电动势 $\varepsilon_{\mathrm{i}}=\oint_l \boldsymbol{E}_{\mathrm{i}}\cdot \mathrm{d}\boldsymbol{l}$，$\boldsymbol{E}_{\mathrm{i}}$ 为感应电场。故法拉第电磁感应定律又可表示为

$$\oint_l \boldsymbol{E}_{\mathrm{i}}\cdot \mathrm{d}\boldsymbol{l}=-\frac{\partial}{\partial t}\int_S \boldsymbol{B}\cdot \mathrm{d}\boldsymbol{S}$$

通常介质中总电场包括库仑电场 $\boldsymbol{E}_{\mathrm{c}}$ 和感应电场 $\boldsymbol{E}_{\mathrm{i}}$，即总电场为 $\boldsymbol{E}=\boldsymbol{E}_{\mathrm{c}}+\boldsymbol{E}_{\mathrm{i}}$。因为 $\oint_l \boldsymbol{E}_{\mathrm{c}}\cdot \mathrm{d}\boldsymbol{l}=0$，所以

$$\oint_l \boldsymbol{E}\cdot \mathrm{d}\boldsymbol{l}=-\frac{\partial}{\partial t}\int_S \boldsymbol{B}\cdot \mathrm{d}\boldsymbol{S} \tag{2.61}$$

式（2.61）中积分回路与材料性质无关，可适用于任意回路。即无论是导体回路还是非导体回路，只要回路所围面积的磁通量发生变化，就会产生感应电动势，存在感应电场。式（2.61）就是**积分形式的麦克斯韦第二方程**，是推广后的法拉第电磁感应定律，说明了电场和磁场紧密联系的一个方面，即变化的磁场产生电场。电荷是电场的源，变化的磁场也是电场的源。在时变情况下，电场强度的环量不等于零，这和静电场问题不同，此时感应电场不再是一个位场。对式（2.61）应用斯托克斯定理得，

$$\oint_l \boldsymbol{E}\cdot \mathrm{d}\boldsymbol{l}=\int_S (\nabla\times\boldsymbol{E})\cdot \mathrm{d}\boldsymbol{S}=\int_S -\frac{\partial \boldsymbol{B}}{\partial t}\cdot \mathrm{d}\boldsymbol{S}$$

由于上式对任意面积均成立，所以微分形式的麦克斯韦第二方程可表示为

$$\nabla\times\boldsymbol{E}=-\frac{\partial \boldsymbol{B}}{\partial t} \tag{2.62}$$

式（2.61）表明穿过导体回路的磁通发生变化时，回路中就要产生感应电动势，引起磁通变化的途径是什么呢？一般有以下几种方法。

（1）变化的磁场：导体回路是静止的，磁场 $\boldsymbol{B}$ 随时间变化，引起磁通的变化。则式（2.61）便可以写成

$$\oint_l \boldsymbol{E}_{\mathrm{i}}\cdot \mathrm{d}\boldsymbol{l}=\int_S -\frac{\partial \boldsymbol{B}}{\partial t}\cdot \mathrm{d}\boldsymbol{S} \tag{2.63}$$

变压器的工作原理就是主级线圈的电流变化，带来穿过次级线圈的磁通变化，生成电动势。

（2）导体在恒定磁场中的运动产生感应电动势满足右手定则。

如图 2.9 所示长为 l 的导体棒，在磁场 $\boldsymbol{B}$ 中以速度 $\boldsymbol{v}$ 运动时，导体中的自由电子受到的洛伦兹力为 $\boldsymbol{F}=q(\boldsymbol{v}\times\boldsymbol{B})$，那么单位电荷所受的力，即电场强度为 $\boldsymbol{E}=\dfrac{\boldsymbol{F}}{q}=\boldsymbol{v}\times\boldsymbol{B}$，所以导体棒 l 产生的电动势即为 $\varepsilon_{AP}=\int_A^P(\boldsymbol{v}\times\boldsymbol{B})\cdot \mathrm{d}\boldsymbol{l}$。

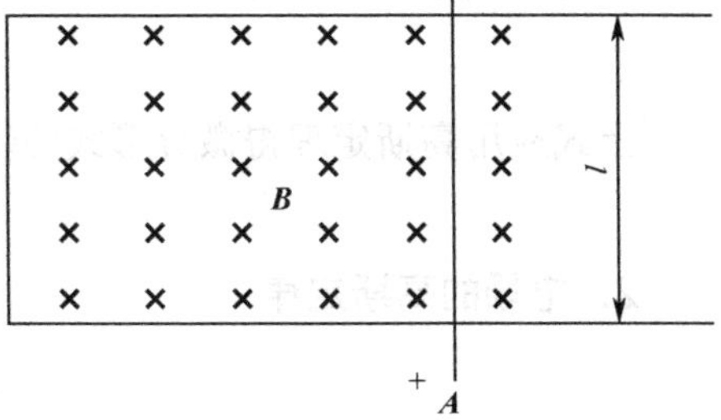

图 2.9　恒定磁场中的感应电动势

当一闭合回路在恒定磁场中移动变化、转动或变形，而产生的感应电动势为

$$\varepsilon_{\mathrm{i}}=\oint_l \boldsymbol{E}_{\mathrm{i}}\cdot \mathrm{d}\boldsymbol{l}=\oint_l(\boldsymbol{v}\times\boldsymbol{B})\cdot\mathrm{d}\boldsymbol{l}=-\int_S\frac{\partial \boldsymbol{B}}{\partial t}\cdot\mathrm{d}\boldsymbol{S} \tag{2.64}$$

这就是发电机的工作原理。

（3）导体回路在时变磁场中运动时总的感应电动势为

$$\varepsilon_{\mathrm{i}}=\oint_l(\boldsymbol{v}\times\boldsymbol{B})\cdot\mathrm{d}\boldsymbol{l}-\int_S\frac{\partial \boldsymbol{B}}{\partial t}\cdot\mathrm{d}\boldsymbol{S}=\oint_l \boldsymbol{E}_{\mathrm{i}}\cdot\mathrm{d}\boldsymbol{l} \tag{2.65}$$

前一项是沿整个回路作线积分，后一项是沿该回路所限定的面积作曲面积分。这也是电磁感应定律的一般形式，它给出了各种情况下总的感应电动势的值。根据斯托克斯定理有

$$\oint_l \boldsymbol{E}\cdot\mathrm{d}\boldsymbol{l}=\int_S(\nabla\times\mathrm{d}\boldsymbol{S})\cdot\mathrm{d}\boldsymbol{S}=\int_S(\nabla\times\boldsymbol{E})\cdot\mathrm{d}\boldsymbol{S}-\int_S\frac{\partial \boldsymbol{B}}{\partial t}\cdot\mathrm{d}\boldsymbol{S}$$

所以可写成微分形式

$$\nabla\times\boldsymbol{E}=-\frac{\partial \boldsymbol{B}}{\partial t}+\nabla\times(\boldsymbol{v}\times\boldsymbol{B})$$

2.5　高斯定律

2.2节讨论的磁通连续性原理表明：通过任何闭合曲面的磁感应强度 $\boldsymbol{B}$ 的磁通量恒为零，有多少磁力线穿入闭合曲面，就有多少磁力线从闭合曲面穿出，磁力线总是连续的，它不会在闭合曲面内积累或中断，是磁通连续性原理。它也是**磁场的高斯定律**。但它是由毕奥-萨伐尔定律推导出来的，是否适用于时变电磁场呢？如果这个结果能由麦克斯韦第二方程导出，就说明它是适用于时变电磁场的。

1．磁场的高斯定律

如图2.10所示，一闭合曲线 l 和它所界定的两个曲面 S_1 和 S_2，S_1 和 S_2 构成闭合曲面。对曲面 S_1 和 S_2 分别应用法拉第电磁感应定律

$$\oint_{l_1}\boldsymbol{E}\cdot\mathrm{d}\boldsymbol{l}_1=-\frac{\partial}{\partial t}\oint_{S_1}\boldsymbol{B}\cdot\mathrm{d}\boldsymbol{S}_1 \tag{2.66a}$$

$$\oint_{l_2}\boldsymbol{E}\cdot\mathrm{d}\boldsymbol{l}_2=-\frac{\partial}{\partial t}\oint_{S_2}\boldsymbol{B}\cdot\mathrm{d}\boldsymbol{S}_2 \tag{2.66b}$$

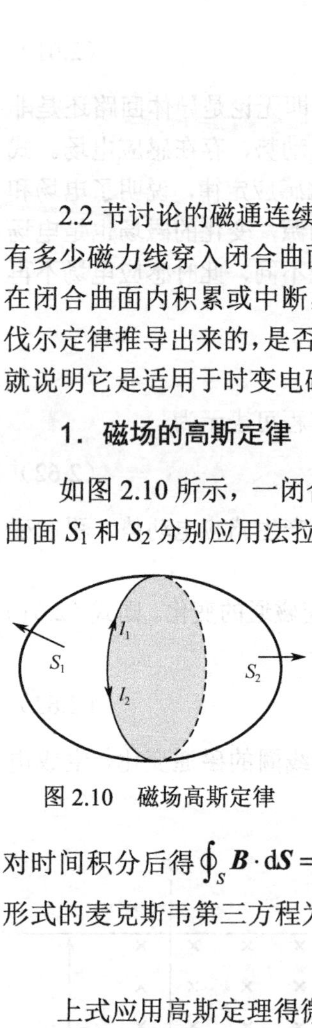

图2.10　磁场高斯定律

式（2.66）中曲面元 $\mathrm{d}\boldsymbol{S}_1$ 和 $\mathrm{d}\boldsymbol{S}_2$ 的方向都是从包围体积的封闭曲面（S_1+S_2）向外，则 $\mathrm{d}\boldsymbol{l}_1$ 和 $\mathrm{d}\boldsymbol{l}_2$ 方向相反，所以

$$\frac{\partial}{\partial t}\oint_{S_1}\boldsymbol{B}\cdot\mathrm{d}\boldsymbol{S}_1+\frac{\partial}{\partial t}\oint_{S_2}\boldsymbol{B}\cdot\mathrm{d}\boldsymbol{S}_2=\frac{\partial}{\partial t}\oint_S\boldsymbol{B}\cdot\mathrm{d}\boldsymbol{S}=0$$

对时间积分后得 $\oint_S\boldsymbol{B}\cdot\mathrm{d}\boldsymbol{S}=C$，因为自然界中没有发现孤立的磁荷或单独的磁极，所以积分形式的麦克斯韦第三方程为

$$\oint_S\boldsymbol{B}\cdot\mathrm{d}\boldsymbol{S}=0 \tag{2.67}$$

上式应用高斯定理得微分形式的麦克斯韦第三方程

$$\nabla\cdot\boldsymbol{B}=0 \tag{2.68}$$

2．电场的高斯定律

$$\oint_S\boldsymbol{E}\cdot\mathrm{d}\boldsymbol{S}=\sum_{i=1}^{n}\frac{q_i}{\varepsilon}$$

这是闭合曲面内包含 n 个点电荷的情况。如果闭合曲面内包含有连续分布的电荷，设体

电荷密度为ρ，则上式可写为

$$\oint_S \boldsymbol{E}\cdot \mathrm{d}\boldsymbol{S}=\frac{1}{\varepsilon_0}\int_V \rho \mathrm{d}V$$

令真空中$\boldsymbol{D}=\varepsilon_0\boldsymbol{E}$，其中，$\boldsymbol{D}$为电位移矢量，也称为电通量密度，单位为库/米^2（C/m^2），则积分形式的麦克斯韦第四方程

$$\oint_S \boldsymbol{D}\cdot \mathrm{d}\boldsymbol{S}=\int_V \rho \mathrm{d}V=Q \tag{2.69}$$

上式应用高斯定理得微分形式的麦克斯韦第四方程

$$\nabla\cdot\boldsymbol{D}=\rho \tag{2.70}$$

式（2.69）和式（2.70）说明了任何闭合曲面的电位移矢量等于该闭合曲面所包围的净电荷量。上式是由静电场中导出，**它同样也适用于时变电磁场**。它与磁场高斯定律一样，也不是一个独立方程，可由麦克斯韦第一方程和电流连续性方程导出，同样适用于时变电磁场。

例 2.5　真空中半径为a的球形区域中分布有体电荷$\rho=\rho_0\left(1-\dfrac{R^2}{a^2}\right)$，其中，$\rho_0$为常数。试求空间各点的电场强度和电位分布。

解：由于电荷分布具有球对称分布，所以电场分布也具有球对称性，即$\boldsymbol{E}=\boldsymbol{e}_R E_R$。建立球坐标系，取半径为$R$的同心球面为高斯面，在此球面上电场强度的大小处处相等，方向与球面法向一致。根据真空中麦克斯韦第四方程的积分形式可得电场强度分布。

（1）当$R\leqslant a$时电场强度为

$$\oint_S E_{R_1}\boldsymbol{e}_R\cdot\boldsymbol{e}_R \mathrm{d}S=\frac{1}{\varepsilon_0}\int_0^R \rho_0\left(1-\frac{R^2}{a^2}\right)4\pi R^2\mathrm{d}R$$

$$\boldsymbol{E}_1=\boldsymbol{e}_R\frac{\rho_0}{\varepsilon_0}\left(\frac{R}{3}-\frac{R^3}{5a^2}\right)$$

（2）当$R>a$时电场强度为

$$\oint_S E_{R_2}\boldsymbol{e}_R\cdot\boldsymbol{e}_R \mathrm{d}S=\frac{1}{\varepsilon_0}\int_0^a \rho_0\left(1-\frac{R^2}{a^2}\right)4\pi R^2\mathrm{d}R$$

$$\boldsymbol{E}_2=\boldsymbol{e}_R\frac{2\rho_0 a^3}{15\varepsilon_0 R^2}$$

（3）当$R\leqslant a$时电位分布为

$$\begin{aligned}\phi_1&=\int_r^a \boldsymbol{E}_1\cdot\mathrm{d}\boldsymbol{R}+\int_a^\infty \boldsymbol{E}_2\cdot\mathrm{d}\boldsymbol{R}\\&=\int_R^a\frac{\rho_0}{\varepsilon_0}\left(\frac{R}{3}-\frac{R^3}{5a^2}\right)\mathrm{d}R+\int_a^\infty\frac{2\rho_0 a^3}{15\varepsilon_0 R^2}\mathrm{d}R\\&=-\frac{\rho_0 R^2}{6\varepsilon_0}+\frac{\rho_0 R^4}{20\varepsilon_0 a^2}+\frac{\rho_0 a^2}{4\varepsilon_0}\end{aligned}$$

（4）当$R>a$时电位分布为

$$\phi_2=\int_R^\infty \boldsymbol{E}_2\cdot\mathrm{d}\boldsymbol{R}=\int_R^\infty\frac{2\rho_0 a^3}{15\varepsilon_0 R^2}\mathrm{d}R=\frac{2\rho_0 a^3}{15\varepsilon_0 R}$$

2.6 积分形式的麦克斯韦方程组

将上述几节中所推导的公式进行汇总，根据安培环路定律、法拉第电磁感应定律、高斯定律，推导出全电流定律和斯托克斯定律，即可得积分形式的麦克斯韦方程组

$$\begin{cases}\oint_l \boldsymbol{H}\cdot d\boldsymbol{l}=\int_S\left(\boldsymbol{J}+\dfrac{\partial \boldsymbol{D}}{\partial t}\right)\cdot d\boldsymbol{S}\\ \oint_l \boldsymbol{E}\cdot d\boldsymbol{l}=\int_S-\dfrac{\partial \boldsymbol{B}}{\partial t}\cdot d\boldsymbol{S}\\ \oint_S \boldsymbol{B}\cdot d\boldsymbol{S}=0\\ \oint_S \boldsymbol{D}\cdot d\boldsymbol{S}=Q\end{cases}\tag{2.71}$$

以及介质特性方程

$$\begin{cases}\boldsymbol{B}=\mu_0\boldsymbol{H}\\ \boldsymbol{D}=\varepsilon_0\boldsymbol{E}\\ \boldsymbol{J}=\sigma\boldsymbol{E}\end{cases}\tag{2.72}$$

以上即为麦克斯韦所总结的积分形式（包括三个介质特性方程）的电磁场方程组，又称为电磁场的完整方程组。之所以称其“完整”，是因为方程组全面地描述了作为统一的电磁场的两个方面——电场与磁场的相互关系、电磁场变化规律，以及电磁场与其所处空间的介质的关系。具体地说，第一和第二方程描述了电场与磁场相互依存、相互制约并且相互转化的关系；第三方程表明，磁场为无散度场，即磁场不可能由单极磁荷所激发；第四方程表明，电场是有散度场，即电场可以由点源电荷所激发。

麦克斯韦方程组是求解时变电磁场的基本理论依据，如果将场量视为不随时间变动的恒定量，则可从上述方程得到描述静电场、恒定电场和恒定磁场的麦克斯韦方程组，它们只不过是麦克斯韦方程组在特殊情况下的特殊形式。无论在何种情况下，求解电磁场问题将主要是求解麦克斯韦方程组的问题。

2.7 微分形式的麦克斯韦方程组

对式（2.71）应用散度定理和斯托克斯定理，可得到微分形式的麦克斯韦方程组，即

$$\begin{cases}\nabla\times\boldsymbol{H}=\boldsymbol{J}+\dfrac{\partial \boldsymbol{D}}{\partial t}\\ \nabla\times\boldsymbol{E}=-\dfrac{\partial \boldsymbol{B}}{\partial t}\\ \nabla\cdot\boldsymbol{B}=0\\ \nabla\cdot\boldsymbol{D}=\rho\end{cases}\tag{2.73}$$

式（2.73）表明，时变电场是有旋有散场，电场线可以闭合，也可以不闭合；而时变磁场为有旋无散场，磁感线总是闭合的。闭合的电场线和闭合的磁感线相互铰链，不闭合的电场线起于正电荷止于负电荷。闭合的磁感线与电流铰链，或者与电场线铰链。在无源区域，时变电场与时变磁场都是有旋无散场，变化的电场产生磁场，同时变化的磁场产生电场，电场与磁场之间相互激发、相互转换，形成了电场振荡，使能量向远处传播，即电磁波。

麦克斯韦方程组的意义如下：

第一方程，强调了电场和磁场之间的内在联系，同时也指出了产生磁场的源是电流（或移动电荷）。这个方程是描述由电流产生磁场的安培环路定律的另一种表现形式。当然，从这个方程也不难发现，随时间变化的电场也会产生磁场。

第二方程，表明了随时间变化的磁场会产生电场。我们知道，将圆环导线放置在一个建立好的磁场附近，然后迅速将磁场减为零，这时将产生电场，该电场会使得导线中的电子发生移动，从而在圆环导线中产生感应电流。因此，这个方程式是法拉第电磁感应定律的微分形式。

第三方程，磁场无通量源，即磁场是无散场，不存在“点磁荷”。

第四方程，电场的散度源是电荷，是有散场。

例 2.6　试证明：由麦克斯韦方程组中的两个旋度方程及电流连续性方程，可导出麦克斯韦方程组中的两个散度方程。

证明：对旋度方程 $\nabla\times\boldsymbol{H}=\boldsymbol{J}+\dfrac{\partial\boldsymbol{D}}{\partial t}$ 两边取散度，得

$$\nabla\cdot(\nabla\times\boldsymbol{H})=\nabla\cdot\boldsymbol{J}+\nabla\cdot\frac{\partial\boldsymbol{D}}{\partial t}=\nabla\cdot\boldsymbol{J}+\frac{\partial}{\partial t}\nabla\cdot\boldsymbol{D}$$

由电流连续性方程

$$\oint_S\boldsymbol{J}\cdot\mathrm{d}\boldsymbol{S}=-\frac{\mathrm{d}q}{\mathrm{d}t}$$

在等式左边运用高斯定律，等式右边设电荷 $q=\int_V\rho\mathrm{d}V$，有

$$\oint_S\boldsymbol{J}\cdot\mathrm{d}\boldsymbol{S}=\int_V\nabla\cdot\boldsymbol{J}\mathrm{d}V=-\frac{\mathrm{d}}{\mathrm{d}t}\int_V\rho\mathrm{d}V=-\int_V\frac{\partial\rho}{\partial t}\mathrm{d}V$$

即

$$\nabla\cdot\boldsymbol{J}=-\frac{\partial\rho}{\partial t}$$

根据矢量关系 $\nabla\cdot(\nabla\times\boldsymbol{H})=0$，有

$$\nabla\cdot\boldsymbol{J}+\nabla\cdot\frac{\partial\boldsymbol{D}}{\partial t}=-\frac{\partial\rho}{\partial t}+\frac{\partial}{\partial t}\nabla\cdot\boldsymbol{D}=\frac{\partial}{\partial t}(\nabla\cdot\boldsymbol{D}-\rho)=0$$

故可得

$$\nabla\cdot\boldsymbol{D}=\rho$$

同理，对旋度方程 $\nabla\times\boldsymbol{E}=-\dfrac{\partial\boldsymbol{B}}{\partial t}$ 两边取散度，得

$$\nabla\cdot(\nabla\times\boldsymbol{E})=-\nabla\cdot\frac{\partial\boldsymbol{B}}{\partial t}=-\frac{\partial}{\partial t}\nabla\cdot\boldsymbol{B}$$

根据矢量关系 $\nabla\cdot(\nabla\times\boldsymbol{E})=0$

可得

$$\nabla\cdot\boldsymbol{B}=0$$

例 2.7　无源的自由空间中，电场强度为 $\boldsymbol{E}=\boldsymbol{e}_y0.1\sin(10\pi x)\cos[\omega t-kz]$（V/m），其中，$\omega=6\pi\times10^9\text{rad/s}$，求相伴的磁场强度 $\boldsymbol{H}$ 及相位常数 k。

解：由麦克斯韦第二方程和 $\boldsymbol{B}=\mu_0\boldsymbol{H}$ 得

$$\boldsymbol{H}=-\frac{1}{\mu_0}\int(\nabla\times\boldsymbol{E})\mathrm{d}t$$

$$=-\frac{1}{\omega\mu_0}[\boldsymbol{e}_x0.1k\sin(10\pi x)\cos(\omega t-kz)+\boldsymbol{e}_z0.1\times10\pi\cos(10\pi x)\sin(\omega t-kz)]$$

由题意可得无源自由空间中 $\boldsymbol{J}=0$，所以根据无源区麦克斯韦第一方程 $\nabla\times\boldsymbol{H}=\partial\boldsymbol{D}/\partial t$ 和 $\boldsymbol{D}=\varepsilon_0\boldsymbol{E}$ 得

$$\boldsymbol{E}=\frac{1}{\varepsilon_0}\int(\nabla\times\boldsymbol{H})\mathrm{d}t=\boldsymbol{e}_y\frac{0.1}{\omega^2\varepsilon_0\mu_0}[k^2+(10\pi)^2]\sin(10\pi x)\cos(\omega t-kz)$$

比较上面的两个电场强度的系数得

$$k^2+(10\pi)^2=\omega^2\varepsilon_0\mu_0$$

所以相位常数为

$$k=\sqrt{\omega^2\varepsilon_0\mu_0-100\pi^2}=10\sqrt{3}\pi=54.41(\text{rad/s})$$

相伴的磁场强度为

$$\boldsymbol{H}=-\boldsymbol{e}_x2.3\times10^{-4}\sin(10\pi x)\cos(6\pi\times10^9t-54.41z)$$
$$-\boldsymbol{e}_z1.3\times10^{-4}\cos(10\pi x)\sin(6\pi\times10^9t-54.41z)](\text{A/m})$$

例 2.8 利用高斯定律，由麦克斯韦方程 $\nabla\cdot\boldsymbol{E}=\rho/\varepsilon_0$ 导出描述两个点电荷之间受力关系的库仑定律。

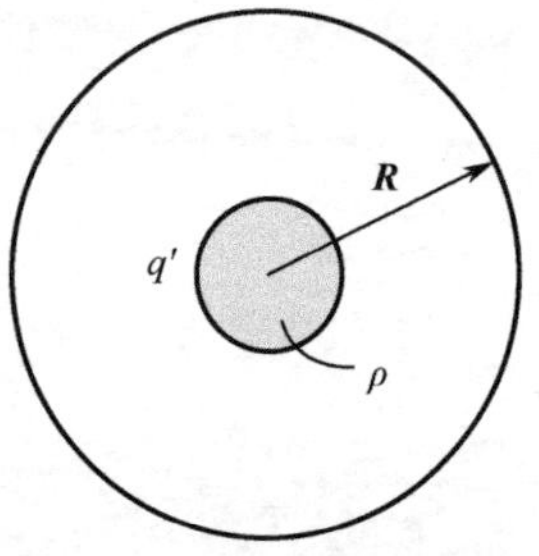

图 2.11 点电荷形成的电场

解： 我们首先来寻找一个点电荷所形成的电场，该点电荷可以被视为是电荷分布的一种极限情况（当其体积趋近于零时）。如图 2.11 所示，设点电荷 q' 位于原点，且假想它被一个半径为 R 的球面所包围。于是，电荷 q' 可以表示为 $q'=\int_V\rho\mathrm{d}V$，代入 $\nabla\cdot\boldsymbol{E}=\rho/\varepsilon_0$ 得

$$\int_V\nabla\cdot\boldsymbol{E}\mathrm{d}V=\int_V\frac{\rho}{\varepsilon_0}\mathrm{d}V=\frac{q'}{\varepsilon_0}$$

利用高斯定律将上式左边的体积分变换成为相应的面积分，则有

$$\oint_S\boldsymbol{E}\cdot\boldsymbol{e}_R\mathrm{d}S=\frac{q'}{\varepsilon_0}$$

考虑到上述问题的对称性（对位于球面内中心的电荷来说，球面上的各点均具有对称性），可知球面上的所有点的 $\boldsymbol{E}\cdot\boldsymbol{e}_R$ 的值必定相等，于是有

$$\frac{q'}{\varepsilon_0}=\boldsymbol{E}\cdot\boldsymbol{e}_R\oint_S\mathrm{d}S=\boldsymbol{E}\cdot\boldsymbol{e}_R(4\pi R^2)$$

则

$$\boldsymbol{E}=\frac{q'}{4\pi\varepsilon_0R^2}\boldsymbol{e}_R$$

在电荷 q' 附近的电荷 q 所受到的作用力为

$$\boldsymbol{F}_E=q\boldsymbol{E}=\frac{q'q}{4\pi\varepsilon_0R^2}\boldsymbol{e}_R$$

即为库仑定律。

2.8 静态场麦克斯韦方程组

静态场是指电磁场中源量和场量都不随时间变化的场，包括静电场、恒定电场和恒定磁场，是时变电磁场的特例。静电场，是相对静止且不随时间变化的静电荷所产生的电场；恒

定电场，是在恒定电流区域有分布不随时间变化的电荷所产生的电场，这两者统一称为静态电场。分布不变的恒定电场所形成的恒定电流会导致恒定磁场的产生，恒定磁场又称为静态磁场。静态电场与静态磁场统称为静态电磁场，简称静态场。本节将描述麦克斯韦方程组在静态场中的基本形式。

静态场的麦克斯韦方程组积分形式

$$\begin{cases}\oint_l \boldsymbol{H}\cdot \mathrm{d}\boldsymbol{l}=\int_S \boldsymbol{J}\cdot \mathrm{d}\boldsymbol{S}\\ \oint_l \boldsymbol{E}\cdot \mathrm{d}\boldsymbol{l}=0\\ \oint_S \boldsymbol{B}\cdot \mathrm{d}\boldsymbol{S}=0\\ \oint_S \boldsymbol{D}\cdot \mathrm{d}\boldsymbol{S}=Q\end{cases} \tag{2.74}$$

静态场的麦克斯韦方程组微分形式

$$\begin{cases}\nabla\times\boldsymbol{H}=\boldsymbol{J}\\ \nabla\times\boldsymbol{E}=0\\ \nabla\cdot\boldsymbol{B}=0\\ \nabla\cdot\boldsymbol{D}=\rho\end{cases} \tag{2.75}$$

由式（2.74）和式（2.75）可知，原方程组中与时间 t 有关的表达式均为零，即可得静态场的麦克斯韦方程组，这是由静态场特性决定的。方程组等式右边描述的场源分别为带电电荷体密度与恒定电流的面电流密度，符合静态场场源性质。因此，在分析静态场场量时，通过上述方程组对矢量场场量进行分析和计算。

例 2.9 已知电场强度为 $\boldsymbol{E}_1=\boldsymbol{e}_x y+\boldsymbol{e}_y z+\boldsymbol{e}_z x$ 和 $\boldsymbol{E}_2=\boldsymbol{e}_R(3/R^2)$，试分析判断 $\boldsymbol{E}_1$ 和 $\boldsymbol{E}_2$ 代表的电场是否为静电场。

解： 由于静电场是一个保守场，即电场强度的旋度处处为零。因此，通过验证其旋度是否为零，就可以判断上述表达式可否代表静电场的电场强度。

（1）直角坐标系下旋度为

$$\nabla\times\boldsymbol{E}=\boldsymbol{e}_x\left(\frac{\partial E_z}{\partial y}-\frac{\partial E_y}{\partial z}\right)+\boldsymbol{e}_y\left(\frac{\partial E_x}{\partial z}-\frac{\partial E_z}{\partial x}\right)+\boldsymbol{e}_z\left(\frac{\partial E_y}{\partial x}-\frac{\partial E_x}{\partial y}\right)$$

整理得

$$\nabla\times\boldsymbol{E}_1=-\boldsymbol{e}_x-\boldsymbol{e}_y-\boldsymbol{e}_z\neq 0$$

故 $\boldsymbol{E}_1$ 不能代表静电场的电场强度。

（2）球坐标系下旋度为

$$\nabla\times\boldsymbol{E}=\frac{\boldsymbol{e}_R}{R\sin\theta}\left[\frac{\partial}{\partial\theta}(\sin\theta E_\varphi)-\frac{\partial E_\theta}{\partial\varphi}\right]+\frac{\boldsymbol{e}_\theta}{R}\left[\frac{1}{\sin\theta}\frac{\partial E_R}{\partial\varphi}-\frac{\partial}{\partial R}(RE_\varphi)\right]+\frac{\boldsymbol{e}_\varphi}{R}\left[\frac{\partial}{\partial R}(RE_\theta)-\frac{\partial E_R}{\partial\theta}\right]$$

整理得

$$\nabla\times\boldsymbol{E}_2=0$$

故 $\boldsymbol{E}_2$ 是可以代表静电场的电场强度。

2.9 麦克斯韦方程组的复数形式

时变电磁场的一种最重要的类型是时间简谐场，简称时谐场。所谓时谐场，即激励源按照单一频率随时间作正弦变化时所激发的也随时间按照正弦变化的场。在线性系统中，一个正弦变化的源在系统中所有的点都将产生随时间按照同样规律（正弦）变化的场。对于时谐场，我们可以用相量分析获得单频率（单色）的稳态响应。以这种方式研究场时，将不失一般性，其原因如下：①任何时变周期函数都可以用正弦函数表示的傅里叶级数来描述；②在线性条件下，可以使用叠加原理。通俗地讲，时变周期场的完整响应可由单色响应叠加而成。

根据电路理论中的相量法，我们可以用相量来表示随正弦变化的场量。在直角坐标系中，电场强度可用沿三个互为垂直的坐标轴的分量来表示，即

$$\boldsymbol{E}(x,y,z,t)=\boldsymbol{e}_x E_x(x,y,z,t)+\boldsymbol{e}_y E_y(x,y,z,t)+\boldsymbol{e}_z E_z(x,y,z,t) \tag{2.76}$$

其中，三个分量可表示为

$$\begin{cases} E_x(x,y,z,t)=E_{xm}(x,y,z)\cos(\omega t+\theta_x) \\ E_y(x,y,z,t)=E_{ym}(x,y,z)\cos(\omega t+\theta_y) \\ E_z(x,y,z,t)=E_{zm}(x,y,z)\cos(\omega t+\theta_z) \end{cases} \tag{2.77}$$

式中，E_{xm}、E_{ym} 和 E_{zm} 分别为 $\boldsymbol{E}$ 在 $\boldsymbol{e}_x$、$\boldsymbol{e}_y$ 和 $\boldsymbol{e}_z$ 方向的幅值。该式也可以表示成复数形式，即

$$\begin{cases} E_x(x,y,z,t)=\mathrm{Re}[E_{xm}(x,y,z)\mathrm{e}^{\mathrm{j}(\omega t+\theta_x)}]=\mathrm{Re}[\dot{E}_{xm}(x,y,z)\mathrm{e}^{\mathrm{j}\omega t}] \\ E_y(x,y,z,t)=\mathrm{Re}[E_{ym}(x,y,z)\mathrm{e}^{\mathrm{j}(\omega t+\theta_y)}]=\mathrm{Re}[\dot{E}_{ym}(x,y,z)\mathrm{e}^{\mathrm{j}\omega t}] \\ E_z(x,y,z,t)=\mathrm{Re}[E_{zm}(x,y,z)\mathrm{e}^{\mathrm{j}(\omega t+\theta_z)}]=\mathrm{Re}[\dot{E}_{zm}(x,y,z)\mathrm{e}^{\mathrm{j}\omega t}] \end{cases} \tag{2.78}$$

所以式（2.76）可以表示为

$$\begin{aligned} \boldsymbol{E}(x,y,z,t)&=\mathrm{Re}[\boldsymbol{e}_x\dot{E}_{xm}+\boldsymbol{e}_y\dot{E}_{ym}+\boldsymbol{e}_z\dot{E}_{zm})\mathrm{e}^{\mathrm{j}\omega t}] \\ &=\mathrm{Re}[\dot{\boldsymbol{E}}_{m}(x,y,z)\mathrm{e}^{\mathrm{j}\omega t}] \end{aligned} \tag{2.79}$$

由于 $\dfrac{\partial \boldsymbol{E}(x,y,z,t)}{\partial t}=\dfrac{\partial\,\mathrm{Re}[\dot{\boldsymbol{E}}_{m}(x,y,z)\mathrm{e}^{\mathrm{j}\omega t}]}{\partial t}=\mathrm{Re}[\mathrm{j}\omega\dot{\boldsymbol{E}}_{m}(x,y,z)\mathrm{e}^{\mathrm{j}\omega t}]$，因此电场对时间导数的瞬时形式与其复数形式的关系为

$$\frac{\partial \boldsymbol{E}(x,y,z,t)}{\partial t}\leftrightarrow \mathrm{j}\omega\dot{\boldsymbol{E}}_{m}(x,y,z)\mathrm{e}^{\mathrm{j}\omega t}$$

可见，场量瞬时形式对时间 t 的偏导的复数形式为该矢量复数形式乘以 $\mathrm{j}\omega$。故从形式上讲，只要把微分算子 $\partial/\partial t$ 用 $\mathrm{j}\omega$ 代替，就可以把时谐电磁场的麦克斯韦方程组转换成等效的复矢量关系。为了简便，常省略复矢量上面的点和下标 m。因此，麦克斯韦积分方程组的复数形式为

$$\begin{cases} \oint_l \boldsymbol{H}\cdot \mathrm{d}\boldsymbol{l}=\int_S(\boldsymbol{J}+\mathrm{j}\omega\boldsymbol{D})\cdot\mathrm{d}\boldsymbol{S} \\ \oint_l \boldsymbol{E}\cdot \mathrm{d}\boldsymbol{l}=\int_S -\mathrm{j}\omega\boldsymbol{B}\cdot\mathrm{d}\boldsymbol{S} \\ \oint_S \boldsymbol{B}\cdot\mathrm{d}\boldsymbol{S}=0 \\ \oint_S \boldsymbol{D}\cdot\mathrm{d}\boldsymbol{S}=Q \end{cases} \tag{2.80}$$

麦克斯韦微分方程组的复数形式为

$$\begin{cases} \nabla\times\boldsymbol{H}=\boldsymbol{J}+\mathrm{j}\omega\boldsymbol{D} \\ \nabla\times\boldsymbol{E}=-\mathrm{j}\omega\boldsymbol{B} \\ \nabla\cdot\boldsymbol{B}=0 \\ \nabla\cdot\boldsymbol{D}=\rho \end{cases} \tag{2.81}$$

例 2.10 无源的自由空间中，电场为 $\boldsymbol{E}=\boldsymbol{e}_y 0.1\sin(10\pi x)\cos[6\pi\times10^9 t-\beta z]$（V/m），用复数形式麦克斯韦方程组求相应的磁场 $\boldsymbol{H}$ 及相位常数 β。

解：将 $\boldsymbol{E}$ 表示为复数形式

$$\boldsymbol{E}(x,z)=\boldsymbol{e}_y 0.1\sin(10\pi x)\mathrm{e}^{-\mathrm{j}\beta z}$$

由复数形式的麦克斯韦第二方程可得

$$\begin{aligned}\boldsymbol{H}(x,z)&=-\frac{1}{\mathrm{j}\omega\mu_0}\nabla\times\boldsymbol{E}=-\frac{1}{\mathrm{j}\omega\mu_0}\left[-\boldsymbol{e}_x\frac{\partial E_y}{\partial z}+\boldsymbol{e}_z\frac{\partial E_y}{\partial x}\right]\\&=-\frac{1}{\mathrm{j}\omega\mu_0}[\boldsymbol{e}_x\mathrm{j}0.1\beta\sin(10\pi x)+\boldsymbol{e}_z 0.1\times10\pi\cos(10\pi x)]\mathrm{e}^{-\mathrm{j}\beta z}\end{aligned}$$

又因为无源空间中 $\boldsymbol{J}=0$，所以由复数形式的麦克斯韦第一方程可得

$$\begin{aligned}\boldsymbol{E}(x,z)&=\frac{1}{\mathrm{j}\omega\varepsilon_0}\nabla\times\boldsymbol{H}=\frac{1}{\mathrm{j}\omega\varepsilon_0}\boldsymbol{e}_y\left[\frac{\partial H_x}{\partial z}-\frac{\partial H_z}{\partial x}\right]\\&=\boldsymbol{e}_y\frac{0.1}{\omega^2\mu_0\varepsilon_0}[(10\pi)^2+\beta^2]\sin(10\pi x)]\mathrm{e}^{-\mathrm{j}\beta z}\end{aligned}$$

比较两种电场强度复数形式，可得

$$(10\pi)^2+\beta^2=\omega^2\mu_0\varepsilon_0=(6\pi\times10^9)^2\times\frac{4\pi\times10^{-7}}{36\pi\times10^9}=400\pi^2$$

所以相位常数

$$\beta=\sqrt{400\pi^2-100\pi^2}=10\sqrt{3}\pi=54.41\mathrm{rad/s}$$

故相应的磁场 $\boldsymbol{H}$ 为

$$\begin{aligned}\boldsymbol{H}(x,z,t)=&-\boldsymbol{e}_x 0.23\times10^{-3}\sin(10\pi x)\cos[6\pi\times10^9 t-54.41z]-\\&\boldsymbol{e}_z 0.13\times10^{-3}\cos(10\pi x)\sin[6\pi\times10^9 t-54.41z]\ (\mathrm{A/m})\end{aligned}$$

2.10 电磁场的能量与坡印廷矢量

时变电磁场中的一个重要现象就是电磁能量的流动。时变电磁场随时间的变化，其电磁能量在空间传播而形成电磁能流，并且电场能量和磁场能量可以相互转化。下面将从麦克斯韦方程出发，导出表征时变电磁场能量守恒关系——坡印廷定理，并讨论电磁能流矢量——坡印廷矢量。

2.10.1 坡印廷定理

麦克斯韦第一、第二方程如下：

$$\nabla\times\boldsymbol{H}=\boldsymbol{J}+\frac{\partial\boldsymbol{D}}{\partial t} \tag{2.82a}$$

$$\nabla\times\boldsymbol{E}=-\frac{\partial\boldsymbol{B}}{\partial t} \tag{2.82b}$$

由式（2.82a）和式（2.82b）变化得

$$\boldsymbol{H}\cdot\nabla\times\boldsymbol{E}-\boldsymbol{E}\cdot(\nabla\times\boldsymbol{H})=-\boldsymbol{H}\cdot\frac{\partial\boldsymbol{B}}{\partial t}-\boldsymbol{E}\cdot\boldsymbol{J}-\boldsymbol{E}\cdot\frac{\partial\boldsymbol{D}}{\partial t} \tag{2.83}$$

在自由空间中，由于

$$\boldsymbol{H}\cdot\frac{\partial\boldsymbol{B}}{\partial t}=\boldsymbol{H}\cdot\frac{\partial\mu\boldsymbol{H}}{\partial t}=\frac{1}{2}\frac{\partial}{\partial t}\boldsymbol{H}\cdot\mu\boldsymbol{H}=\frac{\partial}{\partial t}\frac{1}{2}\mu H^2$$

$$\boldsymbol{E}\cdot\frac{\partial\boldsymbol{D}}{\partial t}=\boldsymbol{E}\cdot\frac{\partial\varepsilon\boldsymbol{E}}{\partial t}=\frac{1}{2}\frac{\partial}{\partial t}\boldsymbol{E}\cdot\varepsilon\boldsymbol{E}=\frac{\partial}{\partial t}\frac{1}{2}\varepsilon E^2$$

所以，式（2.83）可写成

$$\boldsymbol{H}\cdot\nabla\times\boldsymbol{E}-\boldsymbol{E}\cdot\nabla\times\boldsymbol{H}=-\frac{\partial}{\partial t}\frac{1}{2}\mu H^2-\boldsymbol{E}\cdot\boldsymbol{J}-\frac{\partial}{\partial t}\frac{1}{2}\varepsilon E^2 \tag{2.84}$$

利用矢量恒等式

$$\nabla\cdot\boldsymbol{E}\times\boldsymbol{H}=\boldsymbol{H}\cdot\nabla\times\boldsymbol{E}-\boldsymbol{E}\cdot\nabla\times\boldsymbol{H}$$

则式（2.84）变为

$$\nabla\cdot\boldsymbol{E}\times\boldsymbol{H}=-\frac{\partial}{\partial t}\frac{1}{2}\mu H^2-\boldsymbol{E}\cdot\boldsymbol{J}-\frac{\partial}{\partial t}\frac{1}{2}\varepsilon E^2 \tag{2.85}$$

对式（2.85）在一定体积内积分，得

$$\int\nabla\cdot\boldsymbol{E}\times\boldsymbol{H}\mathrm{d}V=\int\left\{-\frac{\partial}{\partial t}\frac{1}{2}\mu H^2-\boldsymbol{E}\cdot\boldsymbol{J}-\frac{\partial}{\partial t}\frac{1}{2}\varepsilon E^2\right\}\mathrm{d}V$$

利用高斯散度定理，上式变为

$$-\oint_S\boldsymbol{E}\times\boldsymbol{H}\cdot\mathrm{d}\boldsymbol{S}=\frac{\partial}{\partial t}\int\frac{1}{2}\mu H^2\mathrm{d}V+\frac{\partial}{\partial t}\int\frac{1}{2}\varepsilon E^2\mathrm{d}V+\int\boldsymbol{E}\cdot\boldsymbol{J}\mathrm{d}V \tag{2.86}$$

分析式（2.86）可知：左边是单位时间穿过闭合面 S 进入体积的电磁场能量，等式右边第一项是体积 V 内单位时间磁场能量的增加量，第二项是体积 V 内单位时间电场能量的增加量，第三项是体积 V 内变为焦耳热的电磁能量，在导电介质中 $\boldsymbol{J}=\sigma\boldsymbol{E}$，所以此项表示功率损耗或欧姆功率损耗。该式称为**坡印廷定理**，描述了电磁能量的流动和转化的关系。其物理意义为：注入体积 V 内的电磁能量等于体积 V 内电磁能量的增加率与体积 V 内损耗的电磁能量之和。

2.10.2 坡印廷矢量和平均坡印廷矢量

式（2.86）中，$\boldsymbol{E}\times\boldsymbol{H}$ 是一个具有单位表面功率量纲的矢量，其大小为封闭曲面上任何一点通过单位面积的能量，其方向为能量流动的方向。我们把它定义为能流，用 $\boldsymbol{S}$ 表示

$$\boldsymbol{S}=\boldsymbol{E}\times\boldsymbol{H} \tag{2.87}$$

也称为**坡印廷矢量**，单位为 $\mathrm{W/m^2}$。

对于正弦电磁场，计算一个周期内的时间平均值更有实际意义。$\boldsymbol{S}$ 的时间平均值即平均坡印廷矢量 $\boldsymbol{S}_{\mathrm{av}}$，其定义为

$$\boldsymbol{S}_{\mathrm{av}}=\frac{1}{T}\int_0^T\boldsymbol{S}\mathrm{d}t=\frac{1}{T}\int_0^T\boldsymbol{E}(x,y,z,t)\times\boldsymbol{H}(x,y,z,t)\mathrm{d}t \tag{2.88}$$

其中，场矢量可以用复数形式表示

$$\boldsymbol{E}(x,y,z,t)=\mathrm{Re}[\boldsymbol{E}(x,y,z)\mathrm{e}^{\mathrm{j}\omega t}]=\frac{1}{2}[\boldsymbol{E}(x,y,z)\mathrm{e}^{\mathrm{j}\omega t}+\boldsymbol{E}^*(x,y,z)\mathrm{e}^{-\mathrm{j}\omega t}]$$

$$\boldsymbol{H}(x,y,z,t)=\mathrm{Re}[\boldsymbol{H}(x,y,z)\mathrm{e}^{\mathrm{j}\omega t}]=\frac{1}{2}[\boldsymbol{H}(x,y,z)\mathrm{e}^{\mathrm{j}\omega t}+\boldsymbol{H}^*(x,y,z)\mathrm{e}^{-\mathrm{j}\omega t}]$$

从而坡印廷矢量的瞬时值可以写为

$$\begin{aligned}
\boldsymbol{S}(x,y,z,t) &= \boldsymbol{E}(x,y,z,t)\times\boldsymbol{H}(x,y,z,t) \\
&= \frac{1}{2}[\boldsymbol{E}\mathrm{e}^{\mathrm{j}\omega t}+\boldsymbol{E}^{*}\mathrm{e}^{-\mathrm{j}\omega t}]\times\frac{1}{2}[\boldsymbol{H}\mathrm{e}^{\mathrm{j}\omega t}+\boldsymbol{H}^{*}\mathrm{e}^{-\mathrm{j}\omega t}] \\
&= \frac{1}{4}[\boldsymbol{E}\times\boldsymbol{H}\mathrm{e}^{\mathrm{j}2\omega t}+\boldsymbol{E}^{*}\times\boldsymbol{H}^{*}\mathrm{e}^{-\mathrm{j}2\omega t}]+\frac{1}{4}[\boldsymbol{E}\times\boldsymbol{H}^{*}+\boldsymbol{E}^{*}\times\boldsymbol{H}] \\
&= \frac{1}{2}\mathrm{Re}[\boldsymbol{E}\times\boldsymbol{H}^{*}]+\frac{1}{2}\mathrm{Re}[\boldsymbol{E}\times\boldsymbol{H}\mathrm{e}^{\mathrm{j}2\omega t}]
\end{aligned} \tag{2.89}$$

将式（2.89）代入式（2.88），可得平均坡印廷矢量 $\boldsymbol{S}_{\mathrm{av}}$ 为

$$\begin{aligned}
\boldsymbol{S}_{\mathrm{av}} &= \frac{1}{T}\int_0^T\left\{\frac{1}{2}\mathrm{Re}[\boldsymbol{E}\times\boldsymbol{H}^{*}]\right\}\mathrm{d}t+\frac{1}{T}\int_0^T\left\{\frac{1}{2}\mathrm{Re}[\boldsymbol{E}\times\boldsymbol{H}\mathrm{e}^{\mathrm{j}2\omega t}]\right\}\mathrm{d}t \\
&= \frac{1}{2}\mathrm{Re}[\boldsymbol{E}\times\boldsymbol{H}^{*}]
\end{aligned} \tag{2.90}$$

例 2.11　已知电磁场的复数形式为

$$\boldsymbol{E}=-\boldsymbol{e}_y\mathrm{j}\omega\mu\frac{a}{\pi}H_0\sin\left(\frac{\pi x}{a}\right)\boldsymbol{e}^{-\mathrm{j}\beta z}$$

$$\boldsymbol{H}=\left[\boldsymbol{e}_x\mathrm{j}\beta\frac{a}{\pi}H_0\sin\left(\frac{\pi x}{a}\right)+\boldsymbol{e}_zH_0\cos\left(\frac{\pi x}{a}\right)\right]\boldsymbol{e}^{-\mathrm{j}\beta z}$$

式中，H_0、ω、μ、α、β 都是常数。试求瞬时坡印廷矢量和平均坡印廷矢量。

解：（1）$\boldsymbol{E}$和$\boldsymbol{H}$ 的瞬时值为

$$\boldsymbol{E}(x,z,t)=\mathrm{Re}[\boldsymbol{E}e^{\mathrm{j}\omega t}]=\boldsymbol{e}_y\omega\mu\frac{a}{\pi}H_0\sin\left(\frac{\pi x}{a}\right)\sin(\omega t-\beta z)$$

$$\boldsymbol{H}(x,z,t)=\mathrm{Re}[\boldsymbol{H}e^{\mathrm{j}\omega t}]=-\boldsymbol{e}_x\beta\frac{a}{\pi}H_0\sin\left(\frac{\pi x}{a}\right)\sin(\omega t-\beta z)+\boldsymbol{e}_zH_0\cos\left(\frac{\pi x}{a}\right)\cos(\omega t-\beta z)$$

所以，瞬时坡印廷矢量为

$$\begin{aligned}
\boldsymbol{S} &= \boldsymbol{E}(x,z,t)\times\boldsymbol{H}(x,z,t) \\
&= \boldsymbol{e}_x\omega\mu\frac{a}{4\pi}H_0^2\sin\left(\frac{2\pi x}{a}\right)\sin(2\omega t-2\beta z)+\boldsymbol{e}_z\omega\mu\beta\left(\frac{a}{\pi}\right)^2H_0^2\sin^2\left(\frac{\pi x}{a}\right)\sin^2(\omega t-\beta z)
\end{aligned}$$

（2）平均坡印廷矢量为

$$\boldsymbol{S}_{\mathrm{av}}=\frac{1}{2}\mathrm{Re}[\boldsymbol{E}\times\boldsymbol{H}^{*}]=\boldsymbol{e}_z\frac{1}{2}\omega\mu\beta\left(\frac{a}{\pi}\right)^2H_0^2\sin^2\left(\frac{\pi x}{a}\right)$$

例 2.12　电磁波在真空中传播，其电场强度的复数表达式为

$$\boldsymbol{E}(z)=(\boldsymbol{e}_x-\mathrm{j}\boldsymbol{e}_y)10^{-4}\mathrm{e}^{-\mathrm{j}20\pi z}\ \text{（V/m）}$$

试求：（1）磁场强度的复数形式；

（2）瞬时坡印廷矢量和平均坡印廷矢量。

解：（1）由复数形式的麦克斯韦第二方程可得

$$\boldsymbol{H}(x,z)=-\frac{1}{\mathrm{j}\omega\mu_0}\nabla\times\boldsymbol{E}=-\frac{1}{\mathrm{j}\omega\mu_0}\left[-\boldsymbol{e}_x\frac{\partial E_y}{\partial z}+\boldsymbol{e}_y\frac{\partial E_x}{\partial z}\right]$$

代入电场强度得磁场强度矢量的复数形式为

$$\boldsymbol{H}(z)=\frac{20\pi}{\omega\mu_0}(\mathrm{j}\boldsymbol{e}_x+\boldsymbol{e}_y)10^{-4}\mathrm{e}^{-\mathrm{j}20\pi z}\ \text{（A/m）}$$

（2）瞬时坡印廷矢量和平均坡印廷矢量

电磁波的瞬时值为

$$\boldsymbol{E}(z,t)=\mathrm{Re}[\boldsymbol{E}(z)\mathrm{e}^{\mathrm{j}\omega t}]=\boldsymbol{e}_x 10^{-4}\cos(\omega t-20\pi z)+\boldsymbol{e}_y 10^{-4}\sin(\omega t-20\pi z)\,(\mathrm{V/m})$$

$$\boldsymbol{H}(z,t)=\mathrm{Re}[\boldsymbol{H}(z)\mathrm{e}^{\mathrm{j}\omega t}]=\frac{20\pi}{\omega\mu_0}10^{-4}[-\boldsymbol{e}_x\sin(\omega t-20\pi z)+\boldsymbol{e}_y\cos(\omega t-20\pi z)]\,(\mathrm{A/m})$$

所以，坡印廷矢量的瞬时值为

$$\begin{aligned}\boldsymbol{S}(z,t)&=\boldsymbol{E}(z,t)\times\boldsymbol{H}(z,t)\\&=\frac{20\pi}{\omega\mu_0}10^{-8}[\boldsymbol{e}_z\sin^2(\omega t-20\pi z)+\boldsymbol{e}_z\cos^2(\omega t-20\pi z)]\\&=\boldsymbol{e}_z\frac{20\pi}{\omega\mu_0}10^{-8}\ (\mathrm{W/m^2})\end{aligned}$$

平均坡印廷矢量为

$$\begin{aligned}\boldsymbol{S}_{\mathrm{av}}&=\frac{1}{2}\mathrm{Re}[\boldsymbol{E}(z)\times\boldsymbol{H}^*(z)]\\&=\frac{1}{2}\mathrm{Re}\left\{(\boldsymbol{e}_x-\mathrm{j}\boldsymbol{e}_y)10^{-4}\mathrm{e}^{-\mathrm{j}20\pi z}\times\left[\frac{20\pi}{\omega\mu_0}(\mathrm{j}\boldsymbol{e}_x+\boldsymbol{e}_y)10^{-4}\mathrm{e}^{-\mathrm{j}20\pi z}\right]^*\right\}\\&=\boldsymbol{e}_z\frac{20\pi}{\omega\mu_0}10^{-8}\ (\mathrm{W/m^2})\end{aligned}$$

本章小结

1．库仑定律

$$\boldsymbol{F}_E=q\boldsymbol{E}=\frac{qq'}{4\pi\varepsilon_0R^2}\left(\frac{\boldsymbol{R}}{R}\right)\quad \boldsymbol{F}_E=\frac{qq'}{4\pi\varepsilon_0R^2}\boldsymbol{e}_R=\frac{qq'}{4\pi\varepsilon_0R^3}\boldsymbol{R}$$

2．电场强度

点电荷 q：$\boldsymbol{E}=\dfrac{q'}{4\pi\varepsilon_0R^2}\boldsymbol{e}_R$。

N个点电荷：$\boldsymbol{E}=\displaystyle\sum_{i=1}^{N}\frac{q_i}{4\pi\varepsilon_0R_i^2}\boldsymbol{e}_{R_i}$。

线电荷：$\boldsymbol{E}=\dfrac{1}{4\pi\varepsilon_0}\displaystyle\int_l\frac{\rho_l\mathrm{d}l}{R^2}\boldsymbol{e}_R$。

面电荷：$\boldsymbol{E}=\dfrac{1}{4\pi\varepsilon_0}\displaystyle\int_S\frac{\rho_S\mathrm{d}S}{R^2}\boldsymbol{e}_R$。

体电荷：$\boldsymbol{E}=\dfrac{1}{4\pi\varepsilon_0}\displaystyle\int_V\frac{\rho\mathrm{d}V}{R^2}\boldsymbol{e}_R$。

3．电位

$$\phi_A=-\int_A^{\text{参考点}}\boldsymbol{E}\cdot\mathrm{d}\boldsymbol{l},\quad \boldsymbol{E}=-\nabla\phi$$

4．磁感应强度

线电流：$\boldsymbol{B}=\dfrac{\mu_0}{4\pi}\oint_{l_1}\dfrac{I_1\mathrm{d}\boldsymbol{l}_1\times\boldsymbol{e}_R}{R^2}$。

面电流：$\boldsymbol{B}=\dfrac{\mu_0}{4\pi}\int_S\dfrac{\boldsymbol{J}_S\times\boldsymbol{e}_R}{R^2}\mathrm{d}S$。

体电流：$\boldsymbol{B}=\dfrac{\mu_0}{4\pi}\int_V\dfrac{\boldsymbol{J}\times\boldsymbol{e}_R}{R^2}\mathrm{d}V$。

5．洛伦兹力（电场力与磁场力的合力）

$$\boldsymbol{F}=\boldsymbol{F}_E+\boldsymbol{F}_B=q\boldsymbol{E}+q\boldsymbol{v}\times\boldsymbol{B}$$

6．磁位

线电流矢量磁位：$\boldsymbol{A}=\dfrac{\mu_0}{4\pi}\oint_{l'}\dfrac{\mathrm{d}\boldsymbol{l}'}{R}$。

面电流矢量磁位：$\boldsymbol{A}=\dfrac{\mu_0}{4\pi}\int_S\dfrac{\boldsymbol{J}_s\mathrm{d}S}{R}$。

体电流矢量磁位：$\boldsymbol{A}=\dfrac{\mu_0}{4\pi}\int_V\dfrac{\boldsymbol{J}\mathrm{d}V}{R}$。

标量磁位：$\boldsymbol{H}=-\nabla\phi_{\mathrm{m}}$

7．全电流定律

传导电流 $i_{\mathrm{c}}=\int_S\boldsymbol{J}_{\mathrm{c}}\cdot\mathrm{d}\boldsymbol{S}$，其中，传导电流密度 $\boldsymbol{J}_{\mathrm{c}}=\sigma\boldsymbol{E}$。

运流电流 $i_{\mathrm{v}}=\int_S\boldsymbol{J}_{\mathrm{v}}\cdot\mathrm{d}\boldsymbol{S}$，其中，运流电流密度 $\boldsymbol{J}_{\mathrm{v}}=\rho\boldsymbol{v}$。

位移电流 $i_{\mathrm{d}}=\oint_S\boldsymbol{J}_{\mathrm{d}}\cdot\mathrm{d}\boldsymbol{S}$，其中，位移电流密度 $\boldsymbol{J}_{\mathrm{d}}=\dfrac{\partial\boldsymbol{D}}{\partial t}=\varepsilon_0\dfrac{\partial\boldsymbol{E}}{\partial t}$。

电流连续性原理表示为 $\oint_S(\boldsymbol{J}_{\mathrm{c}}+\boldsymbol{J}_{\mathrm{v}}+\boldsymbol{J}_{\mathrm{d}})\cdot\mathrm{d}\boldsymbol{S}=0$ 或 $\oint_S\boldsymbol{J}\cdot\mathrm{d}\boldsymbol{S}=0$。

8．麦克斯韦方程组

积分形式：

$$\begin{cases}\oint_l\boldsymbol{H}\cdot\mathrm{d}\boldsymbol{l}=\int_S\left(\boldsymbol{J}+\dfrac{\partial\boldsymbol{D}}{\partial t}\right)\cdot\mathrm{d}\boldsymbol{S}\\ \oint_l\boldsymbol{E}\cdot\mathrm{d}\boldsymbol{l}=\int_S-\dfrac{\partial\boldsymbol{B}}{\partial t}\cdot\mathrm{d}\boldsymbol{S}\\ \oint_S\boldsymbol{B}\cdot\mathrm{d}\boldsymbol{S}=0\\ \oint_S\boldsymbol{D}\cdot\mathrm{d}\boldsymbol{S}=Q\end{cases}$$

微分形式：

$$\begin{cases}\nabla\times\boldsymbol{H}=\boldsymbol{J}+\dfrac{\partial\boldsymbol{D}}{\partial t}\\ \nabla\times\boldsymbol{E}=-\dfrac{\partial\boldsymbol{B}}{\partial t}\\ \nabla\cdot\boldsymbol{B}=0\\ \nabla\cdot\boldsymbol{D}=\rho\end{cases}$$

介质特性方程：$\boldsymbol{B}=\mu_0\boldsymbol{H}$，$\boldsymbol{D}=\varepsilon_0\boldsymbol{E}$，$\boldsymbol{J}_{\mathrm{c}}=\sigma\boldsymbol{E}$

9．静态场麦克斯韦方程组

积分形式：

$$\begin{cases}\oint_l\boldsymbol{H}\cdot\mathrm{d}\boldsymbol{l}=\int_S\boldsymbol{J}\cdot\mathrm{d}\boldsymbol{S}\\ \oint_l\boldsymbol{E}\cdot\mathrm{d}\boldsymbol{l}=0\\ \oint_S\boldsymbol{B}\cdot\mathrm{d}\boldsymbol{S}=0\\ \oint_S\boldsymbol{D}\cdot\mathrm{d}\boldsymbol{S}=Q\end{cases}$$

微分形式：

$$\begin{cases}\nabla\times\boldsymbol{H}=\boldsymbol{J}\\ \nabla\times\boldsymbol{E}=0\\ \nabla\cdot\boldsymbol{B}=0\\ \nabla\cdot\boldsymbol{D}=\rho\end{cases}$$

10．麦克斯韦方程组的复数形式

积分形式：

$$\begin{cases}\oint_l \boldsymbol{H}\cdot \mathrm{d}\boldsymbol{l}=\int_S(\boldsymbol{J}+\mathrm{j}\omega\boldsymbol{D})\cdot \mathrm{d}\boldsymbol{S}\\ \oint_l \boldsymbol{E}\cdot \mathrm{d}\boldsymbol{l}=\int_S -\mathrm{j}\omega\boldsymbol{B}\cdot \mathrm{d}\boldsymbol{S}\\ \oint_S \boldsymbol{B}\cdot \mathrm{d}\boldsymbol{S}=0\\ \oint_S \boldsymbol{D}\cdot \mathrm{d}\boldsymbol{S}=Q\end{cases}$$

微分形式：

$$\begin{cases}\nabla\times\boldsymbol{H}=\boldsymbol{J}+\mathrm{j}\omega\boldsymbol{D}\\ \nabla\times\boldsymbol{E}=-\mathrm{j}\omega\boldsymbol{B}\\ \nabla\cdot\boldsymbol{B}=0\\ \nabla\cdot\boldsymbol{D}=\rho\end{cases}$$

11．坡印廷定理：$-\int(\boldsymbol{E}\times\boldsymbol{H})\cdot \mathrm{d}\boldsymbol{S}=\frac{\partial}{\partial t}\int\frac{1}{2}\mu H^2\mathrm{d}V+\frac{\partial}{\partial t}\int\frac{1}{2}\mu E^2\mathrm{d}V+\int\boldsymbol{E}\cdot\boldsymbol{J}\mathrm{d}V$ 。

坡印廷矢量：$\boldsymbol{S}(x,y,z,t)=\boldsymbol{E}(x,y,z,t)\times\boldsymbol{H}(x,y,z,t)$ 。

平均坡印廷矢量：$\boldsymbol{S}_{\mathrm{av}}(x,y,z)=\frac{1}{2}\mathrm{Re}[\boldsymbol{E}(x,y,z)\times\boldsymbol{H}^*(x,y,z)]$ 。

习题 2

2.1　自由空间中电荷 q 位于(−5,0,0)，点电荷 $2q$ 位于(0,5,0)。试确定坐标原点位置处的电场强度。

2.2　如图 2.12 所示，一个半径为 a 的半圆上均匀分布着线电荷密度 ρ_l，求垂直于圆平面的轴线上 $z=a$ 处的电场强度。

2.3　在 xOy 平面上有一半径为 1 的圆环，圆心与坐标原点重合，圆环上分布有电荷，其线电荷分布密度为 $\rho_l=\cos\varphi$ 。试计算 z 轴上任一点处的电场强度的表达式。

2.4　如图 2.13 所示，自由空间中两偏心球面的半径分别为 a 和 b，其间均匀分布着密度为 ρ 的体电荷，试分析半径为 a 的小球体空腔中的电场强度。

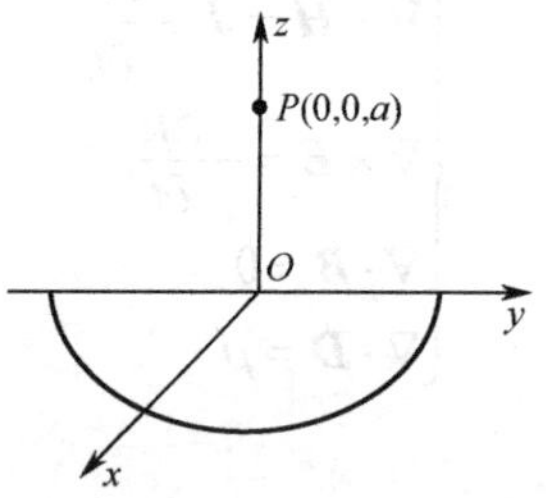

图 2.12　习题 2.2 图

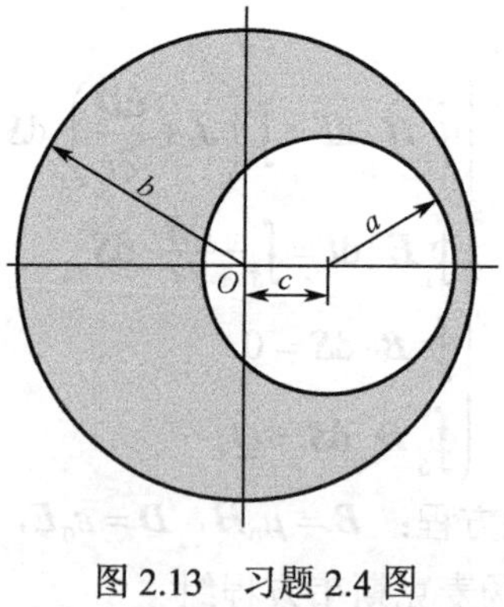

图 2.13　习题 2.4 图

2.5　某一静电场的电场线方程是$(y-2)\mathrm{d}x+(2x+3)\mathrm{d}y=0$，试确定该电场电位的表达式。

2.6　计算半径为 a、电流为 I 的电流圆环在轴线上任意一点的磁感应强度。

2.7　两个平行无限长直导线的距离为 a 分别载有同向电流 I_1、I_2，求单位长度导线所受的力。

2.8　已知一直流场源的远区矢量磁位为 $\boldsymbol{A}=\boldsymbol{e}_\varphi\frac{\mu_0 m}{4\pi R^2}\sin\theta$ ，其中 R、θ为球面坐标。试求：

（1）远区磁场 $\boldsymbol{B}$；（2）证明 $\boldsymbol{A}$ 满足库仑规范（即 $\nabla\cdot\boldsymbol{A}=0$）。

2.9　点电荷 $q=10^{-5}\text{C}$，以角速度 $\omega=10^{3}\text{rad/s}$ 作圆周运动，圆周半径 $r_0=1\text{cm}$，求圆心处的位移电流密度。

2.10　有一种典型的金属导体，电导率 $\sigma=5\times10^{7}\text{S/m}$，介电常数为 ε_0，若导体中的传导电流密度为 $\boldsymbol{J}=\boldsymbol{e}_x10^{6}\sin[117.1\times(3.22t-z)](\text{A/m}^2)$，求位移电流密度 $\boldsymbol{J}_\text{d}$。

2.11　证明：通过任意闭合面的传导电流与位移电流之和等于零。

2.12　在圆柱坐标系中，已知电流密度为 $\boldsymbol{J}=\boldsymbol{e}_x kr^2(r\leqslant a)$，求磁感应强度。

2.13　若无限长的半径为 a 的圆柱体中电流密度分布函数 $\boldsymbol{J}=\boldsymbol{e}_z(r^2+4r)$，$r\leqslant a$，试求圆柱内外的磁感应强度。

2.14　如图 2.14 所示，无限长直导线上有直流电流 I_0，附近有一共面的矩形导线回路，试求：（1）矩形回路通过的磁通量；（2）长直导线与矩形回路的互感；（3）若将电流改成 $I=I_0\sin\omega t$，且已知矩形导线回路的电阻为 R，求矩形回路上的感应电流。

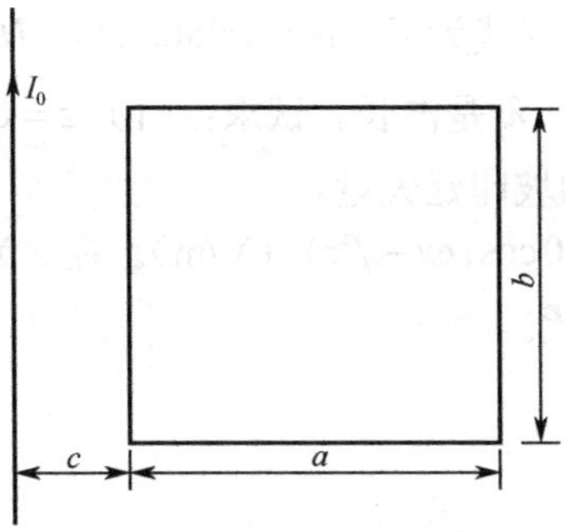

图 2.14　习题 2.14 图

2.15　真空中半径为 b 的球体内充满密度为 $\rho=b^2-r^2$ 的电荷。试计算球内和球外任意一点的电场强度和电位分布。

2.16　真空中半径为 a 的无限长导体圆柱沿轴线方向电流密度为 J_0，求导体内外的磁感应强度分布。

2.17　已知在球坐标系下的自由空间中的电场分布如下所示，求各区域中的体电荷密度的分布。

$$\boldsymbol{E}=\begin{cases}\boldsymbol{e}_R E_0(R/a)^2, & 0<R<a\\ \boldsymbol{e}_R E_0(a/R)^2, & R\geqslant a\end{cases}$$

2.18　证明：（1）在无源的自由空间中仅随时间变化的场，如 $\boldsymbol{E}=\boldsymbol{e}_x E_0\sin\omega t$，不可能满足麦克斯韦方程组；（2）若将 t 换成 $(t-z/c)$，即 $\boldsymbol{E}=\boldsymbol{e}_x E_0\sin\omega(t-z/c)$，则可以满足麦克斯韦方程组，式中 $c=1/\sqrt{\mu_0\varepsilon_0}$。

2.19　已知自由空间的磁感应强度为 $\boldsymbol{B}=\boldsymbol{e}_y 33\times10^{-12}\cos(3\times10^{9}t-10z)$。（1）求位移电流密度 $\boldsymbol{J}_\text{d}$；（2）当 $t=0, z=1.1\text{m}$时，$\boldsymbol{E}=0$，求 $t=1\text{ms}$ 时，$z=9\text{km}$ 处的电场强度 $\boldsymbol{E}$。

2.20　已知正弦电磁场的电场瞬时值为 $\boldsymbol{E}(z,t)=\boldsymbol{E}_1(z,t)+\boldsymbol{E}_2(z,t)$，其中 $\boldsymbol{E}_1(z,t)=\boldsymbol{e}_x 3\sin(\omega t-kz)$，$\boldsymbol{E}_2(z,t)=\boldsymbol{e}_x 4\cos(\omega t-kz-\pi/3)$，$\omega=10^{8}\pi$。试求：（1）电场的复矢量；（2）磁场的复矢量和瞬时值。

2.21　已知在无源自由空间中磁场为 $\boldsymbol{H}=\boldsymbol{e}_y 2\cos(15\pi x)\sin(6\pi\times10^9 t-\beta z)$（A/m），试利用麦克斯韦方程求相应的电场 $\boldsymbol{E}$ 及常数 β。

2.22　已知自由空间中的电场为 $\boldsymbol{E}=\boldsymbol{e}_x 1000\cos(\omega t-\beta z)$（V/m），磁场为 $\boldsymbol{H}=\boldsymbol{e}_y 2.65\cos(\omega t-\beta z)$（A/m），式中 $\beta=\omega\sqrt{\mu_0\varepsilon_0}=0.42$（rad/m）。试求：（1）瞬时坡印廷矢量；（2）平均坡印廷矢量。

2.23　在球坐标系中，已知电磁场的瞬时值

$$\boldsymbol{E}(r,t)=\boldsymbol{e}_\theta\frac{E_0}{r}\sin\theta\cos(\omega t-\beta r)\ \text{（V/m）}$$

$$\boldsymbol{H}(r,t)=\boldsymbol{e}_\varphi\frac{E_0}{\eta_0 r}\sin\theta\cos(\omega t-\beta r)\ \text{（A/m）}$$

式中，E_0 为常数，$\eta_0=\sqrt{\mu_0/\varepsilon_0}$，$\beta=\omega\sqrt{\mu_0\varepsilon_0}$。试计算以坐标原点为球心，以 r_0 为半径的球面 S 的总功率。

2.24　已知某电磁场的复数形式为 $\boldsymbol{E}=\boldsymbol{e}_x\mathrm{j}E_0\sin(k_0 z)$，$\boldsymbol{H}=\boldsymbol{e}_y\sqrt{\varepsilon_0/\mu_0}E_0\cos(k_0 z)$，式中，$k_0=2\pi/\lambda_0$，$c_0$ 是真空中的光速，λ_0 是波长。试求：（1）$z=0,\lambda_0/8,\lambda_0/4$ 各点处的坡印廷矢量瞬时值；（2）上述各点处的平均坡印廷矢量。

2.25　自由空间 $\boldsymbol{E}(z,t)=\boldsymbol{e}_x 50\cos(\omega t-\beta z)$（V/m）。在 z 为常数的平面中，试求穿过半径为 2.5m 的圆面积内的平均功率 $\boldsymbol{P}_{\text{av}}$。

第3章　介质中的电磁场与麦克斯韦方程组

前面在推导麦克斯韦方程组时，并未考虑电磁场中存在介质的情况。介质通常是指绝缘物质，如木材、橡胶、塑料、石油和空气等。按照介质在电磁场中所表现的不同特性，可分为电介质和磁介质。电介质物质的原子核对核外电子有很强的束缚力，因而理想的电介质不导电。但当把一块电介质放入电场中时，它会受到电场的作用，其分子或原子内的正负电荷将在电场力的作用下产生微小的弹性位移或偏转，形成一个个小电偶极子，这种现象称为电介质的极化。被极化的电介质内部存在着大量的小电偶极子，它们产生的附加电场反过来会影响原来的电场。同样，当把一块介质放入磁场中时，它也会受到磁场的作用，其中也会形成一个个小的磁偶极子，这种现象称为介质的磁化。被磁化的介质内部存在着大量的小磁偶极子，它们产生的附加磁场反过来会影响原来的磁场。

由于在外加电磁场的作用下，介质被极化或磁化，相当于在材料内部存在附加的场源，这样必须对真空中的电磁学规律，也就是麦克斯韦方程组做进一步推广。

本章将讨论介质的极化或磁化问题，在此基础上重新构建介质中的麦克斯韦方程组。首先研究由材料中带电粒子和电磁场的相互作用而产生的三个基本现象：传导、极化和磁化。根据材料所表现的某种主要现象，可将其分为导体、半导体、电介质和磁介质。讨论材料的电磁性质之后，我们可获得一般介质中的麦克斯韦方程组。最后，研究在不均匀材料中电磁场所遵循的规律——边界条件。

3.1　导体和介质

3.1.1　导体

导体是一种含有大量可以自由移动的带电粒子的物质。自由移动的带电粒子可以是自由电子或带电离子。对应的导体分别是金属导体和电解质导体。金属导体比电解质导体的导电性强得多。

1. 静电场中的导体

导体能够导电，是因为在导体内存在可自由移动的自由电子或带电离子。在金属导体内部有可以任意移动的自由电荷，这些电荷做无规则热运动。如果无外力作用，整个导体呈电中性。当导体周围加上电场，电荷受到恒定外力时，自由电荷会发生定向移动，导体就会出现一端带正电一端带负电的现象，如图 3.1 所示。把导体中的电荷在外电场作用下发生重新分布的现象称为静电感应。导体上因感应而产生的电荷称为感应电荷。而“静电平衡”（electrostatic equilibrium）是指导体中的自由电荷所受的力达到平衡而不再做定向运动的状态，即导体内电场强度大小等于外加电场的电场强度，方向相反。

在静电场中导体具有如下性质：

(1) 导体内电场强度处处为零，否则导体内部的自由电子将在该电场的作用下继续运动，从而破坏导体静电平衡；

（2）导体是一个等势体，表面是一个等势面，且电场强度与导体表面垂直；

（3）导体内部净电荷为零，感应电荷只分布在导体表面上。否则导体内部同号电荷之间相互排斥而导致其向导体表面分散，直到内部净电荷为零。

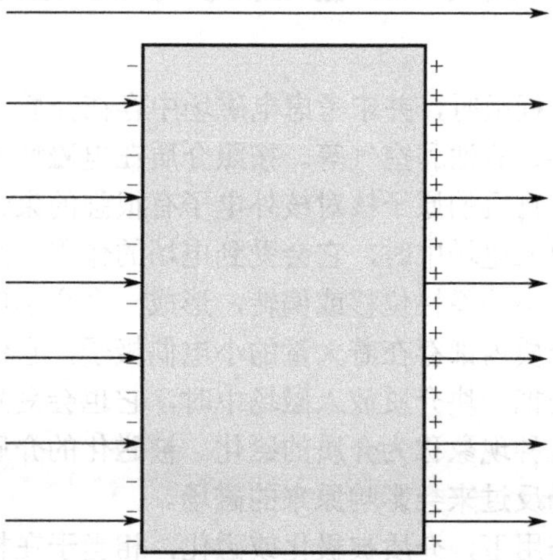

图 3.1 外加电场下导体静电平衡

2．恒定电场中的导体

电荷在电场作用下做定向运动形成电流，当电流不随时间改变时，称为恒定电流。对应的电场称为恒定电场。

由欧姆定律可知：导体的温度不变时，通过一段导体的电流强度与导体两端的电压成正比，$U=RI$，其中，R 为导体的电阻，只与导体材料及几何尺寸有关。由一定材料制成的截面积均匀的线状导体的电阻 R 与导体长度 l 成正比，与截面积 S 成反比，即

$$R=\frac{l}{\sigma S} \tag{3.1}$$

式中，σ 为导体材料的电导率。

现在由欧姆定律导出载流导体中任意一点上电流密度矢量与电场强度的关系，即欧姆定律的微分形式。

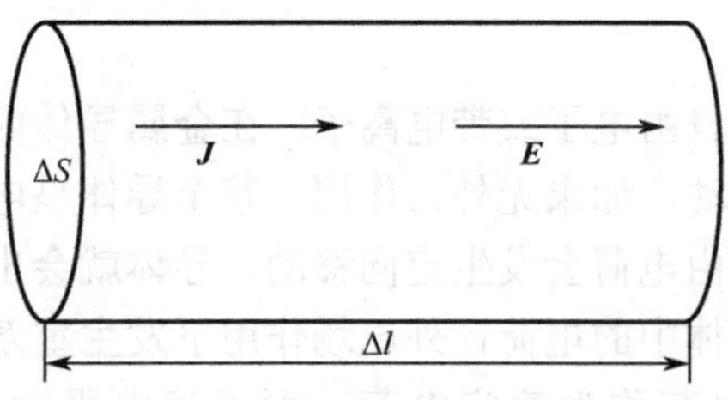

图 3.2 电流密度和电场强度

如图 3.2 所示，在电导率为 σ 的导体内沿电流线取一圆柱体，其长度为 Δl，截面积为 ΔS，则圆柱两端电阻为

$$R=\frac{\Delta l}{\sigma\Delta S}$$

通过截面积 ΔS 的电流 $\Delta I=J\Delta S$，圆柱体两端的电压 $\Delta U=E\Delta l$，代入欧姆定律式 $U=IR$ 得

$$E\cdot\Delta l=(J\Delta S)\cdot\frac{\Delta l}{\sigma\Delta S}$$

整理且写成矢量式为

$$\boldsymbol{J}=\sigma\boldsymbol{E} \tag{3.2}$$

式（3.2）即为各向同性导电介质中**欧姆定律的微分形式**，它描述的是导体和半导体材料

中任意一点场量 $\boldsymbol{E}$ 和传导电流密度 $\boldsymbol{J}$ 之间的导电规律，是反映材料和电场关系的一个物态方程。**欧姆定律的积分形式为**

$$U = RI = R\int \boldsymbol{J} \cdot \mathrm{d}\boldsymbol{S}$$

积分形式适用于稳恒电流的情况；微分形式不仅适用于稳恒情况，对非稳恒情况也适用。

3. 电导率

电导率 σ 是表征材料导电特性的一个物理量（单位为 $\mathrm{S \cdot m^{-1}}$），它是电阻率（单位为 $\Omega \cdot \mathrm{m}$）的导数。表 3.1 给出了常用材料的电导率。

表 3.1　常用材料的电导率

材　料	电导率 σ/S·m^{-1}	材　料	电导率 σ/S·m^{-1}	材　料	电导率 σ/S·m^{-1}
银	6.17×10^7	黄铜	1.57×10^7	干土	10^{-5}
铜	5.80×10^7	青铜	10^7	变压器油	10^{-11}
金	4.10×10^7	海水	4	玻璃	10^{-12}
铝	3.54×10^7	清水	10^{-3}	瓷	2×10^{-13}
铁	10^7	蒸馏水	2×10^{-4}	橡胶	10^{-15}

本书中涉及的导体、电介质和磁介质一般指线性、均匀、各向同性的介质，即电导率 σ 是一个比例常数，其值与材料性质和环境温度有关。电导率是表征材料电磁特性的三个主要参量之一。

3.1.2　电介质

电介质实际上就是绝缘材料，其中不存在自由电荷，带电粒子是以束缚电荷形式存在的。一般来说电介质可分为两大类。

第一类是无极分子电介质，如图 3.3（a）所示。当没有外电场作用时，这类电介质中的正负电荷的重心是重合的，呈电中性，对外不显电性，如 H_2、N_2 等气体物质。

第二类是有极分子电介质，如图 3.3（b）所示。当没有外电场作用时，这类电介质中的正负电荷重心不重合，每个分子可等效为一个电偶极子，但由于分子的无规则热运动，使得电偶极子的分布排列是无规则的。因此，整体仍呈电中性，对外也不显电性。

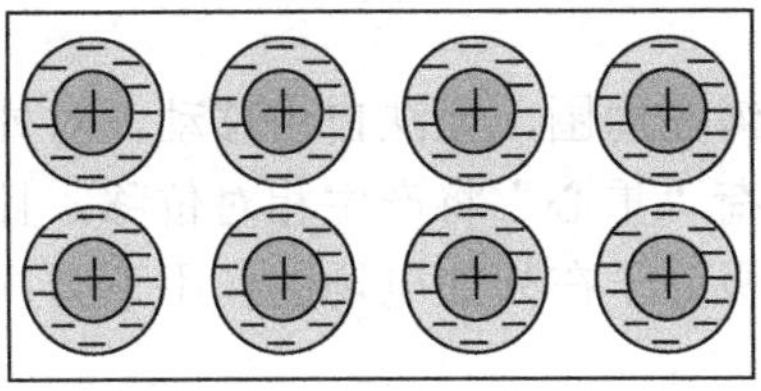

（a）无极分子

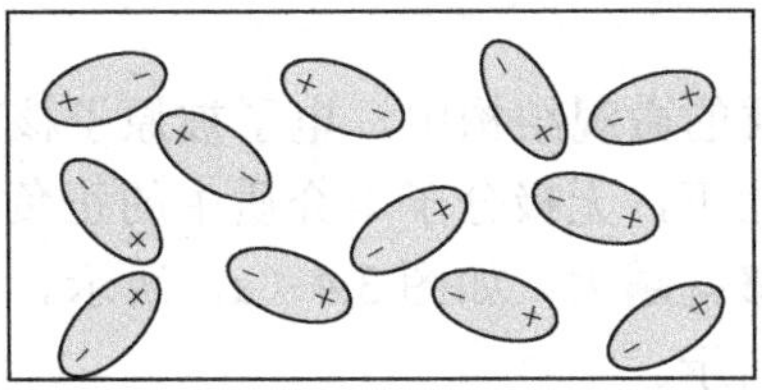

（b）有极分子

图 3.3　电介质

3.1.3　磁介质

所谓磁介质，是指在外加磁场的作用下，能产生磁化现象，并能影响外磁场分布的物质。事实上，除了真空，其他任何物质都是可磁化的磁介质，只是磁化效应的强弱存在差别。根据物质的磁效应的不同，磁介质通常可分为：抗磁质、顺磁质、铁磁质、亚铁磁质等。

1．抗磁质

抗磁质由无净磁矩的原子（即原子所有轨道层都充满电子，没有不成对的电子），它只有原子的电子绕轨道运动产生的磁矩。在磁场作用下，电子受到洛伦兹力作用，使电子绕轨道运动的面积减小，等效于产生与磁场方向相反的磁矩，这种特性称为抗磁性。

2．顺磁质

顺磁质的原子轨道只有部分填充电子，故原子有净磁矩。当这些原子间又没有相互作用，无外场时，整体的磁化强度为零（因每个原子磁矩混乱取向）。外加磁场时，原子磁矩部分取向与外磁场方向一致。顺磁质的磁化程度随外磁场增大而增大。

上述两种磁介质的磁化率都较小，工程上常将这些磁效应很弱的材料看成非磁性材料。

3．铁磁质

在外磁场的作用下，呈现强烈的磁化现象，能明显地影响磁场的分布，这类磁介质称为铁磁质。在铁磁质中，存在许多天然小磁化区，即磁畴。每个磁畴由多个磁矩阵方向相同的原子组成，在无外磁场作用时，各磁畴排列混乱，总磁矩相互抵消，对外不显磁性。但在外磁场作用下，磁畴企图转向外磁场方向排列，形成强烈磁化。因此，铁磁质的磁化，是由于外磁场与磁畴共同作用的结果。撤去外磁场后，部分磁畴的取向仍保持一致，对外仍然呈现磁性，称为剩余磁化。时间长了，或温度升高，剩余磁化会消失。铁磁质是一种非线性磁介质，其磁化曲线与磁化历史有关，形成了一个磁滞回线。

4．亚铁磁质

亚铁磁质是指材料中某些分子（或原子）的磁矩与磁畴平行，但方向相反。在外磁场作用下，这类材料也呈现较大的磁效应，但由于部分反向磁矩的存在，其磁性比铁磁质要小。在工程技术上用得较多的亚铁磁质是铁氧体，其最大特点是磁导率是各向异性的，而介电常数则呈各向同性。

3.2 电偶极子和介质极化

在电介质的微观结构中，电子被原子核束缚在周围，无法自由移动，对外不显电性。在外电场作用下，无极分子电介质中的正负电荷“重心”将产生相对位移，且外加电场越强，相对位移就越大，如图 3.4（a）所示。有极分子在外加电场的作用下会重新转向，如图 3.4（b）所示。

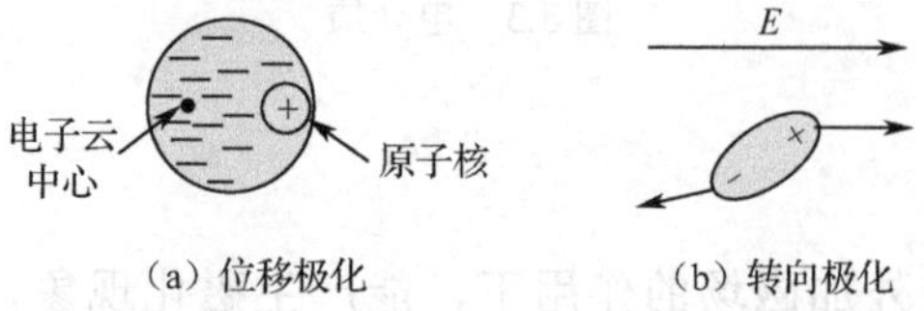

（a）位移极化　　（b）转向极化

图 3.4　电介质极化

对于均匀电介质整体来说，在外电场作用下，垂直于电场的电介质的两个表面上出现正负电荷，然而这种电荷与导体中的自由电荷不同，它不能离开电介质，也不能在电介质内部自由移动，它们的移动范围会受到分子的约束，故称为束缚电荷（极化电荷）。

在外电场作用下，电介质中出现有序排列电偶极子以及表面上出现束缚电荷的现象，就是电介质的极化现象。无极分子电介质的极化称为位移极化，有极分子电介质的极化称为转向极化。

电介质被极化后，介质内部会出现大量排列方向大致相同的等量正负极化电荷对。这些极化电荷对形成二次场将与原场叠加，在介质内部形成新的电场分布。为了分析二次场，我们将介质微分体积元等效为电偶极子，然后利用电偶极子的静电场性质来分析介质极化的二次场分布，进而得出极化效应下的麦克斯韦方程组。

3.2.1　电偶极子

一对极性相反但非常靠近的等量电荷系统称为**电偶极子**（electric dipole）。为了便于描述电偶极子，定义一个电偶极矩矢量 $\boldsymbol{p}_{\mathrm{e}}$，该矢量的大小为 $p_{\mathrm{e}}=qd$，其方向由负电荷指向正电荷，即

$$\boldsymbol{p}_{\mathrm{e}}=qd\boldsymbol{e}_z \tag{3.3}$$

如图 3.5 所示，假设组成电偶极子的两个电荷的电量分别为 $+q$ 和 $-q$，它们之间的距离为 d，则它们在空间一点 $P(x,y,z)$的电位为

$$\phi=\frac{q}{4\pi\varepsilon_0}\left(\frac{1}{R_1}-\frac{1}{R_2}\right)=\frac{q}{4\pi\varepsilon_0}\left(\frac{R_2-R_1}{R_1R_2}\right)$$

式中，R_1 和 R_2 分别是两电荷到 P 点的距离。

如果两电荷沿 z 轴对称分布并且距离 P 点很远，如图 3.6 所示，那么 R_1 和 R_2 可近似地表示为

$$R_1=R-0.5d\cos\theta\ ,\quad R_2=R+0.5d\cos\theta$$

且

$$R_1R_2=R^2-(0.5d\cos\theta)^2\approx R^2$$

所以，P 点电位改写成

$$\phi\approx\frac{qd\cos\theta}{4\pi\varepsilon_0R^2} \tag{3.4}$$

由式（3.4）可以看出，当 $\theta=90°$ 时，电偶极子平分面上的任意一点处电位都为零。于是，在这个平面上如果将电荷从一点移动到另一点是没有能量损耗的。

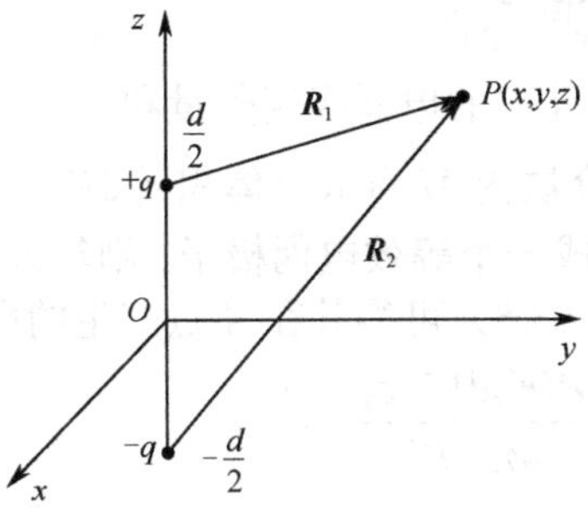

图 3.5　电偶极子

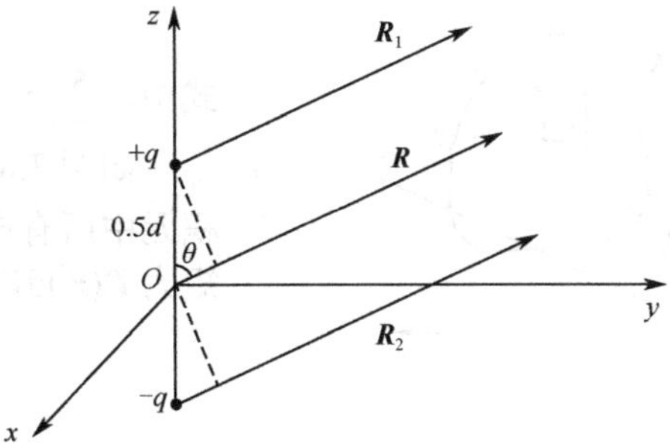

图 3.6　电偶极子远离 P 点

根据式（3.3）电偶极子的定义，式（3.4）可写成

$$\phi = \frac{\boldsymbol{p}_{\mathrm{e}} \cdot \boldsymbol{e}_R}{4\pi\varepsilon_0 R^2} \tag{3.5}$$

远区的电场强度为

$$\boldsymbol{E} = -\nabla\phi = \frac{qd}{4\pi\varepsilon_0 R^3}(2\cos\theta\boldsymbol{e}_R + \sin\theta\boldsymbol{e}_\theta) \tag{3.6}$$

由上述分析可知，电偶极子的电位和电场强度与φ无关，具有轴对称性。同时，相对于孤立点电荷而言，电偶极子的电场和电位具有远场衰减更快的特点。电偶极子的电位和电场强度如图3.7所示。

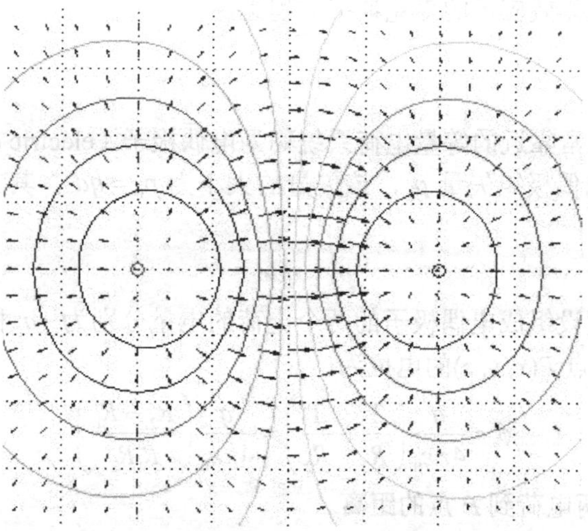

观看动态仿真图

图3.7　电偶极子的电位和电场强度

3.2.2　电介质的极化

在外加电场$\boldsymbol{E}$的作用下，介质会被极化且出现束缚电荷（极化电荷）。虽然总束缚电荷为零，但微观电荷的重新分布将产生一个附加的电场$\boldsymbol{E}_{\mathrm{P}}$，从而影响宏观电场分布。下面利用电偶极子的电位来推算介质表面和介质中的束缚电荷分布。

引入极化强度$\boldsymbol{P}$来描述电介质的极化特性或极化程度。定义为介质内部单位体积内所有电偶极矩矢量和，即

$$\boldsymbol{P} = \lim_{\Delta V \to 0} \frac{\sum \boldsymbol{p}_{\mathrm{e}}}{\Delta V} \tag{3.7}$$

式中，$\sum \boldsymbol{p}_{\mathrm{e}}$是$\Delta V$体积元中的电偶极矩矢量和。

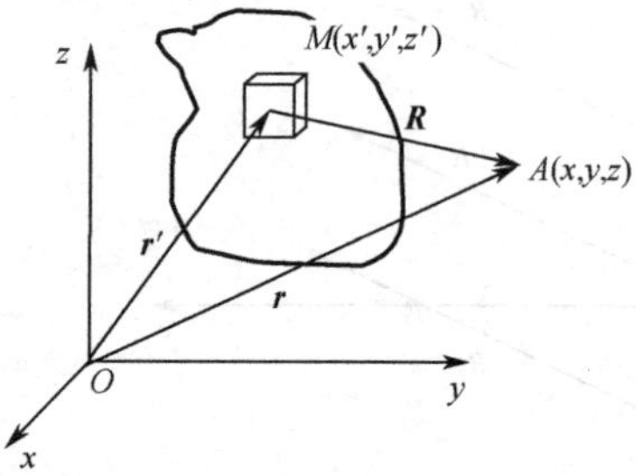

图3.8　介质极化

如图3.8所示，在介质内M点取一体积元$\mathrm{d}V'$，把该体积元中所有电偶极子看成一个等效电偶极子，则等效电偶极矩为$\boldsymbol{P}(\boldsymbol{r}')\mathrm{d}V'$。根据式（3.5）可得其在$A$点产生的电位为

$$\mathrm{d}\phi(\boldsymbol{r}) = \frac{\boldsymbol{P}(\boldsymbol{r}')\mathrm{d}V' \cdot \boldsymbol{e}_R}{4\pi\varepsilon_0 R^2} \tag{3.8}$$

式中，$\boldsymbol{e}_R$是由源点$M(x',y',z')$指向场点$A(x,y,z)$的单位矢量，R为源点M到场点A的距离。

由于

$$\nabla'\left(\frac{1}{R}\right)=\nabla'\left(\frac{1}{|\boldsymbol{r}'-\boldsymbol{r}|}\right)=\frac{\boldsymbol{r}-\boldsymbol{r}'}{|\boldsymbol{r}-\boldsymbol{r}'|^3}=\frac{\boldsymbol{e}_R}{R^2}$$

代入式（3.8）整理可得

$$\mathrm{d}\phi(\boldsymbol{r})=\frac{1}{4\pi\varepsilon_0}\boldsymbol{P}(\boldsymbol{r}')\cdot\nabla'\left(\frac{1}{R}\right)\mathrm{d}V'$$

利用恒等式$\nabla\cdot(f\boldsymbol{A})=f\nabla\cdot\boldsymbol{A}+\boldsymbol{A}\cdot\nabla f$，上式可以改写成

$$\mathrm{d}\phi(\boldsymbol{r})=\frac{1}{4\pi\varepsilon_0}\nabla'\cdot\left(\frac{\boldsymbol{P}(\boldsymbol{r}')}{R}\right)\mathrm{d}V'-\frac{1}{4\pi\varepsilon_0}\frac{\nabla'\cdot\boldsymbol{P}(\boldsymbol{r}')}{R}\mathrm{d}V'$$

于是整个极化介质在场点 A 产生的电位为

$$\phi(\boldsymbol{r})=\frac{1}{4\pi\varepsilon_0}\int\nabla'\cdot\left(\frac{\boldsymbol{P}(\boldsymbol{r}')}{R}\right)\mathrm{d}V'-\frac{1}{4\pi\varepsilon_0}\int\frac{\nabla'\cdot\boldsymbol{P}(\boldsymbol{r}')}{R}\mathrm{d}V'$$

对上式右边第一项应用高斯散度定理，可得

$$\phi(\boldsymbol{r})=\frac{1}{4\pi\varepsilon_0}\int\frac{\boldsymbol{P}(\boldsymbol{r}')\cdot\boldsymbol{e}_\mathrm{n}}{R}\mathrm{d}S'-\frac{1}{4\pi\varepsilon_0}\int\frac{\nabla'\cdot\boldsymbol{P}(\boldsymbol{r}')}{R}\mathrm{d}V' \tag{3.9}$$

上式的积分是在电介质表面 S' 及其体积 V' 中进行的。与面分布电荷、体分布电荷电位计算公式进行对比发现，面积分一项相当于束缚面电荷在场点产生的电位，而体积分一项相当于束缚体电荷在场点产生的电位，因此可定义束缚面电荷密度 ρ_{PS} 和束缚体电荷密度 ρ_{P} 为

$$\begin{cases}\rho_{\mathrm{PS}}=\boldsymbol{P}(\boldsymbol{r}')\cdot\boldsymbol{e}_\mathrm{n}\\ \rho_{\mathrm{P}}=-\nabla'\cdot\boldsymbol{P}(\boldsymbol{r}')\end{cases} \tag{3.10}$$

在上述的分析过程中，为了区分源和场区域的不同，在源区域坐标和相关运算符的右上角加了“′”。在具体应用过程中，如果无须区分不同区域，可将式（3.10）写成

$$\begin{cases}\rho_{\mathrm{PS}}=\boldsymbol{P}\cdot\boldsymbol{e}_\mathrm{n}\\ \rho_{\mathrm{P}}=-\nabla\cdot\boldsymbol{P}\end{cases} \tag{3.11}$$

对于束缚面电荷和束缚体电荷而言，因为它们作为分布电荷所形成的静电场也是一个无旋场，所以在填充介质的情况下，总场的旋度仍然保持处处为零。此外，在介质内，束缚电荷（极化电荷）产生的电场 $\boldsymbol{E}_{\mathrm{P}}$ 与外加电场 $\boldsymbol{E}$ 方向相反，但不足以完全抵消外电场的作用（不同于导体），只能在介质区域起到削弱原场的作用。

3.2.3 电介质中的高斯定理

介质极化后，出现束缚电荷，而束缚电荷又产生附加电场，因此，有介质存在的电场可以看成是由自由电荷和束缚电荷共同在真空中产生的。因此，考虑自由电荷和束缚电荷之后，介质中高斯定理可写成

$$\nabla\cdot\boldsymbol{E}=\frac{\rho}{\varepsilon_0}=\frac{\rho+\rho_P}{\varepsilon_0}=\frac{\rho+(-\nabla\cdot\boldsymbol{P})}{\varepsilon_0}$$

即

$$\nabla\cdot(\varepsilon_0\boldsymbol{E}+\boldsymbol{P})=\rho \tag{3.12}$$

定义矢量$\boldsymbol{D}=\varepsilon_0\boldsymbol{E}+\boldsymbol{P}$，称为电位移矢量，也称为电通量密度，单位为库/米^2（$\mathrm{C\cdot m^{-2}}$）。利用电位移矢量，介质中的高斯定理微分形式为

$$\nabla \cdot \boldsymbol{D} = \rho \tag{3.13}$$

利用散度定理，可得其积分形式为

$$\oint_S \boldsymbol{D} \cdot \mathrm{d}\boldsymbol{S} = Q \tag{3.14}$$

由介质中的高斯定理可知，其形式虽然与真空一样，但意义却更为广泛，适用于一般介质。而且穿过任意封闭曲线的电通量，只与闭合曲面内包围的自由电荷有关，与介质状态无关，从而避免了对束缚电荷的计算，使方程变得更加简洁。

一般来说，不同介质其极化强度 $\boldsymbol{P}$ 和外加电场 $\boldsymbol{E}$ 的关系不同。若其模值成正比关系，则称这种介质为线性介质；若极化强度方向总能与外加电场方向平行，则称这种介质是各向同性介质；若介质各部分密度相同，则称这种介质为均匀介质。实验表明，线性各向同性均匀介质中的极化强度 $\boldsymbol{P}$ 正比于外加电场 $\boldsymbol{E}$，且与介质的电特性有关，即

$$\boldsymbol{P} = \varepsilon_0 \chi_e \boldsymbol{E} \tag{3.15}$$

式中，ε_0 是真空中介电常数；χ_e 是介质的极化率，无量纲。对于线性各向同性均匀介质，χ_e 是常数。介质中的电位移矢量可改写成

$$\boldsymbol{D} = \varepsilon_0 \boldsymbol{E} + \varepsilon_0 \chi_e \boldsymbol{E} = \varepsilon_0 (1 + \chi_e) \boldsymbol{E} = \varepsilon_0 \varepsilon_r \boldsymbol{E} = \varepsilon \boldsymbol{E} \tag{3.16}$$

式中，ε_r 为介质的相对电容率或相对介电常数，无量纲；ε 是介质的介电常数，单位为法/米（F/m）。介电常数反映了介质的极化特性，属于介质的三个基本电磁参数（介电常数、磁导率、电导率）之一。材料的 ε_r 可以通过实验测定，常见材料的相对介电常数如表 3.2 所示。

表 3.2 常见材料的相对介电常数

材 料	ε_r	材 料	ε_r	材 料	ε_r
空气	1.0	纸	2～4	瓷	5.7
胶木	5.0	粗石蜡	2.2	橡胶	2.3～4.0
玻璃	4～10	有机玻璃	3.4	土壤（干）	3～4
云母	6.0	聚乙烯	2.3	聚四氟乙烯	2.1
油	2.3	聚苯乙烯	2.6	蒸馏水	80

例 3.1 点电荷 $+Q$ 位于介质球壳的球心，球壳内半径为 R_1，外半径为 R_2，球壳中填充相对介电常数为 ε_r 的介质，球壳内外为真空。试求区域中电场强度 $\boldsymbol{E}$、电位移矢量 $\boldsymbol{D}$ 的分布和球壳中极化强度 $\boldsymbol{P}$ 的分布。

解： 按题意该电场为球对称场，建立球坐标系。

由高斯定律可得

$$\oint_S \boldsymbol{D} \cdot \mathrm{d}\boldsymbol{S} = \int_V \rho \mathrm{d}V = Q$$

将 $\boldsymbol{D} = D_R \boldsymbol{e}_R$ 代入上式，得

$$\boldsymbol{D} = \frac{Q}{4\pi R^2} \boldsymbol{e}_R$$

因为 $\boldsymbol{D} = \varepsilon \boldsymbol{E} = \varepsilon_0 \varepsilon_r \boldsymbol{E}$，所以

$$\boldsymbol{E} = \begin{cases} \dfrac{Q}{4\pi\varepsilon_0 R^2} \boldsymbol{e}_R, & 0 < R < R_1 \text{或} R > R_2 \\ \dfrac{Q}{4\pi\varepsilon_0 \varepsilon_r R^2} \boldsymbol{e}_R, & R_1 < R < R_2 \end{cases}$$

因为$\boldsymbol{D}=\varepsilon_0\boldsymbol{E}+\boldsymbol{P}$，所以介质中的极化强度为

$$\boldsymbol{P}=\boldsymbol{D}-\varepsilon_0\boldsymbol{E}=\left(1-\frac{1}{\varepsilon_{\mathrm{r}}}\right)\frac{Q}{4\pi R^2}\boldsymbol{e}_R$$

3.3　磁偶极子和介质磁化

3.3.1　磁偶极子

在定义磁偶极子之前，首先来分析一个闭合电流回路在空间所产生的磁场。正如电偶极子是常见的电场源的存在形式一样，闭合电流回路是磁场源的常见形式。下面计算如图3.9所示的通过电流I、半径为a的小电流环在远场区的矢量磁位$\boldsymbol{A}$。

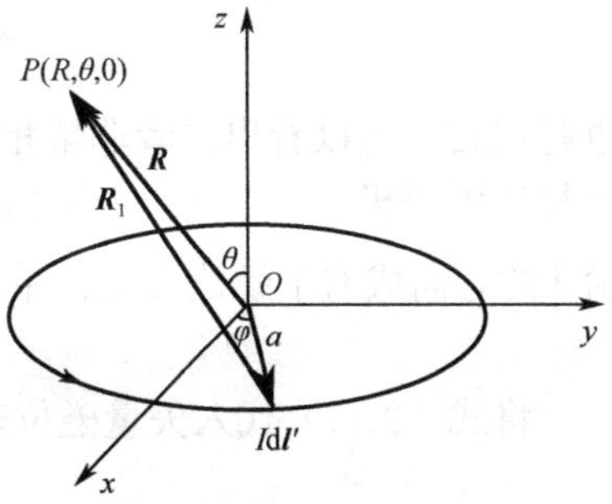

图3.9　小电流环矢量磁位

小电流环具有轴对称性，且$R\gg a$，小电流环相当于一个点，建立球坐标系，小电流环位于xOy平面上。显然，小电流环在空间产生的矢量磁位具有轴对称性，即$\boldsymbol{A}$与坐标量φ无关，故将场点P放在$\varphi=0$的平面上并不失一般性。

根据第2章中的线电流矢量磁位计算公式可知，位于$(a,\pi/2,\varphi)$处的电流元$I\mathrm{d}\boldsymbol{l}'$在场点$P(R,\theta,0)$处产生的矢量磁位为

$$\mathrm{d}\boldsymbol{A}=\frac{\mu_0}{4\pi}\cdot\frac{I\mathrm{d}\boldsymbol{l}'}{R_1}$$

式中，$\mathrm{d}l'=a\mathrm{d}\varphi'$。根据矢量的叠加性，位于$(a,\pi/2,\varphi')$处的电流元和位于对称位置$(a,\pi/2,-\varphi')$处的电流元在场点$P$处产生的合成矢量位只有$\boldsymbol{e}_\varphi$方向分量，即

$$2\mathrm{d}A_\varphi=2\mathrm{d}A\cdot\cos\varphi'=\frac{\mu_0 I}{4\pi R_1}a\mathrm{d}\varphi'\cdot 2\cos\varphi'$$

所以

$$A_\varphi=\frac{\mu_0 Ia}{2\pi}\int_0^{\pi}\frac{\cos\varphi'}{R_1}\mathrm{d}\varphi'$$

与直角坐标系相对应，场点P和电流元$I\mathrm{d}\boldsymbol{l}'$的坐标分别为$(R\sin\theta,0,R\cos\theta)$和$(a\cos\varphi',a\sin\varphi',0)$，因此，场与源的间距为

$$R_1=\sqrt{(R\sin\theta-a\cos\varphi')^2+(a\sin\varphi')^2+(R\cos\theta)^2}$$

整理得

$$R_1=R\sqrt{1+\frac{a^2}{R^2}-\frac{2a}{R}\sin\theta\cos\varphi'}$$

由于$R\gg a$，把$1/R_1$用幂级数展开并忽略高阶项，得

$$\frac{1}{R_1}\approx\frac{1}{R}\left(1+\frac{a}{R}\sin\theta\cos\varphi'\right)$$

再将上式代入A_φ的表达式，即得

$$A_\varphi=\frac{\mu_0 Ia}{2\pi}\int_0^\pi \frac{1}{R}(1+\frac{a}{R}\sin\theta\cos\varphi')\cos\varphi'\mathrm{d}\varphi'=\frac{\mu_0 I\pi a^2\sin\theta}{4\pi R^2}$$

令 $S=\pi a^2$，上式可表示为

$$\boldsymbol{A}=\frac{\mu_0 IS\sin\theta}{4\pi R^2}\boldsymbol{e}_\varphi \tag{3.17}$$

由 $\boldsymbol{B}=\nabla\times\boldsymbol{A}$ 可得小电流环产生的磁感应强度为

$$\boldsymbol{B}=\frac{\mu_0 IS}{4\pi R^3}(2\cos\theta\boldsymbol{e}_R+\sin\theta\boldsymbol{e}_\theta) \tag{3.18}$$

与静电场中电偶极子在远场区产生的电场强度

$$\boldsymbol{E}=\frac{qd}{4\pi\varepsilon_0 R^3}(2\cos\theta\boldsymbol{e}_R+\sin\theta\boldsymbol{e}_\theta)$$

进行比较，可以看出二者非常相似，因此将载有恒定电流的小电流环称为**磁偶极子**。为了便于描述磁偶极子，定义一个磁偶极矩矢量 $\boldsymbol{p}_{\mathrm{m}}$，该矢量的大小为 $p_{\mathrm{m}}=IS$，$\boldsymbol{p}_{\mathrm{m}}$、$\boldsymbol{S}$ 的方向与电流 I 的方向成右手螺旋关系，单位为安·米^2（$\mathrm{A\cdot m^2}$），即

$$\boldsymbol{p}_{\mathrm{m}}=I\boldsymbol{S} \tag{3.19}$$

将式（3.19）代入矢量磁位表达式（3.17），可得磁偶极子在空间任意一点的矢量磁位为

$$\boldsymbol{A}=\frac{\mu_0}{4\pi R^2}\boldsymbol{p}_{\mathrm{m}}\times\boldsymbol{e}_R \tag{3.20}$$

从上面对磁偶极子的定义可看出，磁偶极子是根据电磁对偶性派生出来的一个概念。磁偶极子与电偶极子不同，它不能在物理上实现，在工程上它是一个载有交变电流的小圆环的等效模型。

3.3.2 介质的磁化

在这之前讨论的均是真空中磁场的规律，而实际情况是磁场中常常有物质存在，因此，需要了解物质在磁场中的规律。

介质的磁化和介质的极化一样，也是与物质的结构紧密相关的。根据原子的简单模型，电子沿圆形轨道围绕原子核旋转，其作用相当于一个小电流环，这个小电流环可等效为前面定义过的磁偶极子。由于热运动等原因，物质中的圆电流产生的磁场常常互相抵消，因而总体对外并不显磁性。

介质中的电子和原子核都是束缚电荷，它们进行的轨道运动和自旋运动都是微观运动，由束缚电荷的微观运动形成的电流即为束缚电流，也称为**磁化电流**。在没有外加磁场的作用下，绝大部分材料中所有原子的磁偶极矩的取向是杂乱无章的，结果是总的磁矩为零，对外不呈现磁性。在外磁场的作用下，介质中的原子磁矩将受到一个力矩的作用，所有原子磁矩都趋于与外磁场方向一致的排列，彼此不再抵消，结果是对外产生磁效应，影响磁场分布，这种现象称为**介质的磁化**。

磁介质中的磁场可以看作真空中传导电流产生的磁强和磁化电流产生的磁场的叠加。为了描述介质的磁化程度，定义磁化强度 $\boldsymbol{M}$ 表示介质内单位体积内磁偶极矩的矢量和，单位为安/米（A/m），即

$$\boldsymbol{M}=\lim_{\Delta V\to 0}\frac{\sum\boldsymbol{p}_{\mathrm{m}}}{\Delta V} \tag{3.21}$$

式中，$\sum\boldsymbol{p}_{\mathrm{m}}$ 是体积元 ΔV 中的磁偶极矩矢量和。在这里，被磁化的介质产生的总体磁效应可

以看作由等效的磁化电流形成的，即束缚电流形成的。束缚电流产生的磁场等效于所有分子电流产生磁场的矢量和。

在磁介质中取一体积元 $\mathrm{d}V'$，把该体积元中所有的磁偶极子看作一个等效的磁偶极子，则等效的磁偶极矩为 $\boldsymbol{M}\mathrm{d}V'$，由式（3.20）可知其产生的矢量磁位为

$$\mathrm{d}\boldsymbol{A}_{\mathrm{m}}=\frac{\mu_0}{4\pi R^2}\boldsymbol{M}\mathrm{d}V'\times\boldsymbol{e}_R$$

由于 $\nabla'\left(\frac{1}{R}\right)=\frac{\boldsymbol{e}_R}{R^2}$，代入上式整理可得

$$\mathrm{d}\boldsymbol{A}_{\mathrm{m}}=\frac{\mu_0}{4\pi R^2}\boldsymbol{M}\times\nabla'\left(\frac{1}{R}\right)\mathrm{d}V'$$

利用恒等式 $\nabla\times(f\boldsymbol{A})=f\nabla\times\boldsymbol{A}+\nabla f\times\boldsymbol{A}$，上式可以改写成

$$\mathrm{d}\boldsymbol{A}_{\mathrm{m}}=\frac{\mu_0}{4\pi}\frac{\nabla'\times\boldsymbol{M}}{R}\mathrm{d}V'-\frac{\mu_0}{4\pi}\nabla'\times\left(\frac{\boldsymbol{M}}{R}\right)\mathrm{d}V'$$

于是整个磁介质在场点产生的矢量磁位为

$$\boldsymbol{A}_{\mathrm{M}}=\frac{\mu_0}{4\pi}\int\frac{\nabla'\times\boldsymbol{M}}{R}\mathrm{d}V'-\frac{\mu_0}{4\pi}\int\nabla'\times\left(\frac{\boldsymbol{M}}{R}\right)\mathrm{d}V' \tag{3.22}$$

将矢量式第二项体积分变为面积分：

$$-\frac{\mu_0}{4\pi}\int\nabla'\times\left(\frac{\boldsymbol{M}}{R}\right)\mathrm{d}V'=\frac{\mu_0}{4\pi}\oint\frac{\boldsymbol{M}}{R}\times\boldsymbol{e}_{n'}\mathrm{d}S'$$

则式（3.22）可改写成

$$\boldsymbol{A}_{\mathrm{m}}=\frac{\mu_0}{4\pi}\int\frac{\nabla'\times\boldsymbol{M}}{R}\mathrm{d}V'+\frac{\mu_0}{4\pi}\oint\frac{\boldsymbol{M}}{R}\times\boldsymbol{e}_{n'}\mathrm{d}S' \tag{3.23}$$

式（3.23）的积分是在磁介质表面 S' 及其体积 V' 中进行的。与面分布电流、体分布电流的矢量磁位计算公式进行对比发现，面积分一项相当于束缚面电流在场点产生的矢量磁位，而体积分一项相当于束缚体电流在场点产生的矢量磁位，因此在无须区分源和场时，束缚面电流密度 $\boldsymbol{J}_{\mathrm{MS}}$ 和束缚体电流密度 $\boldsymbol{J}_{\mathrm{M}}$ 可定义为

$$\begin{cases}\boldsymbol{J}_{\mathrm{MS}}=\boldsymbol{M}\times\boldsymbol{e}_{\mathrm{n}}\\ \boldsymbol{J}_{\mathrm{M}}=\nabla\times\boldsymbol{M}\end{cases} \tag{3.24}$$

从式（3.24）可以看出，被磁化（$\boldsymbol{M}\neq 0$）的介质表面总会存在磁化面电流；对于均匀线性各向同性介质，当外加磁场均匀时，介质将被均匀磁化，即 $\boldsymbol{M}$ 为常矢量，介质内不存在净电流（磁化体电流密度为零）；然而，对于非均匀磁化，$\boldsymbol{M}$ 为分布函数，介质内部的分子电流不会完全抵消，将产生宏观的磁化体电流。

3.3.3　磁介质中的安培环路定律

磁介质被磁化后，其中的磁感应强度是真空中传导电流和磁化电流共同作用的结果，因此磁介质中安培环路定律的微分形式可写成

$$\nabla\times\left(\frac{\boldsymbol{B}}{\mu_0}\right)=\boldsymbol{J}+\boldsymbol{J}_{\mathrm{M}}+\frac{\partial\boldsymbol{D}}{\partial t}$$

将 $\boldsymbol{J}_{\mathrm{M}}=\nabla\times\boldsymbol{M}$ 代入上式，得

$$\nabla\times\left(\frac{\boldsymbol{B}}{\mu_0}\right)=\boldsymbol{J}+\nabla\times\boldsymbol{M}+\frac{\partial\boldsymbol{D}}{\partial t}$$

整理得

$$\nabla\times\left(\frac{\boldsymbol{B}}{\mu_0}-\boldsymbol{M}\right)=\boldsymbol{J}+\frac{\partial\boldsymbol{D}}{\partial t} \tag{3.25}$$

令

$$\boldsymbol{H}=\frac{\boldsymbol{B}}{\mu_0}-\boldsymbol{M} \tag{3.26}$$

则式（3.25）可改写成

$$\nabla\times\boldsymbol{H}=\boldsymbol{J}+\frac{\partial\boldsymbol{D}}{\partial t} \tag{3.27}$$

式（3.27）即为一般介质中安培环路定律的微分形式，是考虑了磁化效应后的麦克斯韦第一方程。该式表明磁介质中任意一点磁场强度的旋度只与该点的自由电流有关，其涡旋源为传导电流。对式（3.27）两边进行任意曲面的面积分，并应用斯托克斯定理得到一般介质中安培环路定律得积分形式为

$$\oint\boldsymbol{H}\cdot d\boldsymbol{l}=\int\left(\boldsymbol{J}+\frac{\partial\boldsymbol{D}}{\partial t}\right)\cdot d\boldsymbol{S} \tag{3.28}$$

实验表明，除铁磁介质外，在均匀线性各向同性介质中，$\boldsymbol{M}$ 与 $\boldsymbol{H}$ 成正比，即

$$\boldsymbol{M}=\chi_{\mathrm{m}}\boldsymbol{H} \tag{3.29}$$

式中，χ_{m} 为磁化率，无量纲常数，其值取决于介质的物理、化学性质。在顺磁质中，$\chi_{\mathrm{m}}>0$；抗磁质中，$\chi_{\mathrm{m}}<0$；真空中，$\chi_{\mathrm{m}}=0$；非铁磁质中，$\chi_{\mathrm{m}}\approx 1$。而对于铁磁质，磁化程度比顺磁质强得多，磁化率不是常数，而随外磁场的变化而变化，具有磁滞现象，且 $\boldsymbol{B}$ 和 $\boldsymbol{H}$ 呈非线性关系。

将式（3.29）代入式（3.26），可得

$$\boldsymbol{B}=\mu_0\boldsymbol{H}+\mu_0\boldsymbol{M}=\mu_0\boldsymbol{H}+\mu_0\chi_{\mathrm{m}}\boldsymbol{H}=\mu_0(1+\chi_{\mathrm{m}})\boldsymbol{H}=\mu_0\mu_r\boldsymbol{H}=\mu\boldsymbol{H}$$

因此有

$$\boldsymbol{B}=\mu\boldsymbol{H} \tag{3.30}$$

称式（3.30）为反映介质磁化的物态方程，式中，$\mu=\mu_0\mu_{\mathrm{r}}$ 是介质的磁导率，单位为亨/米（H/m）；$\mu_{\mathrm{r}}=1+\chi_{\mathrm{m}}$ 是磁介质的相对磁导率。

例 3.2 已知相对磁导率为 μ_{r}，内外半径分别为 a、b 的无限长空心圆柱体，其中存在轴向均匀电流密度 $\boldsymbol{J}$，求各处的磁场强度、磁化面电流密度和磁化体电流密度。

解： 空心圆柱体沿 z 轴放置，电流为 $+z$ 轴方向，磁场具有轴对称性，只有 $\boldsymbol{e}_\varphi$ 方向分量，建立圆柱坐标系。取半径为 r 的积分环路，根据安培环路定律得

$$\oint\boldsymbol{H}\cdot d\boldsymbol{l}=\int\boldsymbol{J}\cdot d\boldsymbol{S}=I$$

当 $\rho<a$ 时，$I=0$，所以 $\boldsymbol{H}=0$。

当 $a\leqslant r\leqslant b$ 时，$I=J(\pi r^2-\pi a^2)$，所以 $\boldsymbol{H}=\dfrac{J(r^2-a^2)}{2r}\boldsymbol{e}_\varphi$。

当 $r>b$ 时，$I=J(\pi r^2-\pi a^2)$，所以 $\boldsymbol{H}=\dfrac{J(b^2-a^2)}{2r}\boldsymbol{e}_\varphi$。

介质中的磁化强度矢量为

$$\boldsymbol{M}=(\mu_{\mathrm{r}}-1)\boldsymbol{H}=(\mu_{\mathrm{r}}-1)\frac{J(r^2-a^2)}{2r}\boldsymbol{e}_{\varphi},\qquad a\leqslant r\leqslant b$$

因此，磁化体电流密度为

$$\boldsymbol{J}_{\mathrm{M}}=\nabla\times\boldsymbol{M}=(\mu_{\mathrm{r}}-1)J\boldsymbol{e}_z$$

$r=a^+$ 处的磁化面电流密度为

$$\boldsymbol{J}_{\mathrm{MS}}=\boldsymbol{M}\times\boldsymbol{e}_{\mathrm{n}}\big|_{r=a}=\frac{J(r^2-a^2)}{2r}\boldsymbol{e}_{\varphi}\times(-\boldsymbol{e}_r)\bigg|_{r=a}=0$$

$r=b^-$ 处的磁化面电流密度为

$$\boldsymbol{J}_{\mathrm{MS}}=\boldsymbol{M}\times\boldsymbol{e}_{\mathrm{n}}\big|_{r=b}=\frac{J(r^2-a^2)}{2r}\boldsymbol{e}_{\varphi}\times\boldsymbol{e}_r\bigg|_{r=b}=-\frac{J(b^2-a^2)}{2b}\boldsymbol{e}_z$$

3.4　介质中的麦克斯韦方程组

第 2 章已经讨论过自由空间中电磁场的基本定律，给出了自由空间中麦克斯韦方程组的微分形式、积分形式和复数形式。在前面对电介质和磁介质的宏观电磁性质的分析和研究中，我们定义了两个新的场量，即

① 电位移矢量$\boldsymbol{D}$：

$$\boldsymbol{D}=\varepsilon_0\boldsymbol{E}+\boldsymbol{P}$$

$$\boldsymbol{D}=\varepsilon\boldsymbol{E}\ \text{（反映介质极化的物态方程）}$$

$$\varepsilon=\varepsilon_0\varepsilon_{\mathrm{r}}=\varepsilon_0(1+\chi_{\mathrm{e}})$$

② 磁场强度$\boldsymbol{H}$：

$$\boldsymbol{H}=\frac{\boldsymbol{B}}{\mu_0}-\boldsymbol{M}$$

$$\boldsymbol{B}=\mu\boldsymbol{H}\ \text{（反映介质磁化的物态方程）}$$

$$\mu=\mu_0\mu_{\mathrm{r}}=\mu_0(1+\chi_{\mathrm{m}})$$

它们分别反映了介质的极化和磁化效应。

由此，可以写出考虑了介质的极化和磁化效应后，一般介质中麦克斯韦方程组的微分形式为

$$\begin{cases}\nabla\times\boldsymbol{H}=\boldsymbol{J}+\dfrac{\partial\boldsymbol{D}}{\partial t}\\ \nabla\times\boldsymbol{E}=-\dfrac{\partial\boldsymbol{B}}{\partial t}\\ \nabla\cdot\boldsymbol{B}=0\\ \nabla\cdot\boldsymbol{D}=\rho\end{cases}\tag{3.31}$$

一般介质中麦克斯韦方程组的积分形式为

$$\begin{cases}\oint_l\boldsymbol{H}\cdot\mathrm{d}\boldsymbol{l}=\int_S\left(\boldsymbol{J}+\dfrac{\partial\boldsymbol{D}}{\partial t}\right)\cdot\mathrm{d}\boldsymbol{S}\\ \oint_l\boldsymbol{E}\cdot\mathrm{d}\boldsymbol{l}=\int_S-\dfrac{\partial\boldsymbol{B}}{\partial t}\cdot\mathrm{d}\boldsymbol{S}\\ \oint_S\boldsymbol{B}\cdot\mathrm{d}\boldsymbol{S}=0\\ \oint_S\boldsymbol{D}\cdot\mathrm{d}\boldsymbol{S}=\int_V\rho\,\mathrm{d}V\end{cases}\tag{3.32}$$

由此可以看出，介质中麦克斯韦方程组和真空中麦克斯韦方程组的表达式在形式上是相同的，只是将其场量推广到了一般介质，而不再局限于真空的情况。

另外，此时微分形式的电流连续性方程为

$$\nabla \cdot \boldsymbol{J} = -\frac{\partial \rho}{\partial t} \tag{3.33}$$

积分形式的电流连续性方程为

$$\oint_S \boldsymbol{J} \cdot \mathrm{d}\boldsymbol{S} = -\int_V \frac{\partial \rho}{\partial t} \mathrm{d}V \tag{3.34}$$

在例 2.6 中已经证明：由麦克斯韦方程组中的两个旋度方程及电流连续性方程，可导出麦克斯韦方程组中的两个散度方程。也就是说，麦克斯韦方程组的四个方程，再加上电流连续性方程，在这五个方程中，事实上只有三个方程是独立的。为了获得电磁场的解，还需要利用以下三个物态方程：

$$\boldsymbol{D} = \varepsilon \boldsymbol{E}, \ \boldsymbol{B} = \mu \boldsymbol{H}, \ \boldsymbol{J} = \sigma \boldsymbol{E}$$

才可得到一般介质中完整的麦克斯韦方程组的解。

3.5 电磁场的边界条件

在实际工作中，往往会涉及由不同的介质组成的电磁系统。从麦克斯韦方程组的微分形式和物态方程，只能获得一切电磁系统都适用的通解。若要获得给定电磁系统中的特解，还必须知道该系统中不同介质分界面的边界情况，以及电磁场在不同介质交界面上所遵循的规律——边界条件。

研究边界条件的出发点仍然是麦克斯韦方程组，但在不同介质的分界面处，由于介质不均匀，介质的性质发生了突变，使得场量也可能产生突变，因此，麦克斯韦方程组的微分形式可能不再适用，而只能从麦克斯韦方程组的积分形式出发，推导出边界条件。

正如第 1 章所述，通量体现了矢量在曲面法线方向分量的量度，而环量体现了矢量在闭合曲面切线方向分量的量度。因此，利用通量（闭合曲面积分）分析 $\boldsymbol{D}$、$\boldsymbol{B}$ 和 $\boldsymbol{J}$ 的法向分量在分界面的连续性，而利用环量（闭合曲线积分）分析 $\boldsymbol{E}$ 和 $\boldsymbol{H}$ 的切向分量在分界面的连续性。

3.5.1 一般介质分界面的边界条件

1. 电位移矢量 $\boldsymbol{D}$ 的边界条件

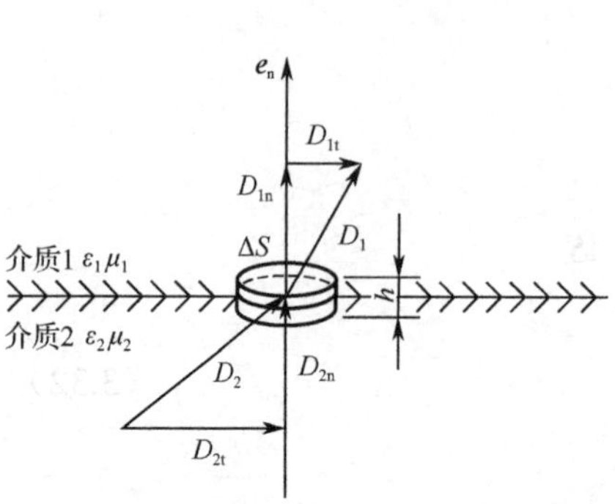

图 3.10 一般介质的法向边界条件

如图 3.10 所示，在分界面上取一小的柱形闭合面，其上下底面与分界面平行，且位于分界面两侧，同时圆柱面各处的场分量可以认为均匀分布。因为边界条件是讨论场分量的连续性，故可令圆柱面高 h 趋近于零，即场分量对圆柱侧面积分结果也趋于零。

设分界面自由面电荷密度为 ρ_S，对该闭合圆柱面应用高斯定理

$$\oint_S \boldsymbol{D} \cdot \mathrm{d}\boldsymbol{S} = D_{1n}\Delta S - D_{2n}\Delta S = \rho_S \Delta S$$

有

$$D_{1n} - D_{2n} = \rho_S \tag{3.35}$$

用矢量表示为

$$\boldsymbol{e}_{\mathrm{n}} \cdot (\boldsymbol{D}_1 - \boldsymbol{D}_2) = \rho_S \tag{3.36}$$

式中，ρ_S 是分界面自由电荷面密度；$\boldsymbol{e}_{\mathrm{n}}$ 为面积 ΔS 的法向矢量，由介质 2 指向介质 1。由式（3.36）可知，当介质分界面上有自由电荷分布时，电位移矢量的法向分量在分界面处不连续，其变化量等于该处的自由电荷面密度。

2．磁通密度 *B* 的边界条件

与图 3.10 类似，由磁场高斯定理 $\oint_S \boldsymbol{B} \cdot \mathrm{d}\boldsymbol{S} = 0$ 可得

$$\oint_S \boldsymbol{B} \cdot \mathrm{d}\boldsymbol{S} = B_{1\mathrm{n}}\Delta S - B_{2\mathrm{n}}\Delta S = 0$$

即

$$B_{1\mathrm{n}} = B_{2\mathrm{n}} \tag{3.37}$$

写成矢量式为

$$\boldsymbol{e}_{\mathrm{n}} \cdot (\boldsymbol{B}_1 - \boldsymbol{B}_2) = 0 \tag{3.38}$$

式（3.38）表明，***B*** 的法向分量是连续的，该式即为 ***B*** 的法向边界条件。

3．电流密度 *J* 的边界条件

与图 3.10 类似，根据电流连续性原理

$$\oint_S \boldsymbol{J} \cdot \mathrm{d}\boldsymbol{S} = -\int_V \frac{\partial \rho}{\partial t} \cdot \mathrm{d}V$$

因为

$$\rho = \nabla \cdot \boldsymbol{D}$$

所以

$$\oint_S \boldsymbol{J} \cdot \mathrm{d}\boldsymbol{S} = -\int_V \left(\nabla \cdot \frac{\partial \boldsymbol{D}}{\partial t}\right) \mathrm{d}V$$

由高斯散度定理得

$$\oint_S \boldsymbol{J} \cdot \mathrm{d}\boldsymbol{S} = -\oint_S \frac{\partial \boldsymbol{D}}{\partial t} \cdot \mathrm{d}\boldsymbol{S}$$

在小闭合圆柱面上应用电流连续性原理，有

$$(J_{1\mathrm{n}} - J_{2\mathrm{n}})\Delta S = -\frac{\partial}{\partial t}\oint_S \boldsymbol{D} \cdot \mathrm{d}\boldsymbol{S} = -\frac{\partial q}{\partial t}$$

因为 $h \to 0$，故闭合柱面中包围的自由电荷是分布在分界面 ΔS 上的面电荷。所以

$$q = \rho_S \Delta S$$

于是，有

$$(J_{1\mathrm{n}} - J_{2\mathrm{n}})\Delta S = -\frac{\partial q}{\partial t} = -\frac{\partial \rho_S}{\partial t}\Delta S$$

$$J_{1\mathrm{n}} - J_{2\mathrm{n}} = -\frac{\partial \rho_S}{\partial t} \tag{3.39}$$

写成矢量式为

$$\boldsymbol{e}_{\mathrm{n}} \cdot (\boldsymbol{J}_1 - \boldsymbol{J}_2) = -\frac{\partial \rho_S}{\partial t} \tag{3.40}$$

上式说明，当分界面处电荷面密度发生变化时，其电流密度的法向分量产生突变，突变量为电荷面密度的变化率。式（3.40）即为 ***J*** 的法向边界条件。

4. 电场强度 E 的边界条件

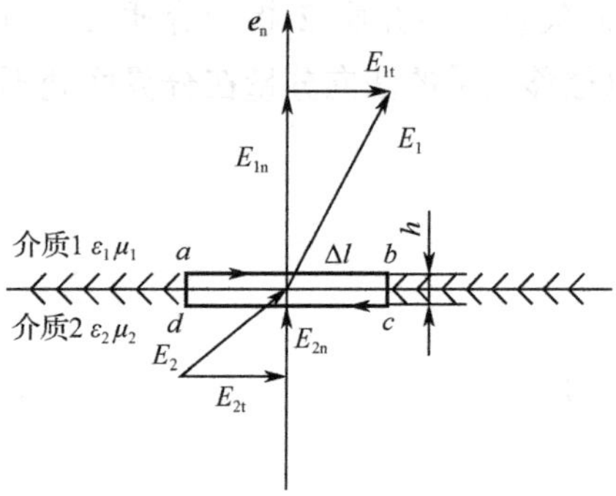

图 3.11　一般介质的切向边界条件

电场强度 E 的边界条件通常用电场的切向分量来表示。如图 3.11 所示，将分界面上的电场强度分解为切向和法向分量，在分界面上取一矩形闭合路径 $abcd$，该路径的两个 Δl 边与分界面平行，且分别在分界面两侧，两个侧边的边长 h 为无限小量。

由麦克斯韦第二方程 $\oint_l \boldsymbol{E}\cdot \mathrm{d}\boldsymbol{l} = -\int_S \frac{\partial \boldsymbol{B}}{\partial t}\cdot \mathrm{d}\boldsymbol{S}$，得

$$\oint_l \boldsymbol{E}\cdot \mathrm{d}\boldsymbol{l} = E_{1t}\Delta l - E_{2t}\Delta l = -\frac{\partial B}{\partial t}\Delta l h$$

式中，$\frac{\partial B}{\partial t}\Delta l h$ 为矩形回路所包围的磁通变化率。

因为 $\frac{\partial B}{\partial t}$ 为有限值，h 为无限小量，所以矩形回路所包围的磁通变化率为零。即有

$$E_{1t} = E_{2t} \tag{3.41}$$

写成矢量式为

$$\boldsymbol{e}_n \times (\boldsymbol{E}_1 - \boldsymbol{E}_2) = 0 \tag{3.42}$$

式（3.42）表明：电场强度 $\boldsymbol{E}$ 的切向分量是连续的。式（3.42）称为 $\boldsymbol{E}$ 的切向边界条件。

5. 磁场强度 H 的边界条件

与图 3.11 类似，由安培环路定律 $\oint_l \boldsymbol{H}\cdot \mathrm{d}\boldsymbol{l} = I$，按照图 3.11 所示线路积分，可得等式左边为

$$\oint_l \boldsymbol{H}\cdot \mathrm{d}\boldsymbol{l} = H_{1t}\Delta l - H_{2t}\Delta l$$

等式右边即闭合回路中穿过的总电流为

$$I = \lim_{h\to 0}\left(\int_S \boldsymbol{J}\cdot \mathrm{d}\boldsymbol{S} + \int_S \frac{\partial \boldsymbol{D}}{\partial t}\cdot \mathrm{d}\boldsymbol{S}\right) = \lim_{h\to 0}\left(\Delta I_S + \frac{\partial D}{\partial t}h\Delta l\right)$$

于是，

$$H_{1t} - H_{2t} = \lim_{h\to 0}\left(\frac{\Delta I_S}{\Delta l} + \frac{\partial D}{\partial t}h\right) = J_S$$

写成矢量式为

$$\boldsymbol{e}_n \times (\boldsymbol{H}_1 - \boldsymbol{H}_2) = \boldsymbol{J}_S \tag{3.43}$$

式（3.43）表明：当分界面处存在传导电流时，磁场强度的切向方向将发生突变；当分界面处不存在传导电流时，磁场强度的切向方向是连续的。注意，表面电流只存在于理想导体表面，也就是说，在非理想导体或理想介质的表面电流为零。

综上所述，$\boldsymbol{D}$、$\boldsymbol{B}$、$\boldsymbol{J}$、$\boldsymbol{E}$ 和 $\boldsymbol{H}$ 这 5 个场量的边界条件分别是

$$\begin{cases} \boldsymbol{e}_n\cdot(\boldsymbol{D}_1 - \boldsymbol{D}_2) = \rho_S \\ \boldsymbol{e}_n\cdot(\boldsymbol{B}_1 - \boldsymbol{B}_2) = 0 \\ \boldsymbol{e}_n\cdot(\boldsymbol{J}_1 - \boldsymbol{J}_2) = -\dfrac{\partial \rho_S}{\partial t} \\ \boldsymbol{e}_n\times(\boldsymbol{E}_1 - \boldsymbol{E}_2) = 0 \\ \boldsymbol{e}_n\times(\boldsymbol{H}_1 - \boldsymbol{H}_2) = \boldsymbol{J}_S \end{cases} \tag{3.44}$$

例 3.3　无限长直线电流 I 垂直于磁导率分别为μ_1和μ_2的两种磁介质的分界面，试求两种介质中的磁通量密度。

解：电流 I 产生的磁场方向沿 $\boldsymbol{e}_\varphi$，根据磁场的边界条件，两种磁介质中的磁场强度相等，即 $\boldsymbol{H}_1=\boldsymbol{H}_2=H\boldsymbol{e}_\varphi$；以 r 为半径作圆，根据安培环路定律 $\oint_C \boldsymbol{H}\cdot \mathrm{d}\boldsymbol{l}=\int_S \boldsymbol{J}\cdot \mathrm{d}\boldsymbol{S}$，得磁场强度为

$$\boldsymbol{H}_1=\boldsymbol{H}_2=\frac{I}{2\pi r}\boldsymbol{e}_\varphi$$

因此，两种介质中的磁通量密度分别为

$$\boldsymbol{B}_1=\frac{\mu_1 I}{2\pi r}\boldsymbol{e}_\varphi,\quad \boldsymbol{B}_2=\frac{\mu_2 I}{2\pi r}\boldsymbol{e}_\varphi$$

3.5.2　特殊介质的边界条件

在研究电磁场问题时，经常出现以下关于分界面的讨论。

1．两种无损耗线性介质的分界面——即两种理想介质的分界面

理想介质的电导率 $\sigma=0$，属于无损耗介质。工程上通常将电导率极低的介质（如空气和云母）视为理想介质。

在 $\sigma_1=\sigma_2=0$ 的理想条件下，由 $\boldsymbol{J}=\sigma\boldsymbol{E}$ 可得 $\boldsymbol{J}_S=0$，于是有

$$\boldsymbol{e}_\mathrm{n}\times(\boldsymbol{H}_1-\boldsymbol{H}_2)=0$$

也就是说，理想介质中不可能有传导电流。

对于无源（没有自由电荷和电流分布）的理想介质分界面而言，其边界条件可简化为

$$\begin{cases}\boldsymbol{e}_\mathrm{n}\cdot(\boldsymbol{D}_1-\boldsymbol{D}_2)=0\\ \boldsymbol{e}_\mathrm{n}\cdot(\boldsymbol{B}_1-\boldsymbol{B}_2)=0\\ \boldsymbol{e}_\mathrm{n}\times(\boldsymbol{E}_1-\boldsymbol{E}_2)=0\\ \boldsymbol{e}_\mathrm{n}\times(\boldsymbol{H}_1-\boldsymbol{H}_2)=0\end{cases}\tag{3.45}$$

2．理想介质和理想导体的分界面

理想介质的电导率 $\sigma=0$，而理想导体的电导率 $\sigma=\infty$，工程上常将电导率很高的金属，如铜、铝、金、银等视为理想导体。根据欧姆定律的微分形式 $\boldsymbol{J}=\sigma\boldsymbol{E}$，很小的电场也会产生无穷大的电流，这与能量守恒定律矛盾，故在理想导体内部不存在电场。

在无源情况下，由于理想导体内部电场为零，根据麦克斯韦第一方程，其内部也不存在磁场。若在外加非时变电流源时，导体内存在恒定电流 $\boldsymbol{J}\neq 0$，因为理想导体电导率趋于无穷大，根据 $\boldsymbol{J}=\sigma\boldsymbol{E}$，只有理想导体内电场为零才能使 $\boldsymbol{J}$ 保持有限值。该电流作为涡旋源使得理想导体内存在恒定磁场。通常所述的理想导体内电磁场为零是指无源情况。

因此在无源情况下，对于理想介质和理想导体分界面而言，其边界条件可简化为

$$\begin{cases}\boldsymbol{e}_\mathrm{n}\cdot\boldsymbol{D}_1=\rho_S\\ \boldsymbol{e}_\mathrm{n}\cdot\boldsymbol{B}_1=0\\ \boldsymbol{e}_\mathrm{n}\times\boldsymbol{E}_1=0\\ \boldsymbol{e}_\mathrm{n}\times\boldsymbol{H}_1=\boldsymbol{J}_S\end{cases}\tag{3.46}$$

式（3.46）表明：对于时变电磁场中的理想导体，电场总是与导体表面相垂直，而磁场总是与导体表面相切。导体内部既没有电场，也没有磁场。

例3.4 如图3.12所示，在大地与空气的分界面上，设土壤中的电场强度为1210V/m，电场与地面法线夹角是$\theta_2 = 20°$。已知土壤的电导率为10^{-5}（S/m）、相对介电常数为6，求（1）空气中电场强度值；（2）空气中电位移矢量值；（3）空气中电场强度与地面法线的夹角θ_1。

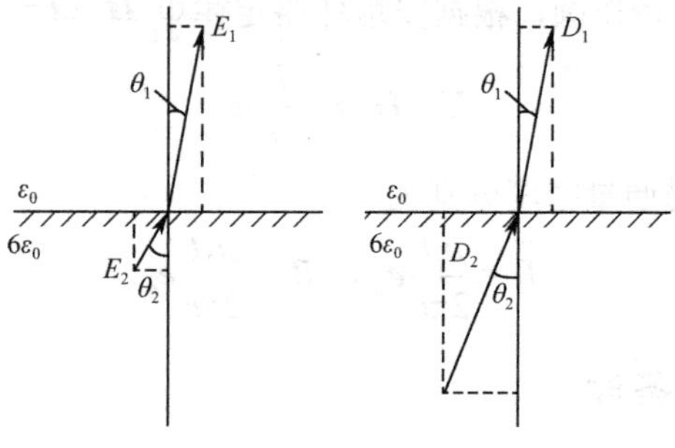

图3.12 电力线在边界上的折射

解：令空气为介质1，大地为介质2，则$\varepsilon_1 = \varepsilon_0$，$\varepsilon_2 = 6\varepsilon_0$，$\sigma_2 = 10^{-5}$（S/m）很小，根据式（3.40）和式（3.46），可得

$$D_{1n} = D_{2n}$$

即

$$\varepsilon_1 E_{1n} = \varepsilon_2 E_{2n}$$

所以

$$\varepsilon_1 |\boldsymbol{E}_1| \cos\theta_1 = \varepsilon_2 |\boldsymbol{E}_2| \cos\theta_2$$

又因为$E_{1t} = E_{2t}$，即

$$|\boldsymbol{E}_1| \sin\theta_1 = |\boldsymbol{E}_2| \sin\theta_2$$

因此，有

$$\frac{\tan\theta_1}{\tan\theta_2} = \frac{\varepsilon_1}{\varepsilon_2}$$

此式表明了场量$\boldsymbol{E}$和$\boldsymbol{D}$从一种介质进入另一种介质时的折射规律，或称为折射定律，有关内容将在后面的章节中详细讨论。

根据已知条件可得

$$\tan\theta_1 = \frac{\varepsilon_1}{\varepsilon_2}\tan\theta_2 = \frac{\varepsilon_0}{6\varepsilon_0}\tan 20° = \frac{1}{6}\times 0.364 = 0.0607$$

于是可求出

（1）$E_1 = \dfrac{\sin\theta_2}{\sin\theta_1}E_2 = \dfrac{\sin 20°}{\sin 3°28'}\times 1210 = 6840$（V/m）

（2）$D_1 = \varepsilon_1 E_1 = 8.85\times 10^{-12}\times 6840 = 6.0534\times 10^{-8}$（$\mathrm{C/m^2}$）

（3）$\theta_1 = 3°28'$

例3.5 设区域1（$z<0$）的介质为$\varepsilon_{r_1} = 1$，$\mu_{r_1} = 1$及$\sigma_1 = 0$；区域2（$z>0$）的介质为$\varepsilon_{r_2} = 5$，$\mu_{r_2} = 20$及$\sigma_2 = 0$；区域1中电场强度为$\boldsymbol{E}_1 = [60\cos(15\times 10^8 t - 5z) + 20\cos(15\times 10^8 t + 5z)]\boldsymbol{e}_x$，区域2中电场强度为$\boldsymbol{E}_2 = A\cos(15\times 10^8 t - 50z)\boldsymbol{e}_x$。试求：（1）参数$A$；（2）磁场强度$\boldsymbol{H}_1$；（3）磁场强度$\boldsymbol{H}_2$。证明在$z=0$处$\boldsymbol{H}_1$和$\boldsymbol{H}_2$满足边界条件。

解：（1）由题意知 $z=0$ 为理想介质的界面，在分界面上

$$\boldsymbol{E}_1=(60+20)\cos(15\times10^8t)\boldsymbol{e}_x=80\cos(15\times10^8t)\boldsymbol{e}_x$$

$$\boldsymbol{E}_2=A\cos(15\times10^8t)\boldsymbol{e}_x$$

这里，$\boldsymbol{E}_1$ 和 $\boldsymbol{E}_2$ 恰好为切向电场，根据电场的边界条件 $E_{1t}=E_{2t}$ 得

$$A=80\ \text{(V/m)}$$

（2）根据麦克斯韦方程，有

$$\nabla\times\boldsymbol{E}=-\mu\frac{\partial\boldsymbol{H}}{\partial t}$$

所以

$$\nabla\times\boldsymbol{E}_1=-\mu_1\frac{\partial\boldsymbol{H}_1}{\partial t}$$

根据题意有

$$\boldsymbol{E}_1=E_{1x}\boldsymbol{e}_x+0\boldsymbol{e}_y+0\boldsymbol{e}_z$$

所以

$$\nabla\times\boldsymbol{E}_1=\frac{\partial E_{1x}}{\partial z}\boldsymbol{e}_y=[300\sin(15\times10^8t-5z)-100\sin(15\times10^8t+5z)]\boldsymbol{e}_y$$

$$\frac{\partial\boldsymbol{H}_1}{\partial t}=-\frac{1}{\mu_1}[300\sin(15\times10^8t-5z)-100\sin(15\times10^8t+5z)]\boldsymbol{e}_y$$

$$\boldsymbol{H}_1=H_{1y}\boldsymbol{e}_y=[0.1592\cos(15\times10^8t-5z)-0.0531\cos(15\times10^8t+5z)]\boldsymbol{e}_y\ \text{(A/m)}$$

（3）同理，由 $\nabla\times\boldsymbol{E}_2=-\mu_2\dfrac{\partial\boldsymbol{H}_2}{\partial t}$ 可求得

$$\boldsymbol{H}_2=0.1061\cos(15\times10^8t-50z)\boldsymbol{e}_y\ \text{(A/m)}$$

（4）将 $z=0$ 代入（2）和（3）中的 $\boldsymbol{H}_1$ 和 $\boldsymbol{H}_2$，可得

$$\boldsymbol{H}_1=0.1061\cos(15\times10^8t)\boldsymbol{e}_y,\quad \boldsymbol{H}_2=0.1061\cos(15\times10^8t)\boldsymbol{e}_y$$

$\boldsymbol{H}_1$ 和 $\boldsymbol{H}_2$ 恰好就是分界面上的切向分量，两者相等，$|H_{1t}|=|H_{2t}|=0.1061$（A/m），满足磁场的边界条件。

例 3.6　介质 1 和自由空间的分界面方程为 $3x+2y+z=12$（m），在分界面的原点一侧，相对介电常数 $\varepsilon_{r_1}=3$，电场强度 $\boldsymbol{E}_1=2\boldsymbol{e}_x+5\boldsymbol{e}_z$（V/m），求电场强度 $\boldsymbol{E}_2$。

解：如图 3.13 所示，自由空间一侧的法向矢量为

$$\boldsymbol{e}_n=\frac{3\boldsymbol{e}_x+2\boldsymbol{e}_y+\boldsymbol{e}_z}{\sqrt{14}}$$

电场 $\boldsymbol{E}_1$ 在 $\boldsymbol{e}_n$ 方向的投影为

$$E_{1n}=\boldsymbol{E}_1\cdot\boldsymbol{e}_n=\frac{11}{\sqrt{14}}$$

则

$$\boldsymbol{E}_{1n}=E_{1n}\boldsymbol{e}_n=\frac{11}{\sqrt{14}}\boldsymbol{e}_n=2.36\boldsymbol{e}_x+1.57\boldsymbol{e}_y+0.79\boldsymbol{e}_z$$

$$\boldsymbol{E}_{1t}=\boldsymbol{E}_1-\boldsymbol{E}_{1n}=-0.36\boldsymbol{e}_x-1.57\boldsymbol{e}_y+4.21\boldsymbol{e}_z$$

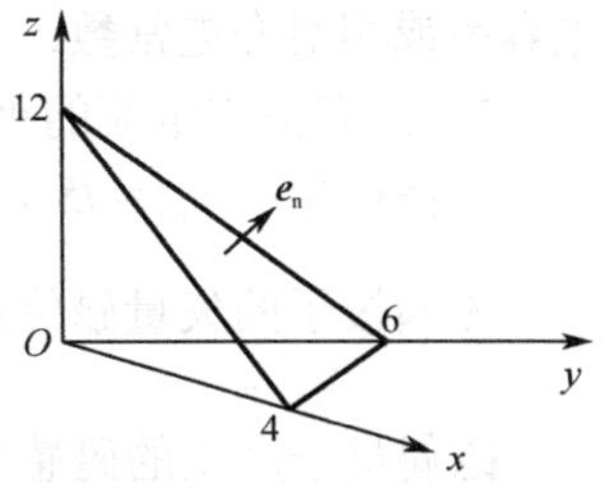

图 3.13　介质和自由空间的边界条件

由 $\boldsymbol{E}_{1t}=\boldsymbol{E}_{2t}$，得

$$\boldsymbol{E}_{2t}=-0.36\boldsymbol{e}_x-1.57\boldsymbol{e}_y+4.21\boldsymbol{e}_z$$

$$\boldsymbol{D}_{1\mathrm{n}}=\varepsilon_0\varepsilon_{\mathrm{r_1}}\boldsymbol{E}_{1\mathrm{n}}=\varepsilon_0(7.08\boldsymbol{e}_x+4.17\boldsymbol{e}_y+2.37\boldsymbol{e}_z)$$

由 $\boldsymbol{D}_{1\mathrm{n}}=\boldsymbol{D}_{2\mathrm{n}}$，得

$$\boldsymbol{D}_{2\mathrm{n}}=\varepsilon_0(7.08\boldsymbol{e}_x+4.17\boldsymbol{e}_y+2.37\boldsymbol{e}_z)$$

$$\boldsymbol{E}_{2\mathrm{n}}=\frac{1}{\varepsilon_0}\boldsymbol{D}_{2\mathrm{n}}=7.08\boldsymbol{e}_x+4.17\boldsymbol{e}_y+2.37\boldsymbol{e}_z$$

最后得

$$\boldsymbol{E}_2=\boldsymbol{E}_{2\mathrm{n}}+\boldsymbol{E}_{2\mathrm{t}}=6.72\boldsymbol{e}_x+2.6\boldsymbol{e}_y+6.58\boldsymbol{e}_z\ (\mathrm{V/m})$$

本章小结

1．静电场中的导体内部电场强度处处为零，内部净电荷为零，其表面为等势面，其电场强度与导体表面垂直。

2．**欧姆定律的微分形式：**$\boldsymbol{J}=\sigma\boldsymbol{E}$。

欧姆定律的积分形式：$U=RI=R\int\boldsymbol{J}\cdot\mathrm{d}\boldsymbol{S}$。

3．电偶极子为一对极性相反但非常靠近的等量电荷系统。

电偶极矩：$\boldsymbol{p}_\mathrm{e}=q\boldsymbol{d}$，其大小为 $p_\mathrm{e}=qd$，方向则由负电荷指向正电荷。

电偶极子的电位：$\varphi=\dfrac{\boldsymbol{p}_\mathrm{e}\cdot\boldsymbol{e}_R}{4\pi\varepsilon_0R^2}$。

电偶极子产生的电场：$\boldsymbol{E}=\dfrac{qd}{4\pi\varepsilon_0R^3}(2\cos\theta\boldsymbol{e}_R+\sin\theta\boldsymbol{e}_\theta)$。

4．在外电场作用下，电介质中出现有序排列电偶极子以及表面上出现束缚电荷的现象，就是电介质的极化现象。极化强度 $\boldsymbol{P}$ 来描述电介质的极化特性或极化程度。

极化强度：$\boldsymbol{P}=\lim\limits_{\Delta V\to0}\dfrac{\sum\boldsymbol{p}_\mathrm{e}}{\Delta V}$。

束缚面电荷密度：$\rho_{PS}=\boldsymbol{P}\cdot\boldsymbol{e}_\mathrm{n}$。

束缚体电荷密度：$\rho_P=-\nabla\cdot\boldsymbol{P}$。

介质中 $\boldsymbol{P}$ 和 $\boldsymbol{E}$ 的关系：$\boldsymbol{P}=\varepsilon_0\chi_\mathrm{e}\boldsymbol{E}$，其中 χ_e 是介质的极化率。

介质中电位移矢量：$\boldsymbol{D}=\varepsilon_0\boldsymbol{E}+\varepsilon_0\chi_\mathrm{e}\boldsymbol{E}=\varepsilon_0(1+\chi_\mathrm{e})\boldsymbol{E}=\varepsilon_0\varepsilon_\mathrm{r}\boldsymbol{E}=\varepsilon\boldsymbol{E}$，其中，$\varepsilon_\mathrm{r}$ 为介质的相对电容率或相对介电常数；ε 是介质的介电常数，单位为法/米。

5．载有恒定电流的小电流环称为**磁偶极子**。

磁偶极矩：$\boldsymbol{p}_\mathrm{m}=I\boldsymbol{S}$。

磁偶极子的矢量磁位：$\boldsymbol{A}=\dfrac{\mu_0}{4\pi R^2}\boldsymbol{p}_\mathrm{m}\times\boldsymbol{e}_R$。

磁偶极子产生的磁感应强度：$\boldsymbol{B}=\dfrac{\mu_0IS}{4\pi R^3}(2\cos\theta\boldsymbol{e}_R+\sin\theta\boldsymbol{e}_\theta)$。

6．在外磁场的作用下，介质中的原子磁矩将受到一个力矩的作用，所有原子磁矩都趋于与外磁场方向一致的排列，彼此不再抵消，结果对外产生磁效应，影响磁场分布，这种现象称为**介质的磁化**。磁化强度矢量 $\boldsymbol{M}$ 描述介质磁化程度。

磁化矢量：$\boldsymbol{M}=\lim\limits_{\Delta V\to0}\dfrac{\sum\boldsymbol{p}_\mathrm{m}}{\Delta V}$。

束缚面电流密度：$\boldsymbol{J}_{\mathrm{MS}}=\boldsymbol{M}\times\boldsymbol{e}_{\mathrm{n}}$

束缚体电流密度：$\boldsymbol{J}_{\mathrm{M}}=\nabla\times\boldsymbol{M}$

介质中 $\boldsymbol{M}$ 和 $\boldsymbol{H}$ 的关系：$\boldsymbol{M}=\chi_{\mathrm{m}}\boldsymbol{H}$，其中，$\chi_{\mathrm{m}}$ 为磁化率。

介质中 $\boldsymbol{B}$ 和 $\boldsymbol{H}$ 的关系：$\boldsymbol{B}=\mu_0\boldsymbol{H}+\mu_0\boldsymbol{M}=\mu_0\boldsymbol{H}+\mu_0\chi_{\mathrm{m}}\boldsymbol{H}=\mu_0\mu_{\mathrm{r}}\boldsymbol{H}=\mu\boldsymbol{H}$，其中，$\mu_{\mathrm{r}}$ 为介质的相对磁导率，$\mu=\mu_0\mu_{\mathrm{r}}$ 为介质的磁导率，单位为亨/米（H/m）。

7．介质中麦克斯韦方程组的微分形式、积分形式分别为

$$\begin{cases}\nabla\times\boldsymbol{H}=\boldsymbol{J}+\dfrac{\partial\boldsymbol{D}}{\partial t}\\ \nabla\times\boldsymbol{E}=-\dfrac{\partial\boldsymbol{B}}{\partial t}\\ \nabla\cdot\boldsymbol{B}=0\\ \nabla\cdot\boldsymbol{D}=\rho\end{cases}\qquad\begin{cases}\oint_l\boldsymbol{H}\cdot\mathrm{d}\boldsymbol{l}=\int_S\left(\boldsymbol{J}+\dfrac{\partial\boldsymbol{D}}{\partial t}\right)\cdot\mathrm{d}\boldsymbol{S}\\ \oint_l\boldsymbol{E}\cdot\mathrm{d}\boldsymbol{l}=\int_S-\dfrac{\partial\boldsymbol{B}}{\partial t}\cdot\mathrm{d}\boldsymbol{S}\\ \oint_S\boldsymbol{B}\cdot\mathrm{d}\boldsymbol{S}=0\\ \oint_S\boldsymbol{D}\cdot\mathrm{d}\boldsymbol{S}=\int_V\rho\,\mathrm{d}V\end{cases}$$

8．介质中的三个物态方程为 $\boldsymbol{D}=\varepsilon\boldsymbol{E}$，$\boldsymbol{B}=\mu\boldsymbol{H}$，$\boldsymbol{J}=\sigma\boldsymbol{E}$。

9．$\boldsymbol{D}$、$\boldsymbol{B}$、$\boldsymbol{J}$、$\boldsymbol{E}$ 和 $\boldsymbol{H}$ 这 5 个场量的边界条件分别为

$$\begin{cases}\boldsymbol{e}_{\mathrm{n}}\cdot(\boldsymbol{D}_1-\boldsymbol{D}_2)=\rho_S\\ \boldsymbol{e}_{\mathrm{n}}\cdot(\boldsymbol{B}_1-\boldsymbol{B}_2)=0\\ \boldsymbol{e}_{\mathrm{n}}\cdot(\boldsymbol{J}_1-\boldsymbol{J}_2)=-\dfrac{\partial\rho_S}{\partial t}\\ \boldsymbol{e}_{\mathrm{n}}\times(\boldsymbol{E}_1-\boldsymbol{E}_2)=0\\ \boldsymbol{e}_{\mathrm{n}}\times(\boldsymbol{H}_1-\boldsymbol{H}_2)=\boldsymbol{J}_S\end{cases}$$

10．特殊介质的边界条件如下：

（1）两种理想介质分界面上的边界条件

$$\begin{cases}\boldsymbol{e}_{\mathrm{n}}\cdot(\boldsymbol{D}_1-\boldsymbol{D}_2)=0\\ \boldsymbol{e}_{\mathrm{n}}\cdot(\boldsymbol{B}_1-\boldsymbol{B}_2)=0\\ \boldsymbol{e}_{\mathrm{n}}\times(\boldsymbol{E}_1-\boldsymbol{E}_2)=0\\ \boldsymbol{e}_{\mathrm{n}}\times(\boldsymbol{H}_1-\boldsymbol{H}_2)=0\end{cases}$$

（2）理想介质和理想导体分界面上的边界条件

$$\begin{cases}\boldsymbol{e}_{\mathrm{n}}\cdot\boldsymbol{D}_1=\rho_S\\ \boldsymbol{e}_{\mathrm{n}}\cdot\boldsymbol{B}_1=0\\ \boldsymbol{e}_{\mathrm{n}}\times\boldsymbol{E}_1=0\\ \boldsymbol{e}_{\mathrm{n}}\times\boldsymbol{H}_1=\boldsymbol{J}_S\end{cases}$$

习题 3

3.1　假设氯化氢（H^+Cl^-）分子中的氢离子被完全电离，且氢原子与氯原子之间的距离约为 1.3×10^{-10} m，试估计 H^+Cl^- 的电偶极矩。注意：分析时由于简化了电荷的分布，所以求出的结果可能会高于实验结果。

3.2　根据习题 3.1 中的结论，计算距离 H^+Cl^- 分子 100×10^{-10} m 处的电场最大值，并计算距离自由电子 100×10^{-10} m 处的电场。

3.3　试证明在电场 $\boldsymbol{E}$ 中旋转一个偶极矩为 $\boldsymbol{p}_e$ 的电偶极子所需的能量为 $-\boldsymbol{p}_e\cdot\boldsymbol{E}$，若取偶极子与电场呈直角时的相应能量为零。

3.4　根据习题 3.3 中的结论，估算两个相距 100×10^{-10} m 的 H^+Cl^- 分子相互作用时的最大能量为多少？

3.5　平行板电容器填充介电常数为 ε_1 和 ε_2 的两层介质，厚度分别为 d_1 和 d_2，且一直加载两平行板间的电压为 U，如图 3.14 所示，试计算平行板间电场和电荷分布。

3.6　同轴电缆横截面如图 3.15 所示，内导体半径为 a，外导体内半径为 b，其间 1/3 填充 ε_r 的介质，其余 2/3 为空气，内外导体的电压为 U_0。试计算：（1）介质中的电场强度；（2）同轴线单位长度的电容；（3）束缚电荷面密度。

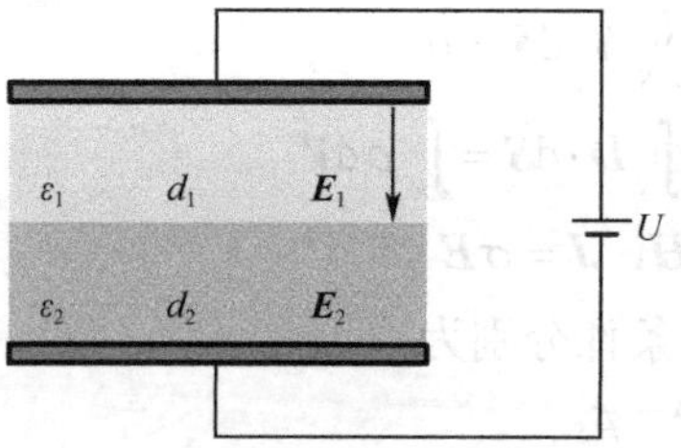

图 3.14　习题 3.5 图

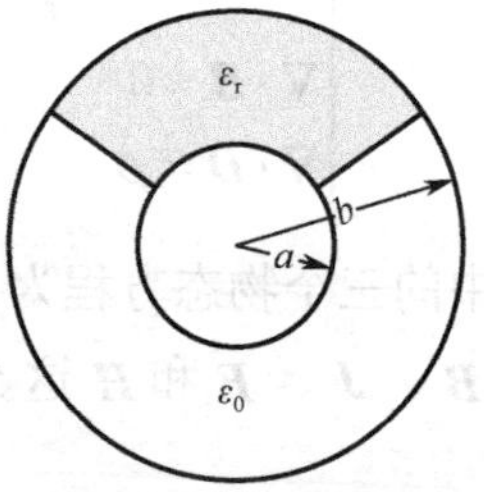

图 3.15　习题 3.6 图

3.7　空气中一半径为 a 的介质（ε_r）球内极化强度为 $\boldsymbol{P}=\boldsymbol{e}_r K/r$，其中 K 是常数。试求：（1）介质球的束缚电荷体密度和面密度；（2）介质球的自由电荷体密度；（3）球内外的电场强度。

3.8　已知半径为 a，介电常数为 ε 的介质球带电量为 q。

（1）如果电荷均匀分布在球体内，试分析球体内外的电场强度分布，球内外束缚电荷分布，球体表面的束缚电荷面密度分布；

（2）如果电荷均匀分布在球体表面，试分析球体内外的电场强度分布，球内外束缚电荷分布，球体表面的束缚电荷面密度分布；

（3）如果电荷集中于球心位置，试分析球体内外的电场强度分布，球内外束缚电荷分布，球体表面的束缚电荷面密度分布、球心处束缚电荷的电量。

3.9　真空中存在一个介电常数为 ε_1 的均匀带电的球体，其电荷体密度为 ρ，半径为 a，试求空间中任意一点的电场强度。

3.10　当电场 $\boldsymbol{E}=\boldsymbol{e}_x E_0\cos\omega t$（V/m），$\omega=1000$（rad/s），计算传导电流密度和位移电流密度振幅之比：（1）在铜导体内，$\sigma=5\times10^7$ S/m，$\varepsilon_r=1$；（2）在蒸馏水中，$\sigma=2\times10^{-4}$ S/m，$\varepsilon_r=80$；（3）在聚苯乙烯中，$\sigma=10^{-16}$ S/m，$\varepsilon_r=2.53$。

3.11　铁质的无限长圆管中通过电流 I，圆管内外半径为 a 和 b，已知铁的磁导率为 μ，试求：（1）$r<a$，$a\leqslant r\leqslant b$，$r>b$ 三个区域中的磁场强度；（2）$r=a$，$r=b$ 处的磁化面电流密度。

3.12　在介质 $\sigma=0$，$\varepsilon=4\varepsilon_0$ 和 $\mu=5\mu_0$ 中，位移电流密度为 $2\cos(\omega t-5x)\,\boldsymbol{e}_z$（$\mu A\cdot m^{-2}$）。（1）根据位移电流的定义求 $\boldsymbol{D}$ 和 $\boldsymbol{E}$；（2）用法拉第定律的微分形式和对时间积分求 $\boldsymbol{B}$ 和 $\boldsymbol{H}$；（3）利用安培环路定律的微分形式求位移电流密度 $\boldsymbol{J}_d$，并求 ω。

3.13　如果 $\sigma=0$，$\varepsilon=2.5\varepsilon_0$，$\mu=10\mu_0$，下面的场哪一组满足麦克斯韦方程组：

（1）$\boldsymbol{E}=2y\boldsymbol{e}_y$，$\boldsymbol{H}=5x\boldsymbol{e}_x$；

（2）$\boldsymbol{E}=100\sin 6\times10^7 t\sin z\,\boldsymbol{e}_y$，$\boldsymbol{H}=-0.1328\cos 6\times10^7\cos z\,\boldsymbol{e}_x$；

（3）$\boldsymbol{D}=(z+6\times10^7 t)\,\boldsymbol{e}_x$，$\boldsymbol{B}=(-754z-452\times10^{10}t)\boldsymbol{e}_y$。

3.14　海水的$\sigma=4\text{S/m}$，在$f=1\text{GHz}$时的$\varepsilon_\text{r}=81$，如果把海水视为一等效的电介质，写出$\boldsymbol{H}$的微分方程。对于良导体，如铜，$\sigma=5.7\times10^7$（S/m），$\varepsilon_\text{r}=1$，试比较在$f=1\text{GHz}$时的位移电流和传导电流的幅值，并写出$\boldsymbol{H}$的微分方程。

3.15　设 $z>0$ 半空间介质的介电常数为ε_1，$z<0$ 半空间介质的介电常数为ε_2。试求在下列情况下空间的电场强度：（1）电量为q的点电荷放置在介质的分界面上；（2）电荷线密度为ρ_l的均匀线电荷放置在介质的分界面上。

3.16　同轴电缆的内外导体之间有两层介质，其介电常数分别为ε_1、ε_2，电导率分别为σ_1、σ_2，内导体半径为a，介质分界面半径为b，外导体半径为c，设内外导体的电压为U_c，试求：（1）两种介质中的$\boldsymbol{E}$；（2）分界面上的自由电荷面密度；（3）单位长度的径向漏电导。

3.17　写出在空气和$\mu=\infty$的理想磁介质间分界面上的边界条件。

3.18　在磁化率为χ_m的介质与空气分界面上，已知靠近空气一侧的磁感应强度$\boldsymbol{B}_0$与介质表面的法线成α角。求靠近介质一侧的$\boldsymbol{B}$及$\boldsymbol{H}$。

3.19　空心长直导体管的内半径为R_0，管壁厚度为d，管中电流为I。试求空间（$0\leqslant r<\infty$）中的磁感应强度$\boldsymbol{B}$和磁场强度$\boldsymbol{H}$，并验证分别满足的边界条件。

3.20　在$x<0$的半空间填充相对磁导率$\mu_\text{r}=200$的均匀介质，$x>0$的半空间为真空，有一电流I沿z轴方向流动，试求磁场强度分布。

3.21　在两导体平板（$z=0$ 和 $z=d$）之间的空气中，已知电场强度为

$$\boldsymbol{E}=\boldsymbol{e}_y E_0\sin\left(\frac{\pi}{d}z\right)\cos(\omega t-k_x x)\ \text{(V/m)}$$

式中，E_0、k_x为常数。试求：（1）磁场强度$\boldsymbol{H}$；（2）两导体表面上的电流密度$\boldsymbol{J}_S$。

3.22　同轴电缆的内导体半径$a=1\text{mm}$，外导体内半径$b=4\text{mm}$，内外导体间为空气介质，并且电场强度为$\boldsymbol{E}=\boldsymbol{e}_\text{r}\dfrac{100}{r}\cos(10^8 t-3/z)$（V/m）。试求：（1）磁场强度$\boldsymbol{H}$的表达式；（2）内导体表面的电流密度；（3）$0\leqslant z\leqslant 1\text{m}$中的位移电流$i_\text{d}$。

3.23　用圆柱坐标系，分别位于$r_1=5\text{mm}$、$r_2=20\text{mm}$、$z_1=0$和$z_2=50\text{mm}$处的理想导体表面构成的封闭区域中，介质参数为$\varepsilon_\text{r}=2.25$、$\mu_\text{r}=1$和$\sigma=0$，已知该区域中的磁场$\boldsymbol{H}=\boldsymbol{e}_\varphi(2/r)\cos(2\pi z)\cos(4\pi\times10^8 t)$（A/m），试求：（1）封闭区域内的电场$\boldsymbol{E}$；（2）$r=5\text{mm}$、$z=25\text{mm}$的表面电流密度$\boldsymbol{J}_S$；（3）$r=20\text{mm}$、$z=25\text{mm}$处的表面电荷密度$\rho_S$；（4）$r=10\text{mm}$、$z=25\text{mm}$处的位移电流密度$\boldsymbol{J}_\text{d}$。

第 4 章　静态场的解

静态场是指场量不随时间变化的场。静态场包括静电场、恒定电场和恒定磁场，静态场是时变电磁场的特例。分析静态场，必须先从麦克斯韦方程组这个电磁场的普遍规律出发，导出静态场中的麦克斯韦方程组，即描述静态场特性的基本方程；再根据它们的特性，联合物态方程推导出位函数的泊松方程和拉普拉斯方程。绝大多数静态场问题都可归结为求泊松方程和拉普拉斯方程的解的问题，通常求解这两个方程的方法有：镜像法、分离变量法和复变函数法，这些方法属于解析法；而在数值计算中则常用有限差分法，它是有限元理论在电磁场分析中的具体应用。

4.1　泊松方程和拉普拉斯方程

4.1.1　静态场中的麦克斯韦方程组

对于静态场，各场量只是空间坐标 (x,y,z) 的函数，并不随时间而变化，即与时间 t 无关。因此场量对时间的偏导数为零，即

$$\frac{\partial \boldsymbol{D}}{\partial t}=0,\quad \frac{\partial \boldsymbol{B}}{\partial t}=0,\quad \frac{\partial \rho}{\partial t}=0$$

所以，静态场的麦克斯韦方程组的微分形式为

$$\begin{cases}\nabla\times\boldsymbol{H}=\boldsymbol{J}\\ \nabla\times\boldsymbol{E}=0\\ \nabla\cdot\boldsymbol{B}=0\\ \nabla\cdot\boldsymbol{D}=\rho\end{cases}\tag{4.1}$$

电流连续性方程的微分形式为

$$\nabla\cdot\boldsymbol{J}=0\tag{4.2}$$

静态场的麦克斯韦方程组的积分形式为

$$\begin{cases}\oint_l \boldsymbol{H}\cdot \mathrm{d}\boldsymbol{l}=\int_S \boldsymbol{J}\cdot \mathrm{d}\boldsymbol{S}\\ \oint_l \boldsymbol{E}\cdot \mathrm{d}\boldsymbol{l}=0\\ \oint_S \boldsymbol{B}\cdot \mathrm{d}\boldsymbol{S}=0\\ \oint_S \boldsymbol{D}\cdot \mathrm{d}\boldsymbol{S}=\int_V \rho \mathrm{d}V\end{cases}\tag{4.3}$$

电流连续性方程的积分形式为

$$\oint_S \boldsymbol{J}\cdot \mathrm{d}\boldsymbol{S}=0\tag{4.4}$$

由上述方程组可知，静态场与时变场最基本的区别在于静态场的电场和磁场是彼此独立存在的，即电场只由电荷产生，磁场只由电流产生；既没有变化的磁场，也没有变化的电场。因此，可以分别写出静电场、恒定电场和恒定磁场的基本方程。

1. 静电场的基本方程

静电场是静止电荷或静止带电体产生的场，由式（4.3）可知，与电荷和电场有关的方程就是静电场的方程，其基本方程的积分形式为

$$\oint_l \boldsymbol{E}\cdot \mathrm{d}\boldsymbol{l}=0 \tag{4.5}$$

$$\oint_S \boldsymbol{D}\cdot \mathrm{d}\boldsymbol{S}=\int_V \rho \mathrm{d}V=q \tag{4.6}$$

式（4.5）表明，在静电场中，$\boldsymbol{E}$ 的环量为零，做功为零。式（4.6）是电场高斯散度定理，表明静电场中电位移矢量的通量等于闭合曲面所包围的总电荷量 q。其基本方程的微分形式为

$$\nabla\times\boldsymbol{E}=0 \tag{4.7}$$

$$\nabla\cdot\boldsymbol{D}=\rho \tag{4.8}$$

电介质的物态方程为

$$\boldsymbol{D}=\varepsilon\boldsymbol{E} \tag{4.9}$$

式（4.7）表明，静电场中 $\boldsymbol{E}$ 的旋度为零，即静电场中的电场不可能由涡旋源产生。式（4.8）表明产生电场的通量源是电荷 ρ。静电场是一个有源无旋场。又由前面的分析可知，静电场是一个位场，所以静电场可用电位函数 ϕ 来描述，即

$$\boldsymbol{E}=-\nabla\phi \tag{4.10}$$

2. 恒定电场的基本方程

载有恒定电流的导体内部及其周围介质中产生的电场即为恒定电场。当导体中有电流时，由于导体电阻的存在，要在导体中维持恒定电流，必须依靠外部电源提供能量。

若一闭合路径 l 经过电源，则

$$\oint_l \boldsymbol{E}\cdot \mathrm{d}\boldsymbol{l}=\varepsilon_{\mathrm{E}}$$

即电场强度 $\boldsymbol{E}$ 的环量等于电源的电动势 ε_{E}。这时，电源内部的恒定电场不能用标量函数的位场表示，即电源内部的恒定电场不具备位场的性质。若闭合路径 l 不经过电源，则与之有关的方程为

$$\oint_l \boldsymbol{E}\cdot \mathrm{d}\boldsymbol{l}=0 \tag{4.11}$$

$$\oint_S \boldsymbol{J}\cdot \mathrm{d}\boldsymbol{S}=0 \tag{4.12}$$

这是恒定电场在无源区域的基本方程。式（4.11）表明，不经过电源的电场强度 $\boldsymbol{E}$ 的环量为零，即表明电源外部空间的电场仍具有位场的性质。

在无源区域，描述恒定电场的微分形式的基本方程为

$$\nabla\times\boldsymbol{E}=0 \tag{4.13}$$

$$\nabla\cdot\boldsymbol{J}=0 \tag{4.14}$$

可见，无源区域中的恒定电场是一个位场。式（4.14）表明，恒定电场的电流线是闭合的。

导体中的物态方程为

$$\boldsymbol{J}=\sigma\boldsymbol{E} \tag{4.15}$$

由以上分析可知，恒定电场的无源区域是一个位场，也可用一个标量函数来描述，即

$$\boldsymbol{E}=-\nabla\phi$$

3. 恒定磁场的基本方程

恒定电流的导体周围或内部不仅存在电场，而且存在磁场，但这个磁场不随时间变化，是恒定磁场。假设导体中的传导电流为I，电流密度为$\boldsymbol{J}$，则其积分形式的方程为

$$\oint_l \boldsymbol{H}\cdot \mathrm{d}\boldsymbol{l} = \int_S \boldsymbol{J}\cdot \mathrm{d}\boldsymbol{S} \tag{4.16}$$

$$\oint_S \boldsymbol{B}\cdot \mathrm{d}\boldsymbol{S} = 0 \tag{4.17}$$

式（4.16）表明，恒定磁场中磁场强度$\boldsymbol{H}$的环量等于闭合面所包围的电流。式（4.17）表明磁场中磁力线是闭合的。

微分形式的方程为

$$\nabla\times\boldsymbol{H} = \boldsymbol{J} \tag{4.18}$$

$$\nabla\cdot\boldsymbol{B} = 0 \tag{4.19}$$

式（4.18）表明电流是产生恒定磁场的涡旋源。式（4.19）表明磁场不可能由通量源产生。

磁介质中的物态方程为

$$\boldsymbol{B} = \mu\boldsymbol{H} \tag{4.20}$$

由以上分析可知，恒定磁场是一个涡旋场，电流是这个涡旋场的源，磁力线是闭合的。

4.1.2 泊松方程和拉普拉斯方程

1. 静电场的位函数

静电场既然是一个位场，那么就可以用一个标量函数ϕ的梯度来表示它，即

$$\boldsymbol{E} = -\nabla\phi$$

式中，ϕ称为电位函数。对于均匀线性各向同性的介质，介电常数ε为常数，即$\nabla\varepsilon = 0$，因此

$$\nabla\cdot\boldsymbol{D} = \nabla\cdot(\varepsilon\boldsymbol{E}) = \nabla\varepsilon\cdot\boldsymbol{E} = \rho$$

$$\nabla\varepsilon\cdot(-\nabla\phi) = \rho$$

即

$$\nabla^2\phi = -\frac{\rho}{\varepsilon} \tag{4.21}$$

式（4.21）即为在有电荷分布的区域内，或者说在有“源”的区域内，静电场的电位函数ϕ所满足的方程，我们将这种形式的方程称为**泊松方程**。

如果场中某处电荷密度$\rho = 0$，即在无源区域，则上式变为

$$\nabla^2\phi = 0 \tag{4.22}$$

将式（4.22）这种形式的方程称为**拉普拉斯方程**。它是在不存在电荷的区域内，电位函数ϕ应满足的方程。

∇^2为拉普拉斯算符，由式（1.70）～式（1.75）可知，该算符在不同的坐标系中有不同的表达式。

在直角坐标系中，

$$\nabla^2\phi = \frac{\partial^2\phi}{\partial x^2} + \frac{\partial^2\phi}{\partial y^2} + \frac{\partial^2\phi}{\partial z^2}$$

在圆柱坐标系中，

$$\nabla^2\phi=\frac{1}{r}\frac{\partial}{\partial r}\left(r\frac{\partial\phi}{\partial r}\right)+\frac{1}{r^2}\frac{\partial^2\phi}{\partial\varphi^2}+\frac{\partial^2\phi}{\partial z^2}$$

在球坐标系中，

$$\nabla^2\phi=\frac{1}{R^2}\frac{\partial}{\partial R}\left(R^2\frac{\partial\phi}{\partial R}\right)+\frac{1}{R^2\sin\theta}\frac{\partial}{\partial\theta}\left(\sin\theta\frac{\partial\phi}{\partial\theta}\right)+\frac{1}{R^2\sin^2\theta}\frac{\partial^2\phi}{\partial\varphi^2}$$

在第 2 章中，曾给出电位函数的表达式［见式（2.11）］

$$\phi=\frac{q}{4\pi\varepsilon_0 R}$$

在均匀各向同性介质中，当电荷以密度ρ分布在体积V中时，上式可改写为

$$\phi=\frac{1}{4\pi\varepsilon}\int_V\frac{\rho}{R}\mathrm{d}V \tag{4.23}$$

该式描述了电位参考点在无穷远处的位函数，实际上它正是泊松方程的解。

2．恒定电场的位函数

前面讲到，在无源区域，恒定电场也是一个位场，即$\nabla\times\boldsymbol{E}=0$。这时同样可以引入一个标量位函数$\phi$，使得

$$\boldsymbol{E}=-\nabla\phi$$

根据电流连续性方程$\nabla\cdot\boldsymbol{J}=0$及物态方程$\boldsymbol{J}=\sigma\boldsymbol{E}$，并设电导率$\sigma$为一常数（对应于均匀导电介质），有

$$\nabla\cdot\boldsymbol{J}=\nabla\cdot(\sigma\boldsymbol{E})=\sigma\nabla\cdot(-\nabla\phi)=-\sigma\nabla^2\phi=0$$

因为我们所讨论的是载流导体上的电流密度和电场强度，所以导电介质的电导率不可能为零，于是在上式中只可能有

$$\nabla^2\phi=0 \tag{4.24}$$

这说明，在无源区域，恒定电场的位函数满足拉普拉斯方程。

3．恒定磁场的位函数

（1）恒定磁场的矢量位函数

由上述分析可知，恒定磁场是有旋场，即$\nabla\times\boldsymbol{B}=\mu\boldsymbol{J}$，但它却是无散场，即$\nabla\cdot\boldsymbol{B}=0$。由式（2.30）可知，引入一个矢量磁位$\boldsymbol{A}$后，有$\boldsymbol{B}=\nabla\times\boldsymbol{A}$，因此可由$\nabla\times\boldsymbol{B}=\mu\boldsymbol{J}$和$\boldsymbol{B}=\nabla\times\boldsymbol{A}$，导出矢量磁位$\boldsymbol{A}$的泊松方程。

变量代换后有

$$\nabla\times\boldsymbol{B}=\nabla\times\nabla\times\boldsymbol{A}=\nabla(\nabla\cdot\boldsymbol{A})-\nabla^2\boldsymbol{A}=\mu\boldsymbol{J}$$

由亥姆霍兹定理可知，要确定矢量磁位$\boldsymbol{A}$，只确定其旋度是不够的，还必须确定其散度。为了计算方便，人为规定$\nabla\cdot\boldsymbol{A}=0$，这个规定是前面引用过的库仑规范，根据库仑规范有

$$\nabla^2\boldsymbol{A}=-\mu\boldsymbol{J} \tag{4.25}$$

式（4.25）即为矢量磁位$\boldsymbol{A}$满足的矢量**泊松方程**。在直角坐标系中，可以将上式分解为三个标量方程

$$\begin{cases}\nabla^2 A_x=-\mu J_x\\ \nabla^2 A_y=-\mu J_y\\ \nabla^2 A_z=-\mu J_z\end{cases} \tag{4.26}$$

式（4.26）与式（4.21）的形式完全一样。式（4.25）中矢量磁位 $\boldsymbol{A}$ 和电流密度 $\boldsymbol{J}$ 是同方向的，在没有电流的区域，$\boldsymbol{J}=0$，所以有

$$\nabla^2\boldsymbol{A}=0 \tag{4.27}$$

式（4.27）即为矢量磁位 $\boldsymbol{A}$ 满足的**拉普拉斯方程**。它同样可以转化成标量形式，从而得到标量形式的拉普拉斯方程。

（2）恒定磁场的标量位函数

在没有电流分布的区域内，恒定磁场的基本方程为

$$\nabla\times\boldsymbol{H}=0,\quad \nabla\cdot\boldsymbol{B}=0$$

于是，在无源区域内，磁场也成了无旋场，具有位场的性质。因此，像静电场一样，可以引入一个标量磁位函数 ϕ_{m} 来描述磁场强度，即令

$$\boldsymbol{H}=-\nabla\phi_{\mathrm{m}} \tag{4.28}$$

ϕ_{m} 的单位为安培（A）。标量磁位相等的点所组成的曲面称为等磁位面，等磁位面方程为

$$\phi_{\mathrm{m}}(x,y,z)=c\ （常数）$$

等磁位面与 $\boldsymbol{H}$ 处处垂直。

当介质是均匀、线性和各向同性时，由 $\nabla\cdot\boldsymbol{B}=0$ 与 $\boldsymbol{B}=\mu\boldsymbol{H}$，可得

$$\nabla\cdot\boldsymbol{H}=0$$

将式（4.28）代入，可得

$$\nabla^2\phi_{\mathrm{m}}=0 \tag{4.29}$$

这说明标量磁位函数也满足拉普拉斯方程。需要注意的是，标量磁位只是在无源区才能应用，而矢量磁位则无此限制。

以上所导出的三种静态场的基本方程表明：静态场可以用位函数表示，而且位函数在有源区域均满足泊松方程，在无源区域均满足拉普拉斯方程。因此，静态场的求解问题就变成了如何求解泊松方程和拉普拉斯方程的问题。

泊松方程和拉普拉斯方程都是二阶偏微分方程，针对具体的电磁问题，不可能完全用数学方法求解。在介绍具体的求解方法之前，下面先介绍几个重要的基本原理，这些原理将成为以后求解方程的理论依据。

4.2 对偶原理

如果描述两种物理现象的方程具有相同的数学形式，并且具有相似的边界条件或对应的边界条件，那么它们的数学解的形式也是相同的，这便是**对偶原理**。具有同样数学形式的两个方程称为**对偶性方程**。在对偶性方程中，处于同等地位的量称为**对偶量**。

有了对偶原理，就能把某种场的分析计算结果直接推广到其对偶的场中，这也是求解电磁场的一种方法。

1. $\rho=0$ 区域的静电场与电源外区域的恒定电场的对偶

在无源区域，静电场与恒定电场的场量之间存在如表4.1所示的对偶关系。

表 4.1　静电场与恒定电场的对偶关系

静 电 场	恒 定 电 场	对 偶 量
$\nabla\times\boldsymbol{E}=0$	$\nabla\times\boldsymbol{E}=0$	$\boldsymbol{E}\leftrightarrow\boldsymbol{E}$
$\boldsymbol{E}=-\nabla\phi$	$\boldsymbol{E}=-\nabla\phi$	$\phi\leftrightarrow\phi$
$\nabla\cdot\boldsymbol{D}=0$	$\nabla\cdot\boldsymbol{J}=0$	$\boldsymbol{D}\leftrightarrow\boldsymbol{J}$
$\boldsymbol{D}=\varepsilon\boldsymbol{E}$	$\boldsymbol{J}=\sigma\boldsymbol{E}$	$\varepsilon\leftrightarrow\sigma$
$\nabla^2\phi=0$	$\nabla^2\phi=0$	$\phi\leftrightarrow\phi$
$q=\oint_S\boldsymbol{D}\cdot\mathrm{d}\boldsymbol{S}$	$I=\int_S\boldsymbol{J}\cdot\mathrm{d}\boldsymbol{S}$	$q\leftrightarrow I$

根据对偶原理，如果在均匀导电介质中，电流密度矢量 $\boldsymbol{J}$ 与电介质中的电位移矢量 $\boldsymbol{D}$ 处于相同的边界情况下，即边界形状、尺寸、相互位置及场源都相等或相似，则电介质中的静电场与均匀导电介质中的恒定电场将具有相同的电场分布，即两者的等位面的分布一致，且 $\boldsymbol{D}$ 线与 $\boldsymbol{J}$ 线的分布也一致。由于这两种场存在对偶性，因此，通过对偶量的代换，就可直接由静电场的解得到恒定电场的解。

2. $\rho=0$ 区域的静电场与 $J=0$ 区域的恒定磁场的对偶

在无源区域，静电场与恒定磁场的场量之间存在如表 4.2 所示的对偶关系。

表 4.2　静电场与恒定磁场的对偶关系

静 电 场	恒 定 磁 场	对 偶 量
$\nabla\times\boldsymbol{E}=0$	$\nabla\times\boldsymbol{H}=0$	$\boldsymbol{E}\leftrightarrow\boldsymbol{H}$
$\nabla\cdot\boldsymbol{D}=0$	$\nabla\cdot\boldsymbol{B}=0$	$\boldsymbol{D}\leftrightarrow\boldsymbol{B}$
$\boldsymbol{D}=\varepsilon\boldsymbol{E}$	$\boldsymbol{B}=\mu\boldsymbol{H}$	$\varepsilon\leftrightarrow\mu$
$q=\oint_S\boldsymbol{D}\cdot\mathrm{d}\boldsymbol{S}$	$\Phi=\int_S\boldsymbol{B}\cdot\mathrm{d}\boldsymbol{S}$	$q\leftrightarrow\Phi$
$\nabla^2\phi=0$	$\nabla^2\phi_{\mathrm{m}}=0$	$\phi\leftrightarrow\phi_{\mathrm{m}}$

在有源情况下，即 $\boldsymbol{J}\neq0$，$\rho\neq0$ 时，恒定磁场和静电场的对偶关系就不是那么明显了。对偶关系在相当一部分电磁问题中是适用的，求解时变电磁场时，它将显得更为有用。例如，电偶极子与磁偶极子，某些波导中的横电波（TE 波）与横磁波（TM 波）等。对偶原理除了为电磁场的分析提供一种方法，在其他很多方面也能够给我们提供分析问题的思路。

4.3　叠加原理和唯一性定理

在研究具体的工程电磁场问题时，无论是静电场、恒定电场还是恒定磁场，都需要根据实际工程中给定的边界条件，通过求解泊松方程或拉普拉斯方程，得到标量电位函数或矢量磁位函数。

4.3.1　边界条件的分类

给定位函数的边界条件通常有三类。

（1）直接给定整个场域边界上的位函数值

$$\phi = f(S) \tag{4.30}$$

式中，$f(S)$为边界点S的位函数，这类问题称为**第一类边界条件**。例如，在静电场中，已知各导体表面的电位，求解空间中各点电位分布。

（2）只给定待求位函数在边界上的法向导数值

$$\frac{\partial \phi}{\partial n} = f(S) \tag{4.31}$$

因为$\rho_S = D_{\text{n}} = \varepsilon E_{\text{n}} = -\varepsilon \dfrac{\partial \phi}{\partial n}$，所以式（4.31）相当于给定了边界表面的面电荷密度或电场强度的法向分量，这类问题称为**第二类边界条件**。例如，在静电场中，已知各导体表面的电荷分布密度，求解空间的电位。

（3）给定边界上的位函数及其法向导数的线性组合

$$\phi + f_1(S)\frac{\partial \phi}{\partial n} = f_2(S) \tag{4.32}$$

这是混合边界条件，称为**第三类边界条件**。

通常所说的边界条件不仅包括电位、电荷密度、位函数的法向导数等，还包括不同介质分界面上的连接边界条件（如$E_{1\text{t}} = E_{2\text{t}}$和$D_{1\text{n}} - D_{2\text{n}} = \rho_S$）、周期边界条件（如圆柱坐标系下二维场中径向长度给定时，角度相差2π的整数倍的场分量相等），以及自然边界条件等。

上述三类边值问题的求解方法基本上是相同的，在具体求解拉普拉斯方程和泊松方程之前，还有必要先讨论电磁场的叠加原理和唯一性定理。

4.3.2　叠加原理

叠加原理可表述为：若ϕ_1和ϕ_2分别满足拉普拉斯方程，即$\nabla^2\phi_1 = 0$和$\nabla^2\phi_2 = 0$，则ϕ_1和ϕ_2的线性组合$\phi = a\phi_1 + b\phi_2$必然也满足拉普拉斯方程，即

$$\nabla^2(a\phi_1 + b\phi_2) = 0$$

式中，a和b均为常系数。

证明：　$\nabla^2\phi = \nabla^2(a\phi_1 + b\phi_2) = \nabla^2(a\phi_1) + \nabla^2(b\phi_2) = a\nabla^2\phi_1 + b\nabla^2\phi_2 = 0$

因为　$\nabla^2\phi_1 = 0,\quad \nabla^2\phi_2 = 0$

所以　$\nabla^2\phi = 0$

推广：根据叠加原理，若$\phi_1, \phi_2, \cdots, \phi_n$均满足拉普拉斯方程，并且都是拉普拉斯方程的解，那么其线性组合$C_1\phi_1 + C_2\phi_2 + \cdots + C_n\phi_n$也是拉普拉斯方程的解。所以只要能够选择适当的方法，找出线性组合的常数，并使其满足给定的边界条件，就可以得到拉普拉斯方程的唯一解。利用叠加原理，可以把较复杂的位场问题分解为简单问题的组合。

4.3.3　唯一性定理

唯一性定理可表述为：对于任意静态场，在边界条件给定后，空间各处的场也就唯一地确定了，或者说这时拉普拉斯方程的解是唯一的。

事实上，对于时变电磁场，在给定电磁场的初始值和边值后，麦克斯韦方程组的解也是唯一的。唯一性定理是求解电磁场问题的重要方法和理论依据，有很多方法可以进行证明。

4.4　镜像法

在此之前，在分析电磁场问题时常常只考虑孤立带电体或孤立带电导线周围产生的电场与磁场，在讨论边界条件时，也只是讨论无限大的导体分界面或介质分界面的情况。但如果在电荷或带电体产生的场中放置一定形状的导体时，则该导体表面上将会产生感应电荷，这时源电荷和导体之间的区域内所产生的电场将是实际电荷与感应电荷所产生的电场的叠加。一般直接计算这种合成电场是比较复杂的，但是如果导体的形状较简单，而且源电荷又是点电荷或线电荷，则可以使用镜像法来计算它的合成场。

镜像法是利用一个称为镜像电荷的与源电荷相似的点电荷或线电荷来代替或等效实际电荷所产生的感应电荷，然后通过计算由源电荷和镜像电荷共同产生的合成电场，而得到源电荷与实际的感应电荷所产生的合成电场的方法。

一般可以考虑采用标量位函数来计算这个由电荷所产生的合成电场，这样可以避免复杂的矢量运算。当然，这就需要假设镜像电荷与源电荷共同产生一个总的电位函数，它既能满足给定的边界条件，又在一定区域内满足拉普拉斯方程。根据唯一性定理，所假设的位函数是该区域上的唯一的电位函数。因此，用镜像法求解静电场问题的关键是寻找合适的镜像电荷，然后再引出位函数并求解，这是分析很多电磁场问题的一种有效方法。

4.4.1　点电荷与无限大平面导体的合成场计算

如图 4.1 所示，设有一无限大接地导体平面，距平面 h 处有一点电荷$+q$，周围介电常数为ε，如何求出介质中任意一点电场的电位分布函数？

如图 4.2 所示，取直角坐标系，使 $z = 0$ 的平面与导体平面重合，并将点电荷$+q$ 放在 z 轴上。这时整个电场是静电场，是由点电荷$+q$ 和导体平面上的感应电荷共同产生的。

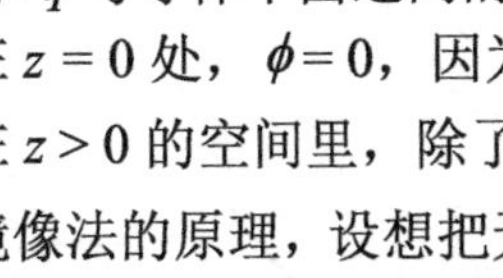

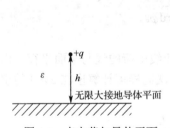

图 4.1　点电荷与导体平面

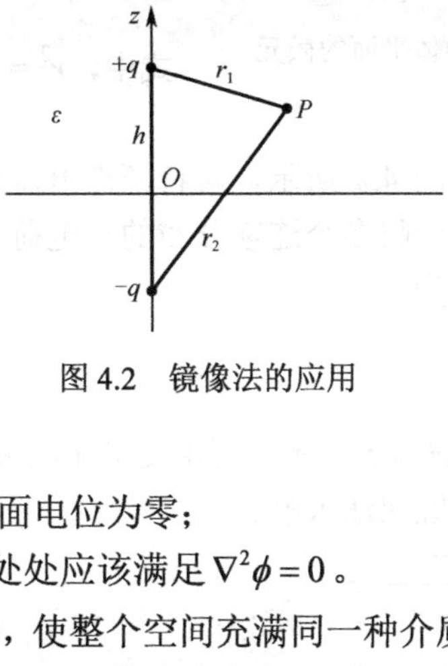

图 4.2　镜像法的应用

点电荷$+q$ 与导体平面之间的电位满足下列条件：

（1）在 $z = 0$ 处，$\phi = 0$，因为无限大接地导体平面电位为零；

（2）在 $z > 0$ 的空间里，除了点电荷所在的点，处处应该满足 $\nabla^2\phi = 0$。

根据镜像法的原理，设想把无限大导体平面撤去，使整个空间充满同一种介质ε，并在点电荷$+q$ 的对称位置上，放一个点电荷 $-q$ 来代替导体平面上的感应电荷。于是，在 $z > 0$ 空间里任意一点 $P(x, y, z)$ 的电位就应等于源电荷 $+q$ 与镜像电荷 $-q$ 所产生的电位之和。

P 点的电位为

$$\phi = \frac{1}{4\pi\varepsilon}\frac{q}{r_1} - \frac{1}{4\pi\varepsilon}\frac{q}{r_2} = \frac{1}{4\pi\varepsilon}\left(\frac{q}{r_1} - \frac{q}{r_2}\right)$$

$$=\frac{q}{4\pi\varepsilon}\left(\frac{q}{\sqrt{x^2+y^2+(z-h)^2}}-\frac{q}{\sqrt{x^2+y^2+(z+h)^2}}\right),\quad z\geqslant 0 \tag{4.33}$$

这个假设的电位函数是否是所要求的合成场？必须使用上述两个条件进行验证。

由唯一性定理可知，如果ϕ满足边界条件和拉普拉斯方程，则式（4.33）就是所要求的解。

步骤1：由式（4.33）可知，当$z=0$时，有$\phi=0$，条件（1）得到满足。

步骤2：ϕ满足拉普拉斯方程，证明如下。

当$r_1\neq 0$，$r_2\neq 0$时，在球坐标系中，有

$$\nabla^2\left(\frac{1}{r_1}\right)=\frac{1}{r_1^2}\frac{\partial}{\partial r}\left(r_1^2\frac{\partial\left(\frac{1}{r}\right)}{\partial r_1}\right)=0$$

同理，有
$$\nabla^2\left(\frac{1}{r_2}\right)=0$$

所以前面假设的镜像电荷与源电荷产生的合成场满足

$$\nabla^2\phi=0$$

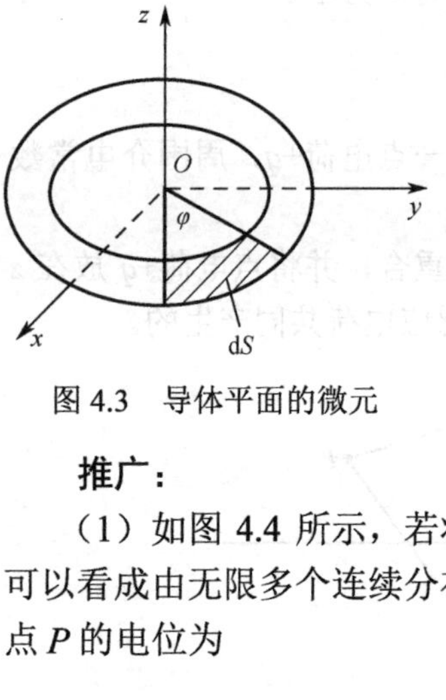

图4.3 导体平面的微元

这说明，式（4.33）所表示的ϕ就是所寻求的合成场的解。

这时，导体平面上的感应电荷密度为

$$\rho_S=D_{\mathrm{n}}=\varepsilon E_{\mathrm{n}}=-\varepsilon\left.\frac{\partial\phi}{\partial n}\right|_{z=0}=-\frac{qh}{2\pi(x^2+y^2+h^2)^{3/2}}$$

如图4.3所示，导体平面上总的感应电荷为

$$q_{\mathrm{m}}=\int_S\rho_S\mathrm{d}S=-\frac{qh}{2\pi}\int_0^{\infty}\int_0^{2\pi}\frac{r\mathrm{d}r\mathrm{d}\varphi}{(r^2+h^2)^{3/2}}=-q$$

式中，$r^2=x^2+y^2$，$\mathrm{d}S=r\mathrm{d}r\mathrm{d}\varphi$。

推广：

（1）如图4.4所示，若将源点电荷换成线电荷，让线电荷的线与平面平行，由于线电荷可以看成由无限多个连续分布的点电荷组成的，用镜像法同样可计算出在$z>0$的空间任意一点P的电位为

$$\phi=-\frac{\rho_l}{2\pi\varepsilon}\ln\frac{r_1}{r_2} \tag{4.34}$$

（2）如图4.5所示，两相交半无限大接地导体平面夹角为α，在角区内的点电荷、线电荷的场也可用镜像法求解。

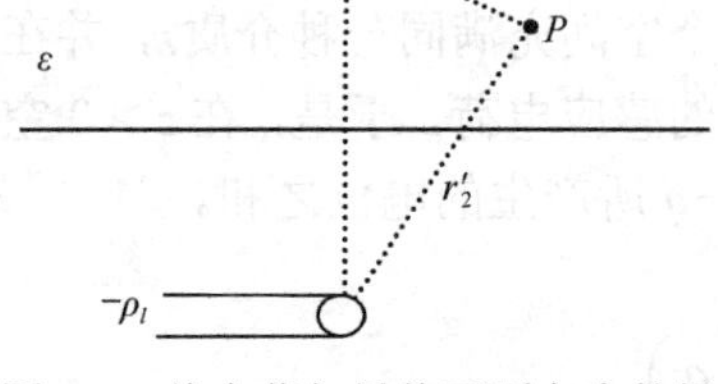

图4.4 线电荷与导体平面产生的场

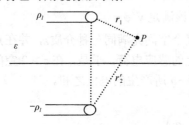

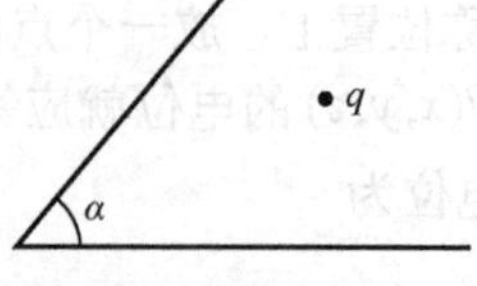

图4.5 点电荷与两相交半无限大接地导体平面的镜像

由上述分析可知，导体平面像一面镜子，镜像电荷就是源电荷的虚像。只有导体平面是无限大平面时，镜像电荷才与源电荷等值异号，并位于源电荷的像点位置上。

对于夹角为α的两半平面，$\alpha=180°/n$，n为正整数。其像点个数为 $2n-1$。故有，当$\alpha=90°$时，$n=180°/90°=2$，像点个数为$2n-1=3$，如图 4.6(a)所示；当$\alpha=45°$时，$n=180°/45°=4$，像点个数为$2n-1=7$，如图 4.6（b）所示。

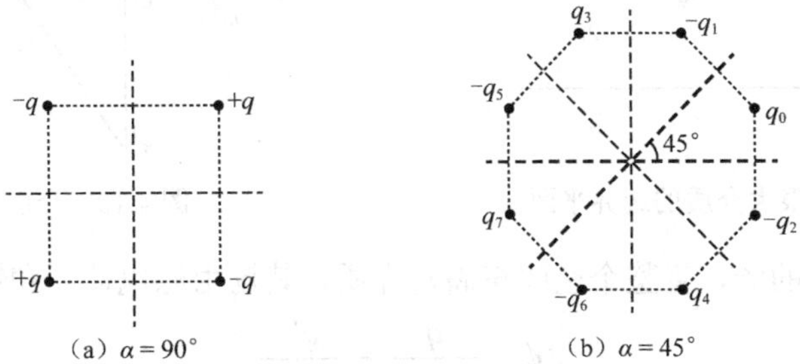

图 4.6　两相交半平面的镜像

（3）如图 4.7 所示，无限长通电直导线在一无限大铁磁介质平面上方时，假设线电流与平面平行，铁磁体的磁导率$\mu=\infty$、$H_{2t}=0$，可推测镜像电流与线电流I的位置是对称的，而且镜像电流大小和方向与线电流是相同的，在空间中一点P的磁场由电流I和镜像电流I'共同产生，如图 4.8 所示。

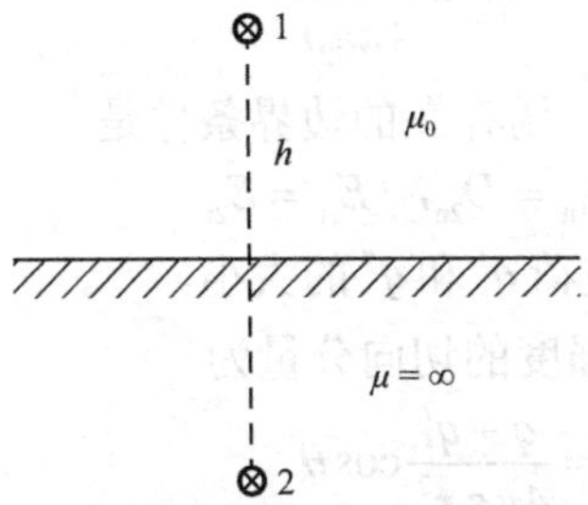

图 4.7　通电直导线与铁磁介质平面

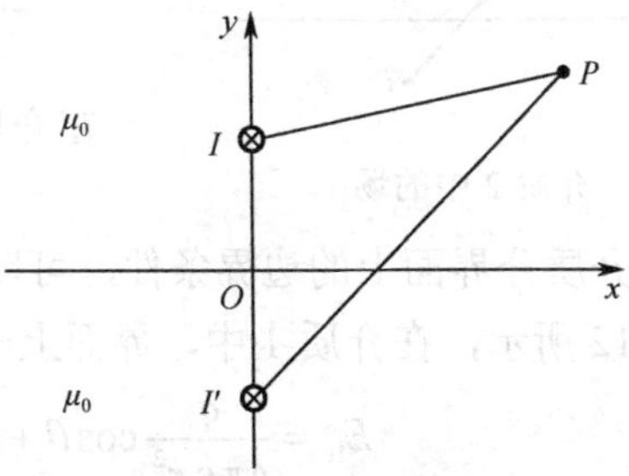

图 4.8　线电流的镜像

（4）根据镜像法的概念，当天线架设得较低时，一定要考虑地面对天线性能的影响。通常把地面假设为无限大的理想导体平面，地面的影响将归结为镜像天线所起的作用。

4.4.2　电介质分界面的镜像电荷

上面讨论的是无限大导体平面的镜像电荷。如图 4.9 所示，如果分界面是介电常数分别为ε_1和ε_2的两种无限大介质的边界平面，在介质 1 中距分界面为h处置有一点电荷q，则介质空间中任意一点P的电场电位分布可以用镜像法求解。

设在介质 1 和介质 2 中的介电常数分别是ε_1和ε_2，电位函数分别为ϕ_1和ϕ_2。除q点处以外，均有

$$\nabla^2\phi_1=0 \quad (z\geqslant 0),\ \nabla^2\phi_2=0 \quad (z\leqslant 0)$$

式中，ϕ_1是点电荷q与介质分界面上感应束缚电荷共同产生的电位函数。

介质分界面上的感应束缚电荷在介质 1 中产生的电场可以用处于$z<0$的区域内的一个镜像电荷q'所产生的电场来等效，如图 4.10 所示。

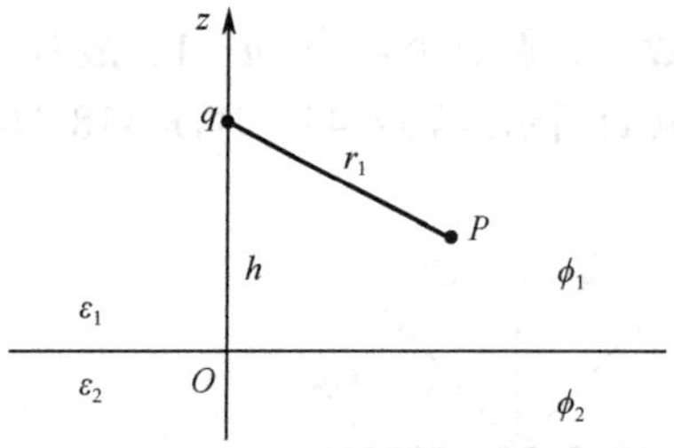

图 4.9　两种无限大介质的边界平面

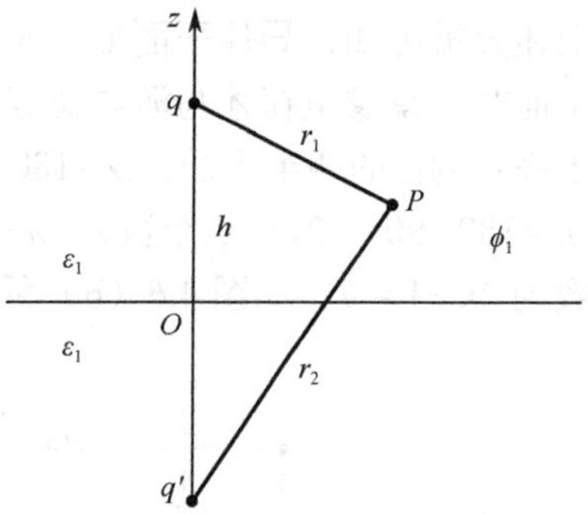

图 4.10　介质 1 中的场

为了求介质 1 中的场，将整个空间充满 ε_1 介质，其场由源电荷 q 和镜像电荷 q' 产生，则

$$\phi_1=\frac{q}{4\pi\varepsilon_1 r_1}+\frac{q'}{4\pi\varepsilon_1 r_2} \tag{4.35}$$

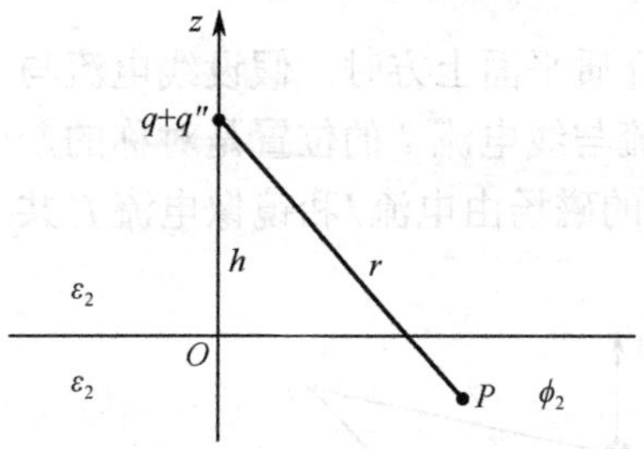

图 4.11　介质 2 中的场

介质 2 中的电场是源电荷和分界面上的感应束缚电荷在下半空间作用的结果，在上半空间用一镜像电荷 q'' 代替界面上的感应束缚面电荷在下半空间产生的场。如图 4.11 所示，将整个空间看成充满介质常数为 ε_2 的介质，则有

$$\phi_2=\frac{q+q''}{4\pi\varepsilon_2 r} \tag{4.36}$$

在介质分界面上，场存在的边界条件是

$$D_{1\mathrm{n}}=D_{2\mathrm{n}},\quad E_{1\mathrm{t}}=E_{2\mathrm{t}}$$

利用电场在介质分界面上的边界条件，可以确定镜像电荷 q' 和 q'' 的大小。

如图 4.12 所示，在介质 1 中，界面上一点的电场强度的切向分量为

$$E_{1\mathrm{t}}=\frac{q}{4\pi\varepsilon_1 r^2}\cos\theta+\frac{q'}{4\pi\varepsilon_1 r^2}\cos\theta=\frac{q+q'}{4\pi\varepsilon_1 r^2}\cos\theta$$

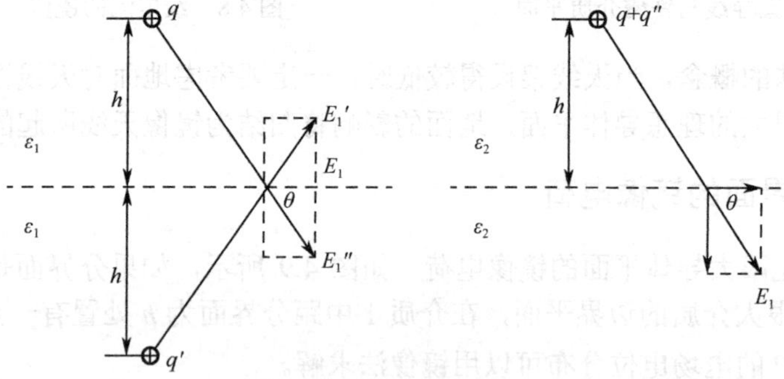

图 4.12　利用边界条件的图示

在介质 2 中，电场是由 q'' 产生的。电场强度切向分量为

$$E_{2\mathrm{t}}=\frac{q+q''}{4\pi\varepsilon_2 r^2}\cos\theta$$

由边界条件可得

$$\frac{q+q'}{4\pi\varepsilon_1 r^2}\cos\theta=\frac{q''}{4\pi\varepsilon_2 r^2}\cos\theta$$

即

$$\frac{q+q'}{\varepsilon_1}=\frac{q+q''}{\varepsilon_2}$$

又由 $D_{1n}=D_{2n}$，在介质 1 中，$\boldsymbol{D}_1$ 的法向分量为

$$D_{1n}=\frac{q}{4\pi r^2}\sin\theta-\frac{q'}{4\pi r^2}\sin\theta$$

在介质 2 中，$\boldsymbol{D}_2$ 的法向分量为

$$D_{2n}=\frac{q+q''}{4\pi r^2}\sin\theta$$

所以有

$$\frac{q-q'}{4\pi r^2}\sin\theta=\frac{q+q''}{4\pi r^2}\sin\theta$$

即

$$\begin{cases}\dfrac{q+q'}{\varepsilon_1}=\dfrac{q+q''}{\varepsilon_2}\\ q'=-q''\end{cases}$$

可得

$$\begin{cases}q'=\dfrac{\varepsilon_1-\varepsilon_2}{\varepsilon_1+\varepsilon_2}q\\ q''=-\dfrac{\varepsilon_1-\varepsilon_2}{\varepsilon_1+\varepsilon_2}q\end{cases}\tag{4.37}$$

将上式代入式（4.35）和式（4.36），即可求得两介质空间中的电位。

注意：

（1）镜像电荷不能放在要讨论的区域中，放在被讨论的区域中时将会改变所放置区域的电位分布，所得出的电位将不满足原来的拉普拉斯方程或泊松方程。

（2）镜像电荷周围的介质应该与被讨论的区域一致。

（3）所得电位函数必须满足原来的边界条件。

（4）可以用类似的方法来处理两种磁介质分界面两边的磁场计算问题。

4.4.3　球形边界问题

1．导体球接地时的边界问题

设接地导体球的半径为 a，在球外与球心相距为 D 处有一点电荷 q，计算球外 P 点处的电位函数。

点电荷 q 将在导体球表面产生感应负电荷，球外任意一点的电位应等于这些感应电荷与点电荷 q 产生的电位之和。

如图 4.13 所示，设想把导体球移开，用一个镜像电荷代替球面上的感应负电荷，为了不改变球外的电荷分布，镜像电荷必须放在导体球内。由于球对称性，这个镜像电荷必然在点电荷 q 与球心所在的同一条直线上。又由于靠近点电荷 q 的球面部分感应电荷密度较大，所以镜像电荷必定在 $\overline{OM}$ 线段上，设其在 B 点，$OB=d$。

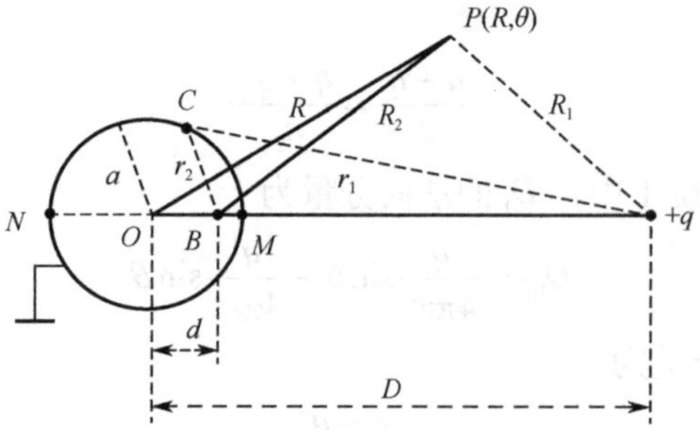

图 4.13 球形边界的镜像法

位函数表达式为

$$\phi=\frac{q}{4\pi\varepsilon R_1}+\frac{q'}{4\pi\varepsilon R_2}$$

若考虑球面上任意一点的电位，如 C 点，由于导体球接地，有

$$\frac{q}{4\pi\varepsilon r_1}+\frac{q'}{4\pi\varepsilon r_2}=0$$

因此

$$\frac{q}{r_1}=-\frac{q'}{r_2},\quad \frac{r_2}{r_1}=-\frac{q'}{q}$$

现在来考虑边界问题，目的是要由已知的 D、a、q 来确定 q' 的大小。在 M、N 两个特殊点考虑边界。在 M 点，

$$\frac{r_2}{r_1}=\frac{a-d}{D-a}=-\frac{q'}{q}$$

同理，在 N 点，

$$\frac{r_2}{r_1}=\frac{a+d}{D+a}=-\frac{q'}{q}$$

联立上述两式可得

$$\begin{cases} d=\dfrac{a^2}{D} \\ q'=-\dfrac{a}{D}q \end{cases} \tag{4.38}$$

由此可知，镜像电荷与源电荷总是极性相反，确定了镜像电荷的位置和电量大小后，位函数表达式就确定了。采用镜像法，球面外区域的电位函数就容易计算了。利用式（4.38）可求得球外的电位函数为

$$\begin{aligned}\phi&=\frac{1}{4\pi\varepsilon_0}\left(\frac{q}{R_1}+\frac{q'}{R_2}\right)\\&=\frac{q}{4\pi\varepsilon_0}\left[\frac{1}{\sqrt{R^2+D^2-2RD\cos\theta}}-\frac{a}{D\sqrt{R^2+(a^2/D)^2-2R(a^2/D)\cos\theta}}\right]\quad (R\geqslant a)\end{aligned}$$

球面上的感应电荷面密度为

$$\rho_S=-\varepsilon\left.\frac{\partial\phi}{\partial R}\right|_{R=a}=-\frac{q(D^2-a^2)}{4\pi a(a^2+D^2-2aD\cos\theta)^{3/2}}$$

导体球面上的总感应电荷为

$$q_{\text{in}}=\int_S \rho_S \mathrm{d}S=-\frac{q(D^2-a^2)}{4\pi a}\int_0^{2\pi}\int_0^{\pi}\frac{a^2\sin\theta\mathrm{d}\theta\mathrm{d}\phi}{(a^2+D^2-2aD\cos\theta)^{3/2}}=-\frac{a}{D}q$$

可见，球面上感应电荷与镜像电荷相等。镜像法的本质就是利用集中电荷代替分布的感应电荷来计算求解区域的电位和场分布。

2. 导体球不接地时的边界问题

若导体球不接地，则导体球上的静电荷为零，这是由电荷守恒定律决定的，并且球面电位不为零，但仍保持为等位面。如图 4.14 所示，为了满足导体球上静电荷为零的条件，还需加入另一个镜像电荷 q''，使得

$$q''=-q'$$

即

$$q'+q''=0$$

因为在未加入 q'' 之前，球面已经是等位面，所以 q'' 必须放置在球心处，以保证加入 q'' 后球面仍为等位面。

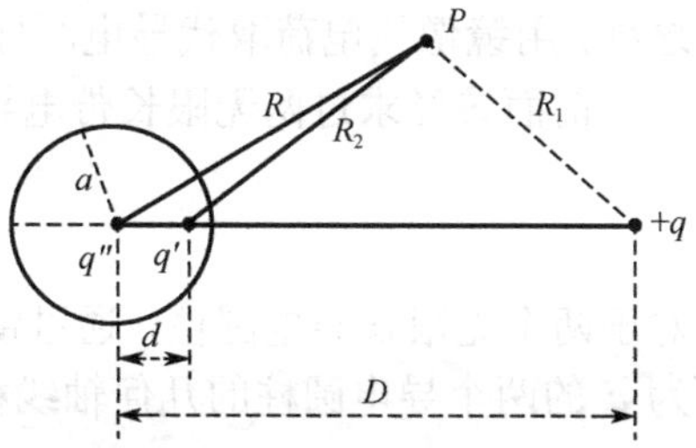

图 4.14 不接地导体球的镜像

半径为 a 的球面电位为

$$\phi_a=\frac{q''}{4\pi\varepsilon a}$$

导体球外任意一点 P 的电位由 q、q' 和 q'' 共同产生，即

$$\phi_P=\frac{q}{4\pi\varepsilon R_1}+\frac{q'}{4\pi\varepsilon R_2}+\frac{q''}{4\pi\varepsilon R} \tag{4.39}$$

式中，$q'=-\frac{a}{D}q$，$q''=-q'$。

例 4.1 半径为 a，电位为 U 的导体球附近距离导体球 D 处有一点电荷 q，试计算导体球外的电位。

解： 导体球电位不为零，球外任意一点 P 的电位分解为：一个电位为 U 的导体产生的电位 ϕ_1；点电荷 q 和电位为零的导体的感应电荷 q' 共同产生的电位 ϕ_2，即 $\phi=\phi_1+\phi_2$。

设导体带电量为 Q，则其在球面上产生的电位，即导体球电位为

$$\phi_1(a)=\frac{Q}{4\pi\varepsilon_0 a}=U$$

所以

$$\phi_1=\frac{Q}{4\pi\varepsilon_0 R}=\frac{a}{R}U$$

如图 4.13 所示，q 和 q' 到点 P 的距离为 R_1、R_2，根据式（4.38）得

$$\phi_2=\frac{1}{4\pi\varepsilon_0}\left(\frac{q}{R_1}+\frac{q'}{R_2}\right)$$

所以

$$\phi=\frac{a}{R}U+\frac{1}{4\pi\varepsilon_0}\left(\frac{q}{R_1}+\frac{q'}{R_2}\right)$$

式中，$R_1=\sqrt{R^2+D^2-2RD\cos\theta}$，$R_2=\sqrt{R^2+(a^2/D)^2-2R(a^2/D)\cos\theta}$，$q'=-\frac{a}{D}q$。

4.4.4 圆柱形边界问题

一无限长带电导线，电荷密度为ρ_l，与半径为a的无限长导电圆柱的轴线平行，导线与圆柱轴线的距离为D，无限长导电圆柱等效为接地。

利用球形边界的分析方法，导电圆柱上的镜像线电荷为

$$\rho_l' = -\rho_l$$

镜像线电荷与导电圆柱轴线的偏心距离为

$$d = \frac{a^2}{D}$$

这样，用镜像线电荷取代导电圆柱，把问题简化为求两条平行等值异号线电荷的电位和电场。

前面曾经求过两无限长带电导线周围的电位为

$$\phi = \frac{\rho_l}{2\pi\varepsilon_0}\ln\frac{r_2}{r_1} \tag{4.40}$$

对于两个无限长导电圆柱，通过镜像法可以用两个平行的线电荷代替。如图4.15所示，半径为a的两个导电圆柱的几何轴线相距为D，线电荷密度分别为ρ_l和$-\rho_l$。镜像线电荷所在的位置称为电轴，导电圆柱1的电轴和导电圆柱2的几何轴线相距为d，两电轴间的距离为$d-b$。由图4.15可知

$$D = d + b \qquad a^2 = bd$$

解得

$$\begin{cases} d = \dfrac{D}{2} + \left(\dfrac{D^2}{4} - a^2\right)^{1/2} \\ b = \dfrac{D}{2} - \left(\dfrac{D^2}{4} - a^2\right)^{1/2} \end{cases} \tag{4.41}$$

对于半径不相等的平行导电圆柱及偏心电缆，利用镜像电荷的方法，也能确定其电轴的位置。

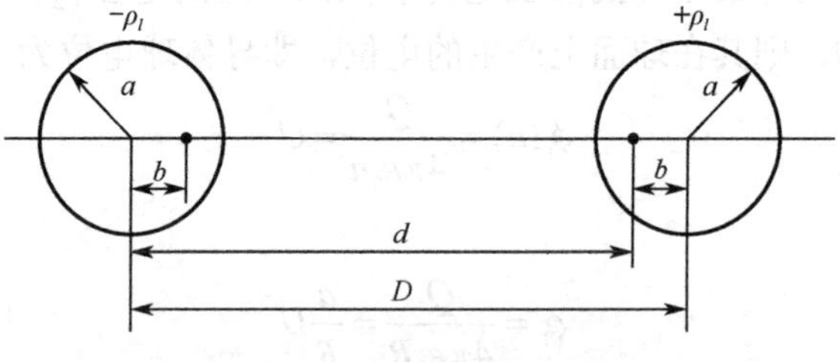

图4.15 平行导电圆柱的电轴

4.5 分离变量法

分离变量法是求解拉普拉斯方程的基本方法，该方法把一个多变量的函数表示成几个单变量函数的乘积后再进行计算。与完全的数学方法不同，针对具体物理问题使用该方法时，需要结合一些物理概念进行分析求解。

通过分离变量，将函数的偏微分方程分解为带“分离”常数的几个单变量的常微分方程。

不同坐标系分解出来的单变量常微分方程的形式不同，其通解的形式也不同。坐标系的选择应尽量使场域分界面平行于坐标面。例如，矩形域应选直角坐标系，圆柱形域应选圆柱坐标系，球形域应选球坐标系。下面具体说明在直角坐标系和圆柱坐标系中的分离变量法。

4.5.1　直角坐标系中的分离变量法

如果所讨论的场域的边界面是平面，而且这些平面相互平行或相互垂直，则应选择直角坐标系。在直角坐标系中，位函数ϕ的拉普拉斯方程为

$$\nabla^2\phi = \frac{\partial^2\phi}{\partial x^2} + \frac{\partial^2\phi}{\partial y^2} + \frac{\partial^2\phi}{\partial z^2} = 0 \tag{4.42}$$

令ϕ为三个单变量函数的乘积，即

$$\phi(x,y,z) = f(x)g(y)h(z) \tag{4.43}$$

代入式（4.42），并在两边同除以ϕ，可得

$$\frac{1}{f}\frac{\partial^2 f}{\partial x^2} + \frac{1}{g}\frac{\partial^2 g}{\partial y^2} + \frac{1}{h}\frac{\partial^2 h}{\partial z^2} = 0 \tag{4.44}$$

上式的三项中，每一项都是一个独立变量的函数，而三项之和若要等于零，则只有一个可能，就是每一项分别等于一个常数，并且这三个常数之和为零。可令

$$\frac{1}{f}\frac{\partial^2 f}{\partial x^2} = -k_x^2 \tag{4.45}$$

$$\frac{1}{g}\frac{\partial^2 g}{\partial y^2} = -k_y^2 \tag{4.46}$$

$$\frac{1}{h}\frac{\partial^2 h}{\partial z^2} = -k_z^2 \tag{4.47}$$

式中，k_x、k_y、k_z是可以满足$k_x^2 + k_y^2 + k_z^2 = 0$的任意常数。由此可将拉普拉斯方程分解成为三个带分离常数的常微分方程。显然，三个分离常数不可能全为实数，也不可能全为虚数。至于将三个常数都假设为某一个常数平方的负值，是因为要使方程的解成为一些特殊函数，以便于利用边界条件来确定常数。

对于式（4.45），有如下结论：

（1）当$k_x^2 = 0$时，其解为

$$f(x) = a_0 x + b_0 \tag{4.48}$$

（2）当$k_x^2 > 0$，即k_x为实数时，其解为

$$f(x) = a_1 \sin k_x x + b_1 \cos k_x x \tag{4.49}$$

或者

$$f(x) = a_2 \mathrm{e}^{\mathrm{j}k_x x} s + b_2 \mathrm{e}^{-\mathrm{j}k_x x} \tag{4.50}$$

（3）当$k_x^2 < 0$，即$k_x = \mathrm{j}a_x$，a_x为实数时，其解为

$$f(x) = a_3 \mathrm{sh} a_x x + b_3 \mathrm{ch} a_x x \tag{4.51}$$

或者

$$f(x) = a_4 \mathrm{e}^{\alpha_x x} + b_4 \mathrm{e}^{-\alpha_x x} \tag{4.52}$$

上述几种情况中，a_0、b_0、a_1、b_1、a_3、b_3、a_4、b_4均为待定系数。同理可以得到$g(y)$、$h(z)$的解的类似形式。

根据满足式（4.44）的k_x、k_y、k_z取值的不同组合情况，解$\phi(x,y,z)=f(x)g(y)h(z)$的形式也有不同的组合，需要根据具体的边界条件来确定解的组合形式和待定系数。同样，选择不同的坐标系一般解的形式也不同。然而，根据唯一性定理，在给定的边界条件下，拉普拉斯方程的解是唯一的。

式（4.45）的解的形式通常由如下边界条件确定：若在某一方向的边界条件具有周期性，则该方向对应坐标的分离常数为实数，其解应该选用三角函数形式；若某一方向的边界条件是非周期的，则该方向对应坐标的分离常数为虚数，其解选用双曲函数或指数函数；在有限区域应选择双曲函数，在无限区域应选择指数函数；若位函数与某一坐标无关，则沿该方向的分离常数为零，其解为常数。

例 4.2 一接地金属槽的横截面如图 4.16 所示，其侧壁与底面的电位均为零，顶盖与侧壁绝缘，其电位$\phi=100\sin\left(\dfrac{\pi}{a}x\right)$，求槽内的电位分布。

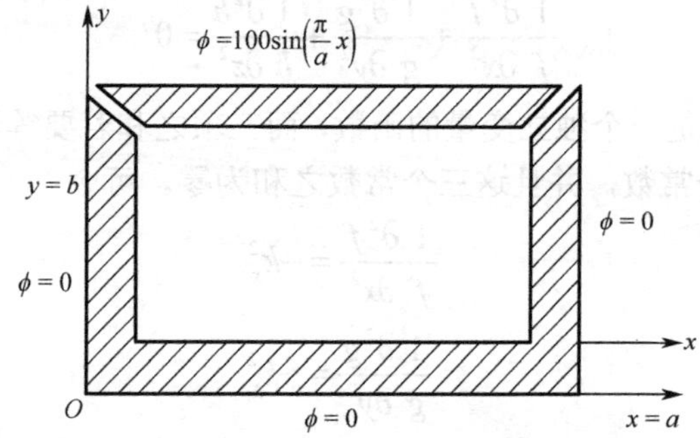

图 4.16 矩形金属槽

解：由于槽内场域中没有电荷分布，因此电位函数满足拉普拉斯方程

$$\nabla^2\phi=0$$

又由于场域边界为矩形，应选用直角坐标系。根据ϕ与z无关的条件，该问题满足二维拉普拉斯方程

$$\frac{\partial^2\phi}{\partial x^2}+\frac{\partial^2\phi}{\partial y^2}=0 \qquad (0<x<a,\ 0<y<b)$$

在直角坐标系中，位函数的边值为

$$\phi=0 \qquad (x=0,\ 0<y<b)$$
$$\phi=0 \qquad (x=a,\ 0<y<b)$$
$$\phi=0 \qquad (y=0,\ 0<x<a)$$
$$\phi=100\sin\left(\frac{\pi}{a}x\right) \qquad (y=b,\ 0<x<a)$$

设$\phi(x,y)=f(x)g(y)$，根据分离变量法可得

$$\frac{1}{f}\frac{\mathrm{d}^2 f}{\mathrm{d}x^2}=-K_x^2,\quad \frac{1}{g}\frac{\mathrm{d}^2 g}{\mathrm{d}y^2}=-K_y^2,\ \text{且}\ K_x^2+K_y^2=0$$

为了满足$x=0$和$x=a$时$\phi=0$，$\phi(x,y)$应对于x变量有重复零点，所以$f(x)$取三角函数形式，即

$$f(x)=A_1\sin K_x x+A_2\cos K_x x$$

于是可知，$g(y)=(B_1\text{sh}a_y y+B_2\text{ch}a_y y)$，并由此可确定组合形式。

另外，根据边界条件，当 $x=0$ 时，$\phi=0$，此时 $A_2=0$；又因为当 $x=a$ 时，也有 $\phi=0$，所以需使 $A_1\sin K_x x$ 满足 $x=a$ 时也有 $\phi=0$，这时应取

$$K_x=\frac{n\pi}{a}\qquad (n=1,2,3\cdots)$$

即

$$f(x)=A_1\sin\frac{n\pi}{a}x$$

同样，若要 $g(y)$ 的解满足边界条件，即当 $y=0$ 时，$\phi=0$，则 $B_2=0$，所以有 $g(y)=B_1\text{sh}\alpha_y y$；此外，$K_x,k_y=\text{j}\alpha_y$ 应满足 $K_x^2+K_y^2=0$，即

$$K_x^2+(\text{j}\alpha_y)^2=0$$

所以有

$$\left(\frac{n\pi}{a}\right)^2-\alpha_y^2=0$$

由此可得

$$\alpha_y=\frac{n\pi}{a}\qquad (n=1,2,3\cdots)$$

综上所述，可得

$$\phi(x,y)=\sum_{n=1}^{\infty}A_nB_n\sin\frac{n\pi}{a}x\cdot\text{sh}\frac{n\pi}{a}y=\sum_{n=1}^{\infty}D_n\sin\frac{n\pi}{a}x\cdot\text{sh}\frac{n\pi}{a}y$$

式中，系数 D_n 应由边值条件 $\phi=100\sin\left(\frac{\pi}{a}x\right)$ 确定，即

$$100\sin\left(\frac{\pi}{a}x\right)=\sum_{n=1}^{\infty}D_n\sin\left(\frac{n\pi}{a}x\right)\cdot\text{sh}\left(\frac{n\pi}{a}b\right)$$

比较等号两边的函数相同项来决定 D_n 值。右边只有 $n=1$ 项系数 D_1 可以不为零外，其余 D_n 均应为零，所以

$$D_1=\frac{100}{\text{sh}\left(\frac{n\pi}{a}b\right)}$$

因此得到所求的解为

$$\phi(x,y)=\frac{100}{\text{sh}\left(\frac{n\pi}{a}b\right)}\sin\left(\frac{n\pi}{a}x\right)\cdot\text{sh}\left(\frac{n\pi}{a}y\right)$$

例 4.3　无限长金属槽的上下两平行壁电位为零，间距为 d，侧边接电位为 ϕ_0，如图 4.17 所示。求金属槽内电位分布。

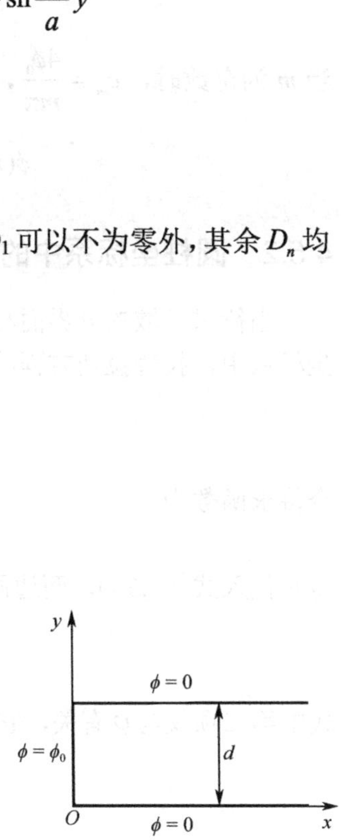

图 4.17　金属槽电位分布

解：由于场域边界为矩形，故选用直角坐标系。根据 ϕ 与 z 无关的条件，该问题满足二维拉普拉斯方程

$$\frac{\partial^2\phi}{\partial x^2}+\frac{\partial^2\phi}{\partial y^2}=0\qquad (0<x<\infty,\ 0<y<d)$$

在直角坐标系中，位函数的边值条件为

$$\phi(0,y)=\phi_0\quad (0<y<d),\qquad \phi(\infty,y)=0\quad (0<y<d)$$

$$\phi(x,0)=0 \quad (0<x<\infty), \qquad \phi(x,d)=0 \quad (0<x<\infty)$$

设 $\phi(x,y)=f(x)g(y)$，根据分离变量法可得

$$\frac{1}{f}\frac{\mathrm{d}^2 f}{\mathrm{d}x^2}=-K_x^2,\ \frac{1}{g}\frac{\mathrm{d}^2 g}{\mathrm{d}y^2}=-K_y^2,\ 且\ K_x^2+K_y^2=0$$

根据边值条件可知，拉普拉斯方程的通解形式选择为 $f(x)=A_1\mathrm{e}^{\alpha_x x}s+A_2\mathrm{e}^{-\alpha_x x}$，$g(y)=B_1\sin k_y y+B_2\cos k_y y$，其中 $k_x=\mathrm{j}\alpha_x$。故电位方程的通解为

$$\phi(x,y)=(A_1\mathrm{e}^{\alpha_x x}s+A_2\mathrm{e}^{-\alpha_x x})(B_1\sin k_y y+B_2\cos k_y y)$$

应用边界条件 $\phi(x,0)=0$ 得 $B_2=0$；由 $\phi(x,d)=0$ 得 $\sin k_y d=0$，即 $k_y=m\pi/d\ (m=1,2\cdots)$；由 $\phi(\infty,y)=0$ 得 $A_1=0$；由 $K_x^2+K_y^2=0$ 和 $k_x=\mathrm{j}\alpha_x$ 得 $\alpha_x=k_y=m\pi/d$。

上述所有 m 均表示电位的解，其线性组合也为电位的解，故槽内电位解可写成

$$\phi(x,y)=\sum_{m=1}^{\infty}c_m\mathrm{e}^{-\frac{m\pi}{d}x}\sin\left(\frac{m\pi}{d}y\right)$$

由 $\phi(0,y)=\phi_0$ 可得

$$\phi(0,y)=\sum_{m=1}^{\infty}c_m\sin\left(\frac{m\pi}{d}y\right)=\phi_0$$

求上式傅里叶级数的展开系数，得

$$c_m=\frac{2}{d}\int_0^d\phi_0\sin\left(\frac{m\pi}{d}y\right)\mathrm{d}y=\frac{2\phi_0}{m\pi}[1-\cos(m\pi)]$$

当 m 为奇数时，$c_m=\dfrac{4\phi_0}{m\pi}$，因此，槽内电位函数的定解为

$$\phi(x,y)=\frac{4\phi_0}{\pi}\sum_{n=1}^{\infty}\frac{1}{2n-1}\mathrm{e}^{-\frac{(2n-1)\pi}{d}x}\sin\left[\frac{(2n-1)\pi}{d}y\right]$$

4.5.2　圆柱坐标系中的分离变量法

当待求场域的分界面与圆柱坐标系中某一坐标面相一致时，应选择圆柱坐标系。在圆柱坐标系中，拉普拉斯方程的表达式为

$$\nabla^2\phi=\frac{1}{r}\frac{\partial}{\partial r}\left(r\frac{\partial\phi}{\partial r}\right)+\frac{1}{r^2}\left(\frac{\partial^2\phi}{\partial\varphi^2}\right)+\frac{\partial^2\phi}{\partial z^2}=0 \tag{4.53}$$

令待求函数为

$$\phi(r,\varphi,z)=f(r)g(\varphi)h(z) \tag{4.54}$$

将其代入式（4.53），两边同除以 φ，再同乘以 r^2 后，得

$$\frac{r}{f}\frac{\mathrm{d}}{\mathrm{d}r}\left(r\frac{\mathrm{d}f}{\mathrm{d}r}\right)+\frac{1}{g}\left(\frac{\mathrm{d}^2 g}{\mathrm{d}\varphi^2}\right)+r^2\frac{1}{h}\frac{\mathrm{d}^2 h}{\mathrm{d}z^2}=0 \tag{4.55}$$

式中第二项仅与 φ 有关，它应等于常数，设为 $-n^2$，即

$$\frac{1}{g}\frac{\mathrm{d}^2 g}{\mathrm{d}\varphi^2}=-n^2 \tag{4.56}$$

再将式（4.56）代入式（4.54），两边同除以 r^2，得

$$\frac{1}{rf}\frac{\mathrm{d}}{\mathrm{d}r}\left(r\frac{\mathrm{d}f}{\mathrm{d}r}\right)-\frac{n^2}{r^2}+\frac{1}{h}\frac{\mathrm{d}^2 h}{\mathrm{d}z^2}=0 \tag{4.57}$$

令

$$\frac{\mathrm{d}^2 h}{\mathrm{d}z^2} - k_z^2 h = 0 \tag{4.58}$$

得到

$$\frac{1}{rf}\frac{\mathrm{d}}{\mathrm{d}r}\left(r\frac{\mathrm{d}f}{\mathrm{d}r}\right) + \left(k_z^2 - \frac{n^2}{r^2}\right) = 0 \tag{4.59}$$

由此便分离出式（4.57）、式（4.58）、式（4.59）三个常微分方程，它们的解的形式与 n^2 及 k_z^2 的取值有关，其可能的组合情况有如下几种。

（1）因为 $g(\varphi)$ 一般是 φ 的周期函数，即 $g(\varphi) = g(2\pi + \varphi)$，因此 n 不应取分数，n^2 也不应小于零，所以式（4.56）解的形式为

$$g(\varphi) = A\sin n\varphi + B\cos n\varphi, \quad n^2 \geqslant 0$$

（2）式（4.58）的解为

$$当\ k_z^2 = 0\ 时，h(z) = A + Bz$$

$$当\ k_z^2 > 0\ 时，h(z) = A\sin k_z z + B\cos k_z z$$

$$当\ k_z^2 < 0\ 时，h(z) = A\mathrm{sh}\, k_z z + B\mathrm{ch}\, k_z z$$

（3）式（4.59）两边同乘以 r^2，展开后得到

$$r^2\frac{\mathrm{d}^2 f}{\mathrm{d}r^2} + r\frac{\mathrm{d}f}{\mathrm{d}r} + [(k_z r)^2 - n^2]f = 0$$

这是一个 n 阶的贝塞尔方程。

① 当 $n^2 = k_z^2 = 0$ 时，它的解为 $f(r) = A + B\ln r$。

② 当 $n^2 \neq 0$，$k_z^2 = 0$ 时，式（4.59）退化为欧拉方程，其解为 $f(r) = Ar^n + Br^{-n}$。

③ 当 $n^2 = 0$，$k_z^2 \neq 0$ 时，式(4.59)是零阶贝塞尔方程，其解为 $f(r) = A_0 J_0(k_z r) + B_0 N_0(k_z r)$。

④ 当 $n^2 > 0$，$k_z^2 > 0$ 时，$f(r) = AJ_n(k_z r) + BN_n(k_z r)$。

⑤ 当 $n^2 > 0$，$k_z^2 < 0$ 时，$f(r) = AI_n(k_z' r) + BK_n(k_z' r)$，其中，$k_z'^2 = -k_z^2$。

以上各式中，$J_n(k_z r)$、$N_n(k_z r)$ 是第一类及第二类贝塞尔函数，$I_n(k_z' r)$、$K_n(k_z' r)$ 是虚宗量（修正）贝塞尔函数。

由上述分析可知，当 $k_z \neq 0$，即位函数是 z 的函数时，在圆柱坐标系中解拉普拉斯方程时，都将会遇到求解贝塞尔函数的问题。

这里只研究二维问题。在圆柱体长度远大于圆柱半径的情况下，即 $z \gg r$，可以假设电位函数与 z 无关，即

$$\frac{\partial^2 \phi}{\partial z^2} = 0$$

于是三维方程可以变为二维方程：

$$\frac{1}{r}\frac{\partial}{\partial r}\left(r\frac{\partial \phi}{\partial r}\right) + \frac{1}{r^2}\frac{\partial^2 \phi}{\partial \varphi^2} = 0 \tag{4.60}$$

运用分离变量法，令 $\phi(r,\varphi) = f(r)g(\varphi)$，代入上式整理得

$$\frac{r}{f}\frac{\mathrm{d}}{\mathrm{d}r}\left(r\frac{\mathrm{d}f}{\mathrm{d}r}\right) + \frac{1}{g}\frac{\mathrm{d}^2 g}{\mathrm{d}\varphi^2} = 0 \tag{4.61}$$

式中的第一项仅为半径 r 的函数，第二项仅为方位角 φ 的函数，欲满足两项和为零的条件，应取

$$\frac{1}{g}\frac{\mathrm{d}^2 g}{\mathrm{d}\varphi^2}=-n^2 \tag{4.62}$$

$$\frac{r}{f}\frac{\mathrm{d}}{\mathrm{d}r}\left(r\frac{\mathrm{d}f}{\mathrm{d}r}\right)=n^2 \tag{4.63}$$

式中，n 为分离常数。当 $n=0$ 时，式（4.62）和式（4.63）的解分别为

$$g_0(\varphi)=A_0\varphi+B_0,\quad f_0(r)=c_0\ln r+D_0$$

当 $n\neq 0$ 时，因为 $g(\varphi)$ 是 φ 的周期函数，所以 n 为正整数，式（4.62）的解为

$$g(\varphi)=A_n\cos n\varphi+B_n\sin n\varphi$$

而式（4.63）为欧拉方程，可写成

$$r^2\frac{\mathrm{d}^2 f}{\mathrm{d}r^2}+r\frac{\mathrm{d}f}{\mathrm{d}r}-n^2 f=0$$

欧拉方程的解为

$$f(r)=C_n r^n+D_n r^{-n}$$

将式（4.62）与式（4.63）的解相乘，即可得到该电位函数的通解

$$\phi=(A_0\varphi+B_0)(C_0\ln r+D_0)+\sum_{n=1}^{\infty}(A_n\cos n\varphi+B_n\sin n\varphi)\cdot(C_n r^n+D_n r^{-n})$$

上式是一个级数解，其系数要由边界条件确定。

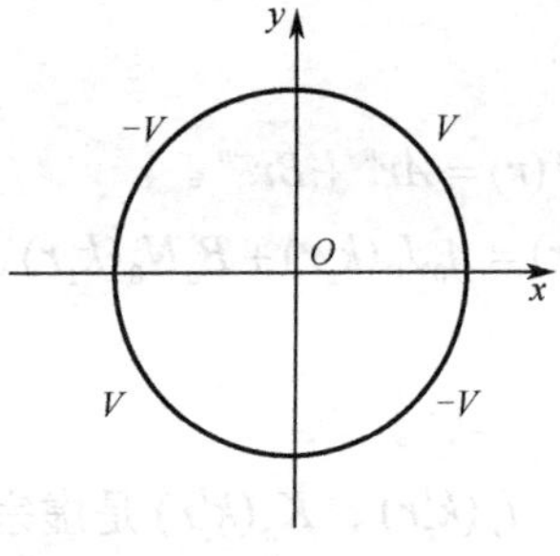

图 4.18　导体圆柱内电位分布

例 4.4　半径为 a 的中空长导体圆柱，等分成 4 块，轴线为 z 轴，导体上的电位分布如图 4.18 所示，求导体圆柱内电位分布。

解： 导体圆柱沿 z 轴放置，电位分布与 z 无关，则可以设电位函数为 $\phi(r,\varphi)=f(r)g(\varphi)$，由题意可知电位是 φ 的奇函数，且在坐标原点电位为有限值，故导体圆柱内电位解应该为

$$\phi(r,\varphi)=\sum_{n=1}^{\infty}A_n r^n\sin n\varphi$$

$r=a$ 的边界上的电位满足

$$\phi(a,\varphi)=\sum_{n=1}^{\infty}A_n a^n\sin n\varphi=\begin{cases}V, & 0<\varphi<\pi/2\\ -V, & \pi/2<\varphi<\pi\\ V, & \pi<\varphi<3\pi/2\\ -V, & 3\pi/2<\varphi<2\pi\end{cases}$$

令上式乘以 $\sin m\varphi$，并对 φ 在一个周期内积分，有

$$\int_0^{2\pi}\sum_{n=1}^{\infty}A_n a^n\sin n\varphi\sin m\varphi\,\mathrm{d}\varphi=\int_0^{\pi/2}V\sin m\varphi\,\mathrm{d}\varphi+\int_{\pi/2}^{\pi}-V\sin m\varphi\,\mathrm{d}\varphi$$

$$+\int_{\pi}^{3\pi/2}V\sin m\varphi\,\mathrm{d}\varphi+\int_{3\pi/2}^{2\pi}-V\sin m\varphi\,\mathrm{d}\varphi$$

解得

$$A_m=\frac{8V}{m\pi a^n}\quad(m=4n-2,\ n=1,2,3\cdots)$$

即导体圆柱内的电位为

$$\phi(r,\varphi)=\sum_{n=1}^{\infty}\frac{4V}{(2n-1)\pi}\left(\frac{r}{a}\right)^{4n-2}\sin(4n-2)\varphi$$

4.6　格林函数法

格林函数法是数学物理方法中的基本方法之一，可以用于求解静态场中的拉普拉斯方程、泊松方程及时变场中的亥姆霍兹方程。在线性电路理论中，为了求出线性电路对任意激励的全响应，一般是在求得单位冲激响应的基础上，先求出零状态响应，然后再加上零输入响应。所谓格林函数法，就是上述方法在空间域中的应用，边值问题中的单位冲激响应函数就是格林函数。更确切地说，格林函数是单位点源（δ 函数源）在一定的边界条件下所建立的场的位函数，因而格林函数又称为源函数。已知电荷分布等同于已知空间电场激励源的分布，因此，只要知道点源的场，即可用叠加原理求出任意源的场。

格林函数的解题步骤是：首先用镜像法或其他方法找到与待求问题对应的格林函数，然后将它代入由第二格林公式导出的积分公式即可得所求。一般情况下，该积分有两项：一项为零边值响应，另一项为零激励响应。

对于静电场问题，可以从单位点电荷在特定边界上产生的位函数，通过积分求得同一边界的任意分布电荷产生的电位。本节以静电场的边值问题为例，说明格林函数法在求解泊松方程中的应用。

4.6.1　静电场边值问题的格林函数法表达式

假定已知某给定区域 V 内的电荷体密度为 $\rho(r)$，则待求电位 $\phi(r)$ 满足泊松方程

$$\nabla^2\phi(r)=-\frac{\rho(r)}{\varepsilon} \tag{4.64}$$

与式（4.64）相对应的格林函数 $G(r,r')$ 满足方程

$$\nabla^2 G(r,r')=-\frac{\delta(r,r')}{\varepsilon} \tag{4.65}$$

式（4.65）实际上就是位于源点 r' 处的单位正电荷在空间产生的电位所满足的方程，也就是说，格林函数 $G(r,r')$ 是位于源点 r' 处的单位正电荷在空间 r 处产生的电位。很显然，格林函数 $G(r,r')$ 仅仅是源点与场点间距离的函数，即是 $|r-r'|$ 的函数。将源点和场点互换，其间距不变，从而有

$$G(r,r')=G(r',r) \tag{4.66}$$

上式称为格林函数的对称性，也就是电磁场的互易性。将式（4.65）左右两边同乘以 ϕ，式（4.64）左右两边同乘以 G，二者相减再积分，可得

$$\int_V(G\nabla^2\phi-\phi\nabla^2 G)\mathrm{d}V=-\int_V G\frac{\rho}{\varepsilon}\mathrm{d}V+\int_V\phi\frac{\delta(r,r')}{\varepsilon}\mathrm{d}V$$

使用格林第二恒等式

$$\int_V(G\nabla^2\phi-\phi\nabla^2 G)\mathrm{d}V=\oint_S\left(G\frac{\partial\phi}{\partial n}-\phi\frac{\partial G}{\partial n}\right)\mathrm{d}S$$

可得

$$\oint_S\left(G\frac{\partial\phi}{\partial n}-\phi\frac{\partial G}{\partial n}\right)\mathrm{d}S=-\int_V\frac{\rho G}{\varepsilon}\mathrm{d}V+\int_V\phi\frac{\delta(r,r')}{\varepsilon}\mathrm{d}V \tag{4.67}$$

当源点在区域 V 内时，有

$$\int_V \phi(r)\delta(r,r')\,\mathrm{d}V = \phi(r')$$

因而，式（4.67）可以写成

$$\phi(r') = \int_V \rho(r)G(r,r')\,\mathrm{d}V + \varepsilon\oint_S \left[G\frac{\partial\phi(r)}{\partial n} - \phi(r)\frac{\partial G(r,r')}{\partial n}\right]\mathrm{d}S$$

将上式的源点和场点互换，并且利用格林函数的对称性，得

$$\phi(r) = \int_V \rho(r')G(r',r)\,\mathrm{d}V' + \varepsilon\oint_S \left[G\frac{\partial\phi(r')}{\partial n'} - \phi(r')\frac{\partial G(r',r)}{\partial n'}\right]\mathrm{d}S' \tag{4.68}$$

式（4.68）就是有限区域 V 内任意一点电位的格林函数表达式。它表明，一旦体积 V 中的电荷分布 ρ 及有限体积 V 的边界面 S 上的边界条件 $\phi(r')$ 和 $\partial\phi/\partial n'$ 为已知时，V 内任意一点的电位就可以通过积分计算出来。

式（4.68）中的格林函数是在给定边界形状下的一般边值问题的格林函数，为了简化计算，可以对格林函数附加上边界条件。与静电场边值问题一样，格林函数的边界条件也分为如下三类。

1．第一类边值问题的格林函数

与第一类静电场边值问题相对应的是第一类边值问题的格林函数，用 G_1 表示。它在体积 V 内和边界面 S 上满足的方程为

$$\nabla^2 G_1(r,r') = -\frac{\delta(r,r')}{\varepsilon} \tag{4.69}$$

$$G_1\big|_S = 0 \tag{4.70}$$

上式说明，第一类边值问题的格林函数 G_1 在边界面 S 上满足齐次边界条件。将式（4.70）代入式（4.68），可得出第一类静电场边值问题的解为

$$\phi(r) = \int_V \rho(r')G_1(r',r)\,\mathrm{d}V' - \varepsilon\oint_S \phi(r')\frac{\partial G_1(r',r)}{\partial n'}\mathrm{d}S' \tag{4.71}$$

2．第二类边值问题的格林函数

与第二类静电场边值问题相对应的是第二类边值问题的格林函数，用 G_2 表示。它在体积 V 内和边界面 S 上满足的方程为

$$\nabla^2 G_2(r,r') = -\frac{\delta(r,r')}{\varepsilon} \tag{4.72}$$

$$\left.\frac{\partial G_2}{\partial n}\right|_S = 0 \tag{4.73}$$

在此条件下，第二类静电场边值问题的解为

$$\phi(r) = \int_V \rho(r')G_2(r',r)\,\mathrm{d}V' + \varepsilon\oint_S G_2\frac{\partial\phi(r')}{\partial n'}\mathrm{d}S' \tag{4.74}$$

3．第三类边值问题的格林函数

对于第三类静电场边值问题，使用第三类边值问题的格林函数较为方便。第三类静电场边值问题的电位方程也由式（4.65）确定，其边界条件由下式确定：

$$\left(\alpha\phi+\beta\frac{\partial\phi}{\partial n}\right)\bigg|_S=f(r) \tag{4.75}$$

式中，α、β 为已知常数；$f(r)$ 为已知函数。与第三类静电场边值问题相对应的第三类边值问题的格林函数 G_3 所满足的方程及边界条件为

$$\nabla^2 G_3(r,r')=-\frac{\delta(r,r')}{\varepsilon} \tag{4.76}$$

$$\left(\alpha G_3+\beta\frac{\partial G_3}{\partial n}\right)\bigg|_S=0 \tag{4.77}$$

将式（4.77）代入式（4.68），可以简化为

$$\phi(r)=\int_S\rho(r')G_3(r',r)\mathrm{d}V'+\varepsilon\oint_S\frac{f(r')G_3(r,r')}{\alpha}\mathrm{d}S' \tag{4.78}$$

从以上推导过程可以看出，格林函数法的实质是把泊松方程的求解转化为特定边界条件下点源激励下位函数的求解。点源激励下的位函数就是格林函数，格林函数所满足的方程及边界条件都比同类型的泊松方程要简单，这里仅以第三类边值问题的格林函数为例进行比较。先看式（4.65）和式（4.76），尽管二者都是非齐次方程，它们的左边一样，但式（4.76）的右边明显更简单，是一个点源激励。再比较边界条件式（4.75）和式（4.77），可以看出，式（4.75）是一个非齐次边界条件，而式（4.77）是一个齐次边界条件。至于第一类、第二类边值问题，其格林函数也具有同样的特点。简言之，格林函数法就是将非齐次边界条件下泊松方程的求解问题，简化为齐次边界条件下点源激励的泊松方程的求解，也就是格林函数的求解问题。而各种类型的格林函数的计算，需要利用其他的方法求解，如镜像法等。

另外，如果所讨论的是拉普拉斯方程的求解问题，则仅需要取式（4.71）、式（4.74）和式（4.78）中的电荷体密度为零即可。

4.6.2　简单边界的格林函数

下面给出一些简单边界形状下第一类静电场边值问题的格林函数（为了书写简便，略去下标，用 G 表示）。

1. 无界空间的格林函数

可以用格林函数所满足的偏微分方程以及边界条件，通过求解这一方程得出格林函数，也可以由格林函数的物理含义来求解，以下使用后一种方法。

计算无界空间的格林函数，就是要计算无界空间中位于 r' 处的单位点电荷以无穷远为电位参考点时在空间 r 处的电位，这一电位为

$$\phi(r)=\frac{1}{4\pi\varepsilon R}=\frac{1}{4\pi\varepsilon|r-r'|} \tag{4.79}$$

因此，无界空间的格林函数为

$$G(r,r')=\frac{1}{4\pi\varepsilon R}=\frac{1}{4\pi\varepsilon|r-r'|} \tag{4.80}$$

式（4.80）确定的是三维无界空间的格林函数。对于二维无界空间，格林函数可以通过计算位于源点 (x',y') 处的线密度为 l 的单位无限长线电荷在空间（x,y）处的电位来确定，根据静电场的知识可知，二维无界空间的格林函数为

$$G(r,r') = -\frac{1}{2\pi\varepsilon}\ln R + C \tag{4.81}$$

式中，$R=\sqrt{(x-x')^2+(y-y')^2}$；$C$ 是常数，取决于电位参考点的选取。

2．上半空间的格林函数

计算上半空间（$z>0$）的格林函数，就是求位于上半空间 r' 处的单位点电荷以 $z=0$ 平面为电位零点时，在上半空间任意一点 r 处的电位。该电位可以用平面镜像法求得，因而上半空间的格林函数为

$$G(r,r') = \frac{1}{4\pi\varepsilon}\left(\frac{1}{R_1}-\frac{1}{R_2}\right) \tag{4.82}$$

式中，$R_1=\sqrt{(x-x')^2+(y-y')^2+(z-z')^2}$；$R_2=\sqrt{(x-x')^2+(y-y')^2+(z+z')^2}$。

同理，可得出二维半空间（$y>0$）的格林函数。使用镜像法，可以较容易地得出位于（x',y'）处的单位线电荷在以 $y=0$ 为电位参考点时在（x, y）处的电位。因此，二维半空间（$y>0$）的格林函数为

$$G(r,r') = \frac{1}{2\pi\varepsilon}\ln\frac{R_2}{R_1} \tag{4.83}$$

式中，$R_1=\sqrt{(x-x')^2+(y-y')^2}$；$R_2=\sqrt{(x-x')^2+(y+y')^2}$。

3．球内外空间的格林函数

可以由球面镜像法求出球心在坐标原点、半径为 a 的球外空间的格林函数为

$$G(r,r') = \frac{1}{4\pi\varepsilon}\left(\frac{1}{R_1}-\frac{a}{r'R_2}\right) \tag{4.84}$$

式中各量如图 4.19 所示，a 是球的半径，R_1 是 r' 到场点 P 的距离，R_2 是 r' 的镜像点 r'' 到场点 P 的距离。

$$R_1=\sqrt{r^2+r'^2-2rr'\cos\eta}$$

$$R_2=\sqrt{r^2+r''^2-2rr''\cos\eta}$$

$$r''=\frac{a^2}{r'}$$

$$\cos\eta=\cos\theta\cos\theta'+\sin\theta\sin\theta'\cos(\varphi-\varphi')$$

同理，可以计算出球内空间的格林函数为

$$G(r,r') = \frac{1}{4\pi\varepsilon}\left(\frac{1}{R_1}-\frac{a}{r'R_2}\right) \tag{4.85}$$

式中各量如图 4.20 所示。

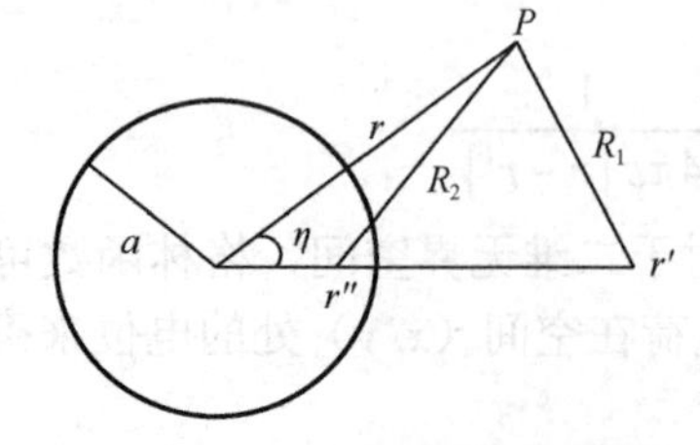

图 4.19　球外格林函数图

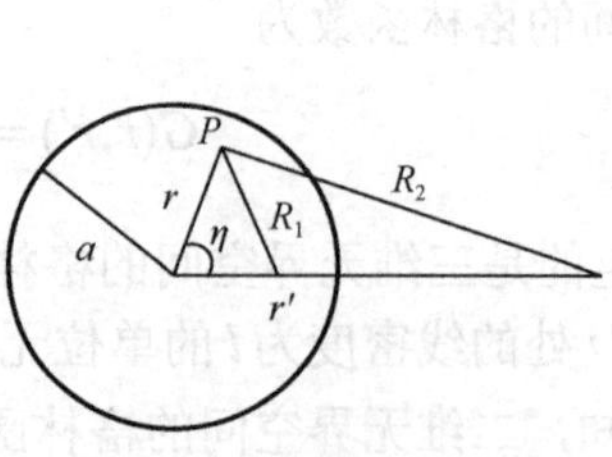

图 4.20　球内格林函数图

4.7 有限差分法

有限差分法是一种近似数值计算法，属于有限元理论，在一些工程技术计算中被广泛使用。这种方法是在待求场域内选取有限个离散点，在各个离散点上以差分方程近似代替各点上的微分方程，从而把以连续变量形式表示的位函数方程转化为以离散点位函数值表示的方程组。结合具体边界条件，求解差分方程组，即得到所选的各个离散点上的位函数值。有限差分法不仅能处理线性问题，还能处理非线性问题；不仅能求解拉普拉斯方程，也能求解泊松方程；不仅能求解任意静态场的问题，也能求解时变场的问题；而且这种方法不受边界形状的限制。

函数 $f(x)$ 的一阶差分定义为

$$\Delta f(x)=f(x+h)-f(x) \tag{4.86}$$

式中，h 是自变量 x 的增量，即 $\Delta x=h$。称

$$\frac{\Delta f}{\Delta x}=\frac{f(x+h)-f(x)}{h} \tag{4.87}$$

为 $f(x)$ 的一阶差商。当 h 很小时，差分Δf也很小，因此在近似计算中可用一阶差商近似等于一阶微分，即

$$\frac{\Delta f}{\Delta x}\approx\frac{\partial f}{\partial x} \tag{4.88}$$

同样可以定义二阶差分为

$$\Delta^2 f(x)=\Delta f(x+h)-\Delta f(x) \tag{4.89}$$

二阶差商为

$$\frac{\Delta^2 f(x)}{\Delta x^2}=\frac{\Delta f(x+h)-\Delta f(x)}{h^2} \tag{4.90}$$

同样，在近似计算中，二阶差商近似等于二阶微商，即

$$\frac{\Delta^2 f(x)}{\Delta x^2}=\frac{\Delta f(x+h)-\Delta f(x)}{h^2}\approx\frac{\partial^2 f(x)}{\partial x^2} \tag{4.91}$$

事实上，这里所描述的差分原理就是高等数学中微分定义的近似表示。差分方程就是在各离散点上，用 $\dfrac{\Delta^2 f(x)}{\Delta x^2}$ 和 $\dfrac{\Delta^2 f(y)}{\Delta y^2}$ 近似替代偏微分方程中的 $\dfrac{\partial^2 f(x)}{\partial x^2}$ 和 $\dfrac{\partial^2 f(y)}{\partial y^2}$，从而将拉普拉斯方程或泊松方程这样的偏微分方程转化为一组代数方程，即差分方程。

例 4.5 在一个二维矩形场域 D 内，电位函数 ϕ 满足泊松方程和第一类边界条件

$$\begin{cases}\nabla^2\phi=\dfrac{\partial^2\phi}{\partial x^2}+\dfrac{\partial^2\phi}{\partial y^2}=F\\[2ex] \phi|_G=f(s)\end{cases}$$

式中，F 为已知函数，且 $F=-\dfrac{\rho}{\varepsilon}$，$G$ 为场域 D 的边界，s 是边界 G 上的点，$f(s)$为已知函数。现用差分法求解上述边值问题。

解： 可将场域 D 划分为边长为 h 的正方形网格，如图 4.21 所示。网格线的交点为节点，正方形的边长为 h，称为步距，并设节点 0 的电位值为

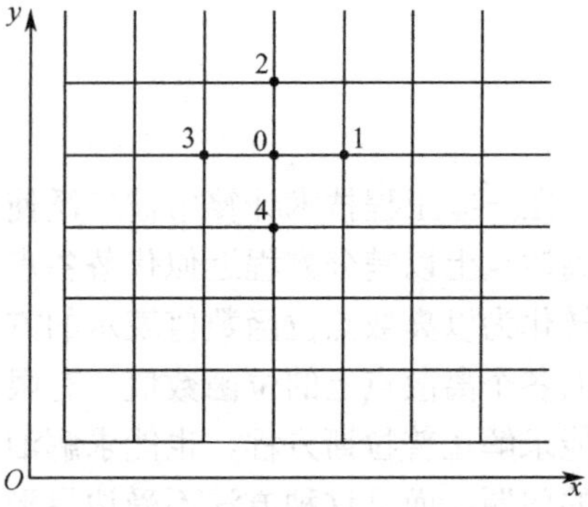

图 4.21　差分法的网格划分

$$\phi(x_0, y_0) = \phi_0$$

与节点 0 相邻的 4 个节点 1、2、3、4 上的电位值分别为 ϕ_1、ϕ_2、ϕ_3、ϕ_4，根据泰勒公式，过节点 0 且平行于 x 轴的直线上任意一点处的电位 ϕ_x 可表示为

$$\phi_x = \phi_0 + \left(\frac{\partial \phi}{\partial x}\right)_0 (x-x_0) + \frac{1}{2!}\left(\frac{\partial^2 \phi}{\partial x^2}\right)_0 (x-x_0)^2 + \frac{1}{3!}\left(\frac{\partial^3 \phi}{\partial x^3}\right)_0 (x-x_0)^3 + \frac{1}{4!}\left(\frac{\partial^4 \phi}{\partial x^4}\right)_0 (x-x_0)^4 + \cdots \quad (4.92)$$

对于节点 1，有 $x - x_0 = h$，所以

$$\phi_1 = \phi_0 + h\left(\frac{\partial \phi}{\partial x}\right)_0 + \frac{1}{2!}h^2\left(\frac{\partial^2 \phi}{\partial x^2}\right)_0 + \frac{1}{3!}h^3\left(\frac{\partial^3 \phi}{\partial x^3}\right)_0 + \frac{1}{4!}h^4\left(\frac{\partial^4 \phi}{\partial x^4}\right)_0 + \cdots \quad (4.93)$$

对于节点 3，有 $x - x_0 = -h$，所以

$$\phi_3 = \phi_0 - h\left(\frac{\partial \phi}{\partial x}\right)_0 + \frac{1}{2!}h^2\left(\frac{\partial^2 \phi}{\partial x^2}\right)_0 - \frac{1}{3!}h^3\left(\frac{\partial^3 \phi}{\partial x^3}\right)_0 + \frac{1}{4!}h^4\left(\frac{\partial^4 \phi}{\partial x^4}\right)_0 + \cdots \quad (4.94)$$

用式（4.93）减去式（4.94），当 $h \to 0$ 时，略去 h^3 以上的高次项，得

$$\phi_1 - \phi_3 \approx 2h\left(\frac{\partial \phi}{\partial x}\right)_0$$

即

$$\left(\frac{\partial \phi}{\partial x}\right)_0 \approx \frac{\phi_1 - \phi_3}{2h} \quad (4.95)$$

式（4.95）就是用节点 0 处的平均中心差商近似作为该点偏导数的差分表达式。

若用式（4.93）加上式（4.94），并略去 h^4 以上的高次项后，得

$$\left(\frac{\partial^2 \phi}{\partial x^2}\right)_0 \approx \frac{\phi_1 - 2\phi_0 + \phi_3}{h^2} \quad (4.96)$$

同理，ϕ 在 x_0 点处对 y 的二阶偏导数，也能用节点 2、4 及节点 0 上的电位表示为

$$\left(\frac{\partial^2 \phi}{\partial y^2}\right)_0 \approx \frac{\phi_2 - 2\phi_0 + \phi_4}{h^2} \quad (4.97)$$

式（4.96）和式（4.97）便是点（x_0, y_0）的二阶偏导数的差分表达式，将它们代入点（x_0, y_0）的泊松方程

$$\left(\frac{\partial^2 \phi}{\partial x^2}\right)_0 + \left(\frac{\partial^2 \phi}{\partial y^2}\right)_0 = (F)_0$$

可得

$$\phi_1 + \phi_2 + \phi_3 + \phi_4 - 4\phi_0 = h^2(F)_0 \quad (4.98)$$

即

$$\phi_0 = \frac{1}{4}[\phi_1 + \phi_2 + \phi_3 + \phi_4 - h^2(F)_0] \quad (4.99)$$

这就是节点 0 的差分方程。于是，在节点 0 就可用一个有限差分方程近似地代替该点的泊松方程。对于拉普拉斯方程，因为 $F = 0$，所以在节点 0 上，有限差分方程是

$$\phi_0 = \frac{1}{4}(\phi_1 + \phi_2 + \phi_3 + \phi_4) \tag{4.100}$$

式（4.99）和式（4.100）说明，场域划分为正方形网格后，场域内任意一节点 0 的电位 ϕ_0 只与周围 4 个节点的电位有关。这两式正是最常用的节点电位差分方程的形式，也称为等间距五点平均差分格式。对于非矩形场域，网格划分是有限元分析与计算的关键技术之一，是决定计算速度和精度的关键因素。计算速度是指在迭代计算时收敛的快慢，一般可以选择适当的收敛因子，加速收敛过程。

有限元的迭代计算一般是在计算机上完成的，手工计算只是熟悉其基本过程。稍微复杂的计算需要计算机计算几百甚至几千小时，于是就出现了并行计算的学科方向和并行计算机。

本章小结

1．静电场的基本方程为 $\nabla \cdot \boldsymbol{D} = \rho$，$\nabla \times \boldsymbol{E} = 0$，$\boldsymbol{D} = \varepsilon \boldsymbol{E}$。这些方程说明静电场是有源无旋场，这样的场可以用电位函数描述，即 $\boldsymbol{E} = -\nabla \phi$。

2．恒定电场的基本方程为 $\nabla \cdot \boldsymbol{J} = 0$，$\nabla \times \boldsymbol{E} = 0$，$\boldsymbol{J} = \sigma \boldsymbol{E}$。这些方程说明恒定电场的无源区域也是一个位场，在无源区域，可用一个标量位函数来描述，即 $\boldsymbol{E} = -\nabla \phi$。

3．恒定磁场的基本方程为 $\nabla \times \boldsymbol{H} = \boldsymbol{J}$，$\nabla \cdot \boldsymbol{B} = 0$，$\boldsymbol{B} = \mu \boldsymbol{H}$。这些方程说明恒定磁场是一个涡旋场，电流是这个涡旋场的源，电流线是闭合的。由于 $\boldsymbol{B}$ 的散度为零，因此可以引入矢量位函数 $\boldsymbol{A}$。

4．由三个静态场基本方程均可以分别推导出其位函数满足的泊松方程（有源区域）和拉普拉斯方程（无源区域）。

5．求解静态场位函数方程的方法所依据的理论是对偶原理、叠加原理和唯一性定理。

6．镜像法是用来计算合成场的有效方法，该方法与其他解题方法的最大不同之处是需要利用所学的物理知识和概念进行分析后再解题。镜像法是用一个与源电荷相似的点电荷或线电荷代替或等效实际导体上的感应电荷，通过计算由源电荷和镜像电荷共同产生的合成电场，来得出源电荷与感应电荷所共同产生的合成电场。

7．分离变量法是把一个多变量函数表示成若干个单变量函数的乘积的分析方法。与完全的数学求解方法不同，在使用该方法求解时需要针对具体物理问题，并且结合一些物理概念进行分析。通过分离变量，将函数的偏微分方程分解为带"分离"常数的几个单变量的常微分方程。不同坐标系分解出来的单变量常微分方程的形式不同，其通解的形式也不同。

8．格林函数法是数学物理方法中的基本方法之一，可以用于求解静态场中的拉普拉斯方程、泊松方程以及时变场中的亥姆霍兹方程。格林函数法的要点是先求出与待解问题具有相同边界形状的格林函数。格林函数就是单位点源的位函数，知道格林函数后，通过积分就可以得到具有任意分布源的解。对于静电场问题，可以从单位点电荷在特定边界上产生的位函数，通过积分求得同一边界的任意分布电荷产生的电位。

9．有限差分法是一种近似数值计算法，这种方法是在待求场域内选取有限个离散点，在各个离散点上以差分方程近似代替各点上的微分方程，从而把以连续变量形式表示的位函数方程转化为以离散点位函数值表示的方程组。结合具体边界条件求解差分方程组，即得到所选的各个离散点上的位函数值。

习题 4

4.1 一个点电荷 Q 与无穷大导体平面相距为 d，如果把它移动到无穷远处，需要做多少功？

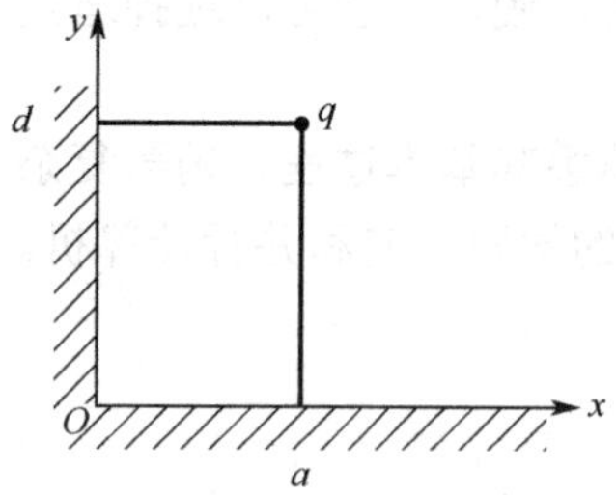

图 4.22 习题 4.2 图

4.2 如图 4.22 所示，一个点电荷放在直角导体内部，求出所有镜像电荷的位置和大小。

4.3 证明：一个点电荷 q 和一个带有电荷 Q、半径为 R 的导体球之间的作用力为

$$F=\frac{q}{4\pi\varepsilon_0}\left[\frac{Q+Rq/d}{d^2}-\frac{dRq}{(d^2-R^2)^2}\right]$$

其中，d 是 q 到球心的距离（$d>R$）。

4.4 两个点电荷 $+Q$ 和 $-Q$ 位于一个半径为 a 的接地导体球直径的延长线上，分别距离球心为 d 和 $-d$。

（1）证明：镜像电荷构成一电偶极子，位于球心，偶极矩为 $2a^3Q/d^2$。

（2）令 Q 和 d 分别趋于无穷，同时 Q/d^2 保持不变，计算球外的电场。

4.5 如图 4.23 所示，接地无限大导体平板上有一个半径为 a 的半球形突起，在点 $(0, 0, d)$ 处有一个点电荷 q，求导体上方的电位。

4.6 在图 4.24 所示的无限大接地导体上，有一内外半径分别为 a 和 b 的球壳，在球壳内外位于垂直于水平面的对称轴上（过球心）有点电荷 q_1 和 q_2，求球壳内外空间的电位。

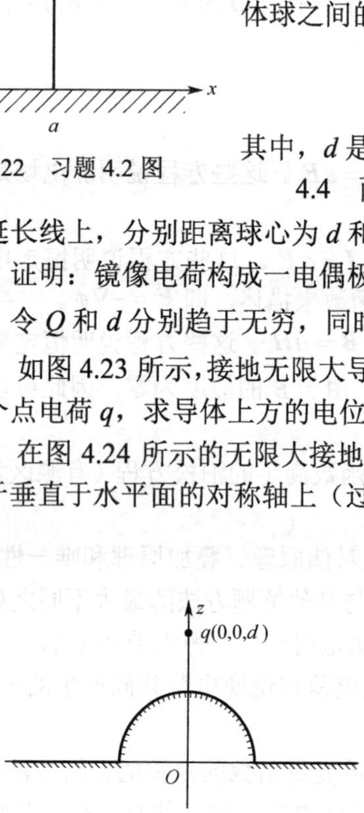

图 4.23 习题 4.5 图

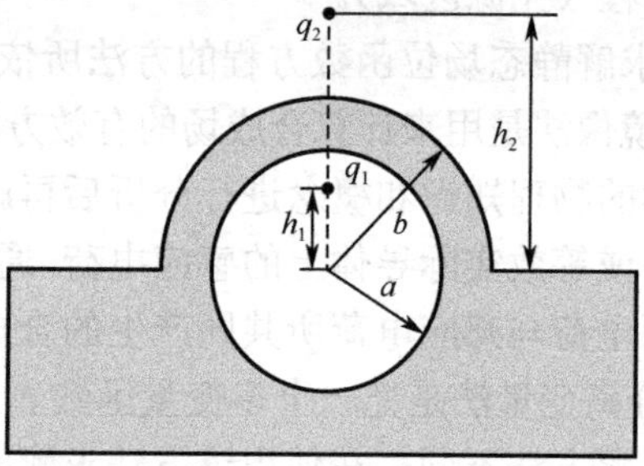

图 4.24 习题 4.6 图

4.7 求截面为矩形的无限长区域（$0<x<a$，$0<y<b$）的电位，其四壁的电位为

$$\phi(x,0)=\phi(x,b)=0$$

$$\phi(0,y)=0$$

$$\phi(a,y)=\begin{cases}\dfrac{U_0 y}{b}, & 0<y\leqslant\dfrac{b}{2}\\ U_0\left(1-\dfrac{y}{b}\right), & \dfrac{b}{2}<y<b\end{cases}$$

4.8 一个截面如图 4.25 所示的导体槽，向 y 和 z 方向无限延伸，两侧的电位为零，底部的电位为 $\phi(x,0)=U_0\sin(3\pi x/a)$，求槽内的电位。

4.9 如图 4.26 所示，导体槽沿 y 和 z 方向无限延伸，一面电位为 U_0，其余两面电位为零。试求：（1）槽内的电位；（2）导体板上的面电荷密度。

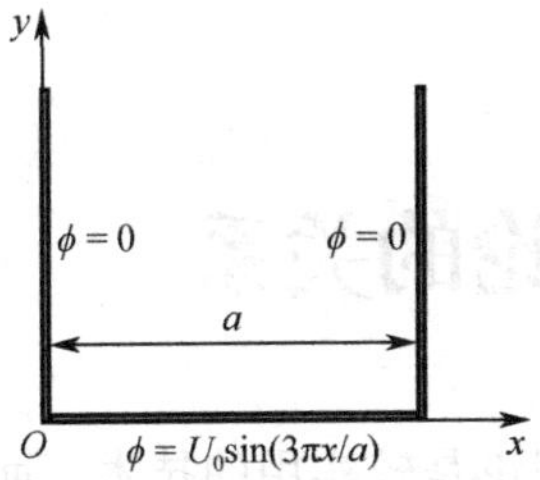

图 4.25　习题 4.8 图

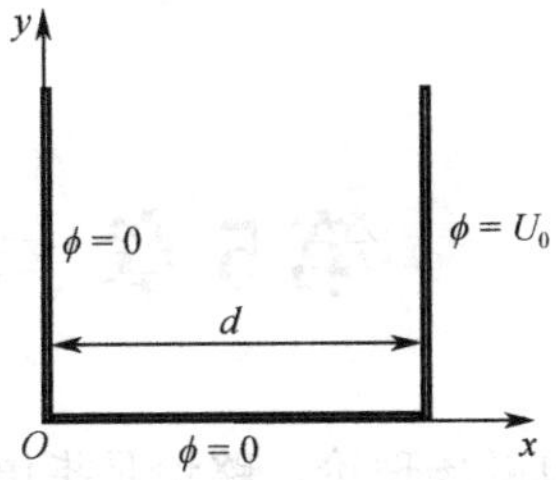

图 4.26　习题 4.9 图

4.10　一个矩形导体槽由两部分构成，如图 4.27 所示，两个导体板的电位分别是 U_0 和 0，求槽内的电位。

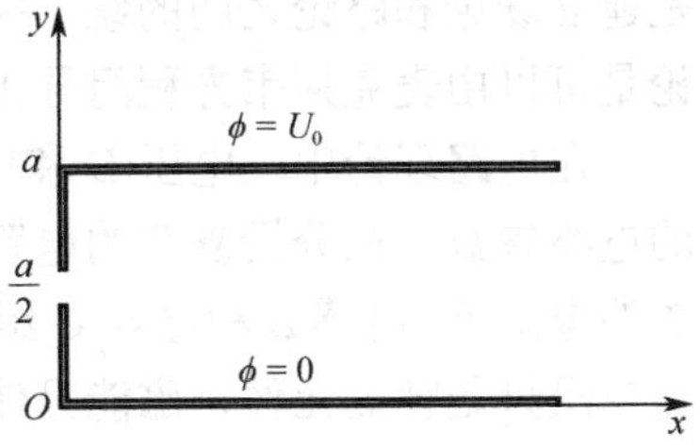

图 4.27　习题 4.10 图

4.11　将一个半径为 a 的无限长导体管平分成两半，两部分之间互相绝缘，上半部分 $(0<\varphi<\pi)$ 接电压 U_0，下半部分 $(\pi<\varphi<2\pi)$ 电位为零，求管内的电位。

4.12　半径为无穷长的圆柱面上，有密度为 $\rho_S=\rho_{S0}\cos\phi$ 的面电荷，求柱面内、外的电位。

4.13　将一个半径为 a 的导体球置于均匀电场 E_0 中，求球外的电位、电场。

4.14　将半径为 a，介电常数为 ε 的无限长介质圆柱放置于均匀电场 E_0 中，设 E_0 沿 x 方向，柱的轴沿 z 轴，柱外为空气，求任意点的电位、电场。

4.15　求无限长矩形区域（$0<x<a$，$0<y<b$）第一类边值问题的格林函数（即矩形槽的四周电位为零，槽内有一与槽平行的单位线源，求槽内电位）。

4.16　推导无限长圆柱区域内（半径为 a）第一类边值问题的格林函数。

4.17　两个无限大导体平板间距离为 d，且两板电位分别为 $\phi=0$（$x=0$）和 $\phi=U_0$（$x=d$），其间有体密度 $\rho=\rho_0(x/d)$ 的电荷。用格林函数法求极板之间的电位。

4.18　用有限差分法求图 4.28 所示区域中各个节点的电位。

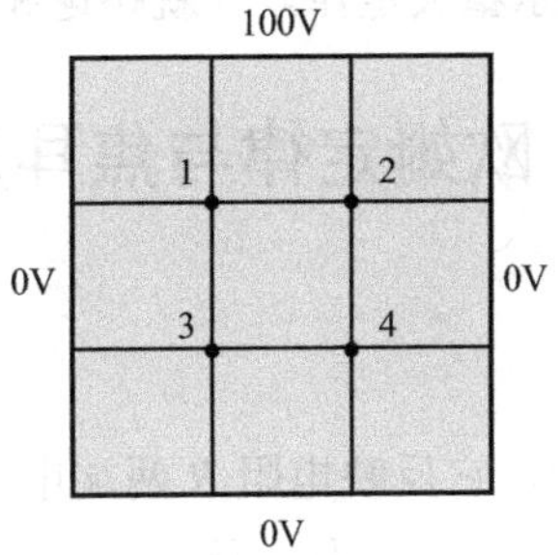

图 4.28　习题 4.18 图

第5章　场论与路论的关系

场论是指电磁场理论，路论是指电路理论。电路理论是较实用的技术，而电磁场理论相对比较抽象，人们一般理解是互不相干的两个方面，事实上两者是有内在联系的。本章目的是建立场论和路论之间的统一关系，强调场论的普遍性，在电路尺寸远小于工作波长时，路论是可以由麦克斯韦方程组导出的。

在电路理论中，电压 U 和电流 I 是两个基本的物理量，电阻 R、电感 L 和电容 C 是重要的电路参数。在分析复杂的电路系统时，总是先采用理想的模型，把实际的电路看成是由理想的电阻 R、电感 L 和电容 C 组成的，把电路的电阻全部集中在 R 上，电感全部集中在 L 上。即电阻只是耗能元件，磁能只储存在电感中，而电能只储存在电容上，同时，假设连接 R、C 和 L 的导线是理想的，阻抗为零。在此基础上，应用基尔霍夫定律和其他电路定律求解大多数直流和低频电磁问题，可得到令人满意的结果。而射频电路，如传输线，在引入分布参数电路后，仍可使用电路理论研究。电路理论容易为人理解接受，应用方便，似乎无须场论的介入，其实不然。

在场论中，电场强度 $\boldsymbol{E}$、电位移矢量 $\boldsymbol{D}$、磁感应强度 $\boldsymbol{B}$ 和磁场强度 $\boldsymbol{H}$ 是 4 个重要的场量，而有关介质的参数为电导率 σ、磁导率 μ 及介电常数 ε，本章将讨论它们和电路参数存在的对应关系。

应用麦克斯韦方程组，可以对所有宏观电磁现象做出解释，例如，电路尺寸元件中的场具有准静态性质，尽管电场和磁场是时变场，但其空间分布仍具有静态场的某些特性。实际上电路参数 R、L 和 C 是完全可以根据场论算出的，仅这一点就说明路论和场论是不可分割的。下面分节讨论，如何由场论导出基尔霍夫定律，并就路论和场论的适用范围进行简单评述。

5.1　欧姆定律与焦耳定律

5.1.1　欧姆定律

欧姆定律是电路基本定律之一，它反映电阻 R 两端电压 U 和流经电阻的电流 I 的关系

$$U = IR \tag{5.1}$$

式（5.1）是欧姆定律的积分形式，在线性、各向同性介质的假设下才成立。它不涉及电流在电阻元件中的分布情况，也不涉及元件中各点电场强度的大小和方向，以及电阻元件的形状、大小或种类，例如，阻值为 R 的电阻可由一段尺寸均匀的直导线构成，也可以由形状不规则的导体构成；可以为炭膜电阻，也可以为金属膜电阻等。

根据场论，第 2 章中得到导电介质特性的本构关系为 $\boldsymbol{J} = \sigma \boldsymbol{E}$，也称为欧姆定律的微分形式，其中的电流场可以是均匀的，也可以是不均匀的，微分形式的欧姆定律反映了导电介质中每一点的性质。特别是当材料不均匀时，电导率随点的不同而有不同的值，从而在空间形成一个标量函数场。可见，相比于路论而言，场论对欧姆定律的描述具有更精细、更普遍的特点。

5.1.2 电阻的计算

5.1.2.1 均匀直导体的电阻计算公式

图 5.1 为电流场中的一段导电介质，其横截面为 S、长度为 l、电导率为 σ。设在该段导电介质内的电场是均匀分布的（即均匀直导体），其方向如图 5.1 所示。

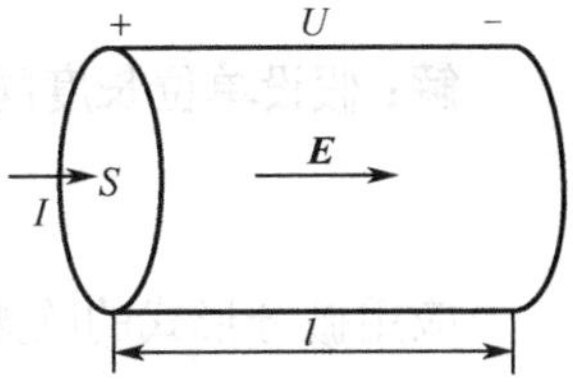

图 5.1　一段均匀直导体

通过该段导电介质的电流为

$$I = JS = \sigma ES$$

两端电压为

$$U = El$$

由电阻的定义式可知，该段导电介质的等效电阻为

$$R = \frac{U}{I} = \frac{El}{\sigma ES} = \frac{l}{\sigma S} \tag{5.2}$$

若用电阻率 ρ 表示，则

$$R = \rho \frac{l}{S} \tag{5.3}$$

R 为导电介质的电阻。由此可见，在场论基础上，可以导出欧姆定律式（5.1）。当导电介质（导体）的形状不规则时，电流密度的分布将是不均匀的。在这种情况下，需要用积分方法计算电阻。

5.1.2.2 非均匀导线的电阻

如图 5.2 所示，为一段非均匀导线。

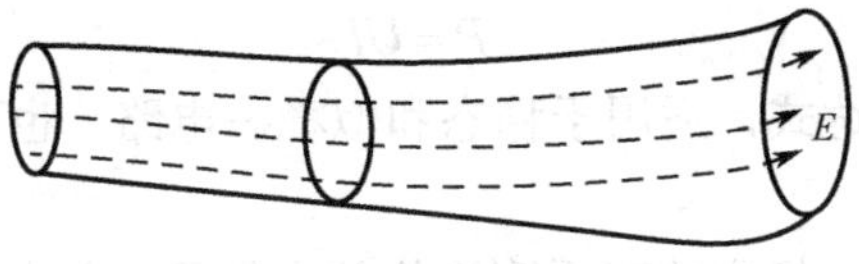

图 5.2　一段非均匀导线

设与电流线垂直的两个端面为等位面，两个端面的电压降为

$$U = -\int_l \boldsymbol{E} \cdot \mathrm{d}\boldsymbol{l} \tag{5.4}$$

式（5.4）中的积分路径规定由低电位至高电位，这和电位梯度的定义是一致的。通过任一截面 S 的电流为

$$I = \int_S \boldsymbol{J} \cdot \mathrm{d}\boldsymbol{S} = \int_S \sigma \boldsymbol{E} \cdot \mathrm{d}\boldsymbol{S} \tag{5.5}$$

根据定义可得到两端面导电介质的电阻 R 和电导 G 分别为

$$R = \frac{U}{I} = \frac{-\int_l \boldsymbol{E} \cdot \mathrm{d}\boldsymbol{l}}{\int_S \sigma \boldsymbol{E} \cdot \mathrm{d}\boldsymbol{S}} \tag{5.6}$$

式（5.6）表明，导电介质的等效电阻取决于导电介质的电导率（电阻率）和所研究的空间区域的尺寸、形状等。由此可以看出，介质的电导率表示的是空间某一点的介质特性，而电阻则表示的是空间一个特定区域内介质的特性，它是空间一点上介质特性的扩展。

例 5.1　如图 5.3 所示，同轴线的内导体半径为 a，外导体的内半径为 b，内、外导体之间填充电导率为σ的非理想介质，试计算同轴线单位长度的电导。

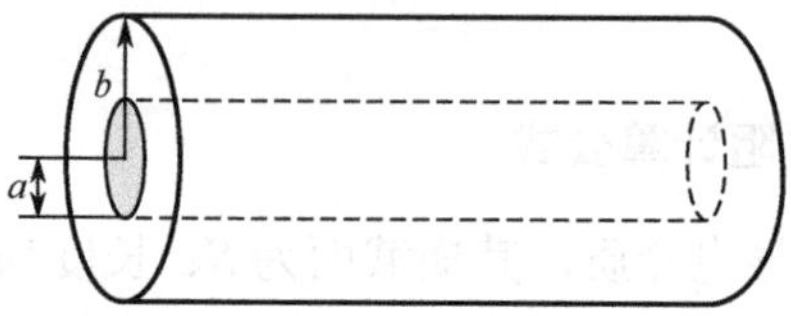

图 5.3 同轴线

解： 假设单位长度同轴圆柱面的漏电流为I，则半径为r的同轴圆柱面上的漏电流密度为

$$\boldsymbol{J}=\frac{I}{2\pi r}\boldsymbol{e}_r$$

应用微分形式的欧姆定律，可得电场强度为

$$\boldsymbol{E}=\frac{\boldsymbol{J}}{\sigma}=\frac{I}{2\pi r\sigma}\boldsymbol{e}_r$$

将该电场强度沿径向积分，可得内、外导体之间的电位差为

$$U=\int_a^b \boldsymbol{E}\cdot \mathrm{d}\boldsymbol{r}=\int_a^b \frac{I}{2\pi r\sigma}\boldsymbol{e}_r\cdot\boldsymbol{e}_r\mathrm{d}r=\frac{I}{2\pi\sigma}\ln\frac{b}{a}$$

同轴线单位长度的电导为

$$G=\frac{I}{U}=\frac{2\pi\sigma}{\ln(b/a)}$$

5.1.3 焦耳定律

在一段含有电阻R的电路中，计算损耗功率的关系式为

$$P=UI \tag{5.7}$$

称为焦耳定律。它是积分表达式，适用于稳态和似稳态电路，也可由场论推出。式（5.7）可由场论推导出。

导电介质中自由电子在电场影响下受到洛伦兹力作用，并发生定向运动。运动过程中，电子和原子晶格不断发生碰撞，电子的动能转变为原子的热振动，造成能量损耗。

设电子电荷q在电场作用下移动距离Δl，则电场力做功为

$$\Delta W=q\boldsymbol{E}\cdot\Delta\boldsymbol{l}$$

相应的功率为

$$p=\frac{\mathrm{d}W}{\mathrm{d}t}=q\boldsymbol{E}\cdot\boldsymbol{v}$$

式中，$\boldsymbol{v}$为电子漂移速度。在体积V中，单位体积中的电荷数目为N。体积元$\mathrm{d}V$中全部自由电子的损耗功率为

$$\mathrm{d}P=\sum p=\boldsymbol{E}\cdot(Nq\boldsymbol{v})\mathrm{d}V$$

式中，N为单位体积中的电子数，由第 2 章可知$Nq\boldsymbol{v}$为传导电流密度$\boldsymbol{J}$，则有

$$\frac{\mathrm{d}P}{\mathrm{d}V}=\boldsymbol{E}\cdot\boldsymbol{J} \tag{5.8}$$

式（5.8）为功率密度表达式，即单位体积损耗的电功率。将$\boldsymbol{J}=\sigma\boldsymbol{E}$代入得

$$\frac{\mathrm{d}P}{\mathrm{d}V}=\sigma E^2 \tag{5.9}$$

上式是恒定电场的功率密度关系式，也是焦耳定律的微分形式，表示单位体积中损耗的电功率，在体积为 V 的一段导体中，总的损耗功率用场量表示为

$$P=\int_V \boldsymbol{E}\cdot\boldsymbol{J}\mathrm{d}V \tag{5.10}$$

对于一段均匀直导体：$\mathrm{d}V=\mathrm{d}\boldsymbol{l}\mathrm{d}\boldsymbol{S}$，$\mathrm{d}\boldsymbol{l}$ 和电流线一致；$\mathrm{d}\boldsymbol{S}$ 和电流线垂直。则

$$P=\int_V \boldsymbol{E}\cdot\boldsymbol{J}\mathrm{d}V=\int_l E\mathrm{d}l\int_S J\mathrm{d}S=UI \tag{5.11}$$

这就是焦耳定律，所得结果和式（5.7）一致，也反映了场论和路论的统一关系。

例 5.2　同轴线的内导体半径为 a，外导体的内半径为 b，其间填充均匀的理想介质。设内、外导体间的电压为 U，导体中流过电流 I，如图 5.4 所示。若导体为理想导体，试计算同轴线中的传输功率。

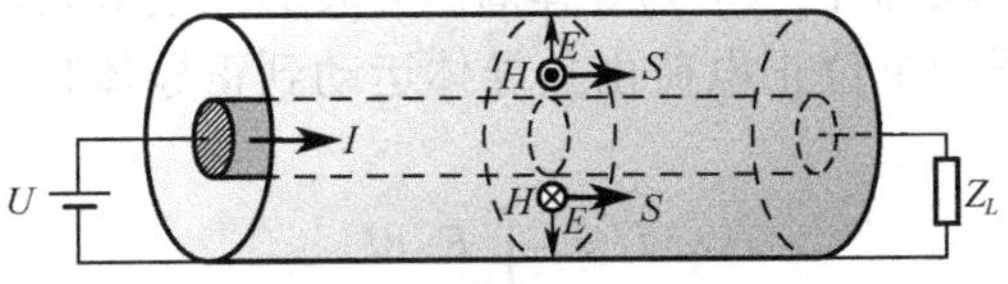

图 5.4　同轴线中的电磁场

解：由于内、外导体均为理想导体，电场和磁场只存在于内、外导体之间的理想介质中，且内、外导体表面的电场无切向分量，只有径向分量。利用高斯定律和安培环路定律，可得内、外导体之间的电场和磁场分别为

$$\boldsymbol{E}=\boldsymbol{e}_r\frac{U}{r\ln(b/a)},\quad \boldsymbol{H}=\boldsymbol{e}_\varphi\frac{I}{2\pi r}$$

内、外导体之间任意横截面上的坡印廷矢量为

$$\boldsymbol{S}=\boldsymbol{E}\times\boldsymbol{H}=\boldsymbol{e}_r\frac{U}{r\ln(b/a)}\times\boldsymbol{e}_\varphi\frac{I}{2\pi r}=\boldsymbol{e}_z\frac{UI}{2\pi r^2\ln(b/a)}$$

电磁能量在内、外导体之间的介质中沿着 z 轴方向流动，即由电源流向负载。穿过任意横截面的功率为

$$P=\int_S \boldsymbol{S}\cdot\boldsymbol{e}_z\mathrm{d}S=\int_S\frac{UI}{2\pi r^2\ln(b/a)}2\pi r\mathrm{d}r=UI$$

这与电路中的分析结果相吻合。可见，同轴线传输的功率是通过内、外导体间的电磁场传递到负载，而不是经过导体内部传递的。

5.2 电容和部分电容

电容是一个重要的电路参数，它是描述导体系统储存电荷能力的物理量。

5.2.1 电容

电容的概念也是以场论为基础引出的，其单位为法拉，用 F 表示，工程上实用的电容单位为微法，用μF 表示（$1\mu\mathrm{F}=10^{-6}\mathrm{F}$），以及皮法，用 pF 表示（$1\mathrm{pF}=10^{-12}\mathrm{F}$）。根据定义，孤立导体的电容 C 为

$$C=\frac{Q}{\phi} \tag{5.12}$$

式中，Q 为导体所带的电荷量，ϕ 为导体的电位。其实孤立导体的电容是指该导体与无穷远处的另一导体间的电容。

由两个导体组成的系统的电容为

$$C = \frac{Q}{U} \tag{5.13}$$

式中，Q 为带正电导体的电荷量，U 为两导体间的电压。电容是与两导体的形状、位置及周围介质有关的常数。

由高斯定律有

$$Q = \oint_S \varepsilon \boldsymbol{E} \cdot \mathrm{d}\boldsymbol{S}$$

式中，S 为包围带正电导体的曲面，ε 为导体周围介质的介电常数。

正、负导体间的电压为单位正电荷由负导体运动到正导体时，电场力对正电荷所做的功，即

$$U = -\int_l \boldsymbol{E} \cdot \mathrm{d}\boldsymbol{l}$$

故式（5.13）可表示为

$$C = \frac{\oint_S \varepsilon \boldsymbol{E} \cdot \mathrm{d}\boldsymbol{S}}{-\int_l \boldsymbol{E} \cdot \mathrm{d}\boldsymbol{l}} \tag{5.14}$$

由上式可见，欲计算两导体间的电容 C，必须求出其间的电场 $\boldsymbol{E}$。

电容 C 由电量 Q 和电压 U 的比值定义，对于线性介质的情况，C 和导体系统的 Q 及 U 本身的大小无关。这是因为，如果导体的电荷量增大 N 倍，电场强度也增大 N 倍，其比值保持不变，导体系统电容的大小只和导体的几何尺寸、形状及其周围介质的介电常数等因素有关。

例 5.3 同轴线的内导体半径为 a，外导体的内半径为 b，内、外导体间填充介电常数为 ε 的均匀介质。试求同轴线单位长度的电容。

解： 设同轴线的内、外导体单位长度带电量分别为 Q 和 $-Q$，利用高斯定律，可得内、外导体间的电场为

$$\boldsymbol{E} = \boldsymbol{e}_r \frac{Q}{2\pi\varepsilon r}$$

内、外导体间的电压为

$$U = \int_a^b \boldsymbol{E} \cdot \mathrm{d}\boldsymbol{r} = \int_a^b \frac{Q}{2\pi\varepsilon r} \boldsymbol{e}_r \cdot \boldsymbol{e}_r \mathrm{d}r = \frac{Q}{2\pi\varepsilon} \ln \frac{b}{a}$$

则同轴线单位长度的电容为

$$C = \frac{Q}{U} = \frac{2\pi\varepsilon}{\ln(b/a)}$$

5.2.2 部分电容

1. 概念

在实际工作中，我们还经常遇到两个以上的导体系统，这种系统称为多导体系统。在多导体系统中，每一个导体所带的电量都会影响其他导体的电位。

假设所要讨论的多导体系统是静电独立系统，即系统中的电场分布只与系统内各带电导体的形状、尺寸、相互位置及电介常数有关，而与系统以外的带电体无关，和外界没有任何联系。也就是说，导体及大地或无穷远处 $n+1$ 个导体一起组成静电独立系统。在静电独立系统中，所有导体带电量代数和等于 0。即

$$q_0+q_1+\cdots+q_n=0 \tag{5.15}$$

在多导体系统中，任意两个导体之间的电压不仅要受到它们自身电荷的影响还要受到其余电荷的影响。这时，系统中导体间的电压与导体电荷关系一般不能仅用一个电容来表示，需要将电容的概念加以扩充，引入部分电容的概念。研究这些部分电容对于确定多导体系统的特性具有重要意义。例如，在平行板电容器中置入一金属球，由于静电感应，面对正极板一侧带负电，而面对负极板的一侧带正电，使得平板电容器正负两极板间的电位差变小，而极板上总电荷量仍维持不变，这样导致了平行板间的总电容 C 增大。

2. 电位系数

设一内导体球半径为 a，外导体球壳内半径为 b，外半径为 c，若内导体球带电量为 q_1，外导体球壳带电量为 q_2，则在这两个导体与大地组成的三导体系统中，将无穷远处看成是半径为 $R=\infty$ 的导体球壳，在这样的静电独立系统中，$R=\infty$ 的导体球壳上必然带有 $-(q_1+q_2)$ 的电量。

利用高斯定律，内导体球的电位为

$$\phi_1=\frac{q_1}{4\pi\varepsilon_0}\left(\frac{1}{a}-\frac{1}{b}+\frac{1}{c}\right)+\frac{q_2}{4\pi\varepsilon_0 c}$$

外导体球壳的电位为

$$\phi_2=\frac{q_1+q_2}{4\pi\varepsilon_0 c}$$

以上两式可写成

$$\begin{cases}\phi_1=\alpha_{11}q_1+\alpha_{12}q_2\\ \phi_2=\alpha_{21}q_1+\alpha_{22}q_2\end{cases} \tag{5.16}$$

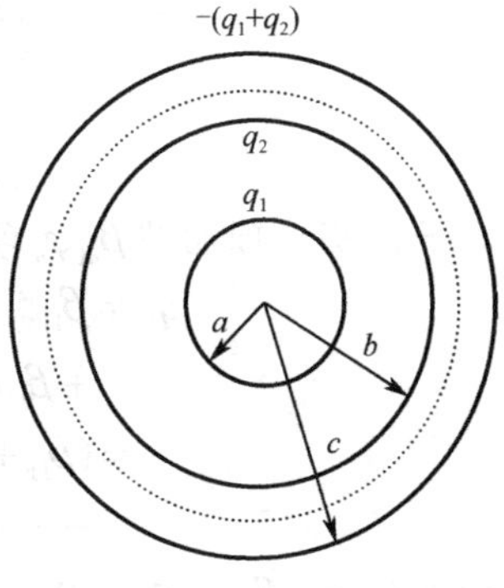

图 5.5　三导体系统

由此可得到每一导体的电位与各导体所带电荷之间呈线性关系。

式（5.16）中，具有相同下标的系数，α_{ii} 称为自电位系数。具有不相同下标的系数，α_{ij} 称为互电位系数。这些电位系数均是正值，而且 $\alpha_{ij}=\alpha_{ji}$ 具有互易性。系数 α 只与导体的形状、尺寸、相对位置及导体间介电常数有关，与导体所带电量无关，因此将它们统称为电位系数。

自电位系数 α_{ii} 是除 i 导体外，其他的导体不带电时，i 导体自身的电位与电量之比，即

$$\alpha_{ii}=\frac{\phi_i}{q_i} \tag{5.17}$$

互电位系数 α_{ij} 是除 j 导体外，其他导体不带电时，i 导体的电位与 j 导体的电量之比，即

$$\alpha_{ij}=\frac{\phi_i}{q_j} \tag{5.18}$$

3. 电容系数、感应系数

对上面两个方程求解，可得这两个导体上电量为

$$\begin{cases}q_1=\beta_{11}\phi_1+\beta_{12}\phi_2\\ q_2=\beta_{21}\phi_1+\beta_{22}\phi_2\end{cases} \tag{5.19}$$

式中，具有相同下标的系数 β_{ii} 称为电容系数；具有不同下标的系数 β_{ij} 称为感应系数。电容系数 β_{ii} 为除 i 导体外，其余导体接地时，i 导体上的电荷与自身的电位之比，$\beta_{ii}=\dfrac{q_i}{\phi_i}$，总为正值。感应系数 β_{ij} 为除 i 导体外，其他导体都接地，i 导体上的电荷量与 j 导体上的电位之比，$\beta_{ij}=\dfrac{q_i}{\phi_j}$，总为负值。

对于电容系数、感应系数，应注意以下结论：

（1）电容系数与感应系数也只与导体的几何形状、系统电介质的特性有关，且 $\beta_{ij}=\beta_{ji}$；

（2）电容系数总是正值 β_{ii}；

（3）感应系数总是负值 β_{ij}；

（4）$\beta_{ii}>|\beta_{ik}|$。

4．部分电容

式（5.17）是对于两个导体，若对于 n 个导体，则为

$$\begin{cases} q_1=\beta_{11}\phi_1+\beta_{12}\phi_2+\cdots+\beta_{1k}\phi_k+\cdots+\beta_{1n}\phi_n \\ q_2=\beta_{21}\phi_1+\beta_{22}\phi_{23}+\cdots+\beta_{2k}\phi_k+\cdots+\beta_{2n}\phi_n \\ \qquad\vdots \\ q_n=\beta_{n1}\phi_1+\beta_{n2}\phi_2+\cdots+\beta_{nk}\phi_k+\cdots+\beta_{nn}\phi_n \end{cases} \tag{5.20}$$

对于 q_n 每一项加减 $\beta_{nk}\varphi_n$ 项，如 q_1 变换为

$$\begin{aligned} q_1 &=\beta_{11}\phi_1+\beta_{12}\phi_1-\beta_{12}\phi_1+\beta_{12}\phi_2+\beta_{13}\phi_1-\beta_{13}\phi_1 \\ &\quad+\beta_{13}\phi_3+\cdots+\beta_{1k}\phi_1-\beta_{1k}\phi_1+\beta_{1n}\phi_k+\cdots+\beta_{1n}\phi_1-\beta_{1n}\phi_1+\beta_{1n}\phi_n \\ &=(\beta_{11}+\beta_{12}+\cdots+\beta_{1k}+\cdots+\beta_{1n})\phi_1-\beta_{12}(\phi_1-\phi_2)-\beta_{13}(\phi_1-\phi_3) \\ &\quad-\cdots-\beta_{1k}(\phi_1-\phi_k)-\cdots-\beta_{1n}(\phi_1-\phi_n) \end{aligned}$$

定义 $C_{ij}=-\beta_{ij}$，$C_{ii}=\beta_{i1}+\beta_{i2}+\beta_{i3}+\cdots+\beta_{in}$，有

$$q_1=C_{11}\phi_1+C_{12}(\phi_1-\phi_2)+\cdots+C_{1k}(\phi_1-\phi_k)+\cdots+C_{1n}(\phi_1-\phi_n) \tag{5.21}$$

同理

$$q_k=C_{k1}(\phi_k-\phi_1)+C_{k2}(\phi_k-\phi_2)+\cdots+C_{kk}\phi_k+\cdots+C_{kn}(\phi_k-\phi_n) \tag{5.22}$$

由此，式（5.20）可写为

$$\begin{cases} q_1=C_{11}\phi_1+C_{12}(\phi_1-\phi_2)+\cdots+C_{1k}(\phi_1-\phi_k)+\cdots+C_{1n}(\phi_1-\phi_n) \\ q_2=C_{21}(\phi_2-\phi_1)+C_{22}\phi_2+\cdots+C_{2k}(\phi_2-\phi_k)+\cdots+C_{2n}(\phi_1-\phi_n) \\ \qquad\vdots \\ q_n=C_{n1}(\phi_n-\phi_1)+C_{n2}(\phi_n-\phi_2)+\cdots+C_{nk}(\phi_n-\phi_k)+\cdots+C_{nn}\phi_n \end{cases} \tag{5.23}$$

式中，C_{ii} 称为导体自部分电容，即为各导体分别与大地之间的那部分电容；C_{ij} 为相互之间的电容，即 i 导体与 j 导体之间的电容。

自电容与互电容统称为部分电容。对于由 n 个导体组成的系统，部分电容的总数为 $\dfrac{n(n+1)}{2}$ 个。

5.3 电　感

电感器的电感是电路理论中的基本参数之一。根据毕奥-萨伐尔定律，在线性、各向同性的介质中，电流回路在空间产生的磁场与回路中的电流成正比。因此，穿过回路的磁通量（或磁链）也与回路中的电流成正比。二者的比值称为电感系数，简称电感。电感只与导体系统的几何参数和周围介质有关，与电流、磁通量无关。

电感分为自感和互感，本节讨论自感和互感的计算。

5.3.1 自感

设载有电流 I 的单匝线圈与其交链的磁链为 $\varPsi$。如果线圈内外不存在铁磁性物质，则 $\varPsi$ 和 I 之间存在线性关系，其比值

$$L=\frac{\varPsi}{I} \tag{5.24}$$

称为自感系数，简称自感，单位为亨（H），工程上的实用单位为毫亨（mH）或微亨（μH）。它取决于线圈的几何形状、尺寸以及磁介质的磁导率。

式（5.24）中

$$\psi=\int_S \boldsymbol{B}\cdot \mathrm{d}\boldsymbol{S}$$

由矢量位 $\boldsymbol{A}$ 的定义 $\boldsymbol{B}=\nabla\times\boldsymbol{A}$ 及斯托克斯定理，有

$$\psi=\int_S \boldsymbol{B}\cdot \mathrm{d}\boldsymbol{S}=\int_S(\nabla\times\boldsymbol{A})\cdot \mathrm{d}\boldsymbol{S}=\oint \boldsymbol{A}\cdot \mathrm{d}\boldsymbol{l}$$

因此

$$L=\frac{\oint_l \boldsymbol{A}\cdot \mathrm{d}\boldsymbol{l}}{I} \tag{5.25}$$

为单匝线圈的自感。

对于 N 匝相同的线圈，相应回路的自感为

$$L=\frac{N\oint_l \boldsymbol{A}\cdot \mathrm{d}\boldsymbol{l}}{I} \tag{5.26}$$

在计算自感时，常用到内磁链和内自感的概念。在导线内部，仅与部分电流相交链的磁通称为内磁通，相应的磁链为内磁链，用 ψ_{i} 表示，则内自感为

$$L_{\mathrm{i}}=\frac{\psi_{\mathrm{i}}}{I} \tag{5.27}$$

同样，完全在导线外部闭合的磁通称为外磁通，相应的磁链为外磁链，用 ψ_{o} 表示。则外自感为

$$L_{\mathrm{o}}=\frac{\psi_{\mathrm{o}}}{I} \tag{5.28}$$

自感为内自感与外自感之和，即

$$L=L_{\mathrm{i}}+L_{\mathrm{o}} \tag{5.29}$$

例 5.4　计算长为 l 的同轴线的电感。

解：设同轴线的内导体半径为 a，外导体半径为 b，外导体的厚度可忽略不计。同轴线的

内外导体构成电流回路，在直流或低频情况下，电流 I 在导体横截面中均匀分布，由于对称性，磁场也只存在 φ 方向分量。同轴线单位长度的电感可分为内导体中的内自感和内、外导体之间的外自感。

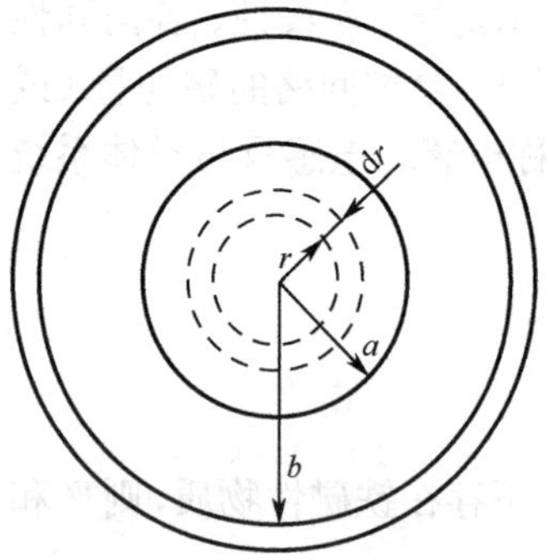

图 5.6　同轴线横截面

（1）内导体的内自感（$0 \leqslant r \leqslant a$）

如图 5.6 所示，由安培环路定律可求出在内导体中任意一点的磁感应强度为

$$\boldsymbol{B} = \boldsymbol{e}_\varphi \frac{\mu_0}{2\pi r}\frac{\pi r^2}{\pi a^2} I = \boldsymbol{e}_\varphi \frac{\mu_0 I r}{2\pi a^2}$$

穿过由轴向长度为 l、宽度为 $\mathrm{d}r$ 的矩形面积元 $\mathrm{d}\boldsymbol{S} = \boldsymbol{e}_\varphi l \mathrm{d}r$ 上的磁通为

$$\mathrm{d}\Phi_{\mathrm{i}} = \boldsymbol{B} \cdot \mathrm{d}\boldsymbol{S} = \frac{\mu_0 I l r}{2\pi a^2}\mathrm{d}r$$

与 $\mathrm{d}\Phi_{\mathrm{i}}$ 这一部分磁通相交链的电流

$$I_1 = \frac{\pi r^2}{\pi a^2} I = \frac{r^2}{a^2} I$$

因此，与 $\mathrm{d}\Phi_{\mathrm{i}}$ 相应的磁链为

$$\mathrm{d}\psi_{\mathrm{i}} = \frac{I_1}{I}\mathrm{d}\Phi_{\mathrm{i}} = \frac{\mu_0 I l r^3}{2\pi a^4}\mathrm{d}r$$

则内导体中的自感磁链总量为

$$\psi_{\mathrm{i}} = \int \mathrm{d}\psi_{\mathrm{i}} = \int_0^a \frac{\mu_0 I l r^3}{2\pi a^4}\mathrm{d}r = \frac{\mu_0 I l}{8\pi}$$

由此可得内自感为

$$L_{\mathrm{i}} = \frac{\psi_{\mathrm{i}}}{I} = \frac{\mu_0 l}{8\pi}$$

（2）内、外导体间的外自感（$a \leqslant r \leqslant b$）

在内、外导体之间，由安培环路定律，可得

$$\boldsymbol{B} = \boldsymbol{e}_\varphi \frac{\mu_0 I}{2\pi r}$$

因此，有

$$\mathrm{d}\psi_{\mathrm{o}} = \frac{\mu_0 I l}{2\pi r}\mathrm{d}r, \quad \psi_{\mathrm{o}} = \int \mathrm{d}\psi_{\mathrm{o}} = \int_a^b \frac{\mu_0 I l}{2\pi r}\mathrm{d}r = \frac{\mu_0 I l}{2\pi}\ln\frac{b}{a}$$

因此，外自感为

$$L_{\mathrm{o}} = \frac{\psi_{\mathrm{o}}}{I} = \frac{\mu_0 l}{2\pi}\ln\frac{b}{a}$$

故总电感为

$$L = L_i + L_{\mathrm{o}} = \frac{\mu_0 l}{8\pi} + \frac{\mu_0 l}{2\pi}\ln\frac{b}{a}$$

5.3.2　互感

如果空间存在两个载流线圈回路 C_1 和 C_2，如图 5.7 所示。线圈 C_1 中电流 I_1 产生的磁场为 $\boldsymbol{B}_1$，穿过自身环面 C_1 的磁通量为 Φ_{11}，已知该磁通量与电流 I_1 的比值称为线圈 C_1 的自感。显

然，若磁场 $\boldsymbol{B}_1$ 穿过线圈 C_2 的磁通量为 Φ_{21}，该磁通量 Φ_{21} 与电流 I_1 成正比，则 Φ_{21} 和电流 I_1 的比值称为线圈 C_1 对线圈 C_2 的互感系数，简称为互感。互感的单位也为亨（H）。即

$$M_{21}=\frac{\psi_{21}}{I_1}=\frac{\int_{S_2}\boldsymbol{B}_1\cdot\mathrm{d}\boldsymbol{S}}{I_1} \tag{5.30a}$$

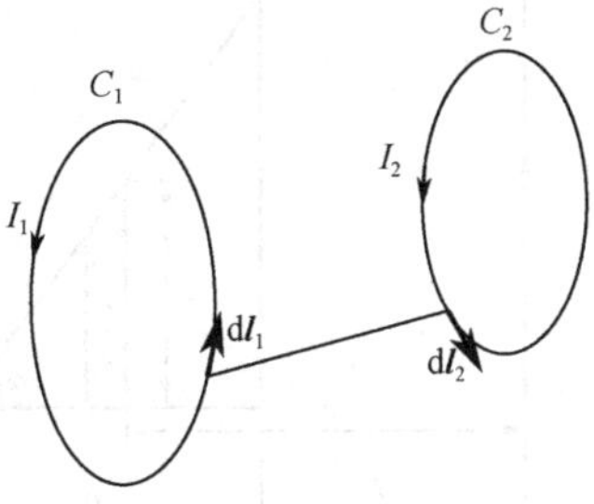

图 5.7　两线圈间的互感

式中，ψ_{21} 为电流 I_1 产生的磁场 $\boldsymbol{B}_1$ 穿过回路 C_2 的磁链，S_2 是以回路 C_2 为边界的曲面。

同理，线圈 C_2 对线圈 C_1 的互感为

$$M_{12}=\frac{\psi_{12}}{I_2}=\frac{\int_{S_1}\boldsymbol{B}_2\cdot\mathrm{d}\boldsymbol{S}}{I_2} \tag{5.30b}$$

式中，ψ_{12} 为电流 I_2 产生的磁场 $\boldsymbol{B}_2$ 穿过回路 C_1 的磁链，S_1 是以 C_1 为边界的曲面。

如果两个载流回路分别由 N_1 和 N_2 匝线圈组成，则互感为

$$M_{21}=\frac{N_1\psi_{21}}{I_1} \tag{5.31a}$$

$$M_{12}=\frac{N_2\psi_{12}}{I_2} \tag{5.31b}$$

证明：线圈回路上的互感是互易的，即 $M_{21}=M_{12}$。

如图 5.7 所示，C_1、C_2 两个线圈，电流 I_1 和线圈 C_2 交链的磁链为

$$\psi_{21}=\int_{S_2}\boldsymbol{B}_1\cdot\mathrm{d}\boldsymbol{S}=\oint_{C_2}\boldsymbol{A}_1\cdot\mathrm{d}\boldsymbol{l}_2$$

将 $\boldsymbol{A}_1=\dfrac{\mu_0 I_1}{4\pi}\oint_{C_1}\dfrac{\mathrm{d}\boldsymbol{l}_1}{R}$ 代入上式，得

$$\psi_{21}=\frac{\mu_0 I_1}{4\pi}\oint_{C_1}\oint_{C_2}\frac{\mathrm{d}\boldsymbol{l}_1\cdot\mathrm{d}\boldsymbol{l}_2}{R} \tag{5.32a}$$

同理可得

$$\psi_{12}=\frac{\mu_0 I_2}{4\pi}\oint_{C_1}\oint_{C_2}\frac{\mathrm{d}\boldsymbol{l}_1\cdot\mathrm{d}\boldsymbol{l}_2}{R} \tag{5.32b}$$

所以

$$M_{21}=\frac{\psi_{21}}{I_1}=\frac{\psi_{12}}{I_2}=M_{12} \tag{5.33}$$

同理，多匝线圈的互感同样也是互易的。

需要指出的是，我们常常用线圈代表电感元件，但不能因此认为只有线圈才具有电感。事实上，即使一段直导线也存在电感，只是电感量极小，在低频工作时，可忽略不计。可是在高频和甚高频的情况下，由于频率很高，呈现的电抗就很大了。

例 5.5　试求直角三角形回路与长直导线间的互感。

解：由于直角三角形回路电流产生的磁场难以计算，故而求长直导线电流产生的磁场。设长直导线中通过的电流为 I，应用安培环路定律，可得

$$\boldsymbol{B}=\boldsymbol{e}_\varphi B=\frac{\mu_0 I}{2\pi r}$$

因此，穿过直角三角形回路的磁链为

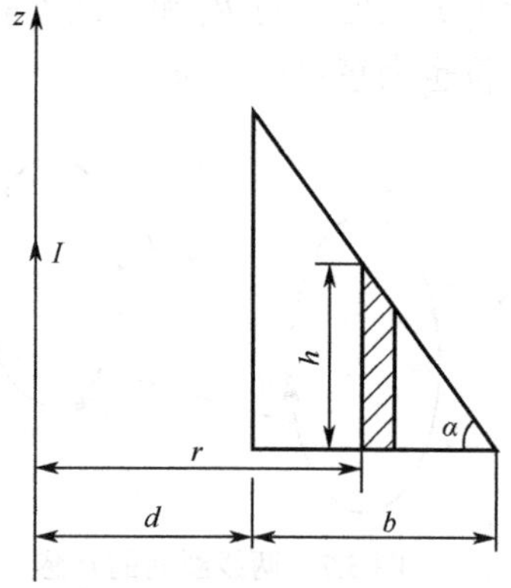

图 5.8 长直导线与直角三角形回路

$$\Psi=\int_S \boldsymbol{B}\cdot \mathrm{d}\boldsymbol{S}=\boldsymbol{e}_\varphi B=\frac{\mu_0 I}{2\pi}\int_d^{d+b}\frac{h\mathrm{d}r}{r}$$

而 h 和 r 的关系由直角三角形斜边得出

$$h=[(d+b)-r]\tan\alpha$$

故有

$$\Psi=\int_S \boldsymbol{B}\cdot \mathrm{d}\boldsymbol{S}=\frac{\mu_0 I\tan\alpha}{2\pi}\int_d^{d+b}\frac{[(d+b)-r]\mathrm{d}r}{r}$$

$$=\frac{\mu_0 I\tan\alpha}{2\pi}\left[(d+b)\ln\left(1+\frac{b}{d}\right)-b\right]$$

因此，长直导线与直角三角形回路间的互感为

$$M=\frac{\psi}{I}=\frac{\mu_0\tan\alpha}{2\pi}\left[(d+b)\ln\left(1+\frac{b}{d}\right)-b\right]\text{（H）}$$

5.4 基尔霍夫定律和麦克斯韦方程组

基尔霍夫定律是电路理论的基础，包括电流定律和电压定律。基尔霍夫定律也可以由麦克斯韦方程组推导出来。

5.4.1 基尔霍夫电流定律

如图 5.9 所示，对于一网络节点，令流入节点的电流为正，流出节点的电流为负，则基尔霍夫电流定律可以表述为：在任一时刻流出（或流入）节点的各支路电流的代数和恒等于零。

数学表达式为

$$\sum_{j=1}^{N} I_j=0 \tag{5.34}$$

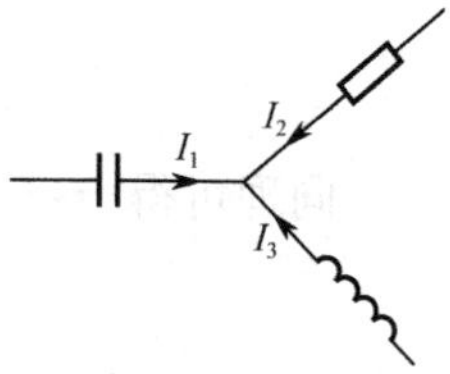

图 5.9 节点电流

表明在任何一个无限小的单位时间内，流入任一节点的电荷量与流出该节点的电荷量必然相等，即说明任一节点电荷守恒，电路中的电流连续流动。

下面由场论出发，推导基尔霍夫电流定律。

由麦克斯韦第一方程

$$\nabla\times\boldsymbol{H}=\boldsymbol{J}_\mathrm{c}+\frac{\partial\boldsymbol{D}}{\partial t}$$

两边取散度后

$$\nabla\cdot(\nabla\times\boldsymbol{H})=\nabla\cdot\left(\boldsymbol{J}_\mathrm{c}+\frac{\partial\boldsymbol{D}}{\partial t}\right)$$

因为 $\nabla\cdot(\nabla\times\boldsymbol{H})\equiv 0$，是矢量恒等式，所以

$$\nabla\cdot\left(\boldsymbol{J}_\mathrm{c}+\frac{\partial\boldsymbol{D}}{\partial t}\right)=0$$

由于 $\nabla\cdot\boldsymbol{D}=\rho$，代入上式得

$$\nabla\cdot\boldsymbol{J}_\mathrm{c}=-\frac{\partial\rho}{\partial t}$$

为电流连续性定律的微分形式。其相应的积分形式为

$$\oint_S \left(\boldsymbol{J}_c + \frac{\partial \boldsymbol{D}}{\partial t} \right) \cdot \mathrm{d}\boldsymbol{S} = 0$$

于是

$$\oint_S \boldsymbol{J}_c \cdot \mathrm{d}\boldsymbol{S} + \oint_S \boldsymbol{J}_d \cdot \mathrm{d}\boldsymbol{S} = 0$$

从而，有

$$\sum_{j=1}^{N} I_{cj} + I_d = 0 \tag{5.35}$$

即

$$\sum I_j = 0 \tag{5.36}$$

结果和式（5.34）一致，此时 I_j 可为传导电流或位移电流，$\sum I_j$ 则代表节点处这些电流的代数和，这就是电路理论中最基本的一个假设，即基尔霍夫电流定律（KCL）。

5.4.2　基尔霍夫电压定律

基尔霍夫电压定律可以描述为：在任一时刻沿任一回路方向，回路中全部电压降的代数和恒等于零。定律的数学表达式为

$$\sum_{j=1}^{N} U_j = 0 \tag{5.37}$$

式中，U_j 为电流在流过回路的全部电路元件中产生的电压降，包括电阻、电感、电容上的压降以及回路中电源的电动势。

基尔霍夫电压定律实际上是能量守恒原理的体现。下面从麦克斯韦第二方程出发，推导基尔霍夫电压定律。

麦克斯韦第二方程的微分形式为

$$\nabla \times \boldsymbol{E} = -\frac{\partial \boldsymbol{B}}{\partial t}$$

将 $\boldsymbol{B}$ 用矢量磁位 $\boldsymbol{A}$ 表示，即

$$\boldsymbol{B} = \nabla \times \boldsymbol{A}$$

则有

$$\nabla \times \boldsymbol{E} = -\frac{\partial (\nabla \times \boldsymbol{A})}{\partial t} = -\nabla \times \frac{\partial \boldsymbol{A}}{\partial t}$$

所以

$$\nabla \times \left(\boldsymbol{E} + \frac{\partial \boldsymbol{A}}{\partial t} \right) = 0 \tag{5.38}$$

根据矢量恒等式

$$\nabla \times \nabla \phi = 0$$

式（5.38）括号内的矢量可以用某个标量的旋度加以表示，即

$$\boldsymbol{E} + \frac{\partial \boldsymbol{A}}{\partial t} = -\nabla \phi$$

进一步，得到

$$\boldsymbol{E} = -\frac{\partial \boldsymbol{A}}{\partial t} - \nabla \phi \tag{5.39}$$

式中，标量位 ϕ 是由电荷产生的；对于一个回路，矢量位 $\boldsymbol{A}$ 是由电流产生的。

如果将式（5.39）计入电源产生的电场，电源产生的电场称为外施电场，用 $\boldsymbol{E}_{\mathrm{a}}$ 表示，这样电路中某点的总场强 $\boldsymbol{E}$ 就等于外施电场 $\boldsymbol{E}_{\mathrm{a}}$ 与电源外部的库仑电场 $\boldsymbol{E}_{\mathrm{c}}$ 之和，即

$$\boldsymbol{E}=\boldsymbol{E}_{\mathrm{a}}+\boldsymbol{E}_{\mathrm{c}} \tag{5.40}$$

由欧姆定律的微分形式

$$\boldsymbol{E}_{\mathrm{c}}=\frac{\boldsymbol{J}}{\sigma} \tag{5.41}$$

可得

$$\boldsymbol{E}_{\mathrm{a}}=-\frac{\boldsymbol{J}}{\sigma}-\frac{\partial \boldsymbol{A}}{\partial t}-\nabla\phi \tag{5.42}$$

式（5.42）就是以场量表示的基尔霍夫电压定律。$\boldsymbol{E}_{\mathrm{a}}$ 为电源提供的外施电场，等号右边三项分别为电阻、电感和电容元件中的电场。为了看得更清楚，可以将式（5.40）写成积分形式，积分路径沿着网络回路进行。

$$-\oint_l \boldsymbol{E}_{\mathrm{a}}\cdot \mathrm{d}\boldsymbol{l}=\oint_l \frac{\boldsymbol{J}}{\sigma}\cdot \mathrm{d}\boldsymbol{l}+\oint_l \frac{\partial \boldsymbol{A}}{\partial t}\cdot \mathrm{d}\boldsymbol{l}+\oint_l \nabla\phi\cdot \mathrm{d}\boldsymbol{l} \tag{5.43}$$

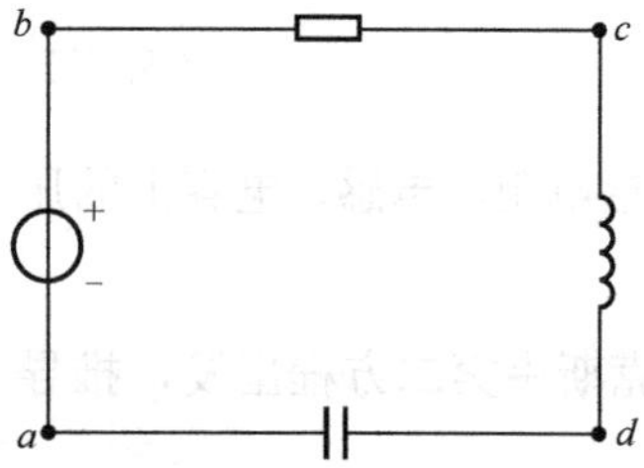

图 5.10　串联电路

下面介绍这个方程式的每一项的物理意义。如图 5.10 所示，一个由直流电源、电阻、电感和电容组成的串联电路。假定回路的全部电阻都集中在 bc 段代表的电阻器上，全部电感集中在 cd 段的电感线圈中，全部电容集中在 da 段电容器中。假定连接电阻器、电感和电容器的线段 aa、bb、cc 和 dd 是阻抗为零的理想线段，电源的内阻也为零。

式（5.43）等号左边的积分等于电源的电动势 U_{S}，因外施电场只存在于电源内，所以

$$U_{\mathrm{S}}=-\int_a^b \boldsymbol{E}_{\mathrm{a}}\cdot \mathrm{d}\boldsymbol{l} \tag{5.44}$$

式（5.43）等号右边的第一项积分代表在回路电阻上的压降 U_R

$$U_R=\oint_l \frac{\boldsymbol{J}}{\sigma}\cdot \mathrm{d}\boldsymbol{l}=\oint_l \frac{I\mathrm{d}\boldsymbol{l}}{\sigma S}=I\int_b^c \frac{\mathrm{d}\boldsymbol{l}}{\sigma S}=IR \tag{5.45}$$

式（5.43）等号右边第二项积分代表在回路电感上的压降 U_L

$$U_L=\oint_l \frac{\partial \boldsymbol{A}}{\partial t}\cdot \mathrm{d}\boldsymbol{l}=\frac{\partial}{\partial t}\oint_l \boldsymbol{A}\cdot \mathrm{d}\boldsymbol{l}$$

由电感定义 $L=\dfrac{\oint_l \boldsymbol{A}\cdot \mathrm{d}\boldsymbol{l}}{I}$，可得

$$U_L=L\frac{\mathrm{d}I}{\mathrm{d}t} \tag{5.46}$$

式（5.43）等号右边第三项代表在回路电容器上的压降 U_C，电容只存在于 da 一段，电容器中的电场为

$$\boldsymbol{E}=-\nabla\phi$$

于是

$$U_C=\int_d^a \nabla\phi\cdot \mathrm{d}\boldsymbol{l}=-\int_d^a \boldsymbol{E}\cdot \mathrm{d}\boldsymbol{l} \tag{5.47}$$

由此可得

$$U_S = IR + L\frac{dI}{dt} + U_C \tag{5.48}$$

即

$$\sum_{j=1}^{N} U_j = 0 \tag{5.49}$$

这就是电路理论中的基尔霍夫电压定律，可见，电路理论不过是在特殊条件下的麦克斯韦电磁理论的近似。研究实际电磁问题时，究竟采用场的方法，还是采用路的方法，要针对具体问题进行分析。一般而言，当系统的尺寸远小于波长时，可将其视为集总参数电路进行处理，这时就可以应用电路理论进行分析。当系统的尺寸可与波长相比拟时，可将其视为分布参数电路，只能用场的方法加以分析。

5.5　路量与场量的对比关系

前面几节论述了路论与场论的相互关系。电路参数可利用场理论求出，电路定律也可根据麦克斯韦方程组导出。因此，看出电磁场理论的普遍性意义。麦克斯韦方程组可用来研究一切宏观电磁现象，包括静态场、缓变场和迅变场问题，能够圆满地解释电磁波的辐射、传播和谐振现象。

路论中电阻 R、电容 C、电感 L 表示元件总的特性。电流 I、电压 U 是反映一个区域的电路物理量，都是标量。电路讨论的电路模型，由电阻 R、电感 L、电容 C 及电源的串联、并联和串并联等构成。路论描述物理系统的电磁特性的整体情况，而不是某一点的情况。

场论中的电导率 σ、介电常数 ε 和磁导率 μ，代表空间每一点的介质特性。电流密度 $\boldsymbol{J}$、电场强度 $\boldsymbol{E}$ 和磁场强度 $\boldsymbol{H}$ 代表空间每一点的场量。麦克斯韦方程组能描述一个物理系统中空间各点在任意时刻的特性，因此场论讨论某点的特性，具有精细的特点。

从基尔霍夫定律的证明中可以看到，电路理论在稳态和似稳态条件下成立，当电路尺寸与电磁波波长可以比拟时，就存在电磁波辐射和电磁滞后效应，在同一时刻电路中各点的电路不同。此外，对于波导中的电磁现象，一般电压和电流的概念已不再适用。所以说电路问题是电磁场问题的一个特例，有一定的局限性，但是求解麦克斯韦方程组在数学上往往较困难，尤其是复杂边界问题。而应用电路理论，由于涉及的变量较少，比较容易解决。应该说电路理论和电磁场理论是相辅相成、互为补充的两门学问。

本章小结

1．在场论基础上，均匀直导线的电阻为

$$R = \frac{U}{I} = \frac{El}{\sigma ES} = \frac{l}{\sigma S}$$

非均匀直导线的电阻为

$$R = \frac{U}{I} = \frac{-\int_l \boldsymbol{E} \cdot d\boldsymbol{l}}{\int_S \sigma \boldsymbol{E} \cdot d\boldsymbol{S}}$$

2．在体积为 V 的一段导体中，总的损耗功率用场量表示为

$$P=\int_V \boldsymbol{E}\cdot\boldsymbol{J}\mathrm{d}V$$

3．在场论基础上，由两个导体组成的系统的电容为

$$C=\frac{\oint_S \varepsilon\boldsymbol{E}\cdot\mathrm{d}\boldsymbol{S}}{-\int_l \boldsymbol{E}\cdot\mathrm{d}\boldsymbol{l}}$$

4．自电位系数 α_{ii} 是除 i 导体外，其他导体不带电时，i 导体自身的电位与电量之比，即 $\alpha_{ii}=\dfrac{\phi_i}{q_i}$。互电位系数 α_{ij} 是除 j 导体外，其他导体不带电时，i 导体的电位与 j 导体的电量之比，即 $\alpha_{ij}=\dfrac{\phi_i}{q_j}$。

5．电容系数 β_{ii} 为除 i 导体外，其余导体接地时，i 导体上的电荷与自身的电位之比，即 $\beta_{ii}=\dfrac{q_i}{\phi_i}$，总为正值。

6．感应系数 β_{ij} 为除 i 导体外，其他导体都接地，i 导体上的电荷量与 j 导体上的电位之比，即 $\beta_{ij}=\dfrac{q_i}{\phi_j}$，总为负值。

7．单匝线圈的自感为 $L=\dfrac{\oint_l \boldsymbol{A}\cdot\mathrm{d}\boldsymbol{l}}{I}$。对于 N 匝相同的线圈，相应回路的自感为 $L=\dfrac{N\oint_l \boldsymbol{A}\cdot\mathrm{d}\boldsymbol{l}}{I}$。

8．线圈 C_1 对线圈 C_2 的互感为 $M_{21}=\dfrac{\psi_{21}}{I_1}=\dfrac{\int_{S_2}\boldsymbol{B}_1\cdot\mathrm{d}\boldsymbol{S}}{I_1}$；线圈 C_2 对线圈 C_1 的互感为 $M_{12}=\dfrac{\psi_{12}}{I_2}=\dfrac{\int_{S_1}\boldsymbol{B}_2\cdot\mathrm{d}\boldsymbol{S}}{I_2}$。线圈回路上的互感是互易的，即 $M_{21}=M_{12}$。

9．电路参数可利用场理论求出，基尔霍夫定律也可根据麦克斯韦方程组导出，说明了电磁场理论的普遍性意义。

习题 5

5.1　半径为 a 和 b（$a<b$）的两个同心的理想导体球面间充满电导率为 $\sigma=\sigma_0(1+1/r)$ 的导电介质，其中 σ_0 为常数。试求两个理想导体球面间的电阻。

5.2　半径为 R_1 和 R_2（$R_1<R_2$）的两个同心的理想导体球面间充满了介电常数为 ε、电导率为 $\sigma=\sigma_0\dfrac{1+K}{r}$ 的导电介质（K 为常数）。若内导体球面的电位为 U_0，外导体球面接地。试求：（1）介质中的电荷分布；（2）两个理想导体球面间的电阻。

5.3　电导率为 σ 的无界均匀电介质内，有两个半径分别为 a 和 b 的理想导体小球，两球之间的距离为 d（$d\gg a$，$d\gg b$），试求两导体小球面间的电阻。

5.4　在一块厚度 d 的导电板上，有两个半径为 r_1 和 r_2 的圆弧和夹角为 α 的两半径割出的一块扇形体，导电板的电导率为 σ，如图 5.11 所示。试求：（1）沿厚度方向的电阻；（2）两圆弧面之间的电阻；（3）沿 α 方向的两电极的电阻。

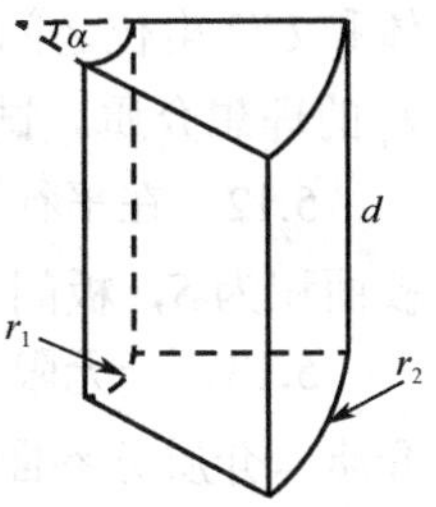

图 5.11　习题 5.4 图

5.5　平行双导线的导线半径为 a，两导线的轴线距离为 D（$D \gg a$），求单位长度的电容。

5.6　证明：同轴线单位长度的静电储能 W_e 等于 $\frac{q_l^2}{2C}$。q_l 为单位长度上的电荷量，C 为单位长度上的电容。

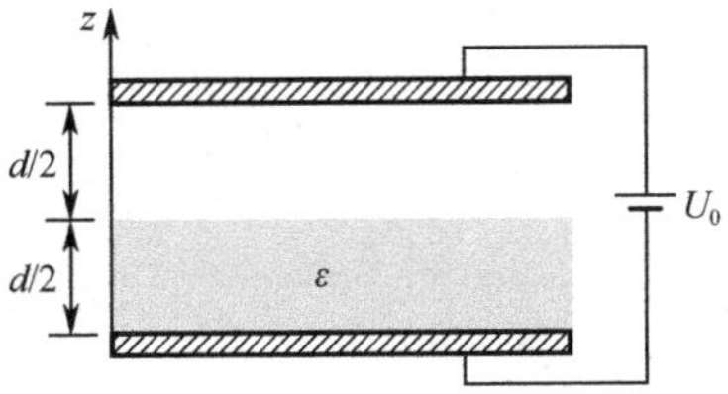

图 5.12　习题 5.7 图

5.7　平行板电容器的长、宽分别为 a 和 b，极板间距离为 d。电容器的一半厚度（0～$d/2$）用介电常数为 ε 的电介质填充，如图 5.12 所示。

（1）板上外加电压 U_0，求板上的自由电荷面密度、束缚电荷；

（2）若已知板上的自由电荷总量为 Q，求此时极板间电压和束缚电荷；

（3）求电容器的电容量。

5.8　在面积为 S 的平行板电容器内填充介电常数呈线性变化的介质，从一极板（$y=0$）处的 ε_1 一直变化到另一极板（$y=d$）处的 ε_2，试求电容量。

5.9　如图 5.13 所示，一半径为 a、带电量 q 的导体球，其球心位于两种介质的分界面上，两种介质的电容率分别为 ε_1 和 ε_2，分界面为无限大平面。试求：（1）导体球的电容；（2）总的静电能量。

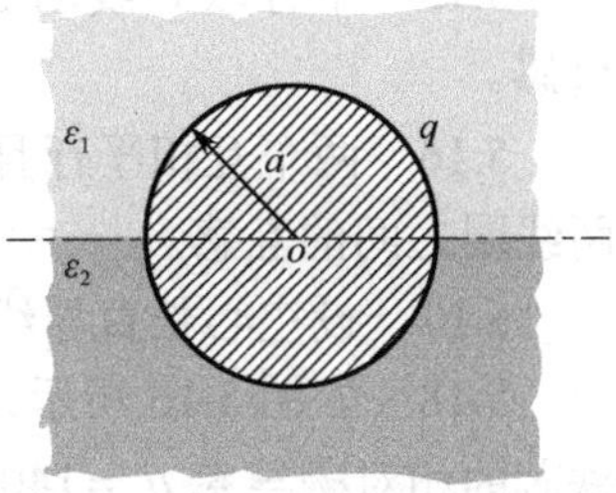

图 5.13　习题 5.9 图

5.10　平行板电容器的电容为 $\varepsilon_0 S/d$，其中，S 为板的面积，d 为间距，忽略边缘效应。

（1）如果把一块厚度为 Δd 的不带电金属插入两极板之间，但不与两极接触，如图 5.14（a）所示，则在原电容器电压 U_0 一定的条件下，电容器的能量如何变化？电容量如何变化？

（2）如果在电荷 q 一定的条件下，将一块横截面为 ΔS、介电常数为 ε 的电介质片插入电容器（与电容器极板面基本上垂直地插入），如图 5.14（b）所示，则电容器的能量如何变化？电容量又如何变化？

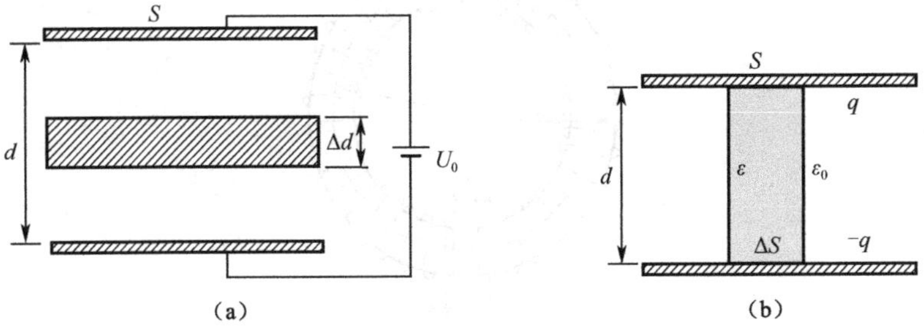

图 5.14　习题 5.10 图

5.11　同轴电容器的内导体半径为 a，电位为 0；外导体半径为 b，电位为 U。若在内导

体和 $U/2$ 电位之间填充介电常数为 ε_1 的理想介质，在 $U/2$ 电位和外导体之间填充介电常数为 ε_2 的理想介质。试计算该同轴电容器单位长度的电容。

5.12 在平行板电容器中填充厚度为 d_1 和 d_2 的两种介质，介电常数分别为 ε_1、ε_2，平行板面积为 S，板间电压为 U，试计算电容器的电容。

5.13 一无限长同轴电缆的内、外半径分别为 a 和 b，其间填充介电常数为 ε_1、ε_2 的两层介质，介质分界面位于半径为 c 处，求同轴电缆单位长度电容。

5.14 如图 5.15 所示，电容器可以用圆柱坐标系表示，一极板位于 xOz 平面，另一极板和 xOz 面成 α 角，电容器高为 h，径向尺寸 $r = r_2 - r_1$，内部填充介质的介电常数为 ε，求电容。

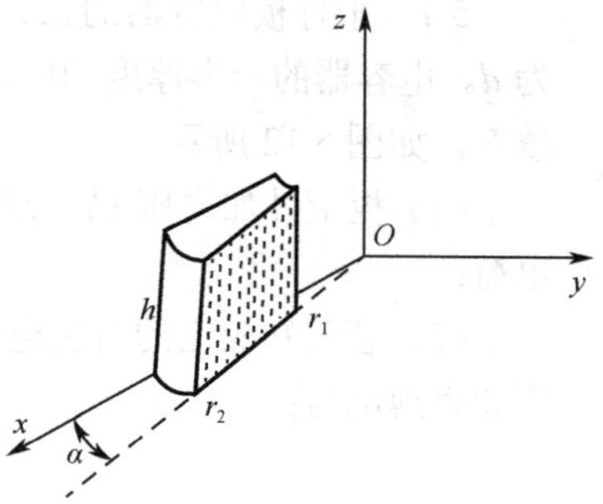

图 5.15 习题 5.14 图

5.15 平行双导线的导线半径为 a，两导线的轴线距离为 d（$d \gg a$），求单位长度的自感。

5.16 两个互相平行且共轴的圆线圈，半径分别为 a 和 b，中心相距为 d，设 $b \ll d$，求两线圈之间的互感。

5.17 设空心长直导线外半径为 b，空心部分半径为 a，试求其单位长度的内自感。

5.18 如图 5.16 所示，一环形螺线管的平均半径 $r_0 = 15\text{cm}$，其圆形截面的半径 $a = 2\text{cm}$，铁芯的相对磁导率 $\mu_r = 1400$，环上绕 $N = 1000$ 匝线圈，通过电流 $I = 0.7\text{A}$。

（1）计算螺旋管的电感；

（2）在铁芯上开一个 $l_0 = 0.1\text{cm}$ 的空气隙，再计算电感；（假设开口后铁芯的 μ_r 不变）

（3）求空气隙和铁芯内的磁场能量的比值。

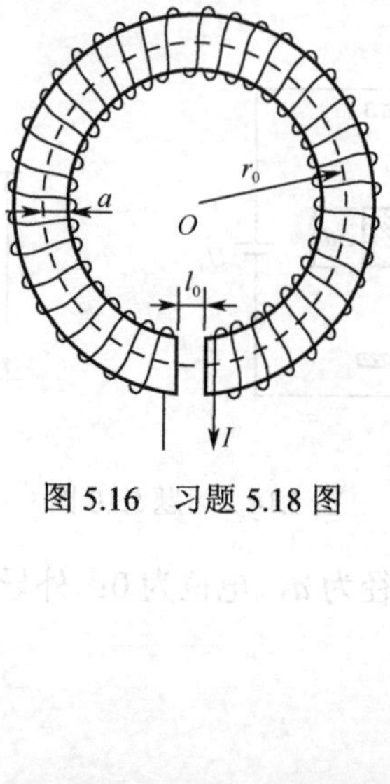

图 5.16 习题 5.18 图

第6章 理想介质中的均匀平面波

前面章节对麦克斯韦方程组进行了初步的讨论。本章将要说明，由麦克斯韦方程组可以证明在空间任意点，变化的电场产生变化的磁场，变化的磁场将产生变化的电场。当空间存在一个受激发的波源时，该波源能产生时变电磁场，由于上述时变电磁场相互转化的结果，从波源处必定会产生一个以一定速度向外传播的电磁波动。这种以有限速度传播的电磁波动称为电磁波。

在电磁波传播过程中，对应每一时刻 t，空间中电磁波具有相同相位的点构成的等相位面，称为**波阵面**。等相位面为无限大平面的电磁波称为**平面电磁波**。如果在等相位面为平面的波阵面上，同一时刻电场（磁场）的大小和方向处处相同，则称为**均匀平面电磁波**，简称均匀平面波。虽然均匀平面波实际上并不存在，但是在距离波源足够远处，呈球面的波阵面上的一小部分可以近似视为平面，因而讨论均匀平面波具有实际意义。

本章首先导出电磁波的波动方程，重点研究无限大均匀线性各向同性理想介质中均匀平面波的性质和传播特性，最后分析电磁波的极化特性。

6.1 波的数学描述

在日常生活中，人们会感受到诸如无线电波和光之类的电磁波，它们能够在自由空间中或多种介质中传播。电磁波的特征是用麦克斯韦方程组来描述的，在开始研究它们之前，必须清楚如何用数学的形式去描述波。

我们知道，一个自变量为 $(z-vt)$ 的函数 $f(z-vt)$ 能够表示以速度 v 沿着 z 方向传播的行波。假定 $t=0$ 时该函数的波形如图6.1所示。

现在来看 $t=1$ 时波在空间的变化情况。如果将 $t=1$ 代入变量 $(z-vt)$ 中，可得 $(z-v)$，于是就可以通过 v 推导出下一时刻所发生的变化。在 $f(z-vt)$ 的点 $(z-v)$ 上，函数相对于每一个 z 的值与 $t=0$ 时的函数值相等，所以很容易描述出 $t=1$ 时刻的函数，如图6.2所示。

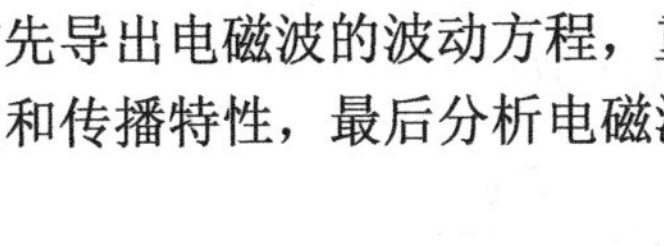

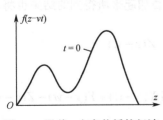

图6.1　沿着 z 方向传播的行波

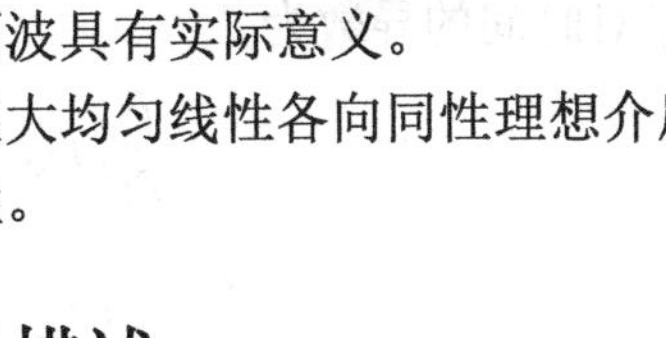

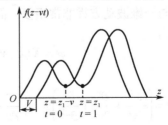

图6.2　以速度 v 向前传播的波

这样，当时间由 $t=0$ 变为 $t=1$ 时，整个图形沿 z 轴向 z 轴正方向移动了一个量 v，于是就得到了以速度 v 并沿着 z 轴正方向传播的波。这个结果对于任何变量为 $(z-vt)$ 的函数都适用，这样的函数确定了任意时刻波在空间的传播形式，这种波是以速度 v 向前传播的。同样，任何变量为 $(z+vt)$ 的函数所描述的波是随时间变化沿着 z 轴负方向传播的。

下面将证明以$(z+vt)$和$(z-vt)$为变量的函数满足一维波动方程，即

$$\frac{\partial^2\psi}{\partial z^2}=\frac{1}{v^2}\frac{\partial^2\psi}{\partial t^2} \tag{6.1}$$

式中，ψ表示一个随时间和空间变化的任意函数；v表示函数ψ的传播速度。

例 6.1 证明$\psi=f(z-vt)+g(z+vt)$满足式（6.1）所示的一维波动方程。

证明：首先考虑函数ψ中的第一项，令

$$\psi_f=f(z-vt)$$

它对z的偏微分为

$$\frac{\partial[f(z-vt)]}{\partial z}=f'(z-vt)$$

式中，$f'(z-vt)$表示$\dfrac{\partial[f(z-vt)]}{\partial(z-vt)}$。类似地，$f''$表示对$(z-vt)$的二阶导数，即

$$\frac{\partial^2\psi_f}{\partial z^2}=f''(z-vt)$$

函数ψ_f对时间的导数为

$$\frac{\partial}{\partial t}[f(z-vt)]=(-v)f'(z-vt)$$

并且

$$\frac{\partial^2}{\partial t^2}[f(z-vt)]=v^2f''(z-vt)=\frac{\partial^2\psi_f}{\partial t^2}$$

所以有

$$\frac{1}{v^2}\frac{\partial^2\psi_f}{\partial t^2}=\frac{\partial^2\psi_f}{\partial z^2}$$

这说明函数ψ_f满足一维波动方程。对于函数$\psi_g=g(z+vt)$，也可以得出类似的结果。

如果任意两个函数分别满足同一个微分方程，那么它们的和也必定满足该方程。于是，就证明了以$(z-vt)$和$(z+vt)$为变量的任意函数$\psi=f(z-vt)+g(z+vt)$满足式（6.1）所示的一维波动方程。

针对式（6.1）而言，三维波动方程形式如下：

$$\nabla^2\psi=\frac{\partial^2\psi}{\partial x^2}+\frac{\partial^2\psi}{\partial y^2}+\frac{\partial^2\psi}{\partial z^2}=\frac{1}{v^2}\frac{\partial^2\psi}{\partial t^2} \tag{6.2}$$

该方程与一维波动方程非常相似，而三个一维波叠加起来所得到的结果也将满足三维波动方程，即当

$$\psi=X(x-vt)+Y(y-vt)+Z(z-vt)$$

时，有

$$\begin{aligned}\nabla^2\psi&=\left(\frac{\partial^2}{\partial x^2}+\frac{\partial^2}{\partial y^2}+\frac{\partial^2}{\partial z^2}\right)\psi=\left(\frac{\partial^2}{\partial x^2}+\frac{\partial^2}{\partial y^2}+\frac{\partial^2}{\partial z^2}\right)[X(x-vt)+Y(y-vt)+Z(z-vt)]\\&=\frac{\partial^2X(x-vt)}{\partial x^2}+\frac{\partial^2Y(y-vt)}{\partial y^2}+\frac{\partial^2Z(z-vt)}{\partial z^2}\\&=X''(x-vt)+Y''(y-vt)+Z''(z-vt)\end{aligned}$$

式中，X''、Y''和Z''分别表示对于$(x-vt)$、$(y-vt)$和$(z-vt)$的二阶偏导数。

类似地，有

$$\frac{\partial^2 \psi}{\partial t^2} = v^2 X''(x-vt) + v^2 Y''(y-vt) + v^2 Z''(z-vt)$$

这样便证明了函数 $\psi = X(x-vt) + Y(y-vt) + Z(z-vt)$ 满足三维波动方程。

6.2　电磁波的波动方程

麦克斯韦方程组反映了宏观电磁现象的一般规律。因此，电磁波在介质中传播的基本规律可从求解具体边界条件和初始条件下的麦克斯韦方程组来获得。本节将在无限大、线性、均匀和各向同性且不存在自由电荷和电流的理想介质中，由麦克斯韦方程组导出电磁波的波动方程。

6.2.1　一般电磁波的波动方程

在第 3 章中，已得到了在一般介质中的麦克斯韦方程组

$$\begin{cases} \nabla \times \boldsymbol{H} = \boldsymbol{J} + \dfrac{\partial \boldsymbol{D}}{\partial t} \\ \nabla \times \boldsymbol{E} = -\dfrac{\partial \boldsymbol{B}}{\partial t} \\ \nabla \cdot \boldsymbol{B} = 0 \\ \nabla \cdot \boldsymbol{D} = \rho \end{cases}$$

及三个物态方程

$$\boldsymbol{B} = \mu \boldsymbol{H}, \quad \boldsymbol{D} = \varepsilon \boldsymbol{E}, \quad \boldsymbol{J} = \sigma \boldsymbol{E}$$

假设所讨论的介质是无限大、线性、均匀和各向同性的，并且所关心的空间中不存在电荷和电流，即 $\rho = 0$ 及 $\boldsymbol{J} = 0$，则上述方程组变成

$$\nabla \times \boldsymbol{H} = \varepsilon \frac{\partial \boldsymbol{E}}{\partial t} \tag{6.3}$$

$$\nabla \times \boldsymbol{E} = -\frac{\partial \boldsymbol{B}}{\partial t} = -\mu \frac{\partial \boldsymbol{H}}{\partial t} \tag{6.4}$$

$$\nabla \cdot \boldsymbol{B} = 0 \qquad (\nabla \cdot \boldsymbol{H} = 0) \tag{6.5}$$

$$\nabla \cdot \boldsymbol{D} = 0 \tag{6.6}$$

对式（6.4）两边取旋度，即

$$\nabla \times (\nabla \times \boldsymbol{E}) = \nabla \times \left(-\mu \frac{\partial \boldsymbol{H}}{\partial t} \right) \tag{6.7}$$

假设 $\boldsymbol{H}$ 关于空间和时间的微分顺序无关，则可以将式（6.7）右边的运算顺序交换，并在其左边运用矢量三重积恒等式，这样便得到

$$\nabla (\nabla \cdot \boldsymbol{E}) - \nabla^2 \boldsymbol{E} = -\mu \frac{\partial}{\partial t} (\nabla \times \boldsymbol{H}) \tag{6.8}$$

再考虑到式（6.3）和式（6.6），式（6.8）可表示为

$$-\nabla^2 \boldsymbol{E} = -\mu\varepsilon \frac{\partial}{\partial t}\left(\frac{\partial \boldsymbol{E}}{\partial t} \right)$$

即有

$$\nabla^2 \boldsymbol{E} = \mu\varepsilon \frac{\partial^2 \boldsymbol{E}}{\partial t^2} \tag{6.9}$$

式（6.9）与式（6.2）给出的以Ψ为变量的一般三维波动方程具有相同的形式，而且其中的$\boldsymbol{E}=\boldsymbol{e}_x E_x+\boldsymbol{e}_y E_y+\boldsymbol{e}_z E_z$三个方向的分量均满足式（6.2），同时波的速度$v=1/\sqrt{\mu\varepsilon}$。在真空中波的传播速度$v=1/\sqrt{\mu_0\varepsilon_0}=c$（光速）。

由第 2 章的内容可知，伴随着随时间变化的电场$\boldsymbol{E}$必定同时存在一个随时间变化的磁场，这正是麦克斯韦方程组告诉我们的：随时间变化的电场能产生时变的磁场。

采用类似的推导方法，可以证明在自由空间中也存在磁波。对式（6.3）两边取旋度，有

$$\nabla\times(\nabla\times\boldsymbol{H})=\varepsilon\frac{\partial}{\partial t}(\nabla\times\boldsymbol{E})$$

假设上式中$\boldsymbol{E}$关于空间和时间的微分顺序无关，从而可交换微分次序。对上式左边运用矢量三重积的恒等式，将式（6.4）中的$\nabla\times\boldsymbol{E}$代入上式右边，即得

$$\nabla(\nabla\cdot\boldsymbol{H})-\nabla^2\boldsymbol{H}=-\mu\varepsilon\frac{\partial^2\boldsymbol{H}}{\partial t^2} \tag{6.10}$$

将式（6.5）代入式（6.10），得

$$\nabla^2\boldsymbol{H}=\mu\varepsilon\frac{\partial^2\boldsymbol{H}}{\partial t^2} \tag{6.11}$$

式（6.9）和式（6.11）分别称为无限大、线性、均匀和各向同性的理想介质中电场强度$\boldsymbol{E}$和磁场强度$\boldsymbol{H}$的**电磁波方程**（或称为**波动方程**）。

对于时谐电磁场，电场和磁场分量可以转换为复振幅的形式，即

$$\boldsymbol{E}=\mathrm{Re}[(\dot{E}_{x\mathrm{m}}\boldsymbol{e}_x+\dot{E}_{y\mathrm{m}}\boldsymbol{e}_y+\dot{E}_{z\mathrm{m}}\boldsymbol{e}_z)\mathrm{e}^{\mathrm{j}\omega t}]=\mathrm{Re}[\dot{\boldsymbol{E}}_{\mathrm{m}}\mathrm{e}^{\mathrm{j}\omega t}]$$

$$\boldsymbol{H}=\mathrm{Re}[(\dot{H}_{x\mathrm{m}}\boldsymbol{e}_x+\dot{H}_{y\mathrm{m}}\boldsymbol{e}_y+\dot{H}_{z\mathrm{m}}\boldsymbol{e}_z)\mathrm{e}^{\mathrm{j}\omega t}]=\mathrm{Re}[\dot{\boldsymbol{H}}_{\mathrm{m}}\mathrm{e}^{\mathrm{j}\omega t}]$$

代入式（6.9）和式（6.11），可以直接得出复数形式的波动方程，也称为**亥姆霍兹方程**。为了方便，约定不写出时间因子，去掉下标 m 且不再加点，则亥姆霍兹方程表示为

$$\nabla^2\boldsymbol{E}+k^2\boldsymbol{E}=0 \tag{6.12}$$

$$\nabla^2\boldsymbol{H}+k^2\boldsymbol{H}=0 \tag{6.13}$$

式中，$k=w\sqrt{\mu\varepsilon}$为相位常数或波数。

6.2.2 均匀平面波的波动方程

对于均匀平面波，其电场强度值和磁场强度值在波阵面上处处相等，因此，描述均匀平面波的波动方程，可在 6.2.1 节一般方程的基础上进行简化。

在直角坐标系中，式（6.12）和式（6.13）可以分解成各个方向上的标量亥姆霍兹方程。即

$$\nabla^2 E_x+k^2E_x=0 \tag{6.14}$$

$$\nabla^2 E_y+k^2E_y=0 \tag{6.15}$$

$$\nabla^2 E_z+k^2E_z=0 \tag{6.16}$$

$$\nabla^2 H_x+k^2H_x=0 \tag{6.17}$$

$$\nabla^2 H_y+k^2H_y=0 \tag{6.18}$$

$$\nabla^2 H_z+k^2H_z=0 \tag{6.19}$$

由均匀平面波的定义可知：同一时刻电场（磁场）的大小和方向处处相同。如图 6.3 所示的均匀平面波，波动方向沿 z 轴方向。波阵面为垂直于 z 轴的平面。

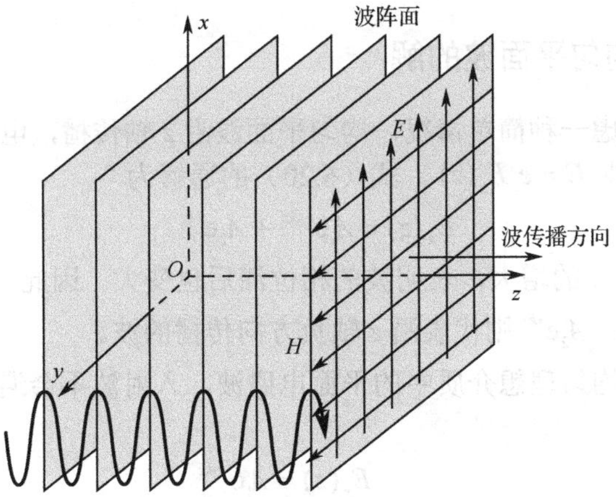

图 6.3　均匀平面波

设在无限大的无源空间中，充满线性、各向同性的均匀理想介质，均匀平面波沿 z 轴传播，则电场强度和磁场强度均不是 x 和 y 的函数，即

$$\frac{\partial \boldsymbol{E}}{\partial x}=\frac{\partial \boldsymbol{E}}{\partial y}=0\,,\quad \frac{\partial \boldsymbol{H}}{\partial x}=\frac{\partial \boldsymbol{H}}{\partial y}=0$$

复数形式的电场（磁场）三维坐标函数可以简化成一维坐标函数

$$\boldsymbol{E}(x,y,z)=\boldsymbol{E}(z)=\boldsymbol{e}_x E_x(z)+\boldsymbol{e}_y E_y(z)+\boldsymbol{e}_z E_z(z)$$

$$\boldsymbol{H}(x,y,z)=\boldsymbol{H}(z)=\boldsymbol{e}_x H_x(z)+\boldsymbol{e}_y H_y(z)+\boldsymbol{e}_z H_z(z)$$

将以上两式代入式（6.5）和式（6.6），得

$$\nabla\cdot\boldsymbol{E}=\frac{\partial E_x(z)}{\partial x}+\frac{\partial E_y(z)}{\partial y}+\frac{\partial E_z(z)}{\partial z}=\frac{\partial E_z(z)}{\partial z}=0$$

$$\nabla\cdot\boldsymbol{H}=\frac{\partial H_x(z)}{\partial x}+\frac{\partial H_y(z)}{\partial y}+\frac{\partial H_z(z)}{\partial z}=\frac{\partial H_z(z)}{\partial z}=0$$

因此，沿 z 轴方向传播的均匀平面波，电场（磁场）z 方向的分量既不是 x、y 的函数，也不随 z 变化，结合式（6.16）和式（6.19），有 $E_z=0$，$H_z=0$。故均匀平面波的电场和磁场均无传播方向的分量，只有与传播方向垂直的分量。即对传播方向而言，电场和磁场只有横向分量，没有纵向分量，这种电磁波称为横电磁波，简写为 **TEM 波**。

也就是说，沿 z 轴方向传播的均匀平面波电场矢量和磁场矢量位于 xOy 面上，即剩余 4 个分量 $E_x(z)$、$E_y(z)$、$H_x(z)$ 和 $H_y(z)$，故沿 z 轴传播的均匀平面波的波动方程可以简化为

$$\frac{\partial^2 E_x(z)}{\partial z^2}+k^2 E_x(z)=0 \tag{6.20}$$

$$\frac{\partial^2 E_y(z)}{\partial z^2}+k^2 E_y(z)=0 \tag{6.21}$$

$$\frac{\partial^2 H_x(z)}{\partial z^2}+k^2 H_x(z)=0 \tag{6.22}$$

$$\frac{\partial^2 H_y(z)}{\partial z^2}+k^2 H_y(z)=0 \tag{6.23}$$

6.2.3 理想介质中均匀平面波的解

为分析方便，现考虑一种简单情况，均匀平面波沿 z 轴传播，电场矢量 $\boldsymbol{E}$ 平行于 x 轴，且仅是 z 坐标的函数，即 $\boldsymbol{E}=\boldsymbol{e}_x E_x(z)$。式（6.20）的通解为

$$E_x(z)=A_1\mathrm{e}^{-\mathrm{j}kz}+A_2\mathrm{e}^{\mathrm{j}kz} \tag{6.24}$$

式中，kz 表示相角，随 z 的增大，表明波的相位滞后也变大。因此，$A_1\mathrm{e}^{-\mathrm{j}kz}$ 项代表离开原点沿 z 轴正方向传播的波；$A_2\mathrm{e}^{\mathrm{j}kz}$ 则代表沿 z 轴负方向传播的波。

这里研究在无限大均匀理想介质中的平面电磁波，入射波不会遇到边界从而不会存在反射波，可取 $A_2=0$，则

$$E_x(z)=A_1\mathrm{e}^{-\mathrm{j}kz} \tag{6.25}$$

其瞬时表达式为

$$\begin{aligned}\boldsymbol{E}(z,t)&=\boldsymbol{e}_x\,\mathrm{Re}[E_x(z)\mathrm{e}^{\mathrm{j}\omega t}]\\&=\boldsymbol{e}_x\,\mathrm{Re}[A_1\mathrm{e}^{-\mathrm{j}kz}\mathrm{e}^{\mathrm{j}\omega t}]\\&=\boldsymbol{e}_x\,\mathrm{Re}[E_1\,\mathrm{e}^{\mathrm{j}\varphi_x}\mathrm{e}^{-\mathrm{j}kz}\mathrm{e}^{\mathrm{j}\omega t}]\\&=\boldsymbol{e}_x E_1\cos(wt-kz+\varphi_x)\end{aligned} \tag{6.26}$$

式中，E_1 为波的振幅，$\omega=2\pi f$ 为角频率，f 为频率，k 为相位常数，也称波数，φ_x 为 $t=0$ 时刻 $z=0$ 处的初始相位。

该波的磁场强度无须再求解磁波的亥姆霍兹方程，可由时谐形式的麦克斯韦方程第二方程 $\nabla\times\boldsymbol{E}=-\mathrm{j}\omega\mu\boldsymbol{H}$ 求得，即

$$\boldsymbol{H}=\frac{\mathrm{j}}{\omega\mu}\nabla\times\boldsymbol{E} \tag{6.27}$$

将式（6.25）代入式（6.27）得

$$\boldsymbol{H}=\boldsymbol{e}_y\frac{kE_x}{\omega\mu}=\boldsymbol{e}_y\frac{1}{\sqrt{\mu/\varepsilon}}E_1\mathrm{e}^{\mathrm{j}\varphi_x}\mathrm{e}^{-\mathrm{j}kz} \tag{6.28}$$

相应的瞬时值为

$$\boldsymbol{H}(z,t)=\mathrm{Re}[\boldsymbol{H}(z)\mathrm{e}^{\mathrm{j}\omega t}]=\boldsymbol{e}_y\frac{1}{\sqrt{\mu/\varepsilon}}E_1\cos(\omega t-kz+\varphi_x) \tag{6.29}$$

观看动态仿真图

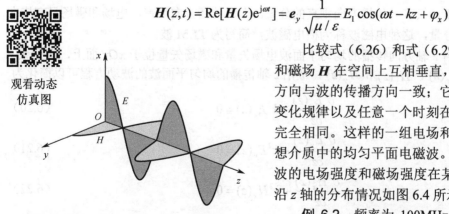

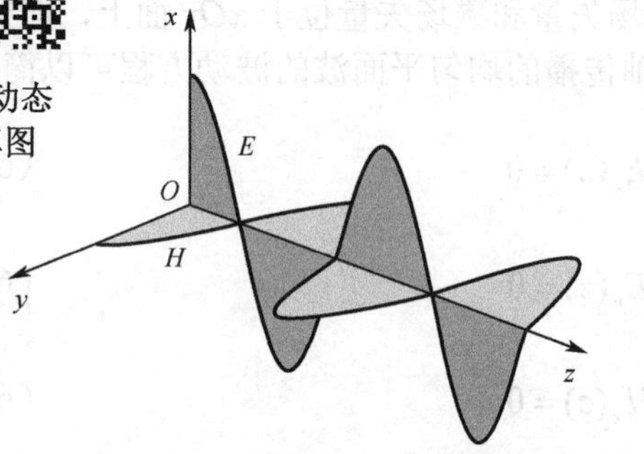

图 6.4 理想介质中均匀平面电磁波的 $\boldsymbol{E}$ 和 $\boldsymbol{H}$

比较式（6.26）和式（6.29）发现，电场 $\boldsymbol{E}$ 和磁场 $\boldsymbol{H}$ 在空间上互相垂直，且 $\boldsymbol{E}\times\boldsymbol{H}$ 的矢量方向与波的传播方向一致；它们的量值随时间变化规律以及任意一个时刻在空间的分布规律完全相同。这样的一组电场和磁场就构成了理想介质中的均匀平面电磁波。该均匀平面电磁波的电场强度和磁场强度在某一个确定时刻 t 沿 z 轴的分布情况如图 6.4 所示。

例 6.2 频率为 100MHz 的时谐均匀平面波在各向同性的均匀理想介质中沿 $+z$ 轴传播，其特性参数为 $\varepsilon_\mathrm{r}=4$，$\mu_\mathrm{r}=1$，$\sigma=0$。设电场沿 x 轴方向，即 $\boldsymbol{E}=\boldsymbol{e}_x E_x$，当 $t=0$，$z=1/8\mathrm{m}$ 时，电场等于其振幅值 $10^{-4}\,\mathrm{V/m}$。试求：（1）$\boldsymbol{E}(z,t)$ 和 $\boldsymbol{H}(z,t)$；（2）平均坡印廷矢量。

解：（1）以余弦形式写出电场强度的瞬时形式

$$\boldsymbol{E}(z,t)=\boldsymbol{e}_x E_x(z,t)=\boldsymbol{e}_x E_1\cos(\omega t-kz+\varphi_x)$$

式中，$E_1=10^{-4}\,\text{V/m}$，$k=\omega\sqrt{\mu\varepsilon}=2\pi f\sqrt{\mu_0\mu_r\varepsilon_0\varepsilon_r}=2\pi\times100\times10^6\times2\times\dfrac{1}{3\times10^8}=\dfrac{4\pi}{3}$（rad/m）。

又由 $t=0$，$z=1/8\text{m}$ 时，$E_x(z,t)=E_x\left(\dfrac{1}{8},0\right)=E_1=10^{-4}$，得

$$\omega t-kz+\varphi_x\big|_{t=0,z=1/8}=0\text{，}\quad \varphi_x=kz=\frac{4\pi}{3}\cdot\frac{1}{8}=\frac{\pi}{6}\ \text{(rad)}$$

所以，
$$\boldsymbol{E}(z,t)=\boldsymbol{e}_x 10^{-4}\cos\left(2\pi\times10^8 t-\frac{4\pi}{3}z+\frac{\pi}{6}\right)\quad \text{(V/m)}$$

$$\boldsymbol{H}(z,t)=\boldsymbol{e}_y\frac{1}{\sqrt{\mu/\varepsilon}}E_x=\boldsymbol{e}_y\frac{1}{60\pi}10^{-4}\cos\left(2\pi\times10^8 t-\frac{4\pi}{3}z+\frac{\pi}{6}\right)$$

（2）平均坡印廷矢量为
$$\boldsymbol{S}_{\text{av}}=\frac{1}{2}\text{Re}[\boldsymbol{E}(z)\times\boldsymbol{H}^*(z)]$$

式中，$\boldsymbol{E}(z)=\boldsymbol{e}_x 10^{-4}\text{e}^{-\text{j}\left(\frac{4\pi}{3}z-\frac{\pi}{6}\right)}$，$\boldsymbol{H}^*(z)=\boldsymbol{e}_y\dfrac{10^{-4}}{60\pi}\text{e}^{\text{j}\left(\frac{4\pi}{3}z-\frac{\pi}{6}\right)}$。

因此，$\boldsymbol{S}_{\text{av}}=\boldsymbol{e}_z\dfrac{10^{-8}}{120\pi}$（$\text{W/m}^2$）。

6.3　理想介质中均匀平面波的传播特性

对于无限大均匀线性的理想介质中的均匀平面波，波的传播方向为+z 轴方向，且假设电场沿 x 轴方向振动，磁场沿 y 轴方向振动，其表达式如式（6.26）和式（6.29）所示。下面以此为基础，分析均匀平面波在理想介质中的传播特性及相应的参数。

1．周期、频率和角频率

在式（6.26）和式（6.29）所示的场量表达式中，余弦函数的出现意味着场量会随着时间自变量 t 和空间自变量 z 做周期性的变化，对应的 ωt 和 kz 分别称为时间相位和空间相位。将场量的时间相位变化 2π 所经历的时间定义为波的时间周期 T，单位为秒（s），即

$$T=\frac{2\pi}{\omega}\tag{6.30}$$

频率为周期的倒数，即单位时间内场量变化所经历的周期的个数，其单位为赫兹（Hz），即

$$f=\frac{1}{T}=\frac{\omega}{2\pi}\tag{6.31}$$

角频率在数值上等于频率的 2π 倍，从物理意义上表示单位时间内场量相位的变化，其单位为弧度/秒（rad/s），即

$$\omega=2\pi f\tag{6.32}$$

2．波长和相位常数

对于某一确定的时刻 t，在场量分布的正弦曲线上，两个相邻等相位点（相位相差 2π 的两个点）的间距称为波长，用符号 λ 表示，如图 6.5 所示。

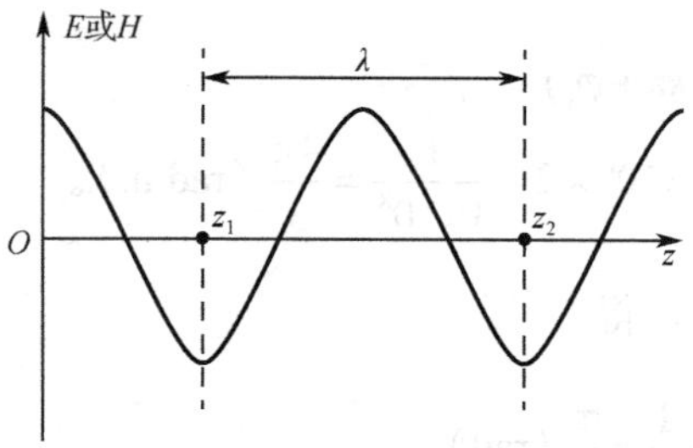

图 6.5 均匀平面波的波长

图 6.5 中两点相位差为

$$(\omega t - kz_1 + \varphi_x) - (\omega t - kz_2 + \varphi_x) = 2\pi$$

$$\lambda = z_2 - z_1 = \frac{2\pi}{k} = \frac{2\pi}{\omega\sqrt{\mu\varepsilon}} = \frac{1}{f\sqrt{\mu\varepsilon}} \tag{6.33}$$

相位常数 k 为传播单位距离的相位变化，其大小等于空间距离 2π 内所包含的波长数目，因此也称为波数，单位为弧度/米（rad/m），即

$$k = \frac{2\pi}{\lambda} \tag{6.34}$$

3．相速度

均匀平面波的等相位面方程中含有时间因子，所以当 $\omega t - kz + \varphi_x = C$ 时，等相位面随时间 t 的增加而沿 z 轴正方向移动。等相位面移动速度称为波的相速度，由下式表示：

$$v_{\mathrm{p}} = \frac{\mathrm{d}z}{\mathrm{d}t} = \frac{\omega}{k} = \frac{1}{\sqrt{\mu\varepsilon}} \ (\mathrm{m/s}) \tag{6.35}$$

对于自由空间，$\mu = \mu_0 = 4\pi\times10^{-7}$（H/m），$\varepsilon = \varepsilon_0 = \frac{1}{36\pi}\times10^{-9}$（F/m），将其代入式（6.35）得

$$v_{\mathrm{p}} = \frac{1}{\sqrt{\mu_0\varepsilon_0}} = 3\times10^8 \ (\mathrm{m/s})$$

这恰好是真空中的光速 c，在电磁场理论发展的早期，为断言光波也是电磁波提供了有力的证据。

4．波阻抗

同一空间，均匀平面波的电场与磁场的振幅之比称为介质的波阻抗，记作 η，也称为介质的本征阻抗。根据式（6.26）和式（6.29）可得

$$\eta = \frac{E_x}{H_y} = \sqrt{\frac{\mu}{\varepsilon}} \tag{6.36}$$

若均匀平面波沿+z 轴方向传播，则式（6.28）可改写为

$$\boldsymbol{H}(z) = \frac{1}{\eta}\boldsymbol{e}_y E_x = \frac{1}{\eta}\boldsymbol{e}_z \times \boldsymbol{e}_x E_x = \frac{1}{\eta}\boldsymbol{e}_z \times \boldsymbol{E}(z)$$

上式表明，波的传播方向、电场矢量和磁场矢量三者相互正交。

在理想介质中，均匀平面波的电场强度与磁场强度相互正交，且同相位。在自由空间中，$\mu = \mu_0$，$\varepsilon = \varepsilon_0$，有 $\eta = \eta_0 = \sqrt{\mu_0/\varepsilon_0} = 120\pi(\Omega) \approx 377(\Omega)$。

5．能流密度和能流速度

均匀平面电磁波能流密度的平均值，根据平均坡印廷矢量可得

$$\boldsymbol{S}_{\mathrm{av}} = \frac{1}{2}\mathrm{Re}[\boldsymbol{E}(z)\times\boldsymbol{H}^*(z)] = \boldsymbol{e}_z\frac{1}{2\eta}E_{xm}^2 \tag{6.37}$$

均匀平面波的平均磁能密度和平均电能密度分别为

$$w_{\mathrm{m}} = \frac{1}{2}\mu H^2, \quad w_{\mathrm{e}} = \frac{1}{2}\varepsilon E^2$$

电磁场的平均能量密度为

$$w_{en}=\frac{1}{2}\varepsilon E^2+\frac{1}{2}\mu H^2=\frac{1}{2}\varepsilon E^2+\frac{1}{2}\mu\left(\frac{1}{\eta}E\right)^2=\varepsilon E^2$$

其时间的平均值为

$$\overline{w}_{en}=\frac{1}{T}\int_0^T(\varepsilon E^2)\mathrm{d}t=\frac{1}{T}\int_0^T(\varepsilon E_{xm}^2\cos^2(\omega t-kz))\mathrm{d}t=\frac{1}{2}\varepsilon E_{xm}^2 \tag{6.38}$$

电磁波在传播过程中也有能量随着电磁波的传播在空间流动，能量流动的速度称为能流速度，其值为能流密度的平均值除以能量密度的平均值。由式（6.37）和式（6.38）得

$$\boldsymbol{v}_e=\frac{\boldsymbol{S}_{av}}{\overline{w}_{en}}=\boldsymbol{e}_z\frac{1}{\eta\varepsilon}=\boldsymbol{e}_z\frac{1}{\sqrt{\mu\varepsilon}}=\boldsymbol{e}_z v_p \tag{6.39}$$

可见，理想介质中传播的均匀平面波的能流速度等于相速，其方向与波传播方向同向。

例 6.3　均匀平面波在介质（$\mu=\mu_0$，$\varepsilon=\varepsilon_r e_0$）中沿 z 轴方向传播，其电场强度为 $\boldsymbol{E}(z,t)=\boldsymbol{e}_x 377\cos(10^9 t-5z)$（V/m），试求：（1）相对介电常数；（2）相速度；（3）本质阻抗；（4）波长；（5）磁场强度。

解：（1）相对介电常数

由电场强度 $\boldsymbol{E}$ 的表达式可知

$$\omega=10^9\text{（rad/s）},\quad k=5\text{（rad/m）}$$

$$k=\omega\sqrt{\mu\varepsilon}=\omega\sqrt{\mu_0\varepsilon_0\varepsilon_r}$$

因此，$\varepsilon_r=\left(\dfrac{k}{\omega}\right)^2/\mu_0\varepsilon_0=25\times10^{-18}\times(3\times10^8)^2=2.25$。

（2）相速度为

$$v_p=\frac{\omega}{k}=\frac{10^9}{5}=2\times10^8\text{（m/s）}$$

（3）本质阻抗为

$$\eta=\sqrt{\frac{\mu_0}{\varepsilon_r\varepsilon_0}}=\frac{120\pi}{\sqrt{2.25}}=251.33\text{（}\Omega\text{）}$$

（4）波长为

$$\lambda=\frac{2\pi}{k}=\frac{2\pi}{5}=1.257\text{（m）}$$

（5）根据均匀平面波的电场、磁场和传播方向满足右手螺旋定则的规律以及电场强度和磁场强度的关系，可得

$$\boldsymbol{H}(z,t)=\boldsymbol{e}_y\frac{120\pi}{\eta}\cos(10^9 t-5z)=\boldsymbol{e}_y 1.5\cos(10^9 t-5z)\text{（A/m）}$$

6.4　均匀平面波解的一般形式

6.4.1　沿 z 轴传播的均匀平面波的一般式

在 6.2.3 节中，分析了均匀平面波的简化形式。实际上，沿 z 轴传播的均匀平面波，其电

场强度和磁场强度既有 x 方向的分量，又有 y 方向的分量。对于沿+z 轴方向传播的均匀平面波，其电场强度的瞬时形式可表示为

$$\boldsymbol{E}(z,t)=\boldsymbol{e}_x E_1\cos(\omega t-kz+\varphi_x)+\boldsymbol{e}_y E_2\cos(\omega t-kz+\varphi_y) \tag{6.40}$$

其复数形式表示为

$$\boldsymbol{E}(z)=\boldsymbol{e}_x E_x(z)+\boldsymbol{e}_y E_y(z)=(\boldsymbol{e}_x E_1\mathrm{e}^{\mathrm{j}\varphi_x}+\boldsymbol{e}_y E_2\mathrm{e}^{\mathrm{j}\varphi_y})\mathrm{e}^{-\mathrm{j}kz} \tag{6.41}$$

相应的磁场强度复数形式为

$$\boldsymbol{H}(z)=\frac{1}{\eta}\boldsymbol{e}_z\times\boldsymbol{E}(z)=\frac{1}{\eta}(\boldsymbol{e}_y E_1\mathrm{e}^{\mathrm{j}\varphi_x}-\boldsymbol{e}_x E_2\mathrm{e}^{\mathrm{j}\varphi_y})\mathrm{e}^{-\mathrm{j}kz} \tag{6.42}$$

例 6.4 一个均匀平面波在理想介质（$\mu=\mu_0$，$\varepsilon=4\varepsilon_0$）中传播，其电场强度的瞬时值为 $\boldsymbol{E}(z,t)=\boldsymbol{e}_x\sqrt{2}\cos(\omega t-20\pi z)+\boldsymbol{e}_y\sqrt{2}\sin(\omega t-20\pi z)$（V/m）。试求：（1）该均匀平面波的频率 f、波长 λ 和相速度 v_p；（2）磁场强度的瞬时值；（3）平均坡印廷矢量。

解：（1）在理想介质中，$k=\omega\sqrt{\mu\varepsilon}$

角频率 $\omega=\dfrac{k}{\sqrt{\mu\varepsilon}}=\dfrac{k}{\sqrt{4\mu_0\varepsilon_0}}=\dfrac{20\pi}{2}\times3\times10^8=3\times10^9\pi$（rad/s）；

频率 $f=\omega/2\pi=1.5\times10^9$（Hz）；

波长 $\lambda=\dfrac{2\pi}{k}=0.1$（m）；

相速度 $v_\mathrm{p}=\dfrac{1}{\sqrt{\mu\varepsilon}}=\dfrac{1}{\sqrt{4\mu_0\varepsilon_0}}=\dfrac{3\times10^8}{2}=1.5\times10^8$（m/s）。

（2）电场强度的复振幅 $\boldsymbol{E}(z)=\boldsymbol{e}_x\sqrt{2}\mathrm{e}^{-\mathrm{j}20\pi z}+\boldsymbol{e}_y\sqrt{2}\mathrm{e}^{-\mathrm{j}\left(20\pi z+\frac{\pi}{2}\right)}$；

磁场强度的复振幅 $\boldsymbol{H}(z)=\dfrac{1}{\eta}\boldsymbol{e}_z\times\boldsymbol{E}(z)=\dfrac{\sqrt{2}}{\eta}\left(\boldsymbol{e}_y\mathrm{e}^{-\mathrm{j}20\pi z}-\boldsymbol{e}_x\mathrm{e}^{-\mathrm{j}\left(20\pi z+\frac{\pi}{2}\right)}\right)$；

磁场强度的瞬时值 $\boldsymbol{H}(z,t)=\dfrac{\sqrt{2}}{\eta}\left[\boldsymbol{e}_x\cos\left(\omega t-20\pi z+\dfrac{\pi}{2}\right)+\boldsymbol{e}_y\cos(\omega t-20\pi z)\right]$。

（3）平均坡印廷矢量 $\boldsymbol{S}_\mathrm{av}=\dfrac{1}{2}\mathrm{Re}[\boldsymbol{E}(z)\times\boldsymbol{H}^*(z)]=\boldsymbol{e}_z\dfrac{2}{\eta}=\boldsymbol{e}_z\dfrac{1}{30\pi}$（W/m²）。

6.4.2 沿任意方向传播的均匀平面波的一般式

为了研究沿任意方向传播的均匀平面波，引入**波矢量 $\boldsymbol{k}$** 的概念。$\boldsymbol{k}$ 的模等于相位常数 k，方向为均匀平面波的传播方向，即等相位面的传播方向 $\boldsymbol{e}_\mathrm{n}$。波矢量在直角坐标系中表示为

$$\boldsymbol{k}=\boldsymbol{e}_\mathrm{n}k=\boldsymbol{e}_x k_x+\boldsymbol{e}_y k_y+\boldsymbol{e}_z k_z \tag{6.43}$$

式中，$k=\sqrt{k_x^2+k_y^2+k_z^2}$。

对于沿 +z 轴传播的波，$\boldsymbol{k}=k\boldsymbol{e}_z$。如图 6.6 所示，在沿 z 轴传播的等相位面上的任意一点 $p(x,y,z)$的矢径为 $\boldsymbol{r}=\boldsymbol{e}_x x+\boldsymbol{e}_y y+\boldsymbol{e}_z z$，则 $k\boldsymbol{e}_z\cdot\boldsymbol{r}=k\boldsymbol{e}_z\cdot(\boldsymbol{e}_x x+\boldsymbol{e}_y y+\boldsymbol{e}_z z)=kz$。故式（6.41）可写为

$$\boldsymbol{E}(z)=(\boldsymbol{e}_x E_1\mathrm{e}^{\mathrm{j}\varphi_x}+\boldsymbol{e}_y E_2\mathrm{e}^{\mathrm{j}\varphi_y})\mathrm{e}^{-\mathrm{j}\boldsymbol{k}\cdot\boldsymbol{r}}=\boldsymbol{E}_0\mathrm{e}^{-\mathrm{j}k\boldsymbol{e}_z\cdot\boldsymbol{r}} \tag{6.44}$$

式中，$\boldsymbol{E}_0\cdot\boldsymbol{e}_z=0$，即电场与传播方向垂直。

若均匀平面波沿任意方向传播，设为$\boldsymbol{e}_n$方向，且电场矢量、磁场矢量和波传播方向三者相互正交，如图 6.7 所示。根据式（6.44），任意方向传播的电场强度可表示为

$$\boldsymbol{E}(\boldsymbol{r})=\boldsymbol{E}_0\mathrm{e}^{-\mathrm{j}k\boldsymbol{e}_n\cdot\boldsymbol{r}}=\boldsymbol{E}_0\mathrm{e}^{-\mathrm{j}(k_xx+k_yy+k_zz)} \tag{6.45}$$

相应的磁场强度为

$$\boldsymbol{H}(\boldsymbol{r})=\frac{1}{\eta}\boldsymbol{e}_n\times\boldsymbol{E}(\boldsymbol{r}) \tag{6.46}$$

式（6.45）和式（6.46）中，$\boldsymbol{E}_0\cdot\boldsymbol{e}_n=0$，$\boldsymbol{r}=\boldsymbol{e}_xx+\boldsymbol{e}_yy+\boldsymbol{e}_zz$。

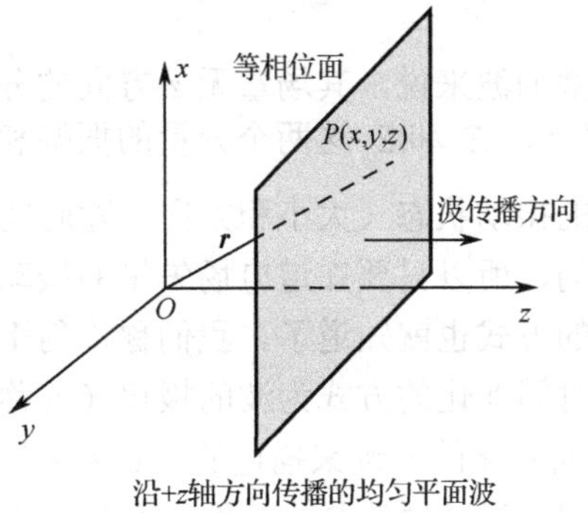

图 6.6　沿+z 轴方向传播的均匀平面波

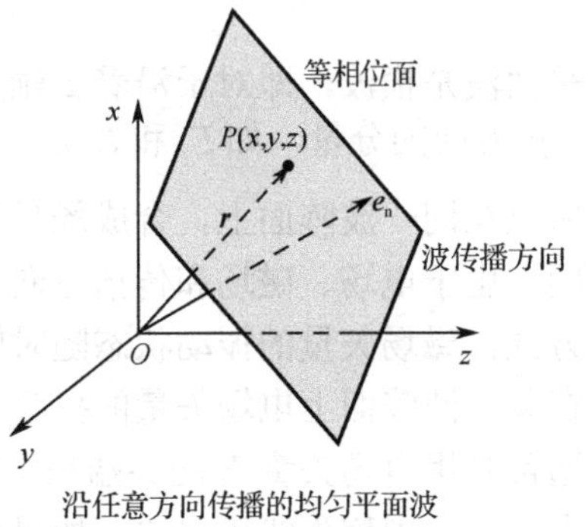

图 6.7　沿任意方向传播的均匀平面波

例 6.5　已知空气中一均匀平面波的磁场强度为

$$\boldsymbol{H}(\boldsymbol{r})=(-\boldsymbol{e}_xA+\boldsymbol{e}_y2+\boldsymbol{e}_z4)\mathrm{e}^{-\mathrm{j}(4\pi x+3\pi z)}\ (\mathrm{A/m})$$

式中，A 为常数。试求：（1）波矢量$\boldsymbol{k}$；（2）波长和频率；（3）A 的值；（4）相伴电场的复数形式；（5）平均坡印廷矢量。

解：（1）因为$\boldsymbol{H}(\boldsymbol{r})=\boldsymbol{H}_0\mathrm{e}^{-\mathrm{j}\boldsymbol{k}\cdot\boldsymbol{r}}$，所以

$$\boldsymbol{k}\cdot\boldsymbol{r}=k_xx+k_yy+k_zz=4\pi x+3\pi z$$

即
$$\boldsymbol{k}=4\pi\boldsymbol{e}_x+3\pi\boldsymbol{e}_z$$

（2）相位常数$k=|\boldsymbol{k}|=\sqrt{(4\pi)^2+(3\pi)^2}=5\pi$；

波长$\lambda=\dfrac{2\pi}{k}=\dfrac{2\pi}{5\pi}=\dfrac{2}{5}$（m）；

频率$f=\dfrac{c}{\lambda}=\dfrac{3\times10^8}{2/5}=7.5\times10^8$（Hz）。

（3）波的传播方向矢量为

$$\boldsymbol{e}_n=\frac{\boldsymbol{k}}{k}=\frac{4}{5}\boldsymbol{e}_x+\frac{3}{5}\boldsymbol{e}_z$$

考虑到均匀平面波是 TEM 波，电场矢量、磁场矢量和波传播方向相互正交，因此

$$\boldsymbol{e}_n\cdot\boldsymbol{H}_0=(4\pi\boldsymbol{e}_x+3\pi\boldsymbol{e}_z)\cdot(-\boldsymbol{e}_xA+\boldsymbol{e}_y2+\boldsymbol{e}_z4)=0$$

即
$$A=3$$

（4）相伴的电场强度的复数形式

$$\begin{aligned}\boldsymbol{E}(\boldsymbol{r})&=\eta\boldsymbol{H}(\boldsymbol{r})\times\boldsymbol{e}_n\\&=120\pi(-\boldsymbol{e}_x3+\boldsymbol{e}_y2+\boldsymbol{e}_z4)\mathrm{e}^{-\mathrm{j}(4\pi x+3\pi z)}\times\left(\boldsymbol{e}_x\frac{4}{5}+\boldsymbol{e}_z\frac{3}{5}\right)\end{aligned}$$

$$=120\pi(\boldsymbol{e}_x 1.2+\boldsymbol{e}_y 5-\boldsymbol{e}_z 1.6)\mathrm{e}^{-\mathrm{j}(4\pi x+3\pi z)} \quad (\mathrm{V/m})$$

（5）平均坡印廷矢量

$$\boldsymbol{S}_{\mathrm{av}}=\frac{1}{2}\mathrm{Re}\left\{120\pi(\boldsymbol{e}_x 1.2+\boldsymbol{e}_y 5-\boldsymbol{e}_z 1.6)\mathrm{e}^{-\mathrm{j}(4\pi x+3\pi z)}\times[(-\boldsymbol{e}_x 3+\boldsymbol{e}_y 2+\boldsymbol{e}_z 4)\mathrm{e}^{-\mathrm{j}(4\pi x+3\pi z)}]^*\right\}$$

$$=12\pi\times 29\times(\boldsymbol{e}_x 4+\boldsymbol{e}_z 3) \quad (\mathrm{W/m^2})$$

6.5 波的极化

均匀平面波是横波，即对于沿着 z 轴方向传播的波来说，其场量无 z 方向的分量，但却可以有 x、y 方向的分量，如 E_x 和 E_y。一般情况下，E_x 和 E_y 这两个分量的振幅和相位不一定相同，所以在同一波阵面上，合成场量的矢量的振动状态（大小和方向）随时间变化的方式也就不同。由于电场、磁场和传播方向是确定的，所以只要知道电场矢量的振动状态随时间的变化方式，磁场矢量的振动状态随时间变化的方式也就知道了。我们称均匀平面波传播过程中，在某一波阵面上电场矢量的振动状态随时间变化的方式为波的极化（或称为偏振）。这种极化通常是用电场矢量 $\boldsymbol{E}$ 的尖端在空间随时间变化的轨迹来描述的。如果矢量的尖端在一条直线上运动，则称为线极化波。如果矢量尖端的运动轨迹是一个圆，则称为圆极化波。电场 $\boldsymbol{E}$ 的尖端的运动将描绘出一个椭圆，称为椭圆极化波。如果用右手的拇指指向波传播的方向，其他四指所指的方向正好与电场矢量运动的方向相同，则这个波就是右旋极化波；反之，称为左旋极化波。无一定极化的波，如光波，通常称为随机极化波。

设电场强度为 $\boldsymbol{E}(z,t)=\boldsymbol{e}_x E_x(z,t)+\boldsymbol{e}_y E_y(z,t)$，其中

$$E_x=E_1\cos(\omega t-kz+\varphi_x) \tag{6.47}$$

$$E_y=E_2\cos(\omega t-kz+\varphi_y) \tag{6.48}$$

式中，E_1 和 E_2 分别为 E_x 和 E_y 的振幅；φ_x 和 φ_y 分别为 E_x 和 E_y 的初始相位。

分别将式（6.47）和式（6.48）的右边展开，得

$$\frac{E_x}{E_1}=\cos(\omega t-kz)\cos\varphi_x-\sin(\omega t-kz)\sin\varphi_x$$

$$\frac{E_y}{E_2}=\cos(\omega t-kz)\cos\varphi_y-\sin(\omega t-kz)\sin\varphi_y$$

将两式分别乘以 $\sin\varphi_y$ 和 $\sin\varphi_x$ 后相减，得

$$\frac{E_x}{E_1}\sin\varphi_y-\frac{E_y}{E_2}\sin\varphi_x=\cos(\omega t-kz)\sin(\varphi_x-\varphi_y) \tag{6.49}$$

将两式分别乘以 $\cos\varphi_y$ 和 $\cos\varphi_x$ 后相减，得

$$\frac{E_x}{E_1}\cos\varphi_y-\frac{E_y}{E_2}\cos\varphi_x=-\sin(\omega t-kz)\sin(\varphi_x-\varphi_y) \tag{6.50}$$

再将式（6.49）和式（6.50）分别平方后相加，得

$$\frac{E_x^2}{E_1^2}+\frac{E_y^2}{E_2^2}-2\frac{E_xE_y}{E_1E_2}\cos(\varphi_x-\varphi_y)=\sin^2(\varphi_x-\varphi_y) \tag{6.51}$$

可见，这是一个非标准形式的椭圆方程，它表明一般情况下 E_x 和 E_y 的合成波矢量的端

点轨迹为一椭圆，即合成波为椭圆极化波。

现在进一步研究由式（6.51）可演变出线极化、圆极化和椭圆极化三种特殊的极化情况。

6.5.1　直线极化

在空间同一点上进行观测，若电场强度矢量末端随时间 t 描出的轨迹是一条直线，则极化状态为直线极化，简称线极化，该波称为线极化波。

1．第一、三象限线极化

如果 $(\varphi_x - \varphi_y) = 2m\pi$，其中 m 为整数，$m = 0,1,2\cdots$，则式（6.51）变成

$$\left[\frac{E_x(z,t)}{E_1} - \frac{E_y(z,t)}{E_2}\right]^2 = 0$$

即

$$\frac{E_x(z,t)}{E_1} = \frac{E_y(z,t)}{E_2} \tag{6.52}$$

这是直线方程。它表明，平面波在自由空间传播时，在不同时刻、不同位置，电场强度的两个分量虽取不同的值，但其电场矢量末端总是在一条直线上变化，如图 6.8（a）所示，所以该波是线极化波，该直线在第一、三象限。这条直线和 x 轴之间的夹角 θ 满足下列关系：

$$\theta = \arctan\left(\frac{E_2}{E_1}\right) = \text{const} \tag{6.53}$$

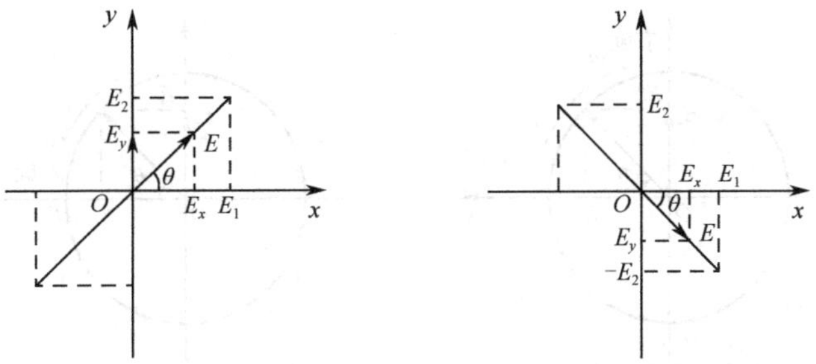

（a）第一、三象限线极化波　　（b）第二、四象限线极化波

观看动态仿真图

图 6.8　线极化波

2．第二、四象限线极化

如果 $(\varphi_x - \varphi_y) = (2m+1)\pi$，其中 m 为整数，$m = 0,1,2\cdots$，则式（6.51）变成

$$\left[\frac{E_x(z,t)}{E_1} + \frac{E_y(z,t)}{E_2}\right]^2 = 0$$

即

$$\frac{E_x(z,t)}{E_1} = -\frac{E_y(z,t)}{E_2} \tag{6.54}$$

这也是直线方程，其电场矢量末端也是在一条直线上变化，该直线在第二、四象限，如图 6.7（b）所示，所以该波也是线极化波。只不过这条直线（电场 $\boldsymbol{E}$）和 x 轴之间的夹角 θ 满足下列关系式：

$$\theta = \arctan\left(-\frac{E_2}{E_1}\right) = \text{const} \tag{6.55}$$

6.5.2 圆极化

在空间同一点上进行观测，若电场强度矢量末端随时间 t 描出的轨迹是一个圆，则极化状态为圆极化，该波称为圆极化波。

1. 右旋圆极化

当 $(\varphi_x - \varphi_y) = \pi/2$，且 $E_1 = E_2 = E_0$ 时，式（6.51）变成

$$E_x^2(z,t) + E_y^2(z,t) = E_0^2 \tag{6.56}$$

这是一个以 E_0 为半径的圆的方程，故为圆极化波。此时，电场 $\boldsymbol{E}(z,t)$ 与 x 轴的夹角将由动点坐标 $E_x(z,t)$ 和 $E_y(z,t)$ 决定，即

$$\theta = \arctan\frac{E_y(z,t)}{E_x(z,t)} = \arctan\frac{\cos\left(\omega t - kz - \dfrac{\pi}{2}\right)}{\cos(\omega t - kz)} = (\omega t - kz) \tag{6.57}$$

从式（6.55）可以看出，由于 kz 是一个与时间无关的常量，所以 θ 角将随时间 t 的增加而变大，即电场 $\boldsymbol{E}(z,t)$ 与 x 轴的夹角将随时间 t 的增加而变大，如图 6.9（a）所示。这时电磁波在传播方向上以 z 轴为旋转轴，在空间向右旋转着螺旋前进，于是，将这种波称为右旋圆极化波。

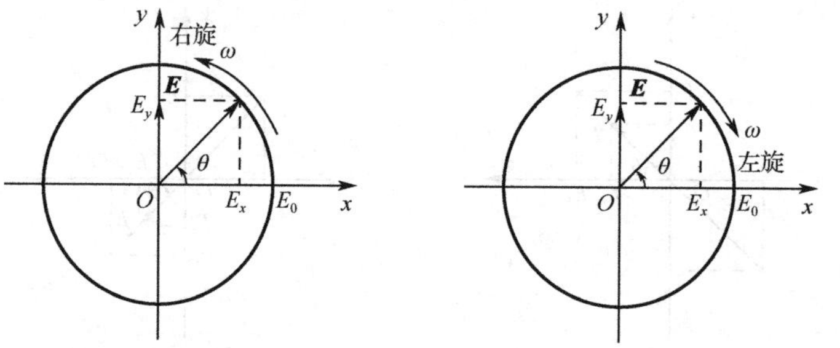

（a）右旋圆极化　　（b）左旋圆极化

观看动态仿真图

图 6.9　圆极化波

2. 左旋圆极化

当 $(\varphi_x - \varphi_y) = -\pi/2$，且 $E_1 = E_2 = E_0$ 时，式（6.51）变成

$$E_x^2(z,t) + E_y^2(z,t) = E_0^2$$

这也是一个以 E_0 为半径的圆的方程，故也是圆极化波。不过，此时电场 $\boldsymbol{E}(z,t)$ 与 x 轴的夹角为

$$\theta = \arctan\frac{E_y(z,t)}{E_x(z,t)} = \arctan\frac{\cos\left(\omega t - kz + \dfrac{\pi}{2}\right)}{\cos(\omega t - kz)} = -(\omega t - kz) \tag{6.58}$$

从式（6.56）可以看出，θ 角将随时间 t 的增加而变小，即电场 $\boldsymbol{E}(z,t)$ 与 x 轴的夹角将随时间 t 的增加而变小，如图 6.8（b）所示。这时电磁波在传播方向上以 z 轴为旋转轴，在空

间向左旋转着螺旋前进，于是，将这种波称为左旋圆极化波。

6.5.3　椭圆极化

在空间同一点上进行观测，若电场强度矢量末端随时间 t 描出的轨迹是一个椭圆，则极化状态为椭圆极化，该波称为椭圆极化波。若均匀平面波既不是直线极化，也不是圆极化，则构成椭圆极化。即当 $E_1 \neq E_2$ 时，式（6.51）为椭圆极化波方程。

1．右旋椭圆极化

因为电场 $\boldsymbol{E}(z,t)$ 与 x 轴的夹角将由动点坐标 $E_x(z,t)$ 和 $E_y(z,t)$ 决定，即

$$\theta = \arctan\frac{E_y(z,t)}{E_x(z,t)} = \arctan\frac{E_2\cos[\omega t - kz - (\varphi_x - \varphi_y)]}{E_1\cos(\omega t - kz)} \tag{6.59}$$

当 $(\varphi_x - \varphi_y) > 0$ 时，与 $E_y(z,t)$ 相比，$E_x(z,t)$ 的相位超前，因此在一个固定点上，$E_x(z,t)$ 将先达到最大值，然后才轮到 $E_y(z,t)$ 达到最大值。这说明，随着时间的推移，电场 $\boldsymbol{E}(z,t)$ 的矢量末端按照逆时针方向向右扫出了一个椭圆，如图 6.9（a）所示。于是将这种波称为右旋椭圆极化波。

2．左旋椭圆极化

因为

$$\theta = \arctan\frac{E_y(z,t)}{E_x(z,t)} = \arctan\frac{E_2\cos[\omega t - kz - (\varphi_x - \varphi_y)]}{E_1\cos(\omega t - kz)} \tag{6.60}$$

当 $(\varphi_x - \varphi_y) < 0$ 时，与 $E_x(z,t)$ 相比，$E_y(z,t)$ 的相位超前，因此在一个固定点上，$E_y(z,t)$ 将先达到最大值，然后才轮到 $E_x(z,t)$ 达到最大值。这说明，随着时间的推移，电场 $\boldsymbol{E}(z,t)$ 的矢量末端按照顺时针方向向左扫出了一个椭圆，如图 6.10（b）所示。于是将这种波称为左旋椭圆极化波。

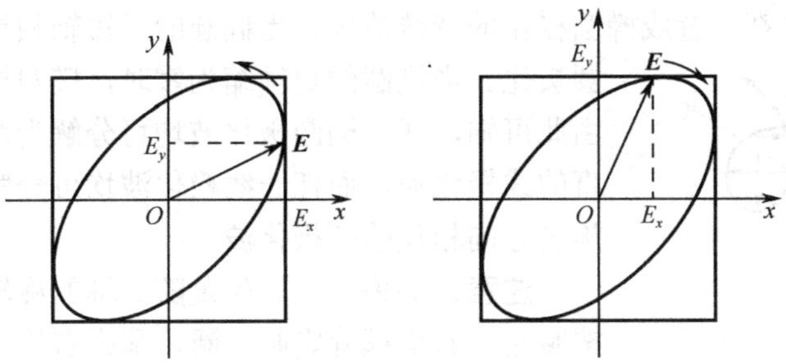

（a）右旋椭圆极化　　（b）左旋椭圆极化

观看动态仿真图

图 6.10　椭圆极化波

注意：上述对电磁波极化旋向的判定都是基于沿 z 轴传播的均匀平面波展开的，但考虑到直角坐标系中三个坐标轴方向之间满足右手螺旋关系，因此对沿 x 轴方向或 y 轴方向传播的均匀平面波，也可以类比上述方法进行分析判断。

对于任意方向传播的电磁波，其极化旋向可以采用**追赶法**：首先将电场矢量分解为相对入射面的平行分量和垂直分量，或者分解成实部和虚部；然后拇指指向均匀平面波的传播方向，四指指向由相位超前的分量向相位落后的分量弯曲，即相位超前的分量追赶相位落后的

分量；如果为右手关系，则为右旋极化波，为左手关系，则为左旋极化波。

例 6.6 指出下列均匀平面波的极化方式：

（1）$\boldsymbol{E}=\boldsymbol{e}_x E_{\mathrm{m}}\sin(\omega t-kz)+\boldsymbol{e}_y E_{\mathrm{m}}\cos(\omega t-kz)$；

（2）$\boldsymbol{E}=\boldsymbol{e}_x E_{\mathrm{m}}\mathrm{e}^{-\mathrm{j}kz}-\boldsymbol{e}_y \mathrm{j}E_{\mathrm{m}}\mathrm{e}^{-\mathrm{j}kz}$；

（3）$\boldsymbol{E}=\boldsymbol{e}_x E_{\mathrm{m}}\sin\left(\omega t-kz+\dfrac{\pi}{4}\right)+\boldsymbol{e}_y E_{\mathrm{m}}\cos\left(\omega t-kz-\dfrac{\pi}{4}\right)$；

（4）$\boldsymbol{E}=\boldsymbol{e}_x E_{\mathrm{m}}\sin(\omega t-kz)+\boldsymbol{e}_y 2E_{\mathrm{m}}\cos(\omega t-kz)$。

解：（1）该均匀平面波沿 z 轴传播，电场 x 方向和 y 方向幅值相等，相位 $\varphi_x-\varphi_y=-\pi/2$，因此该波属于左旋圆极化波。

（2）该均匀平面波沿 z 轴传播，电场 x 方向和 y 方向幅值相等，相位 $\varphi_x-\varphi_y=\pi/2$，因此该波属于右旋圆极化波。

（3）该均匀平面波沿 z 轴传播，电场 x 方向和 y 方向幅值相等，相位 $\varphi_x-\varphi_y=0$，因此该波属于线极化波。

（4）该均匀平面波沿 z 轴传播，电场 x 方向和 y 方向幅值不相等，相位 $\varphi_x-\varphi_y=-\pi/2<0$，因此该波属于左旋椭圆极化波。

6.5.4 极化波的合成与分解

电磁波的极化有着重要的意义。当利用极化波进行工作时，接收天线的极化特性必须与发射天线的极化特性相同，才能获得好的接收效果。例如，收音机的天线调整到与入射电场强度平行的位置，才能获得最佳收听效果。此时，收音机天线的极化状态与入射电磁波的极化状态匹配。在很多情况下，系统必须利用圆极化天线才能正常工作，例如，飞行器在飞行过程中，其状态和位置不断变化，其天线的极化状态也在不断改变，如果利用线极化的电磁波信号遥控飞行器，在某些情况下飞行器的天线会收不到地面的信号从而失控。

线极化和圆极化都可看成椭圆极化的特殊情况。当椭圆的长短轴相等时，椭圆极化变成圆极化。当椭圆的短轴缩为零时，椭圆极化退化为线极化。由此可知，任一椭圆极化波均可分解为两个极化方向互相垂直的线极化波，而任一线极化波均可分解为两个振幅相等但旋转方向相反的圆极化波。

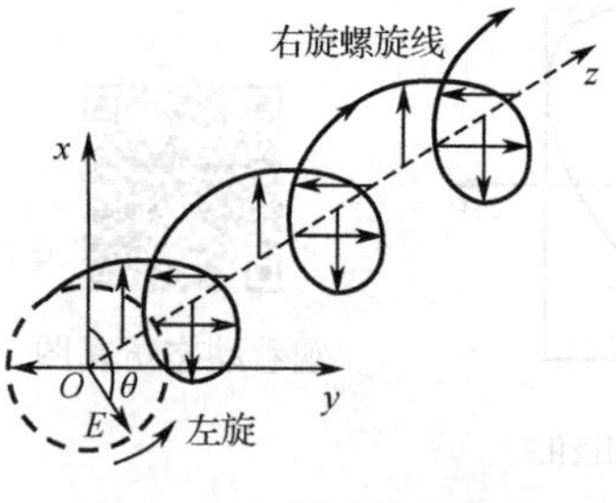

图 6.11 左旋圆极化波的右旋螺旋矢端曲线

注意：如果将电场矢量随 z 轴的旋转与电磁波传播方向按照左、右手螺旋定则判断，那么右旋椭圆极化波或右旋圆极化波在给定时刻的矢端曲线恰好为左旋螺旋线，而左旋椭圆极化波或左旋圆极化波在给定时刻的矢端曲线恰好为右旋螺旋线，如图 6.11 所示。

另外，在椭圆极化的情况下，电场 $\boldsymbol{E}(z,t)$ 的矢端旋转速度为

$$\frac{\mathrm{d}\theta}{\mathrm{d}t}=\frac{\omega E_1 E_2\sin(\varphi_x-\varphi_y)}{E_1^2\cos^2(\omega t-kz+\varphi_x)+E_2^2\cos^2(\omega t-kz+\varphi_y)} \tag{6.61}$$

当 $0<(\varphi_x-\varphi_y)<\pi$ 时，$\dfrac{\mathrm{d}\theta}{\mathrm{d}t}>0$，电磁波为右旋椭圆极化波；而当 $-\pi<(\varphi_x-\varphi_y)<0$ 时，

$\frac{d\theta}{dt}<0$，电磁波为左旋椭圆极化波。同时，从式（6.59）可以看出，椭圆极化波 $\boldsymbol{E}(z,t)$ 的旋转速度不是常数，而是时间的函数。

从式（6.59）还可得知：当 $(\varphi_x-\varphi_y)=\pm n\pi$ 时，$\frac{d\theta}{dt}=0$，电磁波是线极化波；当 $(\varphi_x-\varphi_y)=\pm\pi/2$，且 $E_1=E_2$ 时，$\frac{d\theta}{dt}=\pm\omega$，电磁波为圆极化波。

波的极化形式取决于发射源，因此波的极化特性在工程上具有很重要的应用。例如，当利用极化波进行工作时，接收天线的极化特性必须与发射天线的极化特性相同，才能获得好的接收效果，这是天线设计中最基本的原则之一。发射天线若辐射左旋圆极化波，则接收天线在接收到左旋圆极化波时，就接收不到右旋圆极化波，反之亦然，这称为圆极化波的旋相正交性。又如，垂直天线发射地波，为垂直极化波，因为从天线到地的 $\boldsymbol{E}$ 场都是垂直的，所以接收天线应具有垂直极化特性。而水平天线发射水平极化波，所以接收天线应具有水平极化特性。

在很多情况下，无线电系统必须利用圆极化才能进行正常工作。例如，由于火箭等飞行器在飞行过程中，其状态和位置在不断变化，因此火箭上的天线姿态也在不断地改变，此时如用线极化的发射信号来遥控火箭，在某些情况下，可能出现火箭上的天线接收不到地面控制信号，从而造成失控的情况。若采用圆极化发射和接收，则从理论上讲将不会出现失控情况。目前，在电子对抗系统中，大多采用圆极化波进行工作。

由于某种原因，工程上有时还需要对极化进行变换。例如，将线极化变换成圆极化，将水平极化变换成垂直极化等。

例 6.7　试用复数法证明，一个线极化平面波可由左旋和右旋两个圆极化波合成得到。

证明： 为简单起见，假设线极化波电场只在 x 方向上，即空间电场表示为

$$\boldsymbol{E}=\boldsymbol{e}_x E_0 e^{-jkz} \tag{1}$$

式（1）可改写为

$$\boldsymbol{E}=E_1(\boldsymbol{e}_x+j\boldsymbol{e}_y)e^{-jkz}+E_1(\boldsymbol{e}_x-j\boldsymbol{e}_y)e^{-jkz} \tag{2}$$

式中，$E_1=\frac{1}{2}E_0$。

式（2）右边第一项中 E_y 的相位比 E_x 的相位超前 $\pi/2$，E_y 和 E_x 分量的振幅相等，均为 $E_0/2$。根据定义，第一项代表左旋圆极化波，第二项代表右旋圆极化波，证毕。

例 6.8　证明若用直线极化天线接收圆极化波，接收功率会有 3dB 衰落。

证明： 设圆极化波电场强度为

$$\boldsymbol{E}=(\boldsymbol{e}_R E_{mR}+j\boldsymbol{e}_I E_{mI})e^{-j\boldsymbol{k}\cdot\boldsymbol{r}}$$

其中，$\boldsymbol{e}_R\cdot\boldsymbol{e}_I=0$，$E_{mR}=E_{mI}=E_m$。相应的磁场为

$$\boldsymbol{H}=\frac{1}{\eta}\boldsymbol{e}_k\times\boldsymbol{E}=\frac{1}{\eta}\boldsymbol{e}_k\times(\boldsymbol{e}_R E_m+j\boldsymbol{e}_I E_m)e^{-j\boldsymbol{k}\cdot\boldsymbol{r}}$$

$$\boldsymbol{H}^*=\frac{1}{\eta}\boldsymbol{e}_k\times\boldsymbol{E}^*=\frac{1}{\eta}\boldsymbol{e}_k\times(\boldsymbol{e}_R E_m-j\boldsymbol{e}_I E_m)e^{-j\boldsymbol{k}\cdot\boldsymbol{r}}$$

平均坡印廷矢量为

$$S_{av}=\frac{1}{2}\text{Re}[\boldsymbol{E}(z)\times\boldsymbol{H}^*(z)]=\boldsymbol{e}_k\frac{|\boldsymbol{E}|^2}{2\eta}=\boldsymbol{e}_k\frac{(\boldsymbol{e}_R E_m+\text{j}\boldsymbol{e}_I E_m)\cdot(\boldsymbol{e}_R E_m-\text{j}\boldsymbol{e}_I E_m)}{2\eta}=\boldsymbol{e}_k\frac{E_m^2}{\eta}$$

不考虑路径损耗，则发射的平均功率密度（即发射功率）为$S_{in}=E_m^2/\eta$。当采用线极化天线接收圆极化波时，接收天线只要在与$\boldsymbol{e}_k$垂直的平面内，无论怎样放置，接收天线的电场都是振幅为E_m的正弦波。因此接收到的平均功率密度（即接收功率）为$S_{out}=E_m^2/2\eta$。所以

$$\left(\frac{S_{out}}{S_{in}}\right)_{dB}=10\lg\frac{S_{out}}{S_{in}}=-3\ \text{(dB)}$$

可见，用直线极化天线接收圆极化波，接收功率会有3dB衰落。

6.6 电磁波谱

自1888年赫兹用实验证明了电磁波的存在，迄今人们已经陆续发现，不仅光波是电磁波，红外线、紫外线、X射线、γ射线等也都是电磁波，科学研究证明电磁波是一个大家族。所有这些电磁波仅在波长λ（或频率f）上有所差别，而在本质上完全相同，且波长不同的电磁波在真空中的传播速度都是$c=1/\sqrt{\varepsilon_0\mu_0}\approx3\times10^8$（m/s）。因为波的频率和波长满足关系式$f\cdot\lambda=c$，所以频率不同的电磁波在真空中具有不同的波长。电磁波的频率越高，相应的波长就越短。无线电波的波长最长（频率最低），而γ射线的波长最短（频率最高）。目前人类通过各种方式已产生或观测到的电磁波的最低频率为$f=2\times10^{-2}$ Hz，其波长为地球半径的5×10^3倍，而电磁波的最高频率为$f=10^{25}$ Hz，它来自于宇宙的γ射线。为了对各种电磁波有全面的了解，人们按照波长或频率的顺序把这些电磁波排列起来，这就是电磁波谱（见表6.1和图6.12）。

表6.1 电磁波谱

<table>
<tr><td>无线电波</td><td>微波</td><td>红外线</td><td>可见光</td><td>紫外线</td><td>X射线</td><td>γ射线</td></tr>
<tr><td colspan="7">可见光：红 | 橙 | 黄 | 绿 | 蓝 | 靛 | 紫</td></tr>
</table>

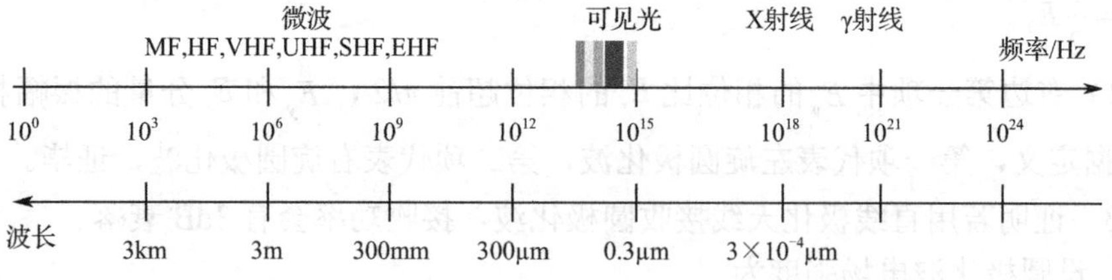

图6.12 电磁波谱

由于辐射强度随频率的减小而急剧下降，因此波长为几百千米（10^5m）的低频电磁波强度很弱，通常不为人们注意。实际使用的无线电波是从波长约几千米（频率为几百千赫）开始：波长为3000～50m（频率为100kHz～6MHz）的属于中波段；波长为50～10m（频率6～30MHz）的为短波；波长为10m～1cm（频率为30MHz～30GHz）甚至达到1mm（频率为3×10^5MHz）以下的为超短波（或微波）。有时按照波长的数量级大小也常出现米波、分米波、厘米波、毫米波等名称。中波和短波用于无线电广播和通信，微波用于电视和无线电定位技术（雷达），电磁波谱的应用领域如图6.13所示。

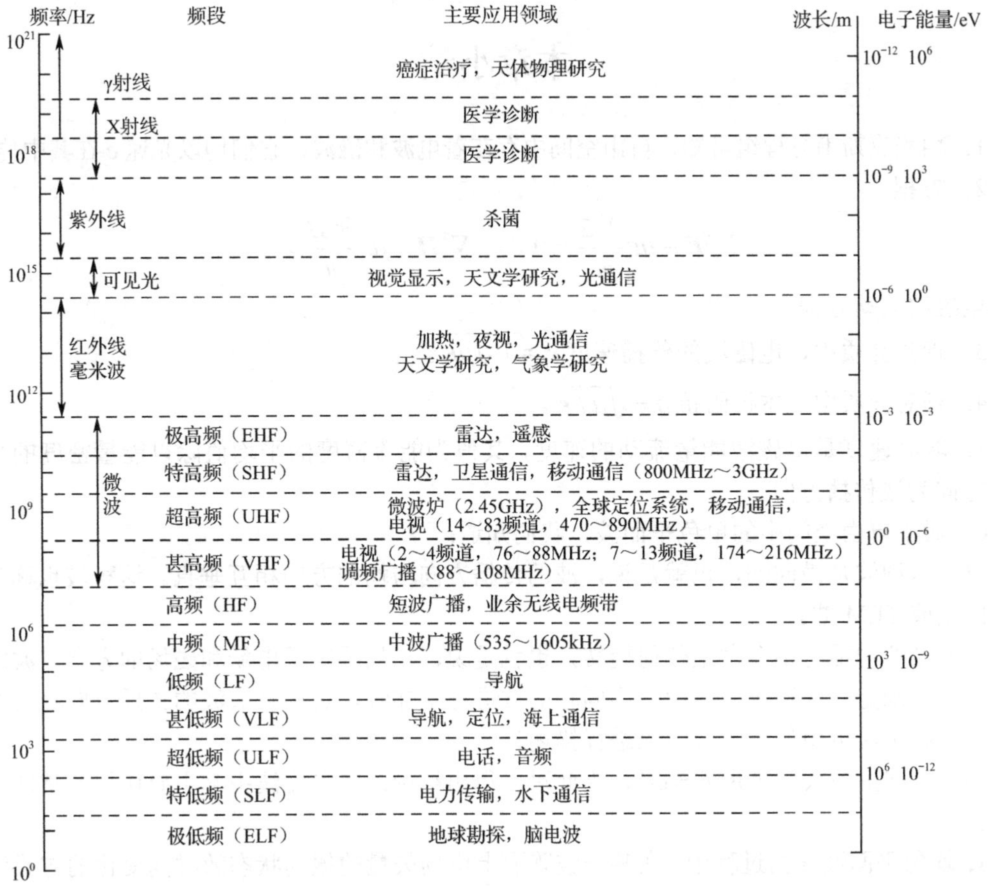

图 6.13　电磁波谱的应用领域

可见光的波长范围很窄，大约在 7600～4000Å（在光谱学中常采用埃（Å）作为长度单位来表示波长），从可见光向两边扩展，波长比它长的称为红外线，波长约从 7600Å 到十分之几毫米，红外线的热效应特别显著。波长比可见光短的称为紫外线，它的波长为 50～4000Å，它有显著的化学效应和荧光效应。红外线和紫外线都是人类看不见的，只能利用特殊的仪器来探测。无论是可见光、红外线或紫外线，它们都是由原子或分子等微观客体激发的。近年来，由于超短波无线电技术的不断发展，无线电波的使用范围不断朝波长更短的方向扩大；另一方面，由于红外技术的发展，红外线的范围不断朝波长更长的方向扩展。目前超短波和红外线的分界已不存在，其范围有一定的重叠。X 射线是由原子中的内层电子发射的，其波长范围约为 10^2～10^{-2} Å。随着 X 射线技术的发展，它的波长范围也不断朝着两个方向扩展。目前在长波段已与紫外线有所重叠，短波段已进入 γ 射线领域。放射性辐射 γ 射线的波长是从 1Å 左右直到无穷短。

电磁波谱中上述各波段主要是按照得到和探测它们的方式不同来划分的。随着科学技术的发展，各波段都已冲破界限与其他相邻波段重叠起来。目前在电磁波谱中除了波长极短（10^{-4} Å 以下）的一端，不再留有任何未知的空白了。

本章小结

1．由麦克斯韦方程组可知，自由空间中存在着电波和磁波，它们均以光速 c 在其中传播。

2．方程

$$\nabla^2 \boldsymbol{E} - \mu\varepsilon\frac{\partial^2 \boldsymbol{E}}{\partial t^2} = 0, \qquad \nabla^2 \boldsymbol{H} - \mu\varepsilon\frac{\partial^2 \boldsymbol{H}}{\partial t^2} = 0$$

称为电磁波波动方程。

3．理想介质中，电磁波的传播速度 $v_p = 1/\sqrt{\mu\varepsilon}$。

4．理想介质中，本征阻抗 $\eta = \sqrt{\mu/\varepsilon}$。

5．能流速度是电磁波能量流动的速度，其值为能流密度的平均值除以能量密度的平均值，方向为波传播方向。

6．对于自由空间中的单色平面波，我们知道：

（1）这种波是横向的，也就是说，波的传播方向与场的方向相互垂直。这种波也称为横向电磁波或 TEM 波。

（2）当波传播时不会发生任何旋转，也就是说，一旦固定了电场和磁场的方向，波的传播方向将是确定的（注意，将两个不同相的波进行叠加时，这种合成波的传播方向将会发生旋转，这种旋转可用矢量的合成来进行描述）。

（3）场向量的大小满足 $E = cB$，由此可以得出结论：在电磁波中起主要作用的常常是电场力。

7．均匀平面波传播过程中，在某一波阵面上电场矢量的振动状态随时间变化的方式为波的极化（或称为偏振），这种极化通常是用电场矢量 $\boldsymbol{E}$ 的尖端在空间随时间变化的轨迹来描述的。

8．波的极化分为线极化、圆极化和椭圆极化。电磁波的极化状态取决于 E_x 和 E_y 的振幅 E_{xm}、E_{ym} 及其相位差。

习题 6

6.1　太阳辐射到地球表面的能量约为 1.2kW/m^2，为了方便计算，假定辐射波为单色，并且是以法线方向入射到地球表面的线性极化平面波，试求辐射波中电场的振幅。

6.2　已知在自由空间传播的平面电磁波的电场为 $E_x = 100\cos(\omega t - 2\pi z)$（V/m）。试求此波的波长 λ、频率 f、相速度 v、磁场强度 $\boldsymbol{H}$ 以及平均能流密度矢量 $\boldsymbol{S}_{av}$。

6.3　已知在自由空间传播的平面电磁波的电场的振幅 $E_0 = 800$（V/m），方向为 $\boldsymbol{e}_x$，如果波沿着 z 轴方向传播，波长为 0.61m。试求：（1）电磁波的频率 f；（2）电磁波的周期 T；（3）如果将场量表示为 $A\cos(\omega t - kz)$，其 k 值为多少？（4）磁场的振幅 H_0。

6.4　频率为 100MHz 的正弦均匀平面波，沿 $\boldsymbol{e}_z$ 方向传播，当时间 $t=0$ 时，在自由空间一点 P（4,−2,6）的电场强度 $\boldsymbol{E} = (\boldsymbol{e}_x 100 - \boldsymbol{e}_y 70)$（V/m），试求：（1）$t=0$ 时，P 点的 $|\boldsymbol{E}(z,t)|$；（2）$t=1$（ns）时，P 点的 $|\boldsymbol{E}(z,t)|$；（3）$t=2$（ns）时，点 Q（3,5,8）的 $|\boldsymbol{E}(z,t)|$。

6.5　一个在空气中沿 $\boldsymbol{e}_y$ 方向传播的均匀平面波，其磁场强度的瞬时表达式为 $\boldsymbol{H} = \boldsymbol{e}_z 4\times$

$10^{-6}\cos\left(10^7\pi t - k_0 y + \dfrac{\pi}{4}\right)$（A/m），试求：（1）$k_0$，以及 $t = 3\text{ms}$ 时，$H_z = 0$ 的位置；（2）写出 $\boldsymbol{E}$ 的瞬时表达式。

6.6　两个均匀平面电磁波沿自由空间 $\boldsymbol{e}_z$ 方向传播，当 $t = 0$ 时，两波的电场在原点都达到最大值 1000V/m，方向为 $\boldsymbol{e}_x$，频率 $f_1 = 920\text{kHz}$，$f_2 = 930\text{kHz}$。（1）经过多少时间后两波在原点再次同时达到最大值？（2）求出+z 轴上点的位置，使该点合成电场 $\boldsymbol{E} = \boldsymbol{e}_x 2000$（V/m）。

6.7　已知无界理想介质（$\varepsilon_r = 9$，$\mu_r = 1$，$\gamma = 0$）中，正弦均匀平面电磁波的频率 $f = 10^8\text{Hz}$，电场强度 $\boldsymbol{E} = \boldsymbol{e}_x 4\mathrm{e}^{-\mathrm{j}kz} + \boldsymbol{e}_y 3\mathrm{e}^{-\mathrm{j}kz+\mathrm{j}\pi/3}$。试求：（1）均匀平面电磁波的相速度、波长、相位常数和波阻抗；（2）电场强度和磁场强度的瞬时值表达式；（3）与电磁波传播方向垂直的单位面积上通过的平均功率。

6.8　在自由空间传播的均匀平面波的电场强度复矢量为 $\boldsymbol{E} = (\boldsymbol{e}_x + \mathrm{j}\boldsymbol{e}_y)10^{-4}\mathrm{e}^{-\mathrm{j}20\pi z}$（V/m）。试求：（1）平面波的传播方向；（2）电磁波的频率；（3）波的极化方式；（4）磁场强度 $\boldsymbol{H}$；（5）电磁波流过沿传播方向单位面积的平均功率。

6.9　在 $\mu_r = 1$、$\varepsilon_r = 4$、$\sigma = 0$ 的介质中，有一均匀平面波，其电场强度 $\boldsymbol{E} = \boldsymbol{E}_m \sin(\omega t - kz + \pi/3)$，若已知平面波的频率 $f = 150\text{MHz}$，任意一点的平均功率密度为 $0.265\mu\text{W/m}^2$。试求：（1）电磁波的波数、相速、波长、波阻抗；（2）$t = 0$，$z = 0$ 时的电场 $|\boldsymbol{E}(0,0)|$；（3）经过 $t = 0.1\mu\text{s}$ 后，电场 $|\boldsymbol{E}(0,0)|$ 值传到什么位置？

6.10　空气中某一均匀平面波的波长为 12cm，当该平面波进入某无损耗介质中传播时，其波长减小为 8cm，且已知在介质中 $\boldsymbol{E}$ 和 $\boldsymbol{H}$ 的振幅分别为 50V/m 和 0.1A/m。求该平面波的频率和无损耗介质的 μ_r 与 ε_r。

6.11　在自由空间中，某电磁波的波长为 0.2m，当该波进入到理想电介质后，波长变为 0.09m，设 $\mu_r = 1$，试求 ε_r 以及波在该电介质中的波速。

6.12　电磁波在自由空间中的波长为 0.1m，如果将其置于某种非磁性的理想介质（$\varepsilon_r = 9$）中，试计算其频率、相位常速、波长、相速度和波阻抗。

6.13　理想介质中均匀平面波的电场和磁场分别为 $\boldsymbol{E} = \boldsymbol{e}_x 10\cos(6\pi\times10^7 t - 0.8\pi z)$（V/m）和 $\boldsymbol{H} = \boldsymbol{e}_y \dfrac{1}{6\pi}\cos(6\pi\times10^7 t - 0.8\pi z)$（A/m），求介质的 μ_r 与 ε_r。

6.14　均匀平面波在无损耗介质中传播，频率为 500kHz，复振幅 $\boldsymbol{E} = \boldsymbol{e}_x 4 - \boldsymbol{e}_y + \boldsymbol{e}_z 2$（kV/m），$\boldsymbol{H} = \boldsymbol{e}_x 6 + \boldsymbol{e}_y 18 - \boldsymbol{e}_z 3$（A/m）。试求：（1）波的传播方向的单位矢量；（2）波的平均功率密度；（3）设 $\mu_r = 1$，那么 ε_r 等于多少？

6.15　电磁波磁场振幅为 $\dfrac{1}{3\pi}$（A/m），在自由空间沿 $-\boldsymbol{e}_z$ 方向传播，当 $t = 0$，$z = 0$ 时，$\boldsymbol{H}$ 在 $\boldsymbol{e}_y$ 方向，相位常数 $\beta = 30\text{rad/m}$。（1）写出 $\boldsymbol{H}$ 和 $\boldsymbol{E}$ 的表达式；（2）求频率和波长。

6.16　自由空间中一均匀平面波的电场强度 $\boldsymbol{E} = \boldsymbol{A}\mathrm{e}^{-\mathrm{j}12z}$，若（1）$\boldsymbol{A} = \boldsymbol{e}_x 100$；（2）$\boldsymbol{A} = \boldsymbol{e}_x(100 - \mathrm{j}60)$；（3）$\boldsymbol{A} = \boldsymbol{e}_x 100\mathrm{e}^{\mathrm{j}35^\circ}$；（4）$\boldsymbol{A} = \boldsymbol{e}_x 100 + \boldsymbol{e}_y 80$；（5）$\boldsymbol{A} = \boldsymbol{e}_x 100\mathrm{e}^{\mathrm{j}35^\circ} + \boldsymbol{e}_y 80\mathrm{e}^{\mathrm{j}52^\circ}$；分别求波的角频率 ω 及 $t = 0$ 时原点处的电场强度幅值。

6.17　自由空间中均匀平面波的电场为 $\boldsymbol{E} = [\boldsymbol{e}_x 3 + \boldsymbol{e}_y 4 + \boldsymbol{e}_z(3 - \mathrm{j}4)]\mathrm{e}^{-\mathrm{j}2\pi(0.8x - 0.6y)}$（V/m），试求：（1）相位常数和角频率；（2）$\boldsymbol{H}(\boldsymbol{r},t)$；（3）平均坡印廷矢量。

6.18 已知空气中有一均匀平面波的磁场强度为 $\boldsymbol{H}=(-\boldsymbol{e}_x A+\boldsymbol{e}_y 2\sqrt{6}+\boldsymbol{e}_z 4)\mathrm{e}^{-\mathrm{j}(4\pi x+3\pi z)}$（mA/m）。试求：（1）波长、传播方向单位矢量、传播方向与 z 轴夹角；（2）常数 A；（3）电场强度复矢量。

6.19 说明下列各式表示的均匀平面波的极化形式和传播方向：

（1）$\boldsymbol{E}=\boldsymbol{e}_x E_1\mathrm{e}^{\mathrm{j}kz}+\boldsymbol{e}_y \mathrm{j}E_1\mathrm{e}^{\mathrm{j}kz}$；

（2）$\boldsymbol{E}=\boldsymbol{e}_x E_{\mathrm{m}}\sin(\omega t-kz)+\boldsymbol{e}_y E_{\mathrm{m}}\cos(\omega t-kz)$；

（3）$\boldsymbol{E}=\boldsymbol{e}_x E_0\mathrm{e}^{-\mathrm{j}kz}-\boldsymbol{e}_y \mathrm{j}E_0\mathrm{e}^{-\mathrm{j}kz}$；

（4）$\boldsymbol{E}=\boldsymbol{e}_x E_{\mathrm{m}}\sin\left(\omega t-kz+\dfrac{\pi}{4}\right)+\boldsymbol{e}_y E_{\mathrm{m}}\cos\left(\omega t-kz-\dfrac{\pi}{4}\right)$；

（5）$\boldsymbol{E}=\boldsymbol{e}_x E_0\sin(\omega t-kz)+\boldsymbol{e}_y 2E_0\cos(\omega t-kz)$。

6.20 证明：一个圆极化波的瞬时坡印廷矢量是与时间和距离都无关的常数。

6.21 一线极化波的两个电场分量分别为 $E_x=6\cos(\omega t-kz-30^\circ)$，$E_y=8\cos(\omega t-kz-30^\circ)$，试将它分解为振幅相等、旋向相反的两个圆极化波。

6.22 在真空中沿 z 轴方向传播的均匀平面波的电场 $\boldsymbol{E}=\boldsymbol{E}_0\mathrm{e}^{-\mathrm{j}kz}$，式中，$\boldsymbol{E}_0=\boldsymbol{E}_R+\mathrm{j}\boldsymbol{E}_I$，且 $E_R=2E_I=A$ 为实常量。设矢量 $\boldsymbol{E}_R$ 沿 x 轴方向，$\boldsymbol{E}_I$ 的方向与 x 轴的夹角为 60°。试求 $\boldsymbol{E}$ 和 $\boldsymbol{H}$ 的瞬时值表达式，并讨论该平面波的极化。

6.23 在无限空间中有一沿 +z 轴方向传播的右旋圆极化波，假定它是由两个线极化波合成的。已知其中一个线极化波的电场沿 x 轴方向，在 $z=0$ 处的电场幅值为 E_0（V/m），角频率为 ω。试写出此圆极化波的 $\boldsymbol{E}$ 和 $\boldsymbol{H}$ 的表达式，并证明此波的时间平均能流密度矢量是两个线极化波的时间平均能流密度矢量之和。

6.24 在自由空间中，$\boldsymbol{E}=\boldsymbol{e}_x 150\sin(\omega t-\beta z)$（V/m）。试求通过 $z=0$ 平面内的边长为 30mm 和 15mm 的长方形面积的总功率。

第 7 章　有耗介质中的均匀平面波

实际的介质都是有损耗的，因此，研究电磁波在非理想介质中的传播具有实际意义。与理想介质不同，有耗介质在电磁场的作用下会形成传导电流，由此造成的焦耳热损耗会使电磁波在介质中传播伴随能量的衰减等特殊现象，相应的传播特性也会与理想介质中的情况有所区别。

本章将讨论有耗介质中沿 z 轴方向传播的均匀平面波的传播问题。首先导出有耗介质中的波动方程，引入等效复介电常数，接着研究良介质和良导体中沿 z 轴方向的均匀平面波的传播特性，最后分析相速、群速、能速度及色散问题。

7.1　有耗介质中的波动方程

有耗介质也称为耗散介质，在这里是指电导率 $\sigma \neq 0$，但仍然保持均匀、线性及各向同性等特性。有耗介质中出现的传导电流会使在其中传播的电磁波发生能量损耗，从而导致波的幅值随着传播距离的增大而下降。研究表明，传播过程中幅值下降的同时，波的相位也会发生变化，致使整个传输波的形状发生畸变。

7.1.1　波动方程及其解

在线性、均匀、各向同性的有耗介质中，时谐电磁场的复数麦克斯韦方程组的微分形式为

$$\begin{cases}\nabla \times \boldsymbol{H} = \boldsymbol{J} + \mathrm{j}\omega\varepsilon \boldsymbol{E} \\ \nabla \times \boldsymbol{E} = -\mathrm{j}\omega\mu \boldsymbol{H} \\ \nabla \cdot \boldsymbol{B} = 0 \\ \nabla \cdot \boldsymbol{D} = \rho \end{cases} \tag{7.1}$$

将物态方程 $\boldsymbol{J} = \sigma \boldsymbol{E}$ 代入麦克斯韦第一方程，得

$$\nabla \times \boldsymbol{H} = \sigma \boldsymbol{E} + \mathrm{j}\omega\varepsilon \boldsymbol{E} = \mathrm{j}\omega\left(\varepsilon - \mathrm{j}\frac{\sigma}{\omega}\right)\boldsymbol{E} = \mathrm{j}\omega\tilde{\varepsilon}\boldsymbol{E}$$

式中，$\tilde{\varepsilon}$ 称为有耗介质中的等效复介电常数，即

$$\tilde{\varepsilon} = \varepsilon - \mathrm{j}\frac{\sigma}{\omega} \tag{7.2}$$

这样，无源有耗介质中的麦克斯韦方程组［式（7.1）］可写成

$$\begin{cases}\nabla \times \boldsymbol{H} = \mathrm{j}\omega\tilde{\varepsilon} \boldsymbol{E} \\ \nabla \times \boldsymbol{E} = -\mathrm{j}\omega\mu \boldsymbol{H} \\ \nabla \cdot \boldsymbol{B} = 0 \\ \nabla \cdot \boldsymbol{D} = 0 \end{cases} \tag{7.3}$$

用与理想介质中相同的方法，可导出此情况下的亥姆霍兹方程为

$$\nabla^2 \boldsymbol{E} + \tilde{k}^2 \boldsymbol{E} = 0 \tag{7.4}$$

$$\nabla^2 \boldsymbol{H} + \tilde{k}^2 \boldsymbol{H} = 0 \tag{7.5}$$

式中，$\tilde{k}^2=\omega^2\mu\tilde{\varepsilon}$，即 $\tilde{k}=\omega\sqrt{\mu\tilde{\varepsilon}}$，称为复波数。

与 6.2 节类似，仍然假设上述时谐电磁场为沿着 z 轴方向传播的均匀平面波，电场仅有 x 方向的分量，磁场仅有 y 方向的分量，则式（7.4）和式（7.5）简化为

$$\frac{\partial^2 E_x}{\partial x^2}+\tilde{k}^2E_x=0 \tag{7.6}$$

$$\frac{\partial^2 H_y}{\partial y^2}+\tilde{k}^2H_y=0 \tag{7.7}$$

对于无限大的区域，均匀平面波没有反射波，式（7.6）的通解为

$$\boldsymbol{E}(z)=\boldsymbol{e}_xE_0\mathrm{e}^{\mathrm{j}\varphi_x}\mathrm{e}^{-\mathrm{j}\tilde{k}z} \tag{7.8}$$

相应的磁场强度为

$$\boldsymbol{H}(z)=\frac{1}{-\mathrm{j}\omega\mu}\nabla\times\boldsymbol{E}=\frac{\tilde{k}}{\omega\mu}\boldsymbol{e}_z\times\boldsymbol{E}(z) \tag{7.9}$$

若用 $\tilde{\eta}$ 表示有耗介质的波阻抗，以区别理想介质的波阻抗 η，则

$$\tilde{\eta}=\frac{\omega\mu}{\tilde{k}}=\frac{\omega\mu}{\omega\sqrt{\mu\tilde{\varepsilon}}}=\sqrt{\frac{\mu}{\tilde{\varepsilon}}} \tag{7.10}$$

于是，式（7.9）可简化为

$$\boldsymbol{H}(z)=\frac{1}{\tilde{\eta}}\boldsymbol{e}_z\times\boldsymbol{E}(z) \tag{7.11}$$

7.1.2 有耗介质中均匀平面波的参数

由于复介电常数的引入，有耗介质中电磁波的传播特性有别于理想介质中的传播特性。下面以均匀平面波的解为基础，分析其在有耗介质中的相应参数。

1. 传播常数 $\varGamma$

在有耗介质中，波数为复数，即 $\tilde{k}=\omega\sqrt{\mu\tilde{\varepsilon}}$，为了分析方便，引入另一个变量 $\varGamma$，并且令 $\varGamma=\mathrm{j}\tilde{k}$，$\varGamma$ 称为传播常数，它是一个复数。于是，为了进一步便于分析，可将 $\varGamma$ 直接表示为复数的形式，即令

$$\varGamma=\mathrm{j}\tilde{k}=\alpha+\mathrm{j}\beta \tag{7.12}$$

式中，α 为衰减常数，单位为奈贝/米（Np/m），β 为相位常数，单位为弧度/米（rad/m）。将式（7.12）取平方并引入复介电常数的定义，得

$$(\alpha+\mathrm{j}\beta)^2=-\omega^2\mu\left(\varepsilon-\mathrm{j}\frac{\sigma}{\omega}\right)$$

分离上式的实部和虚部，得到以下两个方程：

$$\alpha^2-\beta^2=-\omega^2\mu\varepsilon \tag{7.13a}$$

$$2\alpha\beta=\omega\mu\sigma \tag{7.13b}$$

上式可改写成

$$\alpha^2\cdot(-\beta^2)=-\left(\frac{\omega\mu\sigma}{2}\right)^2 \tag{7.13c}$$

联合式（7.13a）和式（7.13c）可以看出，α^2 和 $(-\beta^2)$ 应是下列方程的根：

$$x^2+\omega^2\mu\varepsilon x-\left(\frac{\omega\mu\sigma}{2}\right)^2=0$$

所以

$$\alpha=\omega\sqrt{\frac{\mu\varepsilon}{2}\left[\sqrt{1+\left(\frac{\sigma}{\omega\varepsilon}\right)^2}-1\right]} \tag{7.14a}$$

$$\beta=\omega\sqrt{\frac{\mu\varepsilon}{2}\left[\sqrt{1+\left(\frac{\sigma}{\omega\varepsilon}\right)^2}+1\right]} \tag{7.14b}$$

例 7.1 海水的相对介电常数 $\varepsilon_r=81$，相对磁导率 $\mu_r=1$，电导率 $\sigma=4$（S/m）。试计算不同频率（10kHz、1MHz、100MHz、10GHz、1000GHz）电磁波在海水中传播的衰减常数和相位常数。

解：根据题意可知，$\varepsilon=\varepsilon_0\varepsilon_r=81\varepsilon_0$，$\mu=\mu_0\mu_r=\mu_0$，$\sigma=4$，$\omega=2\pi f$，代入衰减常数定义式（7.14a）中，可得不同频率情况下，电磁波在海水中传播的衰减常数和相位常数

10kHz：$\alpha=0.126\pi$，$\beta=0.126\pi$

1MHz：$\alpha=1.26\pi$，$\beta=1.26\pi$

100MHz：$\alpha=11.96\pi$，$\beta=13.38\pi$

10GHz：$\alpha=26.6\pi$，$\beta=600.6\pi$

1000GHz：$\alpha=26.7\pi$，$\beta=6000\pi$

由此可见，对于同种介质，不同频率的衰减常数不同，相位常数也不同，它们都是频率的函数。

2．波阻抗

根据式（7.10）和式（7.12），有

$$\tilde{\eta}=\frac{\mathrm{j}\omega\mu}{\mathrm{j}\tilde{k}}=\frac{\mathrm{j}\omega\mu}{\alpha+\mathrm{j}\beta}=\frac{\mathrm{j}\omega\mu}{\alpha^2+\beta^2}(\alpha-\mathrm{j}\beta)=\frac{\omega\mu}{\alpha^2+\beta^2}(\beta+\mathrm{j}\alpha) \tag{7.15}$$

在有耗介质中，系数 $\alpha>0$，$\beta>0$，故波阻抗呈感性，相当于电阻与电感相串联。根据式（7.15），波阻抗的幅角为

$$\theta=\arg(\tilde{\eta})=\arctan(\alpha/\beta)$$

于是，波阻抗可写成

$$\tilde{\eta}=|\tilde{\eta}|\mathrm{e}^{\mathrm{j}\theta}=\frac{\omega\mu}{\sqrt{\alpha^2+\beta^2}}\mathrm{e}^{\mathrm{j}\theta} \tag{7.16}$$

例 7.2 频率为 50MHz 的均匀平面波在潮湿的土壤（$\varepsilon_r=16$，$\mu_r=1$，$\sigma=0.02$）中传播。试计算：（1）传播常数；（2）相速度；（3）波长；（4）波阻抗。

解：根据题意可知 $\varepsilon=\varepsilon_0\varepsilon_r=16\varepsilon_0$，$\mu=\mu_0\mu_r=\mu_0$，$\sigma=0.02$，$\omega=2\pi f=100\pi\times10^6$，因此 $\dfrac{\sigma}{\omega\varepsilon}=0.45$。

（1）将上述结果代入式（7.14a）和式（7.14b）中可得

$$\alpha=0.92\text{Np/m}，\ \beta=4.29\text{rad/m}$$

因此，其传播常数

$$\Gamma = \alpha + j\beta = 0.92 + j4.29$$

（2）相速度等于角频率与相位常数之比，因此

$$v_p = \frac{\omega}{\beta} = \frac{100\pi \times 10^6}{4.29} = 7.3 \times 10^7 \text{m/s}$$

（3）波长

$$\lambda = \frac{2\pi}{\beta} = 1.47\text{m}$$

（4）将参数代入式（7.15），可计算波阻抗为

$$\tilde{\eta} = \frac{\omega\mu}{\alpha^2 + \beta^2}(\beta + j\alpha) = \frac{\omega\mu}{\sqrt{\alpha^2 + \beta^2}} e^{j\arctan(\alpha/\beta)} = 89.89 e^{j12.1^\circ}$$

3．损耗角正切

因为传导电流密度 $\boldsymbol{J}_c = \sigma \boldsymbol{E}$，位移电流密度 $\boldsymbol{J}_d = j\omega\varepsilon \boldsymbol{E}$，所以传导电流和位移电流幅值之比为 $\sigma/\omega\varepsilon$。由于传导电流会引起焦耳热损耗，因此可以将 $\sigma/\omega\varepsilon$ 作为反映介质相对损耗程度的因子。另外，如式（7.2）所示，$\sigma/\omega\varepsilon$ 也等于复介电常数的虚部与实部之比，通常认为复介电常数的虚部和损耗有关。为了方便表述，定义 $\sigma/\omega\varepsilon$ 为损耗角正切，即

$$\tan\delta_c = \sigma/\omega\varepsilon \tag{7.17}$$

介质的相对损耗程度可以通过损耗角正切反映，可根据其取值范围的不同对不同介质进行如下分类。

（1）理想介质：电导率 $\sigma = 0$，$\sigma/\omega\varepsilon = 0$，即传导电流为零，没有损耗。

（2）良介质（低损耗介质）：$\sigma/\omega\varepsilon \ll 1$，即位移电流占绝对优势。

（3）半导体：σ 可与 $\omega\varepsilon$ 相比拟，即传导电流与位移电流具有相同数量级。

（4）良导体：$\sigma/\omega\varepsilon \gg 1$，即传导电流占绝对优势。

（5）理想导体：$\sigma = \infty$，电磁波在理想导体中立刻衰减至零，说明在理想导体中没有场分布。

介质分类没有绝对的界限，通常认为 $\sigma/\omega\varepsilon \leqslant 0.01$ 的介质是良介质，$\sigma/\omega\varepsilon \geqslant 100$ 的介质是良导体，而把介于二者之间，即 $0.01 \leqslant \sigma/\omega\varepsilon \leqslant 100$ 的介质称为半导体。

需要指出的是，同一种介质在不同频率下可能属于不同种类，因为介质的损耗角正切不仅取决于介质的电磁参数，还与工作频率密切相关。例如，电磁波在海水（$\varepsilon_r = 81$，$\mu_r = 1$，$\sigma = 4$）中传播时，通过式（7.17）计算其在不同频率下的损耗角正切，结果显示：在 10kHz 和 1MHz 频率下的海水属于良导体；在 100MHz 频率下的海水属于一般的损耗介质；而在 10GHz 和 1000GHz 频率下的海水则属于良介质。

常见的几种介质材料的相对介电常数和损耗角正切如表 7.1 所示。

表 7.1　常见介质材料的相对介电常数和损耗角正切

介质材料	ε_r			$\tan\delta_c$		
	60Hz	1MHz	10GHz	60Hz	1MHz	10GHz
泡沫聚苯乙烯	1.03	1.03	1.03	$<2\times10^{-4}$		10^{-4}
聚苯乙烯	2.55	2.55	2.54	$<3\times10^{-4}$		3×10^{-4}

续表

介质材料	ε_r			$\tan\delta_c$		
	60Hz	1MHz	10GHz	60Hz	1MHz	10GHz
聚四氟乙烯	2.10	2.10	2.10	$<5\times10^{-4}$		4×10^{-4}
聚乙烯	2.26	2.26	2.26	$<2\times10^{-4}$		5×10^{-4}
有机玻璃	3.45	2.76	2.50	6.4×10^{-2}	1.4×10^{-2}	5×10^{-3}
胶木板	4.87	4.74	3.68	8×10^{-2}	2.8×10^{-2}	4.1×10^{-2}

7.2　有耗介质中波的传播特性

在无限大均匀、线性、各向同性的有耗介质中，均匀平面波电场矢量和磁场强度矢量的解如式（7.8）和式（7.11）所示。假设电场矢量初始相位为零，则电场强度和磁场强度相应的瞬时值表达式为

$$\begin{aligned}\boldsymbol{E}(z,t)&=\mathrm{Re}[\boldsymbol{e}_x E_1 \mathrm{e}^{-\mathrm{j}\tilde{k}z}\mathrm{e}^{\mathrm{j}\omega t}]\\&=\mathrm{Re}[\boldsymbol{e}_x E_1 \mathrm{e}^{-(\alpha+\mathrm{j}\beta)z}\mathrm{e}^{\mathrm{j}\omega t}]\\&=\boldsymbol{e}_x E_1 \mathrm{e}^{-\alpha z}\cos(\omega t-\beta z)\end{aligned}\tag{7.18}$$

$$\begin{aligned}\boldsymbol{H}(z,t)&=\mathrm{Re}\left[\boldsymbol{e}_y \frac{E_1}{\tilde{\eta}}\mathrm{e}^{-\mathrm{j}\tilde{k}z}\mathrm{e}^{\mathrm{j}\omega t}\right]\\&=\mathrm{Re}\left[\boldsymbol{e}_y \frac{E_1}{|\tilde{\eta}|\mathrm{e}^{\mathrm{j}\theta}}\mathrm{e}^{-(\alpha+\mathrm{j}\beta)z}\mathrm{e}^{\mathrm{j}\omega t}\right]\\&=\boldsymbol{e}_y \frac{E_1}{|\tilde{\eta}|}\mathrm{e}^{-\alpha z}\cos(\omega t-\beta z-\theta)\end{aligned}\tag{7.19}$$

从式（7.18）和式（7.19）可以发现，场量的振幅按照指数规律 $\mathrm{e}^{-\alpha z}$ 随 z 的增加而减小，即 α 的存在会引起场量 E_x 和 H_y 呈指数型衰减，因此，将 α 称为衰减常数。同时，场量的相位按照指数规律 $\mathrm{e}^{-\mathrm{j}\beta z}$ 随 z 变化，即 β 的存在会引起场量 E_x 和 H_y 的相位发生变化，β 标志着单位距离落后的相位，于是将 β 称为相位常数。

另外，在无限大均匀、线性、各向同性的有耗介质中的电磁波，电场 $\boldsymbol{E}$ 和磁场 $\boldsymbol{H}$ 在空间上仍然相互正交，且均与波的传播方向垂直，但是电场 $\boldsymbol{E}$ 和磁场 $\boldsymbol{H}$ 分量在时间上不再保持同相位，$\boldsymbol{H}$ 滞后于 $\boldsymbol{E}$ 一个相角 θ。图 7.1 给出了特定时刻的均匀平面波在有耗介质中的传播。

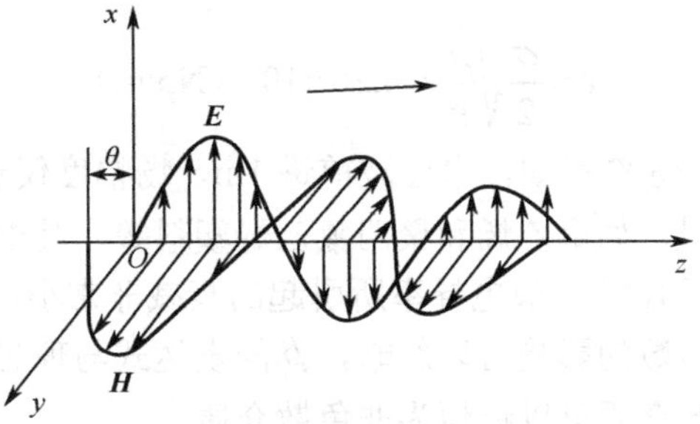

观看动态仿真图

图 7.1　均匀平面波在有耗介质中的传播

为了准确分析有耗介质中电磁波的传播特性，本节将以良介质中波的传播和良导体中波的传播为例，讨论其衰减和相移等特性。

7.2.1 良介质中波的传播特性

如前所述，良介质（低损耗介质）的参数满足$\dfrac{\sigma}{\omega\varepsilon} \ll 1$（一般取$\dfrac{\sigma}{\omega\varepsilon} \leqslant 0.01$），此时

$$\begin{aligned}\tilde{k} &= \omega\sqrt{\mu\tilde{\varepsilon}} = \omega\sqrt{\mu\varepsilon\left(1-\mathrm{j}\frac{\sigma}{\omega\varepsilon}\right)} \\ &\approx \omega\sqrt{\mu\varepsilon}\left(1-\mathrm{j}\frac{\sigma}{2\omega\varepsilon}\right)\end{aligned} \tag{7.20}$$

$$\begin{aligned}\Gamma &= \mathrm{j}\tilde{k} = \mathrm{j}\omega\sqrt{\mu\varepsilon\left(1-\mathrm{j}\frac{\sigma}{\omega\varepsilon}\right)} \\ &= \frac{\sigma}{2}\sqrt{\frac{\mu}{\varepsilon}} + \mathrm{j}\omega\sqrt{\varepsilon\mu}\end{aligned} \tag{7.21}$$

此时的衰减常数和相位常数为

$$\alpha \approx \frac{\sigma}{2}\sqrt{\frac{\mu}{\varepsilon}} \tag{7.22a}$$

$$\beta \approx \omega\sqrt{\varepsilon\mu} \tag{7.22b}$$

相速度

$$v_{\mathrm{p}} = \omega / \beta \approx 1/\sqrt{\varepsilon\mu} \tag{7.23}$$

波阻抗

$$\tilde{\eta} = \sqrt{\frac{\mu}{\varepsilon}}\left(1-\mathrm{j}\frac{\sigma}{\omega\varepsilon}\right)^{-1/2} \approx \sqrt{\frac{\mu}{\varepsilon}}\left(1+\mathrm{j}\frac{\sigma}{2\omega\varepsilon}\right) \tag{7.24}$$

由于$\dfrac{\sigma}{\omega\varepsilon} \ll 1$，所以$\tilde{\eta} \approx \sqrt{\dfrac{\mu}{\varepsilon}}$。

由此可得，良介质（低损耗介质）中波的传播具有如下特性。

（1）衰减常数不等于零，表明波在良介质中传播时，电磁波的振幅随着传播距离呈指数衰减。同时，可以计算出衰减常数较小，电磁波衰减缓慢。以纯净水为例，当频率$f = 10\mathrm{MHz}$时，$\mu = \mu_0$，$\varepsilon_{\mathrm{r}} \approx 78.2$，$\sigma = 2\times10^{-4}$（S/m），可得损耗角正切为

$$\frac{\sigma}{\omega\varepsilon} = \frac{2\times10^{-4}}{2\pi\times10\times10^{6}\times78.2\times\dfrac{1}{36\pi}\times10^{-9}} = 0.0046 \ll 1$$

衰减常数为

$$\alpha = \frac{\sigma}{2}\sqrt{\frac{\mu}{\varepsilon}} \approx 4.26\times10^{-3}\ (\mathrm{Np/m})$$

将α代入幅度衰减因子$\mathrm{e}^{-\alpha z}$可知，电磁波前进1m，场幅度仅衰减约1%。而对于传输电缆中常用的低损耗介质材料，如聚乙烯和聚四氟乙烯塑料等，其电导率非常低，按照上述公式计算的衰减常数一般小于10^{-10}，故电导率所引起的衰减非常小，可以忽略不计。

（2）电导率σ对相位常数的影响可以忽略，β的表达式与理想电介质的相同。电磁波的相速基本上与频率无关，此介质可以近似为非色散介质。

（3）波阻抗近似为实数，电场与磁场近似同相位，与理想介质中的情况类似。

例 7.3　真空中波长 $\lambda_0 = 3\text{cm}$ 的单色均匀平面波在聚苯乙烯（$\varepsilon_r = 2.7$，$\mu_r = 1$，$\sigma = 10^{-15}\text{S/m}$）中传播。试计算角频率、衰减常数、相位常数、相速度和波阻抗。

解：（1）角频率　$\omega = 2\pi f = 2\pi\dfrac{c}{\lambda_0} = 2\pi\times\dfrac{3\times10^8}{3\times10^{-2}} = 2\pi\times10^{10}$（rad/s）

（2）由于

$$\frac{\sigma}{\omega\varepsilon} = \frac{\sigma}{\omega\varepsilon_0\varepsilon_r} = \frac{10^{-15}}{2\pi\times10^{10}\times2.7\times\dfrac{1}{36\pi}\times10^{-9}} = 1.5\times10^{-15} \ll 1$$

满足低损耗介质条件。因此衰减常数可用近似公式求得

$$\alpha \approx \frac{\sigma}{2}\sqrt{\frac{\mu}{\varepsilon}} = \frac{\sigma}{2}\sqrt{\frac{\mu_0}{\varepsilon_0\varepsilon_r}} = \frac{10^{-15}}{2}\sqrt{\frac{4\pi\times10^{-7}}{2.7\times\dfrac{1}{36\pi}\times10^{-9}}} = 1.15\times10^{-13}\ (\text{Np/m})$$

（3）相位常数由近似公式计算，可得

$$\beta \approx \omega\sqrt{\varepsilon\mu} = \omega\sqrt{\varepsilon_0\varepsilon_r\mu_0}$$
$$= 2\pi\times10^{10}\sqrt{2.7\times\frac{1}{36\pi}\times10^{-9}\times4\pi\times10^{-7}} = 343.97\ (\text{rad/m})$$

（4）相速度　$v_p = \dfrac{\omega}{\beta} \approx \dfrac{1}{\sqrt{\varepsilon_0\varepsilon_r\mu_0}} = \dfrac{c}{\sqrt{\varepsilon_r}} = \dfrac{3\times10^8}{\sqrt{2.7}} = 1.64\times10^8$（m/s）

（5）波阻抗　$\tilde{\eta} \approx \sqrt{\dfrac{\mu}{\varepsilon}} = \sqrt{\dfrac{\mu_0}{\varepsilon_0\varepsilon_r}} = \dfrac{120\pi}{\sqrt{2.7}} = 229.43$（Ω）

7.2.2　良导体中波的传播特性

良导体的参数满足 $\dfrac{\sigma}{\omega\varepsilon} \gg 1$（一般取 $\dfrac{\sigma}{\omega\varepsilon} \geqslant 100$），此时

$$\tilde{k} = \omega\sqrt{\mu\tilde{\varepsilon}} = \omega\sqrt{\mu\varepsilon\left(1 - \mathrm{j}\frac{\sigma}{\omega\varepsilon}\right)}$$
$$\approx \omega\sqrt{\mu\varepsilon}\left(\frac{\sigma}{\mathrm{j}\omega\varepsilon}\right)^{1/2} \tag{7.25}$$
$$= \sqrt{\frac{\omega\mu\sigma}{2}}(1-\mathrm{j})$$
$$\varGamma = \mathrm{j}\tilde{k} = \sqrt{\frac{\omega\mu\sigma}{2}}(1+\mathrm{j}) \tag{7.26}$$

此时的衰减常数和相位常数为

$$\alpha \approx \sqrt{\frac{\omega\mu\sigma}{2}} = \sqrt{\frac{2\pi f\mu\sigma}{2}} = \sqrt{\pi f\mu\sigma} \tag{7.27a}$$
$$\beta \approx \sqrt{\frac{\omega\mu\sigma}{2}} = \sqrt{\frac{2\pi f\mu\sigma}{2}} = \sqrt{\pi f\mu\sigma} \tag{7.27b}$$

相速度

$$v_p = \frac{\omega}{\beta} \approx \omega\Big/\sqrt{\frac{\omega\mu\sigma}{2}} = \sqrt{\frac{2\omega}{\mu\sigma}} \tag{7.28}$$

由式（7.15）得波阻抗为

$$\tilde{\eta}=\frac{\mathrm{j}\omega\mu}{\mathrm{j}\tilde{k}}=\frac{\omega\mu}{\alpha^2+\beta^2}(\beta+\mathrm{j}\alpha)=\sqrt{\frac{\pi f\mu}{\sigma}}(1+\mathrm{j}) \tag{7.29}$$

对于良导体，电导率σ一般为10^5～10^7数量级，若取$\mu=\mu_0$，则在频率较高的波段内，如常用的广播电视和雷达频率（$f=10^5$～$10^{10}\,\mathrm{Hz}$），衰减常数α和相位常数β都具有很大的数值。此时电磁波具有如下特点。

（1）很大的α值使得电场和磁场的幅度衰减很快。由幅度衰减因子$\mathrm{e}^{-\alpha z}$可知，电磁波每前进一个趋肤深度δ（注：趋肤深度的定义见 7.2.3 节）的距离，场幅度就要减小约 63%；若前进6δ的距离，则场幅度约下降到原来的 1/500。由于良导体的趋肤深度只有毫米甚至微米数量级，因此当电磁波进入良导体后，将主要趋附于导体的表层上。

（2）电磁波的相速与频率有关，即不同频率的波的传播速度不同，此介质为色散介质。

（3）波阻抗$\tilde{\eta}$的相角$\theta\approx\pi/4$，表明磁场比对应电场的相位滞后约$\pi/4$。因此，在同一场点上，电场达到最大值的 1/8 周期后，磁场才达到最大值。换言之，在同一时刻，磁场矢端曲线比电场矢端曲线落后$\lambda/8$。

（4）波阻抗幅值$|\tilde{\eta}|$很小，以铜为例，电导率$\sigma\approx5.8\times10^7\,\mathrm{S/m}$，当频率$f=10^5\,\mathrm{Hz}$时，$|\tilde{\eta}|\approx1.16\times10^{-4}\,\Omega$，远小于真空中的波阻抗$377\,\Omega$。因此，在良导体中，磁场占有主要地位，磁场能量远大于电场能量。

（5）尽管良导体中的电场相对较小，但由于导体的电导率很大，所以也会产生很大的传导电流。假设波沿+z轴传播，电场强度只有x方向的分量，则其传导电流密度的复振幅为

$$J_x(z)=\sigma E_x(z)=\sigma E_{\mathrm{m}}\mathrm{e}^{-\alpha z}\mathrm{e}^{-\mathrm{j}\beta z}$$

若将坐标z的零点选在导体表面处，则$J_x(0)=\sigma E_0$这就是$z=0$处导体一侧的电流密度，代入上式，得到导体内z点处的电流密度为

$$J_x(z)=J_x(0)\mathrm{e}^{-\alpha z}\mathrm{e}^{-\mathrm{j}\beta z}$$

上式表明，导体内的传导电流也像电场和磁场一样，幅度衰减很快，从而出现主要集中在导体表层内侧一个很薄的区域内的趋肤效应，并且频率越高，区域越薄，趋肤效应越强烈。

例 7.4 海水的特性参数为$\varepsilon_{\mathrm{r}}=80$，$\mu_{\mathrm{r}}=1$，$\sigma=4.5\,(\mathrm{S/m})$。已知空气中波长$\lambda_0=600\mathrm{m}$的均匀平面波在海水中沿$z$轴方向传播，设$\boldsymbol{E}=\boldsymbol{e}_xE_x$，其振幅为 1V/m。试求电磁波在海水中的：（1）角频率、衰减常数、相位常数、相速度和波阻抗；（2）电场强度和磁场强度的瞬时表达式。

解： 频率

$$f=\frac{c}{\lambda_0}=\frac{3\times10^8}{600}=0.5\times10^6\,(\mathrm{Hz})$$

由于

$$\frac{\sigma}{\omega\varepsilon}=\frac{4.5}{2\pi\times0.5\times10^6\times10^{-9}/36\pi\times80}=2.025\times10^3\gg1$$

因此此时海水为良导体。

（1）角频率

$$\omega=2\pi f=2\pi\times0.5\times10^6=\pi\times10^6\,(\mathrm{rad/s})$$

由于海水为良导体，衰减常数由近似公式计算可得

$$\alpha\approx\sqrt{\pi f\mu\sigma}=\sqrt{\pi\times0.5\times10^6\times4\pi\times10^{-7}\times4.5}=2.98\,(\mathrm{Np/m})$$

相位常数由近似公式计算可得

$$\beta\approx\sqrt{\pi f\mu\sigma}=\sqrt{\pi\times0.5\times10^6\times4\pi\times10^{-7}\times4.5}=2.98\,(\mathrm{rad/m})$$

相速度
$$v_p=\frac{\omega}{\beta}=\frac{2\pi\times0.5\times10^6}{2.98}=1.05\times10^6\ \text{（m/s）}$$

波阻抗
$$\tilde{\eta}\approx\sqrt{\frac{\pi f\mu}{\sigma}}(1+\mathrm{j})=\sqrt{\frac{\pi\times0.5\times10^6\times4\pi\times10^{-7}}{4.5}}(1+\mathrm{j})=0.21\pi(1+\mathrm{j})\ (\Omega)$$

（2）设电场的初始相位为零，则电场强度和磁场强度的瞬时表达式为

$$\boldsymbol{E}(z,t)=\boldsymbol{e}_x E_m \mathrm{e}^{-\alpha z}\cos(\omega t-\beta z)=\boldsymbol{e}_x\mathrm{e}^{-2.98z}\cos(\pi\times10^6 t-2.98z)$$

$$\boldsymbol{H}(z,t)=\boldsymbol{e}_y\frac{E_m}{\tilde{\eta}}\mathrm{e}^{-\alpha z}\cos(\omega t-\beta z-\pi/4)=\boldsymbol{e}_y 1.07\mathrm{e}^{-2.98z}\cos(\pi\times10^6 t-2.98z-\pi/4)$$

7.2.3　趋肤效应

导电介质通常是作为导体使用的，但是，当交变电流通过导体时，电流密度在导体横截面上的分布是不均匀的，并且随着电流交变频率的升高，导体上所流过的电流将越来越集中于导体的表面附近，导体内部的电流越来越小，这种现象称为趋肤效应。引起趋肤效应的原因就是涡流，当交变电流通过导体时，在它的内部和周围空间产生环状的交变磁场，而在导体内部的交变磁场激发了涡流。根据楞次定律，感应电流的效果总是反抗引起感应电流的原因，所以涡流的方向在导体内部总与电流的变化趋势相反，即阻碍电流的变化。而在导体表面附近，涡流的方向却与电流的变化趋势相同。于是，交变电流不易于在导体内部流动，而易于在导体表面附近流动，这就形成了趋肤效应。趋肤效应使得导体在传输高频（微波）信号时效率很低，因为信号沿导体传输时衰减很大。

为了对导电介质趋肤效应的程度进行定量表征，引入趋肤深度。将电磁波的振幅衰减到 e^{-1} 时它透入导电介质的深度定义为**趋肤深度**，用 δ 表示。根据 δ 就可以测量出电磁波在开始明显衰减之前在导电介质中的传播距离。

由式（7.18）和式（7.19）可知，当电磁波的振幅衰减到 e^{-1} 时，应有 $\alpha\delta=1$，所以，趋肤深度 δ 与衰减常数 α 之间的关系为

$$\delta=\frac{1}{\alpha}\tag{7.30}$$

对一般的有耗介质而言，其衰减常数如式（7.14a）所示，其趋肤深度为

$$\delta=\frac{1}{\alpha}=\frac{1}{\omega\sqrt{\frac{\mu\varepsilon}{2}\left[\sqrt{1+\left(\frac{\sigma}{\omega\varepsilon}\right)^2}-1\right]}}\tag{7.31}$$

当 $\frac{\sigma}{\omega\varepsilon}\ll1$ 时，其衰减常数如式（7.22a）所示，其趋肤深度近似为

$$\delta=\frac{1}{\alpha}=\frac{2}{\sigma}\sqrt{\frac{\varepsilon}{\mu}}\tag{7.32}$$

对于良导体，即 $\frac{\sigma}{\omega\varepsilon}\gg1$（或 $\frac{\sigma}{\omega\varepsilon}\geqslant100$）时，其衰减常数如式（7.27a）所示，其趋肤深度近似为

$$\delta=\frac{1}{\alpha}\approx\frac{1}{\sqrt{\pi f\mu\sigma}}\tag{7.33}$$

表7.2给出了几种导电介质在不同频率下的趋肤深度。

表7.2 导电介质在不同频率下的趋肤深度

材料	电导率 σ (S/m)	相对磁导率 μ_r	趋肤深度 δ			
			60Hz（cm）	1kHz（mm）	1MHz（mm）	3GHz（μm）
铝	3.54×10^7	1.00	1.1	2.7	0.085	1.6
黄铜	1.59×10^7	1.00	1.63	3.98	0.126	2.3
铬	3.8×10^7	1.00	1.0	2.6	0.081	1.5
铜	5.8×10^7	1.00	0.85	2.38	0.066	1.2
金	4.5×10^7	1.00	0.97	50.3	0.075	1.4
石墨	1.0×10^5	1.00	20.5	0.35	1.59	20.0
磁性铁	1.0×10^7	2×10^2	0.14	0.092	0.011	0.20
镍	1.3×10^7	1.00	0.18	4.4	0.0029	0.053
银	6.15×10^7	1.00	0.83	2.03	0.064	1.17
锡	0.87×10^7	1.00	2.21	5.41	0.171	3.12
锌	1.76×10^7	1.00	1.51	3.70	0.117	3.14

例7.5 已知铜的电磁参数为 $\sigma=5.8\times10^7\,\text{S/m}$，$\mu_r=1$，$\varepsilon_r=1$。分别计算传播频率为60Hz、1kHz、1MHz和3GHz时，电磁波在铜中的趋肤深度。

解：由良导体的条件 $\dfrac{\sigma}{\omega\varepsilon}\geqslant100$ 可得铜作为良导体时频率范围为

$$f\leqslant\frac{\sigma}{200\pi\varepsilon_0}\approx10^{16}\,\text{Hz}$$

因此对于题中所给频段，铜都是良导体，其相应的趋肤深度可由式（7.33）得到

$$\delta=\frac{1}{\alpha}\approx\frac{1}{\sqrt{\pi f\mu\sigma}}=\frac{0.0661}{\sqrt{f}}$$

（1）传播频率为60Hz时，$\delta=0.0661/\sqrt{60}=0.0079\text{m}=7.9\text{mm}$。

（2）传播频率为1kHz时，$\delta=0.0661/\sqrt{10^3}=0.0019\text{m}=1.9\text{mm}$。

（3）传播频率为1MHz时，$\delta=0.0661/\sqrt{10^6}=6.1\times10^{-5}\text{m}=0.061\text{mm}$。

（4）传播频率为3GHz时，$\delta=0.0661/\sqrt{3\times10^9}=1.11\times10^{-6}\text{m}=1.11\mu\text{m}$。

例7.6 海水的相对介电常数 $\varepsilon_r=81$，相对磁导率 $\mu_r=1$，电导率 $\sigma=4$（S/m）。试计算频率为10kHz、1MHz、100MHz、10GHz、1000GHz时，电磁波在海水中的趋肤深度。

解：由例7.1的结果可知，在不同频率的情况下，电磁波在海水中传播的衰减常数为

$$10\text{kHz}：\alpha=0.126\pi$$

$$1\text{MHz}：\alpha=1.26\pi$$

$$100\text{MHz}：\alpha=11.96\pi$$

$$10\text{GHz}：\alpha=26.6\pi$$

$$1000\text{GHz}：\alpha=26.7\pi$$

则相应的趋肤深度为

$$10\text{kHz}：\delta=1/\alpha=1/0.126\pi=2.5263\text{m}$$

$$1\text{MHz}：\ \delta = 1/\alpha = 1/1.26\pi = 0.2526\text{m}$$
$$100\text{MHz}：\ \delta = 1/\alpha = 1/11.96\pi = 0.0266\text{m}$$
$$10\text{GHz}：\ \delta = 1/\alpha = 1/26.6\pi = 0.0120\text{m}$$
$$1000\text{GHz}：\ \delta = 1/\alpha = 1/26.7\pi = 0.0119\text{m}$$

由此可见，趋肤深度随着频率的增加而减小，因此水下通信需选用频率低的无线电波频段。

7.2.4 表面阻抗

电磁波在导电介质中传播时，在电场的驱动下会形成传导电流，且位移电流远小于传导电流。由式（7.8）可得传导电流密度的表达式为

$$\boldsymbol{J} = \sigma\boldsymbol{E} = \boldsymbol{e}_x\sigma E_0 e^{j\varphi_x} e^{-j\tilde{k}z} = \boldsymbol{e}_x J_0 e^{j\varphi_x} e^{-(\alpha+j\beta)z} = \boldsymbol{e}_x J_x \tag{7.34}$$

式中，J_0 为导电介质表面（$z=0$）处电流密度的幅值。导电介质中电流密度的分布如图 7.2 所示。

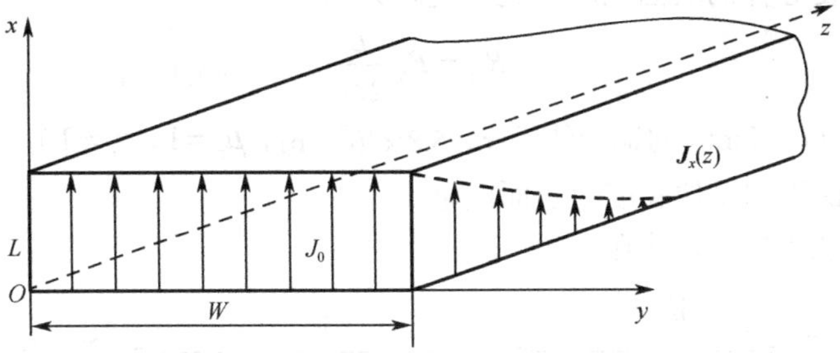

图 7.2　导电介质中电流密度分布

考虑到良导体的衰减常数通常很大，即良导体的厚度远大于其趋肤深度，所以电磁波进入导体表面后幅值迅速衰减，传导电流在流过导体表面有效厚度的区域后已经损耗殆尽，即传导电流可以看作仅分布在良导体表面的面电流。对于厚度为 d（$d \gg \delta$）的良导体而言，单位宽度截面上所形成的面电流 I_s 为

$$\begin{aligned} I_S &= \int_0^1\int_0^d \boldsymbol{J}\cdot\boldsymbol{e}_x \,dz dy = \int_0^1\int_0^d J_0 e^{j\varphi_x} e^{-(\alpha+j\beta)z} dz dy \\ &= \frac{J_0 e^{j\varphi_x}}{\alpha+j\beta}[1-e^{-(\alpha+j\beta)d}] \\ &\approx \frac{J_0 e^{j\varphi_x}}{\alpha+j\beta} \end{aligned} \tag{7.35}$$

如果将良导体的表面电流视为其表面电位差作用在某等效阻抗上形成的，则该阻抗称为表面阻抗。同时将单位宽度、单位长度良导体的表面阻抗定义为表面阻抗率。

良导体表面单位长度上的电位差等于其表面切线方向的电场强度，根据式（7.8）可得

$$U_S = \int_0^1 \boldsymbol{E}\cdot d\boldsymbol{l} = E_x\big|_{z=0} = E_0 e^{j\varphi_x} = \frac{J_0}{\sigma}e^{j\varphi_x} \tag{7.36}$$

表面阻抗率为导体表面单位长度电位差与单位宽度的面电流的比值，由式（7.34）和式（7.36）得

$$Z_S = \frac{U_S}{I_S} = \frac{J_0}{\sigma}e^{j\varphi_x}\frac{J_0 e^{j\varphi_x}/\sigma}{J_0 e^{j\varphi_x}/(\alpha+j\beta)} = \frac{\alpha}{\sigma} + j\frac{\beta}{\sigma}$$

对于良导体，衰减常数和相位常数近似相等，同时有 $\delta = 1/\alpha$，则上式简化为

$$Z_S = \frac{1}{\sigma\delta} + \mathrm{j}\frac{1}{\sigma\delta} \tag{7.37}$$

式（7.37）中的实部也称为表面电阻率（交流电阻率），用 R_S 表示，即

$$R_S = \frac{1}{\sigma\delta} \tag{7.38}$$

显然，对于同一块导体，其交流电阻率（$1/\sigma\delta$）远大于直流电阻率（$1/\sigma$）。良导体在传输高频电流时，与直流电流均匀分布在导体截面上不同，由于趋肤效应的影响，高频电流会集中分布在靠近良导体表面的有限区域，其有效的导电面积大大减小，从而导致电阻增大。

对于长度为 L、宽度为 W 的矩形良导体（见图 7.2），其表面电阻（交流电阻）为

$$R_{\mathrm{ac}} = R_S \frac{L}{W} \tag{7.39}$$

对于圆柱形导体，把圆柱纵向视为长度，圆周视为宽度，径向视为厚度，则长度为 L、半径为 r 的圆柱形良导体的表面电阻（交流电阻）为

$$R_{\mathrm{ac}} = R_S \frac{L}{2\pi r} \tag{7.40}$$

例 7.7 半径为 $r = 2\mathrm{mm}$ 的铜导线（$\sigma = 5.8\times10^7\mathrm{S/m}$，$\mu_{\mathrm{r}} = 1$，$\varepsilon_{\mathrm{r}} = 1$），试计算其单位长度的直流电阻和 3GHz 下的单位长度的表面电阻。

解：（1）单位长度的直流电阻

$$R_0 = \frac{U}{I} = \frac{\int_0^1 E\mathrm{d}l}{JS} = \frac{E}{\sigma E\pi r^2} = \frac{1}{5.8\times10^7\times\pi\times(2\times10^{-3})^2} = 1.37\times10^{-3}\Omega$$

（2）单位长度的表面电阻

$$R_S = \frac{1}{\sigma\delta} = \sqrt{\frac{\pi f\mu}{\sigma}} = \sqrt{\frac{\pi\times3\times10^9\times4\pi\times10^{-7}}{5.8\times10^7}} = 0.015\Omega$$

$$R_{\mathrm{ac}} = R_S\frac{L}{2\pi r} = 0.015\times\frac{1}{2\pi\times2\times10^{-3}} = 1.194\Omega$$

由上述结果可知，良导体传输 3GHz 的电磁波信号时，由于趋肤效应导致其交流电阻远大于直流电阻，故其损耗要增加 870 多倍。

7.3 相速、群速和能速

7.3.1 相速、群速和能速的一般定义

一般情况下，相速 v_{p} 是恒定相位面在波中向前推进的速度，所以也可以根据电场极小值通过空间一固定点的速度来定义相速。具体来看，如果平面波中的电场表示为

$$\boldsymbol{E} = \boldsymbol{e}_x E_x = \boldsymbol{e}_x E_0 \mathrm{e}^{\mathrm{j}(\omega t - kz)} \tag{7.41}$$

对于恒定的相位点 $\omega t - kz$=常数，相速为

$$v_{\mathrm{p}} = \frac{\mathrm{d}z}{\mathrm{d}t} = \frac{\omega}{k} \tag{7.42}$$

式中，k 为波数，也称为相位常数。在理想介质中，$k = \omega\sqrt{\mu\varepsilon}$ 是角频率 ω 的线性函数，对应

的相速 $v_p = 1/\sqrt{\mu\varepsilon}$ 是与频率无关的常数。然而，在有耗介质中，引入传播系数 $\varGamma = \mathrm{j}\tilde{k} = \alpha + \mathrm{j}\beta$，其相位常数 β 不是 ω 的线性函数，因此相速与频率有关，不同频率的波将以不同的相速传播，结果会产生色散现象。

一个信号是由许多频率成分组成的，因此要确定一个信号在有耗介质中的传播速度很困难。这里引入群速的概念，它代表信号能量传播的速度。我们知道，稳态单一频率正弦波是不能携带任何信息的。信号之所以能被传递，是由于对波调制的结果，调制波传播的速度才是信号传递的速度。现在讨论一种最简单的情况。

设有两个振幅均为 A，角频率分别为 $(\omega+\Delta\omega)$ 和 $(\omega-\Delta\omega)$ 的行波（$\Delta\omega \ll \omega$），在有耗介质中相应的相位常数分别为 $(k+\Delta k)$ 和 $(k-\Delta k)$。这两个行波分别表示为

$$\varPsi_1 = A\cos[(\omega+\Delta\omega)t-(k+\Delta k)z] \tag{7.43a}$$

$$\varPsi_2 = A\cos[(\omega-\Delta\omega)t-(k-\Delta k)z] \tag{7.43b}$$

将两个波叠加起来并整理，得

$$\varPsi = 2A\cos(\Delta\omega t-\Delta\omega z)\cos(\omega t-kz) \tag{7.44}$$

所得到的结果是一个角频率为 ω 的正弦波被另一个正弦波调制的情况，如图 7.3 所示。

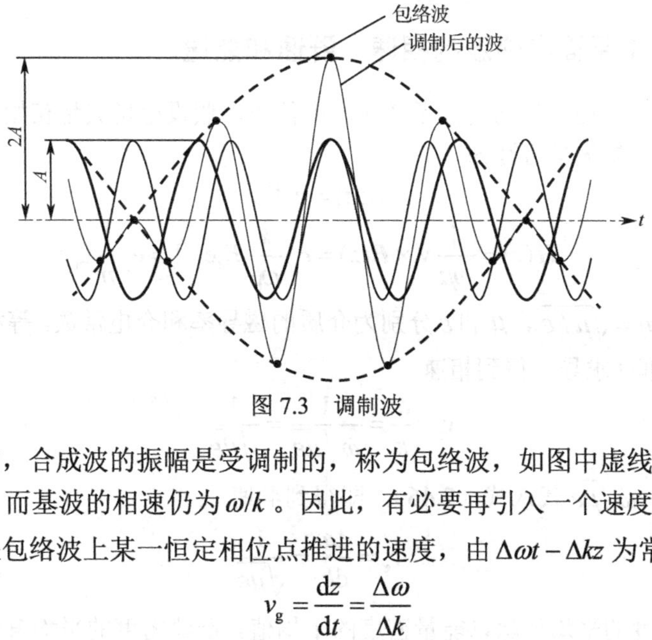

图 7.3　调制波

由图 7.3 可知，合成波的振幅是受调制的，称为包络波，如图中虚线所示。包络波的传播速度为 $\Delta\omega/\Delta k$，而基波的相速仍为 ω/k。因此，有必要再引入一个速度——群速 v_g。

群速的定义是包络波上某一恒定相位点推进的速度，由 $\Delta\omega t-\Delta kz$ 为常数，得

$$v_g = \frac{\mathrm{d}z}{\mathrm{d}t} = \frac{\Delta\omega}{\Delta k} \tag{7.45}$$

当 $\Delta\omega \ll \omega$ 时，上式变为

$$v_g = \frac{\mathrm{d}\omega}{\mathrm{d}k} \tag{7.46}$$

利用式（7.42），可得群速和相速之间的关系为

$$v_g = \frac{\mathrm{d}\omega}{\mathrm{d}k} = \frac{\mathrm{d}(v_p k)}{\mathrm{d}k} = v_p + k\frac{\mathrm{d}v_p}{\mathrm{d}k} = v_p + \frac{\omega}{v_p}\frac{\mathrm{d}v_p}{\mathrm{d}\omega}v_g \tag{7.47}$$

由此得

$$v_g = \frac{v_p}{1-\dfrac{\omega}{v_p}\dfrac{\mathrm{d}v_p}{\mathrm{d}\omega}} \tag{7.48}$$

显然，存在以下三种可能的情况。

（1）$\mathrm{d}v_{\mathrm{p}}/\mathrm{d}\omega=0$，即相速与频率无关，$v_{\mathrm{g}}=v_{\mathrm{p}}$，表明不同波长的波速度相等，对应这种波所传播的介质应为无色散介质。

（2）$\mathrm{d}v_{\mathrm{p}}/\mathrm{d}\omega<0$，即频率越高相速越小，$v_{\mathrm{g}}<v_{\mathrm{p}}$，表明波长大的波相速较大，对应这种波所传播的介质应为正常色散介质。

（3）$\mathrm{d}v_{\mathrm{p}}/\mathrm{d}\omega>0$，即频率越高相速越大，$v_{\mathrm{g}}>v_{\mathrm{p}}$，表明波长大的波相速较小，对应这种波所传播的介质应为非正常色散介质。

对于能速，由于它表征波的能量的传播速度，而能量的流动情况由一个称为能流密度的矢量 $\boldsymbol{S}$ 来描述，即坡印廷矢量。在讨论能速的定义时，需要涉及电磁波的能量密度 $\boldsymbol{\omega}$。电磁波能量的分布和流动都与时间、空间坐标有关，而其值在一个周期内的平均值更有实际意义。因此，能速的定义为

$$v_{\mathrm{e}}=\frac{S_{\mathrm{av}}}{\omega_{\mathrm{av}}} \tag{7.49}$$

式中，S_{av} 和 ω_{av} 都是一个周期内的平均值。

7.3.2 无耗介质中平面电磁波的相速、群速和能速

单色平面电磁波在均匀各向同性无耗介质中传播，假设电场矢量初始相位为零，则均匀平面波的电场、磁场复矢量可写为

$$\boldsymbol{E}(z)=\boldsymbol{e}_x E_0 \mathrm{e}^{-\mathrm{j}kz} \tag{7.50}$$

$$\boldsymbol{H}(z)=\frac{\mathrm{j}}{\omega\mu}\nabla\times\boldsymbol{E}(z)=\boldsymbol{e}_y\frac{k}{\omega\mu}E_0\mathrm{e}^{-\mathrm{j}kz}=\boldsymbol{e}_y\frac{1}{\eta}E_0\mathrm{e}^{-\mathrm{j}kz} \tag{7.51}$$

式中，$k=\omega\sqrt{\mu\varepsilon}$，$\eta=\sqrt{\mu/\varepsilon}$，$\mu$ 和 ε 分别为介质的磁导率和介电常数。等相位的方程 $\omega t-kz$ 为常数，将其对时间 t 求导，得到相速

$$v_{\mathrm{p}}=\frac{\omega}{k}=\frac{1}{\omega\sqrt{\mu\varepsilon}}=\frac{1}{\sqrt{\mu\varepsilon}} \tag{7.52}$$

将相位常数 $k=\omega\sqrt{\mu\varepsilon}$ 代入式（7.46），即得到群速

$$v_{\mathrm{g}}=\frac{\mathrm{d}\omega}{\mathrm{d}k}=\frac{1}{\sqrt{\mu\varepsilon}} \tag{7.53}$$

能速为能流密度的平均值除以能量密度的平均值。能流密度的平均值即平均坡印廷矢量

$$\begin{aligned}\boldsymbol{S}_{\mathrm{av}}&=\frac{1}{2}\mathrm{Re}[\boldsymbol{E}(z)\times\boldsymbol{H}^*(z)]=\frac{1}{2}\mathrm{Re}\left[\boldsymbol{e}_x E_0\mathrm{e}^{-\mathrm{j}kz}\times\left(\boldsymbol{e}_y\frac{1}{\eta}E_0\mathrm{e}^{-\mathrm{j}kz}\right)^*\right]\\&=\boldsymbol{e}_z\frac{1}{2\eta}(E_0)^2\end{aligned} \tag{7.54}$$

能量密度的平均值为

$$\omega_{\mathrm{av}}=\frac{1}{4}\mathrm{Re}[\varepsilon\boldsymbol{E}^*(z)\cdot\boldsymbol{E}(z)+\mu\boldsymbol{H}^*(z)\cdot\boldsymbol{H}(z)]=\frac{1}{2}\varepsilon(E_0)^2 \tag{7.55}$$

则能速为

$$v_{\mathrm{e}}=\frac{S_{\mathrm{av}}}{\omega_{\mathrm{av}}}=\frac{\left[\dfrac{1}{2\eta}(E_0)^2\right]}{\left[\dfrac{1}{2}\varepsilon(E_0)^2\right]}=\frac{1}{\eta\varepsilon}=\frac{1}{\sqrt{\varepsilon\mu}} \tag{7.56}$$

由式（7.54）、式（7.55）和式（7.56）可知，电磁波在均匀各向同性无色散介质中传播时，其相速、群速和能速相等。

7.3.3　有耗介质中平面电磁波的相速、群速和能速

在有耗介质中，引入传播系数 $\Gamma=\mathrm{j}\tilde{k}=\alpha+\mathrm{j}\beta$，其平面电磁波的电场、磁场应写为

$$\boldsymbol{E}(z)=\boldsymbol{e}_x E_0\mathrm{e}^{-\Gamma z} \tag{7.57}$$

$$\boldsymbol{H}(z)=\frac{\mathrm{j}}{\omega\mu}\nabla\times\boldsymbol{E}(z)=\boldsymbol{e}_y\frac{-\mathrm{j}\Gamma}{\omega\mu}E_0\mathrm{e}^{-\Gamma z} \tag{7.58}$$

式中，$\alpha=\omega\sqrt{\dfrac{\mu\varepsilon}{2}\left[\sqrt{1+\left(\dfrac{\sigma}{\omega\varepsilon}\right)^2}-1\right]}$，$\beta=\omega\sqrt{\dfrac{\mu\varepsilon}{2}\left[\sqrt{1+\left(\dfrac{\sigma}{\omega\varepsilon}\right)^2}+1\right]}$，$\tilde{\eta}=\sqrt{\dfrac{\mu}{\tilde{\varepsilon}}}=\sqrt{\dfrac{\mu}{\varepsilon-\mathrm{j}\dfrac{\sigma}{\omega\varepsilon}}}$，此时，电磁波的相速为

$$v_{\mathrm{p}}=\frac{\omega}{\beta}=\sqrt{\frac{2}{\mu\varepsilon}}\left[\sqrt{1+\left(\frac{\sigma}{\omega\varepsilon}\right)^2}+1\right]^{-1/2} \tag{7.59}$$

群速为

$$v_{\mathrm{g}}=\frac{\mathrm{d}\omega}{\mathrm{d}k}=\sqrt{\frac{2}{\mu\varepsilon}}\,\frac{\sqrt{\left[1+\left(\dfrac{\sigma}{\omega\varepsilon}\right)^2\right]}\left[1+\sqrt{1+\left(\dfrac{\sigma}{\omega\varepsilon}\right)^2}\right]^{1/2}}{1+\sqrt{1+\left(\dfrac{\sigma}{\omega\varepsilon}\right)^2}+\left(\dfrac{\sigma}{\omega\varepsilon}\right)^2/2} \tag{7.60}$$

能流密度的平均值为

$$\boldsymbol{S}_{\mathrm{av}}=\frac{1}{2}\mathrm{Re}[\boldsymbol{E}(z)\times\boldsymbol{H}^*(z)]=\frac{1}{2}\mathrm{Re}\left[\boldsymbol{e}_x E_0\mathrm{e}^{-\alpha z}\mathrm{e}^{-\mathrm{j}kz}\times\left(\boldsymbol{e}_y\frac{-\mathrm{j}\Gamma}{\omega\mu}E_0\mathrm{e}^{-\Gamma z}\right)^*\right]=\boldsymbol{e}_z\frac{\beta}{2\omega\mu}(E_0)^2$$

能量密度的平均值为

$$\begin{aligned}\omega_{\mathrm{av}}&=\frac{1}{4}\mathrm{Re}[\varepsilon\boldsymbol{E}^*(z)\cdot\boldsymbol{E}(z)+\mu\boldsymbol{H}^*(z)\cdot\boldsymbol{H}(z)]=\frac{1}{4}\mathrm{Re}[\varepsilon(E_0)^2+\mu\boldsymbol{H}^*(z)\cdot\boldsymbol{H}(z)]\\&=\frac{1}{4}\varepsilon(E_0)^2+\frac{\alpha^2+\beta^2}{4\omega^2\mu}(E_0)^2=\frac{1}{4}\varepsilon(E_0)^2\left[1+\sqrt{1+\left(\frac{\sigma}{\omega\varepsilon}\right)^2}\right]\end{aligned}$$

能速为

$$v_{\mathrm{e}}=\frac{S_{\mathrm{av}}}{\omega_{\mathrm{av}}}=\frac{2\beta}{\omega\mu\varepsilon\left[1+\sqrt{1+\left(\dfrac{\sigma}{\omega\varepsilon}\right)^2}\right]}=\sqrt{\frac{2}{\mu\varepsilon}}\left[\sqrt{1+\left(\frac{\sigma}{\omega\varepsilon}\right)^2}+1\right]^{-1/2} \tag{7.61}$$

对于良导体 $\dfrac{\sigma}{\omega\varepsilon}\gg 1$，$\alpha\approx\beta\approx\sqrt{\omega\mu\sigma/2}$，则有

$$v_{\mathrm{p}}=\frac{\omega}{\beta}\approx\sqrt{\frac{2\omega}{\mu\sigma}} \tag{7.62}$$

$$v_{\mathrm{g}}=\frac{\mathrm{d}\omega}{\mathrm{d}k}\approx 2\sqrt{\frac{2\omega}{\mu\sigma}} \tag{7.63}$$

$$v_{\mathrm{e}}=\frac{S_{\mathrm{av}}}{\omega_{\mathrm{av}}}\approx\sqrt{\frac{2\omega}{\mu\sigma}} \tag{7.64}$$

即在良导体中，群速大于相速，能速等于相速，但并不等于群速。

7.4 色　散

由上述讨论可知，波的相速与频率有关，不同频率的波将以不同的速率在介质中传播，这种现象称为色散现象。显然，波的色散是由介质特性所决定的。实际上，在时变电磁场中，描述介质电磁性质的介电系数 ε、电导率 σ 和磁导率 μ 这几个参数都是电磁场频率的函数。

从本质上说，色散现象来源于介质的极化、磁化和载流子的定向运动。微观地看，介质是由一群既有质量又带电量的基本粒子组成的。在时变电磁场的作用下，极化、磁化和载流子运动都将随着电场和磁场的指向变化而不断改变方向。由于电荷载体粒子的惯性影响，粒子的运动将落后于场的变化，产生滞后效应。以极化为例，对于电子极化、离子极化和转向极化这三种不同的极化方式，由于偶极子载体的质量不同，所产生的滞后效应也不同。转向极化是整个分子的转动，质量和惯性较大，极化状态的建立需要较长时间；离子极化是原子的位移，极化建立所需的时间比转向极化短；而电子极化是电子的位移，电子质量相对最小，极化建立时间最短。当电磁场频率较低时，场的变化周期 T 远大于三种极化状态的建立时间，介质极化强度 $\boldsymbol{P}$ 在大部分时间内与电场 $\boldsymbol{E}$ 的方向一致，因此 $\boldsymbol{P}$ 的平均值较大，与静态电场中的极化强度值相近。随着频率的提高，特别是当场的变化周期 T 接近或小于极化建立时间时，首先是转向极化，然后是离子极化，极化状态将变得不够充分，即尚未等到偶极矩完全转向，电场又转到相反方向了，使得极化状态跟不上场的变化。此时，转向极化和离子极化对总极化强度 $\boldsymbol{P}$ 的贡献比例将逐渐减小。当电磁场频率很高时，只有电子极化的建立能够跟得上场的周期变化，极化强度以电子极化的贡献为主，$\boldsymbol{P}$ 的模值变得很小。

对于极性分子的介质，由于其低频极化以转向极化为主，因此极化强度随频率变化较为剧烈。以水为例，当场从静态到光频，极化强度 $\boldsymbol{P}$ 的模值变化近 40 倍。对于非极性分子介质，其极化主要是电子极化，极化强度随频率的变化较缓慢。如聚苯乙烯塑料，当场从静态到光频，极化强度 $\boldsymbol{P}$ 的模值仅变化百分之几。

此外，由于极化状态滞后于电场状态，因此除了极化强度 $\boldsymbol{P}$ 的模值随频率变化，其相位也要滞后于电场 $\boldsymbol{E}$ 的相位，即

$$\varphi_P=\varphi_E-\varphi$$

当频率 ω 不同时，滞后的时间与场变化周期 T 的比值不同，所以滞后相位 φ 也是频率 ω 的函数。

由于极化强度 $\boldsymbol{P}$ 与电场 $\boldsymbol{E}$ 存在相位滞后，因此与静态极化类似的瞬时关系式

$\boldsymbol{P}_{\text{av}}(t)=\varepsilon_0 N\alpha_p \boldsymbol{E}(t)$ 一般并不成立，因为无论 α_p 取任何与时间无关的实函数，都无法使 $\boldsymbol{P}$ 的相位滞后于 $\boldsymbol{E}$。此时 $\boldsymbol{P}(t)$ 与 $\boldsymbol{E}(t)$ 的关系一定是一个复杂的函数关系

$$\boldsymbol{P}(t)=f[\boldsymbol{E}(t),\omega]$$

由此可知，$\boldsymbol{D}(t)$ 与 $\boldsymbol{E}(t)$ 的关系也不具备 $\boldsymbol{D}(t)=\varepsilon\boldsymbol{E}(t)$ 的简单形式。所以，对于色散介质，将无法使用时域法求解麦克斯韦方程组，而必须采用频域法。

介质分为有色散介质和无色散介质两类，色散介质中又分为正常色散介质和非正常色散介质。在正常色散介质中，波长长的波，相速较大；在非正常色散介质中，波长短的波，相速较大；在无色散介质中，不同波长的波相速相等。

本章小结

1．有耗介质中，电磁波的波动方程为

$$\nabla^2\boldsymbol{E}+\tilde{k}^2\boldsymbol{E}=0, \qquad \nabla^2\boldsymbol{H}+\tilde{k}^2\boldsymbol{H}=0$$

2．无限大的有耗介质中，均匀平面波电场和磁场矢量的通解为

$$\boldsymbol{E}(z)=\boldsymbol{e}_x E_0 \mathrm{e}^{\mathrm{j}\varphi_x}\mathrm{e}^{-\mathrm{j}\tilde{k}z}, \qquad \boldsymbol{H}(z)=\boldsymbol{e}_y \frac{\tilde{k}}{\omega\mu}E_0 \mathrm{e}^{\mathrm{j}\varphi_x}\mathrm{e}^{-\mathrm{j}\tilde{k}z}$$

3．在有耗介质中，等效介电系数 $\tilde{\varepsilon}=\varepsilon-\mathrm{j}(\sigma/\omega)$，是一个复数。

4．传播系数 $\Gamma=\mathrm{j}\tilde{k}=\alpha+\mathrm{j}\beta$，其中 α 是衰减常数，β 是相位常数。

5．波阻抗 $\tilde{\eta}=\dfrac{\mathrm{j}\omega\mu}{\mathrm{j}\tilde{k}}=\dfrac{\omega\mu}{\alpha^2+\beta^2}(\beta+\mathrm{j}\alpha)$。

6．损耗角正切描述介质的相对损耗程度，定义为

$$\tan\delta_{\mathrm{c}}=\frac{\sigma}{\omega\varepsilon}$$

7．介质可以根据损耗角正切的取值范围的不同分为下面几类。

（1）理想介质：电导率 $\sigma=0$，$\dfrac{\sigma}{\omega\varepsilon}=0$，即传导电流为零，没有损耗。

（2）良介质（低损耗介质）：$\dfrac{\sigma}{\omega\varepsilon}\ll 1$，即位移电流占绝对优势。

（3）半导体：σ 可与 $\omega\varepsilon$ 相比拟，即传导电流与位移电流具有相同数量级。

（4）良导体：$\dfrac{\sigma}{\omega\varepsilon}\gg 1$，即传导电流占绝对优势。

（5）理想导体：$\sigma=\infty$，电磁波在理想导体中立刻衰减至零，说明在理想导体中没有场分布。

8．电磁波在有耗介质中传播具有如下特性。

（1）电场和磁场分量的幅值按照指数规律 $\mathrm{e}^{-\alpha z}$ 随 z 的增加而减小。

（2）电场与磁场分量在空间上相互正交，且与均匀平面波的传播方向垂直。

（3）波阻抗为复数，电场与磁场分量在时间上存在相位差。

9．均匀平面波在良介质中传播时，其参数为

$$\alpha\approx\frac{\sigma}{2}\sqrt{\frac{\mu}{\varepsilon}}, \quad \beta\approx\omega\sqrt{\varepsilon\mu}, \quad v_{\mathrm{p}}\approx 1/\sqrt{\varepsilon\mu}, \quad \tilde{\eta}\approx\sqrt{\frac{\mu}{\varepsilon}}$$

10．均匀平面波在良导体中传播时，其参数为

$$\alpha \approx \sqrt{\pi f \mu\sigma}，\ \beta \approx \sqrt{\pi f \mu\sigma}，\ v_p = \sqrt{\frac{2\omega}{\mu\sigma}}，\ \tilde{\eta} = \sqrt{\frac{\pi f \mu}{\sigma}}(1+\mathrm{j})$$

11．交变电流在导电介质中传输时，电流密度在导体横截面上的分布是不均匀的，并且随着电流变化频率的升高，导体上所流过的电流将越来越集中于导体的表面附近，这种现象称为趋肤效应。

12．趋肤深度定义为电磁波的振幅衰减到 e^{-1} 时它透入导电介质的深度，用 δ 表示。根据 δ 就可以测量出电磁波在开始明显衰减之前在导电介质中的传播距离。

13．表面电阻率定义为单位宽度、单位长度良导体的表面阻抗，$R_S = \dfrac{1}{\sigma\delta}$。

14．相速为等相位面传播的速度，$v_p = \dfrac{\omega}{k}$。

15．群速定义为包络波上某一恒定相位点推进的速度，$v_g = \dfrac{\mathrm{d}\omega}{\mathrm{d}k}$。

16．能速定义为波的能量传播速度，$v_e = \dfrac{S_{av}}{\omega_{av}}$。

17．波的相速与频率有关，不同频率的波将以不同的速率在介质中传播，这种现象称为色散现象。

18．介质分为有色散介质和无色散介质两类，色散介质又分为正常色散介质和非正常色散介质。在正常色散介质中，波长长的波，相速较大；在非正常色散介质中，波长短的波，相速较大；在无色散介质中，不同波长的波相速相等。

习题 7

7.1　一均匀平面波在 $z=0$ 平面内 $\boldsymbol{E} = \boldsymbol{e}_x \mathrm{j}20$（mV/m），角频率 $\omega = 2\times10^6\,\mathrm{rad/s}$。介质参数为 $\mu_r = 10$，$\varepsilon_r = 2.5$，$\sigma = 10^{-4}$（S/m）。试求：衰减常数 α、相位常数 β、波长 λ、相速 v_p、本征阻抗 $\tilde{\eta}$ 以及 $t = 6\mu\mathrm{s}$ 和 $z = 10\mathrm{m}$ 时的电场 $\boldsymbol{E}$。

7.2　一个 $f = 3\mathrm{GHz}$、y 方向极化的均匀平面波，在 $\varepsilon_r = 2.5$、损耗正切为 10^{-2} 的非磁性介质中沿+x 轴方向传播。试求：（1）波的振幅衰减一半时，传播的距离；（2）介质的本征阻抗、波长和相速；（3）设在 $x = 0$ 处的 $\boldsymbol{E} = \boldsymbol{e}_y 50\sin\left(6\pi\times10^9 t + \dfrac{\pi}{3}\right)$，写出 $\boldsymbol{H}(x,t)$ 的表达式；（4）平均坡印廷矢量。

7.3　设湿土壤的 $\sigma = 0.001$（S/m）、$\varepsilon_r = 10$，试分别求出频率为 1MHz 和 10MHz 的电磁波进入土壤后的传播速度、波长，以及振幅衰减到 $1/10^6$ 时的传播距离。

7.4　一平面波角频率 $\omega = 10^8\,\mathrm{rad/s}$，电场强度 $\boldsymbol{E} = \boldsymbol{e}_x 7500\mathrm{e}^{\mathrm{j}30^\circ}\mathrm{e}^{-(\alpha+\mathrm{j}\beta)z}$（V/m）。介质参数为 $\mu = 5\mu\mathrm{H/m}$，$\varepsilon = 20\mathrm{pF/m}$，$\sigma = 10\mu\mathrm{S/m}$。试写出磁场强度 $\boldsymbol{H}$ 的表达式，以及 $t = 100\mathrm{ns}$ 和 $z = 20\mathrm{m}$ 时磁场强度的大小。

7.5　频率为 150MHz 的均匀平面波在有耗介质中传播，已知 $\mu_r = 1$，$\varepsilon_r = 1.4$，$\sigma/\omega\varepsilon = 10^{-4}$，问波在该介质中传播多远后，波的相位改变 90°？

7.6　已知海水的 $\sigma = 4$（S/m），$\varepsilon_r = 81$，试分别求出频率为 1MHz 和 100MHz 的电磁波

在海水中传播时的波长、衰减常数和波阻抗。

7.7　频率为 159MHz 的平面波在有耗介质中传播，介质的参数为 $\mu_r = 1$，$\varepsilon_r = 1$，$\sigma = 10^5$（S/m）。问波传播多远距离后振幅减小到初始值的 e^{-2} 倍？

7.8　已知海水的电参数为 $\varepsilon_r = 81$，$\mu_r = 1$，$\sigma = 5$（S/m），若要求进入海水的电磁波功率至少有 90%能到达 1m 以下深度，则电磁波的频率应为多少？

7.9　均匀平面波从空气垂直射入海水中，空气中的 $\lambda_0 = 600\text{m}$，海水的 $\sigma = 4.5$（S/m），$\varepsilon_r = 80$，$\mu_r = 1$。试求：（1）海水中的波长 λ 和波速 v；（2）已知在海平面下 1m 深处的电场 $E_x = 10^{-6}\cos\omega t$（V/m）时，海平面处的电场和磁场。

7.10　一均匀平面波从海水表面（$x = 0$）沿 $+x$ 轴方向向海水中传播。在 $x = 0$ 处，电场强度为 $\boldsymbol{E} = \boldsymbol{e}_y 100\cos(10^7\pi t)\text{V/m}$。若海水的 $\sigma = 4$（S/m），$\varepsilon_r = 80$，$\mu_r = 1$。试求：（1）衰减常数、相位常数、波阻抗、相速度、波长、趋肤深度；（2）给出海水中电场强度的表达式；（3）电场强度的振幅衰减到表面值的 1%时，波的传播距离；（4）如果电磁波的频率为 50kHz，重复计算（3）的结果，比较两个结果会得到什么结论？

7.11　设一均匀平面电磁波在一良导体内传播，其传播速度为光速的 0.1%，且波长为 0.3mm，若介质的磁导率为 μ_0，试确定该电磁波的频率和良导体的电导率。

7.12　已知平面波在非磁性有耗介质中传播，特性阻抗为 $60\pi\angle 30°\Omega$，相位常数为 1.2rad/m。试计算：（1）该有耗介质的相对介电常数；（2）频率；（3）衰减常数；（4）趋肤深度。

7.13　频率为 20MHz 的均匀平面波在非磁性有耗介质中传播。如果该电磁波沿传播方向传播单位距离后电场幅度衰减 20%，且电场会超前磁场 20°。试计算：（1）波在该有耗介质中的传播常数；（2）趋肤深度和波阻抗。

7.14　计算比较下列材料的波阻抗、衰减常数和透入深度：铜［$\sigma = 5.8\times10^7$（S/m）］，银［$\sigma = 6.15\times10^7$（S/m）］。已知频率为：（1）50Hz；（2）1GHz。

7.15　由金属铜制成的圆导线，半径 a =1.5mm，设铜的电导率 $\sigma = 5.8\times10^7$（S/m）。试求：（1）单位长度的直流电阻；（2）f =100MHz 时的表面电阻率；（3）f =100MHz 时的单位长度的交流电阻。

7.16　一段长为 300m、半径 $a = 2.5\times10^{-3}\text{m}$ 的圆柱形导体，其电导率 $\sigma = 5.1\times10^6$（S/m），磁导率 $\mu = 100\mu_0$，流过交变电流 $i(t) = 1.5\cos 3\times10^4 t$。试求：（1）趋肤深度 δ；（2）交流电阻 R_{ac}；（3）直流电阻 R_d；（4）该段导体的功率损耗 P。

7.17　波长 $\lambda = 10\text{m}$ 的电磁波，在某种介质中的相速 $v_p = 2\times10^7\sqrt[3]{\lambda}$（m/s），求其群速度 v_g。

第 8 章　波的反射与折射

在前面的章节里，我们讨论了各种介质（自由空间、绝缘介质和导电介质）中的麦克斯韦方程组，讨论了均匀平面波在无限大均匀线性理想介质或有耗介质中的传播特性。当均匀平面波入射到介质 1 和介质 2 的分界面时，由于入射波的作用，介质中会产生感应电荷和感应电流，这些电荷和电流激发的次级波，在介质 1 中形成反射波，在介质 2 中形成折射波。

本章将讨论介质分界面为无限大光滑平面情况下，均匀平面波的反射和折射。首先介绍反射定律和折射定律；然后分别讨论理想导体分界面和理想介质分界面的反射场和折射场的性质。此外，本章将进一步丰富电磁波的数学描述，以便转换视角来对电磁波的传播进行研究。

8.1　反射定律和折射定律

图 8.1 描绘了边界和均匀平面波的传播方向。为了简单而不失一般性，设介质分界面为无限大光滑平面。两种介质的分界面位于 xOy 平面，分界面的法线方向为 z 轴。有一均匀平面波以入射角 θ_i 由介质 1（参数为 ε_1，μ_1，σ_1）入射到介质 2（参数为 ε_2，μ_2，σ_2），遇到分界面会形成反射角为 θ_r 的反射波和折射角为 θ_t 的折射波。

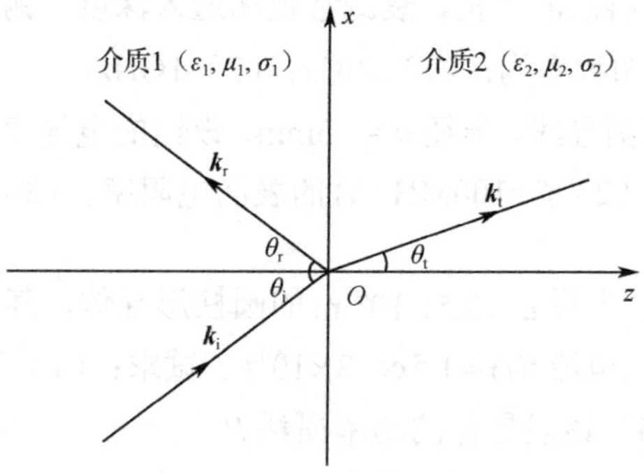

图 8.1　均匀平面波的入射、反射与折射

根据 6.4.2 节中波矢量的定义，入射波、反射波和折射波波矢量分别为

$$\boldsymbol{k}_i = k_1(\boldsymbol{e}_x \sin\theta_i + \boldsymbol{e}_z \cos\theta_i) \tag{8.1a}$$

$$\boldsymbol{k}_r = k_1(\boldsymbol{e}_x \sin\theta_r - \boldsymbol{e}_z \cos\theta_r) \tag{8.1b}$$

$$\boldsymbol{k}_t = k_2(\boldsymbol{e}_x \sin\theta_t + \boldsymbol{e}_z \cos\theta_t) \tag{8.1c}$$

对于无损耗介质，以上各式中，$k_1 = \omega\sqrt{\mu_1\varepsilon_1}$ 为介质 1 的相位常数，$k_2 = \omega\sqrt{\mu_2\varepsilon_2}$ 为介质 2 的相位常数。

入射波电场分量的复数形式为

$$\boldsymbol{E}_i(\boldsymbol{r}) = \boldsymbol{E}_{im}\mathrm{e}^{-\mathrm{j}\boldsymbol{k}_i\cdot\boldsymbol{r}} = \boldsymbol{E}_{im}\mathrm{e}^{-\mathrm{j}k_1(x\sin\theta_i + z\cos\theta_i)} \tag{8.2a}$$

反射波和折射波的复数形式分别为

$$\boldsymbol{E}_{\mathrm{r}}(\boldsymbol{r})=\boldsymbol{E}_{\mathrm{rm}}\mathrm{e}^{-\mathrm{j}\boldsymbol{k}_{\mathrm{r}}\cdot\boldsymbol{r}}=\boldsymbol{E}_{\mathrm{rm}}\mathrm{e}^{-\mathrm{j}k_1(x\sin\theta_{\mathrm{r}}-z\cos\theta_{\mathrm{r}})} \tag{8.2b}$$

$$\boldsymbol{E}_{\mathrm{t}}(\boldsymbol{r})=\boldsymbol{E}_{\mathrm{tm}}\mathrm{e}^{-\mathrm{j}\boldsymbol{k}_{\mathrm{t}}\cdot\boldsymbol{r}}=\boldsymbol{E}_{\mathrm{tm}}\mathrm{e}^{-\mathrm{j}k_2(x\sin\theta_{\mathrm{t}}+z\cos\theta_{\mathrm{t}})} \tag{8.2c}$$

介质 1 区域的电场分量为入射波和反射波的合成场，即

$$\boldsymbol{E}_1=\boldsymbol{E}_{\mathrm{im}}\mathrm{e}^{-\mathrm{j}k_1(x\sin\theta_{\mathrm{i}}+z\cos\theta_{\mathrm{i}})}+\boldsymbol{E}_{\mathrm{rm}}\mathrm{e}^{-\mathrm{j}k_1(x\sin\theta_{\mathrm{r}}-z\cos\theta_{\mathrm{r}})} \tag{8.3}$$

在介质 1 和介质 2 的分界面上，电场的切线方向保持连续，由式（8.2c）和式（8.3）得

$$\boldsymbol{e}_z\times[\boldsymbol{E}_{\mathrm{im}}\mathrm{e}^{-\mathrm{j}k_1(x\sin\theta_{\mathrm{i}}+z\cos\theta_{\mathrm{i}})}+\boldsymbol{E}_{\mathrm{rm}}\mathrm{e}^{-\mathrm{j}k_1(x\sin\theta_{\mathrm{r}}-z\cos\theta_{\mathrm{r}})}]\Big|_{z=0}=\boldsymbol{e}_z\times\boldsymbol{E}_{\mathrm{tm}}\mathrm{e}^{-\mathrm{j}k_2(x\sin\theta_{\mathrm{t}}+z\cos\theta_{\mathrm{t}})}\Big|_{z=0}$$

上式简化得

$$\boldsymbol{e}_z\times[\boldsymbol{E}_{\mathrm{im}}\mathrm{e}^{-\mathrm{j}k_1x\sin\theta_{\mathrm{i}}}+\boldsymbol{E}_{\mathrm{rm}}\mathrm{e}^{-\mathrm{j}k_1x\sin\theta_{\mathrm{r}}}]=\boldsymbol{e}_z\times\boldsymbol{E}_{\mathrm{tm}}\mathrm{e}^{-\mathrm{j}k_2x\sin\theta_{\mathrm{t}}} \tag{8.4}$$

对于任意 x 值成立，这实际上就是要求式（8.4）中的三个指数表达式相等，即

$$-\mathrm{j}k_1x\sin\theta_{\mathrm{i}}=-\mathrm{j}k_1x\sin\theta_{\mathrm{r}}=-\mathrm{j}k_2x\sin\theta_{\mathrm{t}}$$

略去上式中的$-\mathrm{j}x$，得

$$k_1\sin\theta_{\mathrm{i}}=k_1\sin\theta_{\mathrm{r}} \tag{8.5a}$$

$$k_1\sin\theta_{\mathrm{i}}=k_2\sin\theta_{\mathrm{t}} \tag{8.5b}$$

由于入射角、反射角和折射角的取值范围仅限于 $0^\circ\sim90^\circ$，因此由式（8.5a）得

$$\theta_{\mathrm{i}}=\theta_{\mathrm{r}} \tag{8.6}$$

即反射角等于入射角，称为**斯涅耳反射定律**，也称为几何光学的反射定律。

由式（8.5b）得折射角与入射角之间的关系

$$\frac{\sin\theta_{\mathrm{i}}}{\sin\theta_{\mathrm{t}}}=\frac{k_2}{k_1} \tag{8.7}$$

称为**斯涅耳折射定律**。

若不计介质损耗，相位常数 $k=\omega\sqrt{\mu\varepsilon}=\omega/v_{\mathrm{p}}$，同时按照几何光学，介质的折射率 $n=c/v_{\mathrm{p}}$，则相位常数 k 与折射率 n 之间关系为

$$\frac{k}{n}=\frac{\omega/v_{\mathrm{p}}}{c/v_{\mathrm{p}}}=\frac{\omega}{c} \tag{8.8}$$

对于单色均匀平面波，角频率 ω 为常数，相位常数 k 与折射率 n 成正比。于是

$$\frac{k_1}{k_2}=\frac{n_1}{n_2} \tag{8.9}$$

式中，n_1 和 n_2 分别为介质 1 和介质 2 的折射率。将式（8.9）代入式（8.7），得

$$n_1\sin\theta_{\mathrm{i}}=n_2\sin\theta_{\mathrm{t}} \tag{8.10}$$

即几何光学中的折射定律。

由此可见，若均匀平面波入射到两种不同介质的无限大分界面时，激励起的反射波和折射波的传播方向遵循几何光学中的反射定律和折射定律。

8.2　均匀平面波对分界面的垂直入射

通常将入射角 $\theta_{\mathrm{i}}=0^\circ$ 的情况称为垂直入射。本节将讨论均匀平面波对两种不同介质分界面的垂直入射问题。对于垂直入射的情况，折射波通常被形象地称为透射波。

8.2.1　对导电介质分界面的垂直入射

如图 8.2 所示，设在 $z<0$ 的区域填充导电介质 1（$\varepsilon_1,\mu_1,\sigma_1$），在 $z>0$ 的区域填充导电介质 2（$\varepsilon_2,\mu_2,\sigma_2$），$xOy$ 平面为导电介质 1 和导电介质 2 的分界面。当均匀平面波沿 z 轴传播，从导电介质 1 垂直入射到分界面时，由于两种介质参数不同，使一部分入射功率反射，而另一部分透过分界面进入介质 2 继续传播。

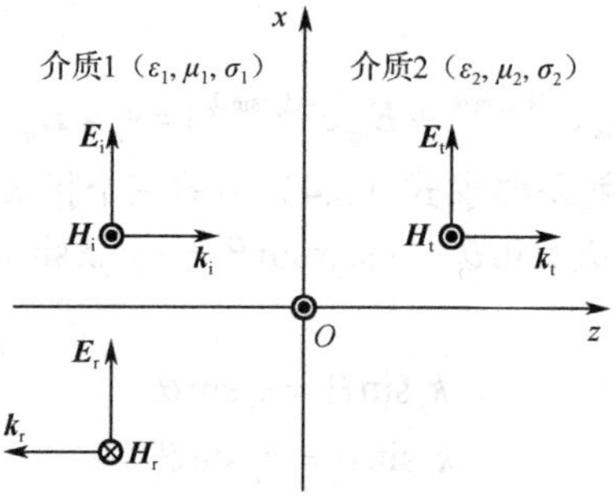

图 8.2　均匀平面波对导电介质分界面的垂直入射

假设入射波电场强度为 x 方向，初始相位为零，则磁场是 y 方向分量，介质 1 中入射波电场和磁场分量可分别表示为

$$\boldsymbol{E}_{\rm i}(z)=\boldsymbol{e}_x E_{\rm im}{\rm e}^{-\Gamma_1 z} \tag{8.11a}$$

$$\boldsymbol{H}_{\rm i}(z)=\boldsymbol{e}_y \frac{E_{\rm im}}{\tilde{\eta}_1}{\rm e}^{-\Gamma_1 z} \tag{8.11b}$$

式中，传播常数 $\Gamma_1={\rm j}\tilde{k}_1={\rm j}\omega\sqrt{\mu_1\tilde{\varepsilon}_1}$，波阻抗 $\tilde{\eta}_1=\sqrt{\mu_1/\tilde{\varepsilon}_1}$。

介质 1 中反射波电场和磁场分量分别为

$$\boldsymbol{E}_{\rm r}(z)=\boldsymbol{e}_x E_{\rm rm}{\rm e}^{\Gamma_1 z} \tag{8.12a}$$

$$\boldsymbol{H}_{\rm r}(z)=-\boldsymbol{e}_y \frac{E_{\rm rm}}{\tilde{\eta}_1}{\rm e}^{\Gamma_1 z} \tag{8.12b}$$

在 $z<0$ 的区域，场分量为入射波和反射波的合成波，此区域中的场分量为

$$\boldsymbol{E}_1(z)=\boldsymbol{E}_{\rm i}(z)+\boldsymbol{E}_{\rm r}(z)=\boldsymbol{e}_x E_{\rm im}{\rm e}^{-\Gamma_1 z}+\boldsymbol{e}_x E_{\rm rm}{\rm e}^{\Gamma_1 z} \tag{8.13a}$$

$$\boldsymbol{H}_1(z)=\boldsymbol{H}_{\rm i}(z)+\boldsymbol{H}_{\rm r}(z)=\boldsymbol{e}_y \frac{E_{\rm im}}{\tilde{\eta}_1}{\rm e}^{-\Gamma_1 z}-\boldsymbol{e}_y \frac{E_{\rm rm}}{\tilde{\eta}_1}{\rm e}^{\Gamma_1 z} \tag{8.13b}$$

在 $z>0$ 的区域，即介质 2 中的透射波电场和磁场分量分别为

$$\boldsymbol{E}_2(z)=\boldsymbol{E}_{\rm t}(z)=\boldsymbol{e}_x E_{\rm tm}{\rm e}^{-\Gamma_2 z} \tag{8.14a}$$

$$\boldsymbol{H}_2(z)=\boldsymbol{H}_{\rm t}(z)=\boldsymbol{e}_y \frac{E_{\rm tm}}{\tilde{\eta}_2}{\rm e}^{-\Gamma_2 z} \tag{8.14b}$$

式中，传播常数 $\Gamma_2={\rm j}\tilde{k}_2={\rm j}\omega\sqrt{\mu_2\tilde{\varepsilon}_2}$，波阻抗 $\tilde{\eta}_2=\sqrt{\mu_2/\tilde{\varepsilon}_2}$。

在分界面上（$z=0$ 处）电场切线方向分量连续，有 $\boldsymbol{e}_z\times\boldsymbol{E}_1(z)\big|_{z=0}=\boldsymbol{e}_z\times\boldsymbol{E}_2(z)\big|_{z=0}$，即

$$E_{\rm im}+E_{\rm rm}=E_{\rm tm} \tag{8.15a}$$

磁场切线方向分量连续，有 $\boldsymbol{e}_z\times\boldsymbol{H}_1(z)\big|_{z=0}=\boldsymbol{e}_z\times\boldsymbol{H}_2(z)\big|_{z=0}$，即

$$\frac{1}{\tilde{\eta}_1}(E_{\rm im}-E_{\rm rm})=\frac{1}{\tilde{\eta}_2}E_{\rm tm} \tag{8.15b}$$

定义分界面上的反射系数 R 为反射波电场的振幅与入射波电场振幅之比，折射（透射）系数 T 为折射波电场的振幅与入射波电场振幅之比，联立式（8.15a）和式（8.15b）可得

$$R=\frac{E_{\mathrm{rm}}}{E_{\mathrm{im}}}=\frac{\tilde{\eta}_2-\tilde{\eta}_1}{\tilde{\eta}_2+\tilde{\eta}_1} \tag{8.16}$$

$$T=\frac{E_{\mathrm{tm}}}{E_{\mathrm{im}}}=\frac{2\tilde{\eta}_2}{\tilde{\eta}_2+\tilde{\eta}_1} \tag{8.17}$$

注意：计算反射系数、折射系数时必须结合图示，不同的图表示同一场景的反射系数、折射系数可能会相差一个负号。

一般情况下，R 和 T 是复数，表明在分界面上的反射和折射将引入一个附加相移。同时由式（8.16）和式（8.17）不难看出，反射系数 R 和折射系数 T 之间的关系为

$$1+R=T$$

当介质 1 为理想介质，介质 2 为理想导体，即 $\sigma_1=0$，$\sigma_2=\infty$ 时，$\tilde{\eta}_2=0$，故有 $R=-1$，$T=0$。此时入射波全部被反射，反射波和入射波叠加形成驻波。此情况将在 8.2.2 节详细分析。

当介质 1 和介质 2 都为理想介质，即 $\sigma_1=\sigma_2=0$ 时，有 $R=\dfrac{\eta_2-\eta_1}{\eta_2+\eta_1}$，$T=\dfrac{2\eta_2}{\eta_2+\eta_1}$。此情况将在 8.2.3 节详细分析。

8.2.2　对理想导体表面的垂直入射

如图 8.3 所示，设在 $z<0$ 的区域填充介质 1［理想介质（$\varepsilon_1,\mu_1,\sigma_1=0$）］，$z>0$ 的区域填充介质 2［理想导体（$\varepsilon_2,\mu_2,\sigma_2=\infty$）］，$xOy$ 平面为理想介质和理想导体分界面。由于理想导体的波阻抗 $\tilde{\eta}_2=0$，代入式（8.16）和式（8.17）得 $R=-1$，$T=0$，故当均匀平面波沿 z 轴传播，从理想介质垂直入射到理想导体表面时，由于理想导体内部电磁场为零，因此入射功率被全部反射。

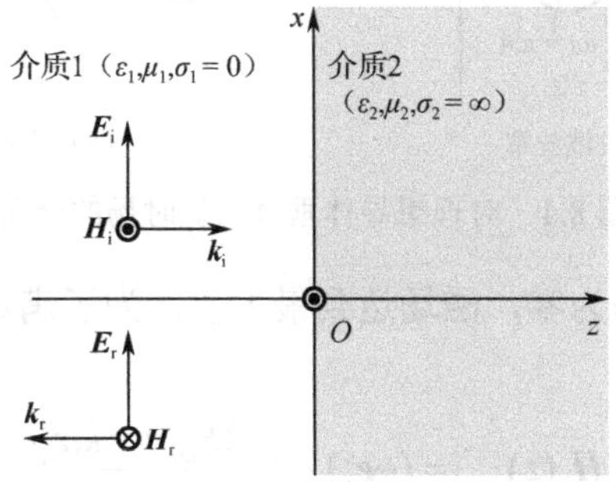

观看动态仿真图

图 8.3　均匀平面波垂直入射到理想导体表面

与 8.2.1 节相同，假设入射波电场与磁场矢量分别只有 x 方向和 y 方向的分量，则介质 1 中电场与磁场的表达式分别为

$$\boldsymbol{E}_{\mathrm{i}}(z)=\boldsymbol{e}_x E_{\mathrm{im}}\mathrm{e}^{-\mathrm{j}k_1 z} \tag{8.18a}$$

$$\boldsymbol{H}_{\mathrm{i}}(z)=\frac{1}{\eta_1}\boldsymbol{e}_z\times\boldsymbol{E}_{\mathrm{i}}(z)=\boldsymbol{e}_y\frac{E_{\mathrm{im}}}{\eta_1}\mathrm{e}^{-\mathrm{j}k_1 z} \tag{8.18b}$$

式中，相位常数 $k_1=\omega\sqrt{\mu_1\varepsilon_1}$，波阻抗 $\eta_1=\sqrt{\mu_1/\varepsilon_1}$。

介质1中反射波电场和磁场分量分别为

$$\boldsymbol{E}_{\mathrm{r}}(z)=\boldsymbol{e}_x RE_{\mathrm{im}}\mathrm{e}^{\mathrm{j}k_1z}=-\boldsymbol{e}_x E_{\mathrm{im}}\mathrm{e}^{\mathrm{j}k_1z} \tag{8.19a}$$

$$\boldsymbol{H}_{\mathrm{r}}(z)=\frac{1}{\eta_1}(-\boldsymbol{e}_z)\times\boldsymbol{E}_{\mathrm{r}}(z)=\boldsymbol{e}_y\frac{E_{\mathrm{im}}}{\eta_1}\mathrm{e}^{\mathrm{j}k_1z} \tag{8.19b}$$

介质1中入射波和反射波的合成波电场和磁场分量为

$$\boldsymbol{E}_1(z)=\boldsymbol{e}_x E_{\mathrm{im}}(\mathrm{e}^{-\mathrm{j}k_1z}-\mathrm{e}^{\mathrm{j}k_1z})=-\boldsymbol{e}_x\mathrm{j}2E_{\mathrm{im}}\sin k_1z \tag{8.20a}$$

$$\boldsymbol{H}_1(z)=\boldsymbol{e}_y\frac{E_{\mathrm{im}}}{\eta_1}(\mathrm{e}^{-\mathrm{j}k_1z}+\mathrm{e}^{\mathrm{j}k_1z})=\boldsymbol{e}_y\frac{2E_{\mathrm{im}}\cos k_1z}{\eta_1} \tag{8.20b}$$

介质1中合成波的电场与磁场的瞬时形式为

$$\boldsymbol{E}_1(z,t)=\mathrm{Re}[\boldsymbol{E}_1(z)\mathrm{e}^{\mathrm{j}\omega t}]=\boldsymbol{e}_x 2E_{\mathrm{im}}\sin k_1z\sin\omega t \tag{8.21a}$$

$$\boldsymbol{H}_1(z,t)=\mathrm{Re}[\boldsymbol{H}_1(z)\mathrm{e}^{\mathrm{j}\omega t}]=\boldsymbol{e}_y\frac{2E_{\mathrm{im}}}{\eta_1}\cos k_1z\cos\omega t \tag{8.21b}$$

由式（8.21a）和式（8.21b）可知，合成波电场和磁场形成驻波。对于任意时刻 t，当 $\sin k_1z=0$，即 $k_1z=-n\pi$ 或 $z=-n\lambda_1/2$（$n=0,1,2\cdots$）时，电场皆为零（磁场为最大值）；当 $|\sin k_1z|=1$，即 $k_1z=-(2n+1)\pi/2$ 或 $z=-(2n+1)\lambda_1/4$（$n=0,1,2\cdots$）时，电场皆为最大值（磁场为零）。这说明在介质1中，两个传播方向相反的行波合成的结果形成了驻波。在给定的时刻 t，电场和磁场分量都随离开分界面的距离发生正弦变化。但是，电场分量和磁场分量的驻波在时间上有 $\pi/2$ 的相移，在空间位置上错开了 $\lambda/4$，电场的最大（小）值点正好是磁场的最小（大）值点。图8.4（a）和图8.4（b）给出了不同 ωt 值时的 E_{1x} 和 H_{1y} 的驻波图形。

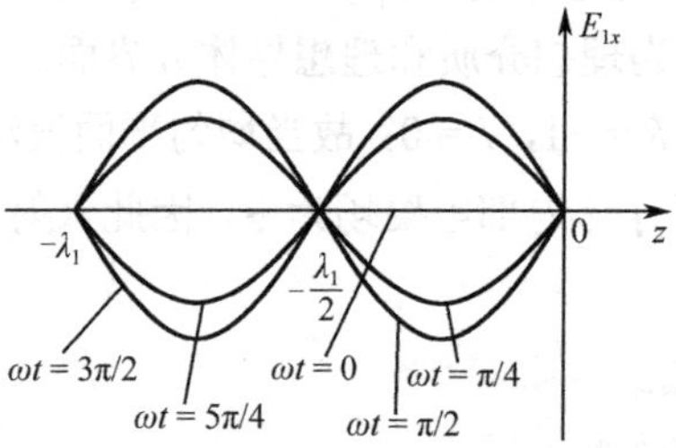

（a）合成波电场驻波分布

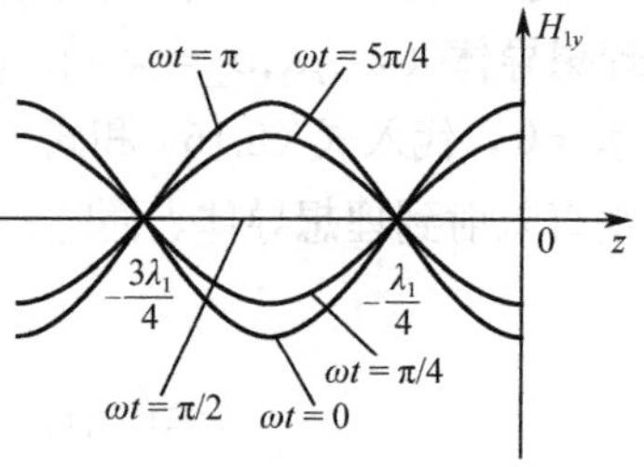

（b）合成波磁场驻波分布

图8.4 对理想导体垂直入射时场的分布

在理想导体边界上，电场为零，磁场达到最大值。为了满足边界条件，在理想导体表面上应有 x 方向的感应电流，即

$$\boldsymbol{J}_S=\boldsymbol{e}_{\mathrm{n}}\times\boldsymbol{H}_1(z)|_{z=0}=(-\boldsymbol{e}_z)\times\boldsymbol{e}_y\left.\frac{2E_{\mathrm{im}}\cos k_1z}{\eta_1}\right|_{z=0}=\boldsymbol{e}_x\frac{2E_{\mathrm{im}}}{\eta_1} \tag{8.22}$$

在介质1的区域，平均坡印廷矢量为

$$\boldsymbol{S}_{\mathrm{av}}=\frac{1}{2}\mathrm{Re}[\boldsymbol{E}_1(z)\times\boldsymbol{H}_1^*(z)]=\frac{1}{2}\mathrm{Re}\left[-\boldsymbol{e}_x\mathrm{j}2E_{\mathrm{im}}\sin k_1z\times\boldsymbol{e}_y\left(\frac{2E_{\mathrm{im}}\cos k_1z}{\eta_1}\right)^*\right]=0 \tag{8.23}$$

可见，驻波不能传输电磁能量，而只存在电场能和磁场能的相互转换。

例8.1 一均匀平面波沿+z 轴方向传播，其电场强度为

$$\boldsymbol{E}_{\mathrm{i}}=\boldsymbol{e}_x 100\sin(\omega t-\beta z)+\boldsymbol{e}_y 200\cos(\omega t-\beta z)\ (\mathrm{V/m})$$

试求：（1）相伴的磁场强度；（2）若在传播方向上 $z=0$ 处，放置一块无限大的理想导体平板，

求区域 $z<0$ 中的电场强度和磁场强度；（3）理想导体平板表面的电流密度。

解：（1）入射波电场强度的复数形式表示为

$$\boldsymbol{E}_{\rm i}=\boldsymbol{e}_x 100{\rm e}^{-{\rm j}\beta z}{\rm e}^{-{\rm j}\frac{\pi}{2}}+\boldsymbol{e}_y 200{\rm e}^{-{\rm j}\beta z}=-\boldsymbol{e}_x {\rm j}100{\rm e}^{-{\rm j}\beta z}+\boldsymbol{e}_y 200{\rm e}^{-{\rm j}\beta z}$$

相应的入射波磁场强度复数形式为

$$\boldsymbol{H}_{\rm i}(z)=\frac{1}{\eta_0}\boldsymbol{e}_z\times\boldsymbol{E}_{\rm i}=\frac{1}{\eta_0}(-\boldsymbol{e}_x 200{\rm e}^{-{\rm j}\beta z}-\boldsymbol{e}_y {\rm j}100{\rm e}^{-{\rm j}\beta z})$$

（2）由于波入射到理想导体表面，反射系数 $R=-1$，折射系数 $T=0$，因此在 $z<0$ 区域中，反射波电场和磁场分量分别为

$$\boldsymbol{E}_{\rm r}(z)=\boldsymbol{e}_x {\rm j}100{\rm e}^{{\rm j}\beta z}-\boldsymbol{e}_y 200{\rm e}^{{\rm j}\beta z}$$

$$\boldsymbol{H}_{\rm r}(z)=\frac{1}{\eta_0}(-\boldsymbol{e}_z\times\boldsymbol{E}_{\rm r})=\frac{1}{\eta_0}(-\boldsymbol{e}_x 200{\rm e}^{{\rm j}\beta z}-\boldsymbol{e}_y {\rm j}100{\rm e}^{{\rm j}\beta z})$$

在 $z<0$ 区域的合成波电场强度和磁场强度分别为

$$\boldsymbol{E}_1=\boldsymbol{E}_{\rm i}+\boldsymbol{E}_{\rm r}=-\boldsymbol{e}_x 200\sin\beta z-\boldsymbol{e}_y {\rm j}400\sin\beta z$$

$$\boldsymbol{H}_1=\boldsymbol{H}_{\rm i}+\boldsymbol{H}_{\rm r}=\frac{1}{\eta_0}(-\boldsymbol{e}_x 400\cos\beta z-\boldsymbol{e}_y {\rm j}200\cos\beta z)$$

（3）理想导体平板表面的电流密度

$$\begin{aligned}\boldsymbol{J}_S&=-\boldsymbol{e}_z\times\boldsymbol{H}_1\big|_{z=0}\\&=-\boldsymbol{e}_x{\rm j}\frac{200}{\eta_0}+\boldsymbol{e}_y\frac{400}{\eta_0}=-\boldsymbol{e}_x{\rm j}0.53+\boldsymbol{e}_y 1.06\end{aligned}$$

8.2.3　对理想介质分界面的垂直入射

若图 8.2 中介质 1 和介质 2 都是理想介质，即 $\sigma_1=\sigma_2=0$，代入式（8.16）和式（8.17）得 $R=\dfrac{\eta_2-\eta_1}{\eta_2+\eta_1}$，$T=\dfrac{2\eta_2}{\eta_2+\eta_1}$。由于 $\eta_1=\sqrt{\mu_1/\varepsilon_1}$，$\eta_2=\sqrt{\mu_2/\varepsilon_2}$，都是正实数，因此反射系数 R 为实数（可正可负），折射系数为正实数。当均匀平面波沿 z 轴传播，垂直入射到理想介质分界面时，入射功率一部分会反射，另一部分会透过分界面进入介质 2 继续传播。

在 $z<0$ 的区域（介质 1），入射波和反射波的合成波电场与磁场分量分别为

$$\begin{aligned}\boldsymbol{E}_1(z)&=\boldsymbol{E}_{\rm i}(z)+\boldsymbol{E}_{\rm r}(z)\\&=\boldsymbol{e}_x E_{\rm im}{\rm e}^{-{\rm j}k_1 z}+\boldsymbol{e}_x R E_{\rm im}{\rm e}^{{\rm j}k_1 z}\\&=\boldsymbol{e}_x E_{\rm im}[(1+R){\rm e}^{-{\rm j}k_1 z}+{\rm j}2R\sin k_1 z]\end{aligned}\tag{8.24a}$$

$$\begin{aligned}\boldsymbol{H}_1(z)&=\boldsymbol{H}_{\rm i}(z)+\boldsymbol{H}_{\rm r}(z)\\&=\boldsymbol{e}_y\frac{1}{\eta_1}E_{\rm im}{\rm e}^{-{\rm j}k_1 z}-\boldsymbol{e}_y\frac{1}{\eta_1}R E_{\rm im}{\rm e}^{{\rm j}k_1 z}\\&=\boldsymbol{e}_y\frac{1}{\eta_1}E_{\rm im}[(1+R){\rm e}^{-{\rm j}k_1 z}-2R\cos k_1 z]\end{aligned}\tag{8.24b}$$

式中，相位常数 $k_1=\omega\sqrt{\mu_1\varepsilon_1}$，波阻抗 $\eta_1=\sqrt{\mu_1/\varepsilon_1}$。

显然，合成波电场/磁场分量由两部分组成，式（8.24）方括号内第一项表示沿+z 轴传播的行波，第二项表示驻波，因此合成波由行波和驻波的叠加而成，称为行驻波。

在 $z>0$ 的区域（介质 2），折射波电场与磁场分量分别为

$$\boldsymbol{E}_2(z)=\boldsymbol{E}_{\rm t}(z)=\boldsymbol{e}_x TE_{\rm im}{\rm e}^{-{\rm j}k_2 z} \tag{8.25a}$$

$$\boldsymbol{H}_2(z)=\boldsymbol{H}_{\rm t}(z)=\boldsymbol{e}_y\frac{1}{\eta_2}TE_{\rm im}{\rm e}^{-{\rm j}k_2 z} \tag{8.25b}$$

式中，相位常数 $k_2=\omega\sqrt{\mu_2\varepsilon_2}$，波阻抗 $\eta_2=\sqrt{\mu_2/\varepsilon_2}$。

由式（8.24a）可得介质 1 中合成波的电场振幅为

$$|\boldsymbol{E}_1(z)|=E_{\rm im}\sqrt{1+R^2+2R\cos(2k_1 z)} \tag{8.26}$$

由上式可知，若 $R>0$，则当 $\cos(2k_1z)=1$ 时，即在 $z=-n\lambda_1/2$（$n=0,1,2\cdots$）处电场达到最大值 $E_{\rm im}(1+|R|)$；当 $\cos(2k_1z)=-1$ 时，即在 $z=-(2n+1)\lambda_1/4$（$n=0,1,2\cdots$）处电场达到最小值 $E_{\rm im}(1-|R|)$。若 $R<0$，则当 $\cos(2k_1z)=1$ 时，即在 $z=-n\lambda_1/2$（$n=0,1,2\cdots$）处电场达到最小值 $E_{\rm im}(1-|R|)$；当 $\cos(2k_1z)=-1$ 时，即在 $z=-(2n+1)\lambda_1/4$（$n=0,1,2\cdots$）处电场达到最大值 $E_{\rm im}(1+|R|)$。

在 $z<0$ 的区域（介质 1）中沿 z 方向传播的平均功率密度为

$$\boldsymbol{S}_{\rm iav}=\boldsymbol{e}_z\boldsymbol{S}_{\rm iav}=\frac{1}{2}{\rm Re}[\boldsymbol{E}_{\rm i}\times\boldsymbol{H}_{\rm i}^*]=\boldsymbol{e}_z\frac{1}{2\eta_1}E_{\rm im}^2 \tag{8.27a}$$

$$\boldsymbol{S}_{\rm rav}=-\boldsymbol{e}_z S_{\rm rav}=\frac{1}{2}{\rm Re}[\boldsymbol{E}_{\rm r}\times\boldsymbol{H}_{\rm r}^*]=-\boldsymbol{e}_z\frac{1}{2\eta_1}R^2E_{\rm im}^2 \tag{8.27b}$$

在 $z>0$ 的区域（介质 2）中沿 z 方向传播的平均功率密度为

$$\boldsymbol{S}_{\rm tav}=\boldsymbol{e}_z S_{\rm tav}=\frac{1}{2}{\rm Re}[\boldsymbol{e}_x E_2\times\boldsymbol{e}_y H_2^*]=\boldsymbol{e}_z\frac{E_{\rm im}^2}{2\eta_2}T^2 \tag{8.28}$$

将式（8.16）和式（8.17）代入下式：

$$1-R^2=1-\left(\frac{\eta_2-\eta_1}{\eta_2+\eta_1}\right)^2=\frac{\eta_1}{\eta_2}T^2 \tag{8.29}$$

结合式（8.27）～式（8.29）得

$$S_{\rm iav}=S_{\rm rav}+S_{\rm tav} \tag{8.30}$$

即入射波的平均功率密度等于反射波和折射波的平均功率之和，符合能量守恒定律。

例 8.2 已知理想介质 1 的 $\varepsilon_{\rm r1}=4$，$\mu_{\rm r1}=1$；理想介质 2 的 $\varepsilon_{\rm r2}=10$，$\mu_{\rm r2}=4$。角频率 $\omega=5\times10^8$rad/s 的均匀平面波从介质 1 垂直入射到分界面上，设入射波是沿 x 方向的线极化波，在 $t=0$，$z=0$ 时，入射波电场的振幅为 2.4V/m。试求：（1）相位常数 k_1 和 k_2；（2）反射系数 R 和折射系数 T；（3）介质 1 中的电场 $\boldsymbol{E}_1(z,t)$ 和介质 2 中的电场 $\boldsymbol{E}_2(z,t)$。

解：（1）介质 1 的相位常数

$$k_1=\omega\sqrt{\mu_1\varepsilon_1}=\omega\sqrt{\mu_0\varepsilon_0}\sqrt{\mu_{\rm r1}\varepsilon_{\rm r1}}=\frac{5\times10^8}{3\times10^8}\times2=3.33\text{（rad/m）}$$

介质 2 的相位常数

$$k_2=\omega\sqrt{\mu_0\varepsilon_0}\sqrt{\mu_{\rm r2}\varepsilon_{\rm r2}}=\frac{5\times10^8}{3\times10^8}\sqrt{10\times4}=10.54\text{（rad/m）}$$

（2）由于 $\eta_1=\sqrt{\dfrac{\mu_1}{\varepsilon_1}}=\eta_0\sqrt{\dfrac{\mu_{\rm r1}}{\varepsilon_{\rm r1}}}=\eta_0\dfrac{1}{2}=60\pi(\Omega)$，$\eta_2=\sqrt{\dfrac{\mu_2}{\varepsilon_2}}=\eta_0\sqrt{\dfrac{\mu_{\rm r2}}{\varepsilon_{\rm r2}}}=\eta_0\sqrt{\dfrac{4}{10}}\approx75.9\pi(\Omega)$

因此，反射系数 $R=\dfrac{\eta_2-\eta_1}{\eta_2+\eta_1}=\dfrac{75.9-60}{60+75.9}=0.117$；折射系数 $T=\dfrac{2\eta_2}{\eta_1+\eta_2}\approx 1.12$。

（3）介质 1 中的电场强度的复数形式为

$$\boldsymbol{E}_1(z)=\boldsymbol{E}_{\mathrm{i}}(z)+\boldsymbol{E}_{\mathrm{r}}(z)=\boldsymbol{e}_x E_{\mathrm{im}}(\mathrm{e}^{-\mathrm{j}k_1 z}+R\mathrm{e}^{\mathrm{j}k_1 z})=\boldsymbol{e}_x 2.4\mathrm{e}^{-\mathrm{j}3.33z}+\boldsymbol{e}_x 0.281\mathrm{e}^{\mathrm{j}3.33z}$$

介质 1 中电场强度的瞬时形式为

$$\boldsymbol{E}_1(z,t)=\mathrm{Re}[\boldsymbol{E}_1(z)\mathrm{e}^{\mathrm{j}\omega t}]=\boldsymbol{e}_x 2.4\cos(5\times10^8 t-3.33z)+\boldsymbol{e}_x 0.281\cos(5\times10^8 t+3.33z)$$

介质 2 中的电场强度的复数形式为

$$\boldsymbol{E}_2(z)=\boldsymbol{e}_x E_{\mathrm{tm}}\mathrm{e}^{-\mathrm{j}k_2 z}=\boldsymbol{e}_x T E_{\mathrm{im}}\mathrm{e}^{-\mathrm{j}k_2 z}=\boldsymbol{e}_x 1.12\times 2.4\mathrm{e}^{-\mathrm{j}10.54z}=\boldsymbol{e}_x 2.68\mathrm{e}^{-\mathrm{j}10.54z}$$

介质 2 中电场强度的瞬时形式为

$$\boldsymbol{E}_2(z,t)=\mathrm{Re}[\boldsymbol{E}_2(z)\mathrm{e}^{\mathrm{j}\omega t}]=\boldsymbol{e}_x 2.68\cos(5\times10^8 t-10.54z)$$

8.3　均匀平面波对理想介质分界面的斜入射

若入射角 $\theta_{\mathrm{i}}>0°$，则称为斜入射。如图 8.5 所示，$z<0$ 和 $z>0$ 的区域分别填充介质 1 和介质 2，$z=0$（即 xOy 平面）为分界面。均匀平面波从介质 1 中以入射角 θ_{i} 斜入射到分界面上。根据斯涅耳反射定律，在介质 1 区域中出现反射角 $\theta_{\mathrm{r}}=\theta_{\mathrm{i}}$ 的反射波，而在介质 2 区域出现折射角为 θ_{t} 的折射波，其中，θ_{t} 满足斯涅耳折射定律。

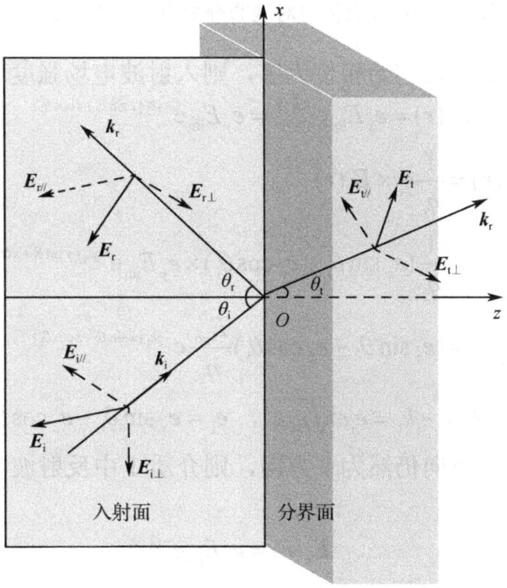

观看动态仿真图

图 8.5　均匀平面波对理想介质分界面的斜入射

入射波、反射波和折射波的波矢量分别为

$$\boldsymbol{k}_{\mathrm{i}}=k_1(\boldsymbol{e}_x\sin\theta_{\mathrm{i}}+\boldsymbol{e}_z\cos\theta_{\mathrm{i}}) \tag{8.31a}$$

$$\boldsymbol{k}_{\mathrm{r}}=k_1(\boldsymbol{e}_x\sin\theta_{\mathrm{r}}-\boldsymbol{e}_z\cos\theta_{\mathrm{r}}) \tag{8.31b}$$

$$\boldsymbol{k}_{\mathrm{t}}=k_2(\boldsymbol{e}_x\sin\theta_{\mathrm{t}}+\boldsymbol{e}_z\cos\theta_{\mathrm{t}}) \tag{8.31c}$$

定义入射波传播方向 $\boldsymbol{k}_{\mathrm{i}}$ 和分界面的法线方向 $\boldsymbol{e}_{\mathrm{n}}$ 所构成的平面为入射面，图 8.5 中 xOz 平面就是入射面。若入射波电场矢量的方向垂直于入射面，则该波为垂直极化波；若入射波电场矢量的方向平行于入射面，则该波为平行极化波。垂直极化波和平行极化波是相互独立的正交模式，故无论入射波是直线极化波、圆极化波还是椭圆极化波，都可以分解为垂直极化波和平行极化波。因此本节将分析垂直极化波的斜入射和平行极化波的斜入射。

8.3.1 垂直极化波的斜入射

垂直极化波即为入射波电场矢量的方向垂直于入射面（xOz 平面），所以入射波电场只有 y 方向的分量，相应的入射波磁场平行于 xOz 平面，且电场、磁场与波传播方向相互正交，如图 8.6 所示。

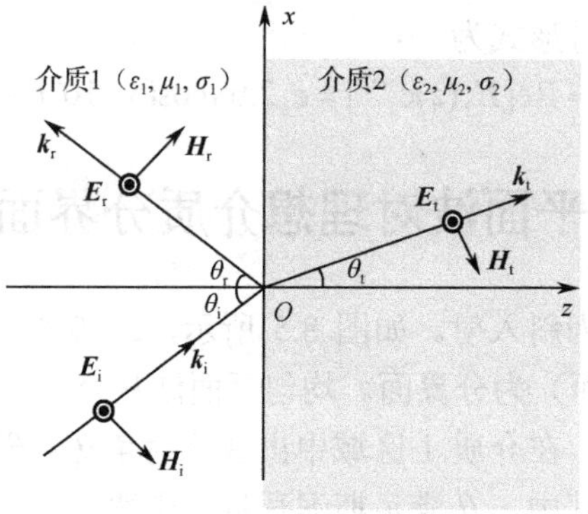

图 8.6 垂直极化波对理想介质分界面的斜入射

不失一般性，设入射波电场初始相位为零，则入射波电场强度和磁场强度分别表示为

$$\boldsymbol{E}_i(\boldsymbol{r}) = \boldsymbol{e}_y E_{im} e^{-jk_i\cdot\boldsymbol{r}} = \boldsymbol{e}_y E_{im} e^{-jk_1(x\sin\theta_i + z\cos\theta_i)} \tag{8.32a}$$

$$\begin{aligned}\boldsymbol{H}_i(\boldsymbol{r}) &= \frac{1}{\eta_1}\boldsymbol{e}_i \times \boldsymbol{E}_i(\boldsymbol{r}) \\ &= \frac{1}{\eta_1}(\boldsymbol{e}_x \sin\theta_i + \boldsymbol{e}_z \cos\theta_i) \times \boldsymbol{e}_y E_{im} e^{-jk_1(x\sin\theta_i + z\cos\theta_i)} \\ &= (\boldsymbol{e}_z \sin\theta_i - \boldsymbol{e}_x \cos\theta_i)\frac{E_{im}}{\eta_1} e^{-jk_1(x\sin\theta_i + z\cos\theta_i)}\end{aligned} \tag{8.32b}$$

式中，$\boldsymbol{r} = \boldsymbol{e}_x x + \boldsymbol{e}_y y + \boldsymbol{e}_z z$，$\boldsymbol{k}_i = \boldsymbol{e}_i k_1 = \boldsymbol{e}_i \omega\sqrt{\mu_1\varepsilon_1}$，$\boldsymbol{e}_i = \boldsymbol{e}_x \sin\theta_i + \boldsymbol{e}_z \cos\theta_i$，$\eta_1 = \sqrt{\mu_1/\varepsilon_1}$。

同理，假设反射波电场方向仍然为 y 方向，则介质 1 中反射波电场强度和磁场强度分别表示为

$$\boldsymbol{E}_r(\boldsymbol{r}) = \boldsymbol{e}_y E_{rm} e^{-j\boldsymbol{k}_r\cdot\boldsymbol{r}} \tag{8.33a}$$

$$\begin{aligned}\boldsymbol{H}_r(\boldsymbol{r}) &= \frac{1}{\eta_1}\boldsymbol{e}_r \times \boldsymbol{E}_r(\boldsymbol{r}) \\ &= \frac{1}{\eta_1}(\boldsymbol{e}_x \sin\theta_r - \boldsymbol{e}_z \cos\theta_r) \times \boldsymbol{e}_y E_{rm} e^{-jk_1(x\sin\theta_r - z\cos\theta_r)} \\ &= (\boldsymbol{e}_z \sin\theta_r + \boldsymbol{e}_x \cos\theta_r)\frac{E_{rm}}{\eta_1} e^{-jk_1(x\sin\theta_r - z\cos\theta_r)}\end{aligned} \tag{8.33b}$$

式中，$\boldsymbol{k}_r = \boldsymbol{e}_r k_1$，$\boldsymbol{e}_r = \boldsymbol{e}_x \sin\theta_r - \boldsymbol{e}_z \cos\theta_r$。

介质 1（$z<0$）区域的场分量为入射波和反射波的合成波，因此此区域中的场分量为

$$\begin{aligned}\boldsymbol{E}_1(\boldsymbol{r})&=\boldsymbol{E}_{\mathrm{i}}(\boldsymbol{r})+\boldsymbol{E}_{\mathrm{r}}(\boldsymbol{r})\\&=\boldsymbol{e}_y[E_{\mathrm{im}}\mathrm{e}^{-\mathrm{j}k_1(x\sin\theta_{\mathrm{i}}+z\cos\theta_{\mathrm{i}})}+E_{\mathrm{rm}}\mathrm{e}^{-\mathrm{j}k_1(x\sin\theta_{\mathrm{r}}-z\cos\theta_{\mathrm{r}})}]\end{aligned}\tag{8.34a}$$

$$\begin{aligned}\boldsymbol{H}_1(\boldsymbol{r})&=\boldsymbol{H}_{\mathrm{i}}(\boldsymbol{r})+\boldsymbol{H}_{\mathrm{r}}(\boldsymbol{r})\\&=(\boldsymbol{e}_z\sin\theta_{\mathrm{i}}-\boldsymbol{e}_x\cos\theta_{\mathrm{i}})\frac{E_{\mathrm{im}}}{\eta_1}\mathrm{e}^{-\mathrm{j}k_1(x\sin\theta_{\mathrm{i}}+z\cos\theta_{\mathrm{i}})}\\&\quad+(\boldsymbol{e}_z\sin\theta_{\mathrm{r}}+\boldsymbol{e}_x\cos\theta_{\mathrm{r}})\frac{E_{\mathrm{rm}}}{\eta_1}\mathrm{e}^{-\mathrm{j}k_1(x\sin\theta_{\mathrm{r}}-z\cos\theta_{\mathrm{r}})}\end{aligned}\tag{8.34b}$$

介质 2（$z>0$）区域存在折射波，因此区域中的折射波电场强度分量和磁场强度分量分别表示为

$$\boldsymbol{E}_2(\boldsymbol{r})=\boldsymbol{E}_{\mathrm{t}}(\boldsymbol{r})=\boldsymbol{e}_yE_{\mathrm{tm}}\mathrm{e}^{-\mathrm{j}\boldsymbol{k}_{\mathrm{t}}\cdot\boldsymbol{r}}=\boldsymbol{e}_yE_{\mathrm{tm}}\mathrm{e}^{-\mathrm{j}k_2(x\sin\theta_{\mathrm{t}}+z\cos\theta_{\mathrm{t}})}\tag{8.35a}$$

$$\begin{aligned}\boldsymbol{H}_2(\boldsymbol{r})&=\boldsymbol{H}_{\mathrm{t}}(\boldsymbol{r})=\frac{1}{\eta_2}\boldsymbol{e}_{\mathrm{t}}\times\boldsymbol{E}_{\mathrm{t}}(\boldsymbol{r})\\&=\frac{1}{\eta_2}(\boldsymbol{e}_x\sin\theta_{\mathrm{t}}+\boldsymbol{e}_z\cos\theta_{\mathrm{t}})\times\boldsymbol{e}_yE_{\mathrm{tm}}\mathrm{e}^{-\mathrm{j}\boldsymbol{k}_{\mathrm{t}}\cdot\boldsymbol{r}}\\&=(\boldsymbol{e}_z\sin\theta_{\mathrm{t}}-\boldsymbol{e}_x\cos\theta_{\mathrm{t}})\frac{E_{\mathrm{tm}}}{\eta_2}\mathrm{e}^{-\mathrm{j}k_2(x\sin\theta_{\mathrm{t}}+z\cos\theta_{\mathrm{t}})}\end{aligned}\tag{8.35b}$$

式中，$\boldsymbol{k}_{\mathrm{t}}=\boldsymbol{e}_{\mathrm{t}}k_2=\boldsymbol{e}_{\mathrm{t}}\omega\sqrt{\mu_2\varepsilon_2}$，$\boldsymbol{e}_{\mathrm{t}}=\boldsymbol{e}_x\sin\theta_{\mathrm{t}}+\boldsymbol{e}_z\cos\theta_{\mathrm{t}}$，$\eta_2=\sqrt{\mu_2/\varepsilon_2}$。

在分界面上（$z=0$ 处）电场切线方向分量连续，有 $\boldsymbol{e}_z\times\boldsymbol{E}_2(\boldsymbol{r})\big|_{z=0}=\boldsymbol{e}_z\times\boldsymbol{E}_2(\boldsymbol{r})\big|_{z=0}$，即

$$E_{\mathrm{im}}\mathrm{e}^{-\mathrm{j}k_1\sin\theta_{\mathrm{i}}}+E_{\mathrm{rm}}\mathrm{e}^{-\mathrm{j}k_1\sin\theta_{\mathrm{r}}}=E_{\mathrm{tm}}\mathrm{e}^{-\mathrm{j}k_2\sin\theta_{\mathrm{t}}}\tag{8.36a}$$

磁场切线方向分量连续，有 $\boldsymbol{e}_z\times\boldsymbol{H}_1(\boldsymbol{r})\big|_{z=0}=\boldsymbol{e}_z\times\boldsymbol{H}_2(\boldsymbol{r})\big|_{z=0}$，即

$$\frac{\cos\theta_{\mathrm{i}}}{\eta_1}E_{\mathrm{im}}\mathrm{e}^{-\mathrm{j}k_1\sin\theta_{\mathrm{i}}}-\frac{\cos\theta_{\mathrm{r}}}{\eta_1}E_{\mathrm{rm}}\mathrm{e}^{-\mathrm{j}k_1\sin\theta_{\mathrm{r}}}=\frac{\cos\theta_{\mathrm{t}}}{\eta_2}E_{\mathrm{tm}}\mathrm{e}^{-\mathrm{j}k_2\sin\theta_{\mathrm{t}}}\tag{8.36b}$$

联立式（8.16）、式（8.17）、式（8.36a）和式（8.36b），可得垂直极化波的反射系数 $R_\perp$ 和折射系数 $T_\perp$ 为

$$R_\perp=\frac{E_{\mathrm{rm}}}{E_{\mathrm{im}}}=\frac{\eta_2\cos\theta_{\mathrm{i}}-\eta_1\cos\theta_{\mathrm{t}}}{\eta_2\cos\theta_{\mathrm{i}}+\eta_1\cos\theta_{\mathrm{t}}}\tag{8.37a}$$

$$T_\perp=\frac{E_{\mathrm{tm}}}{E_{\mathrm{im}}}=\frac{2\eta_2\cos\theta_{\mathrm{i}}}{\eta_2\cos\theta_{\mathrm{i}}+\eta_1\cos\theta_{\mathrm{t}}}\tag{8.37b}$$

上式满足 $1+R_\perp=T_\perp$。

8.3.2 平行极化波的斜入射

平行极化波即为入射波电场矢量的方向平行于入射面（即 xOz 平面），所以入射波磁场有 y 方向的分量，相应的入射波电场平行于 xOz 平面，且电场、磁场、波传播方向相互正交，如图 8.7 所示。

不失一般性，设入射波电场初始相位为零，则入射波电场强度和磁场强度分别表示为

$$\boldsymbol{E}_{\mathrm{i}}(\boldsymbol{r})=\boldsymbol{E}_{\mathrm{im}}\mathrm{e}^{-\mathrm{j}\boldsymbol{k}_{\mathrm{i}}\cdot\boldsymbol{r}}=(-\boldsymbol{e}_z\sin\theta_{\mathrm{i}}+\boldsymbol{e}_x\cos\theta_{\mathrm{i}})E_{\mathrm{im}}\mathrm{e}^{-\mathrm{j}k_1(x\sin\theta_{\mathrm{i}}+z\cos\theta_{\mathrm{i}})}\tag{8.38a}$$

$$\boldsymbol{H}_{\mathrm{i}}(\boldsymbol{r})=\frac{1}{\eta_1}\boldsymbol{e}_{\mathrm{i}}\times\boldsymbol{E}_{\mathrm{i}}=\boldsymbol{e}_y\frac{E_{\mathrm{im}}}{\eta_1}\mathrm{e}^{-\mathrm{j}k_1(x\sin\theta_{\mathrm{i}}+z\cos\theta_{\mathrm{i}})}\tag{8.38b}$$

式中，$\boldsymbol{r}=\boldsymbol{e}_x x+\boldsymbol{e}_y y+\boldsymbol{e}_z z$，$\boldsymbol{k}_{\mathrm{i}}=\boldsymbol{e}_{\mathrm{i}}k_1=\boldsymbol{e}_{\mathrm{i}}\omega\sqrt{\mu_1\varepsilon_1}$，$\boldsymbol{e}_{\mathrm{i}}=\boldsymbol{e}_x\sin\theta_{\mathrm{i}}+\boldsymbol{e}_z\cos\theta_{\mathrm{i}}$，$\eta_1=\sqrt{\mu_1/\varepsilon_1}$。

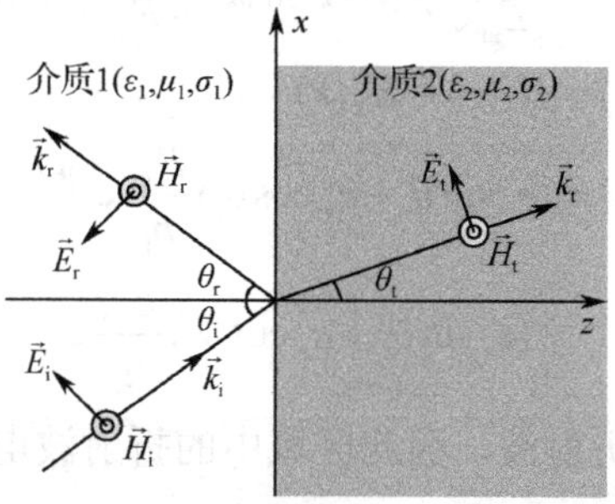

图 8.7　平行极化波对理想介质分界面的斜入射

同理，假设反射波磁场方向仍然为 y 方向，则介质 1 中反射波电场强度和磁场强度分别表示为

$$\begin{aligned}\boldsymbol{E}_{\mathrm{r}}(\boldsymbol{r})&=\boldsymbol{E}_{\mathrm{rm}}\mathrm{e}^{-\mathrm{j}\boldsymbol{k}_{\mathrm{i}}\cdot\boldsymbol{r}}\\&=(-\boldsymbol{e}_z\sin\theta_{\mathrm{r}}-\boldsymbol{e}_x\cos\theta_{\mathrm{r}})E_{\mathrm{rm}}\mathrm{e}^{-\mathrm{j}k_1(x\sin\theta_{\mathrm{r}}-z\cos\theta_{\mathrm{r}})}\end{aligned}\tag{8.39a}$$

$$\boldsymbol{H}_{\mathrm{r}}(\boldsymbol{r})=\frac{1}{\eta_1}\boldsymbol{e}_{\mathrm{r}}\times\boldsymbol{E}_{\mathrm{r}}=\boldsymbol{e}_y\frac{E_{\mathrm{rm}}}{\eta_1}\mathrm{e}^{-\mathrm{j}k_1(x\sin\theta_{\mathrm{r}}-z\cos\theta_{\mathrm{r}})}\tag{8.39b}$$

式中，$\boldsymbol{k}_{\mathrm{r}}=\boldsymbol{e}_{\mathrm{r}}k_1$，$\boldsymbol{e}_{\mathrm{r}}=\boldsymbol{e}_x\sin\theta_{\mathrm{r}}-\boldsymbol{e}_z\cos\theta_{\mathrm{r}}$。

介质 1（$z<0$）区域的场分量为入射波和反射波的合成波，因此该区域中的场分量为

$$\begin{aligned}\boldsymbol{E}_1(\boldsymbol{r})&=\boldsymbol{E}_{\mathrm{i}}(\boldsymbol{r})+\boldsymbol{E}_{\mathrm{r}}(\boldsymbol{r})\\&=(-\boldsymbol{e}_z\sin\theta_{\mathrm{i}}+\boldsymbol{e}_x\cos\theta_{\mathrm{i}})E_{\mathrm{im}}\mathrm{e}^{-\mathrm{j}k_1(x\sin\theta_{\mathrm{i}}+z\cos\theta_{\mathrm{i}})}\\&\quad+(-\boldsymbol{e}_z\sin\theta_{\mathrm{r}}-\boldsymbol{e}_x\cos\theta_{\mathrm{r}})E_{\mathrm{rm}}\mathrm{e}^{-\mathrm{j}k_1(x\sin\theta_{\mathrm{r}}-z\cos\theta_{\mathrm{r}})}\end{aligned}\tag{8.40a}$$

$$\begin{aligned}\boldsymbol{H}_1(r)&=\boldsymbol{H}_{\mathrm{i}}(r)+\boldsymbol{H}_{\mathrm{r}}(r)\\&=\boldsymbol{e}_y\frac{1}{\eta_1}[E_{\mathrm{im}}\mathrm{e}^{-\mathrm{j}k_1(x\sin\theta_{\mathrm{i}}+z\cos\theta_{\mathrm{i}})}+E_{\mathrm{rm}}\mathrm{e}^{-\mathrm{j}k_1(x\sin\theta_{\mathrm{r}}-z\cos\theta_{\mathrm{r}})}]\end{aligned}\tag{8.40b}$$

介质 2（$z>0$）区域存在折射波，因此该区域中的折射波电场强度分量和磁场强度分量分别表示为

$$\begin{aligned}\boldsymbol{E}_2(\boldsymbol{r})&=\boldsymbol{E}_{\mathrm{t}}(\boldsymbol{r})=\boldsymbol{E}_{\mathrm{tm}}\mathrm{e}^{-\mathrm{j}\boldsymbol{k}_{\mathrm{t}}\cdot\boldsymbol{r}}\\&=(-\boldsymbol{e}_z\sin\theta_{\mathrm{t}}+\boldsymbol{e}_x\cos\theta_{\mathrm{t}})E_{\mathrm{tm}}\mathrm{e}^{-\mathrm{j}k_2(x\sin\theta_{\mathrm{t}}+z\cos\theta_{\mathrm{t}})}\end{aligned}\tag{8.41a}$$

$$\boldsymbol{H}_2(\boldsymbol{r})=\boldsymbol{H}_{\mathrm{t}}(\boldsymbol{r})=\frac{1}{\eta_2}\boldsymbol{e}_{\mathrm{t}}\times\boldsymbol{E}(\boldsymbol{r})=\boldsymbol{e}_y\frac{E_{\mathrm{tm}}}{\eta_2}\mathrm{e}^{-\mathrm{j}k_2(x\sin\theta_{\mathrm{t}}+z\cos\theta_{\mathrm{t}})}\tag{8.41b}$$

式中，$\boldsymbol{k}_{\mathrm{t}}=\boldsymbol{e}_{\mathrm{t}}k_2=\boldsymbol{e}_{\mathrm{t}}w\sqrt{\mu_2\varepsilon_2}$，$\boldsymbol{e}_{\mathrm{t}}=\boldsymbol{e}_x\sin\theta_{\mathrm{t}}+\boldsymbol{e}_z\cos\theta_t$，$\eta_2=\sqrt{\mu_2/\varepsilon_2}$。

同理，在分界面上（$z=0$ 处）电场和切线磁场方向分量连续，有

$$\cos\theta_{\mathrm{i}}E_{\mathrm{im}}\mathrm{e}^{-\mathrm{j}k_1\sin\theta_{\mathrm{i}}}-\cos\theta_{\mathrm{r}}E_{\mathrm{rm}}\mathrm{e}^{-\mathrm{j}k_1\sin\theta_{\mathrm{r}}}=\cos\theta_{\mathrm{t}}E_{\mathrm{tm}}\mathrm{e}^{-\mathrm{j}k_2\sin\theta_{\mathrm{t}}}\tag{8.42a}$$

$$\frac{E_{\mathrm{im}}}{\eta_1}\mathrm{e}^{-\mathrm{j}k_1\sin\theta_{\mathrm{i}}}+\frac{E_{\mathrm{rm}}}{\eta_1}\mathrm{e}^{-\mathrm{j}k_1\sin\theta_{\mathrm{r}}}=\frac{E_{\mathrm{tm}}}{\eta_2}\mathrm{e}^{-\mathrm{j}k_2\sin\theta_{\mathrm{t}}}\tag{8.42b}$$

联立式（8.16）、式（8.17）、式（8.42a）和式（8.42b），可得平行极化波的反射系数 $R_{//}$ 和折射系数 $T_{//}$ 为

$$R_{//}=\frac{E_{\rm rm}}{E_{\rm im}}=\frac{\eta_1\cos\theta_{\rm i}-\eta_2\cos\theta_{\rm t}}{\eta_1\cos\theta_{\rm i}+\eta_2\cos\theta_{\rm t}} \tag{8.43a}$$

$$T_{//}=\frac{E_{\rm tm}}{E_{\rm im}}=\frac{2\eta_2\cos\theta_{\rm i}}{\eta_1\cos\theta_{\rm i}+\eta_2\cos\theta_{\rm t}} \tag{8.43b}$$

例 8.3　已知一均匀平面波从 $z<0$ 区域的介质 1（$\varepsilon_{\rm r1}=4$，$\mu_{\rm r1}=1$）入射到 $z>0$ 区域的介质 2（$\varepsilon_{\rm r2}=16$，$\mu_{\rm r2}=1$）中，其电场强度为 $\boldsymbol{E}_{\rm i}=(\boldsymbol{e}_x+2\boldsymbol{e}_y-\sqrt{3}\boldsymbol{e}_z){\rm e}^{-{\rm j}5(\sqrt{3}x+z)}$，如图 8.8 所示。试求：（1）入射角、反射角和折射角；（2）反射波传播矢量和折射波传播矢量；（3）反射波电场和折射波电场。

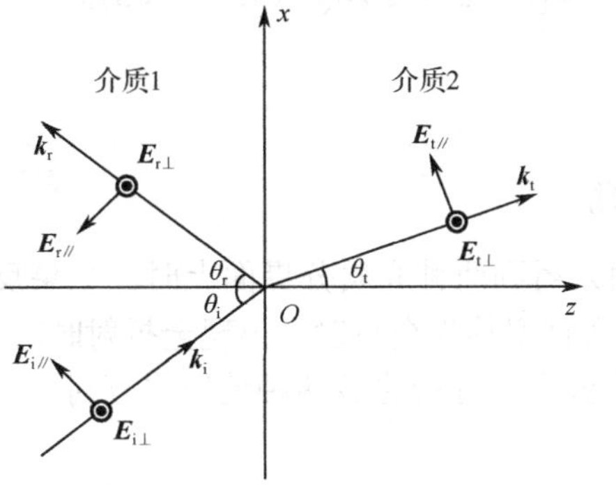

图 8.8　均匀平面波传播

解：（1）由电场强度表达式可知，$\boldsymbol{k}_{\rm i}\cdot\boldsymbol{r}=5(\sqrt{3}x+z)$，所以入射角为

$$\theta_{\rm i}=\arctan(5\sqrt{3}/5)=60^\circ$$

根据反射定律和折射定律可得反射角和折射角分别为

$$\theta_{\rm r}=60^\circ,\quad \theta_{\rm t}=\arcsin\left(\sqrt{\frac{\varepsilon_1}{\varepsilon_2}}\sin\theta_{\rm i}\right)=\arcsin\left(\frac{\sqrt{3}}{4}\right)\approx 25.7^\circ$$

（2）反射波传播矢量：$\boldsymbol{k}_{\rm r}=k_1(\boldsymbol{e}_x\sin\theta_{\rm r}-\boldsymbol{e}_z\cos\theta_{\rm r})=\boldsymbol{e}_x5\sqrt{3}-\boldsymbol{e}_z5$。式中，$k_1=\omega\sqrt{\mu_1\varepsilon_1}=\sqrt{(5\sqrt{3})^2+5^2}=10$。

折射波传播矢量：$\boldsymbol{k}_{\rm t}=k_2(\boldsymbol{e}_x\sin\theta_{\rm t}+\boldsymbol{e}_z\cos\theta_{\rm t})=\boldsymbol{e}_x5\sqrt{3}+\boldsymbol{e}_z5\sqrt{13}$。式中，$k_2=\omega\sqrt{\mu_2\varepsilon_2}=20$。

（3）均匀平面波以 60° 入射角斜入射到介质 2，可将入射波电场分解为垂直极化波和平行极化波之和，如图 8.8 所示，即

$$\boldsymbol{E}_{\rm i}=\boldsymbol{E}_{\rm i\perp}+\boldsymbol{E}_{\rm i//}$$

式中，$\boldsymbol{E}_{\rm i\perp}=2\boldsymbol{e}_y{\rm e}^{-{\rm j}5(\sqrt{3}x+z)}$，$\boldsymbol{E}_{\rm i//}=(\boldsymbol{e}_x-\sqrt{3}\boldsymbol{e}_z){\rm e}^{-{\rm j}5(\sqrt{3}x+z)}$。

垂直极化波的反射系数和折射系数分别为

$$R_\perp=\frac{\eta_2\cos\theta_{\rm i}-\eta_1\cos\theta_{\rm t}}{\eta_2\cos\theta_{\rm i}+\eta_1\cos\theta_{\rm t}}\approx -0.57,\quad T_\perp=1+R_\perp\approx 0.43$$

因此，$\boldsymbol{E}_{\rm i\perp}$ 的反射波和折射波分别为

$$\boldsymbol{E}_{\rm r\perp}=\boldsymbol{e}_yR_\perp E_{\rm im\perp}{\rm e}^{-{\rm j}\boldsymbol{k}_{\rm r}\cdot\boldsymbol{r}}=-\boldsymbol{e}_y1.14{\rm e}^{-{\rm j}5(\sqrt{3}x-z)}$$

$$\boldsymbol{E}_{\rm t\perp}=\boldsymbol{e}_yT_\perp E_{\rm im\perp}{\rm e}^{-{\rm j}\boldsymbol{k}_{\rm t}\cdot\boldsymbol{r}}=\boldsymbol{e}_y0.86{\rm e}^{-{\rm j}5(\sqrt{3}x+\sqrt{13}z)}$$

平行极化波的反射系数和折射系数分别为

$$R_{//}=\frac{\eta_1\cos\theta_i-\eta_2\cos\theta_t}{\eta_1\cos\theta_i+\eta_2\cos\theta_t}\approx 0.05,\quad T_{//}=\frac{2\eta_2\cos\theta_i}{\eta_1\cos\theta_i+\eta_2\cos\theta_t}\approx 0.52$$

因此，$\boldsymbol{E}_{i//}$ 的反射波和折射波分别为

$$\boldsymbol{E}_{r//}=(-\boldsymbol{e}_x\cos\theta_r-\boldsymbol{e}_z\sin\theta_r)R_{//}E_{im//}e^{-jk_1(x\sin\theta_r-z\cos\theta_r)}=-0.05(\boldsymbol{e}_x+\boldsymbol{e}_z\sqrt{3})e^{-j5(\sqrt{3}x-z)}$$

$$\boldsymbol{E}_{t//}=(-\boldsymbol{e}_z\sin\theta_t+\boldsymbol{e}_x\cos\theta_t)T_{//}E_{im//}e^{-jk_2(x\sin\theta_t+z\cos\theta_t)}=0.26(\boldsymbol{e}_x\sqrt{13}-\boldsymbol{e}_z\sqrt{3})e^{-j5(\sqrt{3}x+\sqrt{13}z)}$$

于是可得总的反射波和折射波电场分量分别为

$$\boldsymbol{E}_r=\boldsymbol{E}_{r\perp}+\boldsymbol{E}_{r//}=[-\boldsymbol{e}_y1.14-0.05(\boldsymbol{e}_x+\boldsymbol{e}_z\sqrt{3})]e^{-j5(\sqrt{3}x-z)}\ \ (\text{V/m})$$

$$\boldsymbol{E}_t=\boldsymbol{E}_{t\perp}+\boldsymbol{E}_{t//}=[\boldsymbol{e}_y0.86+0.26(\boldsymbol{e}_x\sqrt{13}-\boldsymbol{e}_z\sqrt{3})]e^{-j5(\sqrt{3}x+\sqrt{13}z)}\ \ (\text{V/m})$$

8.3.3 全反射、全折射

1. 全折射与布儒斯特角

当电磁波以某一入射角入射到两种介质分界面上时，如果反射系数为 0，则全部电磁能量都进入到第二种介质，这种情况称为全折射。出现全折射时对应的入射角就是布儒斯特角，用 θ_B 表示。下面对垂直极化波和平行极化波两种情况进行讨论。

1）垂直极化波的情况

对于一般的非磁性介质，$\mu_1=\mu_2=\mu_0$，由于 $\dfrac{\eta_1}{\eta_2}=\sqrt{\dfrac{\varepsilon_2}{\varepsilon_1}}$，$\sin\theta_t=\sqrt{\dfrac{\varepsilon_1}{\varepsilon_2}}\sin\theta_i$，因此垂直极化波的反射系数式（8.37a）可简化为

$$R_\perp=\frac{\cos\theta_i-\sqrt{\varepsilon_2/\varepsilon_1-\sin^2\theta_i}}{\cos\theta_i+\sqrt{\varepsilon_2/\varepsilon_1-\sin^2\theta_i}} \tag{8.44}$$

要使垂直极化波发生全折射，即 $R_\perp=0$ 的条件是

$$\cos\theta_i-\sqrt{\varepsilon_2/\varepsilon_1-\sin^2\theta_i}=0 \tag{8.45}$$

上式成立需要 $\varepsilon_1=\varepsilon_2$，即为同一介质，没有界面存在，$\theta_i$ 为任意角时都不会使电磁波的传播性质有所改变，所以对于垂直极化波不可能出现全折射的情况。

2）平行极化波的情况

对于一般的非磁性介质，$\mu_1=\mu_2=\mu_0$，平行极化波的反射系数式（8.43a）可简化为

$$R_{//}=\frac{(\varepsilon_2/\varepsilon_1)\cos\theta_i-\sqrt{(\varepsilon_2/\varepsilon_1)-\sin^2\theta_i}}{(\varepsilon_2/\varepsilon_1)\cos\theta_i+\sqrt{(\varepsilon_2/\varepsilon_1)-\sin^2\theta_i}} \tag{8.46}$$

要使平行极化波发生全折射，即 $R_{//}=0$ 的条件是

$$(\varepsilon_2/\varepsilon_1)\cos\theta_i-\sqrt{(\varepsilon_2/\varepsilon_1)-\sin^2\theta_i}=0$$

上式整理可得

$$\tan\theta_i=\sqrt{\varepsilon_2/\varepsilon_1} \tag{8.47}$$

因此，布儒斯特角为

$$\theta_B=\theta_i=\arctan(\sqrt{\varepsilon_2/\varepsilon_1}) \tag{8.48}$$

发生全折射时，折射角与入射角的关系为

$$\sin\theta_t = \sqrt{\frac{\varepsilon_1}{\varepsilon_2}}\sin\theta_B = \cos\theta_B \tag{8.49}$$

因此，有

$$\theta_t + \theta_B = \frac{\pi}{2} \tag{8.50}$$

一个极化在任意方向的均匀平面波，当它以布儒斯特角入射到两种介质的分界面上时，其平行分量发生全折射，结果使得反射波成为一个垂直极化波。光学上从圆极化光中获得“偏振光”的起偏器就正是利用了这一原理。

2. 全反射与临界角

当电磁波入射到两种介质分界面上时，如果反射系数$|R|=1$，则投射到分界面上的电磁波将全部反射回第一种介质中，这种情况称为全反射。产生全反射的条件可以通过对折射角的分析来确定。根据斯涅耳折射定理，有

$$\sin\theta_t = \sqrt{\frac{\mu_1\varepsilon_1}{\mu_2\varepsilon_2}}\sin\theta_i \tag{8.51}$$

当$\varepsilon_1\mu_1 > \varepsilon_2\mu_2$，即电磁波从光密介质入射到光疏介质时，入射角$\theta_i$若大于一定的数值，将出现$\sin\theta_t > 1$的情况，此时，在实数域内不存在确定的折射角，我们说此时发生了全反射。发生全反射的最小入射角是满足$\sin\theta_t = 1$时的角，称为临界角，记为θ_c。令式（8.51）等于 1，即可得

$$\sin\theta_c = \sqrt{\frac{\mu_2\varepsilon_2}{\mu_1\varepsilon_1}} \tag{8.52}$$

对于一般非磁性介质，因为$\mu_1 = \mu_2 = \mu_0$，所以

$$\theta_c = \arcsin\sqrt{\frac{\varepsilon_2}{\varepsilon_1}} \tag{8.53}$$

当$\theta_i \geqslant \theta_c$时，$\sin\theta_i \geqslant \sqrt{\varepsilon_2/\varepsilon_1}$，由式（8.44）、式（8.46）可得$|R_\perp| = |R_{//}| = 1$。显然，不论是平行极化波还是垂直极化波，只要入射角大于等于临界角就会出现全反射现象。

例 8.4　一圆极化波以入射角$\theta_i = \pi/3$从介质 1（参数为$\mu=\mu_0$，$\varepsilon = 4\varepsilon_0$）斜入射至空气。试求临界角。

解：临界角为

$$\theta_c = \arcsin\left(\sqrt{\frac{\varepsilon_2}{\varepsilon_1}}\right) = \arcsin\left(\sqrt{\frac{\varepsilon_0}{4\varepsilon_0}}\right) = \frac{\pi}{6}$$

可见入射角$\theta_i = \pi/3$大于临界角$\theta_c = \pi/6$，此时发生全反射。

8.4　均匀平面波对导电介质分界面的斜入射

若$z<0$区域填充理想介质，而$z>0$区域填充导电介质，均匀平面波从理想介质以入射角θ_i斜入射到分界面上。由于介质分界面两侧电场强度的切向分量连续，故反射定律、折射定律以及 8.3 节中的反射系数和折射系数仍然适用于导电介质分界面的情况。

介质 2（导电介质）中介电常数和波阻抗均为复数，即

$$\tilde{\varepsilon}_2 = \varepsilon_2 - \mathrm{j}\frac{\sigma_2}{\omega}，\quad \tilde{\eta}_2 = \sqrt{\mu_2 / \tilde{\varepsilon}_2}$$

则式（8.37）和式（8.43）改写成

$$R_{\perp} = \frac{\tilde{\eta}_2 \cos\theta_{\mathrm{i}} - \eta_1 \cos\theta_{\mathrm{t}}}{\tilde{\eta}_2 \cos\theta_{\mathrm{i}} + \eta_1 \cos\theta_{\mathrm{t}}} \tag{8.54a}$$

$$T_{\perp} = \frac{2\tilde{\eta}_2 \cos\theta_{\mathrm{i}}}{\tilde{\eta}_2 \cos\theta_{\mathrm{i}} + \eta_1 \cos\theta_{\mathrm{t}}} \tag{8.54b}$$

$$R_{//} = \frac{\eta_1 \cos\theta_{\mathrm{i}} - \tilde{\eta}_2 \cos\theta_{\mathrm{t}}}{\eta_1 \cos\theta_{\mathrm{i}} + \tilde{\eta}_2 \cos\theta_{\mathrm{t}}} \tag{8.54c}$$

$$T_{//} = \frac{2\tilde{\eta}_2 \cos\theta_{\mathrm{i}}}{\eta_1 \cos\theta_{\mathrm{i}} + \tilde{\eta}_2 \cos\theta_{\mathrm{t}}} \tag{8.54d}$$

式中，$R_{\perp}$、$T_{\perp}$ 和 $R_{//}$、$T_{//}$ 分别表示为垂直极化波和平行极化波在导电介质分界面的反射系数和折射系数。

若介质 2 为理想导体，则 $\tilde{\eta}_2 \to 0$，代入式（8.54）得 $R_{\perp} = R_{//} = -1$，$T_{\perp} = T_{//} = 0$。

若介质 2 为良导体，则 $|\tilde{\varepsilon}_2| \gg \varepsilon_1$，对于非磁性介质，由折射定律可得

$$\sin\theta_{\mathrm{t}} = \frac{\sqrt{\varepsilon_1}}{\sqrt{|\tilde{\varepsilon}_2|}} \sin\theta_{\mathrm{i}} \approx 0$$

因此，折射角 $\theta_{\mathrm{t}} \approx 0$，即均匀平面波以任意角度入射到良导体表面时，其折射波都是沿着垂直于分界面的方向透射到良导体内部。同时，若介质 2 为良导体，则 $\eta_1 \gg |\tilde{\eta}_2|$，所以 $R_{\perp} \approx -1$，$R_{//} \approx -1$。可见，无论垂直极化波还是平行极化波入射到良导体表面，几乎都发生全反射。

下面具体讨论垂直极化波和平行极化波对理想导体分界面斜入射时的情况。

1. 垂直极化波情况

若垂直极化波斜入射到理想导体表面，由于 $\tilde{\eta}_2 \to 0$，代入式（8.54a）和式（8.54b）可得 $R_{\perp} = -1$，$T_{\perp} = 0$，入射波分量全部被反射。

介质 1（$z < 0$）区域的场分量为入射波和反射波的合成波，由式（8.34a）和式（8.34b）可得，此区域中的场分量为

$$\boldsymbol{E}_1(\boldsymbol{r}) = -\boldsymbol{e}_y \mathrm{j}2E_{\mathrm{im}} \sin(k_1 z \cos\theta_{\mathrm{i}}) \mathrm{e}^{-\mathrm{j}k_1 x \sin\theta_{\mathrm{i}}} \tag{8.55a}$$

$$\begin{aligned}\boldsymbol{H}_1(\boldsymbol{r}) = &-\boldsymbol{e}_z \frac{\mathrm{j}2E_{\mathrm{im}} \sin\theta_{\mathrm{i}}}{\eta_1} \sin(k_1 z \cos\theta_{\mathrm{i}}) \mathrm{e}^{-\mathrm{j}k_1 x \sin\theta_{\mathrm{i}}} \\ &-\boldsymbol{e}_x \frac{2E_{\mathrm{im}} \cos\theta_{\mathrm{i}}}{\eta_1} \cos(k_1 z \cos\theta_{\mathrm{i}}) \mathrm{e}^{-\mathrm{j}k_1 x \sin\theta_{\mathrm{i}}}\end{aligned} \tag{8.55b}$$

介质 1 区域中合成波具有如下特点：

① 合成波是沿 x 方向的行波，其振幅沿 z 方向呈驻波分布，是非均匀平面波；

② 合成波电场垂直于传播方向，而磁场存在 x 分量，这种波称为横电波，即 TE 波；

③ 在 $z = -n\lambda_1 / (2\cos\theta_{\mathrm{i}})$ 处，合成波电场 $E_1 = 0$，如果在此处放置一块无限大的理想导电平面，则不会破坏原来的场分布，这就意味着在两块相互平行的无限大理想导电平面之间可以传播 TE 波。

2. 平行极化波情况

平行极化波斜入射到理想导体表面，由于 $\tilde{\eta}_2 \to 0$，代入式（8.54c）和式（8.54d）可得 $R_{//}=-1$，$T_{//}=0$，入射波分量全部被反射。

介质 1（$z<0$）区域的场分量为入射波和反射波的合成波，由式（8.40a）和式（8.40b）可得，此区域中的场分量为

$$\boldsymbol{E}_1(\boldsymbol{r}) = -\boldsymbol{e}_x \mathrm{j}2E_{\mathrm{im}}\cos\theta_{\mathrm{i}}\sin(k_1 z\cos\theta_{\mathrm{i}})\mathrm{e}^{-\mathrm{j}k_1 x\sin\theta_{\mathrm{i}}} - \boldsymbol{e}_z 2E_{\mathrm{im}}\sin\theta_{\mathrm{i}}\cos(k_1 z\cos\theta_{\mathrm{i}})\mathrm{e}^{-\mathrm{j}k_1 x\sin\theta_{\mathrm{i}}} \tag{8.56a}$$

$$\boldsymbol{H}_1(\boldsymbol{r}) = \boldsymbol{e}_y \frac{2E_{\mathrm{im}}}{\eta_1}\cos(k_1 z\cos\theta_{\mathrm{i}})\mathrm{e}^{-\mathrm{j}k_1 x\sin\theta_{\mathrm{i}}} \tag{8.56b}$$

介质 1 区域中合成波具有如下特点：

① 合成波是沿 x 方向的行波，其振幅沿 z 方向呈驻波分布，是非均匀平面波；

② 合成波磁场垂直于传播方向，而电场存在 x 分量，这种波称为横磁波，即 TM 波；

③ 在 $z=-n\lambda_1/(2\cos\theta_{\mathrm{i}})$ 处，合成波电场的 $E_{1x}=0$，如果在此处放置一块无限大的理想导电平面，则不会破坏原来的场分布，这就意味着在两块相互平行的无限大理想导电平面之间可以传播 TM 波。

8.5　反射波的相位变化

电磁波入射到两种不同介质分界面上时，反射波分量会出现相位的变化，其与入射角和介质特性（如折射率）等有关。本节从斯涅耳反射定律出发，讨论电场强度反射波相位的变化。

针对非磁性介质，结合几何光学中的折射定律［式（8.10）］，将垂直极化波反射系数［式（8.37a）］和平行极化波反射系数［式（8.43a）］整理为

$$R_{\perp} = \frac{E_{\mathrm{rm}}}{E_{\mathrm{im}}} = \frac{\cos\theta_{\mathrm{i}} - \sqrt{\varepsilon_2/\varepsilon_1}\cos\theta_{\mathrm{t}}}{\cos\theta_{\mathrm{i}} + \sqrt{\varepsilon_2/\varepsilon_1}\cos\theta_{\mathrm{t}}} = \frac{n_1\cos\theta_{\mathrm{i}} - n_2\cos\theta_{\mathrm{t}}}{n_1\cos\theta_{\mathrm{i}} + n_2\cos\theta_{\mathrm{t}}} \tag{8.57a}$$

$$R_{//} = \frac{E_{\mathrm{rm}}}{E_{\mathrm{im}}} = \frac{\sqrt{\varepsilon_2/\varepsilon_1}\cos\theta_{\mathrm{i}} - \cos\theta_{\mathrm{t}}}{\sqrt{\varepsilon_2/\varepsilon_1}\cos\theta_{\mathrm{i}} + \cos\theta_{\mathrm{t}}} = \frac{n_2\cos\theta_{\mathrm{i}} - n_1\cos\theta_{\mathrm{t}}}{n_2\cos\theta_{\mathrm{i}} + n_1\cos\theta_{\mathrm{t}}} \tag{8.57b}$$

当 $\theta_{\mathrm{i}},\theta_{\mathrm{t}} \neq 0$ 时，式（8.57a）和式（8.57b）可改写成

$$R_{\perp} = \frac{E_{\mathrm{rm}}}{E_{\mathrm{im}}} = \frac{\cos\theta_{\mathrm{i}} - \dfrac{\sin\theta_{\mathrm{i}}}{\sin\theta_{\mathrm{t}}}\cos\theta_{\mathrm{t}}}{\cos\theta_{\mathrm{i}} + \dfrac{\sin\theta_{\mathrm{i}}}{\sin\theta_{\mathrm{t}}}\cos\theta_{\mathrm{t}}} = -\frac{\sin(\theta_{\mathrm{i}}-\theta_{\mathrm{t}})}{\sin(\theta_{\mathrm{i}}+\theta_{\mathrm{t}})} \tag{8.58a}$$

$$R_{//} = \frac{E_{\mathrm{rm}}}{E_{\mathrm{im}}} = \frac{\dfrac{\sin\theta_{\mathrm{i}}}{\sin\theta_{\mathrm{t}}}\cos\theta_{\mathrm{i}} - \cos\theta_{\mathrm{t}}}{\dfrac{\sin\theta_{\mathrm{i}}}{\sin\theta_{\mathrm{t}}}\cos\theta_{\mathrm{i}} + \cos\theta_{\mathrm{t}}} = \frac{\tan(\theta_{\mathrm{i}}-\theta_{\mathrm{t}})}{\tan(\theta_{\mathrm{i}}+\theta_{\mathrm{t}})} \tag{8.58b}$$

1. 垂直入射时反射波相位变化

电磁波垂直入射时，波会垂直反射和垂直透射，即 $\theta_{\mathrm{i}}=\theta_{\mathrm{t}}=0$，代入式（8.57a）和

式（8.57b）得

$$R_{\perp}=\frac{n_1-n_2}{n_1+n_2}，\quad R_{//}=\frac{n_2-n_1}{n_2+n_1}$$

当$n_1<n_2$时，$R_{\perp}<0$，$R_{//}>0$，即垂直极化波反射分量的相位变化为$180°$，而平行极化波反射分量无相位变化。反之，当$n_1>n_2$时，$R_{\perp}>0$，$R_{//}<0$，即垂直极化波反射分量无相位变化，而平行极化波反射分量的相位变化为$180°$。

2．斜入射到光密介质时反射波相位变化

当电磁波由光疏介质斜入射到光密介质（$n_1<n_2$）时，入射角一定大于折射角，即$\theta_i>\theta_t$，所以$\theta_i-\theta_t>0$，$\theta_i+\theta_t<\pi$。在此情况下，式（8.58a）和式（8.58b）简化为

$$R_{\perp}=-\frac{\sin(\theta_i-\theta_t)}{\sin(\theta_i+\theta_t)}<0 \tag{8.59a}$$

$$R_{//}=\frac{\tan(\theta_i-\theta_t)}{\tan(\theta_i+\theta_t)}>0 \quad （\theta_i<\theta_B\text{时，}\theta_i+\theta_t<\frac{\pi}{2}） \tag{8.59b}$$

$$R_{//}=\frac{\tan(\theta_i-\theta_t)}{\tan(\theta_i+\theta_t)}<0 \quad （\theta_i>\theta_B\text{时，}\theta_i+\theta_t>\frac{\pi}{2}） \tag{8.59c}$$

由此可见，垂直极化波反射分量的相位变化为$180°$。对于平行极化波，当$\theta_i<\theta_B$时，其反射波分量与入射波分量方向相同，无相位变化；当$\theta_i>\theta_B$时，其反射波分量与入射波分量方向相反，相位变化$180°$。

3．斜入射到光疏介质时反射波相位变化

同理，当电磁波由光密介质斜入射到光疏介质（$n_1>n_2$）时，入射角一定小于折射角，即$\theta_i<\theta_t$。由于发生全反射的临界角$\theta_c=\arcsin\sqrt{\varepsilon_2/\varepsilon_1}=\arcsin(n_2/n_1)$，布儒斯特角为$\theta_B=\arctan(\sqrt{\varepsilon_2/\varepsilon_1})=\arctan(n_2/n_1)$，显然，$\theta_B<\theta_c$。在此情况下，式（8.58a）和式（8.58b）可简化为

$$R_{\perp}=-\frac{\sin(\theta_i-\theta_t)}{\sin(\theta_i+\theta_t)}>0 \quad （\theta_i<\theta_c） \tag{8.60a}$$

$$R_{//}=\frac{\tan(\theta_i-\theta_t)}{\tan(\theta_i+\theta_t)}<0 \quad （\theta_i<\theta_B\text{时，}\theta_i+\theta_t<\frac{\pi}{2}） \tag{8.60b}$$

$$R_{//}=\frac{\tan(\theta_i-\theta_t)}{\tan(\theta_i+\theta_t)}>0 \quad （\theta_B<\theta_i<\theta_c\text{时，}\theta_i+\theta_t>\frac{\pi}{2}） \tag{8.60c}$$

由此可见，当$\theta_i<\theta_c$时，垂直极化波反射分量无相位变化。对于平行极化波，当$\theta_i<\theta_B$时，由于$\theta_i+\theta_t<\frac{\pi}{2}$且$\theta_i<\theta_t$，因此其反射波分量与入射波分量方向相反，相位变化$180°$；当$\theta_B<\theta_i<\theta_c$时，由于$\theta_i+\theta_t>\frac{\pi}{2}$且$\theta_i<\theta_t$，因此其反射波分量与入射波分量方向相同，无相位变化。

8.6 各向异性介质中的平面电磁波

在本书的所有分析中，所考虑的介质都是各向同性的，即在介质的任意一点上沿各个方

向的性质都是一样的，外加电磁场的取向并不影响介质的性质。同时又假设折射率为实数，也就是说，介质是“无损耗的”。此外，还认为介质是均匀的，即它们没有缺损或杂质，结构上处处完全一致。然而，实际的介质并不是均匀的，不均匀处就像一些小的分界那样，在介质中会产生反射。固体材料中的空穴就是这样的例子。假设空穴处为真空，那么当波穿过空穴时，其折射率的值将先从介质中的值减小到真空中的值，然后又很快变回为前者。正如前面所讨论的那样，空穴除了会引起折射率变化，还会使波产生反射。所以，介质如果是很透明的，那么它一定要尽可能地均匀。成粒子状的气体和液体就是透明的，当然在第 7 章中所讨论的那些能吸收波谱的特殊介质除外。在电磁波谱的可见光范围内，这些介质由于会吸收特定频率的波段，因而会呈现一定的颜色，否则它们就是透明的。

对于实际的介质来说，不均匀性只是问题的一个方面。另一个更重要的问题是，介质的性质往往可能会与外加电场或磁场的取向有关。我们将这种电磁特性与外加电磁场方向有关的介质称为各向异性介质，也就是说，这种介质的介电常数ε、磁导率μ或电导率σ与外部电场或磁场的取向有着密切的关系。尽管实际情况中可能只是上述三个参数中的某一个参数与外部电场或磁场有关，但它毕竟从整体上来说，已对各向同性介质所衍生出来的理论和分析方法产生了影响。

描述各向异性介质的参量将不再是标量，而是张量，但麦克斯韦方程组的形式不变。等离子体和铁氧体在恒定外磁场的作用下都具有各向异性的特征，对电磁波的传播有很大影响。当平面波在磁化等离子体中传播时，会出现双折射效应和法拉第旋转效应。前者是指，一个线极化波入射到这种介质时，折射波会分解为两个传播方向不同的波。后者是指，线极化波在该介质中沿外加磁场$\boldsymbol{B}_0$方向纵向传播时，其极化面会以$\boldsymbol{B}_0$为轴发生旋转；而当横向传播时，波将会分为独立的两种波：寻常波和非寻常波。当一个线极化波入射到饱和磁化铁氧体这样的介质中时，折射波会分解为两个波数不同的波。当纵向传播时，它同样具有法拉第旋转效应，且不可逆。当横向传播时，一个波为寻常波，另一个波为非寻常波。对于这些问题，本书将不展开讨论。

本章小结

1．波在边界上被反射或折射时，其频率不会发生变化。

2．入射波、反射波和折射波均在同一平面上传播，这个平面就是入射平面。

3．入射角θ_i等于反射角θ_r，称为斯涅耳反射定律，也称为几何光学的反射定律。

4．折射角与入射角之间的关系$k_1\sin\theta_\mathrm{i}=k_2\sin\theta_\mathrm{t}$，称为斯涅耳折射定律。

5．均匀平面波对导电介质的垂直入射，其反射系数和折射系数分别为

$$R=\frac{E_\mathrm{rm}}{E_\mathrm{im}}=\frac{\tilde{\eta}_2-\tilde{\eta}_1}{\tilde{\eta}_2+\tilde{\eta}_1},\qquad T=\frac{E_\mathrm{tm}}{E_\mathrm{im}}=\frac{2\tilde{\eta}_2}{\tilde{\eta}_2+\tilde{\eta}_1}$$

6．对理想导体表面的垂直入射，有$R=-1$，$T=0$。

7．对理想介质分界面的垂直入射，即$\sigma_1=\sigma_2=0$，有$R=\dfrac{\eta_2-\eta_1}{\eta_2+\eta_1}$，$T=\dfrac{2\eta_2}{\eta_2+\eta_1}$。

8．均匀平面波以入射角θ_i斜入射到理想介质分界面时，入射波、反射波和折射波的波矢量分别为

$$\boldsymbol{k}_\mathrm{i}=k_1(\boldsymbol{e}_x\sin\theta_\mathrm{i}+\boldsymbol{e}_z\cos\theta_\mathrm{i})$$

$$\boldsymbol{k}_{\mathrm{r}} = k_1(\boldsymbol{e}_x \sin\theta_{\mathrm{r}} - \boldsymbol{e}_z \cos\theta_{\mathrm{r}})$$
$$\boldsymbol{k}_{\mathrm{t}} = k_2(\boldsymbol{e}_x \sin\theta_{\mathrm{t}} + \boldsymbol{e}_z \cos\theta_{\mathrm{t}})$$

9．垂直极化波的反射系数 $R_{\perp} = \dfrac{E_{\mathrm{rm}}}{E_{\mathrm{im}}} = \dfrac{\eta_2\cos\theta_{\mathrm{i}} - \eta_1\cos\theta_{\mathrm{t}}}{\eta_2\cos\theta_{\mathrm{i}} + \eta_1\cos\theta_{\mathrm{t}}}$。

垂直极化波的折射系数 $T_{\perp} = \dfrac{E_{\mathrm{tm}}}{E_{\mathrm{im}}} = \dfrac{2\eta_2\cos\theta_{\mathrm{i}}}{\eta_2\cos\theta_{\mathrm{i}} + \eta_1\cos\theta_{\mathrm{t}}}$。

平行极化波的反射系数 $R_{//} = \dfrac{E_{\mathrm{rm}}}{E_{\mathrm{im}}} = \dfrac{\eta_1\cos\theta_{\mathrm{i}} - \eta_2\cos\theta_{\mathrm{t}}}{\eta_1\cos\theta_{\mathrm{i}} + \eta_2\cos\theta_{\mathrm{t}}}$。

平行极化波的折射系数 $T_{//} = \dfrac{E_{\mathrm{tm}}}{E_{\mathrm{im}}} = \dfrac{2\eta_2\cos\theta_{\mathrm{i}}}{\eta_1\cos\theta_{\mathrm{i}} + \eta_2\cos\theta_{\mathrm{t}}}$。

10．当入射波的角度为布儒斯特角 $\theta_{\mathrm{B}} = \theta_{\mathrm{i}} = \arctan(\sqrt{\varepsilon_2/\varepsilon_1})$ 时，有 $\theta_{\mathrm{t}} + \theta_{\mathrm{B}} = \dfrac{\pi}{2}$，这时反射会发生完全极化，反射波中电场只有垂直极化波分量。

11．只要入射角大于等于临界角 $\theta_{\mathrm{c}} = \arcsin\sqrt{\varepsilon_2/\varepsilon_1}$，就会出现全反射现象。

12．均匀平面波对理想导体分界面斜入射时，$R_{\perp} = R_{//} = -1$，$T_{\perp} = T_{//} = 0$。

13．垂直入射时反射波相位变化：当 $n_1 < n_2$ 时，$R_{\perp} < 0$，$R_{//} > 0$；当 $n_1 > n_2$ 时，$R_{\perp} > 0$，$R_{//} < 0$。

14．斜入射到光密介质时反射波相位变化：垂直极化波反射分量的相位变化为 $180°$。对于平行极化波，当 $\theta_{\mathrm{i}} < \theta_{\mathrm{B}}$ 时，其反射波分量与入射波分量方向相同，无相位变化；当 $\theta_{\mathrm{i}} > \theta_{\mathrm{B}}$ 时，其反射波分量与入射波分量方向相反，相位变化 $180°$。

15．斜入射到光疏介质时反射波相位变化：当 $\theta_{\mathrm{i}} < \theta_{\mathrm{c}}$ 时，垂直极化波反射分量无相位变化。对于平行极化波，当 $\theta_{\mathrm{i}} < \theta_{\mathrm{B}}$ 时，由于 $\theta_{\mathrm{i}} + \theta_{\mathrm{t}} < \dfrac{\pi}{2}$ 且 $\theta_{\mathrm{i}} < \theta_{\mathrm{t}}$，因此其反射波分量与入射波分量方向相反，相位变化 $180°$；当 $\theta_{\mathrm{B}} < \theta_{\mathrm{i}} < \theta_{\mathrm{c}}$ 时，由于 $\theta_{\mathrm{i}} + \theta_{\mathrm{t}} > \dfrac{\pi}{2}$ 且 $\theta_{\mathrm{i}} < \theta_{\mathrm{t}}$，因此其反射波分量与入射波分量方向相同，无相位变化。

习题 8

8.1　均匀平面波 $\boldsymbol{E}_{\mathrm{i}}(z,t) = \boldsymbol{e}_x E_x\cos(\omega t - kz) + \boldsymbol{e}_y E_y\cos(\omega t - kz)$ 由空气入射到位于 $z=0$ 处的理想导体表面。试求：（1）入射波的磁场强度复数形式；（2）反射波的电场强度复数形式和磁场强度复数形式；（3）$z \leqslant 0$ 区域中电场和磁场的波节点和波腹点位置。

8.2　均匀平面波由空气入射到位于 $z=0$ 处的理想导体表面，已知入射波电场的表达式为 $\boldsymbol{E}_{\mathrm{i}}(z,t) = \boldsymbol{e}_x 50\cos(\omega t - \beta z)$（V/m），试写出：（1）入射波磁场的表达式；（2）反射波电场的表达式；（3）合成波电场的表达式。

8.3　均匀平面波 $\boldsymbol{E} = E_0(\boldsymbol{e}_x - \mathrm{j}\boldsymbol{e}_y)\mathrm{e}^{-\mathrm{j}\beta z}$ 由空气入射到位于 $z=0$ 处的理想导体表面。试求：（1）反射波和合成波电场的表达式；（2）判断入射波和反射波的极化方式；（3）计算理想导体表面的电流密度。

8.4　平面波由空气垂直入射到某理想介质（$\mu_{\mathrm{r}} = 1$）表面，若要求反射系数和折射系数的大小相等。试求：（1）ε_r；（2）若入射波的 $S_{av}^{+}=1\text{mW}\cdot\text{m}^{-2}$，求反射波和折射波的 S_{av}^{-} 和 S_{av}^{T}。

8.5　一均匀平面波从自由空间垂直入射到某介质平面时，在自由空间形成驻波，设驻波比为 2.7，介质平面上有驻波最小点，求介质的介电常数。

8.6　一均匀平面波从理想介质 1（ε_1,μ_0）垂直入射到理想介质 2（ε_2,μ_0）的分界面上。试求：（1）当入射波能量的 36%被反射时，两种介质的相对介电常数之比；（2）当入射波能量的 84%被折射时，两种介质的相对介电常数之比。

8.7　设频率为 300MHz 的均匀平面波从空气中沿 $+z$ 轴垂直入射到理想介质表面，已知介质的相对磁导率 $\mu_r=1$，入射电场强度大小为 6mV/m，电场极化方向为 y 方向，其反射系数 $|R|=0.5$ 且在两种介质分界面处形成电场波节点。试求：（1）理想介质的相对介电常数；（2）反射波电场和磁场的复数形式；（3）折射波电场和磁场的复数形式；（4）空气中均匀平面波的平均坡印廷矢量。

8.8　某均匀平面波由空气斜入射到理想导体表面（$z=0$）。已知入射波电场的表达式 $\boldsymbol{E}_i=\boldsymbol{e}_y E_0 e^{-j\pi(3x-4z)}$。试求：（1）工作频率；（2）入射角；（3）反射波和合成波电场的表达式。

8.9　一均匀平面波从空气斜入射到位于 $z=0$ 处的某理想介质（$\varepsilon_r=2.25$，$\mu_r=1$，$\sigma=0$）表面，如果入射波电场的表达式为 $\boldsymbol{E}=\boldsymbol{e}_x 50\cos(3\times10^8 t-0.766z+0.643y)$（V/m）。试求：（1）入射角；（2）反射波和折射波的相速度；（3）反射波和折射波的电场强度表达式；（4）入射波、反射波和折射波的平均功率密度。

8.10　水底下光源射出来的垂直极化电磁波，以 $\theta_i=20°$ 的入射角入射到水与空气的分界面，水的 $\varepsilon_r=81$，$\mu_r=1$。试求：（1）临界角 θ_c；（2）反射系数 $R_\perp$；（3）折射系数 $T_\perp$。

8.11　垂直极化的平面电磁波，由介质（$\varepsilon_r=2.56$，$\mu_r=1$，$\sigma=0$）斜入射到空气中，试问：（1）波能否发生全反射现象，为什么？（2）波能否发生全折射现象，为什么？（3）当波从空气中斜入射到介质中，重答（1）和（2）。

8.12　介质 1 为理想介质，$\varepsilon_1=2\varepsilon_0$，$\mu_r=\mu_0$，$\sigma_1=0$；介质 2 为空气。平面电磁波由介质 1 向分界面斜入射，入射波电场与入射面平行。

（1）当入射角 $\theta_i=45°$ 时，试求：①全反射的临界角 θ_c；②介质 2（空气）中折射波的折射角 θ_t；③反射系数 $R_{//}$；④折射系数 $T_{//}$。

（2）当入射角 $\theta_i=60°$ 时，试问：①是否满足无反射条件？布儒斯特角 θ_B 是多少？②入射波在入射方向的相速度 v_p 是多少？③入射波在 x 方向的相速度 v_{px} 是多少？④入射波在 y 方向的相速度 v_{py} 是多少？⑤在介质 2 中，波以什么速度传播以及沿什么方向传播？⑥在介质 2 中，波的平均功率流密度 $\boldsymbol{S}_{av}$ 是多少？

8.13　设一圆极化波由空气斜入射到 $\varepsilon_r=3.78$ 的平面介质上，入射角 $\theta_i=60°$。求折射角、反射系数和折射系数。

8.14　一左旋圆极化均匀平面波由介质 1 斜入射到介质 2 中。设 $\mu_1=\mu_2$，试分析：（1）$\varepsilon_1>\varepsilon_2$ 时反射波的极化情况；（2）$\varepsilon_1<\varepsilon_2$ 时反射波的极化情况；（3）当 $\varepsilon_2=4\varepsilon_1$ 时，若使反射波为线极化波，则入射角为多大？$\left[R_{//}=\dfrac{\tan(\theta_i-\theta_t)}{\tan(\theta_i+\theta_t)},\ R_\perp=-\dfrac{\sin(\theta_i-\theta_t)}{\sin(\theta_i+\theta_t)}。\right]$

8.15　试证明：当入射角 θ_i 大于临界角 θ_c 时，必有反射系数等于 1。

8.16　平行极化的平面电磁波，由 $\varepsilon_r=2.56$，$\mu_r=1$ 和 $\sigma=0$ 的介质入射到空气中，试分

析：（1）波能否全部折射入空气中，若能，其条件是什么？（2）波能否全部反射回介质中，若能，其条件是什么？（3）当波从空气中斜入射到介质中时，重答（1）和（2）。

8.17 均匀平面波从介质（$\varepsilon_r=4$，$\mu_r=1$）入射到与空气构成的分界面上。试求：（1）如发生全反射，其入射角应该多大？（2）若入射波是圆极化波，且只希望反射波是单一的线极化波，则入射角应为多大？

8.18 均匀平面波从空气斜入射到某介质参数为$\mu_r=1$，$\varepsilon_r=2.5$的介质平板上。试求：（1）使电磁波的电场平行于入射面时不产生反射的入射角；（2）若电磁波从该介质入射到空气，则在介质与空气分界面处电磁波产生全反射时的临界角为多大？

8.19 一均匀平面波从某介质内斜入射到介质与空气的分界面。试求：（1）当介质分别为水（$\varepsilon_r=81$）、玻璃（$\varepsilon_r=9$）、聚苯乙烯（$\varepsilon_r=1.56$）时的临界角；（2）若入射角使波恰好掠过分界面，波在空气中的衰减常数；（3）若入射角等于布儒斯特角（$\theta_i=\theta_B$），则波全部透射入空气，此时上述三种介质的θ_B。

8.20 频率$f=300\text{MHz}$的均匀平面波，从$\mu_r=1$，$\varepsilon_r=4$的介质中入射到与空气的分界面上。试求：（1）波在两种介质中的波长；（2）临界角θ_c；（3）若该平面波是圆极化波，要得到反射波为单一线极化波，应以什么角度入射？

第 9 章　导行电磁波

前面研究了电磁波在无界空间与介质中的传播，还研究了电磁波在两种不同介质分界面处的反射与折射，本章将更为深入地讨论电磁波在导波系统中的传播问题。

用来将电磁能量从一处传输到另一处（如在电视接收机中从天线传输到高频头）的装置称为导波系统或传输线。导波系统一般是一个封闭的电磁系统，它可以导引电磁波在其中传播，把被导引的电磁波称为导行电磁波，简称导行波。传输线的种类繁多，一般按其上传播的导行电磁波的特征可分为三种类型：（1）TEM 波传输线，如双导线、同轴线、微带线等；（2）波导传输线（简称波导），如矩形波导、圆柱形波导等；（3）表面波传输线，如介质波导等。波导与介质波导是非 TEM 波传输线。

平行双导线是最简单的 TEM 波传输线，电磁波在沿该传输线传输时没有纵向（轴向）电磁场分量。但随着工作频率的升高，其辐射损耗急剧增加，故双导线仅用于米波和分米波的低频段。同轴线没有电磁辐射，工作频带很宽。微带线可采用印制电路制作技术，在微波集成电路中得到了广泛应用。波导是用金属管制作的传输线，电磁波在管内传播，损耗很小，主要用于 3～30GHz 的频率范围。介质波导主要用于毫米波到光波波段，光纤就属于介质波导。

传输线的分析方法有基于场的分析方法和基于路的分析方法两种。基于场的分析方法是指从麦克斯韦方程组出发，求解满足边界条件的波动方程，再求出传输线中的电场和磁场，进而分析传输线的传输特性，对矩形波导的分析通常就是采用这种方法。基于路的分析方法是指在一定条件下，把电磁场问题转化为电路的问题来处理，求出传输线上的电压、电流，进而分析传输线的传输特性，对 TEM 波传输线的分析一般可采用这种方法。

本章将重点讨论结构简单且非常重要的平行双导线、矩形波导和圆柱形波导。在讨论平行传输线时，若无特别说明，均默认为均匀传输线。均匀传输线是指横截面形状不变、尺寸不变、制造材料不变、填充材料不变的无限长直传输线。

9.1　电磁波在均匀导波装置中传播的一般特性

9.1.1　电磁波在均匀导波装置中的传播

电磁波沿传输线传输的问题是一类典型而简单的电磁场边值问题，它可以分为两个问题来研究。一个问题是研究电磁场的横向分布特性，即研究与传输线轴线垂直的传输线横截面上的场分布；另一个问题是研究电磁波沿传输线轴线的纵向传播特性。根据这些分析，可以了解在各种导波装置中电磁波的传播特性，并由此对波导提出合理的设计方法，以尽可能提高电磁波的传输效率。

为此把电磁波沿均匀波导装置传播分为纵向场分量与横向场分量来研究。为了讨论方便，采用正交坐标系(x,y,z)，其中x和y为导波装置横截面上的坐标，z 为纵向坐标。场强的纵向分量用$\boldsymbol{E}_z(x,y,z)$和$\boldsymbol{H}_z(x,y,z)$表示，场强的横向分量用$\boldsymbol{E}_t(x,y,z)$和$\boldsymbol{H}_t(x,y,z)$表示，于是

场强矢量可表示为

$$\boldsymbol{E}(x,y,z)=\boldsymbol{E}_{\mathrm{t}}(x,y,z)+\boldsymbol{E}_z(x,y,z)=\boldsymbol{E}_{\mathrm{t}}+\boldsymbol{E}_z \tag{9.1}$$

$$\boldsymbol{H}(x,y,z)=\boldsymbol{H}_{\mathrm{t}}(x,y,z)+\boldsymbol{H}_z(x,y,z)=\boldsymbol{H}_{\mathrm{t}}+\boldsymbol{H}_z \tag{9.2}$$

另外，将哈密顿算子分解为与横截面坐标有关的分量∇_{t}和与纵坐标有关的分量∇_z，即

$$\nabla=\nabla_{\mathrm{t}}+\nabla_z \tag{9.3}$$

下面从麦克斯韦方程组和波动方程出发，求解在均匀波导装置中场分量之间的关系，为了简单起见，假设波导装置中充满的介质是无耗的。

设电磁波沿+z方向传播，对于角频率为ω的正弦电磁波，它满足无源区域的时谐麦克斯韦方程组

$$\nabla\times\boldsymbol{H}=\mathrm{j}\omega\varepsilon\boldsymbol{E} \tag{9.4}$$

$$\nabla\times\boldsymbol{E}=-\mathrm{j}\omega\mu\boldsymbol{H} \tag{9.5}$$

$$\nabla\cdot\boldsymbol{H}=0 \tag{9.6}$$

$$\nabla\cdot\boldsymbol{E}=0 \tag{9.7}$$

利用式（9.1）～式（9.3），由上述方程组得

$$\nabla_{\mathrm{t}}\times\boldsymbol{H}_{\mathrm{t}}=\mathrm{j}\omega\varepsilon\boldsymbol{E}_z \tag{9.8}$$

$$\nabla_{\mathrm{t}}\times\boldsymbol{H}_z+\boldsymbol{e}_z\times\frac{\partial\boldsymbol{H}_{\mathrm{t}}}{\partial z}=\mathrm{j}\omega\varepsilon\boldsymbol{E}_{\mathrm{t}} \tag{9.9}$$

$$\nabla_{\mathrm{t}}\times\boldsymbol{E}_{\mathrm{t}}=-\mathrm{j}\omega\mu\boldsymbol{H}_z \tag{9.10}$$

$$\nabla_{\mathrm{t}}\times\boldsymbol{E}_z+\boldsymbol{e}_z\times\frac{\partial\boldsymbol{E}_{\mathrm{t}}}{\partial z}=-\mathrm{j}\omega\mu\boldsymbol{H}_{\mathrm{t}} \tag{9.11}$$

整理得

$$\left(k^2+\frac{\partial^2}{\partial z^2}\right)\boldsymbol{E}_{\mathrm{t}}=\frac{\partial}{\partial z}\nabla_{\mathrm{t}}E_z+\mathrm{j}\omega\mu\boldsymbol{e}_z\times\nabla_{\mathrm{t}}H_z \tag{9.12}$$

$$\left(k^2+\frac{\partial^2}{\partial z^2}\right)\boldsymbol{H}_{\mathrm{t}}=\frac{\partial}{\partial z}\nabla_{\mathrm{t}}H_z-\mathrm{j}\omega\varepsilon\boldsymbol{e}_z\times\nabla_{\mathrm{t}}E_z \tag{9.13}$$

式中，$k=\omega\sqrt{\mu\varepsilon}$为电磁波在无限大理想均匀介质中的传播系数。

对于正弦电磁波，波动方程（亥姆霍兹方程）为

$$\nabla^2\boldsymbol{E}+k^2\boldsymbol{E}=0 \tag{9.14}$$

$$\nabla^2\boldsymbol{H}+k^2\boldsymbol{H}=0 \tag{9.15}$$

对于电场和磁场的横向分量和纵向分量，波动方程变为

$$\nabla^2\boldsymbol{E}_{\mathrm{t}}+k^2\boldsymbol{E}_{\mathrm{t}}=0 \tag{9.16}$$

$$\nabla^2\boldsymbol{E}_z+k^2\boldsymbol{E}_z=0 \tag{9.17}$$

$$\nabla^2\boldsymbol{H}_{\mathrm{t}}+k^2\boldsymbol{H}_{\mathrm{t}}=0 \tag{9.18}$$

$$\nabla^2\boldsymbol{H}_z+k^2\boldsymbol{H}_z=0 \tag{9.19}$$

由分离变量法可知，式（9.16）～式（9.19）中E_z和H_z的解可表示为$f(x,y)\mathrm{e}^{-\Gamma z}$（传播系数$\Gamma=\alpha+\mathrm{j}\beta$）的形式，由式（9.12）和式（9.13）可将横向场分量与纵向场分量间的关系表示成

$$\boldsymbol{E}_{\mathrm{t}}=\frac{1}{k^2+\Gamma^2}(-\Gamma\nabla_{\mathrm{t}}E_z+\mathrm{j}\omega\mu\boldsymbol{e}_z\times\nabla_{\mathrm{t}}H_z) \tag{9.20}$$

$$\boldsymbol{H}_{\mathrm{t}} = \frac{1}{k^2+\Gamma^2}(-\Gamma\nabla_{\mathrm{t}}H_z - \mathrm{j}\omega\varepsilon\boldsymbol{e}_z\times\nabla_{\mathrm{t}}E_z) \tag{9.21}$$

并且

$$\nabla_{\mathrm{t}}^2\boldsymbol{E}_{\mathrm{t}} + (k^2+\Gamma^2)\boldsymbol{E}_{\mathrm{t}} = 0 \tag{9.22}$$

$$\nabla_{\mathrm{t}}^2\boldsymbol{H}_{\mathrm{t}} + (k^2+\Gamma^2)\boldsymbol{H}_{\mathrm{t}} = 0 \tag{9.23}$$

将算子 ∇^2 分解为与横截面坐标有关的分量 ∇_{t}^2 和与纵坐标有关的分量 $\partial^2/\partial z^2$，即

$$\nabla^2 = \nabla_{\mathrm{t}}^2 + \frac{\partial^2}{\partial z^2}$$

根据第 1 章的知识可知，在正交坐标系中

$$\nabla_{\mathrm{t}} = \boldsymbol{e}_x\frac{\partial}{\partial x} + \boldsymbol{e}_y\frac{\partial}{\partial y}$$

将其代入式（9.20）和式（9.21），可得正交坐标系中横向场分量的表达式为

$$E_x = \frac{-\Gamma}{k^2+\Gamma^2}\frac{\partial E_z}{\partial x} - \frac{\mathrm{j}\omega\mu}{k^2+\Gamma^2}\frac{\partial H_z}{\partial y} \tag{9.24}$$

$$E_y = \frac{-\Gamma}{k^2+\Gamma^2}\frac{\partial E_z}{\partial y} + \frac{\mathrm{j}\omega\mu}{k^2+\Gamma^2}\frac{\partial H_z}{\partial x} \tag{9.25}$$

$$H_x = \frac{-\Gamma}{k^2+\Gamma^2}\frac{\partial H_z}{\partial x} + \frac{\mathrm{j}\omega\varepsilon}{k^2+\Gamma^2}\frac{\partial E_z}{\partial y} \tag{9.26}$$

$$H_y = \frac{-\Gamma}{k^2+\Gamma^2}\frac{\partial H_z}{\partial y} - \frac{\mathrm{j}\omega\varepsilon}{k^2+\Gamma^2}\frac{\partial E_z}{\partial x} \tag{9.27}$$

在圆柱坐标系中

$$\nabla_{\mathrm{t}} = \boldsymbol{e}_r\frac{\partial}{\partial r} + \boldsymbol{e}_\varphi\frac{1}{r}\frac{\partial}{\partial\varphi}$$

圆柱坐标系中横向分量的表达式为

$$E_r = -\frac{\Gamma}{k^2+\Gamma^2}\frac{\partial E_z}{\partial r} - \frac{\mathrm{j}\omega\mu}{k^2+\Gamma^2}\frac{1}{r}\frac{\partial H_z}{\partial\varphi} \tag{9.28}$$

$$E_\varphi = -\frac{\Gamma}{k^2+\Gamma^2}\frac{1}{r}\frac{\partial E_z}{\partial\varphi} + \frac{\mathrm{j}\omega\mu}{k^2+\Gamma^2}\frac{\partial H_z}{\partial r} \tag{9.29}$$

$$H_r = \frac{\mathrm{j}\omega\varepsilon}{k^2+\Gamma^2}\frac{1}{r}\frac{\partial E_z}{\partial\varphi} - \frac{\Gamma}{k^2+\Gamma^2}\frac{\partial H_z}{\partial r} \tag{9.30}$$

$$H_\varphi = -\frac{\mathrm{j}\omega\varepsilon}{k^2+\Gamma^2}\frac{\partial E_z}{\partial r} - \frac{\Gamma}{k^2+\Gamma^2}\frac{1}{r}\frac{\partial H_z}{\partial\varphi} \tag{9.31}$$

9.1.2　均匀导波装置中的 TEM 波、TE 波和 TM 波

根据电磁波在波导中传播时的纵向电场或磁场分量是否为零，可将波导中的导行波分为以下三种模式。

（1）$E_z = 0$ 和 $H_z = 0$ 的电磁波，即在电磁波传播方向上没有电场和磁场分量，这种模式的电磁波称为横电磁波，即 TEM 波。

（2）$E_z = 0$ 和 $H_z \neq 0$ 的电磁波，即在电磁波传播方向上没有电场分量，但有磁场分量，这种模式的电磁波称为横电波或磁波，即 TE 波或 H 波。

（3）$E_z \neq 0$ 和 $H_z = 0$ 的电磁波，即在电磁波传播方向上有电场分量，但没有磁场分量，这种模式的电磁波称为横磁波或电波，即 TM 波或 E 波。

上述分类方法并不是唯一的，导行波还可以按有无 x 分量或有无 y 分量进行分类。实际上得到的许多问题的解多半属于上述三种模式，它们构成一组完备的解，其他任何形式的场分布都可以表示为一个或多个模式的线性组合。

下面分别讨论它们的求解方法和传输特性。

（1）对于横电磁波（即 TEM 波），由于 $E_z = 0$ 和 $H_z = 0$，要使 $\boldsymbol{E}_\mathrm{t}$ 和 $\boldsymbol{H}_\mathrm{t}$ 不为零，由式（9.20）和式（9.21），有

$$\Gamma^2 + k^2 = 0 \tag{9.32}$$

由式（9.22）和式（9.23），可得 TEM 波横向场分布函数应满足的方程为

$$\nabla_\mathrm{t}^2 \boldsymbol{E}_\mathrm{t} = 0 \tag{9.33}$$

$$\nabla_\mathrm{t}^2 \boldsymbol{H}_\mathrm{t} = 0 \tag{9.34}$$

这与无源区中二维静态场所满足的拉普拉斯方程的形式完全相同。从数学上讲，这两种形式的方程的求解是同一类数学问题，于是可以得到以下两个重要的结论：

① 任何能确立静态场的均匀导波装置也能维持 TEM 波，如双线传输线、同轴线系统，而无限长空心波导管内不可能存在 TEM 波；

② 波导系统中 TEM 波的横向场分布应与该系统中二维静态场分布具有相同的形式，但是 TEM 波中横向场是时变场，应该加上传播项 $\mathrm{e}^{-\Gamma z}$。

对于 TEM 波，由于 $\Gamma^2 + k^2 = 0$，因此

$$\Gamma = \mathrm{j}\beta = \mathrm{j}k = \mathrm{j}\omega\sqrt{\mu\varepsilon} \tag{9.35}$$

式中，$\beta = \omega\sqrt{\mu\varepsilon}$ 为相位系数。可求得 TEM 波传播的相速为

$$v_\mathrm{p} = \frac{\omega}{\beta} = \frac{1}{\sqrt{\mu\varepsilon}} \tag{9.36}$$

它仅与介质参数有关，而与导波装置的几何形状无关，并且相速不随频率变化，不存在色散现象。这表明 TEM 波是非色散波，当电磁波在波导装置中以 TEM 波传播时将不会产生失真。

TEM 波的波阻抗为

$$Z_\mathrm{TEM} = \frac{E_x}{H_y} = -\frac{E_y}{H_x} = \frac{\mathrm{j}\omega\mu}{\Gamma} = \frac{\Gamma}{\mathrm{j}\omega\varepsilon} = \sqrt{\frac{\mu}{\varepsilon}} = \eta \tag{9.37}$$

它与无限均匀介质的本征阻抗相同。

TEM 波的场量间关系式为

$$\boldsymbol{H} = \frac{1}{Z_\mathrm{TEM}}(\boldsymbol{e}_z \times \boldsymbol{E}) \tag{9.38}$$

（2）对横电波（即 TE 波），因为 $E_z = 0$，由式（9.20）和式（9.21）可得

$$\boldsymbol{E}_\mathrm{t} = \frac{\mathrm{j}\omega\mu}{k^2 + \Gamma^2} \boldsymbol{e}_z \times \nabla_\mathrm{t} H_z \tag{9.39}$$

$$\boldsymbol{H}_\mathrm{t} = -\frac{\Gamma}{k^2 + \Gamma^2} \nabla_\mathrm{t} H_z \tag{9.40}$$

TE 波的波阻抗为

$$Z_\mathrm{TE} = \frac{E_x}{H_y} = -\frac{E_y}{H_x} = \frac{\mathrm{j}\omega\mu}{\Gamma} \tag{9.41}$$

TE 波的场量间关系式为

$$\boldsymbol{E} = -Z_{\mathrm{TE}}(\boldsymbol{e}_z \times \boldsymbol{H}) \tag{9.42}$$

（3）对于横磁波（即 TM 波），因为$H_z = 0$，所以有

$$\boldsymbol{E}_{\mathrm{t}} = -\frac{\varGamma}{k^2 + \varGamma^2}\nabla_{\mathrm{t}} E_z \tag{9.43}$$

$$\boldsymbol{H}_{\mathrm{t}} = -\frac{\mathrm{j}\omega\varepsilon}{k^2 + \varGamma^2}\boldsymbol{e}_z \times \nabla_{\mathrm{t}} E_z \tag{9.44}$$

TM 波的波阻抗为

$$Z_{\mathrm{TM}} = \frac{E_x}{H_y} = -\frac{E_y}{H_x} = \frac{\varGamma}{\mathrm{j}\omega\varepsilon} \tag{9.45}$$

TM 波的场量间关系式为

$$\boldsymbol{H} = \frac{1}{Z_{\mathrm{TM}}}(\boldsymbol{e}_z \times \boldsymbol{E}) \tag{9.46}$$

9.1.3　均匀导波装置中的导行波传输特性

从上面的分析中可以发现，导行波的场量中都有因子$\mathrm{e}^{-\varGamma z}$，其中，传播常数$\varGamma = \alpha + \mathrm{j}\beta$对应于沿着 z 轴方向传播的波。

若令$h^2 = k^2 + \varGamma^2$，则对于理想的导波系统来说，$k = \omega\sqrt{\mu\varepsilon}$为实数，而与传播系数有关的参数 h 由导波装置的横截面的边界条件所决定，也为实数。于是随着工作频率的不同，传播常数$\varGamma$可能有下面三种情况。

（1）$\varGamma^2 < 0$，即$\varGamma = \mathrm{j}\beta$（$\beta$为实数，称为相位常数），此时导行波的场为

$$\boldsymbol{E} = \boldsymbol{E}(x,y)\mathrm{e}^{\mathrm{j}(\omega t - \beta z)} \tag{9.47}$$

$$\boldsymbol{H} = \boldsymbol{H}(x,y)\mathrm{e}^{\mathrm{j}(\omega t - \beta z)} \tag{9.48}$$

这是在波导装置中传输的波，它在传输过程中振幅不变，相位随传播距离增加而连续滞后。

（2）$\varGamma^2 > 0$，即$\varGamma = \alpha$（α为正实数，称为衰减系数），此时导行波的场为

$$\boldsymbol{E} = \boldsymbol{E}(x,y)\mathrm{e}^{\mathrm{j}\omega t}\mathrm{e}^{-\alpha z} \tag{9.49}$$

$$\boldsymbol{H} = \boldsymbol{H}(x,y)\mathrm{e}^{\mathrm{j}\omega t}\mathrm{e}^{-\alpha z} \tag{9.50}$$

可以看出，电场强度和磁场强度的幅值是沿 z 轴方向呈指数规律衰减、相位不变的时谐振荡电磁场，称为凋落场，这时波导装置中没有波的传输，称此状态为截止状态。

（3）$\varGamma = 0$，这是介于传输状态与截止状态之间的一种状态，称为临界状态，是某种传输模式能否传播的分界线。由此所决定的频率为该模式能否传播的临界频率或截止频率，用f_{c}表示。相应的波长称为临界波长或截止波长，用λ_{c}表示。f_{c}和λ_{c}是色散传输系统中两个重要的特性参数，它反映了传输系统的基本传输特性，即在给定的 TE 波、TM 波传输系统内传输某个模式的电磁波时，其工作频率必须高于该模式的截止频率，其工作波长必须小于该模式的截止波长，这时传输系统相当于是一个高通滤波器。

下面来求解截止频率和截止波长。因为$\varGamma = 0$，所以有$h^2 = k^2 = \omega_{\mathrm{c}}^2\mu\varepsilon$，可得

$$\omega_{\mathrm{c}} = \frac{h}{\sqrt{\mu\varepsilon}} \tag{9.51}$$

截止频率为

$$f_c = \frac{h}{2\pi\sqrt{\mu\varepsilon}} \tag{9.52}$$

截止波长为

$$\lambda_c = \frac{v}{f_c} = \frac{2\pi}{h} \tag{9.53}$$

式中，$v = 1/\sqrt{\mu\varepsilon}$ 为无限介质中电磁波的波速，此时 h 称为截止波数，且有

$$h = \frac{2\pi}{\lambda_c} \tag{9.54}$$

由此可知，在导波系统中传播 TE 波或 TM 波的条件为

$$f > f_c \text{ 或 } \lambda < \lambda_c \tag{9.55}$$

对于 TEM 波，由于 $h = 0$，即 $f_c = 0$，$\lambda_c \to \infty$，因此在任意频率下，TEM 波都能满足 $f > f_c = 0$ 的传输条件，均为传输状态。也就是说，TEM 波不存在截止频率。

对于给定尺寸的波导传输系统，可以通过填充 μ 或 ε 较大的介质来降低截止频率，这种方法在微波工程中常被采用。

下面讨论 TE 波、TM 波的速度。因为导行波的相速为

$$v_p = \frac{\omega}{\beta} \tag{9.56}$$

此时导波装置处于传播状态，有 $\Gamma^2 < 0$，Γ 为纯虚数，且 $\Gamma = \mathrm{j}\beta = \mathrm{j}\sqrt{k^2 - h^2}$，则相位常数为

$$\beta = \sqrt{k^2 - h^2} = \sqrt{\left(\frac{2\pi}{\lambda}\right)^2 - \left(\frac{2\pi}{\lambda_c}\right)^2} = \frac{2\pi}{\lambda}\sqrt{1 - \left(\frac{\lambda}{\lambda_c}\right)^2} = \frac{\omega}{v}\sqrt{1 - \left(\frac{\lambda}{\lambda_c}\right)^2} \tag{9.57}$$

故在导波装置中传输 TE 波、TM 波的相速为

$$v_p = \frac{\omega}{\beta} = \frac{v}{\sqrt{1 - \left(\dfrac{\lambda}{\lambda_c}\right)^2}} \tag{9.58}$$

式中，$v = 1/\sqrt{\mu\varepsilon}$ 为无限介质中电磁波的波速。由式（9.58）可知，电磁波在波导中传播的相速大于它在无界空间的波速。

TE 波、TM 波的相速与波长和频率有关，因此传输 TE 波、TM 波的导波装置实际上是色散传输系统，这种色散称为几何色散。当信号以 TE 波或 TM 波在波导装置中传输时，随着传播距离的增加，色散引起的信号失真会变得越来越严重，若要减小信号失真，就应当尽量缩短信号在导波装置中的传播距离。

相速实际上是对幅度、相位和频率都没有受到调制的单一频率的行波而言的，这种波不载有任何信息。若要使波载有信息，则必须对波的幅度、相位或频率进行调制，调制后的波就不再是单一频率的，而是包含多个频率成分。这种由多个频率成分构成的“波群”的速度，就是前面介绍过的群速 v_g。群速实际上是一组角频率 ω、相位常数 β 都非常相近的波在传播过程中的“共同”速度，这个速度代表信息的传播速度。已知群速为

$$v_g = \frac{\mathrm{d}\omega}{\mathrm{d}\beta} \tag{9.59}$$

对式（9.58）两边求微分，可以得到导波装置中信号传播速度（群速）为

$$v_g = \frac{d\omega}{d\beta} = v\sqrt{1-\left(\frac{\lambda}{\lambda_c}\right)^2} \tag{9.60}$$

由此可知，作为信号传输速度的群速总是小于相同无界介质中同频率 TEM 平面波的相速，群速只有在频率范围很窄时才有意义。将式（9.58）与式（9.60）相乘可得

$$v_p v_g = v^2 \tag{9.61}$$

式（9.61）表明，电磁波能量在导波装置中的传播速度等于群速。

下面讨论波阻抗。对于 TE 波，其波阻抗为

$$Z_{TE} = \frac{E_x}{H_y} = -\frac{E_y}{H_x} = \frac{\omega\mu}{\beta} = \sqrt{\frac{\mu}{\varepsilon}}\frac{k}{\beta} = \frac{\eta}{\sqrt{1-\left(\frac{\lambda}{\lambda_c}\right)^2}} \tag{9.62}$$

对于 TM 波，其波阻抗为

$$Z_{TM} = \frac{E_x}{H_y} = -\frac{E_y}{H_x} = \frac{\beta}{\omega\mu} = \sqrt{\frac{\mu}{\varepsilon}}\frac{\beta}{k} = \eta\sqrt{1-\left(\frac{\lambda}{\lambda_c}\right)^2} \tag{9.63}$$

由此可知，均匀波导装置中的波阻抗取决于工作频率、介质的电磁参数及横截面形状和尺寸。式（9.63）表明，在所有截面上，波阻抗都相同。

9.2　TEM 传输线

9.2.1　传输线方程及其时谐稳态解

由于 TEM 波传输线的横截面上场的分布与静态场相同，也就是说，TEM 波传输线横截面上场的性质除随时间变化外均与静态场相同。因此，可以在 TEM 波传输线的横截面上定义电压和电流。

利用正交坐标系，设均匀传输线沿 z 轴放置，如果电磁波沿 z 方向传输，则电磁场可以表示为

$$\boldsymbol{E}(x,y,z,t) = \boldsymbol{E}_0(x,y,t)e^{-\Gamma z} \tag{9.64}$$

$$\boldsymbol{H}(x,y,z,t) = \boldsymbol{H}_0(x,y,t)e^{-\Gamma z} \tag{9.65}$$

在坐标为 z 的横截面上，理想导体与理想导体之间的电压为

$$u(z,t) = \int_a^b \boldsymbol{E}(x,y,z,t)\cdot d\boldsymbol{l} \tag{9.66}$$

将式（9.64）代入上式得

$$u(z,t) = u_0 e^{-\Gamma z} \tag{9.67}$$

式中，

$$u_0 = \int_a^b \boldsymbol{E}_0(x,y,t)\cdot d\boldsymbol{l} \tag{9.68}$$

只要积分路径在同一横截面上，其值 u_0 便与路径无关。TEM 波传输线一般都是双导体，任意导体在 z 处的电流为

$$i(z,t) = \oint_l \boldsymbol{H}(x,y,z,t)\cdot d\boldsymbol{l} \tag{9.69}$$

将式（9.65）代入上式得

$$i(z,t)=i_0\mathrm{e}^{-\Gamma z} \tag{9.70}$$

$$i_0=\oint_l \boldsymbol{H}_0(x,y,t)\cdot \mathrm{d}\boldsymbol{l} \tag{9.71}$$

式中，l 为在同一横截面上围绕该导体的闭合回路，$u(z,t)$ 和 $i(z,t)$ 表示电压波和电流波。如果只对电磁波沿传输线轴向的传输特性感兴趣，而不关心电磁场在传输线横截面上如何分布，那么用电压和电流进行分析要比直接对 $\boldsymbol{E}$ 和 $\boldsymbol{H}$ 分析简单得多。但对于非 TEM 波传输线，如矩形波导，不论该积分路径是否在同一横截面上，电场的线积分总是与路径有关。因此，电压、电流等概念这时就失去了确切的意义，其传输特性只能用电磁场的方法进行分析。

工程中常用的 TEM 波传输线可以工作在很宽的频率范围。例如，同轴线的工作频率可以从零赫兹到几十吉赫兹。传输线的几何长度 l 与其工作波长 λ 之比（即 l/λ）称为传输线的电长度。如果传输线的几何长度比其上传输的电磁波的波长要长或者可以相比拟，则称为长线；反之，则称为短线（$l/\lambda \ll 1$）。当然，长线不一定很长，短线也不一定很短，它们是相对于工作波长而言的。例如，传输射频电视用的同轴电缆，虽然其长度有时仅为几厘米或几米，但由于这个长度已经大于工作波长或者与工作波长差不多，因此它仍为长线。相反，输送市电的电力线，即使长度在几千米以上，但与市电的波长（6000km）相比小得多，因而仍为短线。

长线与短线上的电磁波有什么不同？在低频情况下，由于波长较长，如果传输线的长度很短，即该线段与波长相比很小，则该线段上各点电压（或电流）的大小和方向可近似认为相同，可视该线段为短线。如果频率升高，波长变短，虽然该线段长度没变，但在某瞬时其上各点电压（或电流）的大小和方向均不相同，此时该线段应视为长线。本章讨论的传输线属于长线，即沿传输线上各点的电压或电流均不相等，它们既随时间变化，又随位置变化。

为什么长传输线上各点的电压和电流不相同呢？这与长传输线所具有的特性有关。①由于电流流过导线使导线发热，从而导线本身处处有电阻；②由于导线间绝缘不理想而存在电流，使得导线间处处有漏电导；③由于导线之间有电压，存在电场，因此导线之间处处存在电容；④由于导线中有电流，使导线周围处处存在磁场，因此导线上存在电感。这些电阻、电导、电容、电感在均匀传输线上是均匀分布的，与低频电路中电阻器、电容器、电感器等元件不同，前者的这些参数是沿线分布的，称为分布参数；而后者的参数是集中在电路中的某些点上的，称为集总参数。当低频或波长远大于传输线的长度时，传输线上的这些电阻、电导、电容、电感等分布参数完全可以忽略。但当频率很高，传输线的长度可与信号波长相比拟时，这些分布参数就不能忽略了。所以在高频情况下，传输线是具有分布参数的电路，利用传输线的分布参数等效电路就可以解释电压、电流为什么会沿传输线变化。

用“路”的方法处理传输线问题时，通常会使用以下 4 个参数进行描述：单位长度的电阻 R_1(Ω/m)，单位长度的电感 L_1(H/m)，单位长度的电导 G_1(S/m) 和单位长度的电容 C_1(F/m)。表 9.1 中列出了平行双导线和同轴线的 4 个分布参数。

表 9.1　平行双导线和同轴线的 4 个分布参数

分布参数 \ 传输线	平行双导线 导线轴心距离为 D，导线直径为 d	同轴线 外导体半径为 b，内导体半径为 a
R_1(Ω/m)	$\frac{2}{\pi d}\sqrt{\frac{\omega\mu}{2\sigma}}$	$\sqrt{\frac{f\mu}{4\pi\sigma}}\left(\frac{1}{a}+\frac{1}{b}\right)$
L_1(H/m)	$\frac{\mu}{\pi}\ln\frac{D+\sqrt{D^2-d^2}}{d}$	$\frac{\mu}{2\pi}\ln\frac{b}{a}$
G_1(S/m)	$\pi\sigma/\ln\frac{D+\sqrt{D^2-d^2}}{d}$	$2\pi\sigma/\ln\frac{b}{a}$
C_1(F/m)	$\pi\varepsilon/\ln\frac{D+\sqrt{D^2-d^2}}{d}$	$2\pi\varepsilon/\ln\frac{b}{a}$

表 9.1 中，ε、μ、σ 分别为介质的介电常数、磁导率和电导率，ω 和 f 分别为电磁波的角频率和频率。

假设平行双导线的始端接信号源 u_s，终端接负载 Z_L，如图 9.1 所示。

如果传输线是均匀的，那么就可以在传输线上任意一点 z 处取线元 dz 来进行研究。根据分布参数 R_1、L_1、G_1、C_1 的物理意义，dz 长度的传输线段上存在并联分布电容 $C_1\mathrm{d}z$、串联分布电感 $L_1\mathrm{d}z$、串联分布电阻 $R_1\mathrm{d}z$ 和并联分布漏电导 $G_1\mathrm{d}z$。由此可根据“路”的分析方法画出 dz 传输线的等效电路，如图 9.2 所示。

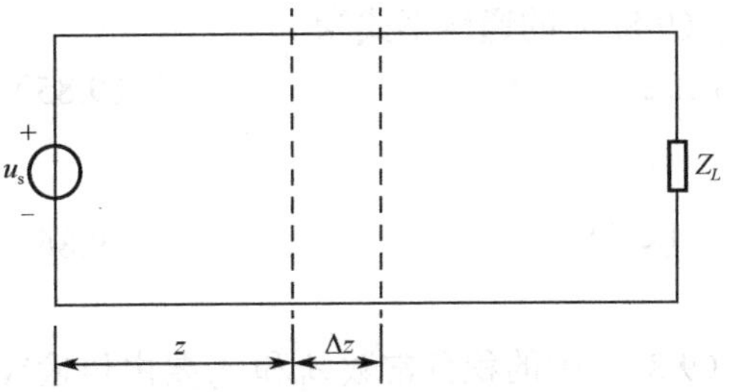

图 9.1　平行双导线传输线

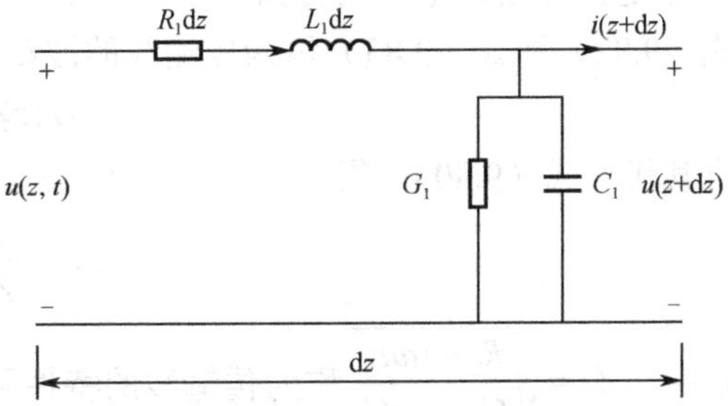

图 9.2　线元 dz 的等效电路

根据基尔霍夫定律，有

$$u(z,t)-R_1i(z,t)\mathrm{d}z-L_1\frac{\partial i(z,t)}{\partial t}\mathrm{d}z-u(z+\mathrm{d}z,t)=0 \tag{9.72}$$

$$i(z,t)-G_1u(z+\mathrm{d}z,t)\mathrm{d}z-C_1\frac{\partial u(z+\mathrm{d}z,t)}{\partial t}\mathrm{d}z-i(z+\mathrm{d}z,t)=0 \tag{9.73}$$

利用

$$\frac{\partial u(z,t)}{\partial z}=\frac{u(z+\mathrm{d}z,t)-u(z,t)}{\mathrm{d}z} \tag{9.74}$$

$$\frac{\partial i(z,t)}{\partial z}=\frac{i(z+\mathrm{d}z,t)-i(z,t)}{\mathrm{d}z} \tag{9.75}$$

可得

$$-\frac{\partial u(z,t)}{\partial z}=R_1i(z,t)+L_1\frac{\partial i(z,t)}{\partial t} \tag{9.76}$$

$$-\frac{\partial i(z,t)}{\partial z}=G_1u(z,t)+C_1\frac{\partial u(z,t)}{\partial t} \tag{9.77}$$

这就是传输线方程，又称为电报方程。如果传输线上的电压和电流随时间 t 做时谐变化，即电压和电流可表示为

$$u(z,t)=\mathrm{Re}\left[U(z)\mathrm{e}^{\mathrm{j}\omega t}\right] \tag{9.78}$$

$$i(z,t)=\mathrm{Re}\left[I(z)\mathrm{e}^{\mathrm{j}\omega t}\right] \tag{9.79}$$

式中，$U(z)$ 和 $I(z)$ 分别为 z 处的复数电压和复数电流，则式（9.76）和式（9.77）的复数形式为

$$-\frac{\mathrm{d}U(z)}{\mathrm{d}z}=(R_1+\mathrm{j}\omega L_1)I(z) \tag{9.80}$$

$$-\frac{\mathrm{d}I(z)}{\mathrm{d}z}=(G_1+\mathrm{j}\omega C_1)U(z) \tag{9.81}$$

令式（9.80）和式（9.81）对 z 求导，可得

$$\frac{\mathrm{d}^2U(z)}{\mathrm{d}z^2}=\Gamma^2U(z) \tag{9.82}$$

$$\frac{\mathrm{d}^2I(z)}{\mathrm{d}z^2}=\Gamma^2I(z) \tag{9.83}$$

式中，

$$\Gamma=\sqrt{(R_1+\mathrm{j}\omega L_1)(G_1+\mathrm{j}\omega C_1)}=\alpha+\mathrm{j}\beta \tag{9.84}$$

Γ 正是在前面所定义的传播系数，其中，α 为衰减系数（Np/m），β 为相位系数（rad/m），式（9.82）和式（9.83）称为传输线的波动方程。式（9.82）的通解形式为

$$U(z)=A_1\mathrm{e}^{-\Gamma z}+A_2\mathrm{e}^{\Gamma z} \tag{9.85}$$

将其代入式（9.80），得

$$I(z)=\frac{1}{Z_0}(A_1\mathrm{e}^{-\Gamma z}-A_2\mathrm{e}^{\Gamma z}) \tag{9.86}$$

式中，$Z_0=\sqrt{\dfrac{R_1+\mathrm{j}\omega L_1}{G_1+\mathrm{j}\omega C_1}}$ 称为传输线的特性阻抗。式（9.85）中的积分常数 A_1 和 A_2 要由传输线的边界条件来确定。由式（9.85）和式（9.86）可知，传输线上的电压和电流以波的形式传播，通常把从电源流向负载的波称为入射波，而把从负载传向电源的波称为反射波。在这种波的传播过程中，电路的边界条件通常有以下三种情况：

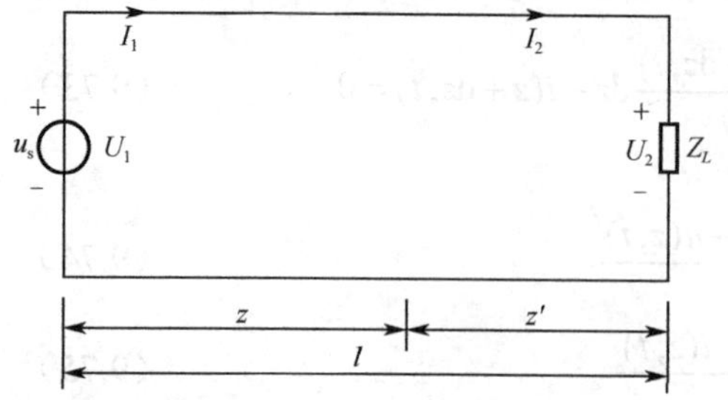

图 9.3　由终端电压、电流确定积分常数

（1）已知传输线的终端电压 U_2 和终端电流 I_2；

（2）已知传输线的始端电压 U_1 和始端电流 I_1；

（3）已知信号源的电动势、内阻抗和负载。

下面只讨论第一种边界条件的情况。如图 9.3 所示，设传输线的终端电压 $U(l)=U_2$、终端电流 $I(l)=I_2$ 为已知，由式（9.85）和式（9.86）可得

$$U_2=A_1\mathrm{e}^{-\Gamma l}+A_2\mathrm{e}^{\Gamma l} \tag{9.87}$$

$$I_2=\frac{1}{Z_0}(A_1\mathrm{e}^{-\Gamma l}-A_2\mathrm{e}^{\Gamma l}) \tag{9.88}$$

联立求解得

$$A_1=\frac{U_2+I_2Z_0}{2}\mathrm{e}^{\Gamma l}，\quad A_2=\frac{U_2-I_2Z_0}{2}\mathrm{e}^{-\Gamma l} \tag{9.89}$$

将 A_1、A_2 代入式（9.85）和式（9.86），得

$$U(z)=\frac{U_2+I_2Z_0}{2}\mathrm{e}^{\Gamma(l-z)}+\frac{U_2-I_2Z_0}{2}\mathrm{e}^{-\Gamma(l-z)} \tag{9.90}$$

$$I(z)=\frac{U_2+I_2Z_0}{2Z_0}\mathrm{e}^{\Gamma(l-z)}-\frac{U_2-I_2Z_0}{2Z_0}\mathrm{e}^{-\Gamma(l-z)} \tag{9.91}$$

为了讨论方便，选取终端为坐标原点，即图 9.3 中的 $z'=l-z$，则以上两式变为

$$U(z')=\frac{U_2+I_2Z_0}{2}\mathrm{e}^{\Gamma z'}+\frac{U_2-I_2Z_0}{2}\mathrm{e}^{-\Gamma z'} \tag{9.92}$$

$$I(z')=\frac{U_2+I_2Z_0}{2Z_0}\mathrm{e}^{\Gamma z'}-\frac{U_2-I_2Z_0}{2Z_0}\mathrm{e}^{-\Gamma z'} \tag{9.93}$$

利用上述结果，就可以进一步讨论传输线上反射波与入射波之间以及它们与负载之间的相互关系，即各种工作状态。

9.2.2　传输线的传输特性参数

1．特性阻抗

传输线的特性阻抗 Z_0 等于传输线上任意一点的入射波电压 U^+ 与入射波电流 I^+ 之比，或等于反射波电压 U^- 与反射波电流 I^- 之比的负值，即

$$Z_0=\frac{U^+}{I^+}=-\frac{U^-}{I^-}=\sqrt{\frac{R_1+\mathrm{j}\omega L_1}{G_1+\mathrm{j}\omega C_1}} \tag{9.94}$$

对于无耗传输线，由于 $R_1=0$，$G_1=0$，有

$$Z_0=\sqrt{L_1/C_1} \tag{9.95}$$

在微波波段，构成传输线的导体材料都是良导体，传输线中填充的介质也是良介质，一般都有 $R_1\ll\omega L_1$，$G_1\ll\omega C_1$，因此工作在微波波段的传输线的特性阻抗 Z_0 可表示为

$$Z_0=\sqrt{L_1/C_1} \tag{9.96}$$

由于传输线的分布参数 L_1、C_1 的大小均取决于传输线的结构、尺寸及填充的介质，因此传输线的特性阻抗 Z_0 的大小也取决于传输线自身的结构、尺寸及填充的介质等参数，而与源和负载的情况无关。

2．传播系数

式（9.84）给出了传输线的传播系数的一般表达式，其实部 α 和虚部 β 分别为

$$\alpha=\sqrt{\frac{1}{2}\left[\sqrt{(R_1^2+\omega^2L_1^2)(G_1^2+\omega^2C_1^2)}-(\omega^2L_1C_1-R_1C_1)\right]} \tag{9.97}$$

$$\beta=\sqrt{\frac{1}{2}\left[\sqrt{(R_1^2+\omega^2L_1^2)(G_1^2+\omega^2C_1^2)}+(\omega^2L_1C_1-R_1C_1)\right]} \tag{9.98}$$

衰减系数 α 表示传输线上单位长度行波电压（或电流）振幅的变化，相位系数 β 表示传输线上单位长度行波电压（或电流）相位的变化。

对于无耗传输线，$R_1=0$，$G_1=0$，则有

$$\alpha=0,\quad \beta=\omega\sqrt{L_1C_1} \tag{9.99}$$

对于在微波段工作的传输线，由于 $R_1\ll\omega L_1$，$G_1\ll\omega C_1$，因此

$$\alpha \approx \frac{R_1}{2}\sqrt{\frac{C_1}{L_1}}+\frac{G_1}{2}\sqrt{\frac{L_1}{C_1}} \tag{9.100}$$

$$\beta \approx \omega\sqrt{L_1C_1} \tag{9.101}$$

3．相速与波长

传输线中的相速为

$$v_{\mathrm{p}}=\omega/\beta \tag{9.102}$$

在无耗传输线和微波传输线中，电压、电流波的相速为

$$v_{\mathrm{p}}=\omega/\beta=1/\sqrt{L_1C_1} \tag{9.103}$$

波长为

$$\lambda=2\pi/\beta \tag{9.104}$$

4．电压反射系数

传输线上任意一点的反射波电压与入射波电压之比被定义为该处的电压反射系数，即

$$\rho(z')=\frac{U^-(z')}{U^+(z')} \tag{9.105}$$

以传输线终端为原点，即$z'=0$，根据式（9.92）和式（9.93）可得终端处的入射波电压和反射波电压分别为

$$U_2^+=\frac{U_2+I_2Z_0}{2},\quad U_2^-=\frac{U_2-I_2Z_0}{2}$$

将其代入式（9.92），得

$$U(z')=U_2^+\mathrm{e}^{\Gamma z'}+U_2^-\mathrm{e}^{-\Gamma z'} \tag{9.106}$$

则电压反射系数为

$$\rho(z')=\frac{U^-(z')}{U^+(z')}=\frac{U_2^-\mathrm{e}^{-\Gamma z'}}{U_2^+\mathrm{e}^{\Gamma z'}}=\rho_2\mathrm{e}^{-2\Gamma z'} \tag{9.107}$$

式中，

$$\rho_2=\frac{U_2^-}{U_2^+}=\frac{U_2-I_2Z_0}{U_2+IZ_0}=\frac{Z_L-Z_0}{Z_L+Z_0}=\left|\frac{Z_L-Z_0}{Z_L+Z_0}\right|\mathrm{e}^{\mathrm{j}\varphi_2} \tag{9.108}$$

称为传输线的终端反射系数，并且

$$\rho(z')=\rho_2\mathrm{e}^{-2\Gamma z'}=|\rho_2|\,\mathrm{e}^{-2\alpha z'}\mathrm{e}^{-\mathrm{j}2\beta z'}\mathrm{e}^{\mathrm{j}\varphi_2} \tag{9.109}$$

对于无耗传输线，$\alpha=0$，则有

$$\rho(z')=|\rho_2|\,\mathrm{e}^{-\mathrm{j}2\beta z'}\mathrm{e}^{\mathrm{j}\varphi_2} \tag{9.110}$$

5．输入阻抗

传输线上任意一点的电压和电流的比值被定义为该点朝负载端看去的输入阻抗，即

$$Z_{\mathrm{in}}(z')=\frac{U(z')}{I(z')}=\frac{U_2\cosh(\Gamma z')+I_2Z_0\sinh(\Gamma z')}{I_2\cosh(\Gamma z')+\dfrac{U_2}{Z_0}\sinh(\Gamma z')}$$

$$=Z_0\frac{Z_L+Z_0\tanh(\Gamma z')}{Z_0+Z_L\tanh(\Gamma z')} \tag{9.111}$$

式中，$Z_L=\dfrac{U_2}{I_2}$ 为终端负载阻抗。

对于无耗传输线，$\Gamma=\mathrm{j}\beta$，则式（9.111）变为

$$Z_{\text{in}}(z')=Z_0\frac{Z_L+\mathrm{j}Z_0\tan(\beta z')}{Z_0+\mathrm{j}Z_L\tan(\beta z')} \tag{9.112}$$

9.2.3 无耗传输线的工作状态

传输线上最基本的物理现象是反射。对无耗传输线，按反射系数模值的大小，可将传输线的工作状态分为以下三种：

① $\rho(z')=0$ 的无反射工作状态，即行波状态；

② $|\rho(z')|=1$ 的全反射工作状态，即驻波状态；

③ $0<|\rho(z')|<1$ 的部分反射工作状态，即行驻波状态。

下面分别讨论这三种工作状态下传输线上电压、电流的分布情况及传输线的阻抗特性。

1. 行波状态（无反射状态）

当传输线终端负载阻抗等于传输线的特性阻抗，即 $Z_L=Z_0$ 时，反射系数 $\rho(z')$ 为零，这时传输线处于行波状态。此时，式（9.92）和式（9.93）中的等式右边第二项（反射波）为零，因此

$$U(z')=\frac{U_2+I_2Z_0}{2}\mathrm{e}^{\Gamma z'}=U_2^+\mathrm{e}^{\Gamma z'} \tag{9.113}$$

$$I(z')=\frac{U_2+I_2Z_0}{2Z_0}=I_2^+\mathrm{e}^{\Gamma z'} \tag{9.114}$$

对于无耗传输线，$\Gamma=\mathrm{j}\beta$，有

$$U(z')=U_2^+\mathrm{e}^{\mathrm{j}\beta z'}=|U_2^+|\mathrm{e}^{\mathrm{j}\theta_2}\mathrm{e}^{\mathrm{j}\beta z'} \tag{9.115}$$

$$I(z')=I_2^+\mathrm{e}^{\mathrm{j}\beta z'}=|I_2^+|\mathrm{e}^{\mathrm{j}\theta_2}\mathrm{e}^{\mathrm{j}\beta z'} \tag{9.116}$$

式中，θ_2 是 U_2^+ 的初相角，因 $Z_L=Z_0$ 是纯电阻，所以 $\theta_2=\varphi_2$。其瞬时形式为

$$u(z',t)=\mathrm{Re}[U(z')]=|U_2^+|\cos(\omega t+\beta z'+\varphi_2) \tag{9.117}$$

$$i(z',t)=\mathrm{Re}[I(z')]=|I_2^+|\cos(\omega t+\beta z'+\varphi_2) \tag{9.118}$$

由式（9.112）可以看出，当 $Z_L=Z_0$ 时，传输线上各点的输入阻抗为

$$Z_{\text{in}}(z')=Z_0 \tag{9.119}$$

以上结果说明，在行波状态下的无耗传输线有如下特点：

① 沿传输线的电压、电流振幅不变；

② 电压、电流同相，其相位随 z' 减小而连续滞后；

③ 传输线上各点的输入阻抗等于传输线的特性阻抗。

2. 驻波状态（全反射状态）

当 $Z_L=0$（传输线终端短路）、$Z_L=-\infty$（传输线终端开路）或 $Z_L=\pm\mathrm{j}X_L$（传输线终端负载为纯电抗）时，都有 $|\rho(z')|=1$，此时入射波与反射波叠加形成驻波，传输线工作在驻波状态，下面分别进行讨论。

（1）传输线终端短路

传输线终端短路时，$Z_L=0$，由式（9.108）可得 $\rho_2=-1$，故

$$U_2^- = \rho_2 U_2^+ = -U_2^+ = |U_2^+| e^{j(\varphi_2+\pi)}$$

此时电压和电流分别为

$$U(z') = U_2^+ e^{j\beta z'} + U_2^- e^{-j\beta z'} = U_2^+ (e^{j\beta z'} - e^{-j\beta z'}) = j2|U_2^+| e^{j(\varphi_2+\pi)} \sin(\beta z') \tag{9.120}$$

$$I(z') = \frac{2|U_2^+| e^{j(\varphi_2+\pi)}}{Z_0} \cos(\beta z') \tag{9.121}$$

将其表示为瞬时形式，有

$$u(z',t) = \mathrm{Re}[U(z')e^{j\omega t}] = 2|U_2^+| \sin(\beta z') \cos\left(\omega t + \varphi_2 + \frac{\pi}{2}\right) \tag{9.122}$$

$$i(z',t) = \mathrm{Re}\left[I(z')e^{j\omega t}\right] = \frac{2|U_2^+|}{Z_0} \cos(\beta z') \cos(\omega t + \varphi_2) \tag{9.123}$$

所以，输入阻抗为

$$Z_{in}(z') = jZ_0 \tan(\beta z') \tag{9.124}$$

它是一个纯电抗，随 z' 值不同，传输线可以等效为一个电容，或一个电感，或一个谐振电路。图 9.4 给出了驻波状态下传输线终端短路情况下的电压、电流沿传输线分布的瞬时曲线、振幅分布曲线和阻抗分布（$\varphi_2 = 0$）。

由图 9.4 可知，瞬时电压或电流在某个固定位置上随时间 t 做正弦或余弦变化。而在某一个时刻 t 随距离 z 做余弦或正弦变化，即瞬时电压和电流的时间相位差和空间相位差均为 $\pi/2$，这表明传输线上没有功率的传输。在离终端距离 $Z' = \lambda/4$ 的奇数倍处，电压振幅值总为最大，电流振幅值总为零，称其为电压的波腹点或电流的波节点。而在 $Z' = \lambda/2$ 的整数倍处，电压为波节点，电流为波腹点。

终端短路的传输线上的阻抗为纯电抗，沿线阻抗分布如图 9.4（d）所示。由图可见，在 $Z' = \lambda/4$ 的奇数倍处（即电压腹点）阻抗 $Z = \infty$，可等效为并联谐振回路。在 $Z' = \lambda/2$ 的整数倍（即电压节点）处，阻抗 $Z = 0$，可等效为串联谐振回路。在 $0 < Z' < \lambda/4$ 范围内，阻抗 $Z = +jX_L$ 为感性电抗，故可以等效为电感。在 $\lambda/4 < Z' < \lambda/2$ 范围内，阻抗 $Z = -jX_L$ 为容性电抗，故可以等效为电容。每隔 $\lambda/2$ 阻抗性质重复一次，每隔 $\lambda/4$ 阻抗性质变化一次，沿线各区域相应的等效电路如图 9.4（e）所示。

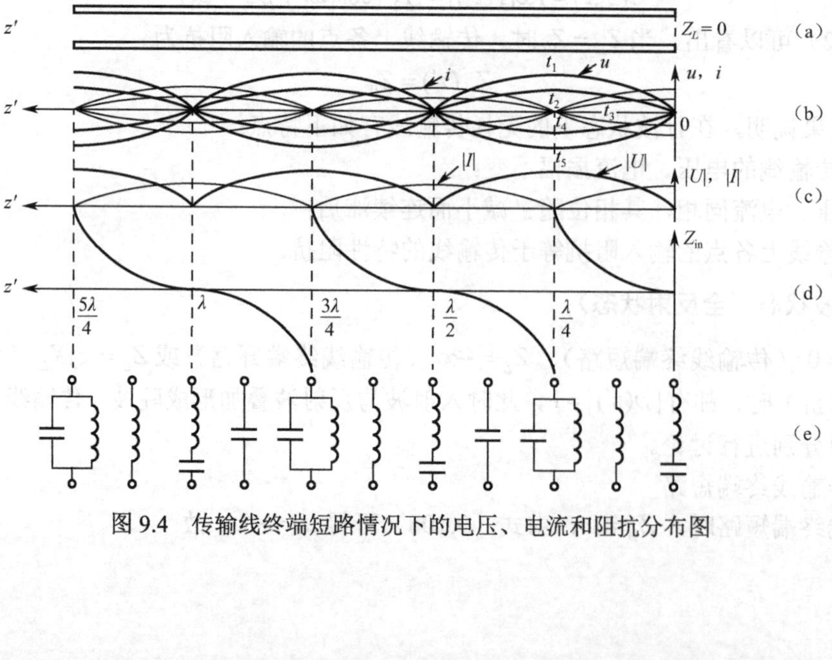

图 9.4 传输线终端短路情况下的电压、电流和阻抗分布图

（2）传输线终端开路

传输线终端开路时 $Z_L=\infty$，由式（9.108）可得 $\rho_2=1$，故

$$U_2^-=\rho_2U_2^+=U_2^+=|U_2^+|\mathrm{e}^{\mathrm{j}\varphi_2}$$

此时电压和电流分别为

$$U(z')=U_2^+\mathrm{e}^{\mathrm{j}\beta z'}+U_2^-\mathrm{e}^{-\mathrm{j}\beta z'}=U_2^+(\mathrm{e}^{\mathrm{j}\beta z'}+\mathrm{e}^{-\mathrm{j}\beta z'})=2|U_2^+|\mathrm{e}^{\mathrm{j}\varphi_2}\cos(\beta z') \tag{9.125}$$

$$I(z')=\frac{2\mathrm{j}|U_2^+|\mathrm{e}^{\mathrm{j}\varphi_2}}{Z_0}\sin(\beta z') \tag{9.126}$$

将其表示为瞬时形式，有

$$u(z',t)=\mathrm{Re}[U(z')\mathrm{e}^{\mathrm{j}\omega t}]=2|U_2^+|\cos(\beta z')\cos(\omega t+\varphi_2) \tag{9.127}$$

$$i(z',t)=\mathrm{Re}[I(z')\mathrm{e}^{\mathrm{j}\omega t}]=\frac{2|U_2^+|}{Z_0}\sin(\beta z')\cos\left(\omega t+\varphi_2+\frac{\pi}{2}\right) \tag{9.128}$$

输入阻抗为

$$Z_{\mathrm{in}}(z')=-\mathrm{j}Z_0\cot(\beta z') \tag{9.129}$$

与传输线终端短路情况一样，它也是一个纯电抗，随 z' 值不同，传输线可以等效为一个电容，或一个电感，或一个谐振电路。图 9.5 给出了驻波状态下传输线终端开路情况下的电压、电流沿传输线分布的瞬时曲线、振幅分布曲线和阻抗分布（ $\varphi_2=0$ ）。

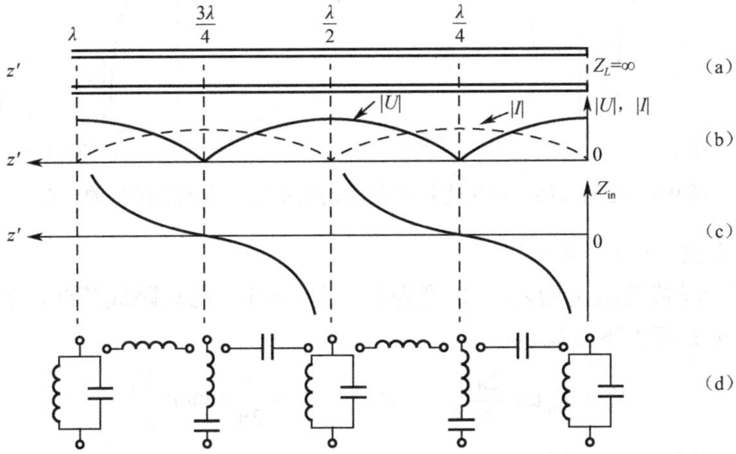

图 9.5 传输线终端开路情况下的电压、电流和阻抗分布图

由图 9.5 可知，终端为电压波腹点、电流波节点，阻抗为无穷大。与终端短路的情况相比，可以得到这样一个结论：只要将终端短路的传输线上电压、电流及阻抗分布从终端开始去掉 $\lambda/4$ 线长，那么余下线上的分布即为终端开路的传输线上沿线电压、电流及阻抗分布。

（3）传输线终端负载为纯电抗

当传输线终端负载为纯电抗时，由式（9.108）可得 $|\rho_2|=1$，入射电压波和电流波被终端全反射，使得传输线上处处有 $|\rho(z')|=1$。因为传输线终端为开路或短路的输入阻抗均为纯电抗，其数值在 $-\infty$ ～ $+\infty$ 之间变化，所以纯电抗负载可以用一定长度的短路线或开路线来代替，因此可以把传输线终端 $Z_L=\pm\mathrm{j}X_L$ 的纯电抗负载换成输入阻抗 $Z_{\mathrm{in}}(l)=\pm\mathrm{j}X_L$ 的一段长度为 l 的短路线，这并不改变原传输线上电压、电流的振幅分布和阻抗分布，只需要将传输线短路时的电压、电流及阻抗分布曲线图的坐标原点向源的方向移动一段距离 l_0，就可得到传输线终端接纯电抗负载的电压、电流及阻抗分布，如图 9.6 所示。

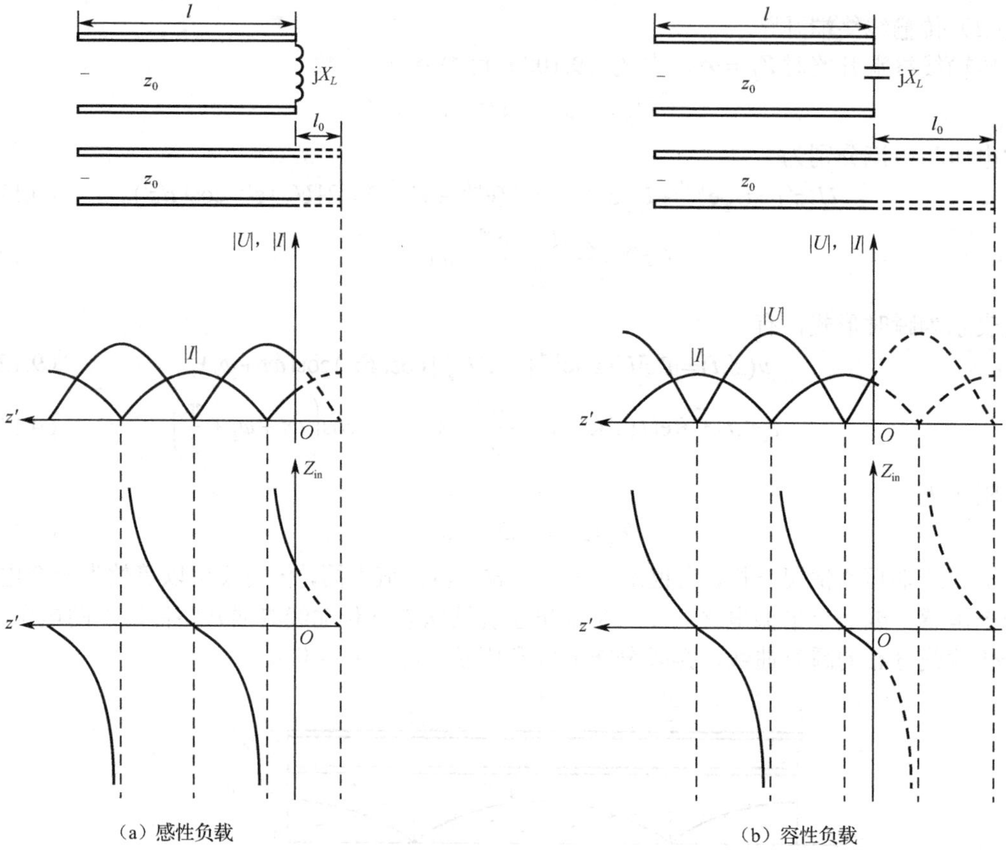

图 9.6　传输线终端接纯电抗负载时沿线电压、电流及组抗的分布

① 负载为纯感抗（$X_L>0$）

此感抗可用一段特性阻抗为 Z_0、长度为 l_0（$l_0<\lambda/4$）的短路线等效，如图 9.6（a）中的虚线所示。长度 l_0 可由下式确定：

$$X_L = Z_0 \tan\frac{2\pi}{\lambda}l_0 \qquad \Rightarrow \qquad l_0 = \frac{\lambda}{2\pi}\arctan\frac{X_L}{Z_0} \tag{9.130}$$

② 负载为纯容抗（$X_L<0$）

此容抗可用一段特性阻抗为 Z_0、长度为 l_0（$\lambda/4<l_0<\lambda/2$）的短路线等效，如图 9.6（b）中的虚线所示。长度 l_0 可由下式确定：

$$l_0 = \frac{\lambda}{4} + \frac{\lambda}{2\pi}\arctan\frac{|X_L|}{Z_0} \tag{9.131}$$

纯驻波状态下的传输线不能用于传输能量，但其输入阻抗的纯电抗性，特别是长度为 $\lambda/4$ 的短路线的输入阻抗为无穷大（相当于开路），长度为 $\lambda/4$ 的开路线的输入阻抗为零（相当于短路）。这两种特殊的传输线特性在微波技术中有着广泛的应用。

长度小于 $\lambda/4$ 的短路线的输入阻抗为感抗，相当于一个电感。而长度小于 $\lambda/4$ 的开路线的输入阻抗为容抗，相当于一个电容。在微波技术中常用这种短路线或开路线构成电感或电容。

综上所述，无耗传输线终端短路、终端开路或接纯电抗负载时，线上将会产生全反射而形成驻波。驻波具有下列特性：沿线电压、电流的振幅随位置而变化，但在某些位置上永远是电压的波腹点（或电流的波节点），且波腹点电压值为入射波电压的两倍。在与电压波腹点相差 $\lambda/4$ 处永远是电压波节点（或电流波腹点），且波节点振幅值为零，沿线的电压和电流在时间和距离位置上均相差 $\pi/2$，因此线上没有能量的传输。沿线的阻抗分布除电压波腹点为无限大和波节点为零外，其余各处均为纯电抗。两波节点之间沿线的电压（或电流）相位相同，在波节点的两侧沿线的电压（或电流）相位相反。

3. 行驻波状态（部分反射）

当传输线终端接有复阻抗 $Z_L = R_L \pm jX_L$，即负载阻抗不等于传输线的特性阻抗，也不是短路、开路或接纯电抗负载，而是任意阻抗时，传输线上将同时存在入射波和反射波，这时传输线工作在行驻波状态。此时传输线上的电压和电流表达式分别为

$$\begin{aligned}U(z') &= U_2^+ e^{j\beta z'} + U_2^- e^{-j\beta z'} = U_2^+ e^{j\beta z'} + \rho_2 U_2^+ e^{-j\beta z'} \\ &= U_2^+ e^{j\beta z'} + 2\rho_2 U_2^+ \frac{e^{j\beta z'} + e^{-j\beta z'}}{2} - \rho_2 U_2^+ e^{j\beta z'} \\ &= U_2^+ e^{j\beta z'}(1-\rho_2) + 2\rho_2 U_2^+ \cos(\beta z') \end{aligned} \tag{9.132}$$

$$I(z') = I_2^+ e^{j\beta z'} + I_2^- e^{-j\beta z'} = I_2^+ e^{j\beta z'}(1-\rho_2) + j2\rho_2 I_2^+ \sin(\beta z') \tag{9.133}$$

由此可看出，传输线上的电压、电流都由两项构成，前一项为行波分量，后一项为驻波分量。为了定量描述传输线上的行波分量和驻波分量，引入驻波系数 S_w 和行波系数 K_w。

驻波系数 S_w 表示为

$$S_w = \frac{|U|_{max}}{|U|_{min}} = \frac{|I|_{max}}{|I|_{min}} \tag{9.134}$$

驻波系数和反射系数的关系为

$$S_w = \frac{1+|\rho_2|}{1-|\rho_2|} \tag{9.135}$$

由式（9.135）可知，当传输线工作在行波状态时，$|\rho_2| = 0$（无反射），$S_w = 1$；当传输线工作在驻波状态时，$|\rho_2| = 1$（全反射），$S_w = \infty$；当传输线工作在混合状态时，$|\rho_2| < 1$（部分反射），$1 < S_w < \infty$。

行波系数 K_w 表示为

$$K_w = \frac{|U|_{min}}{|U|_{max}} = \frac{|I|_{min}}{|I|_{max}} \tag{9.136}$$

显然，

$$K_w = \frac{1}{S_w} = \frac{1-|\rho_2|}{1+|\rho_2|} \tag{9.137}$$

最后简单讨论一下阻抗匹配的概念。根据上述分析可知，使传输线处于行波工作状态时有如下优点：

① 负载可吸收传输线传来的全部功率；

② 传输线的功率容量大，传输效率高；

③ 负载对波源无影响，波源工作较稳定。

但实际的微波系统中传输线并不总是工作在行波状态下的，即传输线与负载常常是不匹配的，因此讨论传输线的阻抗匹配是传输线理论中的重要内容。在由信号源、传输线及负载组成的微波系统中，如果传输线与负载不匹配，传输线上将形成驻波，这样会使传输线功率

容量降低，同时还会增加传输线的衰减，也会影响信号源的频率和输出功率的稳定性，使得信号源不能输出最大功率，负载也得不到全部的入射功率。

要使传输线与负载达到匹配，通常在负载与传输线之间引入阻抗匹配器，只要阻抗匹配器和负载各自产生的反射波等幅反相，就能相互抵消，阻抗匹配器与信号源之间的传输线就会处于无反射的行波工作状态，这就是负载阻抗匹配的物理实质。匹配一般有两种：一种是阻抗匹配，即传输线两端所接的阻抗等于传输线的特性阻抗，使传输线工作在行波状态；另一种是共轭匹配，使信号源输出最大功率。

例 9.1 特性阻抗为 50Ω 的传输线，终端负载为 $Z_L = 100\Omega$，求传输线上的驻波系数 S_w 及 $z' = \lambda/8$、$\lambda/4$、$3\lambda/8$、$\lambda/2$ 处的输入阻抗。

解：传输线终端的电压反射系数为

$$\rho_2 = \frac{Z_L - Z_0}{Z_L + Z_0} = \frac{100-50}{100+50} = \frac{1}{3}$$

驻波系数为

$$S_w = \frac{1+|\rho_2|}{1-|\rho_2|} = 2$$

输入阻抗为

$$Z_{in}(z') = Z_0 \frac{Z_L + jZ_0 \tan\beta z'}{Z_0 + jZ_L \tan\beta z'}$$

当 $z' = \lambda/8$ 时，$\beta z' = \frac{2\pi}{\lambda} \times \frac{1}{8}\lambda = \frac{1}{4}\pi$，

$$Z_{in}\left(\frac{\lambda}{8}\right) = 50\frac{100 + j50\tan\frac{\pi}{4}}{50 + j100\tan\frac{\pi}{4}} = 50e^{-j36.9^\circ} = 40 - j30(\Omega)$$

当 $z' = \lambda/4$ 时，$\beta z' = \frac{2\pi}{\lambda} \times \frac{\lambda}{4} = \frac{\pi}{2}$，

$$Z_{in}\left(\frac{\lambda}{4}\right) = 50\frac{100 + j50\tan\frac{\pi}{2}}{50 + j100\tan\frac{\pi}{2}} = \frac{50^2}{100} = 25(\Omega)$$

当 $z' = \lambda/2$ 时，$\beta z' = \frac{2\pi}{\lambda} \times \frac{\lambda}{2} = \pi$，

$$Z_{in}\left(\frac{\lambda}{2}\right) = 50\frac{100 + j50\tan\pi}{50 + j100\tan\pi} = 100(\Omega)$$

当 $z' = 3\lambda/8$ 时，$\beta z' = \frac{2\pi}{\lambda} \times \frac{3}{8}\lambda = \frac{3}{4}\pi$，

$$Z_{in}\left(\frac{3}{8}\lambda\right) = 50\frac{100 + j50\tan\frac{3}{4}\pi}{50 + j100\tan\frac{3}{4}\pi} = 50\frac{2-j}{1-2j} = 50e^{j36.9^\circ} = 40 + j30(\Omega)$$

例 9.2 特性阻抗 $Z_0 = 75\Omega$ 的传输线，终端接 $Y_L = \frac{1}{75} - j\frac{1}{75}$(S)的负载，为使在某频率点传输线上无反射波，即达到匹配，在负载上并联一段特性阻抗为 75Ω 的短路线，求短路线的长度。

解： 如果短路线的输入导纳为

$$Y_{\mathrm{in}}(z') = \frac{1}{Z_{\mathrm{in}}} = \mathrm{j}\frac{1}{75}$$

即

$$Z_{\mathrm{in}}(z') = -\mathrm{j}75\Omega$$

与负载并联后总负载导纳为

$$Y_L' = \frac{1}{75} - \mathrm{j}\frac{1}{75}\left(+\mathrm{j}\frac{1}{75}\right) = \frac{1}{75}$$

该负载可与主传输线匹配。由式（9.124）可得

$$Z_{\mathrm{in}}(z') = -\mathrm{j}75 = \mathrm{j}Z_0\tan(\beta z') = \mathrm{j}75\tan\left(\frac{2\pi}{\lambda_2}z'\right)$$

当 $z' = 3\lambda_2/8$ 时，$\beta z' = \frac{2\pi}{\lambda_2}\times\frac{3}{8}\lambda_2 = \frac{3}{4}\pi$，

$$Z_{\mathrm{in}}(z') = -\mathrm{j}75\Omega$$

即 $z' = 3\lambda_2/8$ 时传输线上无反射波，其中，$\lambda_2 = \frac{v_{p_2}}{f} = \frac{c}{f\sqrt{\varepsilon_{\mathrm{r}}\mu_{\mathrm{r}}}}$，$\mu_{\mathrm{r}}$ 和 ε_{r} 为该段传输线的相对介质参数。

9.3　矩形波导

在微波波段，为了减少传播损耗并防止电磁波向外泄漏，采用空心的金属管作为传输电磁波能量的导波装置。由于矩形波导具有结构简单、机械强度大的优点，而且它没有内导体，因此导体损耗低，功率容量大。在目前大中功率的微波设备中，经常采用矩形波导作为传输线并构成微波元件。1933 年发现空心金属管能传播电磁波，实际应用的主要是矩形横截面的矩形金属波导管和圆形横截面的圆形金属波导管，本节只讨论前者。由于空心金属波导管中只存在 TE 波和 TM 波，因此需求出矩形波导中导行波的具体表达式。

下面分别讨论矩形波导中的 TM 波和 TE 波。

9.3.1　矩形波导中的 TM 波

设矩形波导中，波导宽边内尺寸为 a，窄边内尺寸为 b，波导内壁为理想导体，波导内充满了均匀线性各向同性的理想介质。如图 9.7 所示，采用正交坐标系，对于 TM 波，有 $H_z = 0$ 和 $E_z \neq 0$，主要问题是求出 E_z，得到 E_z 就可以根据式（9.24）～式（9.27）求出其他分量。

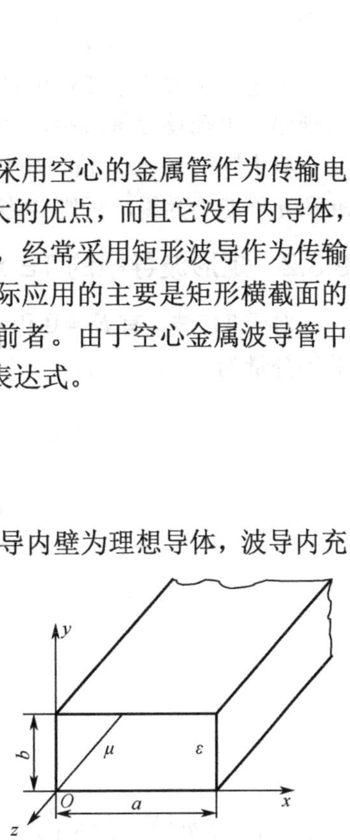

图 9.7　矩形波导

对于图 9.7 所示的矩形波导，E_z 所满足的方程为

$$\frac{\partial^2 E_z}{\partial x^2} + \frac{\partial^2 E_z}{\partial y^2} + h^2 E_z = 0 \tag{9.138}$$

要得到确定的解，就必须知道边界条件。由于矩形波导的 4 个面为理想导体，故其边界条件为

$$E_z(0, y) = 0 \tag{9.139}$$

$$E_z(a, y) = 0 \tag{9.140}$$

$$E_z(x,0)=0 \tag{9.141}$$

$$E_z(x,b)=0 \tag{9.142}$$

利用第 4 章介绍的分离变量法可以求得

$$E_z = E_0 \sin\left(\frac{m\pi}{a}x\right)\sin\left(\frac{n\pi}{b}y\right) \qquad (m,n=1,2,3\cdots) \tag{9.143}$$

式中，E_0 的大小由波的激励源决定。将式（9.143）分别代入式（9.24）～式（9.27），即得到矩形波导中 TM 波的场分量为

$$E_x = -\mathrm{j}\frac{\beta}{h^2}\frac{m\pi}{a}E_0\cos\left(\frac{m\pi}{a}x\right)\sin\left(\frac{n\pi}{b}y\right) \tag{9.144}$$

$$E_y = -\mathrm{j}\frac{\beta}{h^2}\frac{n\pi}{b}E_0\sin\left(\frac{m\pi}{a}x\right)\cos\left(\frac{n\pi}{b}y\right) \tag{9.145}$$

$$H_x = \mathrm{j}\frac{\omega\varepsilon}{h^2}\frac{n\pi}{b}E_0\sin\left(\frac{m\pi}{a}x\right)\cos\left(\frac{n\pi}{b}y\right) \tag{9.146}$$

$$H_y = \mathrm{j}\frac{\omega\varepsilon}{h^2}\frac{m\pi}{a}E_0\cos\left(\frac{m\pi}{a}x\right)\sin\left(\frac{n\pi}{b}y\right) \tag{9.147}$$

式中，$h^2=\left(\frac{m\pi}{a}\right)^2+\left(\frac{n\pi}{b}\right)^2$。

上述式子表示了 TM 波的场分量沿 x 和 y 方向的变化规律。对于随时间和沿 z 方向的变化规律，可在场分量后乘以因子 $\mathrm{e}^{\mathrm{j}\omega t-\Gamma z}$ 来表示。

取不同的 m 和 n 值，将代表不同的 TM 波场结构形式，用 TM_{mn} 来表示。对于 TM 波，m 和 n 不能均为零，否则会出现没有意义的零解。

9.3.2 矩形波导中的 TE 波

对于 TE 波，有 $E_z=0$ 和 $H_z\neq 0$。与求解 TM 波的方法类似，可以求得矩形波导中 TE 波的场分量为

$$E_x = \mathrm{j}\frac{\omega\mu}{h^2}\frac{n\pi}{b}H_0\cos\left(\frac{m\pi}{a}x\right)\sin\left(\frac{n\pi}{b}y\right) \tag{9.148}$$

$$E_y = -\mathrm{j}\frac{\omega\mu}{h^2}\frac{m\pi}{a}H_0\sin\left(\frac{m\pi}{a}x\right)\cos\left(\frac{n\pi}{b}y\right) \tag{9.149}$$

$$H_x = \mathrm{j}\frac{\beta}{h^2}\frac{m\pi}{a}H_0\sin\left(\frac{m\pi}{a}x\right)\cos\left(\frac{n\pi}{b}y\right) \tag{9.150}$$

$$H_y = \mathrm{j}\frac{\beta}{h^2}\frac{n\pi}{b}H_0\cos\left(\frac{m\pi}{a}x\right)\sin\left(\frac{n\pi}{b}y\right) \tag{9.151}$$

$$H_z = H_0\cos\left(\frac{m\pi}{a}x\right)\cos\left(\frac{n\pi}{b}y\right) \tag{9.152}$$

式中，$h^2=\left(\frac{m\pi}{a}\right)^2+\left(\frac{n\pi}{b}\right)^2 (m,n=0,1,2\cdots)$。

与 TM 波一样，用 TE_{mn} 来表示矩形波导中 TE 波的不同模式，但对于 TE 波，m 和 n 不能同时为零。

电磁波在均匀波导装置中传播时主要存在三种状态：传播状态、截止状态和临界状态。根据临界状态条件 $\Gamma=0$，可以求出矩形波导中 TE 波、TM 波的截止频率和截止波长，然后可进一步讨论相关的传播性质。

由上述计算结果可知，矩形波导中的 TE 波和 TM 波具有相同的截止波数表达式

$$h^2=\left(\frac{m\pi}{a}\right)^2+\left(\frac{n\pi}{b}\right)^2$$

因此，TE 波和 TM 波的截止波长 λ_c 与截止频率 f_c 也应具有相同的形式。另外，TE 波和 TM 波在矩形波导中的传播系数均为

$$\Gamma=\sqrt{h^2-k^2}=\sqrt{\left(\frac{m\pi}{a}\right)^2+\left(\frac{n\pi}{b}\right)^2-\omega^2\mu\varepsilon} \tag{9.153}$$

由 $\Gamma=0$ 可以求出截止波长和截止频率，即

$$f_c=\frac{\omega_c}{2\pi}=\frac{1}{2\pi\sqrt{\mu\varepsilon}}\sqrt{\left(\frac{m\pi}{a}\right)^2+\left(\frac{n\pi}{b}\right)^2} \tag{9.154}$$

相应的截止波长为

$$\lambda_c=\frac{v}{f_c}=\frac{2\pi}{\sqrt{\left(\frac{m\pi}{a}\right)^2+\left(\frac{n\pi}{b}\right)^2}} \tag{9.155}$$

可见，截止波长与波导横截面尺寸 a、b 及模阶数 m、n 有关，而截止频率则与波导横截面尺寸、模阶数及介质的电磁参数有关。

当 Γ 为虚数时，波的传播才成为可能，所以由 $\Gamma=\mathrm{j}\beta$ 及 $\Gamma^2=h^2+k^2$ 可得相位常数

$$\beta=\sqrt{k^2-h^2}=\sqrt{\omega^2\mu\varepsilon-\left[\left(\frac{m\pi}{a}\right)^2+\left(\frac{n\pi}{b}\right)^2\right]}=k\sqrt{1-\left(\frac{f_c}{f}\right)^2} \tag{9.156}$$

波的相速为

$$v_p=\frac{\omega}{\beta}=\frac{v}{\sqrt{1-\left(\frac{f_c}{f}\right)^2}} \tag{9.157}$$

式中，$v=1/\sqrt{\mu\varepsilon}$ 为电磁波在无界空间的波速。

波导中的波长为

$$\lambda_g=\frac{v_p}{f}=\frac{\lambda}{\sqrt{1-\left(\frac{f_c}{f}\right)^2}}=\frac{\lambda}{\sqrt{1-\left(\frac{\lambda}{\lambda_c}\right)^2}} \tag{9.158}$$

式中，λ 是电磁波在无界空间的波长。

由式（9.144）～式（9.147）和式（9.148）～式（9.152）可以看出，每一对 m、n 将对应波导中的一个模式，每个模式在波导中都独立存在。因此，满足矩形波导波动方程和边界条件的解有无穷多个，包括无穷多个 TE_{mn} 模和无穷多个 TM_{mn} 模。另外，在矩形波导中，导行波的任何一个分量在横截面的 x 方向和 y 方向都呈驻波分布，模阶数 m 和 n 分别表示导行波沿 x 方向和 y 方向的半驻波个数。

由式（9.154）和式（9.155）可以看出，同一矩形波导中 m、n 相同的 TE_{mn} 波和 TM_{mn} 波具有相同的截止波长和截止频率，这种现象称为简并现象。具有相同截止波长和截止频率的 TE_{mn} 波和 TM_{mn} 波的总数称为简并度，矩形波导中的模式一般具有 TE_{mn} 模式和 TM_{mn} 模式的二重简并。

当波导尺寸一定时，不同的 m、n 所对应的截止波长（或截止频率）不同。波导中具有最长截止波长（或最低截止频率）的模式称为最低次模，其他模式则称为高次模。如果 $a>b$，矩形波导中的最低次 TE 模是 TE_{10} 模，最低次 TM 模是 TM_{11} 模。又由式（9.155）可知 $(\lambda_c)_{TE_{10}} > (\lambda_c)_{TM_{11}}$，故 TE_{10} 模是矩形波导所有模式中的最低次模，称为矩形波导的主模。

矩形波导中 TE_{mn} 波和 TM_{mn} 波的波阻抗分别为

$$Z_{TM}=\frac{E_x}{H_y}=-\frac{E_y}{H_x}=\frac{\Gamma}{j\omega\varepsilon}=\frac{\beta}{\omega\varepsilon}=\eta\sqrt{1-\left(\frac{f_c}{f}\right)^2} \tag{9.159}$$

$$Z_{TE}=\frac{E_x}{H_y}=-\frac{E_y}{H_x}=\frac{j\omega\mu}{\Gamma}=\frac{\omega\mu}{\beta}=\frac{\eta}{\sqrt{1-\left(\frac{f_c}{f}\right)^2}} \tag{9.160}$$

式中，$\eta=\sqrt{\frac{\mu}{\varepsilon}}$ 为介质的本征阻抗。

由式（9.159）和式（9.160）可以看出，当 $f=f_c$ 时，Z_{TM} 变为零，而 Z_{TE} 变为无限大。当 $f>f_c$ 时，Z_{TM} 和 Z_{TE} 均为实数；当 $f<f_c$ 时，Z_{TM} 和 Z_{TE} 均为虚数，此时电磁波只有衰减没有传播。由于阻抗为虚数时呈纯电抗性，因此这种衰减与欧姆损耗引起的衰减不同，这是一种电抗衰减，能量没有损失，而是在波源与波导之间来回反射。

9.3.3 矩形波导中的 TE_{10} 波

在实际应用中，为了解决波导的激励耦合及其他一些实际问题，需要了解波导中电场和磁场的分布情况，即所谓的场结构。为了能直观地了解波导的场结构，可以利用电力线和磁力线来描述。

TE_{10} 波是矩形波导中的主波，它具有最宽的单模工作频带，因此 TE_{10} 模是工程中常采用的矩形波导工作模式，下面主要来讨论 TE_{10} 波。

将 $m=1$、$n=0$ 分别代入式（9.148）～式（9.152），即可得到 TE_{10} 波的场量表达式为

$$E_y=-j\omega\mu\frac{a}{\pi}H_0\sin\left(\frac{\pi}{a}x\right) \tag{9.161}$$

$$H_x=j\beta\frac{a}{\pi}H_0\sin\left(\frac{\pi}{a}x\right) \tag{9.162}$$

$$H_z=H_0\cos\left(\frac{\pi}{a}x\right) \tag{9.163}$$

$$E_x=E_z=H_y=0 \tag{9.164}$$

式中，

$$\beta=\sqrt{\omega^2\mu\varepsilon-\left(\frac{\pi}{a}\right)^2}=\omega\sqrt{\mu\varepsilon}\sqrt{1-\left(\frac{\lambda}{2a}\right)^2} \tag{9.165}$$

图 9.8 给出了矩形波导中 TE_{10} 波的场量分布图。

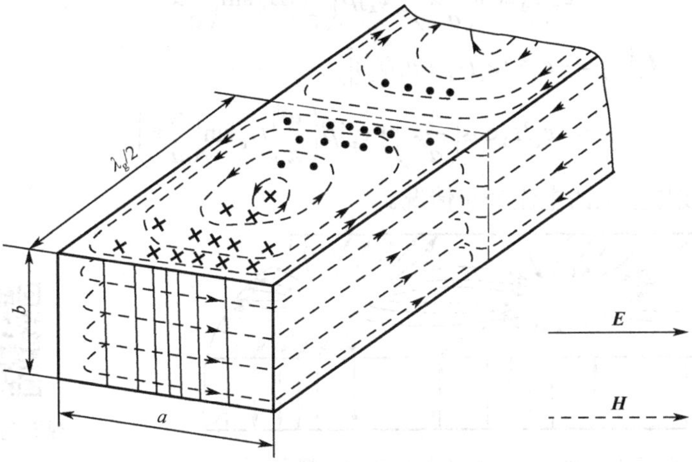

观看动态仿真图

图 9.8　TE_{10} 波的场量分布图

由图 9.8 可见，TE_{10} 波的电力线是从一宽壁到另一宽壁的直线，而磁力线是在 xOy 平面上的闭合曲线，电力线与磁力线是交链的。了解矩形波导中的场分布，不仅可以深入理解 TE_{10} 波，在工程中也具有一定的实用意义。例如，从 TE_{10} 波的电力线可以看出，电场垂直于宽边，且在宽边中央具有最大值，在靠近窄边处为零。磁力线是平行于宽边的闭合线，且在靠近窄边沿波导轴线方向的分量最大。了解了 TE_{10} 波在矩形波导中的这些结构特点，在工程应用中若需要从矩形波导中耦合电磁能量，如果采用电耦合，就可从波导宽壁中央插入平行于电场的小导线探针。如果采用磁耦合，就可从窄壁上插入垂直于磁力线的小导线环。

当波导中有导行电磁波时，将在金属波导管内壁感应出高频传导电流。实际的波导管内壁都是良导体，由于电磁场在微波波段对良导体的穿透深度很小（数量级为1μm），因此可以认为管壁上的这种电流是面电流。另外，在波导内壁空间中，电场变化将产生位移电流，这两种电流之和保证了全电流的连续性。在矩形波导壁上电荷与电流的分布情况如何？在波导壁上电荷密度 ρ_S 由边界条件 $\rho_S = \boldsymbol{e}_\mathrm{n}\cdot\boldsymbol{D}$ 给出，即

$$\begin{aligned}\rho_S\big|_{y=0} &= \boldsymbol{e}_\mathrm{n}\cdot\varepsilon E_y\boldsymbol{e}_y = \boldsymbol{e}_y\cdot\left[-\boldsymbol{e}_y\mathrm{j}\omega\mu\varepsilon\left(\frac{a}{\pi}\right)H_0\sin\left(\frac{\pi}{a}x\right)\right]\\ &= -\mathrm{j}\omega\mu\varepsilon\left(\frac{a}{\pi}\right)H_0\sin\left(\frac{\pi}{a}x\right)\end{aligned} \tag{9.166}$$

$$\begin{aligned}\rho_S\big|_{y=b} &= \boldsymbol{e}_\mathrm{n}\cdot\varepsilon E_y\boldsymbol{e}_y = -\boldsymbol{e}_y\cdot\left[-\boldsymbol{e}_y\mathrm{j}\omega\mu\varepsilon\left(\frac{a}{\pi}\right)H_0\sin\left(\frac{\pi}{a}x\right)\right]\\ &= \mathrm{j}\omega\mu\varepsilon\left(\frac{a}{\pi}\right)H_0\sin\left(\frac{\pi}{a}x\right)\end{aligned} \tag{9.167}$$

$$\rho_S\big|_{x=0} = \rho_S\big|_{x=a} = 0 \tag{9.168}$$

波导壁上的面电流密度 $\boldsymbol{J}_S$ 由边界条件 $\boldsymbol{J}_S = \boldsymbol{e}_\mathrm{n}\times\boldsymbol{H}$ 给出，即

$$\boldsymbol{J}_S\big|_{x=0} = \boldsymbol{e}_x\times(\boldsymbol{e}_xH_x+\boldsymbol{e}_zH_z)\big|_{x=0} = -\boldsymbol{e}_yH_0 \tag{9.169}$$

$$\boldsymbol{J}_S\big|_{x=a} = -\boldsymbol{e}_x\times(\boldsymbol{e}_xH_x+\boldsymbol{e}_zH_z)\big|_{x=a} = -\boldsymbol{e}_yH_0 \tag{9.170}$$

$$\boldsymbol{J}_S\big|_{y=0} = \boldsymbol{e}_y\times(\boldsymbol{e}_xH_x+\boldsymbol{e}_zH_z)\big|_{y=0}$$

$$
= \boldsymbol{e}_x H_0 \cos\left(\frac{\pi}{a}x\right) - \boldsymbol{e}_z \mathrm{j}\beta\left(\frac{a}{\pi}\right) H_0 \sin\left(\frac{\pi}{a}x\right) \tag{9.171}
$$

$$
\begin{aligned}
\boldsymbol{J}_S\Big|_{y=b} &= -\boldsymbol{e}_y \times (\boldsymbol{e}_x H_x + \boldsymbol{e}_z H_z)\Big|_{y=b} \\
&= -\boldsymbol{e}_x H_0 \cos\left(\frac{\pi}{a}x\right) + \boldsymbol{e}_z \mathrm{j}\beta\left(\frac{a}{\pi}\right) H_0 \sin\left(\frac{\pi}{a}x\right)
\end{aligned} \tag{9.172}
$$

图 9.9 表示了某时刻波导壁上的电流分布情况。

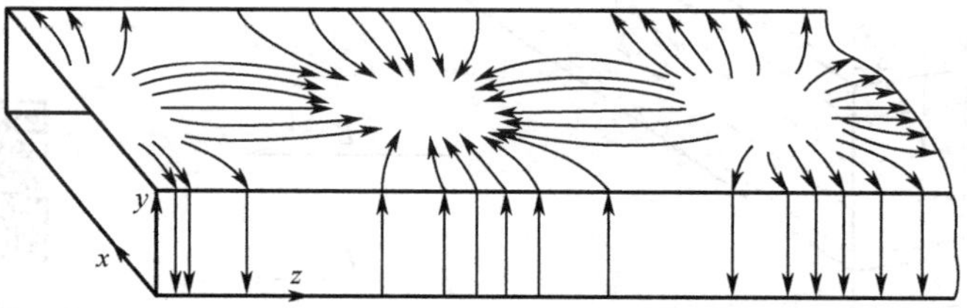

观看动态仿真图

图 9.9　传播 TE_{10} 波时波导壁上的电流分布情况

由图 9.9 可以看出，在窄壁上电流为横向。在宽壁的中央电流为纵向，在两边电流为横向。由全电流连续性原理可知，在宽壁上传导电流中断的地方，一定有波导中的位移电流使全电流连续。研究波导管壁电流分布具有实际意义，例如，为了测量波导内的功率与传播特性等需要在波导壁上开缝或开孔，此时开缝必须不破坏原来波导内的电磁场分布，因此缝必须顺着电流线开，并尽量窄。这种不切断高频电流的缝称为无辐射缝。但有时开缝是为了实现能量耦合，或使大量高频电磁能量从波导中辐射出来，或使外部电磁能量通过缝进入波导中，因此这样的缝应该切断管壁电流，这种切断高频电流的缝称为强辐射缝，这种缝通常开在垂直于电流线之处。

下面以矩形波单模传输为例，来简单说明波导尺寸的选择问题。由式（9.155）可得 TE_{10} 波的截止波长为 $\lambda_c = 2a$，要保证单模传输，必须满足 $\lambda < \lambda_c = 2a$，即 $a > \lambda/2$。另一方面，必须抑制最靠近 TE_{10} 模的高次模，即 TE_{20} 模或 TE_{01} 模。TE_{20} 模或 TE_{01} 模的截止波长分别为 a 和 $2b$。因此，要抑制 TE_{20} 模，必须要求 $\lambda > a$，要抑制 TE_{01} 模，必须要求 $\lambda > 2b$，由此可得横截面尺寸应满足

$$
\frac{\lambda}{2} < a < \lambda \tag{9.173}
$$

$$
0 < b < \frac{\lambda}{2} \tag{9.174}
$$

除了保证单模传输，还必须考虑损耗要小，保证一定功率容量及制造工艺要求。通常将矩形波导传输 TE_{10} 模的尺寸选取为

$$
a = 0.7\lambda, \quad b = (0.4 \sim 0.5)a \tag{9.175}
$$

波导的尺寸与波长的关系限制了波导系统适用的频率范围。当波长较大时，波导由于尺寸太大、太笨重而无法采用。当频率很高，波长较小时，波导尺寸较小，使得加工十分困难。因此，波导系统适用于厘米和毫米波段。工程上为了便于生产、安装和维修，波导的尺寸规格已标准系列化，不同频段使用的波导规格、型号、尺寸可由微波工程手册查得。

例 9.3　三种型号的矩形波导尺寸为

BJ-40：　58.20mm × 29.10mm

BJ−100：　22.86mm × 10.16mm

BJ−120：　19.05mm × 9.52mm

分别求其单模工作的频率范围。

解：单模传输时，波长与尺寸的关系为

$$a<\lambda<2a$$

设可单模传输的波长范围为λ_1～λ_2，则

$$a<\lambda_1\sim\lambda_2<2a$$

$$f_1=\frac{c_1}{\lambda_1}<\frac{c}{a}，\quad f_2=\frac{c_1}{\lambda_2}<\frac{c}{2a}$$

对于 BJ−40 型，将相应的波导尺寸代入上式，有

$$f_1<\frac{c}{a}=5.15\text{GHz}，\quad f_2>\frac{c}{2a}=2.57\text{GHz}$$

即单模传输的频率为2.58～5.15GHz 。

同理，BJ−100 型单模传输的频率为6.562～13.12GHz，BJ−120 型单模传输的频率为7.88～15.7GHz 。

例 9.4　设计使$f=3\pm0.3$GHz的电磁波进行单模传输的波导尺寸，并使f与截止频率之间至少有 20%的保护带。

解：已知

$$f_1=3-0.3=2.7\text{GHz}，\quad f_2=3+0.3=3.3\text{GHz}$$

若留有 20%的保护带，设 TE_{10} 波的截止频率为f_{c_1}，TE_{20} 波的截止频率为f_{c_2}，则

$$f_1\geqslant f_{c_1}(1+0.2)=\frac{c}{2a}\times1.2，\quad f_2\leqslant f_{c_2}(1-0.2)=\frac{c}{a}\times0.8$$

由以上两式得

$$a\geqslant0.6\times\frac{c}{f_1}=0.067\text{m}，\quad a\leqslant0.8\times\frac{c}{f_2}=0.072\text{m}$$

$$f_1'=f_1(1-0.2)=2.16\text{GHz}，\quad f_2'=f_2(1+0.2)=3.96\text{GHz}$$

$$\lambda_1'=\frac{c}{f_1'}=138.9\text{mm}，\quad \lambda_2'=\frac{c}{f_2'}=75.75\text{mm}$$

并由$a<75.75\sim138.9\text{mm}<2a$，得

$$a<75.75\text{mm}，\quad a>69.45\text{mm}$$

所以取

$$a=70\text{mm}，\quad b=0.2a=14\text{mm}$$

例 9.5　在尺寸为$a=22.86$mm，$b=10.16$mm的矩形波导中测得波导两相邻波节点距离为$l=22.5$mm，求波导中传输的电磁波的波长。

解：波导中波节点之间的距离是$\lambda_g/2$，因此$\lambda_g=2l=2\times22.5=45$mm，由$\lambda_g$与$\lambda$的关系式

$$\lambda_g=\frac{\lambda}{\sqrt{1-\left(\frac{\lambda}{2a}\right)^2}}$$

得

$$\lambda_g = \frac{\lambda}{\sqrt{1-\left(\frac{\lambda}{2a}\right)^2}}$$

例 9.6 空气填充的矩形波导尺寸为 $a = 22.86\text{mm}$，$b = 10.16\text{mm}$，$f = 14\text{GHz}$ 的电磁波在该波导中存在哪几种模式（即有哪几种传播模式）？当该波导中填充 $\varepsilon_r = 2$，$\mu_r = 1$ 的理想介质后，该频率的电磁波又有哪几种模式存在？

解：空气填充时，$\lambda_0 = \dfrac{c}{f} = \dfrac{3\times 10^8}{14\times 10^9} = 21.43\text{mm}$

而

$$\lambda_{c,TE_{10}} = 2a = 45.72\text{mm}，\ \lambda_{c,TE_{20}} = a = 22.86\text{mm}，\ \lambda_{c,TE_{01}} = 2b = 20.32\text{mm}$$

$$\lambda_{c,TE_{11}} = \lambda_{c,TM_{11}} = \frac{2}{\sqrt{\frac{1}{a^2}+\frac{1}{b^2}}} = 18.56\text{mm}，\ \lambda_{c,TE_{30}} = \frac{2}{3}a = 15.24\text{mm}，$$

$$\lambda_{c,TE_{02}} = b = 10.16\text{mm}，\ \lambda_{c,TE_{21}} = \lambda_{c,TM_{21}} = 15.19\text{mm}$$

用 λ_0 与以上各模式的 λ_c 相比较可见，空气填充时，波导中 TE_{10}、TE_{20} 模式是传播模式，即这两个模式存在。

填充介质时，

$$\lambda = \frac{v}{f} = \frac{c}{\sqrt{\varepsilon_r} f} = 15.16\text{mm}$$

用 λ 与各模式的 λ_c 相比较可知，填充 $\varepsilon_r = 2$ 的介质时，以下模式存在：TE_{10}、TE_{20}、TE_{01}、TE_{11}、TM_{11}、TE_{30}、TE_{21} 和 TM_{21}。

9.4 圆柱形波导

对于圆柱形波导，采用圆柱坐标系表示。设金属圆柱形波导是内半径为 a 的无限长圆柱形直波导，波导内壁是理想导体，波导内介质是理想的，如图 9.10 所示。

图 9.10 圆柱形波导

9.4.1 圆柱形波导中的 TM 波

先求 E_z 分量满足的方程。由于正弦电磁波 E_z 具有 $f(x,y)e^{-\Gamma z}$ 的表达形式，利用 $\nabla^2 E_z + k^2 E_z = 0$ 和 $\nabla^2 = \nabla_t^2 + \partial^2/\partial z^2$ 可得

$$\nabla_t^2 E_z + (\Gamma^2 + k^2)E_z = \nabla_t^2 E_z + h^2 E_z = 0 \tag{9.176}$$

在圆柱坐标系中，

$$\nabla_t^2 = \frac{\partial^2}{\partial r^2} + \frac{1}{r}\frac{\partial}{\partial r} + \frac{1}{r^2}\frac{\partial^2}{\partial \varphi^2} \tag{9.177}$$

故 E_z 分量满足的方程为

$$\frac{\partial^2 E_z}{\partial r^2} + \frac{1}{r}\frac{\partial E_z}{\partial r} + \frac{1}{r^2}\frac{\partial^2 E_z}{\partial \varphi^2} + h^2 E_z = 0 \tag{9.178}$$

式中，$h^2 = \Gamma^2 + k^2$，h 是圆柱形波导的本征值。

利用分量变量法求解式（9.178），令

$$E_z = R(r)\Phi(\varphi) \tag{9.179}$$

经过简单计算可得

$$\frac{r^2}{R(r)}\frac{\mathrm{d}^2R(r)}{\mathrm{d}r^2}+\frac{r}{R(r)}\frac{\mathrm{d}R(r)}{\mathrm{d}r}+h^2r^2=-\frac{1}{\Phi(\varphi)}\frac{\mathrm{d}^2\Phi(\varphi)}{\mathrm{d}\varphi^2} \tag{9.180}$$

要使式（9.180）对所有 r 和 φ 都成立，令等式两边分别等于同一常数 m^2，即

$$-\frac{1}{\Phi(\varphi)}\frac{\mathrm{d}^2\Phi(\varphi)}{\mathrm{d}\varphi^2}=m^2 \tag{9.181}$$

$$\frac{r^2}{R(r)}\frac{\mathrm{d}^2R(r)}{\mathrm{d}r^2}+\frac{r}{R(r)}\frac{\mathrm{d}R(r)}{\mathrm{d}r}+h^2r^2=m^2 \tag{9.182}$$

常微分方程（9.181）的解为

$$\Phi(\varphi)=A\begin{cases}\cos(m\varphi)\\ \sin(m\varphi)\end{cases} \tag{9.183}$$

式（9.182）可改写为

$$\frac{\mathrm{d}^2R(r)}{\mathrm{d}r^2}+\frac{1}{r}\frac{\mathrm{d}R(r)}{\mathrm{d}r}+\left(h^2-\frac{m^2}{r^2}\right)R(r)=0 \tag{9.184}$$

这是贝塞尔方程，它的通解为

$$R(r)=B_1J_m(hr)+B_2N_m(hr) \tag{9.185}$$

式中，$J_m(hr)$ 是 m 阶第一类贝塞尔函数；$N_m(hr)$ 是 m 阶第二类贝塞尔函数。图 9.11 给出了前几阶第一类和第二类贝塞尔函数的变化曲线。

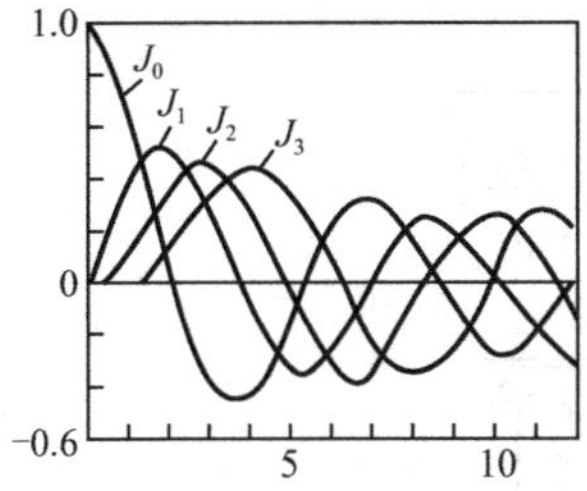

（a）第一类贝塞尔函数$J_m(hr)$

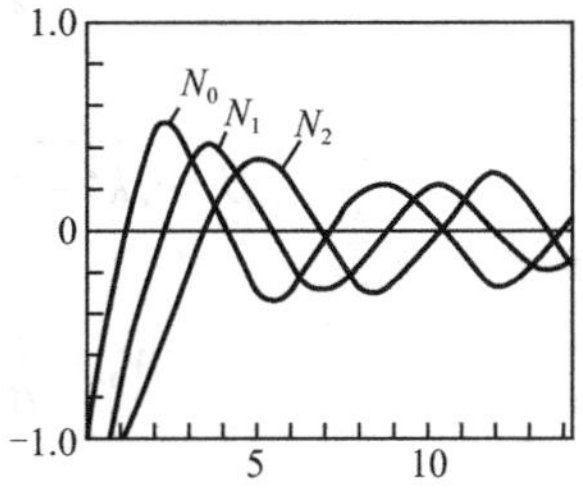

（b）第二类贝塞尔函数$N_m(hr)$

图 9.11　第一类和第二类贝塞尔函数的变化曲线

由于波导中心处的场应为有限值，而当 $r\to 0$ 时，$N_m(hr)\to -\infty$，因此 B_2 必须为零。于是 E_z 可写为

$$E_z=R(r)\Phi(\varphi)=E_0J_m(hr)\begin{cases}\cos(m\varphi)\\ \sin(m\varphi)\end{cases} \tag{9.186}$$

式中，$E_0=AB_1$。将式（9.186）代入式（9.28）～式（9.31），得到圆柱形波导中 TM_{mn} 波的场量为

$$E_r=-\mathrm{j}\left(\frac{\beta}{h}\right)E_0J_m'(hr)\begin{cases}\cos(m\varphi)\\ \sin(m\varphi)\end{cases} \tag{9.187}$$

$$E_\varphi=\mathrm{j}\left(\frac{m\beta}{h^2r}\right)E_0J_m(hr)\begin{cases}\sin(m\varphi)\\ -\cos(m\varphi)\end{cases} \tag{9.188}$$

$$H_r = \mathrm{j}\left(\frac{m\omega\varepsilon}{h^2 r}\right)E_0 J_m(hr)\begin{cases}-\sin(m\varphi)\\ \cos(m\varphi)\end{cases} \tag{9.189}$$

$$H_\varphi = -\mathrm{j}\left(\frac{\omega\varepsilon}{h}\right)E_0 J_m'(hr)\begin{cases}\cos(m\varphi)\\ \sin(m\varphi)\end{cases} \tag{9.190}$$

式中，E_0 由激励源决定。根据边界条件，在圆柱形波导的内壁（$r=a$ 处），$E_z=0$。因此有

$$J_m(ha)=0 \tag{9.191}$$

由此可求出圆柱形波导的本征值 h。设 p_{mn} 为 m 阶贝塞尔函数的第 n 个根，则有

$$h_{mn}=\frac{p_{mn}}{a} \tag{9.192}$$

表 9.2 给出了 p_{mn} 的前几个值。

表 9.2　$J_m(p)=0$ 的根 p_{mn}

m	$n=1$	$n=2$	$n=3$	$n=4$	$n=5$
0	2.405	5.520	8.654	11.792	14.931
1	3.832	7.016	10.173	13.324	16.471
2	5.136	8.417	11.620	14.796	17.960

这样可以求得圆柱形波导的基本参数：

截止频率

$$f_\mathrm{c}=\frac{h}{2\pi\sqrt{\mu\varepsilon}} \tag{9.193}$$

截止波长

$$\lambda_\mathrm{c}=\frac{2\pi}{h} \tag{9.194}$$

传播系数

$$\beta=\sqrt{k^2-h^2}=k\sqrt{1-\left(\frac{f_\mathrm{c}}{f}\right)^2} \tag{9.195}$$

相速

$$v_\mathrm{p}=\frac{\omega}{\beta}=\frac{v}{\sqrt{1-\left(\frac{f_\mathrm{c}}{f}\right)^2}} \tag{9.196}$$

波导波长

$$\lambda_\mathrm{g}=\frac{v_\mathrm{p}}{f}=\frac{\lambda}{\sqrt{1-\left(\frac{f_\mathrm{c}}{f}\right)^2}}=\frac{\lambda}{\sqrt{1-\left(\frac{\lambda}{\lambda_\mathrm{c}}\right)^2}} \tag{9.197}$$

9.4.2 圆柱形波导中的 TE 波

类似地，可得到圆柱形波导中 TE 波的各场量表达式为

$$H_z = H_0 J_m(hr)\begin{cases}\cos(m\varphi)\\ \sin(m\varphi)\end{cases} \tag{9.198}$$

$$H_r = -\mathrm{j}\left(\frac{\beta}{h}\right)H_0 J_m'(hr)\begin{cases}\cos(m\varphi)\\ \sin(m\varphi)\end{cases} \tag{9.199}$$

$$H_\varphi = \mathrm{j}\left(\frac{m\beta}{h^2 r}\right)H_0 J_m(hr)\begin{cases}\sin(m\varphi)\\ -\cos(m\varphi)\end{cases} \tag{9.200}$$

$$E_r = \mathrm{j}\left(\frac{m\omega\mu}{h^2 r}\right)H_0 J_m(hr)\begin{cases}\sin(m\varphi)\\ -\cos(m\varphi)\end{cases} \tag{9.201}$$

$$E_\varphi = \mathrm{j}\left(\frac{\omega\mu}{h}\right)H_0 J'_m(hr)\begin{cases}\cos(m\varphi)\\ \sin(m\varphi)\end{cases} \tag{9.202}$$

式中，H_0 由激励源决定。根据边界条件，当 $r=a$ 时，E_φ 应为零，所以有

$$J'_m(ha)=0 \tag{9.203}$$

令 p'_{mn} 表示 m 阶贝塞尔函数的导数 $J'_m(ha)=0$ 的第 n 个根，则有

$$h_{mn} = \frac{p'_{mn}}{a} \tag{9.204}$$

表 9.3 给出了 p'_{mn} 的前几个值。

表 9.3　$J'_m(p)=0$ 的根 p'_{mn}

m	$n=1$	$n=2$	$n=3$	$n=4$
0	3.832	7.016	10.174	13.324
1	1.841	5.332	8.536	11.706
2	3.054	6.705	9.965	13.170

圆柱形波导中的最低阶模式 TM_{01} 波的最低截止频率为

$$f_c = \frac{h_{01}}{2\pi\sqrt{\mu\varepsilon}} = \frac{2.405}{2\pi a\sqrt{\mu\varepsilon}} \tag{9.205}$$

TE_{01} 波的最低截止频率为

$$f_c = \frac{h_{01}}{2\pi\sqrt{\mu\varepsilon}} = \frac{3.832}{2\pi a\sqrt{\mu\varepsilon}} \tag{9.206}$$

TE_{11} 波的最低截止频率为

$$f_c = \frac{h_{11}}{2\pi\sqrt{\mu\varepsilon}} = \frac{1.841}{2\pi a\sqrt{\mu\varepsilon}} \tag{9.207}$$

这三种模式是圆柱形波导常用的模式。由此可以看出，在一定的圆柱半径下，TE_{11} 波具有最低截止频率，因此，对圆柱波导来说，TE_{11} 波是主波。

根据贝塞尔函数的性质，由于

$$\frac{\mathrm{d}J_0(x)}{\mathrm{d}x} = -J_1(x) \tag{9.208}$$

因此 TE 波的 p'_{0n} 应等于 TM 波的 p_{1n}，即 $(\lambda_c)_{TE_{0n}} = (\lambda_c)_{TM_{1n}}$，所以称 TE_{0n} 波和 TM_{1n} 波是简并的。

圆柱波导的波阻抗为

$$Z_{TM} = \frac{E_r}{H_\varphi} = -\frac{E_\varphi}{H_r} = \frac{\beta}{\omega\varepsilon} = \eta\sqrt{1-\left(\frac{f_c}{f}\right)^2} \tag{9.209}$$

$$Z_{TE} = \frac{E_r}{H_\varphi} = -\frac{E_\varphi}{H_r} = \frac{\omega\mu}{\beta} = \eta\Big/\sqrt{1-\left(\frac{f_c}{f}\right)^2} \tag{9.210}$$

图9.12（a）、（b）和（c）分别给出了圆柱形波导中TE_{01}波、TE_{11}波和TM_{01}波的场分布，其中，实线为电力线，虚线为磁力线。

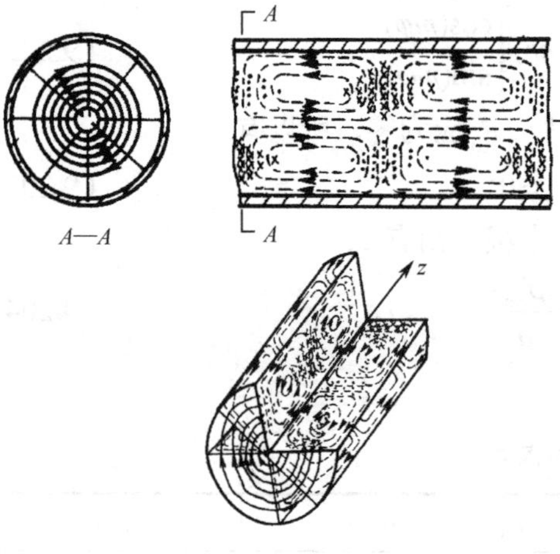

（a）圆柱形波导中TE_{01}波的场分布图

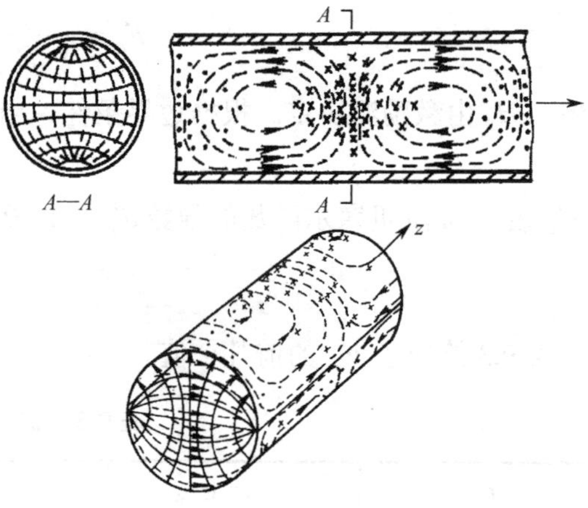

（b）圆柱形波导中TE_{11}波的场分布图

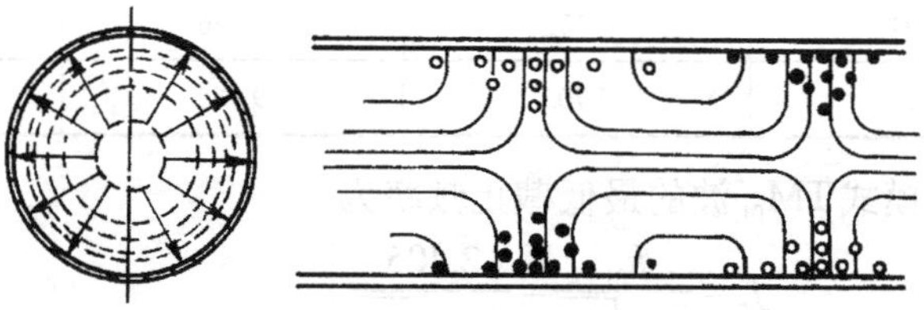

（c）圆柱形波导中TM_{01}波的场分布图

观看动态仿真图

图9.12　圆柱形波导中TE_{01}、TE_{11}、TM_{01}波的场分布图

9.5　导波系统中的功率传输与损耗

电磁波在波导中传播时必将伴有电磁能量的传输与损耗，讨论波导中的能量传输和损耗具有重要的实际意义。

9.5.1　波导的功率传输和功率容量

当终端负载与波导相匹配，或波导为无限长时，波导中传输的功率可以由波导横截面上坡印廷矢量的积分求得，即

$$P=\frac{1}{2}\left[\int_S(\boldsymbol{E}\times\boldsymbol{H}^*)\cdot\mathrm{d}\boldsymbol{S}\right]=\frac{1}{2|Z|}\int_S|\boldsymbol{E}_{\mathrm{t}}|^2\mathrm{d}S=\frac{|Z|}{2}\int_S|\boldsymbol{H}_{\mathrm{t}}|^2\,\mathrm{d}S \tag{9.211}$$

式中，$\boldsymbol{E}$和$\boldsymbol{H}$分别为波导横截面内的电场强度和磁场强度；Z为波阻抗。在矩形波导中，传输功率为

$$P=\frac{1}{2Z}\int_0^a\int_0^b(|E_x|^2+|E_y|^2)\mathrm{d}x\mathrm{d}y \tag{9.212}$$

在圆柱形波导中，传输功率为

$$P=\frac{1}{2Z}\int_0^{\pi}\int_0^a(|E_r|^2+|E_\varphi|^2)r\mathrm{d}r\mathrm{d}\varphi \tag{9.213}$$

下面计算矩形波导中TE_{10}波的传输功率。因为其横向场分量只有E_y分量，所以由

式（9.161）～式（9.164）可得

$$\left|E_y\right| = \omega\mu\frac{a}{\pi}H_0\sin\left(\frac{\pi}{a}x\right) = E_0\sin\left(\frac{\pi}{a}x\right) \tag{9.214}$$

$$E_0 = \omega\mu\frac{a}{\pi}H_0 \tag{9.215}$$

将式（9.214）代入式（9.212），并以 $Z_{\mathrm{TE}_{10}}$ 代替 Z，得

$$P = \frac{1}{2Z_{\mathrm{TE}_{10}}}\int_0^a\int_0^b E_0^2\sin^2\left(\frac{\pi}{a}x\right)\mathrm{d}x\mathrm{d}y = \frac{ab}{4\eta}E_0^2\sqrt{1-\left(\frac{\lambda}{2a}\right)^2} \tag{9.216}$$

式中，$\eta=\sqrt{\mu/\varepsilon}$ 为无限介质的波阻抗。设 E_{br} 为波导中填充介质的击穿电场强度，即介质所能承受的最大电场强度，将式（9.216）中的 E_0 用 E_{br} 代替，则矩形波导中 TE_{10} 波的传输功率的极限功率 P_{br}（即功率容量）为

$$P_{\mathrm{br}} = \frac{ab}{4\eta}E_{\mathrm{br}}^2\sqrt{1-\left(\frac{\lambda}{2a}\right)^2} \tag{9.217}$$

矩形波导的功率容量与波长的关系如图 9.13 所示。

在实际应用中，由于波导内可能存在反射波和局部电场不均匀等问题，以及波导内表面不干净、有毛刺或不均匀等，因此要保证波导能安全地工作，通常取容许功率为

$$P = \left(\frac{1}{3}\sim\frac{1}{5}\right)P_{\mathrm{br}} \tag{9.218}$$

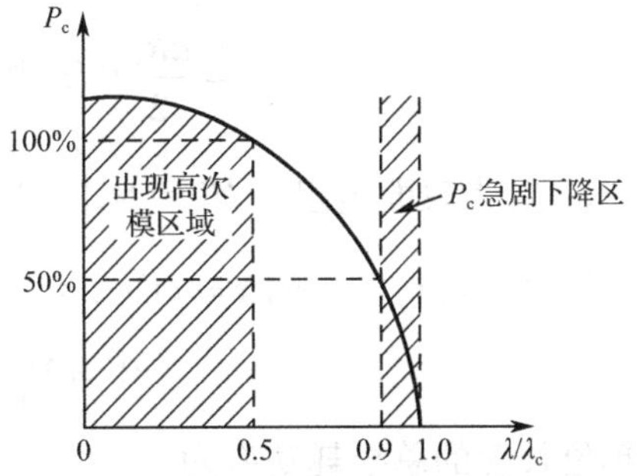

图 9.13　矩形波导功率容量与波长的关系

9.5.2　波导的损耗和衰减

在考虑损耗的波导中，因电磁波的传播常数是复数，即 $\Gamma=\alpha+\mathrm{j}\beta$，所以此时电磁波的场矢量为

$$E(x,y,z)=[E'(x,y)\mathrm{e}^{-\alpha z}]\mathrm{e}^{\mathrm{j}(\omega t-\beta z)} \tag{9.219}$$

$$H(x,y,z)=[H'(x,y)\mathrm{e}^{-\alpha z}]\mathrm{e}^{\mathrm{j}(\omega t-\beta z)} \tag{9.220}$$

式中，$E'(x,y)\mathrm{e}^{-\alpha z}$ 和 $H'(x,y)\mathrm{e}^{-\alpha z}$ 是场矢量的振幅。显然，电磁波每传输一个单位长度，场矢量的振幅将是原来的 $\mathrm{e}^{-\alpha}$ 倍，而电磁波所携带的功率是原来的 $\mathrm{e}^{-2\alpha}$ 倍。设在 z 处通过波导横截面的功率为 P，则传输一个单位长度所损耗的功率 P_l 为

$$P_l = P(1-\mathrm{e}^{-2\alpha}) \tag{9.221}$$

在一般情况下，波导中任意横截面处的传输功率 P 总是远大于该处单位长度波导中损耗的功率 P_l，即 $P\gg P_l$，这说明衰减常数 $\alpha\ll 1$。在此种情况下，将 $\mathrm{e}^{-2\alpha}$ 展开成幂级数，并取前两项作为近似，则式（9.221）可简化为

$$P_l \approx 2\alpha P \tag{9.222}$$

由此可得衰减系数为

$$\alpha = \frac{P_l}{2P} = \frac{\text{单位长度的损耗功率}}{2\times\text{传输功率}} \tag{9.223}$$

对于空气填充的波导，其损耗是由波导壁有限电导率引起的。对于非理想介质填充的波导，不仅有波导壁引起的损耗，还有介质引起的损耗。

下面以矩形波导中传播的 TE_{10} 波为例来计算其衰减系数（不考虑介质引起的损耗），先计算波导传输功率和损耗功率。

由式（9.216）得矩形波导中 TE_{10} 波的传输功率为

$$P=\frac{1}{2}\mathrm{Re}\left[\int_S(\boldsymbol{E}\times\boldsymbol{H}^*)\cdot\mathrm{d}\boldsymbol{S}\right]=\frac{ab}{4\eta}E_0^2\sqrt{1-\left(\frac{\lambda}{2a}\right)^2} \tag{9.224}$$

式中，S 为波导的横截面。

损耗功率主要是波导壁上表面电流在壁上流动时产生的，根据式（9.169）～式（9.172）可以得到波导壁各面的损耗功率。对于波导的 $y=b$ 面和 $y=0$ 面，有

$$\begin{aligned}P_{l1}&=2\left[\int_0^a\frac{1}{2}|J_{Sz}|^2R_S\mathrm{d}x+\int_0^a\frac{1}{2}|J_{Sx}|^2R_S\mathrm{d}x\right]\\&=\int_0^a|H_\mathrm{m}|^2\sin^2\left(\frac{\pi}{a}x\right)R_S\mathrm{d}x+\int_0^aH_0^2\cos^2\left(\frac{\pi}{a}x\right)R_S\mathrm{d}x\\&=\frac{aR_S}{2}(|H_\mathrm{m}|^2+H_0^2)\end{aligned} \tag{9.225}$$

式中，R_S 为表面电阻；$H_\mathrm{m}=\mathrm{j}k_z\left(\frac{a}{\pi}\right)H_0$。

同理，可得波导的 $x=a$ 面和 $x=0$ 面上的损耗功率为

$$P_{l2}=2\int_0^b\frac{1}{2}|J_{Sy}|^2R_S\mathrm{d}y=bR_SH_0^2 \tag{9.226}$$

故单位长度的总损耗功率为

$$P_l=\left[\frac{a}{2}(|H_\mathrm{m}|^2+H_0^2)+bH_0^2\right]R_S \tag{9.227}$$

将式（9.217）和式（9.227）代入式（9.223），得到

$$\alpha=\frac{R_S}{b\eta\sqrt{1-\left(\frac{\lambda}{2a}\right)^2}}\left[1+\frac{2b}{a}\left(\frac{\lambda}{2a}\right)^2\right] \tag{9.228}$$

图 9.14 表示在一定宽度（$a=5\mathrm{cm}$）的矩形波导中，TE_{10} 和 TM_{11} 两种模式在不同的 b/a 比值下，由于波导壁不是理想导体而产生的损耗随频率变化的关系。由图可知，在截止频率附近，衰减突然增大。对于同一 b/a 比值，TE_{10} 波的衰减比 TM_{11} 波的小，并且对于同一 b/a 比值，b/a 越大，衰减越小。

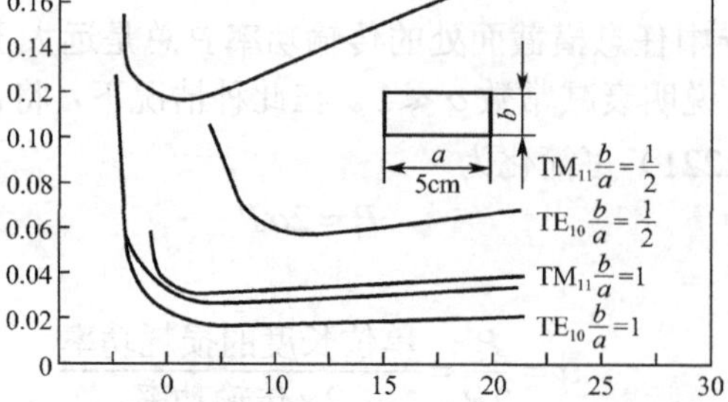

图 9.14　矩形波导中 TE_{10} 波和 TM_{11} 波的衰减特性

对于矩形波导中的其他模式，以及圆柱形波导；可以仿照上述方法求出。

9.6　谐振腔

谐振腔是工作在很高频率的谐振器件。在低频电路中，谐振电路是由集总参数电容和电感组成的回路。而在超高频以上频段，则采用与低频电路完全不同的分布参数谐振器——谐振腔。

为什么在超高频以上频段采用谐振腔作为谐振回路而不采用集总参数 LC 谐振回路呢？这是因为 LC 谐振回路在频率很高时有以下缺点。

（1）当波长与谐振回路的尺寸可以相比拟时，存在显著的辐射损耗。

（2）频率很高时，要求 L、C 值很小，因而元件的体积很小，难以加工制作。

（3）趋肤效应引起的导体损耗和介质损耗随频率的升高而急剧增大，使 LC 谐振回路的 Q 值显著降低。

（4）电感与电容的尺寸很小，容易击穿，因而不得不降低工作电压，从而降低了振荡功率。

由分布参数传输线制作的谐振腔没有辐射损耗，导体和介质损耗较小，因而具有较高的 Q 值。谐振腔是一个金属腔，有同轴腔、矩形腔、圆柱形腔等。谐振腔的制作方便，结构坚固。本节简要介绍同轴谐振腔与矩形谐振腔。

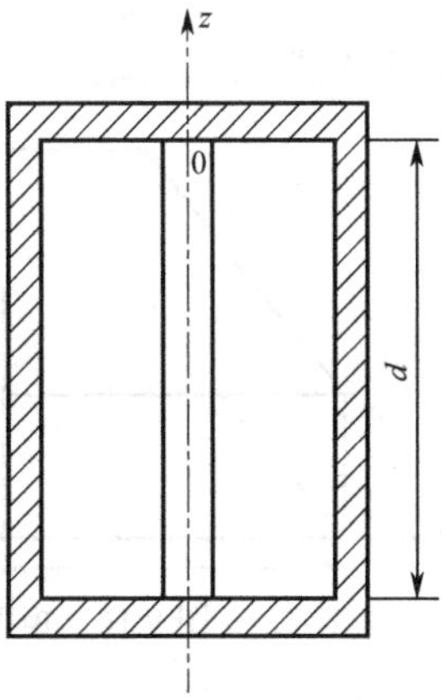

图 9.15　同轴谐振腔

9.6.1　同轴谐振腔

图 9.15 所示为同轴谐振腔。设 TEM 波在同轴线中沿 z 方向传输，入射波电压和电流分别为

$$U_i = U_0 e^{-j\beta z} \tag{9.229}$$

$$I_i = \frac{V_0}{Z} e^{-j\beta z} \tag{9.230}$$

式中，Z 为同轴线的特性阻抗。如果在 $z=0$ 处接短路导体板，则电磁波被反射，在同轴线上形成驻波。驻波电压和驻波电流分别为

$$U(z) = -j2U_0 \sin\beta z \tag{9.231}$$

$$I(z) = 2\frac{U_0}{Z}\cos\beta z \tag{9.232}$$

这时，如果在 $z=-d$ 处再放一短路导体板，就形成长度为 d 的同轴谐振腔，当 $z=-d$ 处是电压波节点时，短路导体板的放入将不影响场分布，因为电压波节点处也是电场波节点，该处电场为零，有无导体并无影响。但如果 $z=-d$ 处不是电压波节点，放入短路导体板后将影响场分布，使 $-d<z<0$ 区不能形成驻波。实际上，谐振腔是在电磁波能量被输入以前加工完成的，电磁波通过腔壁上开孔或插入探针耦合进去，如果同轴谐振腔的长度 d 与波长满足关系

$$d = n\frac{\lambda}{2}\ (n=1,2,3\cdots) \tag{9.233}$$

那么在谐振腔中就可以产生驻波。由于 $\beta = 2\pi/\lambda$，将其代入式（9.233），得

$$\beta = n\frac{\pi}{d} \tag{9.234}$$

将式（9.234）分别代入式（9.231）和式（9.232），得

$$U(z) = -\mathrm{j}2U_0 \sin\left(\frac{n\pi}{d}z\right) \tag{9.235}$$

$$I(z) = 2\frac{U_0}{Z}\cos\left(\frac{n\pi}{d}z\right) \tag{9.236}$$

谐振腔中形成驻波后，电场能量与磁场能量在腔中不断交换。当电场能量达到最大时，磁场能量为零；当磁场能量达到最大时，电场能量为零。也就是说，电磁波在腔中达到谐振。由于 $\beta = \omega\sqrt{\mu\varepsilon}$，代入式（9.234），可得到谐振腔的谐振频率为

$$f = \frac{\omega}{2\pi} = n\frac{1}{2d\sqrt{\mu\varepsilon}} = n\frac{v_{\mathrm{p}}}{2d} \tag{9.237}$$

由式（9.237）可见，当给定谐振腔长度与填充介质参数后，谐振腔有无限多个谐振频率（n 取不同的值），这一特点与 LC 谐振回路不同。改变谐振腔长度，可以改变谐振频率。当 $n=1$ 时，谐振腔的长度最短，为 $\lambda/2$。为了使谐振腔更短，可以使谐振腔一端短路，另一端开路，构成 $\lambda/4$ 谐振腔。除此之外，还有电容加载同轴谐振腔。

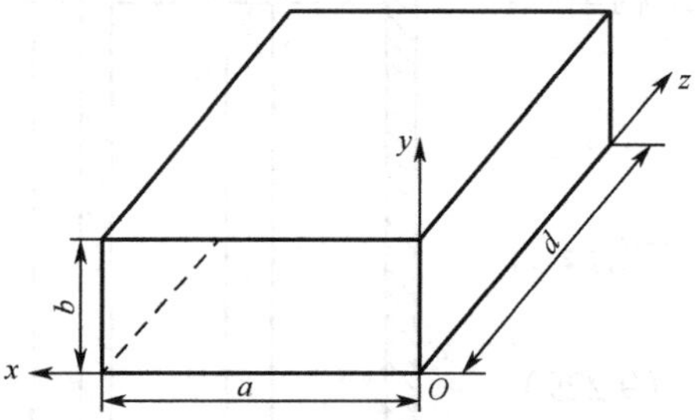

图 9.16 矩形谐振腔

9.6.2 矩形谐振腔

图 9.16 所示为矩形谐振腔，由一段宽度为 a、高度为 b、长度为 d 的矩形波导构成。波导的一端在 $z=0$ 处短路。电磁波经短路而反射后形成驻波，如果 $z=+d$ 处电场 E_x 与 E_y 为零（波节点），那么在该处放置一个矩形短路导体板，将不会破坏原来的场结构。这样便构成了一个矩形谐振腔。所以，矩形谐振腔内的场结构可以用相应的波导内的场结构来求解。例如，设入射波为 TE_{mn} 波，其 E_{iy} 为

$$E_{iy} = -\mathrm{j}\frac{\omega\mu}{h^2}\left(\frac{m\pi}{a}\right)H_0 \sin\left(\frac{m\pi}{a}x\right)\cos\left(\frac{n\pi}{b}y\right)\mathrm{e}^{-\mathrm{j}k_z z} \tag{9.238}$$

经 $z=0$ 处的短路导体板全反射后，反射波的 E_{ry} 为

$$E_{ry} = \mathrm{j}\frac{\omega\mu}{h^2}\left(\frac{m\pi}{a}\right)H_0 \sin\left(\frac{m\pi}{a}x\right)\cos\left(\frac{n\pi}{b}y\right)\mathrm{e}^{\mathrm{j}k_z z} \tag{9.239}$$

式中，取+号是考虑到 $E_y(z=0)=0$。入射波与反射波叠加后，E_y 为

$$\begin{aligned} E_y &= \mathrm{j}\frac{\omega\mu}{h^2}\left(\frac{m\pi}{a}\right)H_0 \sin\left(\frac{m\pi}{a}\right)\cos\left(\frac{n\pi}{b}y\right)(\mathrm{e}^{\mathrm{j}k_z z} - \mathrm{e}^{-\mathrm{j}k_z z}) \\ &= -\frac{\omega\mu}{h^2}\left(\frac{m\pi}{a}\right)H_0 \sin\left(\frac{m\pi}{a}\right)\cos\left(\frac{n\pi}{b}y\right)\sin k_z z \end{aligned} \tag{9.240}$$

在 $z=+d$ 处也有短路导体板，必须使 $E_y(z=-d)=0$。由式（9.240）得

$$k_z d = l\pi \quad (l=1,2,3\cdots) \tag{9.241}$$

即

$$k_z=\frac{l\pi}{d} \tag{9.242}$$

将其代入式（9.240），得

$$E_y=-\frac{\omega\mu}{h^2}\left(\frac{m\pi}{a}\right)H_0\sin\left(\frac{m\pi}{a}\right)\cos\left(\frac{n\pi}{b}y\right)\sin\left(\frac{l\pi}{d}z\right) \tag{9.243}$$

类似地，可以得到其余场量。由式（9.243）可见，在谐振腔中波沿 x、y、z 三个方向都是驻波，m、n、l 不同场结构也就不同。对于给定的 m、n、l，对应的场称为 TE_{mnl} 模。同理，矩形谐振腔中也可存在 TM_{mnl} 模。

已知矩形波导中 TE_{mn} 或 TM_{mn} 的相位常数 k_z 的平方为

$$k_z^2=k^2-\left(\frac{m\pi}{a}\right)^2-\left(\frac{n\pi}{b}\right)^2$$

现在要求 $k_z=l\pi/d$，将其代入上式，得

$$k=\sqrt{\left(\frac{m\pi}{a}\right)^2+\left(\frac{n\pi}{b}\right)^2+\left(\frac{l\pi}{d}\right)^2} \tag{9.244}$$

由于 $k=2\pi f\sqrt{\mu\varepsilon}$，代入上式即可得到 TE_{mnl} 或 TM_{mnl} 的谐振频率为

$$f_{mnl}=\frac{1}{2\sqrt{\mu\varepsilon}}\sqrt{\left(\frac{m}{a}\right)^2+\left(\frac{n}{b}\right)^2+\left(\frac{l}{d}\right)^2} \tag{9.245}$$

式（9.245）表明，谐振腔的谐振频率不仅与腔的尺寸有关，还与工作模式有关。一个给定尺寸的谐振腔可以有多个模式，也就是说，可以有多个谐振频率。

谐振腔内电磁振荡的激励将其能量耦合到外部电路，都可以通过小的同轴探针、小环或小孔实现，如图 9.17 所示。

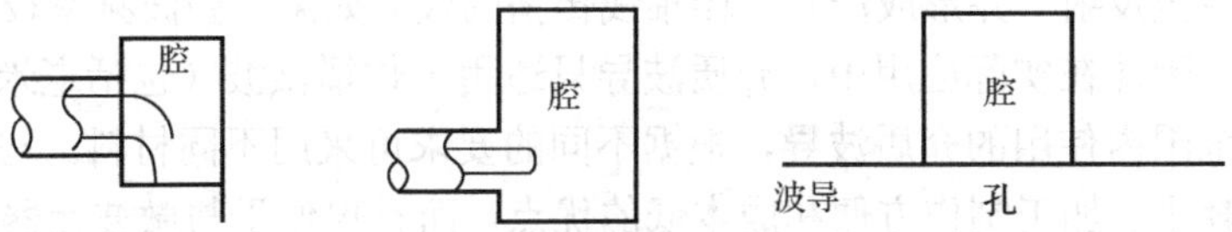

（a）小环耦合　（b）同轴探针耦合　（c）小孔耦合

图 9.17　谐振腔耦合

9.6.3　谐振腔的品质因数 Q

谐振腔中可以储存电磁能量。对于给定的模式，可以由场的分布来计算腔中的电场及磁场能量密度，对腔体积分就可以计算出谐振腔中的电磁场能量。谐振腔中也存在功率损耗，对于给定的模式，用类似于矩形波导中计算损耗的方法，可以计算谐振腔壁的欧姆损耗。一般谐振腔中的介质损耗相对较小，可以忽略。为了衡量谐振腔中损耗的大小，定义固有品质因数 Q_0 为

$$Q_0=\frac{2\pi\times\text{腔中总电磁能}}{\text{一个周期的损耗功率}}=\omega_0\frac{W}{P_l} \tag{9.246}$$

式中，ω_0 为谐振角频率；W 为谐振腔中的总电磁能；P_l 为腔中单位长度的损耗功率。由于谐振腔的损耗较小，因此 Q_0 值很大。例如，使用 $a=b=d=3\text{cm}$ 的铜（$\sigma=5.8\times10^7\text{S/m}$）制

矩形腔，当谐振于 TE_{101} 模时，Q_0 为 12700。

例 9.7　用同轴线制作一谐振腔，使其在 $f=300\text{MHz}$ 频率上谐振，求该谐振腔的长度。该腔还可在哪些频率上谐振？

解：$f=300\text{MHz}$，$\lambda_0=c/f=1\text{m}$。将一段长为 $l=\lambda/2=0.5\text{m}$ 的空气介质同轴线两端短路，构成谐振腔，就可以谐振于 300MHz。

该谐振腔还可谐振于 $f_n=n\dfrac{c}{2d}=nf=300n\text{MHz}$。

例 9.8　矩形谐振腔内为空气，$a=b=d=3\text{cm}$，求其谐振模式为 TE_{101}、TE_{011} 和 TM_{111} 的谐振频率。

解：因为 $f_{mnl}=\dfrac{c}{2}\sqrt{\left(\dfrac{m}{a}\right)^2+\left(\dfrac{n}{b}\right)^2+\left(\dfrac{l}{d}\right)^2}$，所以

① 对于 TE_{101} 模，$f_{101}=7.071\text{GHz}$；

② 对于 TE_{011} 模，$f_{011}=7.071\text{GHz}$；

③ 对于 TE_{111} 模，$f_{111}=8.66\text{GHz}$。

9.7　介质波导和光纤简介

9.7.1　介质波导

介质波导是全部用介质做成的棒，横截面形状有圆形、椭圆形、矩形，或是这些基本结构的变形。介质波导利用全反射原理，当具有高介电常数（折射率大）的介质棒（条、块）被具有低介电常数（折射率小）的介质所包围时，进入高介电常数的介质棒的电磁波就可以在两种介质分界面处产生全反射，并形成沿介质棒轴线传播的波。如果电磁波频率较低，则介质波导的辐射损耗较大。因此在实际应用中，介质波导只适用于传播微波（包括毫米波、亚毫米波）和光波。在微波范围内使用的介质波导，根据不同的要求可采用不同材料。与金属波导相比，介质波导具有损耗小、加工制作方便和成本低的优点，而且也便于与微波元器件、半导体器件等连成一体，以构成具有各种功能的毫米波和亚毫米波的混合集成电路。

9.7.2　光纤

1．光纤基本结构和参数

光纤的基本结构如图 9.18 所示，由纤芯、包层和套层构成。纤芯由高度透明的介质材料（如石英玻璃等）经过严格的工艺制成，是光波的传播介质，包层是一层折射率稍低于纤芯折射率的介质材料，它一方面与纤芯一起构成光波导，另一方面也保护纤壁不受污染或损坏。套层一般由高损耗的柔软材料（如塑料等）制成，起着增强机械性能、保护光纤的作用，同时也阻止纤芯光功率串入邻近光纤线路，抑制串扰。

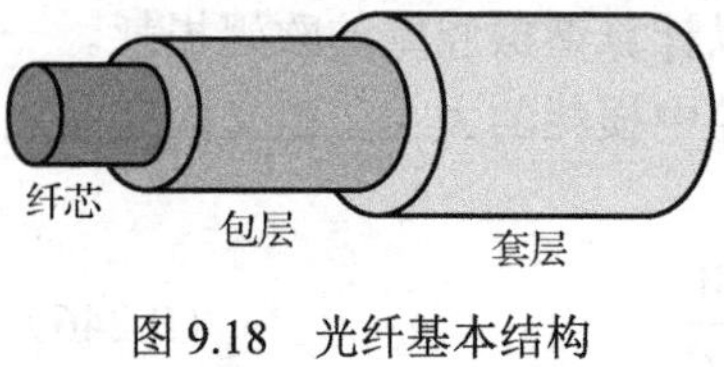

图 9.18　光纤基本结构

常见的光纤可分为两大类：一类是通信用光纤；另一类是非通信用光纤。前者主要用于各种光纤通信系统之中；后者则在光纤传感、光纤信号处理、光纤测量及各种常规光学系统

中广泛应用。对于通信用光纤，在系统工作波长处应满足低损耗、宽传输带宽（大容量）及与系统元器件（如光源、探测器和光无源器件）之间的高效率耦合等要求。同时，也要求光纤具有良好的机械稳定性、低廉的成本和抗恶劣环境的性能。非通信用光纤通常要求具有特殊的性能，如高双折射、物理敏感性强及非线性等，而在其他方面的要求则相对较低。

光纤的纤芯和包层是两种相对介电常数不同的材料，纤芯的相对介电常数 ε_{r1}（折射率 $n_1=\sqrt{\varepsilon_{r1}}$）大于包层的相对介电常数 ε_{r2}（折射率 $n_2=\sqrt{\varepsilon_{r2}}$）。一般包层的折射率 n_2 是均匀分布的，而纤芯的折射率 n_1 在纤芯横截面上的分布可以有两种情况：一种是均匀分布，且 $n_1>n_2$，在纤芯与包层的分界面折射率发生突变，这样的光纤称为阶跃型光纤；另一种是从纤芯中心开始，n_1 随着 r 的增大而逐渐减小，这种光纤称为渐变型（梯度型）光纤。n_1 的分布规律一般可采用下面的近似式表示：

$$n_1(r)\approx n_1(0)\left[1-\left(\frac{r}{a}\right)^{\alpha}\Delta\right] \tag{9.247}$$

式中，$n_1(0)$ 为纤芯中心处的折射率；a 为纤芯的半径；α 为确定折射率分布规律的参数；Δ 称为相对折射率，表示为

$$\Delta=\frac{n_1^2-n_2^2}{2n_1^2} \tag{9.248}$$

通信用光纤的 n_1 与 n_2 相差很小，通常称这种光纤为弱导光纤。在这种情况下，相对折射率可以近似地写为

$$\Delta=\frac{n_1^2-n_2^2}{2n_1^2}\approx\frac{n_1-n_2}{n_1} \tag{9.249}$$

一般地，Δ 的值约为 $1\%\sim3\%$。渐变型光纤与阶跃型光纤相比，模式间的色散（简称模式色散）小，频带宽。其原因是：当光线在渐变型光纤中传输时，偏离纤芯中心轴线越远，其传播路径越长，但传播速度却随着折射率的减小而增大；光线越靠近纤芯中心轴线时，其传播路径越短，但传播速度却随着折射率的增大而减小。这样，以不同角度从光纤始端的端面入射到纤芯中的光线，就有可能几乎同时传输到光纤的终端，从而减小了模式色散，也增大了频带宽度。

2. 光纤的分析方法

分析光波在光纤中的传输特性有两种理论：射线理论和波动理论。所谓射线理论，就是利用几何光学理论来分析光在光波导中的传输特性，几何光学理论是电磁波理论的短波极限。由于几何光学所得到的结果物理概念清楚，易于理解，在分析光波的传播特性时有着重要意义，但由几何光学所得到的结果仅适用于分析对象的几何尺度远大于光波波长的情形，因此有局限性。波动理论是利用麦克斯韦方程组，把光纤当成波导，考虑边界条件来求解光纤中电磁场的分布，并分析光波在光纤中的传输特性。波动理论可以较完整地解释光波在光纤中的传输特性。

3. 数值孔径

在光纤中可以用数值孔径来表示光纤的聚光能力。如图 9.19 所示，设光波从与 z 轴成 θ_0 夹角的方向投射到光纤端面上，可以看出，当光束在波导外界面的入射角 θ_0 足够小时，在纤芯和包层之间的分界面上才能产生全反射，这时

$$n_0 \sin\theta_0 \leqslant n_1 \sin\theta_c \tag{9.250}$$

式中，$n_0 \sin\theta_0$ 的最大值称为数值孔径 NA，并且

$$\mathrm{NA} \overset{\text{def}}{=} n_0 \sin\theta_{0\max} \tag{9.251}$$

一般情况下，$n_0 = 1$，则

$$\mathrm{NA} = \sin\theta_{0\max} = \sqrt{n_1^2 - n_2^2} \tag{9.252}$$

数值孔径越大，光纤也越容易被激励。但数值孔径不能太大，否则会使光纤的色散增加，带宽减小，因此 NA 的范围一般为 0.15～0.24。

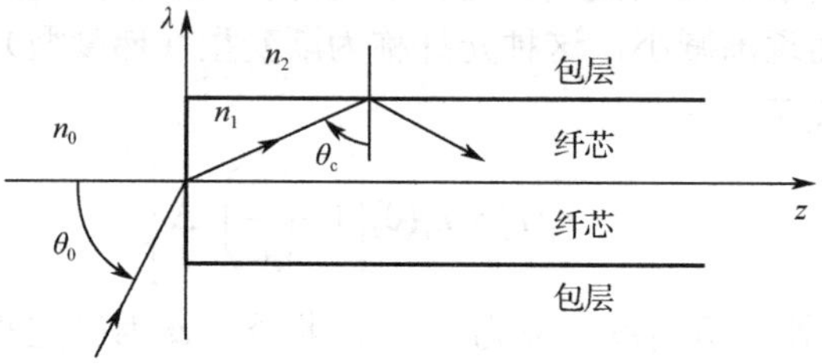

图 9.19　光纤中的全反射

4．光纤波导的主要优点

光纤波导具有如下主要优点。

（1）通信容量极大。一对光纤波导，理论上可以传输上百万路电话或几千套电视信号，比目前容量最大的同轴电缆的容量大数百倍，而且光纤波导能够多光束传输，特别适宜空间布线拥挤的大城市使用。

（2）保密性好。在传输途中无泄漏，极难被窃听；抗干扰能力强，不受任何电波干扰。

（3）尺寸小，质量轻，柔软，弯曲半径可小到几厘米，适于复杂地形或室内布线。

（4）抗腐蚀，耐高温，传输特性极为稳定，可在恶劣环境下使用。

目前，光纤在大容量信息传输、通信、计算机、光电子仪器及光电技术中都有广泛应用。

本章小结

1．传输线分析要考虑分布参数，电压和电流分布满足电报方程。传输线的特性阻抗由分布参数决定，低损耗传输线除了要考虑电压和电流指数衰减，其他特性按无耗传输线近似。传输线有行波、驻波和行驻波三种可能的工作状态，由负载特性决定。

2．当特性阻抗等于负载阻抗时，传输线匹配，无反射波，否则有反射波。传输线特性阻抗与负载阻抗不等时，可采用并联或/和串联一段传输线等方法进行匹配。传输线终端短路或开路可等效为电容、电感或谐振回路。

3．矩形波导和圆柱形波导不能传输 TEM 波，但可传输多个 TM 和 TE 模式，每种模式的场分布及相速不同。当工作波长小于某模式的截止波长时，该模式才为传播模。TE_{10} 波是矩形波导的主波，TE_{11} 波是圆柱形波导的主波。

4．电磁波在波导中传输的相速大于它在自由空间传播的相速，而群速则小于它在自由空间传播的相速，波导是一种色散的导波装置。

5．在导波系统中，导体壁和填充介质均有功率损耗。波导中的衰减系数 $\alpha = P_l/2P$，其

中，P 表示波导中传输的功率，P_l 表示单位长度的损耗功率。

6．谐振腔是频率很高时采用的振荡回路。谐振腔内有无限多个振荡模式，每一模式对应于一个谐振频率。谐振腔的品质因数 $Q=\omega W/P_l$，其中，W 为谐振腔储存的能量。

7．光纤是引导光波传输的一种装置，光纤传输具有许多优点。

习题 9

9.1　长度为 $L=1.5\text{m}$ 的无耗传输线，当其终端短路时，测得输入阻抗为 $\text{j}103\Omega$，当其终端开路时，测得输入阻抗为 $-\text{j}54.6\Omega$。试求：

（1）求传输线的特性阻抗 Z_0 和传输常数 Γ；

（2）若工作频率不变，线长增加 1 倍后短路的输入阻抗变为多少？

（3）为使输入端呈现开路，短路线的长度应为多少？

9.2　平行双导线的线间距 $D=8\text{cm}$，导线的直径 $d=1\text{cm}$，周围是空气，试计算：

（1）分布电感和分布电容；

（2）$f=600\text{MHz}$ 时的相位系数和特性阻抗（设 $R_1=0$，$G_1=0$）。

9.3　在构造均匀传输线时，用聚乙烯（$\varepsilon_\text{r}=2.25$）作为电介质，假设不计损耗，试求：

（1）对于 300Ω的平行双线，若导线的半径为 0.6mm，则线间距应选为多少？

（2）对于 75Ω的同轴线，若内导体的半径为 0.6mm，则外导体的内半径应选为多少？

9.4　考虑一根无耗传输线，（1）当负载阻抗 $Z_L=40-\text{j}30\Omega$ 时，欲使线上驻波比最小，线的特性阻抗应为多少？（2）求出该最小的驻波比及相应的电压反射系数；（3）确定距负载最近的电压最小点位置。

9.5　有一段特性阻抗为 $Z_0=500\Omega$ 的无耗传输线，当终端短路时，测得始端的阻抗为 250Ω 的感抗，求该传输线的最小长度。如果该线的终端为开路，长度又为多少？

9.6　为什么一般矩形波导测量线的纵槽开在波导宽壁的中线上？

9.7　有一内充空气、截面尺寸为 $a\times b$（$b<a<2b$）的矩形波导，以主模工作在 3GHz。若要求工作频率至少高于主模截止频率的 20%和至少低于次高模截止频率的 20%。（1）给出尺寸 a 和 b 的设计；（2）根据设计的尺寸，计算在工作频率时的波导波长和波阻抗。

9.8　在尺寸为 $a\times b=22.86\text{mm}\times10.16\text{mm}$ 的矩形波导中，传输 TE_{10} 波，工作频率为 30GHz。试求：

（1）截止波长 λ_c、波导波长 λ_g 和波阻抗 $Z_{\text{TE}_{10}}$；

（2）若波导的宽边尺寸增大 1 倍，上述参数如何变化？还能传输什么模式？

（3）若波导的窄边尺寸增大 1 倍，上述参数如何变化？还能传输什么模式？

9.9　试推导在矩形波导中传输 TE_{mn} 波时的传输功率。

9.10　设计一个矩形谐振腔，使其在 1GHz 及 1.5GHz 分别谐振于两个不同模式上。

9.11　由空气填充的矩形谐振腔，其尺寸为 $a=25\text{mm}$、$b=12.5\text{mm}$、$d=60\text{mm}$，谐振于 TE_{102} 模式，若在腔内填充介质，则在同一工作频率将谐振于 TE_{103} 模式，求介质的相对介电常数 ε_r。

第10章　辐射系统简介

本章将研究按照正弦变化运动的电荷所产生的辐射场。从受到正弦时变场作用的自由电荷的辐射开始着手，推广到束缚电荷的情况，这些研究结果将形成一般辐射系统（天线）的分析基础。

10.1　缓慢移动的加速点电荷的辐射

考虑一个在自由空间自由运动的点电荷 q，该电荷受到了线性极化平面电磁波的作用，这样的波被描述为

$$\boldsymbol{E}=\boldsymbol{E}_0\exp[\mathrm{j}(\omega t-k_x x)] \tag{10.1}$$

式中，$\boldsymbol{E}_0$ 是垂直于 x 轴的常数矢量；ω 和 k_x 为常数。在电磁场中自由电荷所受到的力为

$$\boldsymbol{F}=q(\boldsymbol{E}+\boldsymbol{v}\times\boldsymbol{B}) \tag{10.2}$$

如果电荷的速度 $v\ll c$，那么磁力将比电力小得多，因此 $q\boldsymbol{v}\times\boldsymbol{B}$ 项可以忽略。若选择常数矢量 $\boldsymbol{E}_0$ 指向 z 方向，则意味着电荷加速度也将朝着 z 的方向（见图10.1）。电荷的运动被描述为

$$m\frac{\mathrm{d}^2 z}{\mathrm{d}t^2}=qE_0\cos\omega t \tag{10.3}$$

式中，m 为电荷的质量。上述微分方程的稳态解为

$$z=-\frac{qE_0}{m\omega^2}\cos\omega t \tag{10.4}$$

电荷的速度为

$$\frac{\mathrm{d}z}{\mathrm{d}t}=\frac{qE_0}{m\omega}\sin\omega t \tag{10.5}$$

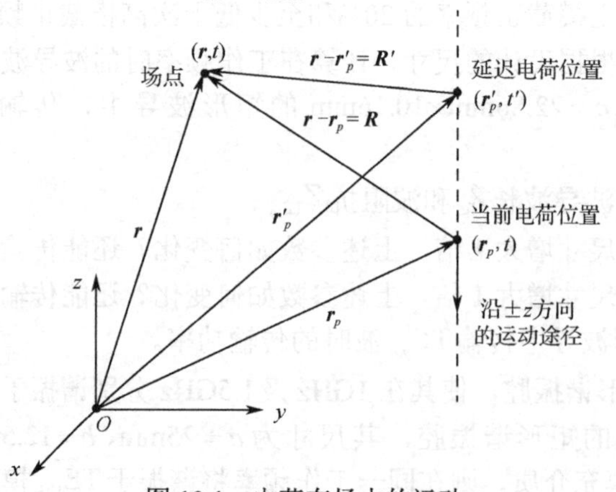

图10.1　电荷在场中的运动

为了获得延迟速度 $\boldsymbol{v}(t')$，先写出 t 与 t' 的变换关系

$$t'=t-R'/c \tag{10.6}$$

式中，R' 是从场点（$\boldsymbol{r},t$）到延迟电荷位置（$\boldsymbol{r}_p',t'$）的距离，即

$$R' = |\boldsymbol{r} - \boldsymbol{r}'_p| \tag{10.7}$$

由此可得延迟速度为

$$\boldsymbol{v}(t') = \boldsymbol{e}_z \frac{qE_0}{m\omega} \sin[\omega(t - R'/c)] \tag{10.8}$$

于是，李纳-维谢尔位函数为

$$\boldsymbol{A}(\boldsymbol{r},t) = \boldsymbol{e}_z \frac{q^2 E_0 \sin[\omega(t - R'/c)]}{m\omega 4\pi\varepsilon_0 c^2 R'[1 - \boldsymbol{v}(t') \cdot \boldsymbol{n}'/c]} \tag{10.9}$$

前面已经取 $v \ll c$，这时可忽略磁力，则式（10.9）可写成

$$\boldsymbol{A}(\boldsymbol{r},t) = \boldsymbol{e}_z \frac{q^2 E_0 \sin[\omega(t - R'/c)]}{m\omega 4\pi\varepsilon_0 c^2 R'} \tag{10.10}$$

如果我们所关心的场点远离源点，则相比而言，场点到当前电荷位置的距离与场点到延迟电荷位置的距离可近似相等，即有

$$R' = |\boldsymbol{r} - \boldsymbol{r}'_p| \approx |\boldsymbol{r} - \boldsymbol{r}_p| = R \tag{10.11}$$

这个新的条件还需要进一步检验。假定从场点（$\boldsymbol{r}, t$）到延迟电荷位置（$\boldsymbol{r}'_p, t'$）的距离 R 比延迟电荷位置到当前电荷位置的距离大得多，由于电荷是按正弦曲线运动的，因此任意两个位置之间的最大距离 L 将是其变化幅值的 2 倍，这里所说的幅值由式（10.4）给出，即有 $L = 2qE_0/m\omega^2$。由式（10.5）可得

$$L = 2v_0/\omega$$

式中，v_0 是速度极大值。于是，上面所说的条件可表示为

$$R \gg 2v_0/\omega$$

但由于已经假定了 $v \ll c$，如果 $R \gg 2c/\omega$，则上述条件一定满足。

因为光速 $c = \lambda\omega/2\pi$（λ 为波长），所以上述关系式又可以表示为

$$\begin{cases} R \gg \lambda \\ L \ll \lambda \end{cases} \tag{10.12}$$

该式表示了离电荷很远处的约束关系。在满足这种约束关系的情况下，可以将式（10.10）写成

$$\boldsymbol{A}(\boldsymbol{r},t) = \boldsymbol{e}_z \left(\frac{q^2 E_0}{m\omega}\right) \frac{\sin[\omega(t - R/c)]}{4\pi\varepsilon_0 c^2 R} \tag{10.13}$$

式中，$\boldsymbol{R}$ 的矢量关系为

$$\boldsymbol{R} = \boldsymbol{r} - \boldsymbol{r}_p = (x - x_p)\boldsymbol{e}_x + (y - y_p)\boldsymbol{e}_y + (z - z_p)\boldsymbol{e}_z \tag{10.14}$$

并且

$$R = \sqrt{(x - x_p)^2 + (y - y_p)^2 + (z - z_p)^2} \tag{10.15}$$

对于运动的电荷，磁场 $\boldsymbol{B}$ 为

$$\boldsymbol{B} = \nabla \times \boldsymbol{A} = \begin{vmatrix} \boldsymbol{e}_x & \boldsymbol{e}_y & \boldsymbol{e}_z \\ \dfrac{\partial}{\partial x} & \dfrac{\partial}{\partial y} & \dfrac{\partial}{\partial z} \\ 0 & 0 & A \end{vmatrix}$$

即

$$\boldsymbol{B}=\boldsymbol{e}_x\frac{\partial A}{\partial y}-\boldsymbol{e}_y\frac{\partial A}{\partial x}+\boldsymbol{e}_z(0) \tag{10.16}$$

为了求出 A 对 x 和 y 的导数，先由式（10.13）求出导数 $\partial A/\partial R$，再由式（10.15）求出 $\partial R/\partial y$ 和 $\partial R/\partial x$，然后相乘即可得到 $\partial A/\partial y$ 和 $\partial A/\partial x$。

$$\frac{\partial A}{\partial R}=\frac{q^2E_0}{4\pi\varepsilon_0c^2m\omega}\frac{R\left(-\dfrac{\omega}{c}\right)\cos[\omega(t-R/c)]-\sin[\omega(t-R/c)]}{R^2}$$

由于 R 的最大值已受到约束，所以上式中的正弦项可以忽略（$R\gg\lambda$ 等效于 $\dfrac{R\omega}{c}\gg 1$），即

$$\frac{\partial A}{\partial R}=\frac{q^2E_0}{4\pi\varepsilon_0c^2m\omega}\frac{\left(-\dfrac{\omega}{c}\right)\cos[\omega(t-R/c)]}{R}\quad（当 R\gg\lambda） \tag{10.17}$$

由式（10.15）可得

$$\frac{\partial R}{\partial x}=\frac{(x-x_p)}{R} \tag{10.18}$$

$$\frac{\partial R}{\partial y}=\frac{(y-y_p)}{R} \tag{10.19}$$

所以有

$$\frac{\partial A}{\partial y}=\left(\frac{\partial A}{\partial R}\right)\left(\frac{\partial R}{\partial y}\right)=\left(-\frac{q^2E_0}{4\pi\varepsilon_0c^3m}\right)\frac{\cos[\omega(t-R/c)]}{R^2}(y-y_p)$$

$$\frac{\partial A}{\partial x}=\left(\frac{\partial A}{\partial R}\right)\left(\frac{\partial R}{\partial x}\right)=\left(-\frac{q^2E_0}{4\pi\varepsilon_0c^3m}\right)\frac{\cos[\omega(t-R/c)]}{R^2}(x-x_p)$$

将以上两式代入式（10.16），可得

$$\boldsymbol{B}=\left(-\frac{q^2E_0}{4\pi\varepsilon_0c^3m}\right)\frac{\cos[\omega(t-R/c)]}{R^2}[\boldsymbol{e}_x(y-y_p)-\boldsymbol{e}_y(x-x_p)+\boldsymbol{e}_z(0)] \tag{10.20}$$

由于

$$\begin{aligned}\boldsymbol{e}_z\times\boldsymbol{R}&=\begin{vmatrix}\boldsymbol{e}_x & \boldsymbol{e}_y & \boldsymbol{e}_z\\ 0 & 0 & 1\\ (x-x_p) & (y-y_p) & (z-z_p)\end{vmatrix}\\ &=-\{\boldsymbol{e}_x(y-y_p)-\boldsymbol{e}_y(x-x_p)+\boldsymbol{e}_z(0)\}\end{aligned} \tag{10.21}$$

可将 $\boldsymbol{B}$ 写成下面的形式：

$$\boldsymbol{B}=\left(\frac{q^2E_0}{4\pi\varepsilon_0c^3m}\right)\frac{\cos[\omega(t-R/c)]}{R}\left(\boldsymbol{e}_z\times\frac{\boldsymbol{R}}{R}\right) \tag{10.22}$$

该结果表明，在远离电荷的空间，磁场方向垂直于电荷运动的方向，并且垂直于电荷到场点的连线。当 $\boldsymbol{e}_z$ 和 $\boldsymbol{R}$ 的夹角接近 $90°$ 时，矢量叉乘的大小将会增大，所以对于给定的 $\boldsymbol{R}$，在包含电荷并与电荷运动方向相垂直的面上将存在极大值。矢量叉乘项还表明，在电荷运动的方向上场为零。

利用麦克斯韦第四方程可将磁场描述为

$$c^2\nabla\times\boldsymbol{B}=\frac{\partial\boldsymbol{E}}{\partial t}\quad（自由空间）\tag{10.23}$$

为了得出电场 $\boldsymbol{E}$，将上式展开，即

$$\nabla\times\boldsymbol{B}=\begin{vmatrix}\boldsymbol{e}_x & \boldsymbol{e}_y & \boldsymbol{e}_z\\ \dfrac{\partial}{\partial x} & \dfrac{\partial}{\partial y} & \dfrac{\partial}{\partial z}\\ B_x & B_y & 0\end{vmatrix}$$

根据式（10.22），磁场的 x 分量为

$$B_x=-\left(\frac{-q^2E_0}{4\pi\varepsilon_0c^3m}\right)\frac{\cos[\omega(t-R/c)]}{R^2}(y-y_p)$$

磁场的 y 分量为

$$B_y=-\left(\frac{-q^2E_0}{4\pi\varepsilon_0c^3m}\right)\frac{\cos[\omega(t-R/c)]}{R^2}(x-x_p)$$

于是

$$\begin{aligned}\frac{\partial\boldsymbol{E}}{\partial t}&=c^2\left\{\boldsymbol{e}_x\left(-\frac{\partial B_y}{\partial z}\right)-\boldsymbol{e}_y\left(-\frac{\partial B_x}{\partial z}\right)+\boldsymbol{e}_z\left(\frac{\partial B_y}{\partial x}-\frac{\partial B_x}{\partial y}\right)\right\}\\
&=\left(\frac{-q^2E_0}{4\pi\varepsilon_0cm}\right)\left\{\boldsymbol{e}_x(x-x_p)\left(\frac{\partial R}{\partial z}\right)\frac{\partial}{\partial R}\left(\frac{\cos[\omega(t-R/c)]}{R^2}\right)\right.\\
&\quad+\boldsymbol{e}_y(y-y_p)\left(\frac{\partial R}{\partial z}\right)\frac{\partial}{\partial R}\left(\frac{\cos[\omega(t-R/c)]}{R^2}\right)\\
&\quad-\boldsymbol{e}_z\left[\frac{\cos[\omega(t-R/c)]}{R^2}+(x-x_p)\left(\frac{\partial R}{\partial x}\right)\frac{\partial}{\partial R}\left(\frac{\cos[\omega(t-R/c)]}{R^2}\right)\right.\\
&\quad\left.\left.+\frac{\cos[\omega(t-R/c)]}{R^2}+(y-y_p)\left(\frac{\partial R}{\partial y}\right)\frac{\partial}{\partial R}\left(\frac{\cos[\omega(t-R/c)]}{R^2}\right)\right]\right\}\end{aligned}$$

完成上述各项微分并代入条件 $R\omega/c\gg1$，可得

$$\begin{aligned}\frac{\partial\boldsymbol{E}}{\partial t}&=\left(\frac{-q^2E_0}{4\pi\varepsilon_0cm}\right)\left\{\boldsymbol{e}_x(x-x_p)(z-z_p)\left(-\frac{\omega}{c}\right)\left(\frac{-\sin[\omega(t-R/c)]}{R^3}\right)\right.\\
&\quad+\boldsymbol{e}_y(y-y_p)(z-z_p)\left(-\frac{\omega}{c}\right)\left[\frac{-\sin[\omega(t-R/c)]}{R^3}\right]\\
&\quad\left.-\boldsymbol{e}_z[(x-x_p)^2+(y-y_p)^2]\left(-\frac{\omega}{c}\right)\left[\frac{-\sin[\omega(t-R/c)]}{R^3}\right]\right\}\end{aligned}$$

即

$$\begin{aligned}\boldsymbol{E}&=\left(\frac{q^2E_0}{4\pi\varepsilon_0cm}\right)\left(\frac{1}{c}\right)\frac{\cos[\omega(t-R/c)]}{R^3}\{\boldsymbol{e}_x(x-x_p)(z-z_p)+\boldsymbol{e}_y(y-y_p)(z-z_p)\\
&\quad-\boldsymbol{e}_z[(y-y_p)^2+(x-x_p)^2]\}\end{aligned}$$

由式（10.21）可得

$$(\boldsymbol{e}_z\times\boldsymbol{R})\times\boldsymbol{R}=\begin{vmatrix}\boldsymbol{e}_x & \boldsymbol{e}_y & \boldsymbol{e}_z\\ -(y-y_p) & (x-x_p) & 0\\ (x-x_p) & (y-y_p) & (z-z_p)\end{vmatrix}$$

$$=\{\ \boldsymbol{e}_x(x-x_p)(z-z_p)+\boldsymbol{e}_y(y-y_p)(z-z_p)-\boldsymbol{e}_z[(y-y_p)^2+(x-x_p)^2]\ \}$$

因此

$$\boldsymbol{E}=\left(\frac{q^2E_0}{4\pi\varepsilon_0c^2m}\right)\frac{\cos[\omega(t-R/c)]}{R}\left\{\left(\boldsymbol{e}_z\times\frac{\boldsymbol{R}}{R}\right)\times\frac{\boldsymbol{R}}{R}\right\}\tag{10.24}$$

式（10.22）和式（10.24）表明，$\boldsymbol{E}$ 和 $\boldsymbol{B}$ 是相互垂直的，并且均垂直于方向 $\boldsymbol{R}/R$。在电磁场中，当电荷按照正弦规律发生振荡时，横向电磁波从运动电荷出发迅速向外传播，在包含电荷的面上及垂直于电荷运动方向的面上 $\boldsymbol{E}$ 和 $\boldsymbol{B}$ 出现极大值。上述结果仅适用于电荷运动速度比光速 c 小得多的情况以及远离电荷（$R\gg\lambda$）的情况。

10.2 自由电荷的能量散射

我们已经发现电磁波中的 $\boldsymbol{E}$ 场和 $\boldsymbol{B}$ 场辐射来源于平面电磁波作用下的自由电荷，在第 2 章中已经阐明，坡印廷矢量 $\boldsymbol{S}=\varepsilon_0c^2\boldsymbol{E}\times\boldsymbol{B}$ 代表了场中某一点处 $\boldsymbol{S}$ 方向单位面积上的能量流动速率。

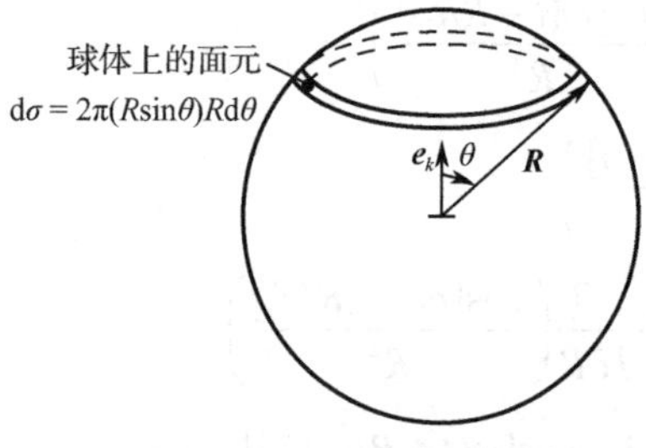

图 10.2　电荷从球体中心移动并穿过球面

式（10.22）和式（10.24）表明，$\boldsymbol{B}$ 和 $\boldsymbol{E}$ 的大小随着 $\sin\theta$ 变化，其中，θ 是 $\boldsymbol{R}$ 与电荷速度的方向矢量 $\boldsymbol{e}_k$ 之间的夹角。向量 $\boldsymbol{E}\times\boldsymbol{B}$ 既垂直于 $\boldsymbol{E}$ 也垂直于 $\boldsymbol{B}$，所以 $\boldsymbol{S}$ 从电荷出发指向外端，其方向为 $\boldsymbol{R}/R$。根据电荷从球体中心移动并穿过半径为 R 的球面时的平均速率，可以计算能量辐射。如图 10.2 所示，如果球的半径比电荷移动的距离大得多，R 可以取为电荷到球面的距离。在球面上一点处的坡印廷矢量为

$$\boldsymbol{S}=\varepsilon_0c^2\boldsymbol{E}\times\boldsymbol{B}$$

根据式（10.22）和式（10.24），可得

$$B=\left(\frac{q^2E_0}{4\pi\varepsilon_0c^3m}\right)\frac{\cos[\omega(t-R/c)]}{R}\sin\theta$$

$$E=\left(\frac{q^2E_0}{4\pi\varepsilon_0c^2m}\right)\frac{\cos[\omega(t-R/c)]}{R}\sin\theta$$

因此

$$\boldsymbol{S}=\varepsilon_0c^2\left(\frac{q^4E_0^2}{16\pi^2\varepsilon_0^2c^5m^2}\right)\frac{\cos^2[\omega(t-R/c)]}{R^2}\sin^2\theta\left(\frac{\boldsymbol{R}}{R}\right)$$

$\boldsymbol{S}$ 的时间平均值可以通过对 $\cos^2[\omega(t-R/c)]$ 求时间平均而得到，求解过程见附录 A，其结果为 1/2。因此坡印廷矢量的时间平均值 $\boldsymbol{S}_{\text{av}}$ 为

$$\boldsymbol{S}_{\text{av}}=\left(\frac{q^4E_0^2}{32\pi^2\varepsilon_0c^3m^2}\right)\left(\frac{\sin^2\theta}{R^2}\right)\left(\frac{\boldsymbol{R}}{R}\right)$$

能量穿过一个面元 $\mathrm{d}S$ 的时间平均速率为 $\boldsymbol{S}_{\text{av}}\cdot\boldsymbol{e}_{\text{n}}\mathrm{d}S$，其中，$\boldsymbol{e}_{\text{n}}$ 是 $\mathrm{d}S$ 的单位法向量。因此，能

量向外穿过半径为 R 的球面的总的时间平均速率为

$$W_0=\int_0^{\pi}\left(\frac{q^4E_0^2}{32\pi^2\varepsilon_0c^3m^2}\right)\left(\frac{\sin^2\theta}{R^2}\right)2\pi(R\sin\theta)R\mathrm{d}\theta$$

$$=\frac{q^4E_0^2}{16\pi\varepsilon_0c^3m^2}\int_0^{\pi}\sin^3\theta\mathrm{d}\theta$$

因为

$$\int_0^{\pi}\sin^3\theta\mathrm{d}\theta=4/3$$

所以

$$W_0=\frac{q^4E_0^2}{12\pi\varepsilon_0c^3m^2}\ （\mathrm{J/s}）\tag{10.25}$$

由电荷运动所产生的波的坡印廷矢量为

$$\boldsymbol{S}=\varepsilon_0c^2\boldsymbol{E}\times\boldsymbol{B}$$

由于这里的电磁波是在自由空间传播的横向电磁波，坡印廷矢量的时间平均值为

$$\boldsymbol{S}_{\mathrm{av}}=\varepsilon_0c^2\left(\frac{1}{2}\right)(E_0)\left(\frac{1}{c}E_0\right)$$

或记为

$$W_{\mathrm{i}}=\frac{\varepsilon_0c}{2}E_0^2\ （\mathrm{J\cdot sm^{-2}}）\tag{10.26}$$

式中，W_{i} 是由运动电荷所产生的波在单位面积上能流的时间平均速率。对于电荷 q 来说，总的散射截面积 σ_S 定义为散射流的平均速率 W_0 与入射波单位面积上能流的时间平均速率 W_{i} 之比，即

$$\sigma_S=\frac{W_0}{W_{\mathrm{i}}}=\left(\frac{q^4E_0^2}{12\pi\varepsilon_0c^3m^2}\right)\Big/\left(\frac{\varepsilon_0cE_0^2}{2}\right)$$

$$\sigma_S=\frac{q^4}{6\pi\varepsilon_0^2c^4m^2}\ （\mathrm{m^2}）\tag{10.27}$$

此式称为自由电荷 q 散射截面的汤姆逊公式。

10.3　束缚电荷辐射的散射

在第 3 章给出的简单分子模型中，束缚电荷的运动呈现阻尼振荡的特性，其描述方程为

$$qE=m\left(\frac{\mathrm{d}^2z}{\mathrm{d}t^2}+\alpha\frac{\mathrm{d}z}{\mathrm{d}t}+\omega_0^2z\right)$$

其中，随时间变化的电场为 $E=E_0\cos\omega t$，将其代入上式，得

$$\left(\frac{qE_0}{m}\right)\cos\omega t=\frac{\mathrm{d}^2z}{\mathrm{d}t^2}+\alpha\frac{\mathrm{d}z}{\mathrm{d}t}+\omega_0^2z$$

方程的稳态解为

$$z=\left[\left(\frac{qE_0}{m}\right)\Big/\sqrt{\omega^2\alpha^2+(\omega^2-\omega_0^2)^2}\right]\cos(\omega t-\beta)$$

式中，$\beta=\arctan\left(\dfrac{\omega\alpha}{\omega_0^2-\omega^2}\right)$。在计算束缚电荷的散射截面积时，往往只关心能流的时间平均

值，而相位角 β 并不重要，于是可以将束缚电荷的位移写成

$$z=\left[\left(\frac{qE_0}{m}\right)\Big/\sqrt{\omega^2\alpha^2+(\omega^2-\omega_0^2)^2}\right]\cos\omega t \tag{10.28}$$

而自由电荷的相应结果已在式（10.4）中给出，即

$$z=-\frac{qE_0}{m\omega^2}\cos\omega t$$

由于我们并不关心相对相位，所以上式中的负号并不重要。对于位移来说，上述两个相似的表达式意味着可以将自由电荷的结果乘以 $\omega^2/\sqrt{\omega^2\alpha^2+(\omega^2-\omega_0^2)^2}$ 后转换为束缚电荷的结果。根据式（10.25），可以将束缚电荷每秒总辐射能的时间平均值写成

$$W_0'=\left(\frac{q^4E_0^2}{12\pi\varepsilon_0c^3m^2}\right)\left[\frac{\omega^4}{\omega^2\alpha^2+(\omega^2-\omega_0^2)^2}\right]\ (\mathrm{J/s}) \tag{10.29}$$

所以束缚电荷的散射截面积 σ_S' 就等于 W_0' 除以入射波单位面积上能流的时间平均速率 W_i，W_i 的值由式（10.26）给出，因此有

$$\sigma_S'=\left(\frac{q^4}{6\pi\varepsilon_0^2c^4m^2}\right)\left[\frac{\omega^4}{\omega^2\alpha^2+(\omega^2-\omega_0^2)^2}\right] \tag{10.30}$$

根据式（10.27），式（10.30）可写成

$$\sigma_S'=\sigma_S\left[\frac{\omega^4}{\omega^2\alpha^2+(\omega^2-\omega_0^2)^2}\right] \tag{10.31}$$

式中，σ_S 是自由电荷 q 的散射截面积。式（10.31）表明，散射截面积的最大值发生在束缚电荷的谐振频率处，此时 $\sigma_S'=\sigma_S(\omega_0/\alpha)^2(\mathrm{m}^2)$，在远离谐振频率之处，如果 $\omega\ll\omega_0$ 并且 $\omega\alpha\ll\omega_0^2$，则散射截面积变为

$$\sigma_S'=\left(\frac{\omega}{\omega_0}\right)^4\sigma_S\ (\mathrm{m}^2) \tag{10.32}$$

这正是瑞利散射的结论，在估计液体中的粒子浓度所进行的浊度测量中，它是一个很重要的结论。将式（10.12）所给定的一般条件应用于这个结论中，可得到特殊的结论，即相比较而言，引起散射的粒子大小肯定比散射的波长要小得多。

对于束缚电荷散射的分析，并不只局限于原子或分子，电荷 q 的特性模型是普遍适用的，它可以用于一些小粒子的电荷特性分析，如液体中悬浮的生物细胞等。

注意，式（10.32）表示散射与高频有关，散射将随着频率的 4 次方变化，所以高频情况下将会出现强烈的散射，其波长比粒子直径大得多。如果观察小粒子所产生的白光的散射，将会看到高频段（蓝光/紫光）的散射比低频段（红光）的散射要强烈得多，所以散射辐射将会呈现蓝色。在此基础上，瑞利首先解释了天空中的蓝色是由于光在大气中发生散射所造成的。请记住，天空中的光并不直接来自太阳，如果没有大气散射，天空将是一片黑暗。相反，在太阳落山后，太阳光透过增厚的大气，太阳呈现红色，由于存在散射，它所散发出来的光显示不出蓝色。

10.4　电偶极子天线的辐射

本节讨论电荷沿着长直导线运动时所产生的辐射。如果将导线从中间断开，并在断开处连接上正弦电流发生器，则导线中的交变电流将形成中心馈电的电偶极子天线。通常，该天

线的电场和磁场可根据李纳-维谢尔位函数得出，其中的计算类似于 10.1 节中对振荡自由电荷的计算。

令天线的总长度为l，并且设定天线沿着z轴放置，其中心在坐标原点上，如图 10.3 所示。

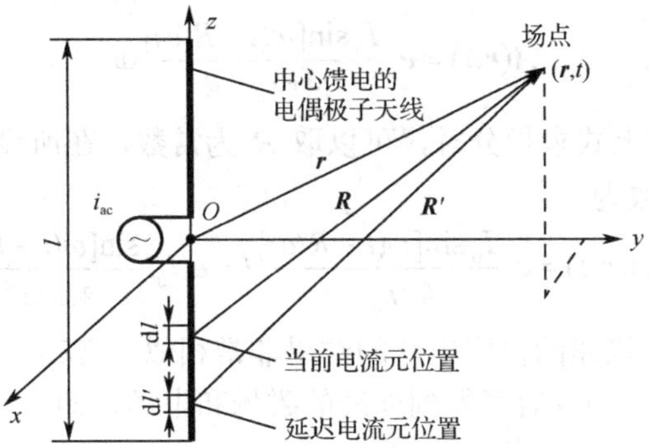

图 10.3　电偶极子天线示意图

设定下列条件：

（1）电荷沿着天线移动的速度远小于光速c，即

$$\mathrm{v} \ll c \tag{10.33}$$

（2）天线长度l与天线到场点的距离相比非常小。在这样的条件下，有$\boldsymbol{r} \approx \boldsymbol{R} \approx \boldsymbol{R}'$，这种情况与 10.1 节中将条件表示成式（10.12）中的$R \gg \lambda$和$L \ll \lambda$相类似。在这里，可以将条件写成

$$\begin{cases} \boldsymbol{r} \approx \boldsymbol{R} \approx \boldsymbol{R}' \\ R \gg \lambda \gg l \end{cases} \tag{10.34}$$

（3）在任意时刻，沿着天线长度分布的所有点上的电流是相同的，即

$$I = I_0 \sin \omega t \tag{10.35}$$

场点上总的矢量位是由沿天线长度所取的电流元在场点上的贡献叠加而成的，每个电流元 dl 都被认为带有以速度v移动的电荷q，每一个电流元对场点的贡献可通过李纳-维谢尔位函数进行计算，即

$$\boldsymbol{A}(\boldsymbol{r},t) = \left(\frac{q}{4\pi\varepsilon_0 c^2}\right)\left[\frac{\boldsymbol{v}'(\boldsymbol{r}_p',t')}{R'(1-\boldsymbol{v}'\cdot\boldsymbol{n}_p'/c)}\right]$$

在电荷的移动速度远小于光速c的情况下，上式可以写成

$$\boldsymbol{A}(\boldsymbol{r},t) = \left(\frac{q}{4\pi\varepsilon_0 c^2}\right)\left[\frac{\boldsymbol{v}'(\boldsymbol{r}_p',t')}{R'}\right]$$

如果取远离天线之处的约束条件［如式（10.34）所描述的］，则$R \approx R'$，所以

$$\boldsymbol{A}(\boldsymbol{r},t) = \left(\frac{q}{4\pi\varepsilon_0 c^2}\right)\left[\frac{\boldsymbol{v}'(\boldsymbol{r}_p',t')}{R}\right]$$

电荷与速度的乘积即为电流，即

$$\begin{aligned} q\boldsymbol{v}'(\boldsymbol{r}_p',t') &= \boldsymbol{e}_z I(t')\mathrm{d}l \\ &= \boldsymbol{e}_z I_0 \sin[\omega(t-|\boldsymbol{r}-\boldsymbol{r}_{\mathrm{p}}'|/c)]\mathrm{d}l \\ &= \boldsymbol{e}_z I_0 \sin[\omega(t-R'/c)]\mathrm{d}l \end{aligned}$$

如果$R \gg \lambda \gg l$，则

$$q\boldsymbol{v}'(\boldsymbol{r}_p',t') = \boldsymbol{e}_z I_0 \sin[\omega(t-R/c)]\mathrm{d}l$$

因此

$$\boldsymbol{A}(\boldsymbol{r},t) = \boldsymbol{e}_z \frac{I_0 \sin[\omega(t-R/c)]}{4\pi\varepsilon_0 c^2 R}\mathrm{d}l$$

在按照天线总长度对上式求积分时，可以取 R 为常数，在所设定的$R \gg l$的条件下，天线总的李纳-维谢尔位函数为

$$\boldsymbol{A}(\boldsymbol{r},t) = \boldsymbol{e}_z \frac{I_0 \sin[\omega(t-R/c)]}{4\pi\varepsilon_0 c^2 R} l = \boldsymbol{e}_z I_0 l \frac{\sin[\omega(t-R/c)]}{4\pi\varepsilon_0 c^2 R} \tag{10.36}$$

该结果与式（10.13）中所描述的自由电荷的结果非常相似，将其与式（10.22）和式（10.24）相比较，用$(I_0 l\omega)$替换$(q^2 E_0/m)$后可得到天线的磁场和电场，即

$$\boldsymbol{B} = \left(\frac{I_0 l\omega}{4\pi\varepsilon_0 c^3}\right)\frac{\cos[\omega(t-R/c)]}{R}\left(\boldsymbol{e}_z \times \frac{\boldsymbol{R}}{R}\right) \tag{10.37}$$

$$\boldsymbol{E} = \left(\frac{I_0 l\omega}{4\pi\varepsilon_0 c^2}\right)\frac{\cos[\omega(t-R/c)]}{R}\left[\left(\boldsymbol{e}_z \times \frac{\boldsymbol{R}}{R}\right)\times\frac{\boldsymbol{R}}{R}\right] \tag{10.38}$$

式中，$R \gg \lambda \gg l$。

结果表明，在 xOy 平面上，当$\boldsymbol{e}_z$与$\boldsymbol{R}/R$之间的角度为90°时，$B = E/C$，并出现场的最大值（对于给定的 R 值）。离天线很远处的场，则是由天线向外辐射的横电磁波形成的，再次将这些结果与自由电荷的相应结果进行比较，可以得出天线能流的总的时间平均速率为

$$W = \frac{I_0^2 l^2 \omega^2}{12\pi\varepsilon_0 c^3} \text{（J/s）} \tag{10.39}$$

将式（10.39）与式（10.25）进行比较可知，这一结果的另一种形式为

$$W = \frac{\pi I_0^2}{3\varepsilon_0 c}\left(\frac{l}{\lambda}\right)^2 \text{（J/s）} \tag{10.40}$$

10.5 天线的辐射电阻

天线的辐射电阻被定义为是这样一种电阻，它消耗能量的速率与天线流过相同电流时所消耗能量的速率相等。流过电流为$I = I_0 \sin\omega t$的理想电阻R_r消耗能量的速率等于$\frac{1}{2}I_0^2 R_\mathrm{r}$，使之与式（10.40）中 W 的表达式相等，可得电偶极子天线的辐射电阻为

$$R_\mathrm{r} = \frac{2\pi}{3\omega_0 c}\left(\frac{l}{\lambda}\right)^2 \tag{10.41}$$

10.6 天线的增益

天线的增益定义为：各向同性辐射器所辐射能量的总的时间平均值与特定方向的天线所辐射能量的总的时间平均值之比。增益是对天线的有向辐射程度的一种度量，用符号 G 表示，有

$$G = \frac{4\pi R^2 \overline{S}_R}{W} \tag{10.42}$$

式中，$\overline{S}_R$ 是所关心方向上的时间平均坡印廷矢量的大小。对于电偶极子天线，G 是在包含电偶极子的平面上的最大辐射值，该平面与电偶极子的轴相垂直（见 10.3 节的 xOy 平面），G 则为

$$G = \frac{(4\pi R^2)\left[\dfrac{I_0^{\,2} l^2 \omega^2}{32\pi^2 \varepsilon_0 c^3}\left(\dfrac{1}{R^2}\right)\right]}{\left[\dfrac{I_0^{\,2} l^2 \omega^2}{12\pi \varepsilon_0 c^3}\right]}$$

即 $G=3/2$。这就是电偶极子天线的最大增益值。

10.7　磁偶极子天线的辐射

对电流环辐射的分析，类似于 10.4 节中对电偶极子天线的分析。如图 10.4 所示，假设半径为 a 的电流环位于 xOy 平面，其中心在原点。由于对称的缘故，不失一般性地可取场点在 yOz 平面上，在这种情况下处理李纳-维谢尔位函数中的延迟矢量时必须特别注意，但不管怎样，总的磁矢量位的计算并不困难。

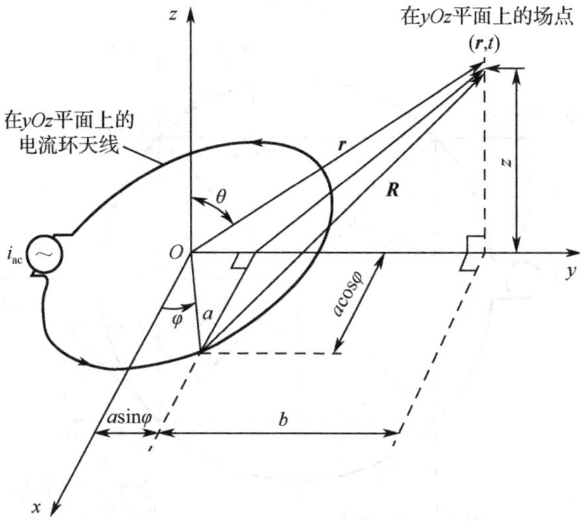

图 10.4　电流环天线示意图

由电流环路所产生的场中某一点的矢量位必定在一个与环路所构成的平面相平行的平面上，且垂直于矢量 $\boldsymbol{r}$。这是因为具有 y 坐标符号相同、x 坐标符号相反的两个分量的矢量位叠加（见图 10.5），使得 y 分量相互抵消，而 x 分量相互叠加。

对于电流环来说，符号相同的 x 坐标与符号相反的 y 坐标到场点（$\boldsymbol{r}, t$）的距离不同，故不能相互抵消。因此场点（$\boldsymbol{r}, t$）处的总矢量位 $\boldsymbol{A}$ 并不为零，$\boldsymbol{A}$ 的计算与速度项中的 x 分量有关。

根据下列条件：

$$v \ll c$$

$$R \gg \lambda \gg a$$
$$I = I_0 \sin \omega t$$

有

$$\text{总的}\ \boldsymbol{A}(\boldsymbol{r},t) = \oint_{\text{环路}} \frac{q[v'(\boldsymbol{r}_p',t')\sin\varphi \boldsymbol{e}_x]}{4\pi\varepsilon_0 c^2 R}$$

式中，$R=\sqrt{a^2\cos^2\varphi+z^2+b^2}$。根据图 10.4，可写成

$$R=\sqrt{a^2\cos^2\varphi+z^2+[(r^2-z^2)^{1/2}-a\sin\varphi]^2}$$

即

$$R=\sqrt{a^2+r^2-2a(r^2-z^2)^{1/2}\sin\varphi}$$

由于 $(a/r)^2 \ll 1$，因此

$$\begin{aligned} R &= r[1-2a\sin\varphi(r^2-z^2)^{1/2}/r^2]^{1/2} \\ &= r[1-2a\sin\varphi(r^2-z^2)^{1/2}/r^2+\cdots] \end{aligned}$$

所以

$$R \approx r - a\sin\varphi\sin\theta$$

而且

$$\frac{1}{R} \approx \frac{1}{r}$$

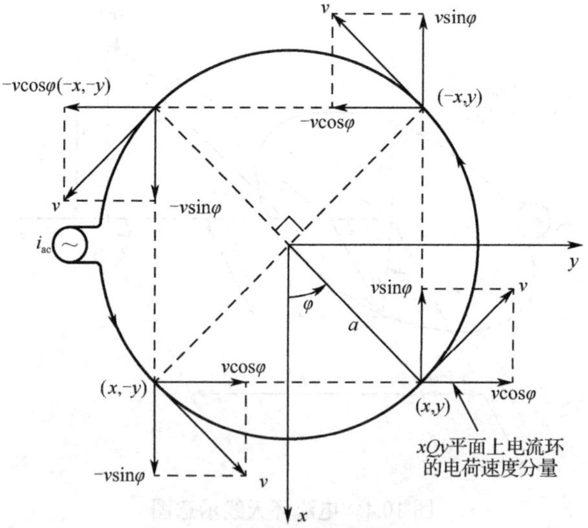

图 10.5　电流环路上场的描述

对于电偶极子天线来说，有

$$qv'(\boldsymbol{r}_p',t') = I(t')\mathrm{d}l$$
$$I(t') = I_0\sin\omega t' = I_0\sin[\omega(t-R/c)]$$

因此

$$\begin{aligned} \sin\omega t' &= \sin\left[\omega(t-r/c)+\frac{\omega a}{c}\sin\varphi\sin\theta\right] \\ &= \sin[\omega(t-r/c)]\cos\left[\frac{\omega a}{c}\sin\varphi\sin\theta\right]+\cos[\omega(t-r/c)]\sin\left[\frac{\omega a}{c}\sin\varphi\sin\theta\right] \end{aligned}$$

由 $\omega a/c \approx 0$，得到

$$\sin\omega t' = \sin[\omega(t-r/c)] + \cos[\omega(t-r/c)]\frac{\omega a}{c}\sin\varphi\sin\theta$$

所以，场点($\boldsymbol{r}, t$)处的总矢量位为

$$\boldsymbol{e}_x\int_0^{2\pi}\left\{\frac{I_0\sin\varphi\sin[\omega(t-r/c)]}{4\pi\varepsilon_0c^2r}+\frac{I_0\left(\dfrac{\omega a}{c}\right)\sin^2\varphi\sin\theta\cos[\omega(t-r/c)]}{4\pi\varepsilon_0c^2r}\right\}a\mathrm{d}\varphi$$

$$=\boldsymbol{e}_x\left\{0+\frac{I_0\left(\dfrac{\omega a^2}{c}\right)\sin\theta\cos[\omega(t-r/c)]\pi}{4\pi\varepsilon_0c^2r}\right\}$$

即总的 $\boldsymbol{A}(\boldsymbol{r}, t)$为

$$\boldsymbol{A}(\boldsymbol{r},t)=\boldsymbol{e}_x\frac{I_0\left(\dfrac{\omega}{c}\right)(\pi a^2)\sin\theta\cos[\omega(t-r/c)]}{4\pi\varepsilon_0c^2r} \tag{10.43}$$

式中，$r \approx R$。

式（10.43）中除了 l 被 $(\pi a^2\omega/c)$ 替换且多了 $\sin\theta$ 项，其余结果与电偶极子天线的表达式相类似［见式（10.36)］，这揭示了从电偶极子天线到磁偶极子天线之间的电场和磁场是可以相互转化的。

为了证明这一点，可以求出每一种天线在球坐标系下的电场和磁场的表达式。先来看电偶极子天线在球坐标系下的电场和磁场的表达式，为了简便起见，取场点在 yOz 平面上，并将一电偶极子天线置于原点，如图 10.6 所示。在 10.4 节中已得到了电偶极子天线（在远离天线的区域）的矢量位为

$$\boldsymbol{A}(\boldsymbol{r},t)=\boldsymbol{e}_z\left(\frac{I_0 l}{4\pi\varepsilon_0c^2}\right)\frac{\sin[\omega(t-r/c)]}{r}$$

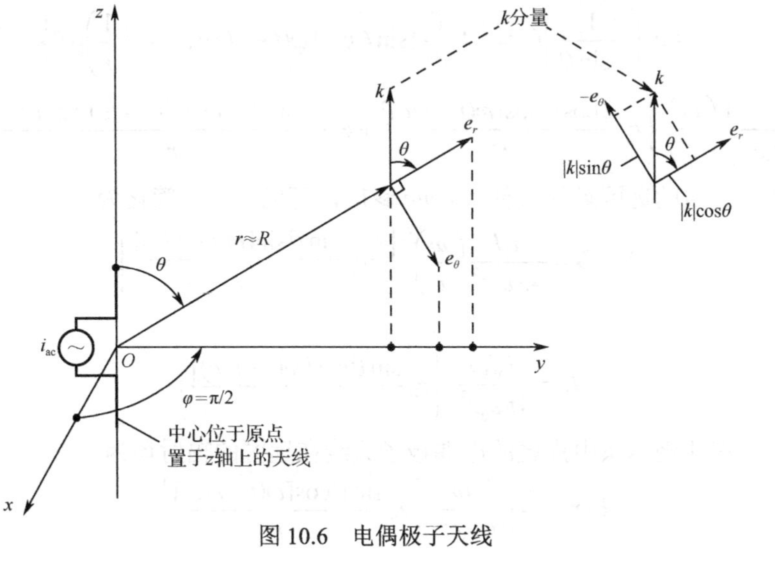

图 10.6　电偶极子天线

考虑到分析的简便，将 yOz 平面上的一个场点转换成用球坐标系来描述。这时单位矢量 $\boldsymbol{e}_z$ 表示为

$$\boldsymbol{e}_z=\boldsymbol{e}_r\cos\theta-\boldsymbol{e}_\theta\sin\theta$$

球坐标系下矢量位的表达式为

$$\boldsymbol{A}(\boldsymbol{r},t)=\left(\frac{I_0 l}{4\pi\varepsilon_0 c^2}\right)\frac{\sin[\omega(t-r/c)]}{r}(\boldsymbol{e}_r\cos\theta-\boldsymbol{e}_\theta\sin\theta)$$

$\boldsymbol{A}$ 在球坐标系下的旋度为（见附录 A）

$$\nabla\times\boldsymbol{A}=\boldsymbol{e}_r\left(\frac{1}{r\sin\theta}\right)\left[\frac{\partial}{\partial\theta}(A_\varphi\sin\theta)-\frac{\partial A_\theta}{\partial\varphi}\right]$$
$$+\boldsymbol{e}_\theta\left(\frac{1}{r\sin\theta}\right)\left[\frac{\partial A_r}{\partial\varphi}-\sin\theta\frac{\partial}{\partial r}(rA_\varphi)\right]+\boldsymbol{e}_\varphi\left(\frac{1}{r}\right)\left[\frac{\partial}{\partial r}(rA_\theta)-\frac{\partial A_r}{\partial\theta}\right]$$

于是有

$$\nabla\times\boldsymbol{A}=\left(\frac{I_0 l}{4\pi\varepsilon_0 c^2}\right)\left\{\boldsymbol{e}_r[0]+\boldsymbol{e}_\theta[0]+\boldsymbol{e}_\varphi\left(\frac{1}{r}\right)\left[\sin\theta\cos\left[\omega(t-r/c)\right]\left(\frac{\omega}{c}\right)\right.\right.$$
$$\left.\left.+\frac{\sin[\omega(t-r/c)]}{r}\sin\theta\right]\right\}$$

在远离天线的区域（$r\omega/c\gg 1$），磁场为

$$\boldsymbol{B}=\boldsymbol{e}_\varphi\left(\frac{I_0 l}{4\pi\varepsilon_0 c^2}\right)\frac{\sin\theta\cos[\omega(t-r/c)](\omega/c)}{r}$$

根据麦克斯韦方程（在自由空间）

$$c^2\nabla\times\boldsymbol{B}=\frac{\partial\boldsymbol{E}}{\partial t}$$

可以得到

$$\nabla\times\boldsymbol{B}=\left(\frac{I_0 l}{4\pi\varepsilon_0 c^2}\right)\left(\frac{\omega}{c}\right)\left\{\boldsymbol{e}_r\left(\frac{1}{r\sin\theta}\right)\frac{\partial}{\partial\theta}\left(\frac{\sin^2\theta\cos[\omega(t-r/c)]}{r}\right)\right.$$
$$\left.+\boldsymbol{e}_\theta\left(\frac{1}{r\sin\theta}\right)(-\sin\theta)\frac{\partial}{\partial r}\{\sin\theta\cos[\omega(t-r/c)]\}+\boldsymbol{e}_\varphi\left(\frac{1}{r}\right)[0]\right\}$$
$$=\left(\frac{I_0 l}{4\pi\varepsilon_0 c^2}\right)\left(\frac{\omega}{c}\right)\left\{\boldsymbol{e}_r\frac{2\cos\theta\cos[\omega(t-r/c)]}{r^2}+\boldsymbol{e}_\theta\frac{(-\sin\theta)\sin[\omega(t-r/c)](\omega/c)}{r}+\boldsymbol{e}_\varphi[0]\right\}$$

再利用远离天线的远区场的条件（$r\omega/c\gg 1$），可以将上式简化为

$$\nabla\times\boldsymbol{B}=\frac{I_0 l}{4\pi\varepsilon_0 c^2}\left(\frac{\omega}{c}\right)^2\left[-\boldsymbol{e}_\theta\frac{\sin\theta\sin[\omega(t-r/c)]}{r}\right]$$

因此

$$\boldsymbol{E}=\frac{I_0 l\omega}{4\pi\varepsilon_0 c^2}\left\{\boldsymbol{e}_\theta\frac{\sin\theta\cos[\omega(t-r/c)]}{r}\right\}$$

综上所述，在球坐标系中描述的电偶极子天线在远区的辐射场为

$$\boldsymbol{E}(\boldsymbol{r},t)=\frac{I_0 l\omega}{4\pi\varepsilon_0 c^2}\left\{\boldsymbol{e}_\theta\frac{\sin\theta\cos[\omega(t-r/c)]}{r}\right\}\tag{10.44}$$

$$B(r,t)=\frac{I_0 l\omega}{4\pi\varepsilon_0 c^3}\left\{e_\varphi\frac{\sin\theta\cos[\omega(t-r/c)]}{r}\right\} \tag{10.45}$$

下面分析磁偶极子天线在球坐标系下的电场和磁场。同样，为了简便起见，取场点在 yOz 平面上。假设电流环位于 xOy 平面，其中心在原点，如图 10.7 所示。由 10.1 节可知，对位于直角坐标系中原点处的磁偶极子天线，yOz 平面上任意一点处的矢量位为

$$A(r,t)=-e_x\left(\frac{I_0\pi a^2(\omega/c)}{4\pi\varepsilon_0 c^2}\right)\frac{\sin\theta\cos[\omega(t-r/c)]}{r}$$

由于此时 $e_x=-e_\varphi$，将上式转换到球坐标系下会使分析较为容易，有

$$总的\ A(r,t)=e_\varphi\left(\frac{I_0\pi a^2(\omega/c)}{4\pi\varepsilon_0 c^2}\right)\frac{\sin\theta\cos[\omega(t-r/c)]}{r}$$

在球坐标系下对 A 取旋度，即可得磁场

$$\begin{aligned}\nabla\times A=&e_r\left(\frac{1}{r\sin\theta}\right)\left\{\frac{\partial}{\partial\theta}(A_\varphi\sin\theta)-\frac{\partial A_\theta}{\partial\varphi}\right\}+e_\theta\left(\frac{1}{r\sin\theta}\right)\left\{\frac{\partial A_r}{\partial\varphi}-\sin\theta\frac{\partial}{\partial r}(rA_\varphi)\right\}\\&+e_\varphi\left(\frac{1}{r}\right)\left\{\frac{\partial}{\partial r}(rA_\theta)-\frac{\partial A_r}{\partial\theta}\right\}\end{aligned}$$

从而，有

$$\begin{aligned}\nabla\times A=&\left(\frac{I_0\pi a^2(\omega/c)}{4\pi\varepsilon_0 c^2}\right)\left\{e_r\left(\frac{1}{r\sin\theta}\right)\left[\frac{\partial}{\partial\theta}\left(\frac{\sin^2\theta\cos[\omega(t-r/c)]}{r}\right)\right]\right.\\&\left.+e_\theta\left(\frac{1}{r\sin\theta}\right)\left[0-\sin\theta\frac{\partial}{\partial r}\{\sin\theta\cos[\omega(t-r/c)]\}\right]+e_\varphi\left(\frac{1}{r}\right)[0]\right\}\\=&\left(\frac{I_0\pi a^2(\omega/c)}{4\pi\varepsilon_0 c^2}\right)\left\{e_r\frac{2\cos\theta\cos[\omega(t-r/c)]}{r^2}+e_\theta\frac{(-\sin\theta)\sin[\omega(t-r/c)](\omega/c)}{r}+e_\varphi[0]\right\}\end{aligned}$$

在远离天线的区域（$r\omega/c\gg1$），由上式可得

$$B(r,t)=-\left(\frac{I_0\pi a^2(\omega/c)^2}{4\pi\varepsilon_0 c^2}\right)\frac{\sin\theta\sin[\omega(t-r/c)]}{r}e_\theta$$

根据麦克斯韦第四方程（在自由空间），可知电场与 B 的关系为

$$c^2\nabla\times B=\frac{\partial E}{\partial t}$$

因为

$$\begin{aligned}\nabla\times B=&-\left(\frac{I_0\pi a^2(\omega/c)^2}{4\pi\varepsilon_0 c^2}\right)\left\{e_r\left(\frac{1}{r\sin\theta}\right)[0]+e_\theta\left(\frac{1}{r\sin\theta}\right)[0]+e_\varphi\left(\frac{1}{r}\right)\frac{\partial}{\partial r}\{\sin\theta\sin[\omega(t-r/c)]\}\right\}\\=&-\left(\frac{I_0\pi a^2(\omega/c)^2}{4\pi\varepsilon_0 c^2}\right)\left\{e_\varphi\frac{\sin\theta\cos[\omega(t-r/c)](-\omega/c)}{r}\right\}\end{aligned}$$

所以，电场为

$$E(r,t)=\frac{I_0\pi a^2\omega^2}{4\pi\varepsilon_0 c^2}\left\{e_\varphi\frac{\sin\theta\sin[\omega(t-r/c)](1/c)}{r}\right\}$$

于是，得到磁偶极子天线在远区场的结果

$$\boldsymbol{E}(\boldsymbol{r},t)=\frac{I_0\pi a^2\omega^2}{4\pi\varepsilon_0 c^3}\left\{\frac{\sin\theta\sin[\omega(t-r/c)]}{r}\right\}\boldsymbol{e}_\varphi \tag{10.46}$$

$$\boldsymbol{B}(\boldsymbol{r},t)=-\left(\frac{I_0\pi a^2\omega^2}{4\pi\varepsilon_0 c^4}\right)\left\{\frac{\sin\theta\sin[\omega(t-r/c)]}{r}\right\}\boldsymbol{e}_\theta \tag{10.47}$$

式中，$r\approx R$。

将式（10.46）和式（10.47）与式（10.44）和式（10.45）进行比较可知，从磁偶极子天线辐射的能量 W 的时间平均值可参考描述电偶极子天线的方程式（10.39）得出。对于磁偶极子天线，有

$$W=\frac{I_0^2\omega^2}{12\pi\varepsilon_0 c^3}(\pi a^2)^2\left(\frac{\omega}{c}\right)^2\text{（J/s）} \tag{10.48}$$

辐射电阻为

$$R_{\mathrm{r}}=\frac{8\pi^5 a^4}{3\varepsilon_0 c\lambda^4} \tag{10.49}$$

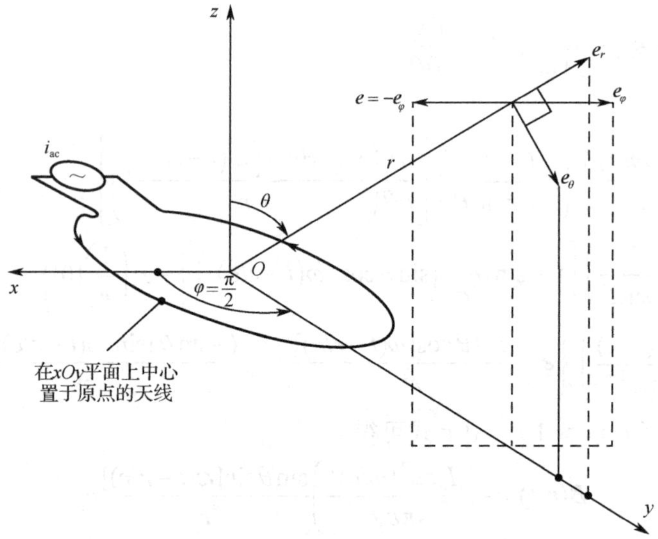

图 10.7　磁偶极子天线

本章小结

1．在对天线进行分析时，仅仅考虑了离天线较远的场，即所谓的辐射场或远区场。

2．本章所讨论的天线被认为是在自由空间中，但实际上处理天线周围物体（如地球、天线支撑系统、附近的建筑物等）的边界条件是很重要的。

3．本章所得到的结论有一定的波长范围限制，即波长 λ 要比天线的尺寸大得多。

4．在远离电荷的空间，磁场方向垂直于电荷运动的方向，并且垂直于电荷到场点的连线。

5．电磁波中的 $\boldsymbol{E}$ 场和 $\boldsymbol{B}$ 场辐射来源于平面电磁波作用下的自由电荷。

6．散射将随着频率的 4 次方变化，所以高频情况下将会出现强烈的散射，并且其波长比粒子直径大得多。

7．利用李纳-维谢尔位函数可对天线的辐射场进行计算。

习题 10

10.1　用汤姆逊公式计算：（1）自由电子的总的散射截面积；（2）自由质子的总的散射截面积。

10.2　从长度等于十分之一波长的电偶极子天线发射 1MHz 且功率为 1kW 的信号需要提供多大的电流？

10.3　根据习题 10.2 所得结果，计算在距离天线 10km 处的电场最大值为多少？

10.4　取一个半径为 a、载有恒定电流 I_0 的环形线圈，将其置于 xOy 平面，如果沿 z 轴增大的方向来观察，电流是顺时针流动的。试证明：在 yOz 平面上远离环形线圈的某一点处的磁场为

$$\boldsymbol{B}(\boldsymbol{r})=\frac{I_0 a^2\pi}{4\pi\varepsilon_0 c^2}\left\{\boldsymbol{e}_r\frac{2\cos\theta}{r^3}+\boldsymbol{e}_\theta\frac{\sin\theta}{r^3}\right\}$$

注意：该推导过程与磁偶极子天线的推导相类似。

10.5　如果定义电流环的磁偶极矩为 $\boldsymbol{p}_\mathrm{m}=I_0 a^2\pi\boldsymbol{e}_z$，试证明习题 10.4 中磁场的表达式可等效地写成

$$\boldsymbol{B}(\boldsymbol{r})=\frac{1}{4\pi\varepsilon_0 c^2}\left\{\frac{3(\boldsymbol{p}_\mathrm{m}\cdot\boldsymbol{r})\boldsymbol{r}}{r^5}-\frac{\boldsymbol{p}_\mathrm{m}}{r^3}\right\}$$

这个结果与根据电场的电偶极矩 $\boldsymbol{p}_\mathrm{e}$ 所得出的结果相类似。

附录 A　重要的矢量公式

（一）矢量代数常用公式

$|\boldsymbol{A}|=\sqrt{A_x^2+A_y^2+A_z^2}$

$\boldsymbol{e}_A=\boldsymbol{A}/|\boldsymbol{A}|$

$\boldsymbol{A}+\boldsymbol{B}=(A_x+B_x)\boldsymbol{e}_x+(A_y+B_y)\boldsymbol{e}_y+(A_z+B_z)\boldsymbol{e}_z$

$\boldsymbol{A}-\boldsymbol{B}=(A_x-B_x)\boldsymbol{e}_x+(A_y-B_y)\boldsymbol{e}_y+(A_z-B_z)\boldsymbol{e}_z$

$\eta\boldsymbol{A}=\eta A_x\boldsymbol{e}_x+\eta A_y\boldsymbol{e}_y+\eta A_z\boldsymbol{e}_z$

$\boldsymbol{A}\cdot\boldsymbol{B}=|\boldsymbol{A}||\boldsymbol{B}|\cos\theta_{AB}=A_xB_x+A_yB_y+A_zB_z$

$$\boldsymbol{A}\times\boldsymbol{B}=\boldsymbol{e}_\mathrm{n}|\boldsymbol{A}||\boldsymbol{B}|\sin\theta_{AB}=\begin{vmatrix}\boldsymbol{e}_x & \boldsymbol{e}_y & \boldsymbol{e}_z\\ A_x & A_y & A_z\\ B_x & B_y & B_z\end{vmatrix}$$

$$=\boldsymbol{e}_x(A_yB_z-A_zB_y)+\boldsymbol{e}_y(A_zB_x-A_xB_z)+\boldsymbol{e}_z(A_xB_y-A_yB_x)$$

（二）矢量恒等式

$$\boldsymbol{A}+\boldsymbol{B}=\boldsymbol{B}+\boldsymbol{A}$$

$$\boldsymbol{A}\cdot\boldsymbol{B}=\boldsymbol{B}\cdot\boldsymbol{A}$$

$$\boldsymbol{A}\times\boldsymbol{B}=-\boldsymbol{B}\times\boldsymbol{A}$$

$$(\boldsymbol{A}+\boldsymbol{B})\cdot\boldsymbol{C}=\boldsymbol{A}\cdot\boldsymbol{C}+\boldsymbol{B}\cdot\boldsymbol{C}$$

$$(\boldsymbol{A}+\boldsymbol{B})\times\boldsymbol{C}=\boldsymbol{A}\times\boldsymbol{C}+\boldsymbol{B}\times\boldsymbol{C}$$

$$\boldsymbol{A}\cdot(\boldsymbol{B}\times\boldsymbol{C})=\boldsymbol{B}\cdot(\boldsymbol{C}\times\boldsymbol{A})=\boldsymbol{C}\cdot(\boldsymbol{A}\times\boldsymbol{B})$$

$$\nabla\cdot(\boldsymbol{A}\times\boldsymbol{B})=\boldsymbol{B}\cdot\nabla\times\boldsymbol{A}-\boldsymbol{A}\cdot\nabla\times\boldsymbol{B}$$

$$\nabla\cdot(\boldsymbol{A}\times\boldsymbol{B})=\boldsymbol{B}\cdot\nabla\times\boldsymbol{A}-\boldsymbol{A}\cdot\nabla\times\boldsymbol{B}$$

$$\nabla\cdot(\phi\boldsymbol{A})=\phi\nabla\cdot\boldsymbol{A}+\boldsymbol{A}\cdot\nabla\phi$$

$$\nabla\times(\boldsymbol{A}\pm\boldsymbol{B})=\nabla\times\boldsymbol{A}\pm\nabla\times\boldsymbol{B}$$

$$\nabla\times(\phi\boldsymbol{A})=\phi\nabla\times\boldsymbol{A}+\nabla\phi\times\boldsymbol{A}$$

$$\nabla\times\nabla\times\boldsymbol{A}=\nabla(\nabla\cdot\boldsymbol{A})-\nabla^2\boldsymbol{A}$$

$$\nabla\cdot(\nabla\times\boldsymbol{A})=0$$

$$\nabla\times\nabla u\equiv 0$$

$$\int_V\nabla\cdot\boldsymbol{A}\mathrm{d}V=\oint_S\boldsymbol{A}\cdot\mathrm{d}\boldsymbol{S}$$

$$\oint_l\boldsymbol{A}\cdot\mathrm{d}\boldsymbol{l}=\int_S(\nabla\times\boldsymbol{A})\cdot\mathrm{d}\boldsymbol{S}$$

（三）三种坐标系内的散度、旋度、梯度和拉普拉斯运算

（1）直角坐标系

$$\nabla\cdot\boldsymbol{A}=\frac{\partial A_x}{\partial x}+\frac{\partial A_y}{\partial y}+\frac{\partial A_z}{\partial z}$$

$$\nabla \times \boldsymbol{A} = \begin{vmatrix} \boldsymbol{e}_x & \boldsymbol{e}_y & \boldsymbol{e}_z \\ \dfrac{\partial}{\partial x} & \dfrac{\partial}{\partial y} & \dfrac{\partial}{\partial z} \\ A_x & A_y & A_z \end{vmatrix} = \boldsymbol{e}_x\left(\frac{\partial A_z}{\partial y} - \frac{\partial A_y}{\partial z}\right) + \boldsymbol{e}_y\left(\frac{\partial A_x}{\partial z} - \frac{\partial A_z}{\partial x}\right) + \boldsymbol{e}_z\left(\frac{\partial A_y}{\partial x} - \frac{\partial A_x}{\partial y}\right)$$

$$\nabla u = \boldsymbol{e}_x \frac{\partial u}{\partial x} + \boldsymbol{e}_y \frac{\partial u}{\partial y} + \boldsymbol{e}_z \frac{\partial u}{\partial z}$$

$$\nabla^2 u = \frac{\partial^2 u}{\partial x^2} + \frac{\partial^2 u}{\partial y^2} + \frac{\partial^2 u}{\partial z^2}$$

（2）圆柱坐标系

$$\nabla \cdot \boldsymbol{A} = \frac{1}{r}\frac{\partial (r A_r)}{\partial r} + \frac{1}{r}\frac{\partial A_\varphi}{\partial \varphi} + \frac{\partial A_z}{\partial z}$$

$$\nabla \times \boldsymbol{A} = \frac{1}{r}\begin{vmatrix} \boldsymbol{e}_r & r\boldsymbol{e}_\varphi & \boldsymbol{e}_z \\ \dfrac{\partial}{\partial r} & \dfrac{\partial}{\partial \varphi} & \dfrac{\partial}{\partial z} \\ A_r & rA_\varphi & A_z \end{vmatrix}$$

$$= \boldsymbol{e}_r\left(\frac{1}{r}\frac{\partial A_z}{\partial \varphi} - \frac{\partial A_\varphi}{\partial z}\right) + \boldsymbol{e}_\varphi\left(\frac{\partial A_r}{\partial z} - \frac{\partial A_z}{\partial r}\right) + \boldsymbol{e}_z\left[\frac{1}{r}\frac{\partial}{\partial r}(rA_\varphi) - \frac{1}{r}\frac{\partial A_r}{\partial \varphi}\right]$$

$$\nabla u = \boldsymbol{e}_r \frac{\partial u}{\partial r} + \boldsymbol{e}_\varphi \frac{1}{r}\frac{\partial u}{\partial \varphi} + \boldsymbol{e}_z \frac{\partial u}{\partial z}$$

$$\nabla^2 u = \frac{1}{r}\frac{\partial}{\partial r}\left(r\frac{\partial u}{\partial r}\right) + \frac{1}{r^2}\frac{\partial^2 u}{\partial \varphi^2} + \frac{\partial^2 u}{\partial z^2}$$

（3）球坐标系

$$\nabla \cdot \boldsymbol{A} = \frac{1}{R^2}\frac{\partial}{\partial R}(R^2 A_R) + \frac{1}{R\sin\theta}\frac{\partial}{\partial \theta}(\sin\theta A_\theta) + \frac{1}{R\sin\theta}\frac{\partial A_\varphi}{\partial \varphi}$$

$$\nabla \times \boldsymbol{A} = \begin{vmatrix} \dfrac{\boldsymbol{e}_R}{R^2\sin\theta} & \dfrac{\boldsymbol{e}_\theta}{R\sin\theta} & \dfrac{\boldsymbol{e}_\varphi}{R} \\ \dfrac{\partial}{\partial R} & \dfrac{\partial}{\partial \theta} & \dfrac{\partial}{\partial \varphi} \\ A_R & RA_\theta & R\sin\theta A_\varphi \end{vmatrix}$$

$$= \frac{\boldsymbol{e}_R}{R\sin\theta}\left[\frac{\partial}{\partial \theta}(\sin\theta A_\varphi) - \frac{\partial A_\theta}{\partial \varphi}\right] + \frac{\boldsymbol{e}_\theta}{R}\left[\frac{1}{\sin\theta}\frac{\partial A_R}{\partial \varphi} - \frac{\partial}{\partial R}(RA_\varphi)\right]$$

$$+ \frac{\boldsymbol{e}_\varphi}{R}\left[\frac{\partial}{\partial R}(RA_\theta) - \frac{\partial A_R}{\partial \theta}\right]$$

$$\nabla u = \boldsymbol{e}_R \frac{\partial u}{\partial R} + \boldsymbol{e}_\theta \frac{1}{R}\frac{\partial u}{\partial \theta} + \boldsymbol{e}_\varphi \frac{1}{R\sin\theta}\frac{\partial u}{\partial \varphi}$$

$$\nabla^2 u = \frac{1}{R^2}\frac{\partial}{\partial R}\left(R^2\frac{\partial u}{\partial R}\right) + \frac{1}{R^2\sin\theta}\frac{\partial}{\partial \theta}\left(\sin\theta\frac{\partial u}{\partial \theta}\right) + \frac{1}{R^2\sin^2\theta}\frac{\partial^2 u}{\partial \varphi^2}$$

附录 B　计算雅可比行列式

计算雅可比行列式，求出 $g=1-\boldsymbol{v}(t')\cdot\boldsymbol{n}_p'/c$ 。

解：

$$
g=\begin{vmatrix}
\dfrac{\partial x_p}{\partial x_p'} & \dfrac{\partial y_p}{\partial x_p'} & \dfrac{\partial z_p}{\partial x_p'} \\
\dfrac{\partial x_p}{\partial y_p'} & \dfrac{\partial y_p}{\partial y_p'} & \dfrac{\partial z_p}{\partial y_p'} \\
\dfrac{\partial x_p}{\partial z_p'} & \dfrac{\partial y_p}{\partial z_p'} & \dfrac{\partial z_p}{\partial z_p'}
\end{vmatrix}
$$

$$
=\frac{\partial x_p}{\partial x_p'}\left(\frac{\partial y_p}{\partial y_p'}\frac{\partial z_p}{\partial z_p'}-\frac{\partial z_p}{\partial y_p'}\frac{\partial y_p}{\partial z_p'}\right)-\frac{\partial y_p}{\partial x_p'}\left(\frac{\partial x_p}{\partial y_p'}\frac{\partial z_p}{\partial z_p'}-\frac{\partial z_p}{\partial y_p'}\frac{\partial x_p}{\partial z_p'}\right)+\frac{\partial z_p}{\partial x_p'}\left(\frac{\partial x_p}{\partial y_p'}\frac{\partial y_p}{\partial z_p'}-\frac{\partial y_p}{\partial y_p'}\frac{\partial x_p}{\partial z_p'}\right)
$$

$$
=\left(1-\frac{v_x'n_{px}'}{c}\right)\left[\left(1-\frac{v_y'n_{py}'}{c}\right)\left(1-\frac{v_z'n_{pz}'}{c}\right)-\left(-\frac{v_z'n_{py}'}{c}\right)\left(-\frac{v_y'n_{pz}'}{c}\right)\right]
$$

$$
-\left(-\frac{v_y'n_{px}'}{c}\right)\left[\left(-\frac{v_x'n_{py}'}{c}\right)\left(1-\frac{v_z'n_{pz}'}{c}\right)-\left(-\frac{v_z'n_{py}'}{c}\right)\left(-\frac{v_x'n_{pz}'}{c}\right)\right]
$$

$$
+\left(-\frac{v_z'n_{px}'}{c}\right)\left[\left(-\frac{v_x'n_{py}'}{c}\right)\left(-\frac{v_y'n_{pz}'}{c}\right)-\left(1-\frac{v_y'n_{py}'}{c}\right)\left(-\frac{v_x'n_{pz}'}{c}\right)\right]
$$

所以

$$
g=\left(1-\frac{v_x'n_{px}'}{c}\right)\left[1-\frac{v_z'n_{pz}'}{c}-\frac{v_y'n_{py}'}{c}+\frac{v_y'v_z'n_{py}'n_{pz}'}{c^2}-\frac{v_y'v_z'n_{py}'n_{pz}'}{c^2})\right]
$$

$$
-\left(-\frac{v_y'n_{px}'}{c}\right)\left[-\frac{v_x'n_{py}'}{c}+\frac{v_x'v_z'n_{py}'n_{pz}'}{c^2}-\frac{v_x'v_y'n_{py}'n_{pz}'}{c^2}\right]
$$

$$
+\left(-\frac{v_z'n_{px}'}{c}\right)\left[\frac{v_x'v_y'n_{py}'n_{pz}'}{c^2}+\frac{v_x'n_{pz}'}{c}-\frac{v_x'v_y'n_{py}'n_{pz}'}{c^2})\right]
$$

$$
=1-\frac{v_z'n_{pz}'}{c}-\frac{v_y'n_{py}'}{c}-\frac{v_x'n_{px}'}{c}+\frac{v_x'v_z'n_{px}'n_{pz}'}{c^2}+\frac{v_x'v_y'n_{px}'n_{py}'}{c^2}-\frac{v_x'v_y'n_{px}'n_{py}'}{c^2}-\frac{v_x'v_z'n_{px}'n_{pz}'}{c^2}
$$

即

$$
g=1-\boldsymbol{v}(t')\cdot\boldsymbol{n}_p'/c
$$

附录C　矢量D、H、E、B、P、M之间的关系

电位移矢量（或称为电通量密度矢量）$\boldsymbol{D}$与电场$\boldsymbol{E}$和极化矢量$\boldsymbol{P}$的关系为

$$\boldsymbol{D} = \varepsilon_0 \boldsymbol{E} + \boldsymbol{P}$$

从而可得

$$\frac{|\boldsymbol{D}|}{|\boldsymbol{E}|} = \varepsilon_0 \varepsilon_{\mathrm{r}}$$

在磁性介质中，总电流密度$\boldsymbol{J}$由电极化电流$\boldsymbol{J}_{\mathrm{b}}$、传导电流$\boldsymbol{J}_{\mathrm{c}}$和与介质的磁性相关的电流$\boldsymbol{J}_{\mathrm{m}}$等几部分电流组成，它们在麦克斯韦方程组中的表示如下式所示：

由

$$c^2 \nabla \times \boldsymbol{B} = \frac{\boldsymbol{J}}{\varepsilon_0} + \frac{\partial \boldsymbol{E}}{\partial t}$$

变成

$$c^2 \nabla \times \boldsymbol{B} = \frac{\boldsymbol{J}_{\mathrm{c}}}{\varepsilon_0} + \frac{1}{\varepsilon_0}\boldsymbol{J}_{\mathrm{b}} + \frac{1}{\varepsilon_0}\boldsymbol{J}_{\mathrm{m}} + \frac{\partial \boldsymbol{E}}{\partial t}$$

或者写成

$$c^2 \nabla \times \boldsymbol{B} = \frac{\boldsymbol{J}_{\mathrm{c}}}{\varepsilon_0} + \frac{1}{\varepsilon_0}\frac{\partial \boldsymbol{P}}{\partial t} + \frac{1}{\varepsilon_0}\nabla \times \boldsymbol{M} + \frac{\partial \boldsymbol{E}}{\partial t}$$

若按照定义极化矢量$\boldsymbol{P}$的方法类似地将磁化矢量$\boldsymbol{M}$定义为每单位体积的磁化强度，则可将上述方程写为

$$c^2 \nabla \times \left(\boldsymbol{B} - \frac{\boldsymbol{M}}{\varepsilon_0 c^2}\right) = \frac{\boldsymbol{J}_{\mathrm{c}}}{\varepsilon_0} + \frac{\partial}{\partial t}\left(\boldsymbol{E} + \frac{\boldsymbol{P}}{\varepsilon_0}\right)$$

或者

$$\nabla \times \boldsymbol{H} = \boldsymbol{J}_{\mathrm{c}} + \frac{\partial \boldsymbol{D}}{\partial t}$$

式中，$\boldsymbol{H}$称为磁场强度，且$\boldsymbol{H} = \varepsilon_0 c^2 \boldsymbol{B} - \boldsymbol{M}$。

于是，有

$$\boldsymbol{B} = \mu \boldsymbol{H}$$

式中，μ是介电系数。对于铁磁材料来说，μ不是常数，这表明铁磁材料的$\boldsymbol{B}$和$\boldsymbol{H}$之间不是线性关系。

附录D 相关的国际单位

国际单位制中有 7 个基本单位如表 D.1 所示。

表 D.1 国际单位制的基本单位

量的名称	单位名称	单位符号
长　度	米	m
质　量	千克	kg
时　间	秒	s
电　流	安培	A
热力学温度	开尔文	K
物质的量	摩尔	mol
发光强度	坎德拉	cd

国际单位制中具有专门名称的一些导出单位如表 D.2 所示。

表 D.2 国际单位制中具有专门名称的部分导出单位

量的名称	单位名称	单位符号
电荷量	库仑	C
电 流	安培	A
电 容	法拉	F
电 位	伏特	V
电 阻	欧姆	Ω
电 导	西门子	S
力	牛顿	N
能 量	焦耳	J
功 率	瓦特	W
电 感	亨利	H
磁感应强度	特斯拉	T

根据具体量的大小，可用表 D.3 所示的词头与上面的单位相结合。

表 D.3 系数关系

所表示的因数	词头名称	符　号
$1\ 000\ 000\ 000\ 000\ 000\ 000 = 10^{18}$	艾可萨（exa）	E
$1\ 000\ 000\ 000\ 000\ 000 = 10^{15}$	派塔（peta）	P
$1\ 000\ 000\ 000\ 000 = 10^{12}$	太拉（tera）	T
$1\ 000\ 000\ 000 = 10^{9}$	吉咖（giga）	G

续表

所表示的因数	词头名称	符号
$1\ 000\ 000 = 10^6$	兆（mega）	M
$1\ 000 = 10^3$	千（kilo）	k
$100 = 10^2$	百（hecto）	h
$10 = 10^1$	十（deka）	da
$0.1 = 10^{-1}$	分（deci）	d
$0.01 = 10^{-2}$	厘（centi）	c
$0.001 = 10^{-3}$	毫（milli）	m
$0.000\ 001 = 10^{-6}$	微（micro）	μ
$0.000\ 000\ 001 = 10^{-9}$	纳诺（nano）	n
$0.000\ 000\ 000\ 001 = 10^{-12}$	皮可（pico）	p
$0.000\ 000\ 000\ 000\ 001 = 10^{-15}$	非姆托（femto）	f
$0.000\ 000\ 000\ 000\ 000\ 001 = 10^{-18}$	阿托（atto）	a

附录E　相关的物理常数

表E.1　自由空间的常数

常　　数	符　　号	数　　值
光速	c	3×10^{8}（m/s）
电容率	ε_0	$\frac{1}{36\pi}\times10^{-9}$（F/m）
磁导率	μ_0	$4\pi\times10^{-7}$（H/m）
本征阻抗	η_0	120π（Ω）

表E.2　电子和质子的物理常数

常　　数	符　　号	数　　值
电子的静止质量	m_e	9.107×10^{-31}（kg）
电子的电荷	e	-1.602×10^{-13}（C）
电子的电荷与质量之比	e/m_e	-1.758×10^{11}（C/kg）
电子的半径	R_e	2.81×10^{-15}（m）
质子的静止质量	m_P	1.673×10^{-27}（kg）

表E.3　材料的相对电容率（介电常数）

材　　料	相对电容率 ε_r	材　　料	相对电容率 ε_r	材　　料	相对电容率 ε_r
空气	1.0	纸	2.5	瓷	5.7
胶木	5.0	粗石蜡	2.2	橡胶	2.3～4.0
玻璃	4～10	有机玻璃	3.4	土壤（干）	3～4
云母	6.0	聚乙烯	2.3	聚四氟乙烯	2.1
油	2.3	聚苯乙烯	2.6	蒸馏水	80

表E.4　材料的电导率

材　　料	电导率 σ(S/m)	材　　料	电导率 σ(S/m)	材　　料	电导率 σ(S/m)
银	6.17×10^{7}	黄铜	1.57×10^{7}	干土	10^{-5}
铜	5.80×10^{7}	青铜	10^{7}	变压器油	10^{-11}
金	4.10×10^{7}	海水	4	玻璃	10^{-12}
铝	3.54×10^{7}	清水	10^{-3}	瓷	2×10^{-13}
铁	10^{7}	蒸馏水	2×10^{-4}	橡胶	10^{-15}

表 E.5 材料的相对磁导率

铁磁体（非线性）	相对磁导率 μ_r	顺 磁 体	相对磁导率 μ_r	抗 磁 体	相对磁导率 μ_r
镍	250	铝	1.000021	铋	0.99983
钴	600	镁	1.000012	金	0.99996
铁（纯）	4000	钯	1.00082	银	0.99998
铁镍合金	100000	钛	1.00018	铜	0.99999

表 E.6 材料的磁化率

材 料	磁化率 $\chi_m \times 10^{-5}$(20℃)	材 料	磁化率 $\chi_m \times 10^{-5}$(20℃)	材 料	磁化率 $\chi_m \times 10^{-5}$(20℃)
铋	−16.6	铜	−0.98	铂	26
石英	−6.2	水	−0.91	钴	250×10^5
金	−3.6	氮	−0.5	镍	600×10^5
汞	−2.9	钠	0.62	硅钢片	7000×10^5
银	−2.6	镁	1.2	纯铁	2×10^{10}
铅	−1.8	铝	2.2	玻莫合金	10×10^{10}
锌	−1.4	锂	4.4		
CO_2	−1.0	钨	6.8		

附录F　中英文专业词汇对照表

A

Ampere 安培
Ampere's law of force 安培力定律
Ampere's circuital law 安培环路定律
Antenna 天线
Antenna pattern 天线方向图
Antenna array 天线阵
Angle of incidence 入射角
Angle of reflection 反射角
Angle of refraction 折射角
Anisotropic 各向异性
Aperture antennas 口径天线
Array factor 阵因子
Array factor of uniform linear array 均匀直线阵的阵因子
Attenuation constant 衰减常数
Attenuation constant in parallel-plate waveguide 平行波导板的衰减常数
Attenuation constant in rectangular waveguide 矩形波导板的衰减常数

B

Beamwidth 波瓣宽度
Binominal array 二项式阵
Binomial antenna array 二项式天线阵
Biot-Savart's law 毕奥-萨伐尔定律
Bound charge 束缚电荷
Boundary conditions 边界条件
Boundary-value problems 边值问题
Brewster angle 布儒斯特角
Brillouin diagram 布里渊图
Broadband antenna 宽频带天线
Broadside antenna array 边射天线阵

C

Capacitance 电容
Capacitor 电容器
Capacitance per unit length 单位长度电容

Cartesian coordinate systems 笛卡儿坐标系
Cavity resonators 谐振腔
Charge density 电荷密度
Characteristic impedance 特性阻抗
Characteristic value 特征值
Circulation 环量
Circular waveguide 圆波导
Circularly polarized wave 圆极化波
Coaxial transmission line 同轴传输线
Coercive field intensity 矫顽场强度
Complex permittivity 复电容率
Conductance 电导
Conductivity 电导率
Conduction current 传导电流
Conductance per unit length 单位长度电导
Conduction current density 传导电流密度
Convection current 运流电流
Convection current density 运流电流密度
Conservative field 保守场
Conservation of electric charge 电荷的守恒性
Constitutive relations 本构关系
Coulomb's law 库仑定律
Critical angle 临界角
Cross product 叉积
Curie temperature 居里温度
Curl 旋度
Current density 电流密度
Cutoff wavelength 截止波长
Cutoff frequency 截止频率
Cylindrical capacitor 圆柱形电容器
Cylindrical coordinates 圆柱坐标系

D

Degenerative mode 简并模
Depth of penetration 穿透深度
Diamagnetism 抗磁性
Dielectrical 介质
Dielectric breakdown 介质击穿
Dielectric strength 介质强度
Differential form 微分形式

Dipole 偶极子
Dipole antenna 振子天线
Dipole moment 偶极矩
Directional pattern 方向图
Directive gain 方向性增益
Directive gain of Hertzian dipole 赫兹偶极子的方向性增益
Directivity 方向性系数
Directivity of half-wave dipole 半波振子的方向性系数
Directivity of aperture radiator 口径辐射器的方向性系数
Dirichlet problems 狄里赫里问题
Dispersion 色散
Displacement current 位移电流
Distributed parameters 分布参数
Distortionless transmission line 无失真传输线
Divergence 散度
Dot product 点积
Double-stub 双短截线

E

E-plane pattern E 面方向图
Effective area 有效面积
Eigenvalue 本征值
Elemental factor 元因子
Electric charge 电荷
Electrolytic current 电解电流
Electric dipole 电偶极子
Electric dipole moment 电偶极矩
Electric displacement 电位移
Electric field intensity 电场强度
Electric flux density 电通密度
Electric hertz potential 电赫兹位
Electric potential 电位
Electrolytic tank 电解槽
Electromagnetism 电磁学
Electromagnetic field 电磁场
Electromagnetic forces 电磁力
Electromagnetic induction 电磁感应
Electromagnetic model 电磁模型
Electromagnetic power 电磁功率
Electromagnetic theory 电磁理论

Electrostatic energy 静电能
Electrostatic energy of continuous charge distribution 连续电荷分布的静电能
Electrostatic energy of discrete charge distribution 离散电荷分布的静电能
Electrostatic energy in terms of field quantities 以场能表示的静电能
Electrostatic forces 静电力
Electromagnetostatic field 静态电磁场
Electromotance or electromotive force 电动势（简称 emf）
Elemental electric dipole 电基本振子
Elliptically polarized wave 椭圆极化波
End-fire array 端射式天线阵
Energy density 能量密度
End-fire antenna array 端射天线阵
Equation of conductance 连续性方程
Equiangular spiral antenna 等角螺旋天线
Equipotential lines 等位线
Equipotential surfaces 等位面
Equivalent current densities of magnetization 等效的磁化电流密度
Evanescent mode 迅衰模
External inductance 外电感

F

Far-zone field 远区场
Far-zone fields of electric dipole 电偶极子的远区场
Far-zone fields of magnetic dipole 磁偶极子的远区场
Farad 法拉（电容的单位）
Faraday's law of electromagnetic induction 法拉第电磁感应定律
Ferrites 铁氧体
Ferromagnetism 铁磁体
Flow source 流量源
Flux lines 通量线
Forces 力
Free space 自由空间
Frequency-independent antenna 非频变天线
Frequency-scanning antenna array 频率扫描天线阵
Fresnel's equation 菲涅尔方程
Friis transmission formula 弗里伊斯传输公式
Fundamental Units 基本单位

G

Gauss's law 高斯定律

Gradient 梯度
Group velocity 群速
Guided electromagnetic wave 导行电磁波

H

H-plane pattern H 面方向图
Half-wave dielectric window 半波长介质窗
Half-wave sections of Transmission line 半波长传输线
Harmonic function 调和函数
Helmholtz equation 亥姆霍兹方程
Henry 亨利
Hertz dipole 赫兹偶极子
Hertz potential 赫兹位
Homogeneous 均匀
Homogeneous wave equation 齐次波动方程
Hysteresis 滞后

I

Ideal current source 理想电流源
Ideal voltage source 理想电压源
Impedance 阻抗
Impedance matching 阻抗匹配
Impedance matched of Transmission line 传输线的阻抗匹配
Impedance transformer 阻抗变换器
Incidence 入射
Index of refraction 折射率
Inductance 电感
Inductance per unit length 单位长度电感
Input impedance 输入阻抗
Instantaneous power density 瞬时功率密度
Insulators 绝缘体
Integral form 积分形式
Internal impendence 内阻抗
Internal inductance 内电感
International system of units 国际单位制
Intrinsic impedance 本征阻抗
Intrinsic impedance of good conductor 良导体的本征阻抗
Intrinsic impedance of low-loss dielectric 低损耗电介质的本征阻抗
Inverse point 反演点
Irrotational field 无旋场

Isotropic 各向同性

J

Joule's law 焦耳定律

K

Kirchhoff's current law 基尔霍夫电流定律
Kirchhoff's voltage law 基尔霍夫电压定律

L

Laplace's equation 拉普拉斯方程
Laplacian 拉普拉斯算符
Legendre equation 勒让德方程
Legendre function 勒让德函数
Legendre polynomials 勒让德多项式
Lenz's law 楞次定律
Line charge density 线电荷密度
Line integral 线积分
Linear dipole antenna 线性振子天线
Linearly polarized wave 线极化波
Logarithmic spiral antenna 对数螺旋天线
Log-periodic antenna 对数周期天线
Longitudinal propagation 纵向传播
Lorentz's force equation 洛伦兹力方程
Lorentz's gauge 洛伦兹规范
Loss angle 损耗角
Lumped parameter 集总参数

M

Magnetic charge 磁荷
magnetic flux linkage 磁通链
Magnetic circuits 磁路
Magnetic dipole 磁偶极子
Magnetic dipole moment 磁偶极矩
Magnetic domains 磁畴
Magnetic energy 磁能
Magnetic forces 磁力
Magnetic field intensity 磁场强度
Magnetic flux 磁通
Magnetic flux density 磁通密度

Magnetic force in terms of mutual inductance 以磁感抗表示的磁力
Magnetic force in terms of stored magnetic energy 以磁储能表示的磁力
Magnetic materials 磁性材料
Magnetic materials of antiferromagnetic 抗铁磁性的磁性材料
Magnetic materials of diamagnetic 抗磁性的磁性材料
Magnetic materials of ferromagnetic 铁磁性的磁性材料
Magnetic materials of paramagnetic 顺磁性的磁性材料
Magnetic potential 磁位
Magnetic susceptibility 磁化率
Magnetic torque 磁转矩
Magnetization curve 磁化曲线
Magnetization vector 磁化强度矢量
Magnetomotance or magnetomotive force 磁动势
Main beam 主波束（主瓣）
Main mode 主模
Main mode for cavity resonator 谐振腔的主模
Main mode for parallel-plate waveguide 平行板波导的主模
Main mode for rectangular waveguide 矩形波导的主模
Matched condition for Transmission line 传输线的匹配条件
Maxwell's equations 麦克斯韦方程组
Medium 介质
Method of images 镜像法
Method of images of point charge and conducting plane 点电荷和导体板的镜像法
Method of images of line charge and conducting cylinder 线电荷和圆柱导体的镜像法
Method of images of point charge and conducting sphere 点电荷和导体球的镜像法
Method of separation of variables 分离变量法
Metric coefficient 度量系数
Monopole 单极振子
Mutual inductance 互电感

N

Near-zone field 近区场
Neper 奈培（衰耗单位）
Neumann formula 纽曼公式
Nonhomogeneous wave equation 非齐次波动方程
Nonuniform plane wave 非均匀平面波
Normal component 法向分量

O

Ohm's law 欧姆定律

Open-circuited 开路
Orthogonal coordinate systems 正交坐标系

P

Parallel-plate capacitor 平行板电容器
Paramagnetism 顺磁性
Permeability 磁导率
Permittivity 电容率
Permittivity of free space 自由空间的电容率
Phase constant 相位常数
Phase constant of good conductor 良导体的相位常数
Phase constant of low-loss dielectric 低损耗电介质的相位常数
Phase constant of transmission line 传输线的相位常数
Phase velocity 相速
Phasor 相量
Plane of incidence 入射面
Plane wave 平面波
Poisson's equation 泊松方程
Polarization 极化
Polarizing angle 极化角
Polarization of plane wave 平面波的极化
Polarization of a uniform plane wave 均匀平面波的极化
Potential 位
Power density 功率密度
Power gain 功率增益
Poynting's theorem 坡印廷定理
Principle of duality 对偶原理
Principle of pattern multiplication 方向图乘积定理
Propagation constant 传播常数

Q

Quantities 量
Quality factor 品质因素（Q）
Quarter-wave transformer 四分之一波长变换器
Quasi-static field 准静态场

R

Radiation efficiency 辐射效率
Radiation field 辐射场
Radiation intensity 辐射强度

Radiation pattern 辐射方向图
Radiation resistance 辐射电阻
Radiation resistance of half-wave dipole 半波偶极子的辐射电阻
Radiation resistance of hertzian dipole 赫兹偶极子的辐射电阻
Radiation resistance of quarter-wave monopole 四分之一波长单极振子的辐射电阻
Receiving antenna 接收天线
Receiving cross section 接收截面
Reciprocity relation 互易关系
Rectangular 矩形
Reflection 反射
Reflection coefficient 反射系数
Reflection coefficient at plane interface 在平面分界面上的反射系数
Reflection coefficient of terminated transmission line 传输线终端的反射系数
Refraction 折射
Relative permittivity 相对电容率
Relaxation time 弛豫时间
Reluctance 磁阻
Remanent flux density or residual flux density 剩余磁通密度
Resistance 电阻
Resistance per unit length 单位长度电阻
Resistivity 电阻率
Retarded potential 滞后位

S
Saturation 饱和
Saturation of magnetic material 磁性材料的饱和
Scalar 标量
Scalar electric potential 标量电位
Scalar magnetic potential 标量磁位
Scalar product 标量积
Scalar triple product 标量三重积
Scattering cross section 散射截面
Self- Inductance 自感
Semiconductors 半导体
Series connection of Capacitor 电容器的串联
Short-circuited 短路
SI system 国际单位制
Sidelobe 旁瓣
Single-stub 单短截线
Smith chart 史密特圆图

Snell's law of reflection 斯涅耳反射定理
Snell's law of refraction 斯涅耳折射定律
Solenoidal field 管形场
Source 源
Source-free 无源
Spherical capacitor 球形电容器
Spherical coordinates 球坐标系
Standing wave 驻波
Standing-wave ratio 驻波比
Stokes's theorem 斯托克斯定理
Stripline 带状线
Stub tuner 短截线调谐器
Surface charge density 面电荷密度
Surface current density 面电流密度
Surface impedance 表面阻抗
Surface integral 面积分
Surface wave 表面波

T

Tangential component 切向分量
Tesla 特斯拉
Time-average power density 时间平均功率密度
Time-harmonic 时谐
Time-harmonic electromagnetism 时谐电磁学
Time-harmonic electromagnetic field 时谐电磁场
Time-harmonic fields 时谐场
Torgue 转矩
Total reflection 全反射
Transformer 变压器
Transformer emf 变压器电动势
Transmission coefficient 传输系数
Transmission line 传输线
Transmission-line equations 传输线方程组
Transverse electromagnetic（TEM）wave 横电磁波
Transverse electric（TE）wave 横电波
Transverse magnetic（TM）wave 横磁波
Traveling wave 行波
Traveling-wave Antenna 行波天线
Triple product 三重积
Tuners 调谐器

Two-element antenna array 两元天线阵
Two-wire transmission line 双线传输线
Transverse distribution 横向分布

U

Uniform linear antenna array 均匀直线天线阵
uniform plane wave 均匀平面波
Uniqueness theorem 唯一性定理
Units 单位
Units of derived quantities 导出量单位
Unit vector 单位矢量
Universal constants 通用常数

V

Vector 矢量
Vector addition and subtraction 矢量加法和减法
Vector identities 矢量恒等式
Vector product 矢量积
Vector potential 矢量位
Velocity 速度
Velocity of wave propagation 波的传播速度
Virtual displacement 虚位移
Volume charge density 体电荷密度
Volume current density 体电流密度
Volume integral 体积分
Vortex source 涡旋源

W

Wave equation 波动方程
Wave impedance 波阻抗
Wavefront 波前
Waveguide 波导
Wavelength 波长
Wavenumber 波数

Y

Yagi-Uda antenna 八木天线

习题参考答案

第 1 章

1.2　$\boldsymbol{e}_A=(\boldsymbol{e}_x+2\boldsymbol{e}_y-3\boldsymbol{e}_z)/\sqrt{14}$；$|\boldsymbol{A}-\boldsymbol{B}|=\sqrt{53}$；$\boldsymbol{A}\cdot\boldsymbol{B}=-11$；$\theta_{AB}=135.5^\circ$；$A_B=-11/\sqrt{17}$；$\boldsymbol{A}\cdot(\boldsymbol{B}\times\boldsymbol{C})=-42$；$\boldsymbol{C}\cdot(\boldsymbol{A}\times\boldsymbol{B})=-42$；$\boldsymbol{A}\times(\boldsymbol{B}\times\boldsymbol{C})=55\boldsymbol{e}_x-44\boldsymbol{e}_y-11\boldsymbol{e}_z$

1.3　$b=-3$，$c=-8$

1.4　（$a=0.6$，$b=-0.8$）或（$a=-0.6$，$b=0.8$）

1.5　$\boldsymbol{R}=5\boldsymbol{e}_x-3\boldsymbol{e}_y-\boldsymbol{e}_z$，$\boldsymbol{R}$ 与 x、y、z 轴之间的夹角分别为 $\theta_x=32.31^\circ$，$\theta_y=120.47^\circ$，$\theta_z=99.73^\circ$

1.6　直角坐标系中的坐标：（-2, $2\sqrt{3}$, 3）；球坐标系中的坐标：（5, arctan(4/3), $-\pi/3$）

1.7　$a=2$，$b=-1$，$c=-2$

1.8　$\mathrm{rot}(\phi A)=3x^2y^2[(9x-x^2)\boldsymbol{e}_x-9y\boldsymbol{e}_y+4xz\boldsymbol{e}_z]$

1.10　$\partial\phi/\partial l=17/3$

1.11　$\varphi=xyz$ 在点（5, 1, 2）处沿着点（5, 1, 2）到点（9, 4, 19）的方向导数为 $123/\sqrt{314}$

1.12　$\nabla\phi|_{(0,0,0)}=3\boldsymbol{e}_x-2\boldsymbol{e}_y-6\boldsymbol{e}_z$，$\nabla\phi|_{(1,1,1)}=6\boldsymbol{e}_x+3\boldsymbol{e}_y$

1.13　（1）$\nabla\cdot\boldsymbol{A}=2x+2x^2y+72x^2y^2z^2$；（2）$\int\nabla\cdot\boldsymbol{A}\mathrm{d}V=1/24$

1.19　$I=2\pi a^5/5$

1.20　$\oint_l\boldsymbol{A}\cdot\mathrm{d}\boldsymbol{l}=\dfrac{\pi}{4}a^2$，$\nabla\times\boldsymbol{A}=y^2\boldsymbol{e}_z$，$\int_S(\nabla\times\boldsymbol{A})\cdot\mathrm{d}\boldsymbol{S}=\dfrac{\pi}{4}a^2$

1.23　（1）$\nabla\cdot\boldsymbol{A}=y^2z^3$，$\nabla\times\boldsymbol{A}=\boldsymbol{e}_x(2x^2y-x^3)+\boldsymbol{e}_y(3xy^2z^2-2xy^2)+\boldsymbol{e}_z(3x^2z-2xyz^3)$；

（2）$\nabla\cdot\boldsymbol{A}=3r\cos\varphi$，$\nabla\times\boldsymbol{A}=\boldsymbol{e}_r r\cos\varphi-\boldsymbol{e}_\varphi 2r\sin\varphi+\boldsymbol{e}_z r\sin\varphi$；

（3）$\nabla\cdot\boldsymbol{A}=3\sin\theta+\dfrac{2}{R^2}\cos\theta$，$\nabla\times\boldsymbol{A}=\boldsymbol{e}_R\dfrac{\cos2\theta}{R^3\sin\theta}+\boldsymbol{e}_\theta\dfrac{\cos\theta}{R^3}-\boldsymbol{e}_\varphi\cos\theta$

1.24　$\phi=-xyz+c$（c 为常数）

第 2 章

2.1　$\boldsymbol{E}=\boldsymbol{e}_x\dfrac{q}{100\pi\varepsilon_0}+\boldsymbol{e}_y\dfrac{q}{200\pi\varepsilon_0}$

2.2　$\boldsymbol{E}=\dfrac{\rho_l a}{4\pi\varepsilon_0(\sqrt{2}a)^3}\int_{-\pi/2}^{\pi/2}(a\boldsymbol{e}_z-a\cos\varphi\boldsymbol{e}_x-a\sin\varphi\boldsymbol{e}_y)\,\mathrm{d}\varphi=\dfrac{\rho_l}{8\sqrt{2}\pi\varepsilon_0a^2}[\pi\boldsymbol{e}_z-2\boldsymbol{e}_x]$

2.3　$\boldsymbol{E}=\boldsymbol{e}_x\dfrac{1}{4\varepsilon_0(1+z^2)^{3/2}}$

2.4　$\boldsymbol{E}=\dfrac{\rho}{3\varepsilon_0}(\boldsymbol{e}_R R-\boldsymbol{e}_{R'}R')$

2.5　$\varphi=-(x^2+y^2/2)-3x+2y+C$

2.6 $\boldsymbol{B}=\boldsymbol{e}_z\dfrac{\mu_0 Ia^2}{2(a^2+z^2)^{3/2}}$

2.7 $\boldsymbol{F}=-\boldsymbol{e}_r\dfrac{\mu_0 I_1 I_2}{2\pi a}$

2.8 $\boldsymbol{B}=\boldsymbol{e}_R\dfrac{\mu_0 m}{2\pi R^3}\cos\theta+\boldsymbol{e}_\theta\dfrac{\mu_0 m}{4\pi R^3}\sin\theta$

2.9 $\boldsymbol{J}_{\rm d}=\dfrac{25}{\pi}(\boldsymbol{e}_x\sin 1000t-\boldsymbol{e}_y\cos 1000t)$

2.10 $\boldsymbol{J}_{\rm d}=\boldsymbol{e}_x 6.68\times10^{-11}\cos[117.1\times(3.22t-Z)]$ （$\rm A\cdot m^{-2}$）

2.12 $\boldsymbol{B}=\boldsymbol{e}_\varphi\mu_0 kr^3/4$

2.13 （1）$r\leqslant a$，$\boldsymbol{B}=\boldsymbol{e}_\varphi\mu_0\left(\dfrac{1}{4}r^3+\dfrac{4}{3}r^2\right)$；（2）$r\geqslant a$，$\boldsymbol{B}=\boldsymbol{e}_\varphi\dfrac{\mu_0}{r}\left(\dfrac{1}{4}a^4+\dfrac{4}{3}a^3\right)$

2.14 $\Phi_{\rm m}=\dfrac{\mu_0 I_0 b}{2\pi}\ln\dfrac{c+a}{c}$； $M=\dfrac{\mu_0 b}{2\pi}\ln\dfrac{c+a}{c}$； $I=-\dfrac{\mu_0 I_0 b\omega}{2\pi R}\ln\dfrac{c+a}{c}\cos\omega t$

2.15 （1）当$r\leqslant b$时，$\boldsymbol{E}_1=\dfrac{1}{\varepsilon_0}\left(b^2\dfrac{r}{3}-\dfrac{r^3}{5}\right)\boldsymbol{e}_r$，$\phi_1=-\dfrac{b^2r^2}{6\varepsilon_0}+\dfrac{r^4}{20\varepsilon_0}+\dfrac{b^2}{4\varepsilon_0}$；

（2）当$r>b$时，$\boldsymbol{E}_2=\dfrac{1}{\varepsilon_0 r^2}\dfrac{2b^5}{15}\boldsymbol{e}_r$，$\phi_2=\int_r^\infty \boldsymbol{E}_2\cdot{\rm d}\boldsymbol{r}=\int_r^\infty\dfrac{1}{\varepsilon_0 r^2}\dfrac{2b^5}{15}{\rm d}r=\dfrac{2b^5}{15\varepsilon_0 r}$

2.16 （1）当$\rho<a$时，$\boldsymbol{B}=\boldsymbol{e}_\varphi\mu_0 J_0\rho/2$；（2）当$\rho\geqslant a$时，$\boldsymbol{B}=\boldsymbol{e}_\varphi\mu_0 J_0 a^2/(2\rho)$

2.17 在$0<R<a$区域中有$\rho=\dfrac{4\varepsilon_0 E_0}{a^2}R$，在$R\geqslant a$区域中有$\rho=0$

2.19 （1）$\boldsymbol{J}_{\rm d}=-26.26\times10^{-5}\sin(3\times10^9 t-10z)\boldsymbol{e}_x$ （$\rm A\cdot m^{-2}$）；（2）$\boldsymbol{E}=7.40\boldsymbol{e}_x$ （mV/m）

2.20 （1）$\boldsymbol{E}=\boldsymbol{e}_x 3{\rm e}^{-{\rm j}(kz+\pi/2)}+\boldsymbol{e}_x 4{\rm e}^{-{\rm j}(kz+\pi/3)}$；

（2）$\boldsymbol{H}(z)=\boldsymbol{e}_y k\left(7.6\times10^{-3}{\rm e}^{-{\rm j}\pi/2}+10^{-2}{\rm e}^{-{\rm j}\pi/3}\right){\rm e}^{-{\rm j}kz}$

$$\boldsymbol{H}(z,t)=\boldsymbol{e}_y k\left[(7.6\times10^{-3}\sin(10^8\pi t-kz)+10^{-2}\cos\left(10^8\pi t-kz-\frac{\pi}{3}\right)\right]$$

2.21 $\beta=41.56({\rm rad/m})$

$$\boldsymbol{E}(x,z,t)=\boldsymbol{e}_x 498.7\cos(15\pi x)\sin(6\pi\times10^9 t-41.56z)+\boldsymbol{e}_y 564.7\sin(15\pi x)\cos(6\pi\times10^9 t-41.56z)\,({\rm V/m})$$

2.22 $\boldsymbol{S}(x,z,t)=\boldsymbol{e}_z 2650\cos^2(\omega t-\beta z)\,({\rm W/m^2})$； $\boldsymbol{S}_{\rm av}=1325({\rm W/m^2})$

2.23 $P_{\rm av}=E_0^2/90$

2.24 $\boldsymbol{S}(0,t)=0$; $\boldsymbol{S}(\lambda_0/8,\ z)=-\boldsymbol{e}_z\dfrac{E_0^2}{4}\sqrt{\dfrac{\varepsilon_0}{\mu_0}}\sin(2\omega t)$, $\boldsymbol{S}(\lambda_0/4,\ z)=0$； $\boldsymbol{S}_{\rm av}=0$

2.25 $P_{\rm av}=65.1({\rm W})$

第3章

3.1 电偶极矩$|\boldsymbol{p}_{\rm e}|=2.08\times10^{-29}\,{\rm mC}$，其方向为从负电荷指向正电荷（从氯离子指向氢离子）。

3.2 （1）距离电偶极子处的电场最大值为$3.7\times10^5({\rm V/m})$；

（2）距离自由电子处的电场为1.4×10^{7}（V/m）

3.4　最大能量约为7.8×10^{-24}（J）

3.5　（1）板间电场强度分布：$E_1=\dfrac{\varepsilon_2 U}{\varepsilon_1 d_2+\varepsilon_2 d_1}$, $E_2=\dfrac{\varepsilon_1 U}{\varepsilon_1 d_2+\varepsilon_2 d_1}$；

（2）正负极板的电荷面密度：$\rho_{S+}=\dfrac{\varepsilon_1\varepsilon_2 U}{\varepsilon_1 d_2+\varepsilon_2 d_1}$, $\rho_{S-}=-\dfrac{\varepsilon_1\varepsilon_2 U}{\varepsilon_1 d_2+\varepsilon_2 d_1}$；

（3）两介质分界面的极化电荷密度：$\rho_{PS}=\dfrac{\varepsilon_0 U}{\varepsilon_1 d_2+\varepsilon_2 d_1}(\varepsilon_1-\varepsilon_2)$

3.6　（1）$E_{\mathrm{r}}=\dfrac{U_0}{r\ln(b/a)}$；

（2）$C=\dfrac{2}{3}\dfrac{\pi\varepsilon_0}{\ln(b/a)}(2+\varepsilon_{\mathrm{r}})$；

（3）$r=a$ 截面处：$\rho_{PS1}=-\varepsilon_0(\varepsilon_{\mathrm{r}}-1)\dfrac{U_0}{a\ln(b/a)}$；

　　$r=b$ 截面处：$\rho_{PS2}=-\varepsilon_0(\varepsilon_{\mathrm{r}}-1)\dfrac{U_0}{b\ln(b/a)}$

3.7　（1）$\rho_P=-\dfrac{K}{r^2}$，$\rho_{PS}=\dfrac{K}{a}$；

（2）$\rho=\dfrac{\varepsilon_{\mathrm{r}}}{\varepsilon_{\mathrm{r}}-1}K/r^2$；

（3）$\boldsymbol{E}=\boldsymbol{e}_r\dfrac{K}{\varepsilon_0(\varepsilon_{\mathrm{r}}-1)r}$　（$r<a$），$\boldsymbol{E}=\boldsymbol{e}_r\dfrac{\varepsilon_{\mathrm{r}}aK}{\varepsilon_0(\varepsilon_{\mathrm{r}}-1)r^2}$　（$r\geqslant a$）

3.8　（1）球内：$\boldsymbol{E}=\boldsymbol{e}_r\dfrac{rq}{4\pi\varepsilon a^3}$，$\rho_P=-\dfrac{3q}{4\pi a^3}\left(1-\dfrac{1}{\varepsilon_{\mathrm{r}}}\right)$；

球外：$\boldsymbol{E}=\boldsymbol{e}_r\dfrac{q}{4\pi\varepsilon_0 r^2}$，$\rho_P=0$；球面：$\rho_{PS}=\dfrac{q}{4\pi a^2}\left(1-\dfrac{1}{\varepsilon_{\mathrm{r}}}\right)$；

（2）球内：电场强度为零，且束缚电荷也为零。

球外：$\boldsymbol{E}=\boldsymbol{e}_r q/(4\pi\varepsilon_0 r^2)$，球外束缚电荷也等于零。

（3）球内外：$\boldsymbol{E}=\boldsymbol{e}_r\dfrac{q}{4\pi\varepsilon_0 r^2}$，$\rho_P=0$；球面：$\rho_{PS}=\dfrac{q}{4\pi a^2}\left(1-\dfrac{1}{\varepsilon_{\mathrm{r}}}\right)$；

球心处束缚电荷电量：$Q_p=-q(1-1/\varepsilon_{\mathrm{r}})$

3.9　当$r\geqslant a$时，$\boldsymbol{E}=\boldsymbol{e}_r\dfrac{\rho a^3}{3\varepsilon_0 r^2}$；当$r<a$时，$\boldsymbol{E}=\boldsymbol{e}_r\dfrac{\rho r}{3\varepsilon_1}$

3.10　（1）铜导体内比值为0.56×10^{16}；

（2）蒸馏水内比值为0.28×10^{3}；

（3）聚苯乙烯内比值为0.45×10^{2}

3.11（1）当$r<a$时，$H_1=0$；$a\leqslant r\leqslant b$时，$\boldsymbol{H}_2=\boldsymbol{e}_\varphi\dfrac{I(r^2-a^2)}{2\pi r(b^2-a^2)}$；当$r>b$时，$\boldsymbol{H}_2=\boldsymbol{e}_\varphi I/2\pi r$；

（2）当$r=a$时，$\boldsymbol{J}_{Sa}=0$；当$r=b$时，$\boldsymbol{J}_{Sb}=-\boldsymbol{e}_z\dfrac{I}{2\pi b}\left(\dfrac{\mu}{\mu_0}-1\right)$

3.12 （1）$\boldsymbol{D}=\boldsymbol{e}_z\dfrac{2\times10^{-6}}{\omega}\sin(\omega t-5x)$，$\boldsymbol{E}=\boldsymbol{e}_z\dfrac{10^{-6}}{2\varepsilon_0\omega}\sin(\omega t-5x)$；

（2）$\boldsymbol{B}=-\boldsymbol{e}_y\dfrac{5\times10^{-6}}{2\varepsilon_0\omega^2}\sin(\omega t-5x)$，$\boldsymbol{H}=-\boldsymbol{e}_y\dfrac{10^{-6}}{2\varepsilon_0\omega^2}\sin(\omega t-5x)$；

（3）$\boldsymbol{J}_{\mathrm{d}}=\boldsymbol{e}_z 2\times10^{-6}\cos(\omega t-5x)$，$\omega=\dfrac{\sqrt{5}}{2}c$ （rad/s）

3.14 （1）海水：$\nabla\times\boldsymbol{H}=\mathrm{j}(4.5-\mathrm{j}4)\boldsymbol{E}$；

（2）铜：$\dfrac{i_{\mathrm{d}}}{i_{\mathrm{c}}}=9.75\times10^{-10}$，$\nabla\times\boldsymbol{H}=5.7\times10^{7}\boldsymbol{E}$；

3.15 （1）$E_{\mathrm{r}}=\dfrac{2q}{\pi r^2(\varepsilon_1+\varepsilon_2)}$；（2）$E_{\mathrm{r}}=\dfrac{\rho_l}{\pi r(\varepsilon_1+\varepsilon_2)}$

3.16 （1）$\boldsymbol{E}_1=\dfrac{U_0}{\left(\dfrac{1}{\sigma_1}\ln\dfrac{b}{a}+\dfrac{1}{\sigma_2}\ln\dfrac{c}{b}\right)r\sigma_1}\boldsymbol{e}_r$（$a<r<b$）；$\boldsymbol{E}_2=\dfrac{U_0}{\left(\dfrac{1}{\sigma_1}\ln\dfrac{b}{a}+\dfrac{1}{\sigma_2}\ln\dfrac{c}{b}\right)r\sigma_2}\boldsymbol{e}_r$（$b<r<c$）；

（2）内导体表面的电荷密度：$\rho_{S1}=\dfrac{\varepsilon_1U_0}{\left(\ln\dfrac{b}{a}+\dfrac{\sigma_1}{\sigma_2}\ln\dfrac{c}{b}\right)a}$；

介质分界面电荷面密度：$\rho_S=\dfrac{U_0(\sigma_2\varepsilon_1-\sigma_1\varepsilon_2)}{\left(\sigma_2\ln\dfrac{b}{a}+\sigma_1\ln\dfrac{c}{b}\right)b}$；

外导体表面的电荷密度：$\rho_{S1}=\dfrac{-\varepsilon_2U_0}{\left(\ln\dfrac{c}{b}+\dfrac{\sigma_2}{\sigma_1}\ln\dfrac{b}{a}\right)c}$；

（3）单位长度的径向漏电导：$G=\dfrac{I}{U_0}=\dfrac{2\pi\sigma_1\sigma_2}{\sigma_2\ln\dfrac{b}{a}+\sigma_1\ln\dfrac{c}{b}}$

3.18 $\boldsymbol{B}=\boldsymbol{e}_{\mathrm{n}}B_0\cos\alpha+\boldsymbol{e}_{\mathrm{n}}(1+\chi_{\mathrm{m}})\mu_0B_0\sin\alpha$；$\boldsymbol{H}=\boldsymbol{e}_{\mathrm{n}}\dfrac{B_0\cos\alpha}{(1+\chi_{\mathrm{m}})\mu_0}+\boldsymbol{e}_{\mathrm{t}}\dfrac{B_0\sin\alpha}{\mu_0}$

3.19 （1）$r<R_0$时，

（2）$R_0\leqslant r+R_0+d$时，

（3）当$r\geqslant R_0+d$时，$\boldsymbol{B}_3=\dfrac{\mu_0I}{2\pi r}\boldsymbol{e}_\varphi\boldsymbol{H}_3=\dfrac{I}{2\pi r}\boldsymbol{e}_\varphi$

3.20 （1）$x>0$，$\boldsymbol{H}=\boldsymbol{e}_\varphi\dfrac{200I}{201\pi r}$；（2）$x<0$，$\boldsymbol{H}=\boldsymbol{e}_\varphi\dfrac{I}{201\pi r}$

3.21 （1）$\boldsymbol{H}(x,z,t)=\boldsymbol{e}_x\dfrac{\pi E_0}{\omega\mu_0d}\cos\left(\dfrac{\pi z}{d}\right)\sin(\omega t-k_xx)+\boldsymbol{e}_z\dfrac{k_xE_0}{\omega\mu_0}\sin\left(\dfrac{\pi z}{d}\right)\cos(\omega t-k_xx)$

（2）$z=0$，$\boldsymbol{J}_S=\boldsymbol{e}_y\dfrac{\pi E_0}{\omega\mu_0d}\sin(\omega t-k_xx)$；$z=d$，$\boldsymbol{J}_S=\boldsymbol{e}_y\dfrac{\pi E_0}{\omega\mu_0d}\sin(\omega t-k_xx)$

3.22 （1）$\boldsymbol{H}(r,z,t)=\boldsymbol{e}_\varphi\dfrac{5}{4\pi r}\cos(10^8t-0.5z)$ （A/m）；

（2）内导体表面的电流密度：$\boldsymbol{J}_S=\boldsymbol{e}_z 397.9\cos(10^8t-0.5z)$（A/m）；

（3）位移电流：$i_\mathrm{d}=\dfrac{10}{9}[\cos(10^8t-0.5)-\cos(10^8t)]$ （A）

3.23 （1）$\boldsymbol{E}(r,z,t)=\boldsymbol{e}_r\dfrac{502}{r}\sin(2\pi z)\sin(4\pi\times10^8t)$ （V/m）；

（2）$r=5\text{mm}$，$z=25\text{mm}$ 处面电流密度：$\boldsymbol{J}_S=\boldsymbol{e}_z 395.1\cos(4\pi\times10^8t)$ （A/m）；

（3）$r=20\text{mm}$，$z=25\text{mm}$ 处面电荷密度：$\rho_S=-0.78\times10^{-7}\sin(4\pi\times10^8t)$ （C/m^2）；

（4）$r=10\text{mm}$，$z=25\text{mm}$ 处位移电流密度：$\boldsymbol{J}_S=\boldsymbol{e}_r 196.6\cos(4\pi\times10^8t)$ （A/m^2）

第4章

4.1 $Q^2/8\pi\varepsilon_0 d$

4.2 直角区域的电位为：$\phi=\dfrac{q}{4\pi\varepsilon_0}\left(\dfrac{1}{r_1}-\dfrac{1}{r_2}+\dfrac{1}{r_3}-\dfrac{1}{r_4}\right)$，其中，$r_1=\sqrt{(x-a)^2+(y-b)^2+z^2}$，$r_2=\sqrt{(x+a)^2+(y-b)^2+z^2}$，$r_3=\sqrt{(x+a)^2+(y+b)^2+z^2}$，$r_3=\sqrt{(x-a)^2+(y+b)^2+z^2}$

4.5 导体上方的电位为$\phi=\dfrac{1}{4\pi\varepsilon_0}\left(\dfrac{q}{R}+\dfrac{q_1}{R_1}+\dfrac{q_2}{R_2}+\dfrac{q_3}{R_3}\right)$，其中，$R=[x^2+y^2+(z-d)^2]^{1/2}$，$R_1=[x^2+y^2+(z+d)^2]^{1/2}$，$R_2=[x^2+y^2+(z-b)^2]^{1/2}$，$R_3=[x^2+y^2+(z+b)^2]^{1/2}$

4.6 $\phi_1=\dfrac{1}{4\pi\varepsilon_0}\left(\dfrac{q_2}{r_3}-\dfrac{bq_2}{r_4h_2}+\dfrac{bq_2}{r_5h_2}-\dfrac{q_2}{r_6}\right)$，其中$r_3=\sqrt{x^2+y^2+(z-h_2)^2}$，

$r_4=\sqrt{x^2+y^2+(z-d_2)^2}$，$r_5=\sqrt{x^2+y^2+(z+d_2)^2}$，$r_6=\sqrt{x^2+y^2+(z+h_2)^2}$

4.7 $\phi=\sum\limits_{n=1}^{\infty}\dfrac{4U_0}{n^2\pi^2}\dfrac{\sin\dfrac{n\pi}{2}}{\mathrm{sh}\dfrac{n\pi a}{b}}\sin\dfrac{n\pi y}{b}\mathrm{sh}\dfrac{n\pi x}{b}$

4.8 $\phi=U_0\sin\dfrac{3\pi x}{a}\mathrm{e}^{-\frac{3\pi y}{a}}$

4.9 （1）$\phi=\dfrac{U_0}{d}x+\sum\limits_{n=1}^{\infty}(-1)^n\dfrac{2U_0}{n\pi}\sin\dfrac{n\pi}{d}x\cdot\mathrm{e}^{-\frac{n\pi}{d}y}$

（2）左侧导体板：$\rho_S=-\varepsilon_0\left[\dfrac{U_0}{d}+\sum\limits_{n=1}^{\infty}(-1)^n\dfrac{2U_0}{d}\mathrm{e}^{-\frac{n\pi}{d}y}\right]$；

右侧导体板：$\rho_S=\varepsilon_0\left[\dfrac{U_0}{d}+\sum\limits_{n=1}^{\infty}\dfrac{2U_0}{d}\mathrm{e}^{-\frac{n\pi}{d}y}\right]$；

底部导体板：$\rho_S=\varepsilon_0\sum\limits_{n=1}^{\infty}(-1)^n\dfrac{2U_0}{d}\sin\dfrac{n\pi}{d}x$

4.10 $\phi=\dfrac{U_0}{a}y+\sum\limits_{n=2,4\cdots}^{\infty}\dfrac{2U_0}{n\pi}\cos\dfrac{n\pi}{2}\sin\dfrac{n\pi y}{a}\mathrm{e}^{-\frac{n\pi x}{a}}$

4.11 $\phi=\dfrac{1}{2}U_0+\dfrac{2U_0}{\pi}\sum\limits_{n=1,3,5}^{\infty}\dfrac{1}{n}\left(\dfrac{r}{a}\right)^n\sin n\varphi$

4.12 （1）$r<a$，$\phi=\dfrac{\rho_{S0}}{2\varepsilon_0}r\cos\varphi$；（2）$r>a$，$\phi=\dfrac{a^2\rho_{S0}}{2\varepsilon_0 r}\cos\varphi$

4.13 导体球外电位为$\phi=-\left(1-\dfrac{a^3}{r^3}\right)E_0 r\cos\theta$

电场强度为$E_r=E_0\left(1+\dfrac{2a^3}{r^3}\right)\cos\theta$，$E_\theta=-E_0\left(1-\dfrac{a^3}{r^3}\right)\sin\theta$

4.14 圆柱内、外的电位分别为$\phi_1=-E_0\dfrac{2\varepsilon_0}{\varepsilon+\varepsilon_0}r\cos\varphi$，$\phi_2=-E_0 r\cos\varphi+E_0\dfrac{\varepsilon-\varepsilon_0}{\varepsilon+\varepsilon_0}\dfrac{a^2}{r}\cos\varphi$

电场强度分别为$\boldsymbol{E}_1=-\nabla\phi_1=\dfrac{2\varepsilon_0}{\varepsilon+\varepsilon_0}E_0\cos\varphi\boldsymbol{e}_r-\dfrac{2\varepsilon_0}{\varepsilon+\varepsilon_0}E_0\sin\varphi\boldsymbol{e}_\varphi$，

$$\boldsymbol{E}_2=-\nabla\phi_2=E_0\cos\varphi\left(1+\frac{\varepsilon-\varepsilon_0}{\varepsilon+\varepsilon_0}\frac{a^2}{r^2}\right)\boldsymbol{e}_r-E_0\sin\varphi\left(1-\frac{\varepsilon-\varepsilon_0}{\varepsilon+\varepsilon_0}\frac{a^2}{r^2}\right)\boldsymbol{e}_\varphi$$

4.15 矩形区域的格林函数为

$$G=\frac{2}{\varepsilon_0\pi}\sum_{n=1}^{\infty}\frac{\sin\dfrac{n\pi x'}{a}\sin\dfrac{n\pi x}{a}}{n\operatorname{sh}\dfrac{n\pi b}{a}}=\begin{cases}\operatorname{sh}\dfrac{n\pi}{a}(b-y')\operatorname{sh}\dfrac{n\pi}{a}y, & y\leqslant y'\\ \operatorname{sh}\dfrac{n\pi}{a}y'\operatorname{sh}\dfrac{n\pi}{a}(b-y), & y\geqslant y'\end{cases}$$

4.16 柱内的格林函数为$G(r,r')=\dfrac{1}{2\pi\varepsilon}\ln\dfrac{R_2 r'}{R_1 a}$

4.17 $\phi=-\dfrac{\rho_0}{6\varepsilon_0 d}x^2+\left(\dfrac{U_0}{6}+\dfrac{\rho_0 d}{6\varepsilon_0}\right)x$

4.18 $\phi_1=\phi_2=37.5\text{V}$，$\phi_3=\phi_4=12.5\text{V}$

第5章

5.1 $R=\dfrac{U}{I}=\dfrac{1}{4\pi\sigma_0}\ln\dfrac{b(a+1)}{a(b+1)}$

5.2 （1）$\rho=\dfrac{U_0\varepsilon}{\ln(R_2/R_1)r^2}$，$\rho_{S1}\big|_{r=R_1}=\dfrac{\varepsilon U_0}{\ln(R_2/R_1)R_1}$，$\rho_{S2}\big|_{r=R_2}=-\dfrac{\varepsilon U_0}{\ln(R_2/R_1)R_2}$；

（2）$R=\dfrac{1}{4\pi\sigma_0(1+K)}\ln\dfrac{R_2}{R_1}$

5.3 $R=\dfrac{1}{4\pi\sigma}\left(\dfrac{1}{a}+\dfrac{1}{b}-\dfrac{1}{d-a}-\dfrac{1}{d-b}\right)$

5.4 （1）沿厚度方向的电阻为$R_1=\dfrac{U_1}{I_1}=\dfrac{2d}{\sigma\alpha(r_2^2-r_1^2)}$；

（2）两圆弧面之间的电阻为$R_2=\dfrac{U_2}{I_2}=\dfrac{1}{\alpha d\sigma}\ln\dfrac{r_2}{r_1}$

（3）沿α方向的电阻为$R_3=\dfrac{U_3}{I_3}=\dfrac{\alpha}{\sigma d\ln(r_2/r_1)}$

5.5 $C=\dfrac{Q}{U}=\dfrac{\pi\varepsilon_0}{\ln\dfrac{D-a}{a}}$

5.7 （1）$\sigma_{下}=\varepsilon E=-\dfrac{2\varepsilon_0\varepsilon U_0}{(\varepsilon+\varepsilon_0)d}$，$\sigma_{上}=-\varepsilon_0 E_0=\dfrac{2\varepsilon_0\varepsilon U_0}{(\varepsilon+\varepsilon_0)d}$

$\sigma_{P下}=-e_z\cdot\boldsymbol{P}=\dfrac{2\varepsilon_0(\varepsilon-\varepsilon_0)U_0}{(\varepsilon+\varepsilon_0)d}$，$\sigma_{P上}=-e_z\cdot\boldsymbol{P}=-\dfrac{2\varepsilon_0(\varepsilon-\varepsilon_0)U_0}{(\varepsilon+\varepsilon_0)d}$；

（2）$U=\dfrac{(\varepsilon+\varepsilon_0)dQ}{2\varepsilon_0\varepsilon ab}$，$\sigma_{P下}=\dfrac{(\varepsilon-\varepsilon_0)Q}{\varepsilon ab}$，$\sigma_{P上}=\dfrac{-(\varepsilon-\varepsilon_0)Q}{\varepsilon ab}$；

（3）$C=\dfrac{Q}{U}=\dfrac{2\varepsilon_0\varepsilon ab}{(\varepsilon+\varepsilon_0)d}$

5.8 $C=\dfrac{q}{U}=\dfrac{S(\varepsilon_2-\varepsilon_1)}{d\ln(\varepsilon_2/\varepsilon_1)}$

5.9 （1）$C=\dfrac{q}{\varphi(a)}=2\pi(\varepsilon_1+\varepsilon_2)a$；（2）$W_{\rm e}=\dfrac{1}{2}q\varphi(a)=\dfrac{q^2}{4\pi(\varepsilon_1+\varepsilon_2)a}$

5.10 （1）$\Delta C=C-C_0=\dfrac{\varepsilon_0 S}{d-\Delta d}-\dfrac{\varepsilon_0 S}{d}=\dfrac{\varepsilon_0 S\Delta d}{d(d-\Delta d)}$，$\Delta W_{\rm e}=W_{\rm e}-W_{\rm e0}=\dfrac{\varepsilon_0 SU_0^2\Delta d}{2d(d-\Delta d)}$；

（2）$\Delta C=\dfrac{(\varepsilon-\varepsilon_0)\Delta S}{d}$，$\Delta W_{\rm e}=-\dfrac{1}{2}\dfrac{(\varepsilon-\varepsilon_0)q^2 d}{\varepsilon_0 S[\varepsilon\Delta S+\varepsilon_0(S-\Delta S)]}$

5.11 $C=\dfrac{\pi(\varepsilon_1+\varepsilon_2)}{\ln(b/a)}$

5.12 $C=\dfrac{\varepsilon_1\varepsilon_2 S}{\varepsilon_1 d_2+\varepsilon_2 d_1}$

5.13 $C=\dfrac{2\pi\varepsilon_1\varepsilon_2}{\varepsilon_2\ln(c/a)+\varepsilon_1\ln(b/c)}$

5.14 $C=\dfrac{Q}{U}=\dfrac{\varepsilon h}{\alpha}\ln\dfrac{r_2}{r_1}$

5.15 $L=\dfrac{\mu_0 l}{\pi}\ln\dfrac{D-a}{a}+\dfrac{\mu_0 l}{4\pi}$

5.16 $M=\dfrac{\mu_0\pi a^2b^2}{2(a^2+d^2)^{3/2}}$

5.17 $L=\dfrac{\mu_0}{2\pi(b^2-a^2)^2}\left[\dfrac{1}{4}(b^4-a^4)-a^2(b^2-a^2)+a^4\ln\dfrac{b}{a}\right]$

5.18 （1）$L_1=2.346H$；（2）$L_2=0.944\text{H}$，1.487

第6章

6.1 $|\boldsymbol{E}|=951\text{V/m}$

6.2 $\lambda=1\text{m}$，$f=3\times10^8\text{Hz}$，$v=3\times10^8\text{m/s}$，$\boldsymbol{H}=\boldsymbol{e}_y 0.265\cos(6\pi\times10^8 t-2\pi z)$，$\boldsymbol{S}_{\rm av}=\boldsymbol{e}_z 13.25$（W/m）

6.3 f=492MHz，$T=2.03\text{ns}$，$k=10.3(\text{rad/m})$，$H_0=2.12(\text{A/m})$

6.4 $|\boldsymbol{E}|\big|_{t=0}=122.1(\text{V/m})$，$|\boldsymbol{E}|\big|_{t=1\text{ns}}=119.5(\text{V/m})$，$|\boldsymbol{E}|\big|_{t=2\text{ns}}=117.7(\text{V/m})$

6.5 （1）$y=9\times10^5-30\left(n+\dfrac{1}{4}\right),(n=0,1,2\cdots)$；

（2）$\boldsymbol{E}=-\boldsymbol{e}_x 1.508\times10^{-3}\cos\left(10^7\pi t-\dfrac{\pi}{30}y+\dfrac{\pi}{4}\right)$（V/m）

6.6 （1）$t=(n-m)\times10^{-4}$；（2）$z=30\times10^3\ \text{m}$

6.7 （1）$v_{\text{p}}=10^8\ \text{m/s}$，$\lambda=1\text{m}$，$k=2\pi\text{rad/m}$，$\eta=40\pi\Omega$；

（2）$\boldsymbol{E}(z,t)=\boldsymbol{e}_x 4\cos(\omega t-kz)+\boldsymbol{e}_y 3\cos(\omega t-kz+\pi/3)$

$\boldsymbol{H}(z,t)=-\boldsymbol{e}_x\dfrac{3}{40\pi}\cos(\omega t-kz+\pi/3)+\boldsymbol{e}_y\dfrac{1}{10\pi}\cos(\omega t-kz)$；

（3）$P_{\text{av}}=\int\boldsymbol{S}_{\text{av}}\cdot\text{d}\boldsymbol{S}=2.65\times10^{-11}\text{W}$

6.8 （1）$\boldsymbol{e}_z$；（2）$f=3\text{GHz}$；（3）左旋圆极化波；

（4）$\boldsymbol{H}=-\boldsymbol{e}_x 2.65\times10^{-7}\text{e}^{-\text{j}\left(20\pi z-\frac{\pi}{2}\right)}+\boldsymbol{e}_y 2.65\times10^{-7}\text{e}^{-\text{j}20\pi z}$；

（5）$P_{\text{av}}=2.65\times10^{-11}(\text{W/m}^2)$

6.9 （1）$k=2\pi\text{rad/m}$，$v_{\text{p}}=1.5\times10^8\text{m/s}$，$\lambda=1\text{m}$，$\eta=60\pi\Omega$；

（2）$|\boldsymbol{E}|=8.66\times10^{-3}\text{V/m}$；（3）$z=15\text{m}$

6.10 $\mu_{\text{r}}=1.99$，$\varepsilon_{\text{r}}=1.13$

6.11 $\varepsilon_{\text{r}}=4.94$，$v=1.35\times10^8\text{m/s}$

6.12 $f=3\times10^9\text{Hz}$，$k=60\pi\text{rad/m}$，$\lambda=\dfrac{1}{30}\text{m}$，$v_{\text{p}}=10^8\text{m/s}$，$\eta=40\pi\Omega$

6.13 $\varepsilon_{\text{r}}=8$，$\mu_{\text{r}}=2$

6.14 （1）$\boldsymbol{e}_{\text{n}}=-\boldsymbol{e}_x 0.375+\boldsymbol{e}_y 0.273+\boldsymbol{e}_z 0.886$；（2）$\boldsymbol{S}_{\text{av}}=\boldsymbol{e}_{\text{n}}44(\text{kW/m}^2)$；（3）$\varepsilon_{\text{r}}=2.5$

6.15 （1）$\boldsymbol{H}(z,t)=-\boldsymbol{e}_y\dfrac{1}{3\pi}\cos(9\times10^9 t+30z)$，$\boldsymbol{E}=\boldsymbol{e}_x 40\cos(9\times10^9 t+30z)$；

（2）$f=1.43\times10^9\text{Hz}$，$\lambda=0.209\text{m}$

6.16 （1）$|\boldsymbol{E}|=100\text{V/m}$；（2）$|\boldsymbol{E}|=100\text{V/m}$；（3）$|\boldsymbol{E}|=163.8\text{V/m}$；

（4）$|\boldsymbol{E}|=128.1\text{V/m}$；（5）$|\boldsymbol{E}|=95.57\text{V/m}$

6.17 （1）$\beta=2\pi\text{rad/m}$，$\omega=6\pi\times10^8\text{rad/s}$；

（2）$\boldsymbol{H}(\boldsymbol{r})=\dfrac{1}{120\pi}(-\boldsymbol{e}_x 3\text{e}^{-\text{j}53.1^\circ}-\boldsymbol{e}_y 4\text{e}^{-\text{j}53.1^\circ}+\boldsymbol{e}_y 5)\text{e}^{-\text{j}2\pi(0.8x-0.6y)}$；

（3）$\boldsymbol{S}_{\text{av}}=\dfrac{1}{240\pi}(\boldsymbol{e}_x 40-\boldsymbol{e}_y 30)(\text{W/m}^2)$

6.18 （1）$\lambda=0.4\text{m}$，$\boldsymbol{e}_{\text{n}}=\dfrac{4}{5}\boldsymbol{e}_x+\dfrac{3}{5}\boldsymbol{e}_z$，$\theta=53^\circ$；（2）$A=3$；

（3）$\boldsymbol{E}=120\pi\left(\boldsymbol{e}_x\dfrac{6}{5}\sqrt{6}+\boldsymbol{e}_y 5-\boldsymbol{e}_z\dfrac{8}{5}\sqrt{6}\right)\text{e}^{-\text{j}(4\pi x+3\pi z)}$（V/m）

6.19 （1）沿 $-\boldsymbol{e}_z$ 方向的线极化波；（2）沿 $\boldsymbol{e}_z$ 方向的左旋圆极化波；（3）沿 $\boldsymbol{e}_z$ 方向的右旋圆极化波；（4）沿 $\boldsymbol{e}_z$ 方向的线极化波；（5）$\boldsymbol{e}_z$ 方向的左旋椭圆极化波

6.21 右旋圆极化波：$E_{1x}=5\cos(\omega t+23.1^\circ)$，$E_{1y}=5\sin(\omega t+23.1^\circ)$

左旋圆极化波：$E_{2x}=5\cos(\omega t-83.1^\circ)$，$E_{2y}=5\sin(\omega t-83.1^\circ)$

6.22 该波为左旋椭圆极化波，其电场和磁场分量为

$$\boldsymbol{E}(\boldsymbol{r},t)=\boldsymbol{e}_x 1.03A\cos(\omega t-kz+14.04^\circ)+\boldsymbol{e}_y 0.43A\cos(\omega t-kz+90^\circ)$$

$$\boldsymbol{H}(\boldsymbol{r},t)=-\boldsymbol{e}_x 1.15A\cos(\omega t-kz+90^\circ)+\boldsymbol{e}_y 2.73\times10^{-3}A\cos(\omega t-kz+14.04^\circ)$$

6.24 $P_{\text{av}}=13.4\times10^{-3}\text{W}$

第7章

7.1 $\alpha=0.0286\,\text{Np/m}$，$\beta=0.0439\text{rad/m}$，$\lambda=143.1\text{m}$，$v_\text{p}=4.55\times10^7\text{m/s}$，$\tilde{\eta}=480\text{e}^{\text{j}33.1^\circ}\Omega$，$\boldsymbol{E}=\boldsymbol{e}_x 12.7\text{mV/m}$

7.2 （1）$x=1.395\text{m}$；（2）$\tilde{\eta}=238.3\angle0.286^\circ$，$\beta=31.6\pi\text{rad/m}$；

（3）$\boldsymbol{H}(x,t)=\boldsymbol{e}_z 0.21\text{e}^{-0.497x}\sin(6\pi\times10^9 t-31.6\pi x+59.7^\circ)$ （A/m）；

（4）$\boldsymbol{S}_{\text{av}}=\boldsymbol{e}_x 5.25\text{e}^{-x}\cos0.286^\circ$

7.3 （1）$z=287.9\text{m}$；（2）$z=234.2\text{m}$

7.4 （1）$\boldsymbol{H}=\boldsymbol{e}_y 15\text{e}^{-0.0025z}\cos(10^8 t-z+30^\circ)$ （A/m）；（2）$|\boldsymbol{H}|=14.93\text{A/m}$

7.5 $z=0.424\text{m}$

7.6 （1）$\alpha=\beta=1.26\pi$，$\lambda=1.587\text{m}$，$\tilde{\eta}=0.316\pi(1+\text{j})$ （Ω）；

（2）$\alpha=11.96\pi$，$\beta=42.1\pi$，$\tilde{\eta}=\dfrac{42}{\sqrt{1-\text{j}8.9}}$ （Ω）

7.7 $l=0.252\text{mm}$

7.8 $f\approx141\text{Hz}$

7.9 （1）$\lambda=2.11\text{m}$，$v_\text{p}=1.05\times10^6\text{m/s}$；

（2）$\boldsymbol{E}=\boldsymbol{e}_x 1.97\times10^{-5}\cos(\omega t+170.74^\circ)$，$\boldsymbol{H}=\boldsymbol{e}_y 2.10\times10^{-5}\cos(\omega t+215.74^\circ)$

7.10 （1）$\beta=\alpha=2\sqrt{2}\pi$，$\tilde{\eta}=\pi\angle45^\circ$，$v_\text{p}=3.55\times10^6\text{m/s}$，$\lambda=0.707\text{m}$，$\delta=0.35\text{m}$；

（2）$\boldsymbol{E}=\boldsymbol{e}_y 100\text{e}^{-2\sqrt{2}\pi x}\cos(10^7\pi t-2\sqrt{2}\pi x)$ （V/m）；

（3）$l_1=0.518\text{m}$；（4）$l_2=5.18\text{m}$

7.11 $f=10^9\text{Hz}$，$\sigma=1.11\times10^5\text{S/m}$

7.12 $\varepsilon_\text{r}=2$，$f=33.1\text{MHz}$，$\alpha=0.693\text{Np/m}$，$\delta=1.44\text{m}$

7.13 $\Gamma=0.22+\text{j}0.61$，$\tilde{\eta}=240\text{e}^{\text{j}20^\circ}\Omega$

7.14 （1）铜：$Z_0=1.85\times10^{-6}(1+\text{j})$ （Ω），$\alpha=107\text{Np/m}$，$\delta=9.34\times10^{-3}\text{m}$，

银：$Z_0=1.79\times10^{-6}(1+\text{j})$ （Ω），$\alpha=110.18\text{Np/m}$，$\delta=9.08\times10^{-3}\text{m}$；

（2）铜：$Z_0=8.25\times10^{-3}(1+\text{j})$ （Ω），$\alpha=4.8\times10^5\text{Np/m}$，$\delta=2.1\times10^{-6}\text{m}$，

银：$Z_0=8.01\times10^{-3}(1+\text{j})$ （Ω），$\alpha=4.9\times10^5\text{Np/m}$，$\delta=2.03\times10^{-6}\text{m}$

7.15 （1）$R_D=2.44\times10^{-3}\Omega$；（2）$\delta=6.61\times10^{-6}\text{m}$，$R_S\approx2.61\times10^{-3}\Omega$；

（3）$R_A=R_S\dfrac{l}{2\pi a}\approx0.277\Omega$

7.16 $\delta=0.32\times10^{-3}\text{m}$，$R_S=11.7\Omega$，$R_d=3\Omega$，$P=13.16\text{W}$

7.17 $v_\text{g}=3.23\times10^7\text{m/s}$

第8章

8.1 （1）$\boldsymbol{H}_i(z)=(\boldsymbol{e}_y E_x-\boldsymbol{e}_x E_y)\text{e}^{-\text{j}kz}/\eta_0$；

（2）$\boldsymbol{E}_r=-(\boldsymbol{e}_xE_x+\boldsymbol{e}_yE_y)\mathrm{e}^{jkz}$，$\boldsymbol{H}_r(z)=(\boldsymbol{e}_yE_x-\boldsymbol{e}_xE_y)\mathrm{e}^{jkz}/\eta_0$；

（3）电场的波节点和磁场的波腹点位于 $z=-n\lambda/2(n=0,1,2\cdots)$，电场的波腹点和磁场的波节点位于 $z=-(2n+1)\lambda/4(n=0,1,2\cdots)$

8.2 （1）$\boldsymbol{H}_i(z,t)=\dfrac{50}{120\pi}\cos(\omega t-\beta z)\boldsymbol{e}_y$ （A/m）；

（2）$\boldsymbol{E}_r(z,t)=-50\cos(\omega t+\beta z)\boldsymbol{e}_x$ （V/m）；

（3）$\boldsymbol{E}_1(z,t)=100\sin(\omega t)\sin(\beta z)\boldsymbol{e}_x$ （V/m）

8.3 （1）$\boldsymbol{E}_r=-E_0(\boldsymbol{e}_x-\mathrm{j}\boldsymbol{e}_y)\mathrm{e}^{\mathrm{j}\beta z}$，$\boldsymbol{E}_{合}=-2E_0(\mathrm{j}\boldsymbol{e}_x+\boldsymbol{e}_y)\sin\beta z$；

（2）入射波沿 z 轴传播的右旋圆极化波，反射波沿−z 轴传播的左旋圆极化波；

（3）$\boldsymbol{J}_S=\dfrac{E_0}{60\pi}(\boldsymbol{e}_x-\mathrm{j}\boldsymbol{e}_y)$ （A/m）

8.4 $\varepsilon_r=9$，$S_{av}^-=\dfrac{1}{4}\mathrm{mW\cdot m^{-2}}$，$S_{av}^{T}=\dfrac{3}{4}\mathrm{mW\cdot m^{-2}}$

8.5 $\varepsilon_2=7.3\varepsilon_0$

8.6 （1）$\dfrac{\varepsilon_{r2}}{\varepsilon_{r1}}=\begin{cases}\dfrac{1}{16},\ R=0.6\\ 16,\ R=-0.6\end{cases}$；（2）$\dfrac{\varepsilon_{r2}}{\varepsilon_{r1}}=\begin{cases}\dfrac{9}{49},\ R=0.4\\ \dfrac{49}{9},\ R=-0.4\end{cases}$

8.7 （1）$\varepsilon_{r2}=9$；（2）$\boldsymbol{E}_{0r}=-\boldsymbol{e}_y3\times10^{-3}\mathrm{e}^{\mathrm{j}2\pi z}$ （V/m），$\boldsymbol{H}_r=-\boldsymbol{e}_x\dfrac{1}{40\pi}\times10^{-3}\mathrm{e}^{\mathrm{j}2\pi z}$ （A/m）；

（3）$\boldsymbol{E}_t=\boldsymbol{e}_y3\times10^{-3}\mathrm{e}^{-\mathrm{j}6\pi z}$ （V/m），$\boldsymbol{H}_t=-\boldsymbol{e}_x\dfrac{3}{40\pi}\times10^{-3}\mathrm{e}^{-\mathrm{j}6\pi z}$ （A/m）；

（4）$\boldsymbol{S}_{av}=\boldsymbol{e}_z\dfrac{9}{80\pi}\times10^{-6}$ （$\mathrm{W\cdot m^{-2}}$）

8.8 （1）$f=7.5\times10^8\mathrm{Hz}$；（2）$\theta_i=36.9^\circ$；

（3）$\boldsymbol{E}_r=-\boldsymbol{e}_yE_0\mathrm{e}^{-\mathrm{j}\pi(3x+4z)}$(V/m)，$\boldsymbol{E}_1=\boldsymbol{e}_yE_02\mathrm{j}\sin4\pi z\mathrm{e}^{-\mathrm{j}3\pi x}$ （V/m）

8.9 （1）$\theta_i=40^\circ$；

（2）$v_p^+=v_p^-=3\times10^8\mathrm{m/s}$，$v_p^T=2\times10^8\mathrm{m/s}$；

（3）$\boldsymbol{E}_r=-\boldsymbol{e}_x13.8\cos(3\times10^8t+0.766z+0.643y)$ （V/m），

$\boldsymbol{E}_t=\boldsymbol{e}_x36.2\cos(3\times10^8t-1.355z+0.645y)$ （V/m）；

（4）$\boldsymbol{S}_{iav}=(2.54\boldsymbol{e}_z-2.13\boldsymbol{e}_y)$ （$\mathrm{W/m^2}$），$\boldsymbol{S}_{rav}=(-0.196\boldsymbol{e}_z-0.17\boldsymbol{e}_y)$（$\mathrm{W/m^2}$），

$\boldsymbol{S}_{tav}=(2.35\boldsymbol{e}_z-1.12\boldsymbol{e}_y)$ （$\mathrm{W/m^2}$）

8.10 （1）$\theta_c=6.38^\circ$；（2）$R_\perp=\mathrm{e}^{\mathrm{j}38^\circ}$；（3）$T_\perp=1.89\mathrm{e}^{\mathrm{j}19.02^\circ}$

8.12 （1）$\theta_c=45^\circ$，$\theta_t=90^\circ$，$R_{//}=1$，$T_{//}=\sqrt{2}$；

（2）$\theta_B=35^\circ$，$v=2.12\times10^8\mathrm{m/s}$，$v_x=4.24\times10^8\mathrm{m/s}$，$v_y=2.45\times10^8\mathrm{m/s}$，波会全反射，$\boldsymbol{S}_{av}=0$

8.13 $\theta_2=26.4^\circ$，$R_\perp=-0.554$，$T_\perp=0.446$，$R_{//}=-0.04$，$T_{//}=0.96$

8.17 （1）$\theta_c=30^\circ$；（2）$\theta_B=26.6^\circ$

8.18 （1）$\theta_i=\theta_B=57.69^\circ$；（2）$\theta_c=39.23^\circ$

8.19 （1）$\theta_{c1}=6.38^\circ$，$\theta_{c2}=19.47^\circ$，$\theta_{c3}=38.68^\circ$；

（2）$\alpha_1 = 56.2/\lambda$，$\alpha_2 = 17.8/\lambda$，$\alpha_3 = 7.84/\lambda$；

（3）$\theta_{B1} = 6.34^\circ$，$\theta_{B2} = 18.43^\circ$，$\theta_{B3} = 32^\circ$

8.20 （1）$\lambda_1 = 0.5\text{m}$，$\lambda_2 = 1\text{m}$；（2）$\theta_c = 30^\circ$；（3）$\theta_i = \theta_B = 26.57^\circ$

第 9 章

9.1 （1）$Z_0 = 75\Omega$，$\Gamma = \text{j}0.628\text{rad/m}$；（2）$Z_{in} = -\text{j}231.5\Omega$；

（3）$L = \frac{\lambda}{4}(2n+1)$ （$n = 0,1,2,3\cdots$）

9.2 （1）$C_1 = 10\text{pF/m}$，$L_1 = 1.11\mu\text{H/m}$；（2）$\beta = 12.86\text{rad/m}$，$Z_0 = 333\Omega$

9.3 （1）线间距 $D = 25.5\text{mm}$；（2）外导体的内半径 $b = 3.91\text{mm}$

9.4 （1）$Z_0 = 50\Omega$；（2）反射系数 $|\rho|_{min} = \frac{1}{3}$，最小驻波比 $S_{min} = 2$；（3）$z_1 = 0.125\lambda$

9.5 （1）传输线的长度 $z = 0.074\lambda$；（2）传输线的长度 $z = 0.324\lambda$

9.7 （1）$a \geqslant 0.06\text{m}$，$b \leqslant 0.04\text{m}$ 且 $a \leqslant 2b$；（2）$\lambda_g = 14.29\text{cm}$，$Z_{TE10} = 538.6\Omega$

9.8 （1）$(\lambda_c)_{TE10} = 45.72\text{mm}$，$(f_c)_{TE10} = 6.56\times10^9\text{Hz}$，$(\lambda_g)_{TE10} = 3.97\times10^{-2}\text{m}$，$Z_{TE10} = 499.3\Omega$；

（2）$(\lambda_c)_{TE10} = 91.44\text{mm}$，$(f_c)_{TE10} = 3.28\times10^9\text{Hz}$，$(\lambda_g)_{TE10} = 3.176\times10^{-2}\text{m}$，$Z_{TE10} = 399.2\Omega$，还能传输的模式为 TE_{10}、TE_{20}、TE_{30}；

（3）$(\lambda_c)_{TE10} = 45.72\text{mm}$，$(f_c)_{TE10} = 6.56\times10^9\text{Hz}$，$(\lambda_g)_{TE10} = 3.97\times10^{-2}\text{m}$，$Z_{TE10} = 499.3\Omega$，还能传输的模式为 TE_{10}、TE_{01}、TE_{11}、TM_{11}

9.10 该矩形谐振腔的尺寸为 $a\times b\times d = 0.20\text{m}\times0.10\text{m}\times0.23\text{m}$

9.11 $\varepsilon_r = 1.52$

第 10 章

10.1 （1）$\sigma_S = 6.6\times10^{-29}\text{m}^2$；（2）$\sigma_S = 1.96\times10^{-35}\text{m}^2$

10.2 $I_0 = 15.9\text{A}$

10.3 $E_{max} = 3\times10^{-2}\text{V/m}$

参 考 文 献

[1] 杨宪章. 工程电磁场. 北京：中国电力出版社，2002.

[2] 陈国瑞. 工程电磁场与电磁波. 西安：西北工业大学出版社，1998.

[3] 陈重等. 电磁场理论基础. 北京：北京理工大学出版社，2003.

[4] BHAG SINGH GURU. Electromagnetic Field Theory Fundamentals. New York: PWS Publishing Company, 1998.

[5] ULABY F T, RAVAIOLI U. Fundamentals of Applied Electromagnetics. New Jersey: Pearson Prentice Hall, Upper Saddle River, 2004.

[6] 高建平等. 电波传播. 西安：西北工业大学出版社，2002.

[7] 余恒清. 电磁场与电磁波解题指南. 北京：国防工业出版社，2001.

[8] 王增和等. 电磁场与电磁波. 北京：电子工业出版社，2001.

[9] 赵家升等. 电磁场与电磁波解题指导. 成都：电子科技大学出版社，2000.

[10] 周克定等译. 电磁场与电磁波. 北京：机械工业出版社，2000.

[11] 冯恩信等. 电磁场与电磁波（第 2 版）学习辅导. 西安：西安交通大学出版社，2006.

[12] 邵小桃等. 电磁场与电磁波. 北京：清华大学出版社，2014.

[13] 张洪欣等. 电磁场与电磁波（第 2 版）. 北京：清华大学出版社，2013.

[14] 谢处方，饶克谨. 电磁场与电磁波（第 4 版）. 北京：高等教育出版社，2006.

[15] 张洪欣等. 电磁场与电磁波教学、学习与考研指导. 北京：清华大学出版社，2014.

[16] 何业军，桂良启译. 电磁场与电磁波. 北京：清华大学出版社，2013.